Karsten
Bauchemie

Rudolf Karsten

Bauchemie

Ursachen, Verhütung und Sanierung von Bauschäden

Handbuch für Studium und Praxis

11., überarbeitete Auflage

C. F. Müller Verlag Heidelberg

Alle in diesem Buch enthaltenen Angaben, Daten, Ergebnisse etc. wurden vom Autor nach bestem Wissen erstellt und von ihm und dem Verlag mit größtmöglicher Sorgfalt überprüft. Gleichwohl sind inhaltliche Fehler nicht vollständig auszuschließen. Daher erfolgen die Angaben etc. ohne jegliche Verpflichtung oder Garantie des Verlags oder des Autors. Beide übernehmen deshalb keinerlei Verantwortung und Haftung für etwaige inhaltliche Unrichtigkeiten. Von den in diesem Buch zitierten Normen, Vorschriften und Richtlinien haben stets nur die jeweils letzten Ausgaben Gültigkeit.

Dieses Werk einschließlich aller seiner Teile ist urheberrechtlich geschützt. Jede Verwertung außerhalb der engen Grenzen des Urheberrechtsgesetzes ist ohne Zustimmung des Verlages unzulässig und strafbar. Das gilt insbesondere für Vervielfältigungen, Übersetzungen, Mikroverfilmungen und die Einspeicherung und Verarbeitung in elektronischen Systemen.

ISBN 3-7880-7560-0
11., überarbeitete Auflage 2003
© C. F. Müller Verlag, Hüthig GmbH & Co. KG, Heidelberg
Satz: Strassner ComputerSatz, Leimen
Druck und Bindung: J. P. Himmer GmbH & Co. KG, Augsburg
Gedruckt auf chlorfrei gebleichtem Papier
Printed in Germany

Vorwort

Die gute Aufnahme der 1. bis 10. Auflage wurde vom Verfasser als besondere Verpflichtung aufgefasst, die nunmehr vorliegende, völlig neu überarbeitete 11. Auflage inhaltlich auf den sich stets fortentwickelnden Stand von Wissenschaft und Technik – einschließlich Normung und der gesetzlichen SI-Einheiten – abzustimmen, sowie Stoffgliederung und Fassung der einzelnen Kapitel aufgrund weiterer Erfahrungen einer Überprüfung zu unterziehen; hierbei konnten viele Anregungen ausgewertet werden, für welche der Verfasser auch an dieser Stelle herzlich danken möchte.

Auch diese Auflage ist – gestützt auf langjährige Erfahrungen in Bautechnik und Lehre – sowohl als Lehrbuch der Bauchemie als auch als Nachschlagewerk für die Baupraxis geschrieben worden.

In der vorliegenden 11. Auflage wurde in verstärktem Umfange auf die

Ursachen, Möglichkeiten der Verhütung sowie fachgerechten Sanierung baustofftechnischer Schäden

eingegangen, durch welche die Allgemeinheit meist erheblich finanziell belastet wurde – und wird. (Siehe z. B. den auf Seite 253 beschriebenen Schadensfall, der – wie ermittelt – durch eine unzureichende Baustoffkenntnis des zuständigen Planers verursacht wurde).

Der **sachkundige** Planer und verantwortliche Bauausführende ist mehr denn je gefordert. Der Deutsche Ausschuss für Stahlbeton verlangt in der neuen Richtlinie „Schutz und Instandsetzung von Betonbauteilen" (s. Ziff. 7 des Literaturverzeichnisses) den **„sachkundigen Planer"**, der – je Baumassnahme – das „volle Spektrum möglicher Schadensursachen verantwortlich zu beachten hat" (s. auch Seite 262).

Das **„Gewusst wie"** einer sachkundigen Planung und Ausführung von Baumassnahmen einschließlich eines fachlich richtigen und rationellen Baustoffeinsatzes erfordert neben Elementarkenntnissen der Chemie

- stoffliche Grundkenntnisse des Aufbaues der anzuwendenden bzw. auszuwählenden Baustoffe,
- eine ausreichende Kenntnis ihres Verhaltens bei Einbau und in der Folgezeit,
- eine Beurteilungsfähigkeit von möglichen nachteiligen Einwirkungen,
- ein gutes Verständnis für mögliche Gegenmaßnahmen bei Vorliegen schädigender Einflüsse bzw. für Schutzmaßnahmen und die Grenzen ihrer Wirksamkeit und Zuverlässigkeit, sowie nicht zuletzt
- die Fähigkeit, selbst (unmittelbar und ohne Verzögerung) einfache chemische Prüfungen von Baustoffen, Wässern, Böden u. a. durchzuführen, um damit den Einbau ungeeigneten oder fehlerhaften Materials verhindern oder die Notwendigkeit ausreichender Schutzmaßnahmen erkennen zu können u. a. m.

Im vorstehend umrissenen Umfang sollte jeder Bauingenieur und Architekt – nicht nur der Bauausführende, sondern auch der planend Tätige – fundierte Kenntnisse der Bauchemie besitzen. Immer wieder festgestellte Mängel und oft gravierende Bauschäden werden dann weit gehend vermieden werden können.

Dem Verlag sei auch an dieser Stelle für die Mühewaltung bei der Drucklegung und der guten Gestaltung des Buches bestens gedankt.

Aachen, im November 2002   Der Verfasser

Inhaltsverzeichnis

Einführung 1

I   Allgemeine Grundlagen der Chemie 3
A   Grundbegriffe 5

1   Stoffe und Stoffgemenge 5
2   Stoffumwandlungen 7
    2.1   Allgemeines 7
    2.2   Stoffsynthese (Stoffneubildung) 7
    2.3   Stoffanalyse (Stoffzerlegung) 8
    2.4   Oxidation 9
    2.5   Reduktion 10
    2.6   Salzbildungsreaktionen 10
3   Der Feinbau der Materie 11
    3.1   Molekül und Atom 11
    3.2   Bau der Atome 12
    3.3   Die Atomorbitale nach den Vorstellungen der Quanten-
          bzw. Wellenmechanik 16
    3.4   Eigenschaften und Wechselwirkungen der Nukleonen 18
4   Größen und Einheiten in der Chemie, Symbole, Formelsprache 20
    4.1   Atomare Masseneinheit, absolute und relative Atommasse 20
    4.2   Relative Molekülmasse 20
    4.3   Masse, Stoffmenge, Mol und andere Größen 21
    4.4   Die molare Teilchenzahl N_A – Loschmidtsche Konstante 22
5   Die chemischen Grundstoffe (Elemente) 23
    5.1   Die natürlichen Grundstoffe (Elemente) 23
    5.2   Die künstlich hergestellten Elemente 24
    5.3   Nuklide, Isotope 24
    5.4   Übersicht über die chemischen Elemente 25
6   Periodisches System der chemischen Elemente 29
7   Atomumwandlungen 33
    7.1   Natürliche Atomumwandlungen 33
    7.2   Künstliche Atomumwandlungen 35
    7.3   Masse und Atomenergie 37
8   Die chemische Bindung 37
    8.1   Die „klassischen" Grundgesetze der chemischen Bindung 37
    8.2   Stöchiometrische Berechnungen 39

	8.3	Die Deutung der chemischen Bindung und der Wertigkeit der chemischen Elemente	41
9		Die Aggregatzustände	55
	9.1	Allgemeines	55
	9.2	Kennzeichnung der Aggregatzustände	55
	9.3	Veränderung der Aggregatzustände	56
10		Die chemische Reaktion und ihre Beeinflussung	59
	10.1	Allgemeines	59
	10.2	Chemisches Gleichgewicht – Massenwirkungsgesetz	61
	10.3	Beeinflussung des Reaktionsablaufs	62
	10.4	Praktische Auswertung der Kenntnis einer Beeinflussbarkeit des Reaktionsablaufs	64
	10.5	Oxidations- und Reduktionsreaktionen, Redox-Vorgänge	64
B		**Die chemischen Elemente**	66
11		Überblick über die Einteilung und die Eigenschaften der chemischen Elemente	66
	11.1	Einteilung der chemischen Elemente	66
	11.2	Eigenschaften der chemischen Elemente	66
12		Überblick über die wesentlichen chemischen Elemente der Erdrinde	67
13		Charakteristik der wesentlichen chemischen Elemente	67
	13.1	Wasserstoff	67
	13.2	Bor	68
	13.3	Kohlenstoff	69
	13.4	Stickstoff	70
	13.5	Sauerstoff	70
	13.6	Halogene	71
	13.7	Natrium	72
	13.8	Magnesium	73
	13.9	Aluminium	74
	13.10	Silicium	74
	13.11	Phosphor	75
	13.12	Schwefel	76
	13.13	Kalium	76
	13.14	Calcium	77
	13.15	Chrom	78
	13.16	Mangan	78
	13.17	Eisen	79
	13.18	Cobalt	79
	13.19	Nickel	80
	13.20	Kupfer	80
	13.21	Zink	81
	13.22	Silber	82
	13.23	Zinn	82
	13.24	Barium	83
	13.25	Blei	84
	13.26	Platin	84

	13.27	Gold	85
	13.28	Quecksilber	85
C	**Anorganische chemische Verbindungen**		**87**
14	Allgemeine Einteilung der chemischen Verbindungen		87
15	Metalloxide und Basen		87
	15.1	Metalloxide	87
	15.2	Basen	89
	15.3	Überblick über die wesentlichen Basen im Bauwesen	91
16	Nichtmetalloxide und Säuren		91
	16.1	Nichtmetalloxide	91
	16.2	Säuren	93
	16.3	Überblick über die wesentlichen Säuren im Bauwesen	96
17	Elektrolytische Dissoziation – Ionen, Elektrolyte		96
	17.1	Theorie der elektrolytischen Dissoziation	96
	17.2	Dissoziationsgrad	97
18	Der pH-Wert		97
	18.1	Ableitung des pH-Wertes	97
	18.2	Messung des pH-Wertes – Indikatoren	99
19	Salze – Bildungsweisen, Charakteristisches, Hydrolyse		100
	19.1	Bildungsweisen der Salze	100
	19.2	Charakteristisches für Salze	105
	19.3	Hydrolyse und Protolyse bei Salzlösungen	105
	19.4	Ionengleichungen	106
20	Übersicht über anorganisch-chemische Verbindungen		107
	20.1	Einfache chemische Verbindungen	107
	20.2	Salze der Mineralsäuren	108
D	**Lösungen**		**109**
21	Echte und kolloide Lösungen, Dispersionen, Emulsionen		109
	21.1	Kurze Charakteristik des Wassers als Lösungsmittel	109
	21.2	Betrachtung des Lösungsvorgangs im Lösungsmittel Wasser	109
	21.3	Echte Lösungen	110
	21.4	Kolloide Lösungen	111
	21.5	Dispersionen	112
	21.6	Emulsionen	113
22	Gesetzmäßigkeiten bei echten Lösungen – Praktische Nutzanwendungen		114
	22.1	Lösungswärme	114
	22.2	Löslichkeit – Konzentration	115
	22.3	Gefrierpunktserniedrigung – Siedepunktserhöhung	117
	22.4	Anwendungshinweise für die Baupraxis	118
	22.5	Diffusion – Osmose	119

| 23 | Hygroskopische Stoffe – Kristallwasser, Gleichgewichtsfeuchte | 121 |

E Grundzüge der Elektrochemie ... 123

24 Elektrolyse ... 123
- 24.1 Allgemeines ... 123
- 24.2 Faradaysche Gesetze ... 124
- 24.3 Elementarladung ... 126
- 24.4 Übersicht über einige Elektrolysenvorgänge in wässeriger Lösung ... 127
- 24.5 Schmelzelektrolyse ... 127

25 Technologie der Elektrolyse ... 128
- 25.1 Galvanotechnik ... 128
- 25.2 Elektrolytisches Oxidieren und Reduzieren von Metallen ... 128
- 25.3 Elektrolytisches Entfetten und Beizen von Metallteilen ... 128

26 Lösungsdruck der Metalle ... 129
- 26.1 Allgemeines ... 129
- 26.2 Elektrolytische Spannungsreihe der Metalle ... 131

27 Elektrochemische Elemente und Normalpotenziale ... 132
- 27.1 Elektrochemische Elemente ... 132
- 27.2 Normalpotenziale ... 133
- 27.3 Veränderung der Potenziale mit der Konzentration ... 134

F Organische chemische Verbindungen ... 135

28 Der Kohlenstoff und seine Oxide ... 135
- 28.1 Das Element Kohlenstoff ... 135
- 28.2 Die Kohlenoxide ... 135

29 Kohlenwasserstoffe ... 136
- 29.1 Allgemeines ... 136
- 29.2 Kettenkohlenwasserstoffe (Aliphate) ... 137
- 29.3 Cyclische oder Ringkohlenwasserstoffe ... 141

30 Oxidationsprodukte der Kohlenwasserstoffe ... 145
- 30.1 Oxidationsprodukte der Aliphaten ... 145
- 30.2 Oxidationsprodukte von Aromaten ... 150
- 30.3 Zur Technologie der Oxidationsprodukte ... 151

31 Sonstige wesentliche Arten organisch-chemischer Verbindungen ... 153
- 31.1 Ester ... 153
- 31.2 Halogenide der Kohlenwasserstoffe ... 154
- 31.3 Säurehalogenide ... 156
- 31.4 Acetate der Kohlenwasserstoffe ... 156
- 31.5 Nitroverbindungen der Kohlenwasserstoffe ... 157
- 31.6 Amine der Kohlenwasserstoffe ... 158
- 31.7 Säureamide ... 158
- 31.8 Kohlenhydrate ... 159
- 31.9 Fette, Wachse und Seifen ... 162

		31.10 Eiweißstoffe (Proteine und Proteide)	163
II		**Angewandte Chemie des Bauwesens**	165
A		**Abriss der Silicatchemie**	167
	32	Wesen und Eigenschaften der Kieselsäure und ihrer Salze	167
		32.1 Allgemeines	167
		32.2 Kieselsäure	167
		32.3 Salze der Kieselsäure (Silicate)	171
	33	Künstlich hergestellte Silicate des Bauwesens	174
		33.1 Gebrannter Ton	174
		33.2 Glas	176
		33.3 Emaille	177
		33.4 Zemente	177
B		**Erhärtungsreaktionen der anorganischen Baubindemittel und mögliche Beeinflussungen**	181
	34	Erhärtung von Lehm	181
	35	Erhärtung von Kalk	182
		35.1 Allgemeiner Überblick	182
		35.2 Baukalk	184
	36	Erhärtungsreaktionen hydraulischer Baubindemittel	185
		36.1 Allgemeines	185
		36.2 Erhärtung von Kalk-Puzzolan-Mörtel	186
		36.3 Erhärtungsreaktion anhydrischer Puzzolane mit Kalk	187
		36.4 Erhärtung von Portlandzement	187
		36.5 Beeinflussung des Ablaufs der hydraulischen Erhärtung	194
		36.6 Erhärtung von Portlandhütten- und Hochofenzement	196
		36.7 Portlandpuzzolan- und Portlandflugaschenzemente	197
		36.8 Tonerdeschmelzzement	197
	37	Erhärtungsreaktion von Gips und Anhydrit und ihre Beeinflussung	198
	38	Magnesiabinder – Wesen und Erhärtung	199
C		**Schädigungsreaktionen bei Einwirkung von Feuchtigkeit, aggressiven Wässern, Böden, Dämpfen u. a. und mögliche chemische Gegenmaßnahmen**	200
	39	Schädigungsreaktionen bei Kalkmörtel, Zementmörtel und Beton	200
		39.1 Arten der Schädigung von Mörtel und Beton	200
		39.2 Chemische Schädigungsreaktionen durch Mängel im Baustoff	201
		39.3 Chemische Schädigungsreaktionen bei Lösungsvorgängen oder Stoffneubildungen	204
	40	Chemische Schädigungsreaktionen bei Natursteinen (Werksteinen)	216
	41	Chemische Schädigungsreaktionen bei Gips, Anhydrit	217

42	Chemische Gegenmaßnahmen gegen Schädigungsreaktionen bei Mörtel und Beton, Natursteinen und Gips	219
43	Magnesiabinder – Mögliche Schädigungen und Gegenmaßnahmen	221
44	Ausblühungen an Bauwerksaußenflächen	222
	44.1 Allgemeines	222
	44.2 Ursachen und Erscheinungsformen der Ausblühungen	222
	44.3 Überblick über die Entstehung häufiger Ausblühungen und mögliche Gegenmaßnahmen	224

D Chemie des Wassers … 229

45	Physikalische Eigenschaften des Wassers	229
46	Härte des Wassers	229
	46.1 Allgemeiner Überblick	229
	46.2 Maßeinheiten der Härte	231
	46.3 Enthärtung des Wassers	231
47	Anforderungen an Wässer – Grenzen der Schädlichkeit	234
	47.1 Trinkwasser	234
	47.2 Waschwasser	236
	47.3 Baugrundwasser	236
	47.4 Zugabewasser für Beton und Mörtel	238
48	Arten der Kohlensäure in natürlichen Wässern	238
	48.1 Allgemeines	238
	48.2 Arten und Aggressivität der Kohlensäure	239
	48.3 Überblick über die Arten der Kohlensäure	239
	48.4 Beurteilung der Aggressivität der freien Kohlensäure für die Baupraxis	240
49	Wasseranalyse und ihre Auswertung	240

E Chemie der Luft … 242

50	Zusammensetzung und physikalische Eigenschaften der Luft	242
	50.1 Geschichtliches	242
	50.2 Zusammensetzung der Luft	242
	50.3 Physikalische Eigenschaften der Luft	243
51	Chemische Eigenschaften und chemische Einwirkungen der Luft	244
	51.1 Allgemeines	244
	51.2 Oxidation durch die Luft	244
	51.3 Einwirkung des Kohlendioxids der Luft	245
	51.4 Chemische Eigenschaften der flüssigen Luft	245
52	Umweltproblematik der Verunreinigungen und Schadstoffe der Luft	245
	52.1 Art der Verunreinigungen und Schadstoffe der Luft	245
	52.2 Ursachen der Luftverunreinigungen	246
	52.3 Die Umweltproblematik des Ozons	246
	52.4 Chemische Einwirkungen der Luftverunreinigungen	247
53	Übersicht über die Chemie des Stoffkreislaufs der Natur	247

F	**Korrosionsverhalten der Baumetalle** 249
54	Ursachen und Arten der Korrosion 249
	54.1 Allgemeines 249
	54.2 Arten der Korrosion 249
	54.3 Chemische Korrosion 249
	54.4 Elektrochemische Korrosion 254
	54.5 Galvanische Korrosion 260
	54.6 Spannungsrisskorrosion 260
55	Überblick über die Korrosion der Baumetalle durch Einflüsse der Atmosphäre, des Wassers und von Baustoffen 261
	55.1 Atmosphärische Korrosion 261
	55.2 Korrosion durch Leitungswasser (Rohrkorrosion) 264
	55.3 Metallkorrosion durch Baustoffe 268
56	Grundlagen des Schutzes gegen chemische und elektrochemische Korrosion .. 269
	56.1 Grundsätzliches 269
	56.2 Möglichkeiten des Korrosionsschutzes der Baumetalle 270
G	**Grundzüge der Chemie des Holzes und des Holzschutzes** 273
57	Chemische Zusammensetzung des Holzes 273
58	Chemische Ursachen der Holzschäden 274
59	Möglichkeiten eines Holzschutzes in chemischer Hinsicht 275
	59.1 Allgemeines 275
	59.2 Chemische Holzschutzmittel 276
	59.3 Giftstoffe gegen Befall durch Mikroorganismen 276
	59.4 Giftstoffe gegen Insekten 276
	59.5 Umweltproblematik des chemischen Holzschutzes 276
60	Möglichkeiten eines Holzschutzes gegen Feuereinwirkung 277
H	**Grundzüge der Chemie der Brenn-, Treib- und Sprengstoffe** 278
61	Kohlen und Torf 278
	61.1 Natürliche Kohlen 278
	61.2 Künstliche Kohlen 279
62	Kohle-, Kokerei- und Gaswerkserzeugnisse 280
	62.1 Kohleerzeugnisse 280
	62.2 Kokerei- und Gaswerkserzeugnisse 281
63	Erdöl, Erdgas und Raffinationsprodukte 282
64	Verbrennung – Umweltproblematik – Heizwerte 283
	64.1 Verbrennung 283
	64.2 Verbrennung und Umweltproblematik 284
	64.3 Durchschnittliche Heizwerte der Brenn- und Treibstoffe 285
65	Abriss der Chemie der Treib- und Sprengstoffe 285
	65.1 Allgemeines 285

	65.2	Arten der Explosionsreaktionen	286
	65.3	Die treibende Explosion (Verpuffung) des Treibstoffs Benzin	287
	65.4	Übersicht über die wesentlichen Sprengstoffe	287
J	**Grundzüge der Chemie der Bautenschutz- und Bauhilfsstoffe**		**290**
66	Bituminöse Stoffe und Formen ihrer Anwendung im Bauwesen		290
	66.1	Allgemeines	290
	66.2	Erdölbitumen	291
	66.3	Asphalt	294
	66.4	Steinkohlenteer und Steinkohlenteerweichpech	295
67	Chemische Grundlagen der Anstrichstoffe		296
	67.1	Allgemeines	296
	67.2	Bestandteile der Anstrichstoffe	296
68	Chemische Technologie der Anstrichstoffe		297
	68.1	Allgemeines	297
	68.2	Wasserverdünnbare Anstrichstoffe	297
	68.3	Lösungsmittelverdünnbare Anstrichstoffe	300
	68.4	Ölfarben, Lacke und Öllacke	302
	68.5	Ursachen der Anstrichschäden, Verhütungs- und Sanierungsmöglichkeiten	306
	68.6	Möglichkeiten der Entfernung alter Anstriche bzw. Anstrichreste	312
69	Chemische Technologie der Dichtstoffe und anderer Bauhilfsstoffe		313
	69.1	Allgemeines	313
	69.2	Zur chemischen Technologie dieser Stoffe	313
70	Chemische Technologie der Zusatzmittel zu Mörtel und Beton		316
	70.1	Allgemeines	316
	70.2	Plastifizierende Zusatzmittel	317
	70.3	Erstarrungsregler	325
	70.4	Dichtungsmittel (einschl. „Sperrmittel")	328
	70.5	Frostschutzmittel	332
	70.6	Kunststoffdispersionen als Zusätze zu Beton und Mörtel	333
71	Sonstige Bautenschutz- und Bauhilfsstoffe		333
	71.1	Zusatzmittel zu Zementmörtel für Verpressungen von Spannkanälen und dgl. (Einpresshilfen)	333
	71.2	Spritzbetonhilfen (auch Torkrethilfen)	334
	71.3	Filmbildende Abdeckpräparate (Einschließlich Lacke auf Reaktionskunststoff-Basis) für erhärtenden Beton	334
	71.4	Farblose, Wasser abweisende wirksame Imprägnierungsmittel	334
	71.5	Chemisch „härtende" Oberflächenimprägnierungsmittel	335
K	**Grundzüge der Chemie der Textilfasern und Kunststoffe**		**337**
72	Zusammensetzung, Aufbau und Eigenschaften der Textilfasern		337
	72.1	Natürliche Textilfasern	337
	72.2	Chemiefasern	337

73	Zusammensetzung, Herstellung und Eigenschaften der Kunststoffe	338
	73.1 Allgemeines	338
	73.2 Kunststoffe auf Basis pflanzlicher und tierischer Rohstoffe	339
	73.3 Vollsynthetische Kunststoffe	344
	73.4 Internationale Kurzzeichen für Kunststoffe	369
III	**Chemisch-analytisches Arbeiten im Labor**	371
A	**Allgemeine Hinweise**	373
74	Die chemische Analyse	373
75	Grundsätzliches zur Arbeit im chemischen Labor	373
B	**Qualitative chemische Analyse**	376
76	Grundsätzliches zur Durchführung	376
77	Qualitative chemische Vorprüfungen allgemeiner Art	377
	77.1 Nachweis durch Flammenfärbung bzw. Spektralanalyse	377
	77.2 Vorprüfung im Glührohr (Glührohrprobe)	378
	77.3 Phosphorsalz- oder Boraxperle	379
	77.4 Lötrohrprobe	380
78	Qualitative chemische Vorprüfungen auf Anionen	381
	78.1 Vorprüfung auf Halogen-Wasserstoffsäuren bzw. ihre Salze	381
	78.2 Vorprüfung auf Sulfate	381
	78.3 Vorprüfung auf Sulfide	381
	78.4 Vorprüfung auf Phosphate	382
	78.5 Vorprüfung auf Nitrate	382
	78.6 Vorprüfung auf Carbonate	382
	78.7 Vorprüfung auf sonstige Anionen	382
79	Qualitativer Nachweis der wichtigsten Anionen auf nassem Wege	382
	79.1 Vorbereitung	382
	79.2 Prüfung auf Sulfat	383
	79.3 Prüfung auf Chlorid	384
	79.4 Prüfung auf Nitrat	384
	79.5 Prüfung auf Nitrit	385
	79.6 Prüfung auf Carbonat	386
80	Qualitativer Nachweis der wichtigsten Kationen auf nassem Wege	386
	80.1 Nachweis von Eisen (z. B. in Wässern)	386
	80.2 Nachweis von Blei (z. B. in Wässern)	387
	80.3 Nachweis von Calcium	388
	80.4 Prüfung auf Magnesium	389
	80.5 Prüfung auf Kupfer	389
	80.6 Prüfung auf Kalium	390
	80.7 Nachweis von Ammonium	390
	80.8 Nachweis von Stickstoffverbindungen	390
81	Schnelltest zur Bestimmung von flüchtigen Schadstoffen in Luft, Wasser und Böden	391

	81.1	Allgemeines 391
	81.2	Bestimmung flüchtiger Schadstoffe durch den Drägerschen Schnelltest 391
82		Hinweise zur Durchführung einer vollständigen qualitativen chemischen Analyse 392
C		**Quantitative chemische Analyse** 394
83		Grundlegendes zur quantitativen Analyse............................. 394
	83.1	Gewichts- und Fällungsanalyse 394
	83.2	Maßanalyse 394
	83.3	Gasvolumetrische Analyse 395
	83.4	Quantitative Ermittlungen auf Grund von Farb- oder Trübungsvergleichen 395
84		Maßanalyse mit Normallösungen 395
	84.1	Bestimmung der Menge NaOH in 1000 ml Lösung 396
	84.2	Bestimmung von freier Schwefelsäure in 1000 ml Lösung .. 397
	84.3	Bestimmung von Sulfat durch Titration mit $BaCl_2$ 397
85		Organische Elementaranalyse 397
	85.1	Allgemeines 397
	85.2	Durchführung der Elementaranalyse nach Liebig 398
IV		**Einfache chemische Prüfungen für das Baulabor** 399
86		Chemische Prüfung und Beurteilung von Ausblühungen 401
87		Chemische Prüfung und Beurteilung von Zuschlagstoffen für Beton und Mörtel 401
	87.1	Zulässiger Gehalt an Humussäuren 401
	87.2	Prüfung auf Aufschlämmbares 402
	87.3	Gehalt an salzsäurelöslichen Anteilen 403
	87.4	Prüfung auf Schwefelverbindungen 404
	87.5	Prüfung auf wasserlösliches Sulfat (z.B. Gipsstein) 405
	87.6	Prüfung auf alkalilösliche Kieselsäure 405
88		Prüfung eines Bodens (z. B. Baugrunds) auf betonschädliche Anteile und flüchtige Schadstoffe (z. B. Altlasten) 406
	88.1	Prüfung auf betonschädliche Anteile 406
	88.2	Prüfung auf flüchtige Schadstoffe 406
89		Prüfung von Wässern, insbes. Baugrundwasser, Leitungswasser 408
	89.1	Einführender Hinweis 408
	89.2	Probenahme und pH-Wert-Ermittlung für Baugrundwasser .. 408
	89.3	Prüfung auf Sulfatgehalt 409
	89.4	Prüfung auf Schwefelwasserstoff 411
	89.5	Prüfung auf Sulfidschwefel 411
	89.6	Prüfung auf Magnesiagehalt 411
	89.7	Bestimmung der Gesamthärte eines Wassers 413
	89.8	Bestimmung der Carbonathärte eines Wassers 415

Inhaltsverzeichnis XVII

	89.9	Schnellprüfung enthärteten Wassers	416
	89.10	Vorprüfung auf „aggressive Kohlensäure"	417
	89.11	Prüfung auf „kalkaggressive Kohlensäure"	417
	89.12	Quantitative Bestimmung von Chlorid	417
	89.13	Prüfung auf Nitrit	418
	89.14	Prüfung auf Nitrat	418
	89.15	Prüfung auf Ammonium	418
	89.16	Prüfung auf einen Gehalt an flüchtigen Schadstoffen	419
90	Chemische Prüfung und Beurteilung von Natursteinen	419
	90.1	Prüfung auf Carbonat	419
	90.2	Prüfung auf Sulfid	419
	90.3	Prüfung auf Sulfat	420
	90.4	Prüfung auf Tongehalt	420
	90.5	Sonstige Prüfungen und Beurteilungen	420
91	Chemische Prüfung und Beurteilung von Mörtel bzw. Beton	421
	91.1	Ermittlung der Art des Bindemittels eines Mörtels	421
	91.2	Feststellung des Mischungsverhältnisses	422
	91.3	Ermittlung von schädlichen oder ausblühungsfähigen Anteilen	425
	91.4	Ermittlung der „Carbonatisierungstiefe" bei Stahlbeton	425
	91.5	Ermittlung der Chlorid-Eindringtiefe in Stahlbeton	426
92	Chemische Prüfung und Beurteilung sonstiger Kunststeine	427
	92.1	Ziegelsteine, Klinker u. dgl.	427
	92.2	Kunststein unbekannter Art	427
	92.3	Fensterglas, Glasuren an Kunststeinen	428
	92.4	Ziegelsplitt (Trümmerschutt), Schlacke u. a.	428
93	Chemische Prüfung und Beurteilung von Baukalk	428
94	Chemische Prüfung von Zementen	430
	94.1	Unterscheidung von Portlandzement und Hüttenzement	430
	94.2	Prüfung auf Gehalt an „freiem Kalk"	430
	94.3	Prüfung auf Chloridgehalt	431
95	Chemische Prüfung und Beurteilung von Gips	431
	95.1	Feuchtigkeit	431
	95.2	Hydratwassergehalt	431
	95.3	Gehalt an freiem Kalk (CaO)	432
	95.4	Gehalt an $CaSO_4$ in Halbhydrat (Stuckgips)	432
96	Chemische Prüfung und Beurteilung der Magnesiabinderanteile	433
	96.1	Magnesia	433
	96.2	Magnesiumchlorid (fest oder Lösung)	434
97	Chemische Prüfung von Mörtel- und Betonzusatzmitteln	435
98	Chemische Prüfung von bituminösen Stoffen	436
	98.1	Unterscheidung von Bitumen und Steinkohlenteerpech bzw. -teer	436
	98.2	Nachweis von Steinkohlenteeranteilen in Bitumen	436

	98.3	Aschegehalt	437
99		Chemische Prüfung von Ölen, Fetten und Farbanstrichen	437
	99.1	Unterscheidung zwischen fetten Ölen und Mineralölen	437
	99.2	Unterscheidung zwischen Paraffin, Vaseline, Talg und Wachsen	437
	99.3	Prüfung eines Farbanstriches auf Löslichkeit (Abbeizbarkeit)	438
100		Chemische Prüfung von Textilfasern	438
	100.1	Unterscheidung von Wolle und pflanzlichen bzw. synthetischen Textilfasern	438
	100.2	Unterscheidung von pflanzlichen und synthetischen Textilfasern	438
101		Chemische Prüfung von Kunststoffen	439
	101.1	Prüfung auf Verhalten beim Erhitzen	439
	101.2	Wasserbeständigkeit – Quellbarkeit	439
	101.3	Witterungsbeständigkeit	439
	101.4	Füllstoffgehalt	439
	101.5	Nachweis kennzeichnender Elemente	440
	101.6	Praktische Anleitung zur Ermittlung der Kunststoffart	440

V Sonstige einfache Prüfungen für Baulabor und Baupraxis ... 445

102		Ermittlung des Feuchtigkeitsgehalts von Baustoffen bzw. Bauteilen	447
	102.1	Ermittlung durch Feuertrocknung	447
	102.2	Ermittlung durch Trocknung im Trockenschrank	447
	102.3	Schnellbestimmung mit dem CM-Gerät	447
	102.4	Sonstige Schnellbestimmungen des Feuchtigkeitsgehaltes	448
103		Quantitative Prüfung der kapillaren Feuchtigkeitswanderung bei porigen, saugfähigen Baustoffen wie Mörtel und Beton	448
	103.1	Allgemeines	448
	103.2	Qualitative Vorprüfung an Betonkörpern	449
	103.3	Quantitative Ermittlung der kapillaren Feuchtigkeitswanderung	450
104		Schnellprüfungen mit dem Wassereindringprüfer nach Karsten	452
	104.1	Prüfung von Baustoffen/Bauteilen auf Wassereindringen	452
	104.2	Prüfung des Wassereindringens an Rissen	456
	104.3	Einfache Ermittlung der Risstiefe an Bauteilen	458
105		Zementprüfung auf „thixotropes Ansteifen" nach Karsten	459
	105.1	Vorbemerkung	459
	105.2	Vorarbeiten zur Prüfung	459
	105.3	Prüfungsdurchführung	460
	105.4	Beispiele einiger Prüfungsergebnisse	461

VI Anhang ... 463

106	Vorsichtsmaßnahmen bei chemischen Arbeiten	465
107	Erste Hilfe bei Unglücksfällen	465

Literaturverzeichnis ... 466

Sachwörterverzeichnis ... 469

Einführung

Geschichtliches

Das Werden und Vergehen der Baustoffe wurde in früherer Zeit auf Grund von Überlieferungen und Erfahrungen lediglich empirisch erfasst, ohne die ursächlichen Zusammenhänge zu kennen, obwohl die chemischen Vorgänge, die den Baustoffen der früheren Zeit zugrunde lagen, ziemlich einfache waren. Im Zuge der Entwicklung von Wissenschaft und Technik ist allerdings ein grundsätzlicher Wandel eingetreten, und es ist heute ein zielbewusstes rationelles Bauen ohne entsprechende Kenntnisse der „Bauchemie" undenkbar.

Die Chemie ist ein Teil der Wissenschaften, der sich mit den Stoffumwandlungen befasst. Blättern wir in der Geschichte der Wissenschaften zurück, so stellen wir fest, dass die Chemie als exakte Wissenschaft innerhalb der Naturwissenschaften erst seit etwa Ende des 18. Jahrhunderts besteht, nämlich seit der Aufstellung von Lavoisiers „Gesetz von der Erhaltung der Materie", seit der Einführung der analytischen Waage, mit der Lavoisier seine exakten, unbestechlichen und überzeugenden Versuche durchgeführt hatte. Somit begann mit der Begründung der exakt messenden experimentierenden Arbeitsweise das wissenschaftliche Zeitalter der Chemie und damit ihre bis heute stürmische Entwicklung.

Vor dieser Zeit galt die Chemie mehr oder weniger als „schwarze Kunst", worauf auch die Bedeutung des Wortes Chemie hinweist, das auf ein arabisches mit der Bedeutung „schwarz" zurückgeführt wird.

Die Völker des Altertums hatten allerdings bereits recht erhebliche Leistungen auf dem Gebiete der Stoffumwandlungen aufzuweisen, und es sei in diesem Rahmen lediglich auf die Herstellung von Metallen aus Erzen, wie z. B. Kupfer, Zinn, Eisen und Blei, hingewiesen sowie auf die Herstellung von Porzellan und Glas, die bereits viele Jahrhunderte vor der Zeitenwende im alten China durchgeführt wurde.

Greifen wir einige markante Punkte der Entwicklung der Chemie nach Lavoisier heraus: Daltons Atomtheorie (Anfang 19. Jahrh.), Wöhlers Harnstoffsynthese (1828), Aufstellung des Periodischen Systems durch Lothar Meyer und Mendelejeff (1869), die grundlegenden Arbeiten der deutschen Chemiker Justus von Liebig und Kekulé. Aus diesem Jahrhundert seien als Marksteine erwähnt die großartigen Leistungen von Haber und Bosch (Ammoniaksynthese aus Stickstoff und Wasserstoff), von Hofmann (Kautschuksynthese) und von Bergios, Fischer und Tropsch (Treibstoffherstellung).

Chemie und Bauwesen

In welcher Beziehung steht das Bauwesen zur Chemie?

Vergegenwärtigen wir uns: Es gibt heute keinen Baustoff mehr, an dem die Chemie nicht in irgendeiner Weise beteiligt wäre. Selbst die alten „Naturbaustoffe" Holz und Naturstein, die in ihrer Bedeutung heute ziemlich zurückgedrängt sind, werden allgemein mit einem „chemischen" Mittel gegen vorzeitige Zerstörung behandelt. Die „Kunstbaustoffe", wie der gebrannte Ziegelstein, aber auch der Kalk, Zement oder die neuzeitlichen Kunststoffe, werden durch chemische Prozesse erhalten.

Zur Auswahl der Baustoffe sind vielfach chemische Prüfmethoden unerlässlich, da diese über mancherlei Qualitätsmerkmale verlässliche Auskunft zu geben vermögen. Die Erhärtungsvorgänge der Baustoffe erfolgen nach den Gesetzen der Chemie, desgleichen bestimmen die Gesetze der Chemie die Art und Stärke äußerer Einwirkungen in positiver oder negativer Hinsicht. Ein zielsicheres, rationelles Bauen erfordert daher eine sichere Kenntnis der chemischen Vorgänge im Bauwesen, und zwar nicht nur der Erhärtungsvorgänge, sondern auch der möglichen Schädigungsreaktionen und des Wirkungsgrades von Gegenmaßnahmen einschließlich der Fähigkeit, einfache chemische Prüfungen unmittelbar und ohne Verzögerung durchzuführen, um den Einbau ungeeigneten oder fehlerhaften Materials im Interesse der Vermeidung von Bauschäden verhindern oder die Notwendigkeit ausreichender Schutzmaßnahmen erkennen zu können.

Immense Schadensziffern verursachte beispielsweise manche versäumte Prüfung eines Baugrundwassers (vor Baubeginn) auf „schädlichen Sulfatgehalt". Nach einer in diesem Buch angegebenen Prüfweise kann diese wichtige Prüfung gegebenenfalls auch auf der Baustelle zuverlässig und schnell durchgeführt werden.

Bei Putzarbeiten wird insbesondere in der kalten Jahreszeit oft der Fehler festgestellt, dass bei drängenden Bauterminen frischer Kalkputz mit Elektrostrahlern scharf getrocknet wird, wodurch – so paradox es dem Laien zunächst erscheinen mag – eine echte, bleibende Trocknung gar nicht erzielt werden kann. Feuchtigkeitsschäden sind in der Regel die Folge. Wie richtig zu verfahren ist, ist dargelegt.

Allgemeine Grundlagen der Chemie I

A Grundbegriffe

1 Stoffe und Stoffgemenge

Die Chemie befasst sich als Teil der Naturwissenschaften mit Stoffen, Stoffgemengen und den möglichen Stoffumwandlungen.

Im Gegensatz zur Physik ist nicht die Zustandsform oder die Gestalt eines Stoffes von Interesse, sondern nur dessen **stoffliche Zusammensetzung**.

Es ist somit nicht von Belang, ob beispielsweise ein Kalkspatkristall als homogener Körper (als fester Kristall) oder in gepulverter Form als Kalkspatmehl vorliegt. In beiden Fällen liegt der „Stoff" Calciumcarbonat ($CaCO_3$) vor.

Stoffe lassen sich, beispielsweise in Pulverform, vermengen. Mischt man Eisen- und Schwefelpulver in einer Reibschale, liegt ein Stoffgemenge von Eisen und Schwefel, jedoch noch keine chemische Verbindung zwischen Eisen und Schwefel vor. Das „physikalische Gemenge" Eisenpulver + Schwefelpulver, das mit freiem Auge betrachtet ein einheitlicher Stoff zu sein scheint, lässt sich durch eine physikalische Methode wieder in Eisenpulver und Schwefel trennen. Eine chemische Verbindung zwischen Eisen und Schwefel ließe sich nur durch chemische Verfahren, nicht dagegen durch eine physikalische Methode, wieder in Eisen und Schwefel trennen.

Zur Klarlegung des Unterschiedes zwischen einem physikalischen Gemenge und einer chemischen Verbindung führen wir folgenden **Versuch** aus:

> In einer Reibschale wird Eisenpulver in einem Gewichtsverhältnis von etwa 56 : 32 mit Schwefelblumen gut vermengt. Aus dem schwarzgrauen Eisenpulver und den hellgelben Schwefelblumen ist ein gelblichgraues Gemenge entstanden.
>
> Dieses Gemenge können wir durch eine physikalische Weise wieder in seine ursprünglichen Komponenten zerlegen: Wir geben einen Teil des Gemenges in eine Porzellanschale und halten einen Magneten darüber. Wir stellen fest, dass das Eisenpulver durch den Magneten angezogen wird und mit dessen Hilfe aus dem Gemenge wieder weit gehend entfernt werden kann. In der Schale bleiben die Schwefelblumen zurück.
>
> Eine noch bessere Trennung wird erhalten, wenn wir einen weiteren Teil des Gemenges in einer anderen Schale mit einem Lösungsmittel für Schwefel, z. B. Schwefelkohlenstoff, übergießen. Wir rühren mit einem Glasstab durch, bis der Schwefel gelöst ist. Nun filtrieren wir das Gemisch durch ein Filter und waschen mit weiterem Schwefelkohlenstoff nach. Auf dem Filter liegt nach Abtrocknung des Schwefelkohlenstoffs das schwarzgraue Eisenpulver in der ursprünglichen Form vor.
>
> Das Filtrat ist eine Lösung des Schwefels in Schwefelkohlenstoff; die Farbe ist gelb. Durch Verdampfen des Schwefelkohlenstoffs (unter dem Abzug!) erhalten wir den Schwefel als Rückstand. Wir haben somit eine restlose, saubere Trennung des Schwefels vom Eisen durch eine **physikalische** Maßnahme erreicht.
>
> Einen dritten Teil des gelblichgrauen Gemenges geben wir nun in einen Porzellantiegel. Diesen erhitzen wir mittels eines Bunsenbrenners. Hierzu setzen wir den Tiegel auf ein Tondreieck auf (s. Abb. 1).

Eine Tiegelzange zum Erfassen des Tiegels wird bereitgehalten. Nach einer kurzen Erhitzungszeit beginnt das Gemenge zu arbeiten, es beginnt, sich zu verändern. Plötzlich glüht es auf. Wir stellen die Gasflamme ab, trotzdem nimmt das Glühen der Masse zu. Nach kurzer Zeit ebbt das Arbeiten der Masse ab, die Glut verlischt, das heißgewordene Gemenge kühlt allmählich ab. Wenn wir den Tiegelinhalt nach dem Abkühlen betrachten, so stellen wir fest, dass eine veränderte Farbe vorliegt, diese ist nun bläulichschwarz. Das Gemenge ist zudem zu einem ziemlich harten Stoff zusammengebacken.

(Der Versuch ist über einer unbrennbaren Unterlage auszuführen, da es vorkommen kann, dass der Porzellantiegel durch die große Hitzeentwicklung zerspringt und Teile herabfallen. An Stelle des Porzellantiegels wird aus diesem Grunde besser ein Metalltiegel, z. B. ein Nickeltiegel, angewandt.)

Der Inhalt des Tiegels wird nun in einer Reibschale zerrieben. Man erhält ein Pulver von bläulichschwarzer Farbe. Dieses Pulver hat kaum mehr magnetische Eigenschaften, es lässt sich mittels eines Magneten praktisch kein Eisen mehr herausziehen.

Aus den beiden Stoffen Eisen und Schwefel ist ein ganz **neuer Stoff** entstanden, nach der Reaktionsgleichung

$$Fe + S \longrightarrow FeS$$

Der neue Stoff trägt die Bezeichnung **Eisen(II)-sulfid.**

Abb. 1: Das physikalische Gemenge Eisen- und Schwefelpulver wird in einem Tiegel erhitzt.
Ergebnis: Der **neue Stoff „Eisen(II)-sulfid"**

2 Stoffumwandlungen

2.1 Allgemeines

Die meisten in der Natur vorkommenden Stoffe können im festen, flüssigen und gasförmigen Aggregatzustand vorliegen (vgl. Eis, Wasser und Wasserdampf). Umwandlungen in andere Stoffe finden ständig statt, beispielsweise bei der Verwitterung von Gesteinen, bei Korrosionsvorgängen an Metallen, im Rahmen von Aufbau- und Abbaureaktionen des organischen Lebens u. a.

Die Chemie als exakte Wissenschaft ist bemüht, die Gesetzmäßigkeiten der Stoffumwandlungen, -neubildungen u. a. zu erforschen und neue Wege zu weisen. Der gegenwärtige Stand ist dadurch gekennzeichnet, dass durch menschliche Hand bereits viele Hunderttausende an neuen Stoffen hergestellt werden konnten, beispielsweise eine Unzahl von „Kunststoffen", die es zuvor in der Natur nicht gegeben hat.

Die wesentlichen Arten der Stoffumwandlungen – als Folge chemischer Reaktionen – sind nachstehend anhand von Beispielen beschrieben.

2.2 Stoffsynthese (Stoffneubildung)

Ein Beispiel für die Synthese (Neubildung) eines Stoffes wurde durch den vorstehend beschriebenen Versuch bereits gegeben:

Aus den Stoffen „Eisen" und „Schwefel" wurde durch eine chemische Reaktion der neue Stoff „Eisen(II)-sulfid" synthetisiert.

Als weiteres Beispiel sei die Synthese von Wasserstoff und Sauerstoff zu Wasser angeführt:

$$2\,H_2 + O_2 \longrightarrow 2\,H_2O$$

Zur Veranschaulichung wird die Durchführung des folgenden einfachen Versuchs empfohlen:

> Man kühlt ein großes, trockenes Reagenzglas unter dem Strahl der Wasserleitung, trocknet die Außenwandung schnell mit einem Tuch ab und lässt in dieses z. B. aus dem HOFMANNschen Wasserzersetzungsapparat (s. Ziff. 2.3 – Abb. 2) etwa 10–12 cm³ Wasserstoffgas einströmen. (Hierzu stülpt man das Reagenzglas mit der Öffnung nach unten über den Ablasshahn des mit Wasserstoffgas gefüllten Rohres des benannten Apparates.) Nun verschließt man die Öffnung des Reagenzglases mit dem Daumen, schüttelt das verschlossene Glas etwas, um den Wasserstoff mit der im Glas befindlichen Restmenge Luft schnell durchzumischen und führt nun das Reagenzglas mit der Öffnung nach unten an eine Flamme, wobei man die Öffnung gleichzeitig freigibt. Eine heftige Reaktion zeigt sich durch eine kleine Stichflamme und einen leichten Knall an. Die Wandung des Reagenzglases weist nun an der Innenseite zahlreiche Tröpfchen niedergeschlagenen (kondensierten) Wasserdampfes auf.
>
> **Vorsicht!**
>
> Ein Gemisch von Wasserstoff mit reinem Sauerstoff im Volumenverhältnis 2 : 1 heißt Knallgas. Es ist außerordentlich explosiv, so dass Versuche mit einer Zumischung von reinem Sauerstoff zu Wasserstoff nur unter besonderen Vorsichtsmaßregeln vom **Fachmann** durchgeführt werden dürfen.
>
> Der vorstehend beschriebene Versuch ist dagegen infolge der Verdünnung des Reaktionsgemisches durch den Luftstickstoff ungefährlich, wobei jedoch die Wahl eines unbeschädigten Rea-

genzglases und das grundsätzliche Tragen von **Schutzbrillen** für die Teilnehmer an chemischen Versuchen Voraussetzung ist (s. a. Ziff. 106 – Vorsichtsmaßnahmen bei chemischen Arbeiten).

Für die Durchführung einer Stoffsynthese ist es nicht erforderlich, von Elementen wie Eisen und Schwefel auszugehen. Auch chemische Verbindungen, wie z. B. Calciumoxid und Wasser, lassen sich zu einer neuen chemischen Verbindung, nämlich „Calciumhydroxid" (s. a. Ziff. 15.2), synthetisieren:

$$CaO + H_2O \longrightarrow Ca(OH)_2$$

Anwendung:

Das „Löschen" von gebranntem Kalk zu „Trockenlöschkalk" (Hydratkalk) wird in Löschkammern der Kalkwerke unter Zugabe einer nach der vorstehenden Reaktionsgleichung genau berechneten Wassermenge durchgeführt.

2.3 Stoffanalyse (Stoffzerlegung)

Ein einheitlicher Stoff wie beispielsweise Wasser lässt sich durch keine physikalische Methode in seine „Elemente" Wasserstoff und Sauerstoff zerlegen. Durch ein chemisches Verfahren, z. B. ein elektrochemisches Verfahren (durch eine sogenannte „Elektrolyse"), ist eine solche Zerlegung möglich.

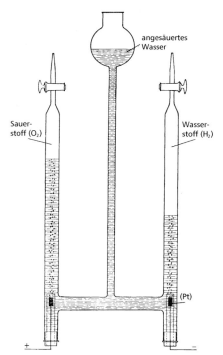

Abb. 2: Hofmannscher Wasserzersetzungsapparat.
An den Platinelektroden wird Wasserstoff (Kathode) u. Sauerstoff (Anode) im Volumenverhältnis 2 : 1 abgeschieden.

2 Stoffumwandlungen

Die Zerlegung des Wassers durch elektrische Energie verläuft nach folgender Reaktionsgleichung:

$$2\,H_2O \longrightarrow 2\,H_2 + O_2$$

Wie ersichtlich, liegt genau die Umkehrung der in Ziff. 2.2. dargelegten Synthese vor.

Durchführung der Zerlegung des Wassers lt. Abb. 2:

> Der HOFMANNsche Wasserzersetzungsapparat wird zunächst mit destilliertem Wasser befüllt, dem man 1–2 Tropfen Schwefelsäure zusetzt, um eine gute elektrische Leitfähigkeit des Wassers (siehe Ziff. 17) sicherzustellen.
>
> Nun legt man an die Platinelektroden einen Gleichstrom von etwa 4 bis 8 V an. Unmittelbar darauf beobachtet man bereits an beiden Elektroden eine Gasentwicklung. An der Kathode (Minuspol) entwickelt sich Wasserstoffgas, an der Anode (Pluspol) Sauerstoffgas. Das Volumenverhältnis beträgt 2 : 1.

Die beiden Gase können wie folgt auf einfache Weise geprüft werden:

> Das an der Kathode entwickelte Gas wird in der in Ziff. 2.2 angegebenen Weise geprüft. Die erwähnte kleine Stichflamme lässt sich besonders gut in einem abgedunkelten Raum erkennen. Ggf. genügt auch ein mattschwarzer Hintergrund.
>
> Neben dem Niederschlag von winzigen Wassertröpfchen an der Reagenzglaswandung kann auch eine merkliche Erwärmung der letzteren durch die „Reaktionswärme" festgestellt werden. Die Feststellung des Reaktionsproduktes „Wasser" lässt darauf schließen, dass das an der Kathode entwickelte Gas Wasserstoff sein musste.
>
> Zur Prüfung des an der Anode entwickelten Gases lässt man dieses in ein zweites Reagenzglas einströmen. In dieses führt man nun einen glimmenden Span ein. Dieser leuchtet mit lebhafter Feuererscheinung auf, denn der Sauerstoff beschleunigt einen Verbrennungsvorgang erfahrungsgemäß erheblich.

Der Stoff Wasser wurde somit durch den elektrochemischen Vorgang der Elektrolyse in seine „Elemente" Wasserstoff und Sauerstoff zerlegt. Eine Stoffzerlegung führt nicht immer zu chemischen Elementen (s. Ziff. 5). Als weiteres Beispiel für eine Stoffzerlegung sei die Zersetzung von Calciumcarbonat durch thermische Einwirkung in Calciumoxid und Kohlendioxid aufgeführt:

$$CaCO_3 \longrightarrow CaO + CO_2$$

Anwendung:

> Durch „Brennen" von Kalkstein wird „Gebrannter Kalk" erhalten. Das Gas Kohlendioxid entweicht (s. Ziff. 35).

2.4 Oxidation

Unter Oxidation im ursprünglichen Sinne versteht man eine chemische Bindung von Sauerstoff.

Beispiel:

> „Verbrennung" von Kohlenstoff zu Kohlendioxid unter Energiefreigabe
>
> $$C + O_2 \longrightarrow CO_2$$

Auf Oxidationsreaktionen im weiteren Sinne wird später eingegangen werden (siehe Ziff. 10.5).

2.5 Reduktion

Eine Reduktion im ursprünglichen Sinne ist eine Rückgängigmachung der Oxidation unter Entzug des Sauerstoffs mit Hilfe eines „Reduktionsmittels":

Beispiel:

Reduktion von Eisenerz (Eisenoxid) durch Kohlenstoff im Hochofen (vereinfachte Darstellung):

$$FeO + CO \longrightarrow Fe + CO_2 \uparrow$$

Reduktionsreaktionen im weiteren Sinne werden später behandelt werden (s. Ziff. 10.5).

2.6 Salzbildungsreaktionen

Bei Salzbildungsreaktionen unterscheidet man im Wesentlichen zwischen „einfachen" und „doppelten" chemischen Umsetzungen.

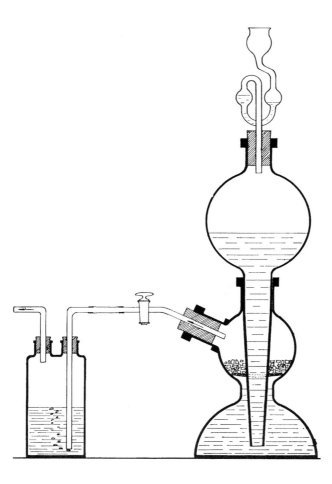

Abb. 3: Kippscher Apparat zur laborativen Gasherstellung.
Zur Herstellung von Wasserstoff ist der Apparat mit Zink und verdünnter Schwefelsäure gefüllt. Bei Gasentnahme (s. Bild) wird dieses durch den Flüssigkeitsdruck aus dem Apparat gedrückt, bis die verdünnte Schwefelsäure schließlich an das Zink gelangt, das auf einem Siebboden liegt. Dadurch kommt es zu einer neuen Wasserstoffentwicklung, so dass eine laufende Wasserstoffentnahme möglich ist. Bei Schließen des Hahns wird die verdünnte Schwefelsäure durch den sich entwickelnden Wasserstoff in den Vorratsbehälter hochgedrückt und die Gasentwicklung kommt zum Erliegen, sobald die verdünnte Schwefelsäure von dem Zink weggedrückt worden ist.

Als Beispiel für eine einfache chemische Umsetzung sei die Einwirkung von verdünnter Schwefelsäure auf Zink vorgestellt. Hierbei wird der Wasserstoff im Säuremolekül durch Zink ersetzt, unter Bildung des Salzes „Zinksulfat" und Freisetzung des Wasserstoffs in Gasform:

$$Zn + H_2SO_4 \longrightarrow ZnSO4 + H_2\uparrow$$

Diese Umsetzungsreaktion wird beispielsweise im Chemielabor zur Herstellung von Wasserstoff im „Kippschen Apparat" verwendet (s. Abb. 3).

Eine besondere Art der Salzbildungsreaktionen sind **Säure-Base-Reaktionen**.

Beispiel:

$$Ca(OH)_2 + 2\ HCl \longrightarrow CaCl_2 + 2\ H_2O$$

Durch Reaktion der „Base" Calciumhydroxid mit Salzsäure entsteht neben Wasser das „Salz" Calciumchlorid. Da letzteres gut wasserlöslich ist, bleibt dieses in (wässeriger) Lösung. Würde dagegen auf die Base Calciumhydroxid beispielsweise Kohlensäure einwirken (vgl. die Einwirkung der „Kohlensäure" der Luft auf Ca(OH)$_2$-enthaltende Bauteile, wie Beton), findet eine „Neutralisierung" der Base Calciumhydroxid durch die Kohlensäure unter **Ausfällung** von praktisch wasserunlöslichem Calciumkarbonat statt (s. auch Ziff. 39.3.3.):

$$Ca(OH)_2 + H_2CO_3 \longrightarrow CaCO_3 + 2\ H_2O$$

In Anbetracht der Ausfällung eines Reaktionsprodukts wird die letztaufgeführte Reaktionsart auch als **Fällungsreaktion** bezeichnet.

3 Der Feinbau der Materie

3.1 Molekül und Atom

Zwei Grundthesen der „klassischen Chemie" sind auch im „Atomzeitalter" gültig geblieben:

Moleküle (aus dem Lateinischen: molecula = kleine Masse) sind die kleinsten Teile eines Stoffes, die man durch eine **physikalische** Zerlegung (z. B. durch Feinstmahlung) erhalten kann.

Beispiele:

Ein Kochsalzmolekül (NaCl) besteht aus einem Natrium- und einem Chloratom;

ein Kalkspatmolekül (CaCO$_3$) besteht aus einem Calcium-, einem Kohlenstoff- und drei Sauerstoffatomen.

Atome (aus dem Griechischen: atomos = unteilbar) sind die kleinsten Teile eines Stoffes, die durch eine **chemische** Zerlegung erhalten werden können.

Beispiel:

Ein Wassermolekül (H$_2$O) lässt sich durch eine chemische Methode (ggf. elektrochemische Methode – s. o.) in zwei Wasserstoffatome und ein Sauerstoffatom spalten.

In der Natur kommen **92 verschiedene Atomarten** vor, die als **„chemische Elemente"** bezeichnet werden.

Die kleinste Atomart ist das **Wasserstoffatom**, die größte in der Natur vorgefundene Atomart das **Uranatom**.

3.2 Bau der Atome

3.2.1 Einführung

Der Grieche DEMOKRITOS hatte bereits im Altertum die Vorstellung, dass alle Materie aus kleinsten, nicht mehr teilbaren Partikelchen (atomos = unteilbar) zusammengesetzt sein müsse. Seine Vorstellungen sind jedoch lange Zeit – bis in die Neuzeit – verworfen gewesen.

J. DALTON veröffentlichte 1808 seine Atomhypothese, nach welcher die chemischen Elemente aus kleinsten, chemisch nicht weiterzerlegbaren Teilchen, den sog. „Atomen", bestehen würden. Diese Hypothese beruhte zunächst auf keinem experimentellen Nachweis.

Der Entwicklung der Atomtheorie zu Beginn dieses Jahrhunderts liegen in erster Linie Arbeiten von MAX PLANCK (1858 - 1947) zugrunde, der im Rahmen von Versuchen über Wärmestrahlungen erkannte, dass es eine kleinste, unteilbare elektrische Ladung gibt, die er mit **„Elementarladung e"** bezeichnete. Weiterhin, dass alle vorkommenden größeren Ladungen ganzzahlige Vielfache dieses **„Elementarladungs-Quantums e"** seien:

$$Q = n \cdot e \ (n = 1, 2, 3, 4 \text{ usw.})$$

Der dänische Physiker NIELS BOHR (1885 - 1962) entwickelte im Jahre 1911 unter Anwendung der **PLANCKschen Quantentheorie** eine Modellvorstellung über den Bau des Wasserstoffatoms, die als das **BOHRsche Atommodell** bezeichnet wurde.

Dieses sehr anschauliche Atommodell wird – obwohl es inzwischen weiterentwickelt wurde – vorerst nachstehend vorgestellt.

3.2.2 Das BOHRsche Atommodell

Nach der Modellvorstellung von BOHR besteht das kleinste, in der Natur vorkommende Atom, das Wasserstoffatom, aus einem **Proton** als Kern und einem **Elektron,** das den Kern umkreist (s. Abb. 4).

Das Atom wurde mit einem Sonnensystem kleinsten Ausmaßes verglichen, in welchem der Kern die Sonne und das Elektron einen um die Sonne kreisenden Planeten darstellt. Der Kern ist positiv elektrisch geladen, das Elektron Träger einer gleich starken, jedoch negativen elektrischen Ladung. Nach außen ist das Atom daher elektrisch neutral.

Das nächstgrößere, in der Natur vorkommende Atom, das **Heliumatom**, weist als Kern **zwei Protonen** (mit je einer positiven Ladung) sowie **zwei Neutronen** (die elektrisch neutral sind) auf (siehe Abb. 5).

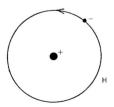

Abb. 4: Das BOHRsche Modell des Wasserstoffatoms.
Der aus einem positiv geladenen Proton bestehende Kern wird von einem elektrisch negativ geladenen Elektron umkreist, das eine Eigenrotation aufweist.

3 Der Feinbau der Materie

Abb. 5: Das BOHRsche Modell des Heliumatoms.
BOHR errechnete für das Heliumatom einen geringeren Atomdurchmesser als für das Wasserstoffatom (Erklärung s. Ziff 7.1).

Der Kern wird von **zwei Elektronen** (mit je einer negativen Ladung) umkreist. Nach außen hin gleichen sich die positiven Ladungen des Kerns und die negativen der Elektronen aus. Ein Atom ist somit nach außen hin elektrisch neutral.

Die nächst größeren Atomarten unterscheiden sich von den vorhergehenden jeweils durch ein Proton und ein Elektron, in der Regel zudem durch ein oder mehrere Neutronen.

Somit ist festzustellen:

Durch Vergrößerung des Kerns jeweils um ein Proton liegt das nächstgrößere Atom und damit ein nächstes chemisches Element vor.

Die schweren Atome weisen im Kern mehr Neutronen als Protonen auf. Beispielsweise enthält das größte (schwerste) natürliche Atom, das Uranatom, neben 92 Protonen 146 Neutronen. Es scheint eine Aufgabe der Neutronen zu sein, die positiv geladenen Protonen, die sich infolge ihrer gleichartigen Ladung gegenseitig abstoßen, durch eine Art Kittwirkung zusammenzuhalten. Die großen Atome scheinen daher unter einer erheblichen inneren Spannung zu stehen, was erklären mag, dass die künstlich hergestellten chemischen Elemente, die mehr als 92 Protonen im Kern enthalten, nicht beständig sind. Sie zerfallen radioaktiv mit unterschiedlicher Geschwindigkeit (s. Ziff. 7.1).

Nach NIELS BOHR, der sich – wie dargelegt – bei seiner Entwicklungsarbeit auf die PLANCKsche **Quantentheorie** stützte, ist auch die **Energie eines Elektrons gequantelt**.

Welche Bedeutung hat diese – bis heute unwiderlegte BOHRsche Annahme?

Wird einem Wasserstoffatom Energie zugeführt, erfolgt eine Anhebung des Elektrons von seiner Kreisbahn auf eine „höhere Energiestufe", und zwar auf eine Kreisbahn, die vom Kern weiter entfernt ist (siehe Abb. 6).

Nach Beendigung der Energiezufuhr fällt das Elektron wieder auf seine ursprüngliche Kreisbahn zurück, unter Freigabe der zuvor aufgenommenen Energie in Form von Licht. BOHR erkannte weiterhin, dass das Elektron durch Energiezufuhr nicht beliebige Energiewerte aufnehmen kann. Es kann sich nur auf bestimmten Energieniveaus bewegen, die durch die Hauptquantenzahl n bestimmt sind.

Die Energieniveaus, die das Wasserstoffelektron einnehmen kann, bezeichnete BOHR, wie in der Bildbeschreibung zu Abb. 6 bereits angegeben, mit den großen Buchstaben K, L, M, N, O und P. Die modernere Kennzeichnung ist „$n = 1$" für K, „$n = 2$" für L usw.

Die Elektronenschalen-Nummer n ist die **Hauptquantenzahl,** durch welche somit angegeben wird, auf welcher Schale ein Elektron angesiedelt ist.

Diese Abstufung der Energieniveaus sind im optischen Spektrum des Wasserstoffs zu erkennen, das einzelne Spektrallinien von ganz bestimmten Wellenlängen aufweist.

Für die Elektronen der größeren Atome gelten die gleichen BOHRschen Annahmen. Auch diese können nur bestimmte Energieniveaus, somit Elektronenschalen mit der Kennzeichnung K, L, M, N usw. einnehmen, wobei die Schalen jeweils nur mit einer Höchstzahl an Elektronen besetzt werden können.

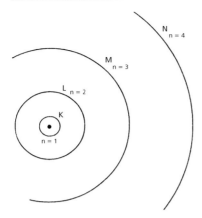

Abb. 6: Mögliche Energieniveaus des Wasserstoffelektrons nach Bohr:
Diese wurden von innen nach außen mit den großen Buchstaben K, L, M, N, O und P, später durch die Quantenzahlen n = 1, 2, 3, 4 usw. bezeichnet.
Für die möglichen Bahnradien wurde die Formel $r = n^2 \cdot 0{,}053$ nm aufgestellt:
$r_1 = 1 \cdot 0{,}053$ nm,
$r_2 = 2^2 \cdot 0{,}053$ nm,
$r_3 = 3^2 \cdot 0{,}053$ nm,
$r_4 = 4^2 \cdot 0{,}053$ nm
usw.

Im Grundsätzlichen sind die Bohrschen Annahmen bis heute unwiderlegt geblieben. Wesentlich verändert haben sich vor allem die Anschauungen über Form und Aufenthaltszustände der Elektronen, worauf nachstehend eingegangen wird.

> Vorab sei bereits angemerkt, dass nach den neuzeitlichen Anschauungen über die wahrscheinlichen Aufenthaltsräume der Elektronen diese zumindest mit dem größten Teil ihrer Ladungsenergie genau im Bereich der von Bohr errechneten Elektronenkreisbahnen liegen.

Der **Atomdurchmesser** ist unterschiedlich. Bei Elementen mit gleicher Anzahl an Elektronenschalen (siehe die entsprechende waagerechte Reihe der Elemente im Periodensystem (siehe Ziff. 6) nimmt der Atomdurchmesser in Anbetracht der zunehmenden Anziehung der Elektronen durch die steigende positive Ladung der Kerne ab (siehe Abb. 7).

Weisen Atome je 3 Elektronenschalen auf, liegt durch die 3. Schale ein vergrößerter Atomdurchmesser vor, wobei innerhalb dieser Periode mit zunehmender Elektronenzahl mit jeder weiteren Atomart wiederum eine Abnahme des Atomdurchmessers resultiert (siehe Abb. 7).

Die nachfolgende Darstellung veranschaulicht näherungsweise die unterschiedlichen Atomdurchmesser von je zwei Atomarten mit 2 bzw. 3 Elektronenschalen.

3.2.3 Weiterentwicklung des Bohrschen Atommodells

Das Bohrsche Atommodell wurde insbesondere von Sommerfeld weiterentwickelt. Das Verhalten der Elektronen ließ sich speziell bei größeren Atomen mit den bislang angenommenen Kreisbahnen nicht befriedigend erklären. In der Weiterentwicklung wurden neben den kreisförmigen Elektronenbahnen zunächst **elliptische Elektronenbahnen** angenommen.

Die große Halbachse einer elliptischen Bahn entsprach der Hauptquantenzahl n, für die kleine Halbachse wurde die „Nebenquantenzahl k" eingeführt, für die heute „l" geschrieben wird. Deren Zahlenwerte liegen zwischen 0 bis n - 1.

3 Der Feinbau der Materie

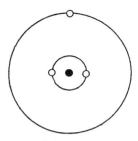
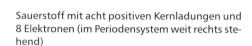
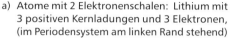

a) Atome mit 2 Elektronenschalen: Lithium mit 3 positiven Kernladungen und 3 Elektronen, (im Periodensystem am linken Rand stehend)

Sauerstoff mit acht positiven Kernladungen und 8 Elektronen (im Periodensystem weit rechts stehend)

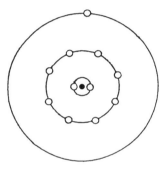
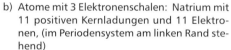

b) Atome mit 3 Elektronenschalen: Natrium mit 11 positiven Kernladungen und 11 Elektronen, (im Periodensystem am linken Rand stehend)

Chlor mit 17 positiven Kernladungen und 17 Elektronen (im Periodensystem weit rechts stehend)

Abb. 7: Näherungsweise Darstellung der unterschiedlichen Atomdurchmesser an BOHRschen Atommodellen.

Aufgrund umfangreicher Untersuchungen scheinen nachstehende Gesetzmäßigkeiten vorzuliegen:

> Die Zahl der möglichen Elektronenschalen eines Atoms beträgt für jede Hauptquantenzahl (n = 1, 2, 3 usw.) n^2.

> Eine Elektronenschale vermag höchstens **2 Elektronen** aufzunehmen.

Somit entsprechen beispielsweise der Hauptquantenzahl n = 2 mit maximal 8 Elektronen vier Elektronenschalen als „Aufenthaltsräume" der Elektronen, wobei eine Aufspaltung in Teilschalen vorzuliegen schien.

Es wurden unterschiedliche Elektronenausbildungen bzw. Elektronentypen – je nach vorliegender Nebenquantenzahl l angenommen, die wie folgt gekennzeichnet wurden:

Nebenquantenzahl	Elektronentypus	abgeleitet von
$l = 0$	s-Elektron	„sharp"
$l = 1$	p-Elektron	„principal"
$l = 2$	d-Elektron	„diffuse"
$l = 3$	f-Elektron	„fundamental"

Anmerkung: Die englischen Bezeichnungen sind aus den zugehörigen Spektrallinien abgeleitet worden.

Für die Elektronenkonfiguration der Atome wurde eine Schreibweise festgelegt, bei welcher die vorgestellte Zahl jeweils die Hauptquantenzahl und der Index an der Orbitalkennzeichnung die Anzahl der Elektronen im Orbital bedeutet.

Beispiel für die Schreibweise der Elektronenkonfiguration:

Neon: $1s^2\ 2s^2\ 2p^6\ (2p_x^2,\ 2p_y^2,\ 2p_z^2)$

Natrium: $1s^2\ 2s^2\ 2p^6\ 3s^1$

Calcium: $1s^2\ 2s^2\ 2p^6\ 3s^2\ 3p^6\ 4s^2$

Bei einer nicht voll besetzten Elektronenschale ist jeder Orbital meist erst mit einem Elektron besetzt, bevor ein oder mehrere Doppelbesetzungen erfolgen. Bei Sauerstoff sind beispielsweise ein p-Orbital doppelt, die beiden anderen einfach besetzt:

$$1s^2\ 2s^2\ 2p^4\ (2p_x^2,\ 2p_y^1,\ 2p_z^1).$$

3.3 Die Atomorbitale nach den Vorstellungen der Quanten- bzw. Wellenmechanik

Nach dem gegenwärtigen Stande der Atomforschung wird das Bohrsche Atommodell als zwar anschauliche, doch grob vereinfachte Darstellung „effektiver Gegebenheiten" angesehen. Es ist heute unbestritten, dass man sich

- die Elektronen nicht als kleine, kugelförmige Massepartikelchen vorstellen darf, und sich
- diese nicht auf kreisförmigen oder elliptischen Bahnen um die jeweiligen Atomkerne bewegen.

Vielmehr betrachtet man die Elektronenschalen als **dreidimensional schwingende räumliche Gebilde,** für welche man den Begriff **„Elektronenwolken"** geschaffen hat.

Den Begriff „Elektronenbahn" (nach Bohr) – englisch: orbit – hat man durch den Begriff „bahnartiger Zustand" (englisch: **orbital**) ersetzt, und die neuzeitlichen Auffassungen über diesen Bereich werden unter dem Begriff **„Orbitaltheorie"** zusammengefasst.

Die Elektronen eines Atoms, die sich nach der Bohrschen Atomtheorie auf energetisch verschiedenen Bahnen bewegen, befinden sich nach der heute vorherrschenden Auffassung der Quanten- oder Wellenmechanik in energetisch verschiedenen bahnartigen Zuständen, die als **„Atomorbitale"** bezeichnet werden.

3 Der Feinbau der Materie

> Die Vorstellungen der Quanten- oder Wellenmechanik wurden im Wesentlichen durch den österreichischen Physiker Schrödinger (Nobelpreis Physik: 1933), den deutschen Physiker Werner Heisenberg (Nobelpreis Physik: 1932) und den englischen Physiker Dirac (Nobelpreis Physik: 1933) entwickelt.

Die Elektronen eines Atoms, die den Raum rings um das Atom einnehmen, werden als **räumliche Wellen** betrachtet, die keine gegenseitige Auslöschung durch Interferenz erfahren können und wurde diesen der Charakter **stehender Wellen** ohne Energieverlust zugesprochen.

Jeder Atomorbital ist durch einen bestimmten Energieinhalt gekennzeichnet.

Die kleinste Atomart, das Wasserstoffatom, befindet sich ohne Anregung im „Grundzustand", dem „1 s-Zustand", dessen wellenmechanisches Atommodell von kugelsymmetrischer Gestalt ist (siehe Abb. 8).

Dieses entspricht dem niedrigsten Energieniveau, das ein Elektron, im vorliegenden Falle das Wasserstoffelektron, einnehmen kann.

Die wahrscheinliche Entfernung vom Atomkern, in welcher ein Elektron angetroffen werden kann, entspricht auch nach neuzeitlichen Errechnungen dem Radius der ersten Bohrschen Elektronenbahn.

Wird das Wasserstoffatom einer Energieeinwirkung ausgesetzt (vgl. auch Seite 11), so kann das – auf der K-Schale (n = 1) befindliche – Elektron zunächst auf die L-Schale (n = 2) angehoben werden.

Auf diesem Energieniveau sind **vier Orbitalformen** möglich, und zwar neben einer kugelsymmetrischen Elektronenwolke (vgl. Abb. 8) drei hantel- oder keulenförmige Elektronenwolken, die in diesen Formen auch bei Atomarten mit mehreren Elektronen vorliegen können (vgl. Abb. 9).

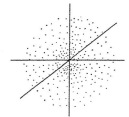
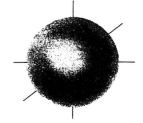

Die Bohrsche Elektronenkreisbahn.

Die Elektronenwolke als unterschiedlich dichte Ladungswolke dargestellt.

Die Elektronenwolke in kugelsymmetrischer Darstellung, innerhalb welcher der größte Teil der negativen elektrischen Ladung vermutet wird.

Abb. 8: Darstellung eines Wasserstoffatoms im Grundzustand.
Links: Nach Bohr. **Mitte** und **rechts:** Wellenmechanische Atommodelle mit neuzeitlichen Darstellungen der Elektronenwolke.

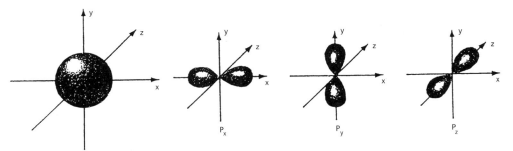

Abb. 9: Darstellung der wahrscheinlichen Formen der Elektronenwolken (orbitals) je nach Elektronentypus.

Das links in Abb. 9 dargestellte 2 s-Orbital entspricht in der kugelsymmetrischen Ausbildung dem 1 s-Orbital lt. Abb. 8, weist jedoch durch die Anhebung des Elektrons auf die L-Schale einen größeren Durchmesser auf.

Die hantelförmigen 2 p-Orbitale weisen eine unterschiedliche räumliche Ausrichtung auf, zu deren Unterscheidung man eine dritte Quantenzahl, nämlich die **Magnetquantenzahl m** geschaffen hat.

Bezüglich der bereits von Bohr angenommenen Eigenrotation der Elektronen hat man den Begriff des „**Elektronenspins**" festgelegt und wird die Richtung des Elektronenseins durch die „**Spinquantenzahl s**" angegeben.

Der Zustand eines Elektrons in der Atomhülle wird somit durch nachstehende Angaben gekennzeichnet:

> Die Hauptquantenzahl n gibt zusammen mit der Nebenquantenzahl l den Aufenthaltsraum und das Energieniveau für das Elektron an, die Magnetquantenzahl m gibt die Lage der Orbitale am Atomkern an und schließlich ist die Richtung des Elektronenspins durch die Spinquantenzahl s festgelegt.

3.4 Eigenschaften und Wechselwirkungen der Nukleonen

Die Vorstellung, dass die Kernbausteine (Protonen und Neutronen), auch Nukleone genannt, homogene Massenpartikelchen seien, ist längst überholt. Aufgrund umfangreicher Experimente wurde 1964 von den amerikanischen Physikern Murray Glenn-Mann (Nobelpreis 1969) und George Zweig die Hypothese aufgestellt, dass die Nukleonen aus je **drei Quarks** bestehen würden, und zwar die Protonen aus je zwei u-Quarks (up-Quarks) und einem d-Quark (down-Quark) und die Neutronen aus zwei d-Quarks und einem u-Quark.

Während die Nukleonen als kleine Kugeln mit dem Radius von 10^{-15} m aufgefasst werden, schien der Durchmesser eines Quarks unter 10^{-19} m zu liegen. Diese schwirren innerhalb des Raumes eines Nukleons umher, vergleichbar mit der um den Kern schwingenden Elektronenhülle (s. Abb. 10).

Dieses Bild vom Aufbau der Materie wurde durch Arbeiten der amerikanischen Physiker Jerome J. Friedmann, Henry W. Kendall und Richard W. Taylor (Nobelpreisträger für Physik 1991) am Elektronenbeschleuniger SLAC in Stanford (Kalifornien) untermauert. U. a. fanden sie deutliche Hinweise dafür, dass die Protonen und Neutronen tatsächlich eine „körnige Struktur" aufweisen, d. h. aus kleineren Bestandteilen – den Quarks – aufgebaut sind.

3 Der Feinbau der Materie

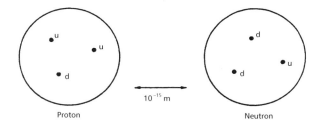

Abb. 10: Schematische Darstellung der in einem Nukleon umherschwirrenden Quarks, die voneinander einen Abstand von rd. 10⁻¹⁵ m einhalten würden (entnommen aus Lit. I/1).

Auch durch Untersuchungen am Europäischen Forschungszentrum für Teilchenphysik CERN in Genf wurde diese Hypothese gestützt.

Zur Erforschung der kleinsten Bestandteile der Materie wurden Protonen und Elektronen in riesigen Beschleuniger-Anlagen auf Geschwindigkeit gebracht, die der Lichtgeschwindigkeit nahe kamen, worauf man sie zusammenprallen ließ. **Fünf Arten von Quarks** wurden nachgewiesen, von Murray-Mann mit Up, Down, Charm, Strange und Bottom bezeichnet. Die von Murray-Mann vorausgesagte **6. Art**, das **Top-Quarks**, wurde trotz intensivster Versuchsarbeiten lange nicht entdeckt. Nach vorliegenden Berichten konnte am bekannten Fermi National Laboratory bei Chicago die experimentelle Beweisführung für das Top-Quarks erfolgreich abgeschlossen werden, dessen Masse die der anderen fünf Quarks-Arten überraschenderweise um ein Vielfaches übertrifft.

Neben den Quarks, die man bisher einzeln nicht isolieren konnte, wurden zahlreiche Arten kleiner bis kleinster Teilchen entdeckt, zusammengefasst mit „Leptonen" bezeichnet, die meist instabil sind und daher in der Regel nur in Übergangsphasen festzustellen waren. Zur „Sortierung" dieser kleinsten Elementarteilchen, zu welchen auch die Elektronen gehören, machte man sich Eigenschaftsunterschiede zunutze, die sich in „Quantenzahlen" (Leptonen-, Baryonenzahl, Hyperladung, Spin, Isospin u. a.) ausdrücken lassen.

Bei Vorgängen innerhalb des atomaren Bereichs spielen Wechselwirkungen zwischen den verschiedenen Nukleonen eine bedeutsame Rolle. Man unterscheidet heute im Wesentlichen vier Arten von Wechselwirkungen, und zwar die „starke", die „elektromagnetische", die „schwache" und die „Gravitationswechselwirkung".

Die unterschiedlichen Arten des radioaktiven Zerfalls (s. Ziff. 7) werden von den drei erstgenannten Wechselwirkungen verursacht. Der „Betazerfall" des Neutrons besteht z. B. darin, dass das Neutron in ein Proton, ein Elektron und ein „Antineutrino" zerfällt. Die freiwerdenden Elektronen bilden die „Betastrahlung". Freie Neutronen zerfallen in einer Halbwertszeit von etwa 15 Minuten. Die in stabilen Atomkernen gebundenen Neutronen können dagegen infolge des „Pauli-Prinzips" nicht zerfallen.

Protonen sind im freien Zustande absolut stabil. In Kerne eingebaute Protonen können sich in je ein Neutron, ein Positron und ein „Neutrino" umwandeln. Die Positronen treten dann als „Beta-Plus-Strahlung" auf.

Obwohl man auf Grund der Erfassung charakteristischer Eigenschaften der Elementarteilchen bereits viele mögliche Vorgänge zwischen diesen voraussagen kann, ist man von der Ergründung der Ursachen dieser Vorgänge und einem tieferen Einblick in diese noch weit entfernt.

Es ist nicht möglich, bei einem Studium dieses Sektors etwa schnell zu „greifbaren" Vorstellungen zu gelangen. Im Besonderen ist zu berücksichtigen, dass man bei Vorgängen, die man lange als „Zerfall" eines Elementarteilchens bezeichnet hat, das ursprüngliche

Teilchen nicht als aus den „Zerfallsendprodukten" zusammengesetzt betrachten darf. Es wäre also falsch, ein Neutron aus einem Proton, einem Elektron und einem Antineutron bestehend anzusehen, obwohl letztere als Endprodukte dieses „Zerfalls" anfallen.

Die Erörterung des Feinbaus der Materie soll mit vorstehenden Hinweisen im Interesse einer rationellen, speziell auf die Bauchemie ausgerichteten Darlegung der Grundlagen der Chemie abgeschlossen sein. Zur Vertiefung in diesen Fachbereich kann die im Literaturverzeichnis (Teil I u. III) genannte einschlägige Fachliteratur dienen.

4 Größen und Einheiten in der Chemie, Symbole, Formelsprache

4.1 Atomare Masseneinheit, absolute und relative Atommasse

Die **„Atomare Masseneinheit u"** beträgt vereinbarungsgemäß den

12. Teil der Masse des Kohlenstoff-Isotops ^{12}C:

u = 1,660566 x 10^{-24} g

Ein Mol des Kohlenstoff-Isotops ^{12}C hat die Masse von 1 g.

Für „u" hat man den Zahlenwert „1" eingesetzt. Die **„relative Atommasse"** des Kohlenstoff-Isotops hat daher den dimensionslosen Zahlenwert „12".

Die relativen Atommassen der chemischen Elemente wurden aus den Verhältnissen der Molmassen errechnet. Auch diese sind somit dimensionslose Verhältniszahlen.

Absolute, relative und molare Atom- bzw. Molekülmassen einiger Elemente und Moleküle

Stoff	absolute Masse		relative Masse	molare Masse	
H	1,008	u	1,008	1,008	g/mol
Isotop ^{12}C	12,000	u	12,000	12,000	g/mol
C	12,011	u	12,011	12,011	g/mol
O	15,9994	u	15,9994	15,9994	g/mol
Cl	35,453	u	35,453	35,453	g/mol
H_2O	18,0154	u	18,0154	18,0154	g/mol
NaCl	58,4428	u	58,4428	58,4428	g/mol

4.2 Relative Molekülmasse

Die „relative Molekülmasse" ist die Summe der „relativen Atommassen" der in einem Molekül des Stoffes enthaltenen Atome. Beispiele sind in der vorstehenden Tabelle unter „relativer Masse" aufgeführt.

4 Größen und Einheiten in der Chemie, Symbole, Formelsprache

4.3 Masse, Stoffmenge, Mol und andere Größen

Durch das gesetzlich eingeführte internationale Einheitssystem (Systeme Internationale – SI) wurden die SI-Einheiten auch in die Chemie eingeführt. Die Wesentlichen sind:

Die **Masse (m)** ist die Größe, welche die Schwere der Materie angibt.

SI-Einheiten: Kilogramm (kg), Gramm (g), Milligramm (mg), Mikrogramm (μg).

Die **Stoffmenge (n)** ist ein Maß für die Anzahl der Teilchen, aus der ein System oder ein Bestandteil eines Systems besteht.

Die SI-Basiseinheit ist das **Mol,** das Zeichen: mol, auch mmol (Millimol) und kmol (Kilomol).

Ein **Mol** ist die Stoffmenge eines Systems, das aus ebenso viel Einzelteilchen besteht, wie Atome in 12 g des Kohlenstoff-Nuklids ^{12}C enthalten sind.

Ein Mol eines Stoffes wird aus Molekularmasse g des Stoffes erhalten.

Beispiel:

1 Mol Wasserstoff (H_2)   2,016 g.

1 Mol Wasser (H_2O)   18,016 g.

Der Begriff „**Stoffportion**" wurde für einen abgegrenzten Stoffbereich festgelegt (s. DIN 32629), wobei zwischen „homogenen Stoffportionen" (z. B. ein Stück Kupferblech, ein Stück Zucker) und „heterogenen Stoffportionen" (z. B. ein Stück Granit, ein Stück Beton) unterschieden wird.

Gekennzeichnet wird eine Stoffportion qualitativ durch Benennung des Stoffes und quantitativ durch eine geeignete physikalische Größe, wie Masse (m), Volumen (V), Stoffmenge (n) oder Teilchenzahl N.

Beispiele für Stoffmengenangaben:

a) $n_1 (H_2SO_4) = 0{,}5$ mol;

b) $n_2 (Ca^{2+}) = 2$ mmol.

Für eine Stoffmengenangabe kann auch das Äquivalentteilchen als Einzelteilchen im Sinne der Definition des Mol zugrunde gelegt werden. Das **Äquivalentteilchen,** kurz „**Äquivalent**" genannt, ist der gedachte Bruchteil $\frac{1}{Z^x}$ eines Teilchens X, wobei X ein Atom, Molekül, Ion oder eine Atomgruppe sein kann und Z^x eine ganze Zahl ist, die sich aus der Ionenladung ergibt.

Ein Äquivalentteilchen wird symbolisch wie folgt dargestellt:

z. B. $\frac{1}{2} Ca^{2+}$, $\frac{1}{2} H_2SO_4$, $\frac{1}{5} KMnO_4$

Die **Stoffmenge von Äquivalenten** $n\left(\frac{1}{Z^x} X\right)$, auch **relative Äquivalentmasse** genannt, wird für Berechnungen durch eine Größengleichung angegeben.

Beispiele:

$n_1 (\frac{1}{2} H_2SO_4) = 1{,}0$ mol; $n_2 (\frac{1}{2} Ca^{2+}) = 4$ mol.

Die **„relative Äquivalentmasse"** (früher: Äquivalentgewicht) ist der Quotient aus der „relativen Formelmasse" eines Stoffteilchens durch Wertigkeit:

$$\text{Rel. Äquivalentmasse} = \frac{\text{rel. Formelmasse}}{\text{Wertigkeit}}$$

Für Atome gilt:

$$\text{Rel. Äquivalentmasse} = \frac{\text{rel. Atommasse}}{\text{Wertigkeit}}$$

Die **molare Masse M** eines Stoffs oder Stoffbestandteils, aus den Teilchen X bestehend – Formelzeichen: M (X) –, ist der Quotient aus der Masse m_i und der Stoffmenge $n_i(X)$ einer Portion i dieses Stoffes oder Stoffbestandteils:

$$M(X) = \frac{m_i}{n_i(X)} \quad \text{SI-Einheit: g/mol, kg/mol.}$$

Die molare Masse M ist somit die auf eine Stoffmenge bezogene Masse und kennzeichnet einen Stoff oder Stoffbestandteil (Näheres s. DIN 32625).

Die **Stoffmengenkonzentration c** eines Bestandteils einer Mischphase, der aus den Teilchen X besteht – Formelzeichen: c (X) –, ist der Quotient aus der Stoffmenge n (X) einer Portion des Bestandteils und dem zugehörigen Mischphasenvolumen V:

$$c(X) = \frac{n(X)}{V} \; ; \text{SI-Einheit: mol/m}^3 \text{ bzw. mmol/l.}$$

> **Beispiele** für die Angabe von Stoffmengenkonzentrationen in Lösungen mittels Größengleichungen:
>
> $c_1(Ca^{2+}) = 0{,}85$ mmol/l, $c_1\left(\frac{1}{2}Ca^{2+}\right) = 1{,}7$ mmol/l;
>
> $c_2(H_2SO_4) = 0{,}05$ mol/l, $c_2\left(\frac{1}{2}H_2SO_4\right) = 0{,}1$ mmol/l.

Überblick über einige SI-Basiseinheiten

Größe	Einheit	Zeichen
Masse (m)	Kilogramm	kg (g, t)
Stoffmenge (n)	Mol	mol
Volumen (V)	Liter	l, L
Stoffmengenkonzentration (c)	mol/m³ (mmol/l)	mol/m³ (mmol/l)
Stoffmengenbezogene molare Masse (M)	kg/mol	kg/mol
Druck (p)	Bar	bar
thermodynamische Temperatur (t)	Kelvin	K

4.4 Molare Teilchenzahl N_A – Loschmidtsche Konstante

Die molare Masse M eines Gases nimmt für alle Gase einheitlich ein Volumen von **22,415 l** (bei Normalbedingungen = 0 °C und 1,013 bar) ein.

Das Molvolumen wird wie folgt berechnet:

$$\text{Molvolumen} = \frac{\text{Molare Masse}}{\text{Wertigkeit}} \qquad \text{Dichte des Gases} = \frac{\text{Molare Masse}}{\text{Molvolumen}}$$

Beispiele:

Gas	Berechnung	Molvolumen	
Wasserstoff	$\frac{2{,}016}{0{,}09}$	= 22,415 l	(rel. Atommassen gerundet)
Sauerstoff	$\frac{31{,}999}{1{,}43}$	= 22,415 l	
Stickstoff	$\frac{28{,}013}{1{,}25}$	= 22,415 l	

Das das Molvolumen trotz der unterschiedlichen Gasdichten für alle Gase gleich ist, muss die Zahl der Moleküle in einem Molvolumen aller Gase ebenfalls gleich sein.

Der österreichische Physiker LOSCHMIDT fand die Anzahl der Moleküle in einem Molvolumen der Gase bereits im Jahre 1865 mit

$$N_L = 6{,}0095 \times 10^{23} \text{ mol}^{-1}$$

Der italienische Physiker AVOGADRO kam zu einem ähnlichen Ergebnis. Nach dem gegenwärtigen wissenschaftlichen Stand beträgt die molare Teilchenzahl

$$N_A = 6{,}022045 \times 10^{23} \text{ mol}^{-1}$$

5 Die chemischen Grundstoffe (Elemente)

5.1 Die natürlichen Grundstoffe (Elemente)

In der Natur wurden bisher 89 verschiedene Grundstoffe, genannt „chemische Elemente" aufgefunden, entsprechend den 89 in der Natur vorkommenden Atomarten. Drei Weitere hat man in bereits zurückliegenden Jahren durch künstliche Herstellung kennen gelernt. Diese sind unbeständig, sie zerfallen nämlich in kurzer Zeit radioaktiv.

Vereinbarungsgemäß zählt man diese Elemente, insgesamt 92 (bis einschließlich Uran – siehe „Periodisches System" – Ziff. 6) zu den „natürlichen chemischen Elementen".

Auf anderen Himmelskörpern befinden sich nach Feststellungen der Wissenschaft die gleichen chemischen Elemente wie auf der Erde. Allerdings sind große Atomarten auf Sonnen kaum vorhanden. Letztere bestehen im Wesentlichen aus Wasserstoff und Helium. Planeten und sonstige kleine Himmelskörper weisen in überwiegendem Umfange größere und große Atomarten auf.

(Hierauf beruht die Hypothese, dass die Sonnen des Weltalls sich durch Zusammenballung von im Wesentlichen aus Wasserstoff zusammengesetzten Gaswolken gebildet hatten. Die Sonne besteht aus rd. 99 % Wasserstoff und Helium, und nur rd. 1 % schweren Elementen. Bei den Planeten ist das Verhältnis umgekehrt. Nach der heute vorherrschenden Auffassung der Wissenschaft haben sich die leichten Elemente Wasserstoff und Helium bei Zusammenballung der Planeten aus der Urmasse in den Weltenraum verflüchtigt, da die Massenanziehung für diese zu gering war.)

Die meisten chemischen Grundstoffe bzw. Elemente sind als **Mischelemente** anzusehen, wie durch zahlreiche Untersuchungen erhärtet wurde. Das ist so zu verstehen, dass die Atome eines Elements – bei gleicher Protonenzahl im Kern und gleicher Elektronenzahl in der Elektronenhülle – durch eine teilweise **unterschiedliche Neutronenzahl** zu einem gewissen Prozentsatz eine abweichende relative Atommasse aufweisen.

Beispiel:

Die relative Atommasse des **Chlors** (35,453) ist dadurch zu erklären, dass Chlor zu etwa 75 % aus Atomen mit der „regulären" relativen Atommasse von 35,000 und zu etwa 25 % aus Atomen mit der relativen Atommasse 37,000 besteht.

5.2 Die künstlich hergestellten Elemente

Viele Jahre glaubten die Wissenschaftler, neue schwere Elemente durch Bestrahlen von Uran „aufbauen" zu können. Die Versuche führten zunächst nicht zu den gesuchten **Transuranen**, sondern zur Kernspaltung. Im Dezember 1938 entdeckten Otto Hahn und Fritz Strassmann, dass beim Bestrahlen des Uranisotops U 235 mit Neutronen leichtere Elemente, nämlich Barium und Krypton, erhalten werden können und dass bei diesem kernphysikalischen Prozess eine erhebliche Energie in Freiheit gesetzt wird.

Im Jahre 1940 entdeckten dann McMillan und Abelson das erste künstliche Element. Sie erhielten es als Nebenprodukt beim Bestrahlen von U 238 mit Neutronen. Es war schwerer als Uran und erhielt die Bezeichnung **Neptunium.** Auf Grund der Voraussage der chemischen Eigenschaften nach dem Periodischen System (s. Ziff. 6) konnten die geringen erhaltenen Mengen einwandfrei nachgewiesen werden.

Bis zum Jahre 1958 konnten dann die Transurane **Plutonium, Americium, Curium, Berkelium, Californium, Einsteinium, Fermium, Mendelevium** und **Nobelium** gefunden werden. An diesen Entdeckungen hatte der amerikanische Chemiker G. T. Seaborg maßgeblichen Anteil.

Weitere künstliche Elemente mit Ordnungszahlen über 92 konnten inzwischen hergestellt und anerkannt werden (Stand 2002):

Lawrentium (103), **Rutherfordium** (104), **Dubnium** (105), **Seaborgium** (106), **Bohrium** (107), **Hassium** (108) und **Meitnerium** (109).

Den wissenschaftlichen Laboratorien (insbes. Lawrence Radiation Laboratory, Berkeley, USA und Gesellschaft für Schwerionenforschung mbH, Darmstadt) war es gelungen, diese neuen schweren Elemente mit verbesserten Synthesemethoden unter Einsatz besonders starker Schwerionenbeschleuniger herzustellen. Hierbei wurde u. a. Uran mit schweren Ionen, wie Uran- und Xeniumionen, beschossen, unter Beschleunigung der Ionen mit mindestens 8 Millionen Elektronenvolt, um die **„Coulomb-Barriere"** zwischen den zur Reaktion zu bringenden Kernen zu überwinden.

5.3 Nuklide, Isotope

Atomarten, die vom durchschnittlichen Atombau durch eine **abweichende Neutronenzahl** gekennzeichnet sind – bei unveränderter Kernladungszahl – werden „Nuklide" genannt.

5 Die chemischen Grundstoffe (Elemente)

Nuklide eines bestimmten Elements tragen vereinbarungsgemäß die Bezeichnung „Isotope" (griech.: isos = gleich, topos: Platz, zu verstehen als „gleicher Platz im Periodensystem").

Nuklide weisen den gleichen Charakter und im Besonderen die **gleichen chemischen Eigenschaften** auf, wie das ihnen entsprechende chemische Element. Durch die abweichende Neutronenzahl liegt jedoch eine entsprechend **veränderte relative Atommasse** vor (vgl. auch Ziff. 4.1).

Als Beispiel seien die Wasserstoffisotope **„schwerer Wasserstoff"** (Deuterium) und **„überschwerer Wasserstoff"** (Tritium) benannt:

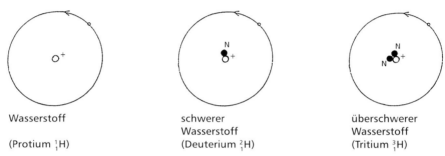

Wasserstoff

(Protium $^1_1$H)

schwerer Wasserstoff

(Deuterium $^2_1$H)

überschwerer Wasserstoff

(Tritium $^3_1$H)

Abb. 11: Darstellung des Wasserstoffatoms und seiner „Isotopen" an Bohrschen Atommodellen.

Die chemischen Eigenschaften der Elemente und ihrer Isotope hängen ausschließlich von der Beschaffenheit der Elektronenhülle, nicht der des Atomkerns ab.

5.4 Übersicht über die chemischen Elemente

Erläuterungen zur nachstehenden Übersicht (Tabelle 1):

Die relativen Atommassen A_r sind auf das Kohlenstoffisotop ^{12}C bezogen.

Die Kennzeichnung „f" bedeutet „fest", „fl" bedeutet „flüssig", „g" bedeutet „gasförmig", „k" bedeutet „künstlich hergestellt", „r" bedeutet „radioaktiv".

**) Dichte: Bei festen und flüssigen Stoffen ist die Reindichte (kg/dm³), bei gasförmigen die Normdichte (kg/m³ bei Normalbedingungen) angegeben.

Anmerkung: Soweit in den Spalten Angaben fehlen, liegen zzt. noch keine allgemein anerkannten Werte vor. Angaben in Klammern sind vorläufige Werte.

Tabelle 1: Übersicht über die chemischen Elemente

Name des Elements	Chemisches Symbol	Ordnungszahl	Relative Atommasse	Natürlicher Aggregatzustand	Häufige Wertigkeiten	Dichte	Schmelzpunkt °C	Siedepunkt °C (bei Normalbedingungen)
Actinium	Ac	89	227,0278	f, r	3	10,07	1050	3300
Aluminium	Al	13	26,98154	f	3	2,70	660,2	2270
Americium	Am	95	243	f, k, r	3	13,67	994	2607
Antimon	Sb	51	121,750	f	3, 4, 5	6,69	630,5	1470
Argon	Ar	18	39,948	g	0	0,536**)	- 189,37	- 185,88
Arsen	As	33	74,9216	f	3, 5	5,72	817 (bei 36 bar)	610
Astat	At	85	210	f, r	1		~ 300	~ 370
Barium	Ba	56	137,33	f	2	3,65	726	1696
Berkelium	Bk	97	247	f, k, r	3, 4			
Beryllium	Be	4	9,012	f	4	1,845	1285	2970
Bismut	Bi	83	208,9804	f	3	9,80	271	1420
Blei	Pb	82	207,19	f	2, 4	11,34	327,43	1751
Bor	B	5	10,811	f	3, 4	3,3 (krist.)	2075	2550
Brom	Br	35	79,904	fl	1,5	3,14	- 7,3	58,8
Cadmium	Cd	48	112,4	f	2	8,64	320,9	767,3
Caesium	Cs	55	132,9054	f	1	1,87	28,45	708
Calcium	Ca	20	40,080	f	2	1,54	845	1420
Californium	Cf	98	251	f, k, r	3, 4			
Cer	Ce	58	140,12	f	3, 4	6,66	795	3257
Chlor	Cl	17	35,453	g	1, 3	1,565 (flüss.)	- 110,0	- 34,06
Chrom	Cr	24	51,996	f	2, 3, 6	7,19	1890	~ 2300
Cobalt	Co	27	58,9332	f	2, 3	8,83	1492	3110
Curium	Cm	96	247	f, k, r	3	13,51	1340	
Dysprosium	Dy	66	162,50	f	3	8,54	1407	2335
Einsteinium	Es	99	252	f, k, r	3			
Eisen	Fe	26	55,847	f	2, 3	7,86	1539	2735
Erbium	Er	68	167,26	f	3	9,05	1407	2510
Europium	Eu	63	151,96	f	2,3	5,26	826	1597
Fermium	Fm	100	257	f, k, r	3			
Fluor	F	9	18,9984	g	1	1,108 (flüss.)	- 219,6	- 187,5
Francium	Fr	87	223	f, r	1		(~ 50)	(~ 680)

5 Die chemischen Grundstoffe (Elemente)

Tabelle 1: (Fortsetzung)

Name des Elements	Chemisches Symbol	Ordnungszahl	Relative Atommasse	Natürlicher Aggregatzustand	Häufige Wertigkeiten	Dichte	Schmelzpunkt °C	Siedepunkt °C (bei Normalbedingungen)
Gadolinium	Gd	64	157,25	f	3	7,895	1312	3233
Gallium	Ga	31	69,72	f	2, 3	5,9	29,78	2070
Germanium	Ge	32	72,59	f	2, 4	5,36	959	~ 2700
Gold	Au	79	196,9665	f	1, 3	19,22	1063	2610
Hafnium	Hf	72	178,49	f	4	13,31	2222	5127
Hahnium	Ha	105	262	f, k, r				
Helium	He	2	4,003	g	0	0,18**)	- 272,2 (b. 25,2 atm)	- 268,9
Holmium	Ho	67	164,930	f	3	8,803	1461	2572
Indium	In	49	114,82	f	1,2,3	7,31	156,17	1075
Iridium	Ir	77	192,22	f	1, 3, 4	22,42	2454	4530
Jod	J	53	126,904	f	1	4,942	113,7	184,5
Kalium	K	19	39,0983	f	1	0,86	63,5	753,8
Kobalt, s. Cobalt								
Kohlenstoff	C	6	12,011	f	4	3,51 (Diamant) 2,25 (Graphit)	3900	3950
Krypton	Kr	36	83,80	g	0	0,908**)	- 157,20	- 153,35
Kupfer	Cu	29	63,546	f	1, 2	8,92	1083	2350
Lanthan	La	57	138,9055	f	3	6,17	920	3454
Lawrentium	Lr	103	257	f, k, r	(3)			
Lithium	Li	3	6,941	f	1	0,534	179	1340
Lutetium	Lu	71	174,967	f	3	9,843	1652	3315
Magnesium	Mg	12	24,305	f	2	1,74	650	1105
Mangan	Mn	25	54,938	f	2, 3, 4, 6, 7	7,21	1247	2030
Mendelevium	Md	101	258	f, k, r				
Molybdän	Mo	42	95,94	f	2, 3, 4, 6	10,22	2610	~ 4800
Natrium	Na	11	22,98977	f	1	0,966	97,8	881,3
Neodym	Nd	60	144,24	f	3	7,004	1024	3127
Neon	Ne	10	20,179	g	0	0,484**)	- 248,6	- 246,1

Tabelle 1: (Fortsetzung)

Name des Elements	Chemisches Symbol	Ordnungszahl	Relative Atommasse	Natürlicher Aggregatzustand	Häufige Wertigkeiten	Dichte	Schmelzpunkt °C	Siedepunkt °C (bei Normalbedingungen)
Neptunium	Np	93	237,0482	f, k, r	3, 4, 6	20,45	639	3902
Nickel	Ni	28	58,69	f	2, 3	8,90	1452	2840
Niobium	Nb	41	92,9064	f	3, 4, 5	8,56	1950	~ 5100
Nobelium	No	102	254	f, k, r	3			
Osmium	Os	76	190,2	f	2, 4, 6, 8	22,48	3050	5020
Palladium	Pd	46	106,42	f	2, 4	11,97	1552	2930
Phosphor	P	15	30,97376	f	3, 5	1,82 (weiß. P.) 2,36 (roter P.)	44,2	280
Platin	Pt	78	195,08	f	2, 4	21,45	1769	3830
Plutonium	Pu	94	244	f, k, r	2 bis 6	19,74	639,5	3230
Polopium	Po	84	209,0	f, r	2, 4, 6	9,32	254	962
Praseodym	Pr	59	140,9077	f	3, 4	6,782	935	3212
Promethium	Pm	61	145	f, k, r	3	7,22	1168	2730
Protactinium	Pa	91	231,036	f, r	5	15,37	1568	~ 4200
Quecksilber	Hg	80	200,59	fl	1, 2	13,595	- 38,84	359,95
Radium	Ra	88	226,025	f, r	2	5,50	700	1140
Radon	Rn	86	222,0	g, r	0	1,20**)	- 71	- 62
Rhenium	Re	75	186,2	f	3, 4, 6, 7	21,03	3180	~ 5500
Rhodium	Rh	45	102,906	f	2, 3, 4	12,42	1960	3670
Rubidium	Rb	37	85,468	f	1	1,52	38,99	696
Ruthenium	Ru	44	101,07	f	2 bis 4, 6 bis 8	12,43	2450	4150
Rutherfordium	Rf	104	261	f, k, r	6 bis 8			
Samarium	Sm	62	150,35	f	2, 3	7,54	1072	1752
Sauerstoff	O	8	15,9994	g	2	1,42895**)	- 218,75	- 182,97
Scandium	Sc	21	44,9559	f	3	2,992	1539	2832
Schwefel	S	16	32,06	f	2, 4, 6	2,06 (rhomb.) 1,96 (monokl.)	118,9	444,6

Tabelle 1: (Fortsetzung)

Name des Elements	Chemisches Symbol	Ordnungszahl	Relative Atommasse	Natürlicher Aggregatzustand	Häufige Wertigkeiten	Dichte	Schmelzpunkt °C	Siedepunkt °C (bei Normalbedingungen)
Selen	Se	34	78,96	f	2, 4, 6	4,82	220,2	684,8
Silber	Ag	47	107,868	f	1, 2	10,50	960,5	1980
Silicium	Si	14	28,0855	f	4	2,328	1413	2630
Stickstoff	N	7	14,0067	g	3, 5	1,25046	- 237,5	- 195,82
Strontium	Sr	38	87,62	f	2	2,60	771	1385
Tantal	Ta	73	180,9479	f	2 bis 5	16,96	2990	~ 6000
Technetium	Tc	43	98,0	f, k, r	1 - 4, 6	11,49	2150	~ 5030
Tellur	Te	52	127,60	f	2, 4, 6	6,25	452	1087
Terbium	Tb	65	158,9254	f	3, 4	8,272	1356	3041
Thallium	Tl	81	204,383	f	1, 3	11,83	302,5	1457
Thorium	Th	90	232,0381	f, r	2, 4	11,72	1750	4200
Thulium	Tm	69	168,9342	f	3	9,33	1545	1732
Titan	Ti	22	47,88	f	2, 3, 4	4,49	1668	3262
Uran	U	92	238,0298	f, r	3 bis 6	18,97	1132	3818
Vanadium	V	23	50,9415	f	2 bis 5	5,8	1715	ca. 3500
Wasserstoff	H	1	1,0079	g	1	0,08987	- 259,19	- 252,76
Wismut siehe Bismut								
Wolfram	Wo	74	183,85	f	2 bis 6	19,26	3380	ca. 5700
Xenon	Xe	54	131,29	g	0	1,100**)	- 108,10	- 111,8
Ytterbium	Yb	70	173,04	f	2, 3	6,977	824	1193
Yttrium	Y	39	88,9059	f	3	4,472	1509	3337
Zink	Zn	30	65,37	f	2	7,130	419,4	908,5
Zinn	Sn	50	118,69	f	2, 4	7,3 (β-Sn)	231,91	2337
Zirconium	Zr	40	91,22	f	2, 3, 4	6,53	1855	4750

6 Periodisches System der chemischen Elemente

Die chemischen Elemente wurden in der Reihenfolge ihrer relativen Atommasse in das Periodische System eingeordnet (LOTHAR MEYER und MENDELEJEFF, 1868/69). Man erkannte, dass nach bestimmten Folgen (Perioden) von Elementen ähnliche chemische Eigenschaften immer wieder auftraten. Im Periodischen System sind die chemischen Elemente daher nicht nur nach steigenden „**relativen Atommassen**" eingeordnet, sondern es besitzen die senkrecht untereinander stehenden chemischen Elemente **verwandte chemische Eigenschaften**. Die Gruppe chemisch verwandter Elemente bezeichnet man auch mit „Familien" (s. Tabelle 2).

Tabelle 2: Kombiniertes Periodensystem der chemischen Elemente

Perioden								Gruppen (Familien)	
		I		II		III		IV	
		a	b	a	b	a	b	a	b
1		¹H 1,0079							
2		³Li 6,941		⁴Be 9,012		⁵B 10,811		⁶C 12,01	
3		¹¹Na 22,99		¹²Mg 24,305		¹³Al 26,982		¹⁴Si 28,08	
4	a	¹⁹K 39,098		²⁰Ca 40,080		²¹Sc 44,956		²²Ti 47,88	
	b		²⁹Cu 63,546		³⁰Zn 65,37		³¹Ga 69,72		³²Ge 72,59
5	a	³⁷Rb 85,47		³⁸Sr 87,62		³⁹Y 88,906		⁴⁰Zr 91,22	
	b		⁴⁷Ag 107,868		⁴⁸Cd 112,40		⁴⁹In 114,82		⁵⁰Sn 118,69
6	a	⁵⁵Cs 132,905		⁵⁶Ba 137,33		⁵⁷La 138,906	und selt. Erden	⁷²Hf 178,49	
	b		⁷⁹Au 196,967		⁸⁰Hg 200,59		⁸¹Tl 204,383		⁸²Pb 207,19
7		⁸⁷Fr 223		⁸⁸Ra 226,03		⁸⁹Ac 227,028		⁹⁰Th 232,038	

Seltene Erden: (Lanthanoide)	⁵⁸Ce 140,12	⁵⁹Pr 140,91	⁶⁰Nd 144,24	⁶¹Pm 145	⁶²Sm 150,36	⁶³Eu 151,96	⁶⁴Gd 157,25
Transurane: (Actinoide)	⁹³Np 237,048	⁹⁴Pu 244	⁹⁵Am 243	⁹⁶Cm 247	⁹⁷Bk 247	⁹⁸Cf 251	⁹⁹Es 252

Erläuterung: Die Zahl links oben neben dem chem. Symbol ist die Ordnungszahl (Protonenzahl), die Zahl darunter gibt die rel. Atommasse an (gerundet – genaue Zahl siehe Tabelle 1)

grau unterlegt: radioaktiv (unbeständig)

——— Trennungslinie zwischen Metallen (unten) und Nichtmetallen (oben)

6 Periodisches System der chemischen Elemente

der Elemente

V a	V b	VI a	VI b	VII a	VII b	VIII a	VIII b
							2 **He** 4,003
	7 **N** 14,007	8 **O** 15,9994		9 **F** 18,998			10 **Ne** 20,179
	15 **P** 30,974	16 **S** 32,06		17 **Cl** 35,453			18 **Ar** 39,948
23 **V** 50,942		24 **Cr** 51,996		25 **Mn** 54,938		26 **Fe** 55,847 27 **Co** 58,933 28 **Ni** 58,69	
	33 **As** 74,921		34 **Se** 78,96		35 **Br** 79,904		36 **Kr** 83,80
41 **Nb** 92,906		42 **Mo** 95,94		43 **Tc** 98,00		44 **Ru** 101,07 45 **Rh** 102,91 46 **Pd** 106,42	
	51 **Sb** 121,75		52 **Te** 127,60		53 **J** 126,904		54 **Xe** 131,29
73 **Ta** 180,95		74 **W** 183,85		75 **Re** 186,20		76 **Os** 190,2 77 **Ir** 192,22 78 **Pt** 195,08	
	83 **Bi** 208,980		84 **Po** 209,0		85 **At** 210		86 **Rn** 222,0
91 **Pa** 231,04		92 **U** 238,03					
65 **Tb** 158,925	66 **Dy** 162,50	67 **Ho** 164,93	68 **Er** 167,26	69 **Tm** 168,934	70 **Yb** 173,04	71 **Lu** 174,967	
100 **Fm** 257	101 **Md** 258	102 **No** 254	103 **Lr** 260	104 **Rf** 261	105 **Ha** 262		

> Wenn wir das Periodische System betrachten, so stellen wir fest, dass die erste senkrechte Reihe der Familie der **Alkalimetalle** darstellt, die zweite senkrechte Reihe ist die Familie oder Gruppe der **Erdalkalimetalle**, die dritte Gruppe wird als die Gruppe der **Erdmetalle** bezeichnet. Die vorletzte senkrechte Reihe stellt die Gruppe der Halogene und die letzte Gruppe die der **Edelgase** dar.

Die untereinanderstehenden chemischen Elemente werden, wie bereits erwähnt, als „chemisch verwandt" bezeichnet. Beispielsweise verhält sich das Metall Natrium (Na) chemisch ähnlich wie das Metall Kalium (K). Die Elemente der Gruppe der Alkalimetalle haben u. a. eine starke Neigung, mit Halogenen (d. h. Salzbildnern) Salze zu bilden. Auch ist es schon lange bekannt, dass die Metalle Calcium und Magnesium wie auch Barium chemisch verwandt sind, dgl. die Elemente Sauerstoff und Schwefel, ferner Kohlenstoff und Silicium und im besonderem Maße die Elemente der letzten Familie, der Edelgase.

Im Periodischen System besitzt jedes chemische Element in der Reihenfolge der Einordnung eine **Ordnungszahl**. Da die chemischen Elemente sich u. a. jeweils um ein Proton unterscheiden, gibt die Ordnungszahl gleichzeitig die **Anzahl der Protonen** im Kern an. Diese Anzahl der Protonen je Kern nennt man auch **Kernladungszahl**.

Gekürztes Periodensystem der Elemente

	0			I						II	
1	0 Nn			1 H						2 He	1
	0	I	II	III	IV	V	VI	VII	VIII		
2	2 He	3 Li	4 Be	5 B	6 C	7 N	8 O	9 F	10 Ne		2
3	10 Ne	11 Na	12 Mg	← a →	13 Al	14 Si	15 P	16 S	17 Cl	18 Ar		3
4	18 Ar	19 K	20 Ca	← b →	31 Ga	32 Ge	33 As	34 Se	35 Br	36 Kr		4
5	36 Kr	37 Rb	38 Sr	← c →	49 In	50 Sn	51 Sb	52 Te	53 J	54 Xe		5
6	54 Xe	55 Cs	56 Ba	← d →	81 Tl	82 Pb	83 Bi	84 Po	85 At	86 Rn		6
7	86 Rn	87 Fr	88 Ra	(113) Lr	(114) -	(115) -	(116) -	(117) -	(118) -			7
	0	I	II	III	IV	V	VI	VII	VIII		

Anmerkung: ← a → An dieser Stelle blieben die dazwischen liegenden Elemente Scandium (21) bis Zink (30) unberücksichtigt;

← b → Hier blieben die „Zwischenelemente" Yttrium (39) bis Cadmium (48) unberücksichtigt;

← c → Die „Zwischenelemente" Lanthan (57) bis Quecksilber (80) fehlen;

← d → Die dazwischen liegenden Elemente Actinium (89) bis zu (dem später hergestellten künstlichen Element) Lawrentium (113) blieben unberücksichtigt.

(Die Zwischenelemente sind durch zunehmende Auffüllung der vorletzten Elektronenschale bzw. Energiestufe entstanden.)

Die Periodennummer eines Elements, das ist die Nummer der waagerechten Reihe, gibt die Anzahl der Elektronenschalen des betreffenden Elements an. Die Gruppennummer des Elements, das ist die Nummer der senkrechten Reihe, gibt die Zahl der Elektronen in der Außenschale an (s. Tafel 2). Die „chemische Verwandtschaft" der untereinander angeordneten Elemente beruht, wie erst nachträglich festgestellt wurde, auf einer gleichartigen Ausbildung der Elektronenaußenschale. Die Elemente der Gruppe I weisen beispielsweise in der Außenschale je **ein** Elektron, die Gruppe II je **zwei** Elektronen usw. auf. Entsprechend ließen sich u. a. die chemischen Eigenschaften noch unbekannter künstlicher Elemente voraussagen, was deren Nachweis erleichterte (s. Ziff. 5.2).

Allerdings ließen sich nicht alle Elemente in die durch das Elektronenoktett vorgezeichneten acht senkrechten „Gruppen" des Periodensystems befriedigend einordnen. Denn nach dem Edelgas Argon (18) besitzen erst wieder die Elemente Krypton (36), Xenon (54) und schließlich Radon (86) Edelgascharakter.

Für diese – „einfach" einzuordnenden – Elemente hat man ein **„Gekürztes Periodensystem der Elemente"** aufgestellt, in welchem eine Reihe von „Zwischenelementen" zunächst weggelassen wurden (s. S. 32).

7 Atomumwandlungen

7.1 Natürliche Atomumwandlungen

Im Jahre 1896 wurde beobachtet (Becquerel), dass Uranverbindungen Strahlen aussenden, welche Körper zu durchdringen vermögen. Im Jahre 1898 wurde im Uranpecherz das stark strahlende Element Radium entdeckt (Curie).

Chemische Elemente, die Strahlen dieser Art aussenden, leuchten im Dunkeln, sie schwärzen die fotografische Platte und geben zudem Wärme ab (1 g Radium gibt in einer Sekunde die Wärmemenge von rd. 0,575 kJ ab). Diese Strahlung der „radioaktiven" chemischen Elemente wurde **„radioaktive Strahlung"** benannt. Die radioaktive Strahlung ist nicht einheitlich. Man unterscheidet γ-, β- und α-Strahlen. Im elektromagnetischen Feld wird die radioaktive Strahlung zerlegt (s. Abb. 12). Die γ-Strahlen werden durch den negativen Pol, die β-Strahlen durch den positiven Pol angezogen. Die α-Strahlen zeigen keine Ablenkung. Aus dem Verhalten im elektromagnetischen Feld wurde gefolgert, dass die γ-Strahlen positiv geladene Massenteilchen darstellen. Sie wurden als Heliumkerne erkannt. Die β-Strahlen sind negativ geladen und nichts anderes als Elektronen. Die α-Strahlen sind dagegen keine Massenteilchen, sie sind elektromagnetische Wellen, ähnlich den Röntgenstrahlen, doch kurzwelliger.

Die radioaktiven Elemente wandeln sich im Zuge der Abstrahlung je in ein anderes Element um – unter entsprechender Verkleinerung des Atomkerns.

Radium geht über Zwischenelemente allmählich in **Blei** über.

Das in der Natur vorkommende Element **Uran**, auch radioaktiv, wird im Zuge der Abstrahlung allmählich in ein **Bleiisotop** umgewandelt (s. Ziff. 5.3). Aus der Zerfallsgeschwindigkeit des Urans, das zzt. in der Natur etwa 20 % des Bleiisotops enthält, errechnete man ein Erdalter von rd. 4 Milliarden Jahren. Vorausgesetzt wurde hierbei, dass das Uran bei Entstehung der Erde noch kein Bleiisotop enthielt.

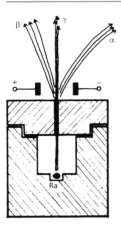

Abb. 12: Schematische Darstellung der durch ein elektromagnetisches Feld zerlegten radioaktiven Strahlung.

Die Zerfallsgeschwindigkeit der radioaktiven Elemente ist unterschiedlich. Für diese hat man den Begriff der **„Halbwertzeit"** geprägt. Die des Radiums beträgt rd. 1580 Jahre.

Eine **Kernverschmelzung** von **Wasserstoff zu Helium** findet ständig auf der **Sonne** statt. Aus dieser Reaktion bezieht die Sonne die Energiemengen, die sie ständig abstrahlt. Man hat errechnet, dass die Sonne mindestens noch einmal solange fast unverändert stark strahlen wird, als sie bereits besteht, somit etwa 6 Milliarden Jahre. Nach Ablauf dieser Zeit wird der auf der Sonne vorhandene Wasserstoff (die Hauptmasse der Sonne) etwa zu 50 % in Helium umgewandelt sein.

Über die Ursache der ständigen Energieabstrahlung der Sonne gilt folgende Vorstellung:

Bei Entstehung der Sonne wurde der „Wasserstoffball" durch die Massenanziehung stark komprimiert, mit der Folge einer Temperaturerhöhung auf viele Millionen Grad, durch welche die Eigenbewegung der Wasserstoffatome (vgl.: BROWNsche Molekularbewegung) sehr beschleunigt wurde – unter Aufspaltung in freie Protonen und Elektronen. Bei frontalem Zusammenprall von Protonen entsteht ständig durch Kernfusionen Helium – unter Freigabe von Energie, die von der Sonnenoberfläche in Form von elektromagnetischen Wellen („Kosmische Strahlung") begleitet von kleinsten Massepartikelchen, wie Protonen, Ionen u. a., abgestrahlt wird. Letztere werden von der heißen Sonnenoberfläche mit unvorstellbarer Wucht abgeschleudert und fliegen mit Geschwindigkeiten bis rd. 800 km/Sekunde durch den Weltraum. Für dieses Phänomen wurde der Begriff **„Sonnenwind"** geprägt.

Nach rd. 4 Tagen erreichen die abgeschleuderten „Sonnenwind-Teilchen" die Erde. Das Magnetfeld fängt diese weit gehend ein. In den Polargebieten, in welchen das Magnetfeld relativ schwach ist, können diese Teilchen vermehrt in den Luftraum einschießen, erkennbar an der Erscheinung des **Polarlichts**. Oft wurde ein verstärkter Sonnenwind-Ausstoß als Folge gewaltiger Gasausbrüche aus der Sonnenoberfläche festgestellt, – mit der Folge einer Auslösung starker magnetischer Stürme, durch welche Funkverkehr und Navigation meist erheblich gestört wurden.

Die **„Kosmische Strahlung"** (s. o.) besteht zum Teil aus „harten" (sehr kurzwelligen) UV-Strahlen, die für das gesamte organische Leben eine Gefahr darstellen. Diese wird durch die Ozonschicht der Erdatmosphäre in ihrer Wirkung abgemildert (s. auch Ziff. 52.3).

7.2 Künstliche Atomumwandlungen

Die erste künstliche Atomumwandlung gelang dem englischen Physiker Rutherford (1912). Durch Beschuss von Stickstoff mit γ-Strahlen wurde ein Sauerstoffisotop mit dem Atomgewicht 17 erhalten, wobei je Atom ein Neutron frei wurde.

In den folgenden Jahren gelang mancher künstliche Atomaufbau und -abbau. Man beschloss Elemente mit Neutronen, Heliumkernen, Protonen, Elektronen usw. Ein entscheidender Erfolg wurde erst im Dezember 1938 durch die deutschen Forscher Otto Hahn und Franz Strassmann erzielt. Es gelang die Spaltung des **Uranisotops U 235** in zwei verschiedene Elemente (Isotope von Barium und Krypton) unter Freigabe von Neutronen und einer großen Energiemenge (s. a. Ziff. 4.2):

$$^{235}_{92}U \longrightarrow {}^{139}_{56}Ba + {}^{93}_{36}Kr + 3 \cdot {}^{1}_{0}n$$

Das Uranatom U 238 verhielt sich bei Neutronenbeschuss ganz anders. Es wurde durch Aufnahme langsamer Neutronen in Transurane umgewandelt, es erfolgte somit ein Atomaufbau. Das wichtigste Transuran ist das **Plutonium**, das in der ersten Atombombe mit Anwendung gefunden hat.

Von Bedeutung war die Entdeckung (1942, USA), unter welchen Voraussetzungen eine in Gang gekommene Spaltung des U 235 ohne weitere Energiezufuhr weiterzulaufen vermag. Diese Voraussetzungen liegen dann vor, wenn die bei der in Gang gekommenen Spaltung freiwerdenden Neutronen in genügender Dichte auftreten, was bei Vorliegen einer größeren Stoffmenge der Fall ist, die mit „kritischer Masse" bezeichnet wird. Ein selbstständiges Weiterlaufen einer ausgelösten Atomspaltung nennt man **„Kettenreaktion"**.

Bei U 235 beträgt die kritische Masse 7 – 10 kg. Da U 235 radioaktiv ist und ständig Neutronen abstrahlt, können letztere allein die Atomspaltung auslösen. Unter der kritischen Masse ist ein Block U 235 harmlos. Wird jedoch die kritische Masse erreicht, kommt es infolge des nunmehr lawinenartigen Anwachsens der Menge kettenfortführender Neutronen augenblicklich zum exothermen Atomzerfall mit ungeheurer explosiver Wirkung.

Plutonium, das gleichfalls Neutronen abstrahlt, verhält sich gleichartig. Die kritische Masse liegt zwischen 10 und 30 kg.

In der Atombombe fand dieses Verhalten von U 235 bzw. Plutonium die erste furchtbare Auswertung. In der ersten, im letzten Weltkrieg abgeworfenen Atombombe wurden zwei für sich unterkritische Mengen U 235 durch eine Sprengladung gegeneinander geschossen. Im Moment der Vereinigung zu einer überkritischen Menge kam es zur Atomexplosion. In der zweiten abgeworfenen Bombe wurde das leichter herstellbare Plutonium gleichartig angewandt. Durch Ummantelung der Atombombe mit einem Material, das die Neutronen nach innen reflektierte, wurde ein vorzeitiges Auseinanderplatzen in Teilstücke von unterkritischen Größen verhindert.

Nachdem es schließlich gelungen war, die Kettenreaktion des Atomzerfalls des U 235 auch **langsam** ablaufen zu lassen, konnte man die bei der Kettenreaktion freiwerdende Atomenergie auch einer friedlichen Nutzung zugänglich machen. Dies geschieht im **Atommeiler**, dem Herzstück des **Atomkraftwerks**.

Im Atommeiler „verbrennt" der **„Kernbrennstoff"**; die Wärme, die hierbei frei wird, wird in üblicher Weise über Dampfturbinen in elektrische Energie umgewandelt.

Der Kernbrennstoff besteht aus natürlichem Uran, das in geringer Menge U 235 enthält (ca. 0,7 %), meist mit einer zusätzlichen Beimengung an letzterem. Der „Brennvorgang" wird durch Neutronen eingeleitet; die Hauptsorge ist, die Kettenreaktion so zu leiten, dass durch die abstrahlenden Neutronen der Vorgang nicht zu sehr beschleunigt wird. Durch die große Verdünnung des U 235 im Uran bzw. dem sogenannten Kernbrennstoff kommt es zu keiner explosionsartigen Kettenreaktion. Zur bestmöglichen Regulierung des Ablaufs der Kettenreaktion sind die Stäbe aus Kernbrennstoff in einer Bremsmasse (Moderator) eingebettet. Als Moderator ist unter anderem schweres Wasser sowie Graphit geeignet.

Findet eine zu starke Erwärmung statt – ist somit zu befürchten, dass die Kettenreaktion zu heftig wird –, so „isoliert" man die Kernbrennstoffrohre in dem erforderlichen Umfange durch Einbringen von Neutronen absorbierendem Material, wie zum Beispiel Cadmiumstäben. Diese Steuerung erfolgt heute unter ständiger Überwachung vollautomatisch.

Aus dem U 238 entstehen im Atommeiler zum Teil **Plutonium** und andere Transurane. Diese ließen sich bei der langsamen Kettenreaktion zur Energiegewinnung bislang nicht auswerten, jedoch liegen diesbezüglich beim Reaktortyp „Schneller Brüter", der sich noch im Erprobungsstadium befindet, erfolgversprechende Ergebnisse vor. Weiterhin werden zahlreiche, meist radioaktive Isotope von vielen anderen Elementen erhalten, die in Medizin und Technik heute vielseitig angewandt werden.

Ein künstlicher Atomaufbau, der große Bedeutung erlangt hat, ist die sogenannte **Kernverschmelzung** von **schwerem Wasserstoff** zu **Helium**. Der schwere Wasserstoff, wie auch der überschwere Wasserstoff, sind Isotope des Wasserstoffs. Im natürlichen Wasser, insbesondere im Meerwasser, ist schweres Wasser vorhanden und lässt sich aus diesem gewinnen. (Natürlicher Wasserstoff enthält rd. 0,015 % schweren Wasserstoff.)

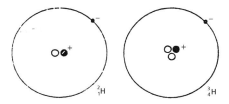

Abb. 13: Die beiden Isotope des Wasserstoffs: „Schwerer Wasserstoff" (Deuterium) links, „überschwerer Wasserstoff" (Tritium) rechts, dargestellt an Bohrschen Atommodellen.

Bei der Fusion des schweren Wasserstoffs (s. Abb. 11) zu Helium wird eine **ungeheure Energiemenge** frei. Allerdings ist zur Erzwingung der Kernfusion eine ungewöhnlich hohe Temperatur erforderlich (etwa 5 Mill. °C). Diese hohe Temperatur bewirkt eine Spaltung der Wasserstoffatome in Protonen und Elektronen und eine solche Beschleunigung der Geschwindigkeiten der atomaren Bewegungen, dass die elektrischen Abstoßkräfte der Protonen überwunden werden.

Dem amerikanischen Physiker Teller ist es als Erstem gelungen, die **Kernfusion** des **schweren Wasserstoffs zu Helium** zu erzwingen, und zwar in der unfassbar hohen Temperatur einer Atombombenexplosion. Das Ergebnis war die **Wasserstoffbombe**.

Neben der Freisetzung einer wesentlich größeren Energiemenge hat die Wasserstoffbombe gegenüber der Plutoniumbombe den Vorteil, dass sie in der Größe nicht begrenzt ist. Man kann somit Wasserstoffbomben von praktisch beliebig hoher Zerstörungskraft herstellen. Das „Herzstück" der Wasserstoffbombe ist in jedem Falle eine Uran- oder Plutoniumbombe der vorstehend beschriebenen Art.

In der neuzeitlichen Wasserstoffbombe werden Verbindungen des schweren Wasserstoffs, vornehmlich Lithiumdeuterid, eingesetzt.

Eine friedliche Nutzung der Kernverschmelzung ist bisher trotz intensiver Forschungsarbeit nicht gelungen. Diese würde einen erheblichen Beitrag zum Lösen des Energieproblems der Erdbewohner leisten können.

7.3 Masse und Atomenergie

Bei Kernumwandlungen des radioaktiven Zerfalls sind die Zerfallsprodukte leichter als die Ausgangsteilchen. Die fehlende Masse ist nach der

$$\text{EINSTEINschen Beziehung } E = m \cdot c^2$$

vollständig in Bewegungsenergie bzw. elektromagnetische Strahlungsenergie umgewandelt worden.

Nach diesem Prinzip – nämlich Umwandlung eines Teils der Ausgangsmasse in Energie, arbeiten beispielsweise Kernkraftwerke. Die Energieausbeute ist dabei extrem hoch.

Chemische Reaktionen, insbesondere z. B. Verbrennungsvorgänge, zehren dagegen von der chemischen Bindungsenergie (s. a. Ziff. 8.3). Dabei geht keine Masse verloren.

Nachstehend ein Überblick darüber, welche Energiemengen durch die vorstehend erörterten Vorgänge etwa erhalten werden können:

1 kg **Steinkohle** – durch Verbrennung –	8 kWh
1 kg **Uran** – durch Kernspaltung –	20.000.000 kWh
1 kg **Wasserstoff** – Kernfusion zu Helium –	200.000.000 kWh
1 kg **Masse** – durch „Zerstrahlung" in Energie –	25.000.000.000 kWh

8 Die chemische Bindung

8.1 Die „klassischen" Grundgesetze der chemischen Bindung

Das **1. Grundgesetz** der klassischen Chemie lautet:

Durch eine chemische Reaktion kann Masse weder verloren noch gewonnen werden.

Streng genommen liegt bei chemischen Reaktionen ein verschwindend geringer Massenverlust bzw. -gewinn entsprechend der EINSTEINschen Gleichung

$$E = m \cdot c^2$$

vor, so dass man sich auf eine **Neufassung** dieses Gesetzes geeinigt hat:

„Durch eine chemische Reaktion kann die Summe von Masse + Energie nicht verändert werden."

Das Gesetz von der **Erhaltung der Energie** (ROBERT MAYER –1842) besagt:

Die Summe der Energie eines abgegrenzten Systems ist konstant. Für die **chemischen Vorgänge** bedeutet das kombinierte Gesetz, dass die **Gesamtmasse** der an einer chemischen Reaktion beteiligten Stoffe **nicht verändert wird**.

Versuche (zur Demonstration des Inhalts des Gesetzes):

a) Es wird die Verbindung von **Eisen** und **Schwefel** zu Schwefeleisen durchgeführt. In einem Nickeltiegel wird ein Gemenge von Eisen (Eisenpulver) und Schwefel in Form von Schwefelblumen im **Massenverhältnis von 56 : 32** (entsprechend den rel. Atommassen) eingewogen. Der Tiegel wird mit einem Deckel versehen, worauf durch Erhitzen die Verbindung eingeleitet wird. Diese erfolgt nach der Reaktionsgleichung:

$$Fe + S \longrightarrow FeS$$

Nach Ablauf der Reaktion und Abkühlen des Tiegelinhalts wird durch Auswägen festgestellt, dass sich die Ausgangsmasse praktisch **nicht verändert** hat.

(Das Abdecken des Tiegels hat den Zweck, ein Verbrennen eines Teiles des Schwefels weitgehendst zu vermeiden, wodurch Massenverluste eintreten würden.)

b) **Verbrennung von Kohlenstoff**

Auf eine Waagschale wird ein verschließbares Glasgefäß gestellt, in welchem sich eine **Kerze** befindet. Man tariert das Gefäß nebst Deckel aus, worauf die Kerze angezündet wird. Die Kerze brennt so lange, bis der Sauerstoff im Gefäß verbraucht ist. Die **Massenanzeige** der Waage **verändert sich** während des Brennvorgangs **nicht**.

Die Verbrennungsreaktion des wesentlichen Anteils der Kerze, des Kohlenstoffs, verläuft nach folgender Reaktionsgleichung:

$$C + 2\,O \longrightarrow CO_2$$

(Ohne Verschluss des Gefäßes würden die Verbrennungsprodukte zum Großteil in die Luft entweichen und die Waage würde eine Abnahme der Masse anzeigen.)

Das **2. Grundgesetz** der „konstanten Proportionen" (gleichbleibenden Gewichtsverhältnisse) lautet:

> **Eine chemische Verbindung erfolgt nur in ganz bestimmten, gleichbleibenden Mengenverhältnissen, die durch die relativen Atommassen und die Wertigkeiten der reagierenden Elemente festgelegt sind.**

Als Beispiel sei nochmals die Reaktion zwischen Eisen und Schwefel zu Schwefeleisen angeführt. Die Elemente Eisen und Schwefel verbinden sich im Verhältnis ihrer Atommassen (somit im Atomverhältnis 1 : 1), da beide Elemente zweiwertig die Verbindung eingehen.

Die relativen Atommassen geben das Mengenverhältnis an, in welchem sich die beiden Elemente Eisen und Schwefel chemisch verbinden.

Der Reaktionsgleichung können wir auch entnehmen, wie viel Schwefeleisen entsteht, da durch die chemische Umsetzung die Gesamtmenge merklich nicht verändert werden kann.

$$Fe + S \longrightarrow FeS$$
$$56\,g \quad 32\,g \qquad 88\,g$$

(Die relativen Atommassen sind einfachheitshalber mit gerundeten Zahlen eingesetzt.)

Würde man mehr Eisen mit Schwefel zur Reaktion bringen, als dem Mengenverhältnis entspricht, so würde der **Überschuss** an Eisen nach der Reaktion **unverändert** neben dem Schwefeleisen vorliegen.

Beispiel:

100 g Fe + 32 g S = 88 g FeS + 44 g Fe.

8 Die chemische Bindung

Den unverändert gebliebenen Anteil des Eisens kann man vom Schwefeleisen durch eine physikalische Methode abtrennen. Ein Beweis dafür, dass das überschüssige Eisen an der Reaktion nicht teilgenommen hat.

Das **3. Grundgesetz** der „mulitplen Proportionen" (mehrfachen Mengenverhältnisse) lautet:

> **Zwei chemische Elemente verbinden sich oft nicht nur in einem bestimmten Mengenverhältnis, sondern in mehreren Mengenverhältnissen. In diesem Falle lassen sich die Stoffmengen eines Elements, die durch ein anderes Element gebunden werden, durch ein Verhältnis in ganzen, einfachen Zahlen ausdrücken;**

Beispiel:

Der Kohlenstoff verbindet sich mit Sauerstoff zur Verbindung Kohlenmonoxid (CO), wenn wenig Sauerstoff zur Verfügung steht. Liegt genügend Sauerstoff vor, so verbindet sich der Kohlenstoff je Atom mit 2 Atomen Sauerstoff zur Verbindung Kohlendioxid (CO_2). Reaktionsgleichungen:

$$C + O \longrightarrow CO$$
$$12g \quad 16g \quad 28g$$
$$C + 2O \longrightarrow CO_2$$
$$12g \quad 32g \quad 44g$$
$$16 : 32 = 1 : 2$$

8.2 Stöchiometrische Berechnungen

Stöchiometrische Berechnungen sind **Berechnungen der Stoffmengen der an chemischen Reaktionen beteiligten Stoffe**. Sie werden durchgeführt, indem man stets nach folgendem Plan arbeitet:

a) Die chemische Reaktionsgleichung wird aufgestellt,
b) in die Reaktionsgleichung werden die relativen Atommassen eingesetzt,
c) zu den relativen Atommassen werden die Reaktionsmengen ins Verhältnis gesetzt und es werden die – zu ermittelnden – Verbindungsmengen errechnet.

Beispiele:

1. **Wie viel Eisen ist erforderlich, um 100 g Schwefeleisen herzustellen?**

   Gemäß obigem Plan wird die stöchiometrische Berechnung wie folgt durchgeführt:

   a) Die Reaktionsgleichung lautet:

   $$Fe + S \longrightarrow FeS$$

   b) Einsetzen der relativen Atommassen:

   $$56\ g + 32\ g = 88\ g$$

   c) Verhältnisrechnung:

   56 g Fe ergeben ... 88 g FeS

   x g Fe ergeben .... 100 g FeS

   $$56 : 88 = x : 100$$

$$x = \frac{56 \cdot 100}{88} = 63{,}64 \text{ g Fe}$$

Antwort:

Zur Herstellung von 100 g Schwefeleisen (FeS) werden 63,64 g Eisen und 36,36 g Schwefel benötigt.

2. **Wie viel Magnesiumoxid (MgO) entsteht durch Verbrennung von 100 g Magnesium (Mg)?**

    Rechnungsgang:

    a) Mg + O $\longrightarrow$ MgO

    b) 24 g + 16 g = 40 g

    c) 24 g Mg ergeben... 40 g MgO
       100 g Mg ergeben... x g MgO

       24 : 40 = 100 : x

       $$x = \frac{40 \cdot 100}{24} = 166{,}6 \text{ g MgO}$$

    Antwort:

    100 g Magnesium ergeben bei der Verbrennung 166,6 g Magnesiumoxid.

3. **Wie viel Wasserstoff und Sauerstoff entstehen bei der Elektrolyse von 200 g Wasser?**

    Rechnungsgang:

    a) $H_2O \longrightarrow 2H + O$

    b) 18 g + 2 · 1 g + 16 g

    c) 18 g Wasser ergeben ..... 2 g H_2
       200 g Wasser ergeben .... x g H_2

       18 : 2 = 200 : x

       $$x = 2 \cdot \frac{200}{18}$$

       x = 22,2 g H_2

    Die Menge des Sauerstoffs ergibt sich aus der Differenz von 200 und 22,2 = 177,8 g Sauerstoff.

    Antwort:

    Durch Elektrolyse von 200 g Wasser werden 22,2 g Wasserstoff und 177,8 g Sauerstoff erhalten.

4. **Welchen Masseverlust erleiden 1000 kg Kalkstein (gerechnet 100 % $CaCO_3$) durch Brennen zu gebranntem Kalk (CaO)?**

    a) $CaCO_3 \longrightarrow CaO + CO_2$

       (Beim Brennen von Kalkstein entweicht Kohlendioxid als Gas, der gebrannte Kalk bleibt allein zurück.)

    b) 40 + 12 + 3 · 16 = 100 g   40 + 16 = 56 g   12 + 216 = 44 g

c) 100 g CaCO₃ verlieren ... 44 g CO₂
1000 kg CaCO₃ verlieren ... **440 kg CO₂**

Antwort:

1000 kg Kalkstein (gerechnet 100 % CaCO₃ verlieren beim Brennen 440 kg an Masse.

8.3 Die Deutung der chemischen Bindung und der Wertigkeit der chemischen Elemente

8.3.1 Elektronentheorie der Valenz

Durch Vergleich der Elemente (s. Ziff. 6) hat man erkannt, dass die chemischen Eigenschaften der Elemente durch die Kernladung und die Anordnung der Elektronen um den Kern, insbesondere durch die „Konfiguration" der Elektronenaußenschale bestimmt sind. Letztere spielt eine entscheidende Rolle beim Zustandekommen einer chemischen Bindung. Nach der anerkannten **„Elektronentheorie der Valenz"** des deutschen Physikers W. Kossel (1888 – 1956), die durch die amerikanischen Physikochemiker G. N. Lewis und L. Pauling weiterentwickelt worden ist, sind alle chemischen Elemente bestrebt, eine **gesättigte Elektronenaußenschale** zu erzielen. Eine „Sättigung" kann z. B. durch Aufnahme von Elektronen in eine nicht gesättigte Elektronenaußenschale oder durch Abgabe von Elektronen der Außenschale an eine nicht voll besetzte Außenschale eines anderen Atoms erreicht werden.

Nach der „Elektronentheorie der Valenz" ist die **erste** Elektronenschale **(K-Schale)** bereits voll besetzt, wenn sie zwei Elektronen enthält. Die **zweite** Schale **(L-Schale)** ist mit **acht** Elektronen, die **dritte** Schale **(M-Schale)** mit achtzehn Elektronen voll besetzt (s. Ziffer 3.2).

Kossel war davon ausgegangen, dass die Edelgase chemisch indifferent (chemisch nicht reaktionsfähig) sind und bereits bei Normaltemperatur in atomarem Zustand vorliegen. Sie müssen daher eine besondere stabile Form besitzen, welche die übrigen Elemente erst durch Molekülbildung erlangen können.

Kommen chemische Verbindungen durch unmittelbaren „Austausch" von Elektronen zwischen Atomen zustande, spricht man von chemischen **Verbindungen erster Ordnung.** Erfolgt eine Bindung zwischen Atomen und Atomgruppen (Molekülen), spricht man von chemischen Verbindungen **höherer Ordnung.**

Die nachstehenden Zeilen sollen einen Überblick über die Deutung der chemischen Bindung auf Grund der nach dem gegenwärtigen Stande der Wissenschaft erforschten Gesetzmäßigkeiten geben, unter besonderer Herausstellung der im Wesentlichen zu unterscheidenden Bindungsarten.

8.3.2 Chemische Verbindungen erster Ordnung

8.3.2.1 Ionenbindung (Heteropolare Bindung)

Eine chemische Bindung zwischen Natrium mit 1 Elektron auf seiner Außenschale und Chlor mit 7 Elektronen auf seiner Außenschale kommt nach Kossel dadurch zustande, dass das einzelne Außenelektron des Natriums in die Lücke der Außenschale des Chloratoms eingebunden wird. Dadurch wird die Außenschale des Chlors aufgefüllt und erhält die Elektronenkonfiguration des Edelgases Argon, ebenso die Außenschale des Natriums entsprechend der Edelgaskonfiguration des Neons. Durch den Übergang des Elektrons wurde jedoch das Chloratom einfach negativ, das Natrium einfach positiv elektrisch geladen. Den Zusammenhalt, somit die Bindung zwischen den Atomen erklärt man durch die elektrostatische Anziehung der ungleich geladenen „Ionen" (s. auch Ziff. 24).

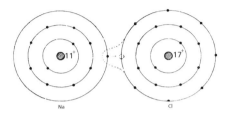

Abb. 14: Darstellung der chemischen Bindung eines Natrium- und eines Chloratoms zu einem Molekül Natriumchlorid anhand BOHRscher Atommodelle.
(Die Unterschiede in den Atomdurchmessern wurden hier einfachheitshalber nicht berücksichtigt (vgl. z. B. Abb. 7 – Ziff. 3.3.2).

Eine chemische Bindung dieser Art wird als **„Ionenbindung"** oder **heteropolare Bindung** bezeichnet.

Der Vorgang der chemischen Bindung von Natrium und Chlor wird durch eine **Reaktionsgleichung** dargestellt. Zur Veranschaulichung der Bindungsverhältnisse bedient man sich Bau- oder Strukturformeln, in welchen die Einbindung von Außenelektronen in die Lücken von Außenschalen anderer Atome jeweils durch einen „Valenzstrich" angedeutet wird. Man nennt Bauformeln dieser Art daher auch „Valenzstrichformeln".

$$\text{Valenzstrichformel:}$$
$$\text{Na} + \text{Cl} \longrightarrow \text{NaCl} \qquad \text{Na} - \text{Cl}$$

Die neuzeitliche Darstellungsweise verwendet sogenannte „Elektronenformeln", in welchen die Elektronen der Außenschalen durch Punkte gekennzeichnet sind. Für den Vorgang der chemischen Bindung zwischen Natrium und Chlor sieht ein solches Darstellungsschema wie folgt aus:

$$\text{Na} \cdot + \cdot \overset{\cdot\cdot}{\underset{\cdot\cdot}{\text{Cl}}} : \longrightarrow [\text{Na}]^+ \ [: \overset{\cdot\cdot}{\underset{\cdot\cdot}{\text{Cl}}} :]^-$$

Beide Ionen, die, wie dargelegt, durch elektrostatische Anziehung zu einem Molekül chemisch gebunden sind, weisen **gesättigte Elektronenaußenschalen** auf.

Natriumchlorid und auch sonstige durch Ionenbindung gebildete Stoffe **leiten** sowohl in reiner, flüssiger Form (z. B. Schmelze) als auch in wässeriger Lösung den **elektrischen Strom**, da die im flüssigen Medium frei beweglichen Ionen zu den Elektroden wandern (die „Kationen" zur Kathode, die „Anionen" zur Anode – siehe auch Ziff. 24) und hierdurch den „Stromfluss" bewirken.

Fällt Natriumchlorid aus einer wässerigen Lösung aus, bilden sich in der Regel **Kristalle** aus. In diesen liegen **„Ionengitter"** bestimmter räumlicher Anordnung vor, indem z. B. ein Natriumatom nicht nur ein Chlorion, sondern auch weitere benachbarte Chlorionen elektrostatisch anzieht und umgekehrt. Diese Einordnung der Ionen in Ionengitter führt zu **Kristallen**, die als **Riesenmoleküle** zu betrachten sind.

8 Die chemische Bindung

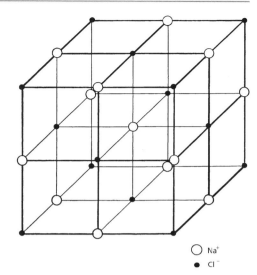

○ Na$^+$
● Cl$^-$

Abb. 15: Schematische Darstellung des „Kristallgitters" eines Natriumchlorid-Kristalls:
Jedes Natrium-Ion ist in gleichem Abstand von 6 Chlor-Ionen und jedes Chlor-Ion in gleichem Abstand von 6 Natrium-Ionen umgeben.

Über den Aufbau der Kristalle hat man erste Hinweise durch **Röntgenbeugeaufnahmen** (VON LAUE) erhalten, die dadurch gegeben werden, dass man Röntgenstrahlen durch einen Kristall schickt. Diese werden durch dessen „Raumgitter" gebeugt und ergeben auf einer dahinter angeordneten fotografischen Platte auswertbare Aufnahmen.

Das einzelne Elektron, das das Natrium auf seiner Außenschale besitzt, wird als **„Valenzelektron"** bezeichnet, da dieses die Wertigkeit oder Valenz des Natriumatoms (= 1) bestimmt.

Weist ein Atom in seiner Außenschale 2 Elektronen, somit 2 Valenzelektronen auf, so können diese gleichfalls in die „Lücke" der Außenschale eines oder von zwei anderen Atomen eingebunden werden.

Als Beispiel sei die chemische Bindung zwischen Magnesium und Chlor dargelegt:

$$:\!\ddot{C}l\cdot + \cdot Mg\cdot + \cdot \ddot{C}l\!: \longrightarrow \left[:\!\ddot{C}l\!:\right]^{-} \left[Mg\right]^{2+} \left[:\!\ddot{C}l\!:\right]^{-}$$

Die vereinfachte Reaktionsgleichung sowie die Valenzstrichformel sind nachstehende:

$$Mg + 2\,Cl \longrightarrow MgCl_2 \qquad \text{Valenzstrichformel: } Mg{<}^{Cl}_{Cl}$$

Ein Atom Magnesium bindet somit chemisch 2 Atome Chlor, da jedes seiner beiden Valenzelektronen durch je eine Außenschale eines Chloratoms aufgenommen wird. Magnesium ist daher „zweiwertig".

Auf gleiche Weise können andere Elemente miteinander chemische Verbindungen eingehen, z. B. Aluminium und Chlor (Aluminium besitzt 3 Valenzelektronen):

$$Al + 3\,Cl \longrightarrow AlCl_3 \qquad \text{Valenzstrichformel: } Al\!\Subset\!\!\begin{matrix}Cl\\Cl\\Cl\end{matrix}$$

Wenn Atome Valenzelektronen zur chemischen Bindung abgeben, spricht man von einer positiven Wertigkeit oder „Plus-Wertigkeit"; umgekehrt, wenn Atome durch Aufnahme von Elektronen in ihre Außenschale binden, liegt eine negative oder „Minus-Wertigkeit" vor.

In den vorstehenden Beispielen lagen somit nachstehende Wertigkeiten vor:

$$Na \ldots +1, \qquad Al \ldots +3,$$
$$Mg \ldots +2, \qquad Cl \ldots -1.$$

Die Erklärung der chemischen Bindung gemäß der Elektronentheorie der Valenz beruht somit auf der durch erstaunliche Ergebnisse untermauerten Näherungsannahme, dass die Bindungspartner (Atome) einen Elektronenabtausch vornehmen, so dass entgegengesetzt geladene Ionen mit edelgasartigen Elektronenhüllen resultieren. Diese entgegengesetzt geladenen Ionen nähern sich auf einen Abstand, der dem Gleichgewicht zwischen der elektrostatischen Anziehung der Ionen entsprechend dem Coulombschen Gesetz und einer gegenseitigen Abstoßung der (negativ geladenen) Edelgasschalen entspricht.

8.3.2.2 Atombindung (Homöopolare oder unpolare Bindung)

Die vorstehend erörterte Ionenbindung ist dadurch zu charakterisieren, dass jedes Atom für sich durch die Bindung zu einer **stabilen Edelgasschale** gelangt. Diese Möglichkeit liegt nicht bei allen Atomen vor.

Es ist beispielsweise bereits lange bekannt gewesen, dass Chloratome paarweise zu „Chlormolekülen" zusammentreten. Wie ist diese Bindung gleichartiger Atome zu Molekülen zu erklären?

Lewis und Langmuir entwickelten insbesondere im Hinblick auf die organische Chemie eine Theorie der chemischen Bindung zwischen neutralen Atomen.

Die „Atombindung", auch „Kovalenz" genannt, ist dadurch gekennzeichnet, dass **zwei Atome** durch die chemische Bindung zu einem **gemeinsamen Elektronenoktett** gelangen. Die Atome teilen sich dann in ein oder mehrere Elektronenpaare, die beide Kerne umkreisen.

Zwei Chloratome binden dadurch chemisch zu einem Molekül, dass sie sich ein Elektronenpaar (auch „Dublett" genannt) teilen, das beide Kerne umkreist. Hierdurch wird jeder der beiden Kerne von je acht Elektronen umkreist, beide Chloratome besitzen somit eine **voll besetzte Außenschale**.

Die chemische Bindung von zwei Chloratomen zu einem „Atommolekül" Chlor (Cl_2) wird wie folgt dargestellt (die Elektronen der Außenschalen sind in den „Elektronenformeln" durch Punkte gekennzeichnet):

$$: \overset{..}{\underset{..}{Cl}} \cdot \; + \; \cdot \overset{..}{\underset{..}{Cl}} : \; \longrightarrow \; : \overset{..}{\underset{..}{Cl}} : \overset{..}{\underset{..}{Cl}} :$$

In gleicher Weise binden zwei Wasserstoffatome zu einem „Atommolekül" Wasserstoff, in dem beide Kerne durch ein gemeinsames Elektronenpaar umkreist werden und damit eine voll gesättigte Außenschale erhalten haben:

$$H \cdot \; + \; \cdot H \; \longrightarrow \; H : H$$

Sauerstoffatome sind zum Unterschied von einwertigen oder „einbindigen" Chlor- bzw. Wasserstoffatomen durch eine Doppelbindung miteinander verknüpft, d. h. die Kerne werden durch **zwei** gemeinsame Elektronenpaare umkreist:

$$\overset{..}{\underset{..}{O}} : \; + \; : \overset{..}{\underset{..}{O}} \; \longrightarrow \; \overset{..}{\underset{..}{O}} : : \overset{..}{\underset{..}{O}}$$

8 Die chemische Bindung

Über die Ozonbindung (O₃) liegt folgende Vorstellung vor:

$$\ddot{\text{O}} :: \ddot{\text{O}} + \ddot{\text{O}}: \longrightarrow \ddot{\text{O}} :: \ddot{\text{O}} : \ddot{\text{O}}:$$

Der Stickstoff der Luft besteht auch aus zweiatomigen Molekülen. Die Kerne der beiden Stickstoffatome werden offensichtlich durch drei Elektronenpaare gemeinsam umkreist. Diese dreifache Bindung ist zweifellos die Ursache dafür, dass der molekulare Stickstoff im Gegensatz zum Stickstoff in atomarem Zustande sehr reaktionsträge ist.

$$:\!\dot{\text{N}}\!:\; + \;\dot{}:\!\text{N}\!: \longrightarrow \;:\!\text{N}\!:::\!\text{N}\!:$$

Die **meisten Elemente**, die bei normaler Temperatur **gasförmig** sind, bilden **zweiatomige Moleküle**. Eine Ausnahme stellen die Edelgase dar, die infolge ihrer gesättigten Außenschale keine Atommoleküle zu bilden vermögen. Die **Edelgase** kommen daher in der Natur als **freie Atome** vor.

In ähnlicher Weise verbinden sich gleichartige Atome von Elementen, die bei normaler Temperatur fest sind, zu Atommolekülen:

Der **Schwefel** besteht im festen Zustand unterhalb einer Temperatur von **160 °C** aus **achtatomigen** Molekülen, die meist zu einem **Ring** geschlossen sind. Der Schwefel kann jedoch auch **lange Ketten** von korkzieherartiger Struktur bilden, eine in technischer Hinsicht interessante Eigenschaft. In Dampfform (über **650 °C**) besteht der Schwefel nur mehr aus **zwei**atomigen Molekülen, ähnlich wie der Sauerstoff oder andere bereits genannte Gase. Bei noch höherer Temperatur (über ca. 1800 °C) liegt der Schwefel in Form einzelner Atome vor. Andere Elemente, wie Sauerstoff, liegen bei hohen Hitzgraden ebenfalls in Atome zerfallen vor.

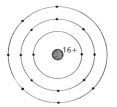

Abb. 16: Das Schwefelatom, am anschaulichen Bohrschen Atommodell schematisch dargestellt.

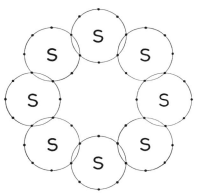

Abb. 17: Atommoleküle des Schwefels.

Im festen Aggregatzustand liegen 8-atomige Moleküle vor, in besonderen Fällen kommt es zur Ausbildung von Atomketten.

Im gasförmigen Aggregatzustand weist der Schwefel 2atomige Moleküle (wie andere Gase, z. B. O_2) auf.

Der **Kohlenstoff** besteht bei normaler Temperatur nicht aus Atommolekülen von beschränkter Größe, sondern er geht Atomverbindungen von praktisch unbegrenztem Umfange ein (s. Abb. 19). Die atomare Bindung wird gleichfalls durch Elektronenpaare hergestellt, die gemeinsam je zwei Kerne umkreisen.

Die Atome sind hierbei an eine bestimmte räumliche Anordnung gebunden, die durch die **Richtungskräfte** in den atomaren Bindungen und einen **festen Atomabstand** bestimmt sind. Man spricht von einer Ausbildung von **Atomgittern** im Gegensatz zu den Ionengittern bei der Ionenbindung. Auch bei Quarz (SiO_2) liegt ein solches Atomgitter vor.

Denn nicht nur Gleiche, sondern auch **ungleiche** Atome können durch Atombindung zu Molekülen zusammentreffen, wenn ein **gemeinsames Elektronenoktett** in der Außenschale erreicht wird.

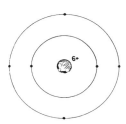

Abb. 18: Modell des C-Atoms.

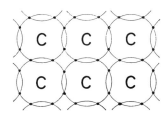

Abb. 19: Atombindung des Kohlenstoffs.

Beispiele:

a) **Bindung von Wasserstoff und Chlor** (zu Chlorwasserstoff)

$$H\cdot + \cdot\ddot{\underset{..}{Cl}}: \longrightarrow H:\ddot{\underset{..}{Cl}}:$$

Die Kerne des Wasserstoff- und Chloratoms werden durch ein gemeinsames Elektronenpaar umkreist.

b) **Bindung von Wasserstoff und Sauerstoff** (zu Wasser)

$$H\cdot + \cdot\ddot{\underset{..}{O}}\cdot + \cdot H \longrightarrow H:\ddot{\underset{..}{O}}:H$$

8 Die chemische Bindung

Ein Elektronenpaar umkreist den Sauerstoffkern und einen Wasserstoffkern, ein zweites Elektronenpaar umkreist den Kern des Sauerstoffatoms und des anderen Wasserstoffatoms. (s. auch Abb. 21).

c) **Bindung von Kohlenstoff und Sauerstoff** (zu CO bzw. CO_2)

$$:\!C\!: \; + \; :\!\ddot{O}\!: \; \longrightarrow \; :\!C\!:\!:\!:\!O\!:$$

$$:\!\ddot{O}\!: \; + \; :\!C\!: \; + \; :\!\ddot{O}\!: \; \longrightarrow \; :\!\ddot{O}\!:\!:\!C\!:\!:\!\ddot{O}\!:$$

d) **Bindung von Kohlenstoff und Wasserstoff** (zu Methan)

$$H^\cdot + H^\cdot + \cdot\dot{C}\cdot + \cdot H + \cdot H \; \longrightarrow \; \begin{array}{c} H \\ H\!:\!\ddot{C}\!:\!H \\ H \end{array}$$

Anstelle der Elektronenformeln bedient man sich in der Chemie vielfach vereinfachter Darstellungsweisen. In den **Valenzstrichformeln** ist jedes gemeinsame („anteilige") Elektronenpaar durch einen „Valenzstrich" gekennzeichnet. Die für die Bindung nicht beanspruchten Elektronenpaare sind weggelassen. In ergänzten Valenzstrichformeln werden diese durch je einen Strich markiert. Nachstehend einige Beispiele zur Veranschaulichung:

Elektronenformel	Valenzstrichformel	Ergänzte Valenzstrichformel	Allgemeine chemische Formel
$:\!\ddot{C}\ddot{l}\!:\!\ddot{C}\ddot{l}\!:$	Cl — Cl	$\vert\overline{\underline{Cl}} - \overline{\underline{Cl}}\vert$	Cl_2
$\ddot{O}\!:\!:\!\ddot{O}$	O = O	$\overline{O} = \overline{O}$	O_2
$H\!:\!\ddot{O}\!:\!H$	H — O — H	$H - \overline{O} - H$	H_2O
$\begin{array}{c} H \\ H\!:\!\ddot{N}\!:\!H \end{array}$	$\begin{array}{c} H \\ \vert \\ H - N - H \end{array}$	$\begin{array}{c} H \\ \vert \\ H - \overline{N} - H \end{array}$	NH_3
$\begin{array}{c} H \\ H\!:\!C\!:\!H \\ H \end{array}$	$\begin{array}{c} H \\ \vert \\ H - C - H \\ \vert \\ H \end{array}$		CH_4

Die **Wertigkeit** der Atome hängt wie bei der Ionenbindung von der Anzahl der Außenelektronen ab. In den vorstehenden Beispielen erreicht der Wasserstoff bei Einwertigkeit die Heliumschale, der Sauerstoff bei „zweiwertiger" Bindung die Neonschale; der Kohlenstoff erzielt diese mit der Wertigkeit 4. Für Chlor reicht zur Erzielung der Argonschale die Wertigkeit 1 aus. Letztere wird auch **Bindungszahl** oder **Atomwertigkeit** genannt.

Im Gegensatz zur Ionenbindung liegt bei der Atombindung eine **räumliche Ausrichtung** der Valenzkräfte vor. Beispielsweise bildet das Methanmolekül ein Tetraeder aus, indem an den Ecken des Tetraeders je ein Wasserstoffatom vorliegt, wobei sich das Kohlenstoffatom im Schwerpunkt des Tetraeders befindet. Diese räumlich ausgewogene Anordnung kommt durch die gegenseitige Abstoßung der negativgeladenen Elektronen zustande, die in je vier Paaren den Kohlenstoffkern und je einen Wasserstoffkern umkreisen (s. Abb. 20).

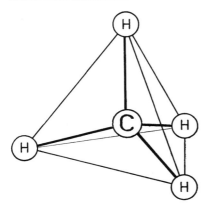

Abb. 20: Modell der gerichteten Bindungskräfte des (vierwertigen) Kohlenstoffatoms (Tetraederausbildung).

Ein weiterer Unterschied gegenüber der Ionenbindung liegt darin, dass die Atombindung im Allgemeinen nicht zu Riesenmolekülen führt, sondern zu abgeschlossenen Kleinmolekülen, so dass die homöopolar aufgebauten Stoffe im Gegensatz zu den meist schwerflüchtigen Salzen in der Regel leichtflüchtige Verbindungen darstellen. Ausnahmen stellen im Wesentlichen die vorstehend erwähnten Stoffe mit „Atomgitterstruktur" dar (Diamant, Quarz), die schwer- bis nichtflüchtig vorliegen können.

Der **räumliche Bau** eines durch Atombindung gebildeten Moleküls ist durch **Bindungsabstände** und **Bindungswinkel** bestimmt. Bei letzterem handelt es sich um den Winkel der gerichteten Valenzen am Zentralatom zu den Atomen, mit welchen Bindungen zustande gekommen sind.

Im Tetraedermodell des Methans (s. Abb. 20) beträgt der Bindungswinkel 109,5°, in den nachstehend abgebildeten Raummodellen des NH_3-Moleküls und des H_2O-Moleküls beträgt dieser 106,8° bzw.104,5°. Während im CH_4-Molekül sämtliche vier Valenzen des Kohlenstoffs abgesättigt sind, ist im NH_3-Molekül eine der Bindungskräfte frei geblieben, so dass es zur Ausbildung einer dreiseitigen Pyramide kam. Das Raummodell des N_2O-Moleküls weist dagegen die Form eines gleichschenkligen Dreiecks auf (Abb. 21).

Diese Bindungswinkel bleiben auch dann erhalten, wenn die Wasserstoffatome durch andere Atome oder Atomgruppen substituiert werden.

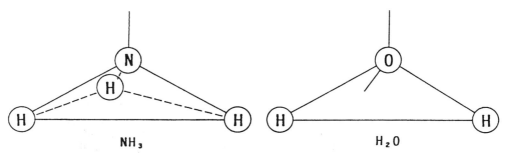

Abb. 21. Schematische Darstellung der räumlichen Anordnung der NH_3- und H_2O-Moleküle im Vergleich zum CH_4-Molekül lt. Abb. 20.

8 Die chemische Bindung

Den deutlich kleineren Bindungswinkel im NH_3- bzw. H_2O-Molekül führt man auf die – im Gegensatz zu CH_4 – in diesen Molekülen enthaltenen freien Elektronenpaare zurück, die stärkere Abstoßungskräfte ausüben als bindende.

Die durch Atombindung entstandenen Stoffe, wie zum Beispiel Chlorwasserstoff, sind im Gegensatz zu den durch Ionenbindung gebildeten Stoffen, wie z. B. Natriumchlorid, in reinem, flüssigen Zustande **keine Stromleiter**.

Es kann jedoch durch chemische Umsetzung mit Wasser zur **Ionenbildung** kommen, indem bei einem Zusammentreten von Chlorwasserstoff und Wasser (positiv geladene) Wasserstoffionen (= freie Protonen) zu einem Teil des Wassers überwechseln:

$$:\!Cl\!:\!H \;+\; :\!O\!: \;\longrightarrow\; \left[H\!:\!O\!: \atop H \right]^{+} \;+\; \left[:\!Cl\!: \right]^{-}$$

Es entstehen positiv geladene Oxoniumionen $(H_3O)^+$, gegebenenfalls Hydroniumionen $[H(H_2O)_4]^+$.

Vereinfachte Darstellung:

$HCl + H_2O \leftrightarrows H_3O^+ + Cl^-$

Anmerkung:

Die übliche Darstellung der Dissoziation verdünnter Salzsäure

$HCl \leftrightarrows H^+ + Cl^-$

entspricht somit nicht den tatsächlichen Verhältnissen.

Auch bei der Atombindung wird zwischen einer „elektropositiven" und einer „elektronegativen" Wertigkeit unterschieden, zumal viele Atombindungen einen ausgesprochen „polaren" Charakter aufweisen und als Übergänge zu Ionenbindungen zu betrachten sind.

Beispielsweise ist der Stickstoff in der Verbindung NF_3 (Stickstofffluorid) „elektropositiv dreiwertig", während er in der Verbindung NCl_3 als „elektronegativ dreiwertig" zu bezeichnen ist, je nachdem, welcher der Bestandteile einen elektropositiven Charakter besitzt.

Von Linus Pauling wurde eine „Elektronegativitätsskala" aufgestellt, die für die ersten zwei Achterperioden des Periodensystems nachstehend aufgeführt sei:

Li	Be	B	C	N	O	F
1,0	1,5	2,0	2,5	3,0	3,5	4,0
Na	Mg	Al	Si	P	S	Cl
0,9	1,2	1,5	1,8	2,1	2,5	3,0

Erläuterung:

Die Zahlen geben die „Elektronegativität" der zugehörigen Atomart an. Je größer die Differenz bei zwei verbundenen Atomen, um so größer ist der ionenartige (polare) Charakter. Hierbei ist immer das Atom mit der niedrigeren Elektronegativität das elektropositive und umgekehrt. Bei einer Differenz von 1,7 liegt eine Atombindung mit 50 %igem Ionencharakter vor.

Wie aus der Aufstellung auch zu entnehmen ist, liegen in den Verbindungen Cl_2O und OF_2 umgekehrt relative Polaritäten vor.

Will man die Wertigkeit von Atomen in chemischen Formeln besonders kennzeichnen, setzt man diese über das chemische Symbol, z. B.

$\overset{-3}{N}H_3 \quad \overset{+3}{N_2}O_3 \quad \overset{+5}{N_2}O_5 \quad \overset{+5}{H}NO_3$

Nachstehend zum Vergleich die zugehörigen Elektronen- und Valenzstrichformeln:

8.3.2.3 Metallbindung

Überblicken wir die bisher behandelten Arten der chemischen Bindung, so stellen wir fest:

Bei der Ionenbindung handelte es sich jeweils um Atomarten, von welchen je eine links und je eine rechts im Periodensystem aufzufinden sind.

Bei der Atombindung handelt es sich um Atomarten, die im Periodischen System rechts (von der Mitte aus) eingeordnet sind.

Die chemische Bindungsweise der Atomarten untereinander, die im Periodensystem links stehen, wird als „Metallbindung" bezeichnet, da es sich bei diesen Atomarten um Metalle handelt.

Treten beispielsweise Natrium-, Magnesium- oder Aluminiumatome zusammen, so kann es infolge der geringen Zahl der Valenzelektronen nicht zur Ausbildung von Achterschalen (Elektronenoktetten) kommen. Eine Bindung kann jedoch dadurch zustande kommen, dass sich die Valenzelektronen von den Rumpfatomen lösen und mehrere Kerne umkreisen.

Die Metalle bilden ein Gitter von Metallionen aus, das von den offenbar weit gehend frei beweglichen Valenzelektronen wie von einem Gas erfüllt ist. Die zusammenhaltenden Anziehungskräfte zwischen Valenzelektronen und Metallionen beschränken sich offenbar nicht auf einzelne Ionen.

Die räumliche Lagerung der Metallatome ist ähnlich wie die Lagerung der atomaren Kristallbausteine bei der Ionenbindung. Die Metalle sind aus kugelförmigen Atomen aufgebaut und kristallisieren meist in einer dichten Kugelpackung.

Die Metallbindung kennt keine gerichteten Kräfte. Die Wertigkeit des Metalls wird durch die Anzahl der abgegebenen Valenzelektronen bestimmt.

Je größer die Anzahl der Valenzelektronen des Elements, um so stärker die Metallbindung, um so **härter** das Metall. Die Alkalimetalle, wie beispielsweise Natrium, haben nur ein Valenzelektron je Atom. Die atomare Bindung ist daher nicht sehr stark, man kann Natrium bekanntlich mit einem Messer leicht schneiden.

Bei Kombination von zwei Atomarten der Metalle kommt man zu einer **Metalllegierung**. Hierbei ist meist ein beliebiges Mischungsverhältnis ohne eine gesetzmäßige Verteilung der Atome bzw. Ionen möglich (z. B. Gold-Silber-Legierungen).

Die elektrische Leitfähigkeit der Metalle ist auf die leichte Beweglichkeit der Valenzelektronen bzw. des „Elektronengases" zurückzuführen. Allerdings ist die Geschwindigkeit der Elektronenbewegung bei Anlegung einer Spannung an einen metallischen Leiter nicht groß; bei Kupferdraht und einer Stromstärke von 1 A je mm^2 Querschnitt beträgt diese etwa 0,1 mm pro Sekunde.

Wird in einem Stromkreis der Strom eingeschaltet, setzen sich allerdings sämtliche Elektronen praktisch gleichzeitig in Bewegung, so dass die Wirkung des Stromes auch an entfernten Stellen unmittelbar festzustellen ist.

8.3.3 Chemische Verbindungen höherer Ordnung

8.3.3.1 Allgemeines

Neben Verbindungen erster Ordnung, deren Bindungsarten vorstehend behandelt wurden, kennt man chemische Verbindungen „höherer Ordnung", früher mit „Komplexverbindungen" bezeichnet. Der Charakter ihrer Bindung kann noch nicht als völlig geklärt bezeichnet werden, und es sei daran erinnert, dass man sich noch bis vor wenigen Jahren mit der Annahme von „Nebenvalenzen" behalf.

Es sind vorwiegend Ionen (Anionen und Kationen) in der Lage, **Komplexionen** durch Bindung von neutralen Atomen, Atomgruppen oder von anderen Ionen zu bilden, beispielsweise dadurch, dass sie mit ihren äußeren (in der Regel acht) Elektronen die Außenschalen angelagerter „Liganden" ergänzen, ohne dass sich diese vom Zentralion lösen.

Diese als **„koordinative Bindung"** bezeichnete Bindungsart unterscheidet sich von der Atombindung (Elektronenpaarbindung) dadurch, dass das „bindende" Elektronenpaar nicht von beiden Teilen gemeinsam, sondern nur von **einem** Teil gestellt wird.

Die „anionischen" und „kationischen" Komplexe liegen meist als „Durchdringungskomplexe" oder „Anlagerungskomplexe" vor, wobei die Grenzen allerdings oft unklar sind. Man bezeichnet als Durchdringungskomplexe solche, bei welchen die Bindung durch „koordinative Valenzen" (wie vorstehend dargelegt) zustande kommt, als Anlagerungskomplexe jedoch durch elektrostatische Anziehungskräfte gebildete Komplexe.

Nachstehend sind einige Beispiele für die Deutung der chemischen Bindung bei den chemischen Verbindungen höherer Ordnung aufgeführt.

8.3.3.2 Anionische Komplexe

Komplexbildung am Anion Cl$^-$

Das Molekül Natriumchlorid (NaCl) kann mit den vier freien Elektronenpaaren des Chlorions beispielsweise die Elektronenaußenschale von Sauerstoffatomen „auffüllen", ohne dass sich hierdurch das je Sauerstoffatom erforderliche Elektronenpaar vom Chlorion löst.

Die koordinative Bindung von maximal 4 Sauerstoffatomen je Molekül NaCl ist nachstehend dargestellt:

1. Stufe:

$[Na]^+ \ [:\!\overset{..}{\underset{..}{Cl}}\!:]^- + \ :\!\overset{.}{\underset{.}{O}}\!: \longrightarrow [Na]^+ \ [:\!\overset{..}{\underset{..}{Cl}}:\overset{..}{\underset{..}{O}}\!:]^-$

einfache Darstellung: (Natriumhypochlorit)

$Na^+ + Cl^- + O \longrightarrow Na^+ + ClO^-$

2. Stufe:

$[Na]^+ \ [:\!\overset{..}{\underset{..}{Cl}}:\overset{..}{\underset{..}{O}}\!:]^- + \ :\!\overset{.}{\underset{.}{O}}\!: \longrightarrow [Na]^+ \ [:\!\overset{..}{\underset{..}{O}}:\overset{..}{\underset{..}{Cl}}:\overset{..}{\underset{..}{O}}\!:]^-$

einfache Darstellung: (Natriumchlorit)

$Na^+ + ClO^- + O \longrightarrow Na^+ + ClO_2^-$

3. Stufe:

$[Na]^+ \ [:\!\overset{..}{\underset{..}{O}}:\overset{..}{\underset{..}{Cl}}:\overset{..}{\underset{..}{O}}\!:]^- + \ :\!\overset{.}{\underset{.}{O}}\!: \longrightarrow [Na]^+ \left[\begin{array}{c} :\!\overset{..}{\underset{..}{O}}\!: \\ :\!\overset{..}{\underset{..}{O}}:\overset{..}{\underset{..}{Cl}}:\overset{..}{\underset{..}{O}}\!: \end{array}\right]^-$

einfache Darstellung: (Natriumchlorat)

$Na^+ + ClO_2 + O \longrightarrow Na^+ + ClO_3^-$

4. Stufe:

$[Na]^+ \left[\begin{array}{c} :\!\overset{..}{\underset{..}{O}}\!: \\ :\!\overset{..}{\underset{..}{O}}:\overset{..}{\underset{..}{Cl}}:\overset{..}{\underset{..}{O}}\!: \end{array}\right]^- + \ :\!\overset{.}{\underset{.}{O}}\!: \longrightarrow [Na]^+ \left[\begin{array}{c} :\!\overset{..}{\underset{..}{O}}\!: \\ :\!\overset{..}{\underset{..}{O}}:\overset{..}{\underset{..}{Cl}}:\overset{..}{\underset{..}{O}}\!: \\ :\!\overset{..}{\underset{..}{O}}\!: \end{array}\right]^-$

einfache Darstellung: (Natriumperchlorat)

$Na^+ + ClO_3 + O \longrightarrow Na^+ + ClO_4^-$

Komplexbildungen an den Anionen S^{2-}, P^{3-} und Si^{4-}

Durch koordinative Bindung von Sauerstoff (im Höchstumfange) können entstehen:

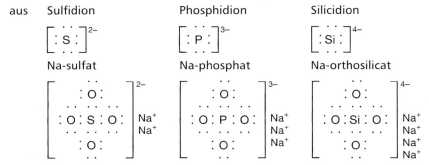

8 Die chemische Bindung

Komplexbildungen an Kationen

Bei den „kationischen" Komplexen unterscheidet man gleichfalls vorwiegend „Durchdringungskomplexe" – wenn die Bindung durch gleichartige „koordinative Valenzen" zustande kommt – und Anlagerungskomplexe, falls die Bindung vorwiegend elektrostatischen oder ähnlichen Anziehungskräften zuzuschreiben ist.

Durchdringungskomplexe liegen beispielsweise vor, wenn an ein Metallsalz vom Typus MeX_2 mit dem Kation Me^{2+} Moleküle mit abgeschlossener Achterschale, wie H_2O, NH_3 oder Anionen, wie CN^-, so anlagern, dass sie mit ihren freien Elektronenpaaren um das Metallion herum eine dem Zentralion und den Addenden gemeinsam angehörende Elektronenschale bilden.

Aus räumlichen Gründen sind hierbei Achter-, Zwölfer- und Sechzehnerschalen besonders bevorzugt; z. B.:

$$Cu^{2+} + 4 \; :\!\!\overset{H}{\underset{H}{N}}\!\!:\! H \longrightarrow (Cu\,(:NH_3)_4)^{2+}$$

Eine weitere Ursache ist offenbar die mögliche Erzielung der nächsthöheren Edelgasschale:

$$Pt^{4+} + 6\, [:Cl:]^- \longrightarrow Pt\,(:Cl)_6^{2-}$$

Anmerkung:

Das Platinion mit 78 – 4 = 74 Elektronen erzielt durch Aufnahme von 12 Elektronen aus den 6 Chloridionen gemeinsam mit diesen die Elektronenkonfiguration des Edelgases Radon (Ordnungszahl 86 = 86 Elektronen).

oder

$$Fe^{2+} + 6\, (:C:::N:)^- \longrightarrow Fe\,(CN)_6^{4-}$$

Anmerkung:

Das Eisenion mit 26 – 2 = 2 Elektronen erzielt durch Aufnahme von 12 Elektronen aus den 6 Cyanidionen gemeinsam mit diesen die Elektronenkonfiguration des Edelgases Krypton (Ordnungszahl 36 = 36 Elektronen).

Bei **Anlagerungskomplexen** wird die Bindung der Addenden weniger durch koordinative Valenzen, sondern durch polare Kräfte, sogenannte **„Dipolkräfte"**, in früheren Jahren „Van der Waalssche Kräfte" genannt, bewirkt.

Dipolkräfte liegen beispielsweise vor, wenn bei durch Atombindung verbundenen Atomen das gemeinsame Elektronenpaar nicht, wie meist, symmetrisch, sondern unsymmetrisch kreist, insbesondere bei stärkerer Unterschiedlichkeit der Elektronenaffinität der beiden Partneratome. Das Molekül nimmt dadurch „polaren" Charakter an, da die Schwerpunkte der positiven und negativen Ladungen nicht zusammen liegen.

$$A + B \longrightarrow \overset{+\;\;-}{A\,.\,B}$$

Die **„Solvatbildung"** (Solvatation) ist ein Beispiel für eine solche Komplexbildung. Viele Hydrate, Ammoniakate und Alkoholate bilden sich durch Anlagerung von Dipolmolekülen des Lösungsmittels an Ionen, wodurch Komplexionen entstehen. Solche Komplexe sind um so beständiger, je größer das Dipolmoment der Lösungsmittelmoleküle und je kleiner der Abstand ist, bis zu welchem sich das Dipolmolekül dem Ion nähern kann. Die Solvatbildung ist meist auf Kationen beschränkt, da die Anionen in der Regel zu groß sind und es daher zu keinen ausreichenden Anziehungskräften kommen kann.

Für das Bauwesen ist insbesondere die Hydratisierung von Ionen interessant, zumal diese für die Löslichkeit von Verbindungen von Bedeutung ist.

Die Löslichkeit eines Stoffes hängt davon ab, ob der feste oder gelöste Zustand energieärmer ist. Soll ein Salz gelöst werden, ist zur Lösung des „Gitterverbands" die meist ziemlich erhebliche „Gitterenergie" aufzubringen, die z. B. bei NaCl rd. 775 kJ/Mol beträgt. Ein Lösen kann nur dann erfolgen, wenn durch eine „Hydratisierung" des Kations, ggf. auch des Anions, eine größere Energiemenge als „Hydratationsenergie" gewonnen wird. Bei NaCl ist dies zutreffend. Bei AgCl dagegen liegt sehr hohe Gitterenergie vor, die Hydratationsenergie ist niedrig, das Salz AgCl ist daher in Wasser unlöslich.

Eine **Leichtlöslichkeit** beruht meist auf einer großen Hydratationswärme bzw. einer großen Differenz zwischen Gitterenergie und (größerer) Hydratationswärme. Beispielsweise liegt die Hydratationswärme des H^+-Ions sehr hoch (rd. 950 kJ/Mol). – s. auch Ziff. 22.

Beispiele für Ionen-Dipol-Komplexe sind:

$$Fe(H_2O)_4^{2+}, Fe(NH_3)_6^{2+}, Ba(H_2O)_8^{2+}.$$

In diesem Zusammenhang ist von Interesse, dass Wasser selbst eine **Assoziation** von Wassermolekülen zu größeren Molekülverbänden aufweist. Diese Assoziation kommt durch Wasserstoffionen zustande, die durch freie Elektronenpaare von zwei benachbarten Sauerstoffatomen gebunden werden. Es kommen somit „Wasserstoffbrücken" zustande:

$$H\!:\!\overset{..}{\underset{..}{O}}\!:\, +\, H\!:\!\overset{..}{\underset{..}{O}}\!:\; \longrightarrow\; H\!:\!\overset{..}{\underset{..}{O}}\!:\!H\!:\!\overset{..}{\underset{..}{O}}\!:$$

Die nachstehende Abb. 22 zeigt vereinfachte schematische Darstellungen des H_2O-Moleküls, die u. a. die Ladungsschwerpunkte erkennen lassen. In der ersten Darstellung (links) sind die vermutlichen Aufenthaltsorte **(Orbitale)** der fünf Elektronenpaare gestrichelt angedeutet: Ein kugelförmiges und vier keulenförmige Orbitale, wovon zwei „freie Orbitale" sind, die aus dem Molekül – an der dem Wasserstoff entgegengesetzten Seite – herausragen.

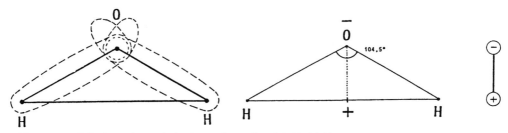

Abb. 22: Vereinfachte schematische Darstellung des H_2O-Moleküls

In der zweiten Darstellung sind die **Ladungsschwerpunkte** verdeutlicht:

Der Schwerpunkt der negativen Ladung liegt im Sauerstoffatom, jener der positiven Ladung mittig zwischen den beiden Wasserstoffatomen. Daneben ist ein **Wasser-Dipol** schematisch dargestellt (s. auch Abb. 27).

9 Die Aggregatzustände

Der Bindungswinkel ist im H_2O-Molekül mit 104,5° kleiner als beispielsweise im NH_3-Molekül (106,8°), was darauf zurückgeführt wird, dass freie Elektronenpaare stärkere Abstoßungskräfte ausüben können, als bindende. Hierauf beruht auch die höhere Elektronegativität des Sauerstoffatoms gegenüber der Elektropositivität der Wasserstoffatome und folglich auch der **Dipol-Charakter** des H_2O-Moleküls.

Abschließend sei zu den vorstehenden Darlegungen über die chemische Bindung bemerkt, dass sich zwischen den einzelnen Bindungsarten oft keine scharfe Grenze ziehen lässt. Es gibt zweifellos zahlreiche Übergangszustände bzw. Übergangsbindungen, deren Deutung Schwierigkeiten bereitet. Schließlich stellen die heute im Vordergrund stehenden Vorstellungen über die chemische Bindung lediglich Arbeitstheorien dar, deren Berechtigung durch Arbeitsergebnisse immerhin erhärtet ist, und durch welche die Wissenschaft bemüht ist, den wirklichen Gegebenheiten Schritt für Schritt näher zu kommen.

9 Die Aggregatzustände

9.1 Allgemeines

Vor einer weiteren Besprechung der Grundlagen der Chemie soll zunächst auf die Zustandsformen der Stoffe näher eingegangen werden:

Die meisten Stoffe bzw. chemischen Verbindungen kommen in **3 Aggregatzuständen** vor. Als Beispiel sei das Wasser benannt, das bekanntlich nicht nur in flüssigem Aggregatzustand, sondern auch in festem Zustand als Eis sowie in gasförmigem Zustand als Wasserdampf vorkommt.

9.2 Kennzeichnung der Aggregatzustände

Der **feste Aggregatzustand** ist gekennzeichnet durch:

- **Feste Gestalt,**
- **Raumgröße** (ohne Zerstörung praktisch nicht zusammendrückbar),
- **starren Verband der Moleküle** (diese sind praktisch nicht verschiebbar).

Feste Stoffe können kristallisiert (mit bestimmtem Schmelzpunkt) oder

amorph (nicht kristallisationsfähig – kein bestimmter Schmelzpunkt) vorkommen.

> Als Beispiele seien genannt: ein Steinsalzkristall für **kristallisierte** Stoffe, Glas und Tischlerleim für **amorphe** Stoffe.

Der **flüssige Aggregatzustand** ist gekennzeichnet durch:

- **Fehlen einer festen Gestalt,**
- **freie Verschiebbarkeit der Moleküle,**
- **bestimmte Raumdichte** (bestimmten Molekularabstand),
- **geringe Zusammendrückbarkeit.**

(Wasser wird durch einen Druck von 1 bar um rd. 1/20.000 seines Volumens zusammengedrückt). Der **gasförmige Aggregatzustand** ist gekennzeichnet durch:

- **Fehlen von Gestalt und Raumgröße,**
- **Auseinanderstreben der Moleküle,**
  (Wird beispielsweise in einem Raum der Gashahn für kurze Zeit geöffnet, so ist das Leuchtgas in kurzer Zeit in der Luft des Raumes ziemlich gleichmäßig verteilt.)
- **Scheinbare Ungültigkeit der Gesetze der Schwerkraft für Gase.**

Zur letztgenannten Kennzeichnung sei bemerkt:

> In großem Rahmen stellt man fest, dass die Gesetze der Schwerkraft auch für Gase gültig sind. Als Beispiel sei auf die Lufthülle der Erde verwiesen, die durch die Anziehungskraft, somit Schwerkraft, festgehalten wird.

Schwere Gase vermischen sich nur langsam mit leichteren Gasen, wie der Luft, was im Bauwesen beachtet werden muss.

Beispielsweise ist zu beachten, dass Anstrichmitteldämpfe in Gruben, engen Erdaushüben und dergl. zu Boden sinken, so dass für die Streicharbeiter im engen Erdaushub **Erstickungsgefahr** besteht (s. Abb. 23). Zahlreiche tödliche Unfälle sind beim Aufbringen von bituminösen Anstrichen durch Anstrichmitteldämpfe verursacht worden.

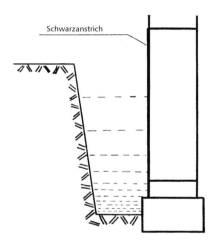

Abb. 23: Anstrichmitteldämpfe sinken in engen Erdaushüben und dergl. zu Boden (Erstickungsgefahr!).

9.3 Veränderung der Aggregatzustände

Durch Erhitzen lässt sich jeder feste Stoff in den flüssigen Aggregatzustand und durch weiteres Erhitzen schließlich auch in den gasförmigen Aggregatzustand überführen. Als Beispiel sei wieder das Wasser angeführt, das bei 0 °C vom festen in den flüssigen Aggregatzustand übergeht. Bei 100 °C geht es vom flüssigen in den gasförmigen Aggregatzustand über, normaler Luftdruck vorausgesetzt. Kondensieren wir den Wasserdampf zu Wasser und lassen wir das Wasser schließlich (wiederum bei 0 °C) gefrieren, so hat sich an dem Stoff nichts geändert. Der Zustand des Eises ist der Gleiche wie vor dem Schmelzen und Verdampfen. Die Veränderung des Aggregatzustandes ist somit **reversibel** (umkehrbar), in chemischer Hinsicht erfolgt keine Veränderung; wir schreiben für Eis wie auch für Wasser oder Wasserdampf die chemische Formel H_2O.

9 Die Aggregatzustände

Manche Stoffe gehen beim Erwärmen unmittelbar vom festen Aggregatzustand in den gasförmigen über. Diese Erscheinung nennt man **Sublimieren**. Wir können diese Erscheinung beispielsweise betrachten, wenn wir Jod oder Schwefel in einem Glaskälbchen erhitzen. Ohne flüssig zu werden, gehen die genannten Stoffe in den gasförmigen Zustand über und schlagen sich am oberen Rand des Glaskälbchens infolge Abkühlung wieder fest nieder.

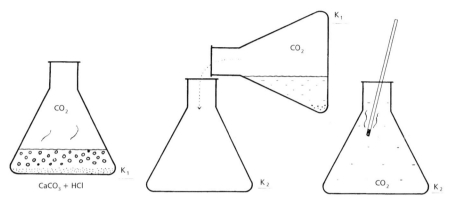

Abb. 24: Das schwere Gas Kohlendioxid lässt sich fast wie eine Flüssigkeit gießen.
Links: Entwicklung von CO_2 durch Zersetzen von Kalksteinmehl mit verdünnter Salzsäure.
Mitte: CO_2 wird (unsichtbar) in einen zweiten Kolben gegossen.
Rechts: Ein brennender Span verlischt sofort beim Einbringen in den Kolben.

Im festen Aggregatzustand befinden sich die Moleküle in einem starren Verband. Trotzdem sind sie in der Lage, eine ständige Schwingungsbewegung auszuführen. Die Moleküle schwingen allerdings an Ort und Stelle wie zwischen Sprungfedern oder dergl. (s. Abb. 25).

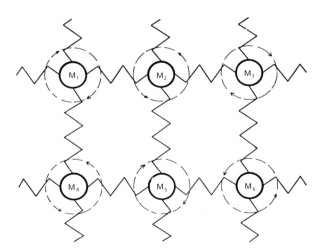

Abb. 25: Schematische Darstellung von schwingenden Molekülen im Molekularverband.

Die molekularen Bindungskräfte, welche die Moleküle im starren Verband fest halten, nennt man **Kohäsion**. Die Molekularschwingung wird durch Temperaturerhöhung beschleunigt, durch Temperaturerniedrigung verlangsamt.

Beim absoluten Nullpunkt (– 273 °C) kommt die Molekularschwingung bis auf eine quantenmechanisch bedingte Restbewegung (Nullpunktsenergie) vollständig zur Ruhe, so dass somit eine nahezu völlige Erstarrung vorliegt.

Wird ein fester Stoff **erwärmt**, so wird die **Molekularschwingung** zunehmend **stärker**, bis schließlich der Molekularverband (bei einer bestimmten Temperatur) gesprengt wird. Die Moleküle sind dann frei beweglich, jedoch ist die Kohäsion noch so stark, dass die Moleküle an einen bestimmten Molekularabstand gebunden bleiben. Die Moleküle führen **in der Flüssigkeit Zickzackbewegungen** aus, sie stoßen an Gefäßwandung und andere Moleküle an und verhalten sich hierbei **ideal elastisch**. Eine auf die Molekularbewegung zurückzuführende Reibungswärme oder dergl. hat man bisher noch nicht feststellen können.

Den Molekülen mit der größten Bewegungsenergie gelingt es, bei Auftreffen auf die Flüssigkeitsoberfläche diese zu durchstoßen, sie überwinden die Kohäsion und den auf der Flüssigkeit lastenden Luftdruck. Sie kommen noch unterhalb des Siedepunktes der Flüssigkeit in den gasförmigen Aggregatzustand. Diese Umwandlung vom flüssigen Aggregatzustand in gasförmigen unterhalb des Siedepunktes nennen wir bekanntlich **Verdunsten**.

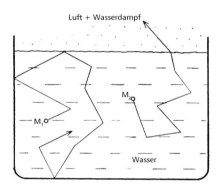

Abb. 26: Darstellung des Weges von zwei Wassermolekülen (M_1 und M_2). Dem schnelleren Molekül M_2 gelingt es, die Wasseroberfläche zu durchstoßen und in den gasförmigen Aggregatzustand überzugehen.

Bei Erreichen des **Siedepunktes** wird die Bewegungsenergie der Moleküle so groß, dass die Kohäsion und der Luftdruck von allen Molekülen überwunden werden und ein restloser Übergang in den gasförmigen Aggregatzustand erreicht wird. Das Volumen des Stoffs verändert sich beim Übergang vom festen in den flüssigen Aggregatzustand nicht wesentlich. Doch der gasförmige Aggregatzustand hat ein durchschnittlich **etwa 1000faches Volumen** des flüssigen bzw. festen Aggregatzustands. Die Dichte des gasförmigen Aggregatzustands ist entsprechend geringer, da durch die Veränderung des Aggregatzustandes die Masse nicht verändert werden kann. Wird ein Gas **abgekühlt**, so vollzieht sich der beschriebene **Vorgang** lediglich in **umgekehrter Richtung**. Mit dem Absinken der Temperatur verlangsamt sich die Molekularbewegung, die Bewegungsenergie nimmt ab.

Bei Erreichen des Kondensationspunktes erfolgt Übergang in den flüssigen Aggregatzustand, bei weiterem Abkühlen wird der Gefrierpunkt und damit der feste Aggregatzustand wieder erreicht.

Wie vorstehend dargelegt, ist der **Siedepunkt** vom äußeren **Luftdruck abhängig**. Bei Abnahme des Luftdrucks erfolgt daher zwangsläufig ein Absinken des Siedepunkts. Es ist beispielsweise bekannt, dass Wasser auf einem hohen Berg viel eher siedet als in niedrigen Lagen (Siedepunkt des Wassers auf dem Mont Blanc: rd. 84 °C).

Für den **Übergang** von einem Aggregatzustand in den anderen ist charakteristisch, dass zum **Schmelzen** und **Verdampfen Wärme verbraucht wird**. Man benennt diese mit „**Schmelzwärme**" und „**Verdampfungswärme**". Beim **Kondensieren** eines Gases bzw. **Erstarren** einer Flüssigkeit werden diese **Wärmemengen wieder in Freiheit gesetzt**.

Beispiel:

Zum Schmelzen von 1 kg Eis von 0 °C zu Wasser von 0 °C werden rd. 335 kJ verbraucht. Zum Verdampfen von 1 kg Wasser von 100 °C in Dampf von 100 °C werden rd. 2.257 kJ benötigt.
Rechenbeispiel:
200 l Betonzugabewasser von 23 °C sollen durch Zugabe von zerkleinertem Eis (Temperatur – 10 °C) auf + 5 °C abgekühlt werden.

Welche Menge Eis ist zuzugeben, damit (nach Schmelzen des Eises) Wasser von + 5 °C erhalten wird (die spezifische Wärme des Wassers c = rd. 4,19 [kJ/kgK], des Eises c = rd. 1,93 [kJ/kgK])?

Zur Lösung der Aufgabe ist davon auszugehen, dass die vom warmen Wasser abgegebene Wärmemenge gleich sein muss der vom Eis aufgenommenen Wärmemenge.

Gewicht des Wassers x spezifischer Wärme des Wassers x Differenz (Wassertemperatur - Mischtemperatur) = Gewicht des Eises x spezifischer Wärme des Eises x Eistemperatur unter 0 °C + Gewicht des Eises x Schmelzwärme je kg Eis + Gewicht des Eises x spezifischer Wärme des Wassers (das Eis ist inzwischen zu Wasser geworden) x Mischtemperatur über 0 °C.

Nach diesem Schema ist in Rechnung zu setzen:

$$200 \cdot (23 - 5) \cdot 4,19 = x \cdot (10 \cdot 1,93 + 335 + 5 \cdot 4,19)$$

Hieraus errechnet sich

$$x = 40 \text{ kg Eis}$$

Antwort:

Zum Abkühlen von 200 l Betonzugabewasser von einer Temperatur von 23 °C auf + 5 °C sind 40 kg zerkleinertes Eis von - 10 °C zuzumischen.

10 Die chemische Reaktion und ihre Beeinflussung

10.1 Allgemeines

Nachstehend sollen die wesentlichen Gesetzmäßigkeiten der chemischen Reaktion knapp dargelegt und vor allem die Möglichkeiten der Beeinflussung ihres Ablaufs aufgezeigt werden.

Betrachten wir zunächst einige chemische Reaktionen nicht nur nach ihrem Stoffumsatz, sondern auch nach ihrem **Energieumsatz** und ihrem **Ablauf**:

Die Synthese von Eisen und Schwefel läuft nach Zuführung von „**Aktivierungsenergie**" (Wärme) unter sichtlicher Energieabgabe (Wärme, Licht) praktisch vollständig von selbst ab.

Die Löschreaktion von gebranntem Kalk läuft ohne erforderliche „Aktivierung" von selbst unter Wärmeentwicklung ab, sobald der gebrannte Kalk mit Wasser in Berührung gebracht wird:

$$CaO + H_2O \longrightarrow Ca(OH)_2$$

Diese Reaktion kann auch von rechts nach links verlaufen, wenn der Löschkalk „gebrannt", diesem somit eine entsprechende Energiemenge zugeführt wird. Hierbei nimmt der gebrannte Kalk **genau die gleiche** Energiemenge auf, die er beim Löschen abgegeben hat, denn nach dem Gesetz von der Erhaltung der Energie (s. Ziff. 8.1.) wird die Summe der Energien in einem abgeschlossenen System durch eine chemische Reaktion nicht verändert. (Reaktionswärmen bei Kalk, s. Ziff. 35.)

Neben Wärmeenergie können bei chemischen Reaktionen auch andere Energiearten, wie Strahlungsenergie, elektrische und mechanische Energie (letztere z. B. für eine Volumenarbeit bei Teilnahme eines Gases an der Reaktion) auftreten. Diese sind einander äquivalent und ineinander umwandelbar.

Jeder Stoff hat einen gegebenen **Energieinhalt** entsprechend der „**Bindungsenergie**" aus den Elementen. Ist bei einer chemischen Reaktion der Energieinhalt der Ausgangsstoffe größer als der der Reaktionsprodukte, wird somit Energie – meist in Form von Wärme – frei, spricht man von einer Reaktion mit „positiver Wärmetönung" oder einer „**exothermen Reaktion**". In umgekehrten Falle der Aufnahme von Energie (meist Wärme) spricht man von einer Reaktion mit „negativer Wärmetönung" oder einer „**endothermen Reaktion**".

Nach dem Gesetz von der Erhaltung der Energie (s. o.) gilt für eine chemische Reaktion allgemein:

$$\Delta U - W - Q = 0$$

ΔU .... Änderung der inneren Energie = Reaktionsenergie
W .... geleistete Arbeit (mechanische Energie)
Q .... abgegebene Wärmemenge

Anmerkung:

In der physikalischen Chemie ist es üblich, geleistete Arbeit und abgegebene Wärmemengen in obiger Gleichung negativ, aufgewandte positiv einzusetzen.

Den Energieumsatz bei chemischen Reaktionen pflegt man auf einen der Reaktionsgleichung entsprechenden **Molumsatz** an Materie zu beziehen und in kJ (früher kcal) anzugeben, zumal sich alle Reaktionen so leiten lassen, dass der Energieumsatz, die „Reaktionsenergie", ganz in Form von Wärme („Reaktionswärme") auftritt.

Als Beispiel sei die bereits erwähnte Synthese und Analyse von Wasser herangezogen. Die Gleichung

$$H_2 + \tfrac{1}{2} O_2 - 286 \text{ kJ} \longrightarrow H_2O \text{ oder}$$

$$H_2 + \tfrac{1}{2} O_2 \longrightarrow H_2O + 286 \text{ kJ}$$

bringt zum Ausdruck, dass bei der Synthese von 1 Mol = 2,016 g Wasserstoff und $\tfrac{1}{2}$ Mol = 16,00 g Sauerstoff 1 Mol = 18,016 g Wasser unter Freigabe einer „Bildungswärme" von 286 kJ entsteht. Umgekehrt wird zur Zersetzung (Analyse) von 1 Mol Wasser die „Spaltungswärme" von gleichfalls 286 kJ benötigt.

Der Energieinhalt der Stoffe ist von ihrem **Zustand** abhängig, was bei Angabe „thermochemischer Gleichungen" (s. o.) zu berücksichtigen ist. Die vorstehend angegebene Gleichung bezieht sich auf 25 °C, 1,013 bar, gasförmigen Wasserstoff und Sauerstoff sowie flüssiges Wasser. Bei Voraussetzung der Bildung gasförmigen Wassers (Wasserdampf) wären 44 kJ für die Verdampfung von 1 Mol Wasser abzuziehen und es würde dann nur eine Bildungswärme von 286 − 44 = 242 kJ resultieren.

10 Die chemische Reaktion und ihre Beeinflussung

Anstelle der „Reaktionsenergie ΔU" (Reaktionswärme bei konstantem Volumen) wird in der Fachliteratur vielfach die **„Reaktionsenthalpie ΔH"** (Reaktionswärme bei konstantem Druck), anstelle der „Bildungsenergie ΔU_B" die **„Bildungsenthalpie ΔH_B"** angegeben. Die Unterschiede sind bei den üblichen hier in Betracht zu ziehenden Reaktionen minimal.

Entsprechend dem Naturgesetz vom Energiegefälle verlaufen **exotherme** chemische Reaktionen im Allgemeinen **von selbst, endotherme** dagegen nur unter **Energiezufuhr** – zumindest was die wesentlichen auf dem Bausektor in Betracht zu ziehenden chemischen Vorgänge betrifft.

Streng genommen können jedoch nur solche chemischen Reaktionen von selbst („freiwillig") ablaufen, bei welchen freie Energie z. B. in Form von Arbeit gewonnen werden kann. Die Wärmetönung W_{gesamt} einer chemischen Reaktion setzt sich aus „freier" und „gebundener" Energie

$$W_{gesamt} \longrightarrow W_{frei} + W_{gebunden}$$

zusammen. Der in seiner Energieform gebundene, nur in Form von Wärme umsetzbare Anteil $W_{gebunden}$, ist mit dem Reaktionsablauf zwangsläufig gekoppelt; dessen Vorzeichen und Größe bedingen dabei das Vorzeichen der Gesamtenergie W_{gesamt} des von selbst verlaufenden Vorgangs und damit dessen exothermen oder endothermen Charakter.

Ergänzend sei noch bemerkt, dass die für viele von selbst verlaufende exotherme Reaktionen zum in Gang kommen notwendige Aktivierungsenergie (s. o.) erforderlich ist, um die Bindungen der Moleküle zu lockern oder diese in die für die Reaktion erforderlichen Atome zu spalten.

10.2 Chemisches Gleichgewicht – Massenwirkungsgesetz

Chemische Reaktionen, die in **einer** Phase (z. B. Lösung, Schmelze, Gasphase) verlaufen, sind grundsätzlich umkehrbar und als „Gleichgewichtsreaktionen" zu betrachten, d, h. die Reaktion kann sowohl nach rechts als auch nach links verlaufen, je nach den jeweiligen Gegebenheiten.

In der Regel stellt sich ein bestimmtes **Gleichgewicht** ein, das je nach Art und Bedingungen der Reaktion weit rechts, in der Mitte oder in der linken Hälfte liegen kann.

Eine mathematische Erfassung des Reaktionsgleichgewichts erfolgte **1869** durch GULDBERG und WAAGE mit dem **„Massenwirkungsgesetz"**. Dieses Gesetz lautet:

> Das Produkt der Konzentrationen der Reaktionsprodukte, ausgedrückt in Molen pro Liter, geteilt durch das Produkt der Konzentrationen der Ausgangsstoffe, gibt eine konstante Zahl.

Wenn aus den Stoffen A und B durch eine chemische Reaktion die neuen Stoffe C und D entstehen, so können wir allgemein das Schema schreiben

$$A + B \rightleftarrows C + D$$

Das Massenwirkungsgesetz lautet dann:

$$\frac{[C] \cdot [D]}{[A] \cdot [B]} = \text{const.} = K$$

Die Gleichgewichtskonstante K_c ändert ihren Zahlenwert mit der **Temperatur**. Sie hat für jede chemische Reaktion einen anderen Wert.

Dem Massenwirkungsgesetz ist zu ersehen, dass die Änderung der Konzentration nur **eines** Reaktionsteilnehmers zwangsläufig das Reaktionsgleichgewicht verschiebt. Die praktische Folgerung für die Durchführung von chemischen Nachweisreaktionen ist:

> Wenn eine Substanz, die wir nachweisen wollen, wie meist, nur in geringer Menge vorliegt, so kann der Ablauf der spezifischen Nachweisreaktion dadurch gefördert werden, dass wir von dem Reagens eine **reichliche** Menge zugeben. Hierdurch wird das Reaktionsgleichgewicht in Richtung nach rechts gedrückt. Bei mengenmäßigen (quantitativen) Bestimmungen ist ein praktisch vollständiger Reaktionsablauf sogar Voraussetzung.

Das Massenwirkungsgesetz gilt **nicht** für den Anteil der Reaktionsteilnehmer, der die Phase beispielsweise als Fällung eines schwer- oder unlöslichen Salzes aus einer Lösung oder als entweichendes Gas verlässt.

Durch die Ausscheidung eines festen Bodenkörpers beispielsweise wird das Reaktionsgleichgewicht ständig gestört bzw. unterschritten (eine im Zähler stehende Größe wird laufend weggenommen). Wird somit aus einer Lösung eine praktisch unlösliche Fällung (als Reaktionsprodukt) ausgeschieden, verläuft die Reaktion praktisch vollständig nach rechts.

Dieser Umstand ist für qualitative Nachweise geringer Mengen oder für Fällungen im Rahmen der gravimetrischen quantitativen Bestimmungen von Bedeutung (s. u. a. Ziff. 83).

Die Gleichgewichtseinstellung kann oft erheblich verzögert sein (vgl. Aktivierungsenergie – Ziff. 10.1) und man unterscheidet daher „stabile", „metastabile" und „instabile" chemische Systeme. Ein organisches (pflanzliches und tierisches) Leben wäre nicht möglich, wenn nicht viele organische Substanzen sich als „metastabile" Systeme u. a. an der Luft nur allmählich umsetzen und nur sehr langsam in den entsprechend dem Reaktionsgleichgewicht „stabilen" Zustand übergehen würden. Das metastabile System lässt sich mit einem auf einer schiefen Ebene befindlichen Fahrzeug vergleichen, bei welchem die Bremsen mehr oder weniger stark angezogen sind. Die bremsende „Reibung" kann insbesondere durch Temperaturerhöhung oder durch „Katalysatoren" (s. Ziff.10.3.) vermindert oder auch praktisch aufgehoben werden. So wird beispielsweise der „Stoffwechsel" im menschlichen Körper, im Besonderen die Verbrennungsgeschwindigkeit der „metastabilen" Umsetzungsprodukte aus den Nahrungsmitteln, durch Katalysatoren in geeigneter Weise „geregelt" (s. a. Ziff. 53).

10.3 Beeinflussung des Reaktionsablaufs

Die Beeinflussung des Ablaufs im Besonderen von wesentlichen Erhärtungsreaktionen des Bausektors sei an Hand der **Erhärtungsreaktion des Kalkes**

$$Ca(OH)_2 + H_2O + CO_2 \longrightarrow CaCO_3 + 2\,H_2O$$

erörtert (s. a. Ziff. 35).

Aus Erfahrung weiß man, dass die Kalkerhärtung bei **kühler Temperatur nur zögernd**, somit verlangsamt, vor sich geht und dass diese durch eine **Erhöhung des Kohlendioxidgehalts** der Luft (praktisch nur in geschlossenen Räumen möglich) **beschleunigt** wird. Auch spielt die Feinkörnigkeit eines Kalks eine Rolle sowie die Menge des während der Erhärtung vorhandenen Wassers.

Warum wird der Ablauf der chemischen Erhärtungsreaktion durch die vorgenannten Faktoren beeinflusst?

10 Die chemische Reaktion und ihre Beeinflussung

Die Temperatur beeinflusst die **Molekularbewegung**. Bei höherer Temperatur liegt eine intensivere Molekularbewegung als bei niedrigerer Temperatur vor. Infolgedessen ist die Wahrscheinlichkeit eines Zusammentreffens von reaktionsfähigen Molekülen je Zeiteinheit bei hoher Temperatur größer als bei niedrigerer Temperatur. Die zwangsläufige Folge ist, dass durch Erniedrigung der Temperatur eine Verlangsamung des Ablaufs einer chemischen Reaktion erfolgen muss und umgekehrt.

Eine **hohe Konzentration** der Reaktionsteilnehmer **beschleunigt** einen chemischen Vorgang, da die Wahrscheinlichkeit des Zusammentreffens reaktionsfähiger Moleküle mit Zunahme der Konzentration ansteigt.

Bei der Kalkerhärtung spielt die **Konzentration des Kohlendioxids** der Luft eine besonders große Rolle, da die Luft nur die außerordentlich geringe Konzentration von rd. 0,03 % CO_2 aufweist. Nach dem **Massenwirkungsgesetz** (s. Ziff. 10.2.) kann das „Reaktionsgleichgewicht" durch Erhöhung der CO_2-Konzentration nach rechts gedrückt werden.

Auch der äußere **Druck** spielt insofern eine Rolle, als nach einem Naturgesetz ein System stets einem Druck auszuweichen bestrebt ist. Durch Erhöhung des Druckes wird die chemische Reaktion der Kalkerhärtung beschleunigt, da die Reaktionsendprodukte ein kleineres Volumen besitzen als die Ausgangsstoffe. Ist der Fall umgekehrt, dass nämlich die Ausgangsstoffe ein kleineres Volumen besitzen als die Reaktionsprodukte, so wird durch Erhöhung des Druckes eine Hemmung des Reaktionsablaufs verursacht.

Die **Feinkörnigkeit** spielt bei der Kalkerhärtung deshalb eine Rolle, weil die „Kalkmilch" eine Dispersion von Calciumhydroxid in einer Calciumhydroxid-Lösung darstellt, somit der größte Teil des Calciumhydroxids in ungelöster, körniger Form vorliegt. Je feiner die Dispersion des Calciumhydroxids ist, desto größer ist dessen Oberfläche, desto größer ist damit die „**Reaktionsoberfläche**". Die Wahrscheinlichkeit eines Zusammentreffens reaktionsfähiger Moleküle [$Ca(OH)_2$ und CO_2] wird durch die Vergrößerung der Reaktionsoberfläche erhöht und umgekehrt.

> Einen großen Einfluss auf die Reaktionsgeschwindigkeit hat die „Feinmahlung" bei den **Zementen**. Die feingemahlenen Zemente haben eine hohe „Frühfestigkeit", die grobgemahlenen Zemente eine entsprechend niedrigere Frühfestigkeit.

Dass die Erhärtung beispielsweise eines Kalkputzes von einer **guten Luftzirkulation** und daher von der **Porosität** des Putzes abhängen muss, ist einleuchtend, da die Erhärtungsreaktion nur dann ständig weiterlaufen kann, wenn das verbrauchte Kohlendioxid zügig durch Neues ersetzt wird.

Schließlich ist noch die Erscheinung der „**Katalyse**" zu erörtern. Es gibt Stoffe, sogenannte „Katalysatoren", die durch ihre bloße Anwesenheit eine Reaktion zu beschleunigen oder zu verzögern vermögen, ohne dass sie selbst an der Reaktion merklich teilnehmen.

> Als Beispiel sei auf die mögliche „kalte" Entzündung eines **Leuchtgas-Luft-Gemisches** verwiesen. Leuchtgas lässt sich mit Hilfe eines kleinen Stückchens kalten Platinschwamms anzünden. Diese Erscheinung beruht darauf, dass die Verbrennung von Leuchtgas, die bei normaler Temperatur außerordentlich langsam, kaum merklich verläuft (s. auch Ziff. 40), durch Überleiten des Gas-Luft-Gemisches über Platinschwamm so beschleunigt wird, dass sich das Gemisch durch die freiwerdende Reaktionswärme schließlich entzündet.

Dass Katalysatoren u. a. im Stoffwechsel des menschlichen Körpers eine wichtige Rolle spielen – sie werden daher „**Vitamine**" genannt –, wurde im vorstehenden Kapitel bereits erwähnt.

Zusammenfassend kann somit festgestellt werden, dass der Ablauf von chemischen Reaktionen der geschilderten Art von nachstehenden Faktoren beeinflusst wird:

- Chemisches Bindungsvermögen (früher: „Chemische Verwandtschaft" oder „Affinität") als Voraussetzung;
- Temperatur;
- Konzentration der Reaktionsteilnehmer;
- Reaktionsoberfläche (bei Teilnahme fester Stoffe);
- Äußerer Druck (bei Teilnahme eines Gases);
- Katalysatoren.

10.4 Praktische Auswertung der Kenntnis einer Beeinflussbarkeit des Reaktionsablaufs

Entsprechend den vorstehenden Ausführungen wird man auf dem Bausektor in der Lage sein, den Einfluss einer Veränderung äußerer Umstände, wie insbesondere der Temperatur, auf eine chemische Reaktion zu übersehen und bei unerwünschter Verzögerung den Reaktionsablauf zu beschleunigen oder umgekehrt.

Sofern eine solche Verzögerung in dem einen oder anderen Falle nicht in Kauf genommen werden kann, wird man mögliche Gegenmaßnahmen zur Aufhebung der Verzögerung in Erwägung ziehen. Bei Kalkinnenputzen ist dies beispielsweise möglich durch Anreicherung der Luft mit CO_2, durch Aufstellen von Koksöfen oder Propangasbrennern. Hierdurch wird auch die Temperatur erhöht, die ihrerseits eine Beschleunigung bewirkt. Allerdings wird man in Anbetracht der Kenntnis der Gesetzmäßigkeiten eine Temperaturerhöhung an keiner Stelle so weit treiben, dass hierdurch die für die Erhärtungsreaktionen erforderliche Feuchtigkeit etwa weggetrocknet wird. Wie dem Reaktionsschema zu entnehmen ist, entsteht bei der Reaktion Wasser. Damit dieses das Reaktionsgleichgewicht nicht nach links drückt und den Reaktionsablauf hemmend beeinflusst, muss Vorsorge getroffen werden, dass dieses ausgeschiedene Wasser (Baufeuchtigkeit) auch verdunsten kann. Um größere CO_2-Verluste zu vermeiden, wird man daher am rationellsten so arbeiten, dass man lediglich eine leichte, aber ständige Durchlüftung bei gleichzeitiger ständiger Kohlendioxiderzeugung vorsieht.

Bei hohen Temperaturen, z. B. im **Hochsommer**, wird oft zu prüfen sein, ob die Reaktion nicht zu rasch verläuft und vielleicht ein Abbinden des Zements vorzeitig erfolgt. Maßnahmen der Verzögerung sind in Ziff. 36.5. angegeben. Zementerstarrungsversuche sollten bei der höchsten zu erwartenden Temperatur durchgeführt werden, da in Anbetracht der Abhängigkeit der chemischen Reaktionen von der Temperatur Versuche bei anderen Temperaturen kaum aussagekräftig sein können.

10.5 Oxidations- und Reduktionsreaktionen, Redox-Vorgänge

Unter einer Oxidation verstand man ursprünglich, wie in Ziff. 2.4. bereits dargelegt, lediglich eine chemische Bindung von Sauerstoff. Nach der Elektronentheorie der Valenz (s. Ziff. 8) beruht z. B. eine Metalloxidbildung auf einem Übergang von Elektronen vom Metallatom zum Sauerstoffatom. Letzteres entzieht dem Metallatom Elektronen infolge seines Bestrebens, durch Aufnahme von 2 Elektronen eine (gesättigte) Achterschale aufzubauen.

10 Die chemische Reaktion und ihre Beeinflussung

Beispiel: Kupfer überzieht sich beim Erhitzen mit einer Schicht von CuO

$$Cu \longrightarrow Cu^{2+} + 2\,(^-)$$
$$O + 2\,(^-) \longrightarrow O^{2-}$$
$$Cu + O \longrightarrow Cu^{2+}O^{2-}$$

Auch andere Stoffe als Sauerstoff haben das Bestreben, einem Metallatom seine Valenzelektronen zu entreißen. Die Einwirkung beispielsweise von Chlor auf ein Metall hat man daher gleichfalls als einen Oxidationsvorgang bezeichnet.

Unter **Oxidation im weiteren Sinne** versteht man einen Entzug von Elektronen („Deelektronisierung"). Oxidationsmittel sind Stoffe mit elektronenentziehender Wirkung. Diese können neutrale Atome, Ionen oder Verbindungen sein, z. B.

$$(^-) + Fe^{3+} \longrightarrow Fe^{2+}$$

Eisen(III)-salze als Oxidationsmittel werden im Zuge der Oxidation zu Eisen(II)-salzen reduziert.

Jede Oxidation ist von einer Reduktion (des Oxidationsmittels) begleitet. Umgekehrt ist eine Reduktion stets von einer Oxidation (des Reduktionsmittels) begleitet. Früher hat man unter Reduktion nur eine Rückgängigmachung einer Oxidation (s. Ziff. 2.6.) verstanden. Unter **Reduktion im weiteren Sinne** versteht man eine Zufuhr von Elektronen („Elektronisierung"). Reduktionsmittel sind Stoffe mit elektronenzuführender Wirkung, z. B.:

$$M^{2+}O^{2-} + 2\,H \longrightarrow M + H^+O^{2-}H^+ \quad \text{oder einfacher}$$
$$M^{2+} + 2\,H \longrightarrow M + 2\,H^+,$$

wobei neutrale Wasserstoffatome unter Bildung von Wasserstoffionen ihre Außenelektronen an das Metallion abgeben.

Da eine Oxidation stets mit einer Reduktion (des Oxidationsmittels) und umgekehrt eine Reduktion mit einer Oxidation (des Reduktionsmittels) verbunden ist, werden solche Reaktionssysteme als **„Redox-Vorgänge"** bezeichnet.

B Die chemischen Elemente

11 Überblick über die Einteilung und die Eigenschaften der chemischen Elemente

11.1 Einteilung der chemischen Elemente

Die chemischen Elemente werden allgemein in Metalle und Nichtmetalle unterteilt.

Bei den **Metallen** unterscheidet man Leicht- und Schwermetalle.

Die ersteren werden unterteilt in Alkalimetalle (z. B. Natrium und Kalium), Erdalkalimetalle (z. B. Magnesium und Calcium) sowie Erdmetalle (z. B. Aluminium).

Zu den Schwermetallen gehören u. a. Zink, Eisen, Kupfer, Blei und Gold.

Nur etwa der 4. Teil der Elemente wird den **Nichtmetallen** zugerechnet. Als wesentliche Nichtmetalle seien die Gase Wasserstoff, Sauerstoff, Stickstoff und Chlor und die bei Normalbedingungen festen Elemente Kohlenstoff, Schwefel und Phosphor benannt.

Metalle sind im Allgemeinen **Basenbildner** (s. Ziff. 15), Nichtmetalle **Säurebildner** (s. Ziff. 16).

Bei den Metallen gibt es eine Zwischengruppe, die sowohl Basen als auch Säuren zu bilden in der Lage ist. Man bezeichnet diese Elemente daher meist als **„amphotere Elemente"**. Beispiele: Zink, Aluminium, Zinn, Arsen und Selen (s. auch Periodisches System – Ziff. 6).

11.2 Eigenschaften der chemischen Elemente

Bezüglich der grundsätzlichen Eigenschaften der chemischen Elemente ist festzustellen:

Metalle haben

- einen typischen Metallglanz,
- eine hohe Reindichte (hohes spezifisches Gewicht),
- im Allgemeinen eine zähfeste, schmiedbare Beschaffenheit (keine Sprödigkeit), eine gute Leitfähigkeit für Wärme und elektrischen Strom.

Nichtmetalle zeigen kaum gemeinsame Merkmale; in der Mehrzahl zeigen sie eine geringere Reindichte, im festen Aggregatzustand ein stumpfes Aussehen (z. B. Schwefel, Phosphor) und weisen eine schlechte Leitfähigkeit für Wärme und elektrischen Strom auf.

12 Überblick über die wesentlichen chemischen Elemente der Erdrinde

Die Erdrinde, zu welcher man neben der Atmosphäre (Lufthülle) und der Hydrosphäre (Meere) eine etwa 16 km (10 Meilen) dicke Schicht der Lithosphäre, des äußeren Gesteinsmantels der Erde, rechnet, besteht zu etwa 99 % aus den 10 nachstehend aufgeführten Elementen:

Chem. Element	Chem. Symbol	Atomhäufigkeit (Anteil a. d. Gesamtzahl der Atome)	Anteil an der Erdrinde in Gew.-%
Sauerstoff	O	55,1 %	49,4
Silicium	Si	16,3 %	25,8
Aluminium	Al	5,0 %	7,57
Eisen	Fe	1,5 %	4,71
Calcium	Ca	1,5 %	3,4
Magnesium	Mg	1,4 %	1,94
Natrium	Na	2,0 %	2,64
Kalium	K	1,1 %	2,4
Wasserstoff	H	15,4 %	0,88
Titan	Ti	0,2 %	0,41
		99,5 %	99,15

Die übrigen 93 Elemente, unter anderen der für das organische Leben wichtige Kohlenstoff, sind in der Erdrinde nur zu etwa 0,9 Gew.-% enthalten. Hierbei entfallen auf Chlor rd. 0,2 Gew.-%, auf Phosphor und Kohlenstoff je rd. 0,1 Gew.-%.

13 Charakteristik der wesentlichen chemischen Elemente

Nachstehend sind die wesentlichen chemischen Elemente in knapper Farm charakterisiert. Das chemische Symbol neben der Benennung des chemischen Elements weist 2 Zahlen auf. Die obere Zahl gibt jeweils die **relative Atommasse** die untere Ziffer die **Ordnungszahl** an.

Unter „**Wertigkeit**" sind jeweils die wesentlichen vorkommenden Wertigkeitsstufen angegeben.

13.1 Wasserstoff $^{1,00791}_{1}H$ (Hydrogenium)

Kennzeichnung und Eigenschaften:

Leichtestes, farb- und geruchloses Gas; Molekül: H_2; Wertigkeit: 1; Normdichte $\rho_n = 0,0899$ kg/m³; Siedepunkt (bei normalem Luftdruck): $-252,8$ °C; kritische Temperatur $-239,9$ °C; kritischer Druck: 12,97 bar.

Wasserstoff ist leicht brennbar, er verbrennt unter heftiger Reaktion zu Wasser. (Bei Verbrennung von 1 g H_2 wird eine Wärmemenge von rd. 142 kJ frei.) Ein Gemisch von Wasserstoff und Sauerstoff im Verhältnis von 2 : 1 wird als **Knallgas** bezeichnet, da es bei Entzündung mit sehr heftiger Explosion reagiert. (Ein Wasserstoff-Sauerstoff-Gebläse lässt Temperaturen bis 2900 °C, ein Wasserstoff-Luft-Gebläse Temperaturen bis etwa 2000 °C erzeugen.)

Wasserstoff verbindet sich mit Chlor ebenfalls unter Feuererscheinung. Das Gasgemisch im Verhältnis 1 : 1 nennt man Chlorknallgas.

Eine technisch wichtige Eigenschaft des Wasserstoffs ist sein Reduktionsvermögen (s. Ziff. 10.5).

Vorkommen:

In der Natur kommt Wasserstoff vor

frei in Erd-, Sumpf- und Vulkangasen; auch in den obersten Regionen der Erdatmosphäre. (Die Sonne und die meisten Fixsterne bestehen im Wesentlichen aus Wasserstoff.)

gebunden im Wasser (der größte Teil des auf der Erde befindlichen Wasserstoffs liegt als Wasser gebunden vor), in Kohlenwasserstoffen u. a.

Darstellung:

- Im Labor wird Wasserstoffgas beispielsweise durch Elektrolyse des Wassers im Hofmannschen Wasserzersetzungsapparat hergestellt (s. Abb. 2).

- Eine andere im Labor angewandte Methode ist die Herstellung von Wasserstoff durch Einwirkung von verdünnter Schwefelsäure auf Zink nach der Reaktionsgleichung

$$Zn + H_2SO_4 \longrightarrow ZnSO_4 + H_2$$

Diese Umsetzung wird vorteilhaft im Kippschen Apparat durchgeführt (s. Abb. 3).

- Technisch wird Wasserstoff entweder durch Elektrolyse von Wasser oder aus Wasser- bzw. Koksofengas gewonnen.

13.2 Bor $^{10,811}_{5}B$

Kennzeichnung und Eigenschaften:

Elementares Bor ist in kristallisiertem Zustand grauschwarz und hat die Dichte 3,3. In der Härte steht es dem Diamant nahe. Wertigkeiten: 3, 4.

Bor weist (als Nichtmetall) ein **ähnliches** Verhalten auf wie Kohlenstoff und insbesondere Silicium, obwohl es hinsichtlich der Wertigkeiten mit diesen Elementen nicht übereinstimmt. Durch Erhitzen an der Luft verbrennt Bor zu Bortrioxid; auch mit anderen Elementen verbindet sich Bor in der Hitze leicht, z. B. mit Stickstoff zu Bornitrid (BN), einem weißen Pulver.

Vorkommen:

Bor kommt in der Natur nur in Verbindungen vor und ist Bestandteil vieler Minerale.

Darstellung:

Ähnlich wie Silicium kann Bor durch Glühen von Bortrioxid (oder auch Borax $Na_2B_4O_7 \cdot 10\ H_2O$) mit Magnesium elementar erhalten werden:

$$B_2O_3 + 3\ Mg \longrightarrow 2\ B + 3\ MgO$$

Bor fällt hierbei als braunes, amorphes Pulver an.

Verwendung:

In der Porzellan- und Glasindustrie sowie zum Löten vorwiegend als Borax (s. o.), auch in der Seifenherstellung u. a.

In neuerer Zeit verwendet man Borate auch im Bauwesen, z. B. zur Abbindeverzögerung des Zements oder als Zusatz zu Reaktorbeton, da Bor ein gutes Absorptionsvermögen für Neutronen besitzt.

13.3 Kohlenstoff $^{12,011}_{\ \ \ 6}C$ (Carboneum)

Kennzeichnung und chemische Eigenschaften:

Fester Stoff (s. u.); Wertigkeiten: (2), 4; Schmelzpunkt: 3900 °C; Siedepunkt: 3950 °C.

Chemische Eigenschaften:

Der **Diamant** ist chemisch sehr beständig, er lässt sich jedoch in Sauerstoff zu Kohlendioxid verbrennen.

Graphit ist auch bei hohen Temperaturen sehr beständig, so dass man ihn zu hitzebeständigen Tiegeln und dergl. verwenden kann. Im Vergleich zu Diamant ist Graphit chemisch weniger widerstandsfähig.

Der sogenannte **amorphe Kohlenstoff**, der richtiger als **mesomorph** zu bezeichnen ist, da die Moleküle in **einer** Ebene geordnet gelagert sind (im Gegensatz zu der dreidimensional geordneten Lagerung der kristallinen Modifikationen), ist wesentlich reaktionsfähiger. Zwar liegt bei gewöhnlicher Temperatur eine ziemliche Reaktionsträgheit vor, doch ist bei **höherer Temperatur** ein **starkes Reaktionsvermögen** vorhanden. Vor allem zu Sauerstoff zeigt dann der Kohlenstoff eine große chemische Verwandtschaft, so dass er ein gutes **Reduktionsmittel** ist. U. a. wird der Kohlenstoff (als Koks) in großem Maßstabe zur **Metallverhüttung**, insbesondere zur Eisengewinnung, angewandt. Für das Verhalten des Kohlenstoffs in chemischer Hinsicht ist u. a. bezeichnend, dass Kohlenstoff als Bestandteil des Schießpulvers (Schwarzpulver, bestehend aus Salpeter, Kohlenstoff und Schwefel, s. Ziff. 65) zur Anwendung gelangt.

Die besondere Eigenschaft des Kohlenstoffs ist die, lange **Ketten und Ringe** bilden zu können, auf welcher Eigenschaft die Vielzahl der „organischen Verbindungen" beruht (s. Ziff. 8.3.2.2 u. Ziff. 28 – 31).

Für das Bauwesen haben insbesondere die Salze der Kohlensäure (H_2CO_3) Bedeutung (s. Ziff. 35).

Vorkommen:

Frei kommt Kohlenstoff in der Natur als Graphit und Diamant vor.

Gebunden liegt er in zahlreichen Mineralien, unter anderem im Kalkspat, Marmor, Eisenspat usw. vor.

In der **Luft** ist er als Kohlendioxid enthalten, zudem würde das organische Leben ohne Kohlenstoff undenkbar sein (s. auch Stein- und Braunkohlenvorkommen u. a. – Ziff. 28 – 31, Ziff. 61 – 64).

Kohlenstoff kommt in **drei Formen** vor, und zwar als

Diamant	farblos, durchsichtig, sehr hart, kein Elektrizitätsleiter;
Graphit	grauschwarz, undurchsichtig, ziemlich weich, guter Elektrizitätsleiter;
Ruß	schwarz, undurchsichtig, sehr weich, schlechter Elektrizitätsleiter.

13.4 Stickstoff $^{14,0067}_{7}N$ (Nitrogenium)

Kennzeichnung und Eigenschaften:

Farb- und geruchloses Gas; nicht brennbar; Molekül: N_2; Wertigkeiten: 3, 5; Normdichte ρ_n = 1,25 kg/m³; Siedepunkt: – 195,8 °C (kritische Temperatur: – 146 °C, kritischer Druck: 35,5 bar).

Stickstoff ist **reaktionsträge**, da die Bindung der Stickstoffatome im Molekül sehr fest ist (s. Ziff. 8.3.2.2). Freie Stickstoffatome sind jedoch sehr reaktionsfähig.

Vorkommen:

In der Natur kommt Stickstoff vor

frei in der atmosphärischen Luft (rd. 78 Vol.-% der Luft);

chemisch gebunden in Mineralien, z. B. Chilesalpeter u. a., sowie in organischen Verbindungen, wie z. B. Eiweißstoffen usw.

Darstellung:

- Im Labor lässt sich reiner Stickstoff beispielsweise durch Erhitzen einer konzentrierten Lösung von Ammoniumnitrit herstellen, welcher zuvor konzentrierte Schwefelsäure zugesetzt worden ist:

$$NH_4NO_2 \longrightarrow 2 H_2O + N_2$$

- Luftstickstoff, somit verunreinigter Stickstoff, kann im Labor auch durch Überleiten von Luft über glühende Kupferspäne oder dergl. hergestellt werden. Das Kupfer bindet hierbei den Sauerstoff.

- Technisch wird Luftstickstoff durch Luftverflüssigung nach dem LINDE-Verfahren hergestellt.

13.5 Sauerstoff $^{15,9994}_{8}O$ (Oxygenium)

Kennzeichnung und Eigenschaften:

Farb- und geruchloses Gas; Molekül: O_2; Wertigkeit: 2; Normdichte ρ_n = 1,43 kg/m³; Siedepunkt (bei normalem Luftdruck): – 183 °C (kritische Temperatur: – 119 °C, kritischer Druck: rd. 52,7 bar).

13 Charakteristik der wesentlichen chemischen Elemente

Der Sauerstoff hat das Bestreben, mit den meisten chemischen Elementen Verbindungen einzugehen. Den Vorgang einer solchen Verbindung nennt man **Oxidation** (u. a. Verbrennung). Die Oxidation ist mit einer Wärmeabgabe verbunden (**exotherme** Reaktion).

Beispiele:

Magnesium „verbrennt" an der Luft zu Magnesiumoxid (s. Ziff. 15.1).

Wasserstoff verbindet sich, mit Sauerstoff gemischt und entzündet, unter heftiger Explosion zu Wasser (s. Ziff. 65).

Vorkommen:

Sauerstoff kommt in der Natur vor

frei als Bestandteil der atmosphärischen Luft, die ca. 21 Vol.-% Sauerstoff enthält, sowie

chemisch gebunden in den Gesteinen und dem Wasser der Erdrinde (z. B. $CaCO_3$, $CaSO_4$, den Silicatgesteinen u. a.).

Darstellung:

- Im Labor wird Sauerstoff am einfachsten und rein durch Elektrolyse von Wasser hergestellt, zweckmäßig unter Anwendung des Hofmannschen Wasserzersetzungsapparats (s. Abb. 2).
- Eine weitere einfache Darstellung ist die Folgende:
Man erhitzt Kaliumchlorat in einer Retorte, dem man zur Beschleunigung der Reaktion zuvor etwas Braunsteinpulver (MnO_2) zugemischt hat:

$$2\ KClO_3 \longrightarrow 2\ KCl + 3\ O_2$$

- Technisch wird Sauerstoff meist (allerdings in einer geringeren Reinheit) durch Verflüssigung von Luft nach dem Linde-Verfahren hergestellt. Eine weitgehende Trennung des Sauerstoffs vom Stickstoff ist möglich durch die unterschiedlichen Siedepunkte dieser Elemente. Stickstoff siedet bei 196 °C, Sauerstoff bei − 183 °C. Aus der flüssigen Luft entweicht daher bei Erwärmung zunächst Stickstoff, während der Sauerstoff bis zur Erwärmung auf − 183 °C flüssig bleibt.

Ozon

Ozon ist eine besondere Form des Sauerstoffs, auch „aktiver Sauerstoff" benannt (s. Ziff. 8.3.2.2). Ozon besteht aus Molekülen zu je 3 Sauerstoffatomen; er ist ebenfalls ein farbloses Gas, hat jedoch einen stechenden, chlorähnlichen Geruch. Die Normdichte des Ozons ist um die Hälfte größer als die des Sauerstoffs.

Ozon entsteht bei Einwirkung von elektrischen Entladungen oder von ultraviolettem Licht auf Luft oder Sauerstoff (Gewitterluft!). Die oxidierende Wirkung ist wesentlich stärker als die des Sauerstoffs, weshalb Ozon u. a. als Desinfektionsmittel angewendet werden kann, wie z. B. zum Sterilisieren von Milch, Trinkwasser oder zum Bleichen usw. (s. auch Ziff. 52.3)

13.6 Halogene $^{19,0}_{9}F$, $^{35,453}_{17}Cl$, $^{79,904}_{35}Br$, $^{126,904}_{53}J$

Die „Halogene" umfassen die 4 Elemente **Fluor, Chlor, Brom** und **Jod**. Da diese Elemente ein **starkes chemisches Bindevermögen** zu anderen Elementen besitzen, kommen sie in der Natur nur in Verbindungen, meist Leichtmetallverbindungen, vor.

Halogene heißt zu deutsch „**Salzbildner**".

Fluor ist ein Gas von gelblicher Farbe und außerordentlich starkem chemischem Reaktionsvermögen. In der Natur kommt Fluor im Flussspat (CaF_2) und anderen Mineralien vor.

Chlor ist ein Gas von grünlicher Farbe. Das Reaktionsvermögen ist stark, jedoch deutlich schwächer als das des Fluors. Chlor kommt in der Natur in Salzen, insbesondere Steinsalz, vor. Chlor ist das technisch wichtigste Halogen. Es ist im Wasser löslich und wird unter anderem dem Trinkwasser zur Desinfektion zugesetzt. Ein Gemisch von Chlor und Wasserstoff im Verhältnis 1 : 1 heißt „Chlorknallgas", da sich beide Elemente mit Explosionseffekt chemisch (zu Chlorwasserstoff) verbinden.

Bei normaler Temperatur besteht Chlor aus zweiatomigen Molekülen. Die Wertigkeit ist 1.

- Dargestellt wird Chlor im Labor beispielsweise durch Reaktion zwischen Braunstein und Salzsäure unter Erwärmung nach der Gleichung

$$MnO_2 + 4\ HCl \longrightarrow MnCl_2 + 2\ H_2O + Cl_2$$

- Technisch wird Chlor durch Elektrolyse von Alkalichloridlösungen hergestellt (s. Ziff. 24.4 u. Ziff. 24.5).

Brom ist bei normaler Temperatur eine schwere rotbraune Flüssigkeit (Siedepunkt 59 °C), der schwere, braunrote Dämpfe entweichen. Brom hat einen unangenehmen, penetranten Geruch und ist chemisch sehr reaktionsfähig.

Jod ist bei normaler Temperatur fest. Es liegt meist in Form von metallisch glänzenden, dunkelvioletten Kristallen vor (Schmelzpunkt 114 °C). Jod hat im Gegensatz zu den anderen Halogenen einen schwächeren Geruch. Bekannt ist die Anwendung des Jods als **Jodtinktur** (alkoholische Jodlösung) für Desinfektionszwecke.

13.7 Natrium $^{22,9898}_{11}Na$

Kennzeichnung und Eigenschaften:

Natrium gehört zu den Alkalimetallen; Wertigkeit: 1; Dichte: 0,97; Schmelzpunkt: 97,8 °C; Siedepunkt: 881 °C

Natrium ist, ebenso wie die anderen Alkalimetalle, **weich,** mit dem Messer schneidbar und im Schnitt silberweiß. Die Schnittfläche wird innerhalb von Sekunden matt infolge Oxidation. Metallisches Natrium muss daher unter Petroleum aufbewahrt werden.

Natrium ist gleich den anderen Alkalimetallen **sehr reaktionsfähig.** Mit Wasser verbindet es sich unter heftiger Reaktion:

$$2\ Na + 2\ H_2O \longrightarrow 2\ NaOH + H_2$$

Versuch:

Ein hohes 1-Liter-Becherglas wird etwa 2 cm hoch mit Wasser gefüllt. Auf die Wasseroberfläche legt man ein Filterpapier, das fast den gleichen Durchmesser wie die lichte Weite des Becherglases besitzt. Auf das feucht gewordene Filterpapier wird unmittelbar ein kleines Stück metallisches Natrium aufgeworfen, etwa von der Größe eines Eincentstücks.

Sofort nach Aufwerfen des Natriums kommt es zu einer heftigen Reaktion mit Wasser, wobei der entstehende Wasserstoff durch die Reaktionswärme oft unter explosionsartigem Knall entzündet wird.

> Dieser Versuch darf nur von einem erfahrenen Fachmann durchgeführt werden, da durch Spritzer von flüssigem Natrium bei unsachgemäßer Handhabung schwere Unfälle (u. a. Augenverletzungen) verursacht werden können.

Vorkommen:

Natrium kommt infolge seines starken chemischen Bindevermögens nur in Verbindungen vor, u. a. in Steinsalz (NaCl), Natronfeldspaten und dgl.

Darstellung:

Elementares Natrium stellt man technisch durch „Schmelzelektrolyse" von Natriumchlorid dar:

$$2\ NaCl \longrightarrow 2\ Na + Cl_2$$

Natrium scheidet sich (schmelzflüssig) an der Kathode ab, Chlor entweicht gasförmig an der Anode (s. auch Ziff. 24.5).

Verwendung: Metallisches Natrium wird in der chemischen Industrie vielseitig angewandt, u. a. im Rahmen organischer Synthesen.

13.8 Magnesium $^{24,305}_{12}Mg$

Kennzeichnung und Eigenschaften:

Erdalkalimetall; Wertigkeit: 2; Dichte: 1,74; Schmelzpunkt: 650 °C.

Magnesium ist ein glänzendes, silberweißes und sehr **leichtes Metall**. Magnesium ist zudem „zähfest", somit auch dehnbar und **an der Luft gut beständig**, trotz seines unedlen Charakters. An der Luft oxidiert Magnesium zwar rasch, doch nimmt das gebildete **Magnesiumoxid** die Eigenschaft einer dichten **Schutzschicht** an, die eine weitere Reaktion des Magnesiums mit Sauerstoff verhütet. Im Gegensatz zu den Alkalimetallen ist bei Einwerfen von Magnesium in Wasser keine Reaktion festzustellen. An der Luft erhitzt, verbrennt Magnesium jedoch mit hellweißer Flamme unter Bildung von Magnesiumoxid. Daneben entsteht auch Magnesiumnitrid:

$$2\ Mg + O_2 \longrightarrow 2\ MgO$$
$$3\ Mg + N_2 \longrightarrow 2\ Mg_3N_2$$

Von Säuren wird Magnesium leicht angegriffen, auch ist es nicht seewasserbeständig.

Vorkommen:

Magnesium kommt in der Natur nur in chemischen Verbindungen vor, wie z. B. in den Mineralien Dolomit ($CaCO_3 \cdot MgCO_3$), Magnesit ($MgCO_3$), Carnallit ($KCl \cdot MgCl_2 \cdot 6\ H_2O$), Kainit ($KCl \cdot MgSO_4 \cdot 3\ H_2O$) u. a.

Darstellung:

Magnesium wird durch Schmelzelektrolyse von entwässertem Carnallit (s. o.) oder Magnesiumchlorid gewonnen:

$$MgCl_2 \longrightarrow Mg + Cl_2$$

Magnesium scheidet sich an der Kathode ab, Chlor entweicht als Gas an der Anode.

Verwendung:

Magnesium wird zur Herstellung von Leichtmetalllegierungen in Verbindung mit Aluminium, Zink, Mangan, Silicium u. a. verwendet (z. B. Elektronmetall und Magnewin mit ca. 90 % Mg). In der Fotografie wird Magnesium als „Blitzlicht" verwendet u. a.

13.9 Aluminium $^{26,928}_{13}Al$

Kennzeichnung und Eigenschaften:

Erdmetall; Wertigkeit: 3; Dichte 2,7; Schmelzpunkt: 660 °C.

Aluminium ist ein silberweißes, **zähfestes Metall** von sehr **niedriger Dichte** (ρ = 2,7). Aluminium oxidiert **an der Luft,** es überzieht sich mit einer dichten, **schützenden Oxidschicht**, die ein weiteres Fortschreiten der Oxidation verhindert.

In Säuren wird Aluminium aufgelöst, desgl. auch in Laugen (s. Ziff. 54.3). Letztgenannte Eigenschaft ist im Bauwesen besonders zu berücksichtigen.

Vorkommen:

Aluminium kommt als ein wesentliches gesteinsbildendes Element in der Natur nur in chemisch gebundener Form vor. Die Minerale der Urgesteine sind, vom Quarz abgesehen, zum Großteil Doppelsilicate, in welchen eines der salzbildenden Metalle Aluminium ist. Gewonnen wird Aluminium in der Regel aus dem Mineral Bauxit ($Al_2O_3 \cdot 2\,H_2O$). Auch Kryolith, $Na_3(AlF_6)$, sowie Korund (Al_2O_3) sind als häufig vorkommende Minerale zu nennen.

Darstellung:

Aluminium wird technisch durch Schmelzelektrolyse aus Aluminiumoxid (Al_2O_3) gewonnen, unter Anwendung von Kryolith (s. o.) als Flussmittel. Das Aluminiumoxid wird aus Bauxit durch verschiedene Verfahren hergestellt, u. a. durch Erhitzen von Bauxit mit Soda und Ausziehen des Natriumaluminats mit Wasser. Aus der wässerigen Lösung fällt man Aluminiumhydroxid, $Al(OH)_3$ beispielsweise durch Einleiten von Kohlendioxid. Durch Trocknung wird schließlich Aluminiumoxid, Al_2O_3, erhalten.

Verwendung:

Aluminium ist ein bedeutsames **Gebrauchsmetall**. Auch als **Baumetall** findet es in zunehmendem Maße an Stelle von Stahl, Kupfer, Messing usw. Anwendung, und zwar in Form von Aluminiumlegierungen, wie insbesondere Duraluminium (eine härtere Legierung mit etwa 93 – 95 % Al, 2,5 – 5,5 % Cu sowie geringeren Mengen Mg und Mn).

13.10 Silicium $^{28,086}_{14}Si$

Kennzeichnung und Eigenschaften:

Fester Stoff (s. u.); Wertigkeit: 4; Dichte: 2,33 (graphitartig) und 2,35 (amorphe Form); Schmelzpunkt: 1410 °C.

Reines kristallisiertes Silicium bildet dunkelgraue, glänzende, harte Plättchen. In Säuren ist Silicium praktisch unlöslich, dagegen löst es sich leicht in Kali- oder Natronlauge unter Wasserstoffentwicklung auf;

$$Si + 2\,KOH + H_2O \longrightarrow K_2SiO_3 + 2\,H_2$$

In der kristallisierten Form ist Silicium **wenig reaktionsfähig**, und es lässt sich nur schwer verbrennen, obwohl das chemische Bindevermögen zu Sauerstoff sehr stark ist.

Vorkommen:

Silicium ist nach Sauerstoff das mengenmäßig an **zweiter Stelle** stehende Element der Erdrinde. Es kommt in der Natur stets mit Sauerstoff verbunden im Quarz und den silicatischen Gesteinen und ihren Verwitterungsprodukten vor.

Verwendung:

Silicium ist in Silicaten Hauptbestandteil vieler Kunststeine und anorganischer Baubindemittel. Als Element findet es Anwendung bei der Herstellung von Metalllegierungen, u. a. bei Stahl.

13.11 Phosphor $^{30,974}_{15}P$

Kennzeichnung und Eigenschaften:

Fester, leicht brennbarer und giftiger Stoff; Moleküle zu je 4 oder 6 Atomen (s. u.); Wertigkeiten: 3, 5; Dichte: 1,8.

Phosphor kommt in 4 Modifikationen vor, und zwar als **weißer** (P_4–Moleküle), roter (P_6–Moleküle) und daneben auch als schwarzer amorpher und **schwarzer** „metallischer" Phosphor. Der weiße Phosphor wird auch gelber Phosphor genannt und ist durchscheinend hellgelb, fast wachsartig und eines der stärksten Gifte.

An der Luft oxidiert weißer Phosphor unter Leuchterscheinung. In feiner Verteilung kann er sich durch Oxidation selbst entzünden.

> **Versuche:**
>
> Gießt man eine Lösung von weißem Phosphor in Schwefelkohlenstoff auf ein Filterpapier, so entzündet sich der Phosphor nach Verdunsten des Lösungsmittels.
>
> Ein Stück weißen Phosphors legt man in eine Porzellanschale oder dergl. Man berührt mit einem erhitzten Draht, wodurch der Phosphor zu brennen anfängt. Der entstehende weiße Qualm ist Phosphorpentoxid (P_2O_5), das ungiftig ist.
>
> (Versuche mit weißem Phosphor darf nur der Fachmann durchführen!)

Weißer Phosphor, unter Luftabschluss auf etwa 250 °C erhitzt, wandelt sich in roten Phosphor um. Dieser ist ungiftig und zeigt sich auch in anderen Eigenschaften wesentlich verändert:

Vorkommen:

Phosphor kommt infolge seines starken Reaktionsvermögens in der Natur nicht frei vor, dagegen gebunden in zahlreichen Salzen, insbesondere **Phosphaten**, zum Beispiel Calciumphosphat, $Ca_3(PO_4)_2$ (Apatit).

Wichtigste chemische Verbindungen:

Phosphate (Salze der Phosphorsäure H_3PO_4). Diese sind ungiftig.

Vergleich der Eigenschaften von

weißem Phosphor	rotem Phosphor
starkes Gift,	nicht giftig,
eigenartiger Geruch,	geruchlos,
Leuchten an der Luft,	kein Leuchten an der Luft,
selbstentzündlich,	Entzünden erst bei 260 °C,
leicht löslich in Schwefelkohlenstoff, Alkoholen, Äther, Benzol und organischen Homologen u. a.,	unlöslich in Schwefelkohlenstoff und fast allen sonstigen Lösungsmitteln,
in Wasser unlöslich,	unlöslich in Wasser,
sehr reaktionsfähig;	sehr reaktionsträge.

13.12 Schwefel $^{32,06}_{16}S$ (Sulphur)

Kennzeichnung und Eigenschaften:

Bei normaler Temperatur fester, gelber Stoff, der in **3 Modifikationen** (rhombisch, monoklin, amorph) vorkommt; Wertigkeiten: 2, 4, 6; Dichte: 2,1.

Die rhombische Kristallform wandelt sich bei Erwärmung auf 95 °C in die monokline um. Bei 120 °C liegt der Schmelzpunkt, der Siedepunkt bei 444 °C. Kühlt man Schwefeldämpfe rasch ab, so erhält man die amorphen „Schwefelblumen". Durch Einlaufenlassen von geschmolzenem Schwefel in kaltes Wasser erhält man Schwefel ebenfalls in einer amorphen und zudem plastischen Form. Schwefel ist in Wasser unlöslich, leicht löslich dagegen in Schwefelkohlenstoff (CS_2).

Schwefel ist chemisch reaktionsfähig und geht, bei geeigneten Bedingungen, mit den meisten Elementen chemische Verbindungen ein. Mit Metallen werden **„Sulfide"** gebildet, mit Wasserstoff die gasförmige Verbindung Schwefelwasserstoff (H_2S). An der Luft entzündeter Schwefel verbrennt mit blauer Flamme zu dem stechend riechenden Gas Schwefeldioxid (SO_2).

Vorkommen:

In der Natur kommt Schwefel vor,

frei in Gegenden vulkanischer Tätigkeit, z. B. Sizilien;

chemisch gebunden insbesondere in Sulfiden (z. B. Eisenkies, FeS_2, oder Zinkblende, ZnS) und Sulfaten (z. B. Gips – $CaSO_4 \cdot 2\ H_2O$ bzw. Anhydrit – $CaSO_4$) sowie in Sumpf- und Faulgasen (Schwefelwasserstoff H_2S).

13.13 Kalium $^{39,0983}_{19}K$

Kennzeichnung und Eigenschaften:

Alkalimetall; Wertigkeit: 1; Dichte: 0,86; Schmelzpunkt: 63 °C; Siedepunkt: 754 °C.

Kalium hat fast die gleichen Eigenschaften wie Natrium, mit dem Unterschied, dass es eine noch stärkere chemische Reaktionsfähigkeit besitzt. Beim Erhitzen an der Luft verbrennt es mit violetter Farbe, mit Wasser reagiert es unter Feuererscheinung:

13 Charakteristik der wesentlichen chemischen Elemente

$$2\,K + 2\,H_2O \longrightarrow 2\,KOH + H_2$$

Diese Reaktion kann in gleicher Weise demonstriert werden wie in vorstehendem Abschnitt bei Natrium beschrieben. Es sind die gleichen **Vorsichtsmaßnahmen** vorzusehen, um Unfälle zu vermeiden.

Vorkommen:

Kalium kommt ähnlich wie Natrium infolge seines **starken chemischen Bindevermögens** in der Natur nur chemisch gebunden vor (z. B. Kalisalzvorkommen, Kalifeldspate u. a.).

Darstellung:

Elementares Kalium wird technisch durch Schmelzelektrolyse von Kaliumchlorid oder Kaliumhydroxid gewonnen:

$$4\,KOH \longrightarrow 4\,K + 2\,H_2O + O_2$$

Kalium scheidet sich ebenso wie Natrium (s. Ziff. 24.5) schmelzflüssig an der Kathode ab, Sauerstoff entweicht gasförmig an der Anode.

Ein älteres Gewinnungsverfahren ist Glühen eines Gemischs von Pottasche und Kohle:

$$K_2CO_3 + 2\,C \longrightarrow 2\,K + 3\,CO$$

Das Glühen des Gemisches wird beispielsweise in einer eisernen Retorte durchgeführt. Kalium entweicht in Dampfform und kann in einer Vorlage unter Petroleum aufgefangen werden.

Verwendung:

Metallisches Kalium wird in der chemischen Industrie vielseitig angewandt.

13.14 Calcium $^{40,08}_{20}Ca$

Kennzeichnung und Eigenschaften:

Erdalkalimetall; Wertigkeit: 2; Dichte 1,54; Schmelzpunkt: 795 °C

Calcium ist ein glänzendes, silberweißes Metall; in reiner Form ist es **ziemlich weich**.

Durch Erhitzen an der Luft verbrennt Calcium zu Calciumoxid. Mit Wasser reagiert es träge zu $Ca(OH)_2$. An feuchter Luft ist Calcium daher nicht beständig.

Vorkommen:

Calcium kommt in der Natur als wesentliches **gesteinsbildendes** Element nur gebunden vor. Calciumhaltige Minerale sind unter anderem: Kalkspat bzw. Kalkstein ($CaCO_3$), Dolomit ($CaCO_3 \cdot MgCO_3$), Gipsstein und Anhydrit ($CaSO_4 \cdot 2\,H_2O$ bzw. $CaSO_4$), Flussspat (CaF_2).

Darstellung:

Calcium wird durch Schmelzelektrolyse eines Gemisches von Calciumchlorid ($CaCl_2$) und Calciumfluorid (CaF_2) dargestellt. Der Flussspat dient hierbei als „Flussmittel".

$$CaCl_2 \longrightarrow Ca + Cl_2$$

Calcium scheidet sich an der Kathode, Chlor an der Anode ab.

Verwendung:

Calcium wird in geringem Umfang als Legierungsmittel angewandt. Ansonsten kommt es fast nur in seinen chemischen Verbindungen zur Anwendung, u. a. ist es wesentlicher Bestandteil der Kunststeine und anorganischen Baubindemittel.

13.15 Chrom $^{51,996}_{24}$Cr (Chromium)

Kennzeichnung und Eigenschaften:

Schwermetall (Gruppe des Chroms); Wertigkeiten: 3 u. 4; Dichte: 7,19; Schmelzpunkt: 1890 °C.

Chrom ist ein grauweißes, glänzendes, sehr **hartes, zähfestes** Metall. Durch Salz- und Schwefelsäure wird Chrom gelöst, Salpetersäure passiviert es dagegen durch Ausbildung einer schützenden Oxidschicht. Als **Zusatz zu Stahl** erhöht es dessen Festigkeit und chemische Widerstandsfähigkeit.

Vorkommen:

Chrom kommt in der Natur nur chemisch gebunden vor. Die wesentlichen Chromerze sind Chromeisenstein (FeO · Cr_2O_3) und Chrombleierz, auch Rotbleierz genannt ($PbCrO_4$).

Gewinnung:

Chrom wird aus Cr_2O_3 auf aluminiumthermischem Wege durch Aluminium (nach GOLDSCHMIDT) gewonnen:

$$Cr_2O_3 + 2\,Al \longrightarrow Al_2O_3 + 2\,Cr$$

Verwendung:

Chrom wird in der Metallurgie insbesondere zur Herstellung von Chrom- und Chromnickelstählen angewandt. Durch seine hervorragende Witterungsbeständigkeit hat Chrom zudem ein breites Anwendungsgebiet für Verchromungen gefunden, die heute in erster Linie galvanisch hergestellt werden.

13.16 Mangan $^{54,938}_{25}$Mn (Manganium)

Kennzeichnung und Eigenschaften:

Schwermetall (Eisengruppe); Wertigkeiten: 2, 3, 4, 7; Dichte: 7,21; Schmelzpunkt: 1247 °C.

Mangan verhält sich chemisch **ähnlich wie Eisen**, es ist jedoch zum Unterschied von Eisen hart und spröde. Es hat eine stahlgraue Farbe und ist an der Luft beständig.

Vorkommen:

Mangan findet sich vielfach als Begleiter des Eisens in dessen Erzen vor. Gediegen kommt es nicht vor. Manganerze sind u. a. Braunstein (MnO_2), Braunit (Mn_2O_3) und Hausmannit (Mn_3O_4).

Gewinnung:

Die technische Gewinnung von Mangan erfolgt durch Reduktion von Manganerzen, insbesondere von Hausmannit auf aluminothermischem Wege nach GOLDSCHMIDT:

$$3\,Mn_3O_4 + 8\,Al \longrightarrow 4\,Al_2O_3 + 9\,Mn$$

Verwendung:

Mangan wird hauptsächlich als Legierungsbestandteil des Eisens, z. B. zur Herstellung von Spiegeleisen und Ferromangan, angewandt.

13.17 Eisen $^{55,847}_{26}$Fe (Ferrum)

Kennzeichnung und Eigenschaften:

Schwermetall (Eisengruppe); Wertigkeit: 2, 3; Dichte: 7,86; Schmelzpunkt: ca. 1539 °C

In chemisch **reinem** Zustande ist Eisen ein **weiches**, silberweiß glänzendes Metall. Es ist bei gewöhnlicher Temperatur an trockener Luft ziemlich beständig, in feuchter Luft erfolgt jedoch rasch Rostbildung. Bei Gluthitze findet auch an trockener Luft eine rasche Oxidation (s. z. B. Walzzunder) statt.

In Säuren ist Eisen gut löslich, durch konzentrierte Salpetersäure wie auch Phosphorsäure wird Eisen dagegen „passiviert". Durch Laugen wird Eisen kaum angegriffen, vor allem nicht durch Calciumhydroxid, was in **betontechnologischer** Hinsicht von entscheidender Bedeutung ist (s. Ziff. 54, 55).

Vorkommen:

Eisen ist das meistverbreitete Schwermetall. Gediegen kommt es nur in Meteoriten vor, ansonsten findet es sich in der Natur nur in seinen Verbindungen. Häufig vorkommende Minerale sind der Eisenkies, auch Schwefelkies genannt, (FeS_2), sowie die Eisenerze Magneteisenstein (Fe_3O_4), Roteisenstein (Fe_2O_3), Brauneisenstein ($Fe_2O_3 \cdot H_2O$) und Spateisenstein ($FeCO_3$).

Gewinnung:

Technisch wird Eisen durch Reduktion der oben genannten Eisenerze durch Kohlenstoff (Koks) gewonnen. Es sind auch Verhüttungsverfahren mit Wasserstoff oder Kohlenwasserstoffgasen als Reduktionsmittel ausgearbeitet worden.

Verwendung:

Eisen ist, wie oben bereits erwähnt, das wichtigste Gebrauchsmetall. Allerdings findet es nur selten in reiner Form Anwendung (z. B. Blumendraht), da es für Gebrauchszwecke zu weich ist. Durch Legierung mit anderen Elementen, wie insbesondere **Kohlenstoff**, Silicium, Mangan, Chrom, Nickel u. a., konnte man ihm jedoch im Stahl die bekannten guten Gebrauchseigenschaften verleihen.

13.18 Cobalt $^{58,933}_{27}$Co

Kennzeichnung und Eigenschaften:

Schwermetall (Eisengruppe); Wertigkeiten: 2, 3; Dichte 8,89; Schmelzpunkt: 1495 °C

In den chemischen Eigenschaften ist Kobalt dem Eisen sehr ähnlich. Kobalt ist ein rötlichweißes, glänzendes Metall mit schwach magnetischen Eigenschaften. Zum Unterschied von Eisen ist es nicht nur an trockener, sondern auch an feuchter Luft beständig.

Vorkommen:

Kobalt kommt in der Natur nur chemisch gebunden vor. Die Kobalterze sind vor allem Glaskobalt (CoAsS) und Speiskobalt (CoAs$_2$).

Darstellung:

Die Erze werden zunächst geröstet und dann mit Kohle in der Gluthitze reduziert.

$$Co_3O_4 + 4\,C \longrightarrow 3\,Co + CO$$

13.19 Nickel $^{58,69}_{28}$Ni (Niccolum)

Kennzeichnung und Eigenschaften:

Schwermetall (Eisengruppe); Wertigkeit: 2, 4; Dichte 8,91; Schmelzpunkt: 1452 °C; silberglänzendes, schmied- und schweißbares Metall mit deutlichen magnetischen Eigenschaften. Die Eigenschaften des Nickels sind denen des Eisens ähnlich, jedoch ist das Reaktionsvermögen schwächer. An der Luft ist Nickel beständig, in Säuren, insbesondere Salpetersäure, ist es löslich.

Vorkommen:

Nickel kommt in der Natur gediegen nur gemeinsam mit Eisen in Meteoriten vor. Ansonsten findet man es hauptsächlich an Schwefel, Arsen und Antimon gebunden vor. Nickelerze sind u. a. Gelbnickelkies (NiS), Rotnickelkies (NiAs), Eisennickelkies (FeNiS) u. a.

Darstellung:

Zur Nickelgewinnung werden die Nickelerze zunächst geröstet und anschließend mit Kohle bzw. Koks reduziert.

Verwendung:

Nickel hat durch seine Eigenschaft der **Witterungsbeständigkeit** ein breites Anwendungsgebiet gefunden, u. a. zum **Vernickeln** von Eisen oder zur Herstellung von Nickellegierungen, wie z. B. Nickelstahl, Neusilber (Cu, Ni, Zn), **Konstantan** (40 % Nickel und 60 % Kupfer). Konstantan wird infolge seines hohen elektrischen Widerstands für elektrische Widerstandsdrähte angewandt ($\rho \approx 0,5\,\Omega$).

13.20 Kupfer $^{63,546}_{29}$Cu (Cuprum)

Kennzeichnung und Eigenschaften:

Halbedles Metall; Wertigkeiten: 1, 2; Dichte 8,92; Schmelzpunkt: 1083 °C; Siedepunkt: 2595 °C.

Kupfer ist ein **duktiles Metall** von charakteristisch hellroter Farbe und schönem Glanz. In reiner Form (Elektrolytkupfer) ist das Metall ein sehr **guter Stromleiter**. An **trockener Luft** verändert sich Kupfer bei normaler Temperatur nicht. Bei Hitzeeinwirkung erfolgt Oxidation. Unter den Einflüssen der **Witterung** überzieht sich Kupfer allmählich mit einer grünen Schicht von basischem Kupfercarbonat **(Patina)**. Da Kupfer edler als Wasserstoff ist, löst es sich nur dann in Säuren, wenn diese oxidierend wirken oder stabile Komplexverbindungen zu bilden vermögen (s. Ziff. 54, 55).

Am leichtesten löst sich Kupfer in verdünnter (oxidierender) Salpetersäure. Bei Luftzutritt wird Kupfer auch von schwächeren Säuren, wie Kohlensäure und Essigsäure, allmählich angegriffen.

Vorkommen:

Kupfer kommt in der Natur vielfach gediegen, meist jedoch in gebundener Form vor. Wesentliche Kupfererze sind Kupferglanz (Cu_2S), Kupferkies ($CuFeS_2$) und Rotkupfererz (Cu_2O).

Gewinnung:

Die Gewinnung des Kupfers wird technisch durch Rösten und (meist unter gleichzeitiger) Reduktion eines Kupfererzes durchgeführt.

Verwendung:

Kupfer wird als Metall vielseitig angewandt, in Anbetracht seiner **zähen Festigkeit** und **leichten Bearbeitbarkeit**. Der halbedle Charakter des Kupfers ermöglicht beispielsweise auch eine Anwendung von **Kupferblechen** für **Abdichtungszwecke** im Erdboden, ohne dass ein besonderer Schutz des Kupfers erforderlich wäre.

Breite Anwendung finden auch Legierungen des Kupfers, insbesondere **Messing** und **Bronze**.

13.21 Zink $^{65,38}_{30}Zn$ (Zincum)

Kennzeichnung und Eigenschaften:

Schwermetall (Gruppe des Zinks); Wertigkeit: 2; Dichte: 7,14; Schmelzpunkt: 419,4 °C; Siedepunkt: 908 °C.

Metallisches Zink ist glänzend, bläulichweiß und bei gewöhnlicher Temperatur ziemlich spröde. In der Hitze (etwa zwischen 100 und 160 °C) ist das Metall geschmeidig (duktil), es lässt sich zu Draht ausziehen oder zu Blech auswalzen.

Ähnlich wie Magnesium überzieht sich Zink **an der Luft** schnell mit einer **Schutz**schicht (vorwiegend aus basischem Zinkcarbonat bestehend), die eine weitere Oxidation unterbindet. Zink ist daher gut luft- und witterungsbeständig.

Entsprechend seinem unedlen Charakter **löst sich** Zink **in allen Säuren leicht auf**. Ähnlich wie Aluminium löst es sich zudem in Laugen, auch $Ca(OH)_2$, auf, was in bautechnischer Hinsicht von Wichtigkeit ist.

Vorkommen:

In der Natur kommt Zink nur gebunden vor. Die wichtigsten Erze sind Zinkblende (ZnS) und Zinkspat, auch Galmei genannt ($ZnCO_3$).

Gewinnung:

Zink wird technisch vorwiegend aus Zinkblende gewonnen, die man zunächst „röstet", worauf das gebildete Zinkoxid dann mit Kohle bzw. Koks reduziert wird:

$$2\ ZnS + 3\ O_2 \longrightarrow 2\ ZnO + 2\ SO_2 \quad (\text{Röstvorgang})$$

$$ZnO + CO \longrightarrow Zn + CO_2 \quad (\text{Reduktion})$$

Verwendung:

Zink wird infolge seiner **Witterungsbeständigkeit** zur Herstellung von Zinkblechen sowie verzinkten Eisenblechen und dergl. angewandt, weiterhin zur Herstellung von Legierungen, zum Beispiel Messing (Cu, Zn), Neusilber (Cu, Ni, Zn) u. a.

13.22 Silber $^{107,868}_{47}$Ag (Argentum)

Kennzeichnung und Eigenschaften:

Edelmetall; Wertigkeit: 1; Dichte: 10,49; Schmelzpunkt: 960,8 °C; Siedepunkt: 2212 °C.

Silber zeigt von allen Metallen den reinsten „Silberglanz". Das Metall ist ziemlich weich und dehnbar; von allen Metallen ist es der **beste Leiter für Elektrizität und Wärme**.

Entsprechend seinem **edlen** Charakter ist Silber in nichtoxidierenden Säuren unlöslich. Leicht löslich ist es dagegen in heißer konzentrierter Salpetersäure (Unterschied gegenüber Gold und Platin).

An der Luft, auch **feuchter Luft**, ist Silber **beständig**.

Vorkommen:

Silber kommt in der Natur in vielen Gegenden gediegen vor. Die wichtigsten Erze, die Silber gebunden enthalten, sind Silberglanz (Ag_2S) und Hornsilber (AgCl). Silber ist vielfach auch im Bleiglanz enthalten.

Gewinnung:

Zur Gewinnung des Silbers ist es zunächst meist vom Blei zu trennen, was durch den „Treibprozess" erfolgt (Schmelzen und Einblasen von Luft, die Blei in Bleiglätte umwandelt, die geschmolzen abfließt). Das Silber wird dann durch „Cyanidlaugerei" erhalten.

Verwendung:

Für Schmuck-, Gebrauchsgegenstände u. a. sowie für Münzzwecke.

Da reines Silber ziemlich weich ist, **legiert** man es meist mit **Kupfer**, wodurch eine **größere Härte** erzielt wird. Der Silbergehalt, der sogenannte **„Feingehalt"**, wird in Tausendsteln angegeben (z. B. enthält ein mit 750 gestempeltes Silber 75 % Silber).

13.23 Zinn $^{118,69}_{50}$Sn (Stannum)

Kennzeichnung und Eigenschaften:

Schwermetall (Zinn-Blei-Gruppe); Wertigkeiten: 2, 4; Dichte: 7,3; Schmelzpunkt: 231,91 °C; Siedepunkt: 2687 °C.

Zinn ist ein silberweißes Metall, das sehr duktil ist und zudem eine geringe Härte besitzt.

Man kennt **drei** verschiedene **Modifikationen** des Zinns. Die normale, silberweiße Modifikation ist zwischen 13 und 195 °C beständig. Bei tiefen Temperaturen (unter 13 °C) kann sich Zinn in eine graue, spröde pulverförmige Modifikation verwandeln (Zinnpest). Über ca. 200 °C ist eine dritte, ebenfalls spröde Modifikation beständig, die rhombisch kristallisieren kann. Diese Modifikation kann man beispielsweise durch kräftiges Rütteln von geschmolzenem Zinn erhalten.

13 Charakteristik der wesentlichen chemischen Elemente

Durch verdünnte Säuren wird Zinn nur allmählich angegriffen, da Zinn in der elektrolytischen Spannungsreihe nahe bei Wasserstoff steht (s. Ziff. 26.2). **An der Luft** ist Zinn **beständig**. Bei Temperaturen zwischen etwa 100 und 160 °C lässt sich Zinn leicht zu Drähten und dgl. ausziehen oder zu Blechen auswalzen.

Vorkommen:

Zinn kommt in der Natur nur chemisch gebunden vor. Das wesentliche Zinnerz ist der Zinnstein SnO_2 (Cassiterit).

Gewinnung:

Zinn wird aus dem oben genannten Zinnstein durch Reduktion mit Koks hergestellt:

$$SnO_2 + 2\ CO \longrightarrow Sn + 2\ CO_2$$

Verwendung:

Eine breite Anwendung findet Zinn zum „Verzinnen" von nicht luftbeständigen Metallen, insbesondere von Eisen (Weißblech). Früher wurden auch dünn ausgewalzte Zinnfolien als „Stanniolpapier" angewandt, die durch die preiswerteren Aluminiumfolien verdrängt worden sind. Ein bekanntes Anwendungsgebiet von Zinn sind zudem Zinnlegierungen für **Lotmetalle,** z. B. Schnelllot (50 % Sn, 50 % Pb), oder Bronze (Cu, Sn), Phosphorbronze (Cu, Sn, P) und andere.

13.24 Barium $^{137,33}_{56}Ba$

Kennzeichnung und Eigenschaften:

Erdalkalimetall; Wertigkeit: 2; Dichte 3,62; Schmelzpunkt: 726,2 °C; Siedepunkt: 1696 °C.

Barium ist in seinen chemischen Eigenschaften dem **Calcium** sehr **ähnlich**. Es ist ein silberweißes **weiches Metall**. An der Luft ist es unbeständig, mit Wasser reagiert es lebhafter als Calcium.

Vorkommen:

Barium kommt in der Natur nur in chemischen Verbindungen vor. Verbreitete Minerale sind Schwerspat ($BaSO_4$) und Witherit ($BaCO_3$).

Darstellung:

Barium wird technisch aus Bariumoxid und Aluminiumpulver nach dem GOLDSCHMIDT-Verfahren dargestellt:

$$3\ BaO + 2\ Al \longrightarrow Al_2O_3 + 3\ Ba$$

Verwendung:

Barium wird fast ausschließlich nur in seinen Verbindungen angewandt.

Da Bariumverbindungen relativ **schwer** sind – infolge des hohen Atomgewichts des Bariums –, werden diese in neuerer Zeit bei der Herstellung von Reaktorbeton angewandt. Das in der Natur vorkommende Mineral Schwerspat wird hierbei als Zuschlagstoff angewandt.

13.25 Blei $^{207,20}_{82}$Pb (Plumbum)

Kennzeichnung und Eigenschaften:

Schwermetall (Zinn-Blei-Gruppe); Wertigkeiten: 2, 4; Dichte 11,34; Schmelzpunkt: 327,4 °C; Siedepunkt: 1751 °C.

Blei ist ein bläulich-hellgraues Metall von **hohem spezifischem Gewicht** und geringer Härte. Es ist gut dehnbar; unter hohem Druck kann es sogar fließend werden.

An der Luft läuft Blei durch Oxidation schnell blaugrau an. Die **Oxidschicht** ist eine **Schutzschicht**, die eine weitere Oxidation verhindert.

Stückiges Blei wird durch Schwefel- und Salpetersäure praktisch nicht angegriffen. Es bilden sich Schutzschichten von $PbSO_4$ bzw. $PbCl_2$ aus. Fein verteiltes Blei wird dagegen chemisch umgesetzt. Stückiges Blei löst sich in Salpetersäure sowie in Kohlensäure (s. Ziff. 55) und einer Reihe von organischen Säuren, wie z. B. Essigsäure. Bleiverbindungen sind giftig.

Vorkommen:

Blei kommt in der Natur nur chemisch gebunden vor. Das wichtigste Erz ist Bleiglanz (PbS).

Gewinnung:

Technisch wird Blei hauptsächlich aus Bleiglanz gewonnen, indem dieser geröstet und einer Reduktion unterworfen wird, z. B.

$$2\ PbS + 3\ O_2 \longrightarrow 2\ PbO + 2\ SO_2$$

$$PbO + CO \longrightarrow Pb + CO_2$$

Verwendung:

Die Eigenschaften einer **hohen Widerstandsfähigkeit gegen Säuren** einerseits und einer **guten Geschmeidigkeit** bzw. Biegsamkeit andererseits haben Blei einen großen Anwendungsbereich erschlossen: Wasserleitungsrohre, Dichtungselemente, Bleilegierungen für Lötzwecke, Letternmetall u. a., Säuregefäße usw.

13.26 Platin $^{195,09}_{78}$Pt (Platinum)

Kennzeichnung und Eigenschaften:

Edelmetall; Wertigkeiten: 2, 4; Dichte 21,45; Schmelzpunkt: 1769 °C.

Platin ist ein geschmeidiges walz- und schweißbares Metall, grauweiß glänzend, mit einer etwas größeren Härte als Gold.

Von **Säuren** wird Platin **nicht angegriffen**, doch ist es in „**Königswasser**" wie auch in **Chlorwasser** löslich.

Vorkommen:

Ähnlich dem Gold kommt das Platin in der Natur in gediegenem Zustand vor, allerdings nicht im Quarzgestein, sondern meist in basischem Eruptivgestein bzw. dessen Verwitterungsprodukten.

13 Charakteristik der wesentlichen chemischen Elemente

Gewinnung:

Durch Schlämmen von platinhaltigem Sand mit Wasser, meist neben den Metallen Ruthenium, Rhodium, Palladium, Osmium und Iridium (die man unter dem Begriff „Platinmetalle" zusammenfasst).

Verwendung:

Für Laboratoriumsgeräte in Anbetracht seiner großen Widerstandsfähigkeit gegen chemische Agenzien, als Katalysator in der chemischen Industrie, für Schmuckgegenstände u. a.

13.27 Gold $^{196,9655}_{79}$Au (Aurum)

Kennzeichnung und Eigenschaften:

Edelmetall; Wertigkeiten: 1, 3; Dichte: 19,32; Schmelzpunkt: 1063 °C; Siedepunkt: 2660 °C.

Gold ist das Metall mit dem bekannt „edlen" Aussehen, somit der gelben Farbe und dem lebhaften Glanz. Es ist **luftbeständig**. Entsprechend seinem **edlen** Charakter ist es in Säuren **unlöslich**. Nur in **„Königswasser"**, einem Gemisch von Salzsäure und Salpetersäure, löst es sich langsam auf.

Angegriffen wird Gold weiterhin von **Brom- und Chlorwasser** sowie einer Lösung von Kaliumcyanid mit Zusatz von Wasserstoffsuperoxid.

Durch **Legieren** mit **Kupfer oder Silber** kann die **Härte** des Goldes **erhöht** werden. (Der „**Feingehalt**" wird in „Karat" angegeben, wobei 24 Karat dem reinen 100 %igen Gold entsprechen).

Vorkommen:

Gold kommt in der Natur vorwiegend gediegen, insbesondere in Quarzgesteinen, vor.

Gewinnung:

Durch Schlämmen von goldhaltigem Sand oder durch „Cyanidlaugerei" aus Gestein.

Verwendung:

Gold wird in erster Linie für Schmuckgegenstände angewandt, daneben auch für Münzzwecke und dgl.

13.28 Quecksilber $^{200,59}_{80}$Hg (Hydrargyrum)

Kennzeichnung und Eigenschaften:

Halbedles Metall, bei normaler Temperatur flüssig; Wertigkeiten: 1, 2; Dichte 13,6; Schmelzpunkt: – 38,84 °C; Siedepunkt: 356,95 °C.

Quecksilber ist stark glänzend, silberweiß, die Dämpfe des bereits bei gewöhnlicher Temperatur flüchtigen Metalls sind **sehr giftig**.

An trockener Luft verändert sich Quecksilber bei gewöhnlicher Temperatur nicht. Durch Erhitzen an der Luft wird es jedoch oxidiert. Mit Chlor oder Schwefel zusammengebracht, verbindet sich Quecksilber bereits bei normaler Temperatur. Entsprechend seinem halbedlen Charakter löst sich Quecksilber in Säuren nicht auf, sofern nicht gleichzeitig eine Oxidation stattfindet, wie z. B. bei Einwirkung von Salpetersäure. Durch diese wird Quecksilber unter Bildung von Quecksilbernitrat aufgelöst.

Quecksilberdampf ist einatomig und ein **guter Stromleiter**. Durch Einwirkung von Quecksilber auf andere Metalle bilden sich **Amalgame**. Am leichtesten bilden sich die Amalgame von Kalium, Natrium, Gold, Silber und Kupfer. Amalgame können als feste Lösungen eines Metalls in Quecksilber angesehen werden. Sie haben eine ausgezeichnete zähe Festigkeit. Eisen bildet kein Amalgam.

Vorkommen:

Quecksilber wird in der Natur gediegen vorgefunden (meist als Tröpfchen in Quecksilbererzen). Vorwiegend liegt es in gebundener Form vor. Das bedeutsamste Quecksilbererz ist Zinnober (HgS).

Gewinnung:

Die Gewinnung erfolgt durch Rösten des Zinnobers, wobei das Quecksilber abdestilliert und in Vorlagen gesammelt wird.

$$HgS + O_2 \longrightarrow Hg + SO_2$$

Verwendung:

Als Metall findet Quecksilber eine vielfältige Anwendung in Apparaturen und Messgeräten aller Art (Thermometer, Barometer, Thermostate, Hochvakuumpumpen).

Amalgame, u. a. Silberamalgam, werden u. a. als Werkstoff für Zahnplomben angewandt. Quecksilberverbindungen werden in der chemischen Industrie zum Beispiel als Katalysatoren angewandt. Auch in der Pharmazie bedient man sich mancher Quecksilbersalze, wobei die Giftwirkung ausgenutzt wird.

C Anorganische chemische Verbindungen

14 Allgemeine Einteilung der chemischen Verbindungen

Die chemischen Verbindungen werden eingeteilt in

- anorganische chemische Verbindungen und
- organische chemische Verbindungen.

Unter dem Begriff „organische chemische Verbindungen" fasst man die Verbindungen des Kohlenstoffs mit Ausnahme der gesteinsbildenden Salze der Kohlensäure zusammen. Man kennt heute bereits über eine halbe Million organisch-chemischer Verbindungen. Diese große Anzahl ist auf die besondere Eigenschaft des Elementes Kohlenstoff zurückzuführen, mit sich selbst chemische Bindungen einzugehen (s. Ziff. 8.3.2.2).

Die Anzahl der Verbindungen aller übrigen Elemente (die den anorganisch-chemischen Verbindungen zugerechnet werden) beträgt „nur" etwa 80.000.

Entsprechend der Unterteilung der chemischen Verbindungen wird die Chemie in **„Anorganische Chemie"** und **„Organische Chemie"** unterteilt.

Nachstehend werden zunächst die „Anorganischen chemischen Verbindungen" erörtert.

15 Metalloxide und Basen

15.1 Metalloxide

Die meisten Metalle verbinden sich mit Sauerstoff unter Wärmeabgabe zu Oxiden, z. B.

$$2\ Mg + O_2 \longrightarrow 2\ MgO$$

Versuch:

Blankes Magnesium überzieht sich bei gewöhnlicher Temperatur an der Luft schnell mit einer matten Oxidschicht. Diese schirmt das Magnesium gegen Einwirkung weiteren Sauerstoffs ab, so dass die Reaktion zum Stillstand kommt (s. Ziff. 13.8).

Hält man jedoch ein Stück Magnesiumband mit einem Ende in die Flamme eines BUNSENbrenners, so setzt nach Erreichen einer Gluthitze des erhitzten Teils eine heftige Reaktion unter starker Leuchterscheinung ein:

Das Magnesium verbrennt an der Luft zu einem weißen Pulver.

Dass die Luft für ein Fortschreiten der Verbrennung erforderlich ist, erkennt man beispielsweise daran, dass das Leuchten aufhört, wenn man das brennende Ende des Magnesiumbandes in den Teil der BUNSENflamme hält, in welchem sich kaum mehr freier Sauerstoff befindet. Der Verbrennungsvorgang des Magnesiums kommt auch dann sofort zum Stillstand, wenn man das brennende Band in einen Glaskolben einbringt, der weitgehend mit dem Gas Kohlendioxid gefüllt ist. Der Verbrennungsrückstand ist Magnesiumoxid (MgO), ein weißes Pulver.

Verbrennt man eine gewogene Menge Magnesium, so stellt man fest, dass das Gewicht durch die Verbrennung zugenommen hat (s. a. Ziff. 8.2).

Die durch Oxidation bewirkte **Gewichtszunahme** lässt sich an Hand der Reaktionsgleichung errechnen. Hierzu gehen wir zweckmäßig von einer vereinfachten Reaktionsgleichung aus:

$$Mg + O \longrightarrow MgO$$
$$24 + 16 = 40$$

Durch Einsetzen der (gerundeten) Atomgewichte ist zu erkennen, dass aus 24 g Magnesium 40 g Magnesiumoxid entstehen müssen, was sich experimentell, exaktes Arbeiten vorausgesetzt, nachweisen lässt. (Erst Lavoisier hat 1777 den Verbrennungs- bzw. Oxidationsvorgang durch Experimentieren mit seiner „analytischen Waage" richtig erkannt.)

Wie verhalten sich andere Metalle zu Sauerstoff?

Die Alkalimetalle **Natrium** und **Kalium** überziehen sich an der Luft wesentlich rascher mit einer matten Oxidschicht als Magnesium. (Sie haben gegenüber Magnesium ein stärkeres Reaktionsvermögen bzw. einen „unedlen Charakter".)

Durch Erhitzen an der Luft verbrennen die genannten Alkalimetalle zu Natriumperoxid (Na_2O_2) bzw. Kaliumperoxid (KO_2). Bei beschränktem Luftzutritt lässt sich auch das einfache Natriumoxid Na_2O erhalten.

> **Versuch:**
>
> Eine gewogene Menge Natrium wird in einem Tiegel mittels einer Flamme eines Bunsenbrenners erhitzt. Natrium wird zunächst flüssig (Schmelzpunkt s. Ziff.13.10). Sobald die Reaktionstemperatur erreicht ist, verbrennt es unter Leuchterscheinung.
>
> (Der Versuch darf nur von einem **Fachmann** ausgeführt werden! Durch Spuren von Feuchtigkeit kann insbesondere ein Verspritzen von flüssigem Natrium bewirkt werden!)

Eisen, z. B. Eisendraht, kann durch Erhitzen nicht zu einer selbständig verlaufenden Verbrennung gebracht werden. Bei Gluthitze überzieht sich Eisen allerdings schnell mit einer Oxidschicht (vgl. Hammerschlag, Walzzunder!). Erhitzt man jedoch feinverteiltes Eisen, so kann die unter Wärmeabgabe verlaufende Oxidation selbständig weiterlaufen.

> **Versuch:**
>
> Auf einem Asbestdraht-Netz wird feines Eisenpulver (z. B. Ferrum reductum) in dünner Schicht ausgebreitet. Diese bringt man an einem Ende mittels der Flamme eines Bunsenbrenners auf Gluthitze. Die Glut schreitet auch nach Wegnahme des Brenners durch die ganze Schicht fort.
>
> Wird das Oxydationsprodukt, das sich im Aussehen nicht wesentlich verändert hat (graues Pulver), nach dem Abkühlen auf die Waage gebracht, so lässt sich gegenüber dem Ausgangsgewicht des aufgebrachten Eisens eine deutliche Gewichtszunahme feststellen.
>
> [Die graue Farbe weist auf das in der Brennhitze vorwiegend gebildete Oxid von der Mischformel Fe_3O_4 (= $Fe_2O_3 \cdot FeO$) hin]

Calcium, das unedler als Eisen ist, verbrennt durch Erhitzen zu dem weißen Pulver Calciumoxid (CaO).

15 Metalloxide und Basen

Versuch:

Auf ein Asbestdraht-Netz (s. o.) wird gekörntes Calcium in dünner Schicht in Form eines Streifens aufgebracht. Man erhitzt das eine Ende der Schicht mittels der Flamme eines BUNSENbrenners. Nach in Gang kommen der Reaktion nimmt man die Flamme weg, der Streifen brennt vom einen Ende zum anderen mit orangefarbener Flamme durch. Zurück bleibt ein weißes Pulver (CaO).

Auch bei diesem Versuch lässt sich die Gewichtszunahme, wie oben beschrieben, experimentell nachweisen.

Versuchsmäßig ist somit zu erkennen, dass die Oxidation von Metallen zu Metalloxiden sowohl langsam vor sich gehen (die durch die Oxidation in Freiheit gesetzte Wärme verursacht praktisch keine Erwärmung des Metalls, da die Wärme abwandert) als auch **schnell** verlaufen kann, wobei die freiwerdende Wärme nicht nur eine merkliche **Erhitzung**, sondern auch eine **Lichtstrahlung** verursacht.

Beschleunigen lässt sich die Oxidation auf folgende Weise:

- Die Luft, die das Metall umgibt, wird durch Sauerstoff ersetzt.
  (Das Metall ist in diesem Falle gleichzeitig mit mehr Sauerstoffmolekülen in Berührung als an der Luft.)
- Durch Zusammenbringen des Metalls mit einem Stoff, der (beispielsweise durch Erhitzen) atomaren Sauerstoff abgibt, wie zum Beispiel Kaliumchlorat ($KClO_3$).
  (Bei Einwirkung von Sauerstoff**atomen** auf ein Metall kommt es leichter und dadurch schneller zur Bildung des Oxids, da bei Einwirkung von Sauerstoffmolekülen sich diese vor Eingehen einer chemischen Bindung erst in Atome spalten müssen.)

1. Versuch:

Der vorstehend beschriebene Versuch mit dem Eisenpulver wird mit der Abänderung wiederholt, dass man dem Eisenpulver vor dem Ausbreiten ca. 10 % braunsteinhaltiges Kaliumchlorat (s. Ziff. 65) beimengt. Die Oxidation verläuft dann wesentlich lebhafter unter Feuererscheinung.

2. Versuch:

Man erhitzt Ferrum reductum in einem schwer schmelzbaren Glasrohr von einer Seite her, unter Durchleiten von Luft. Sobald die Reaktion in Gang gekommen ist, beobachtet man ihr Fortschreiten.

Daraufhin leitet man anstelle der Luft Sauerstoff durch das Rohr. Sobald der Sauerstoff das glimmende Eisen erreicht hat, stellt man eine deutliche Intensivierung der Reaktion fest.

15.2 Basen

Werden Metalloxide mit Wasser in Berührung gebracht, so kommt es zu einer chemischen Bindung des Wassers durch das Metalloxid. Man erhält Basen, deren wässerige Lösungen als Laugen bezeichnet werden.

Beispiele:

– $CaO + H_2O \longrightarrow Ca(OH)_2$

– Calciumoxid reagiert mit Wasser zu Calcium**hydroxid**

– $Na_2O + H_2O \longrightarrow 2\ NaOH$

– Natriumoxid reagiert mit Wasser zu Natrium**hydroxid**

Ebenso reagieren:

- Kaliumoxid (K_2O) zu Kaliumhydroxid (KOH),
- Bariumoxid (Ba_2O) zu Bariumhydroxid [$Ba(OH)_2$],
- Aluminiumoxid, Al_2O_3, zu Aluminiumhydroxid, $Al(OH)_3$.

> **Bildungsschema: Metalloxid + Wasser = Base**

Eine weitere Bildungsweise von Basen ist ihre unmittelbare Entstehung aus Alkalimetall + Wasser.

Beispiele:

1. $Na + H_2O \longrightarrow NaOH + H \quad H + H \longrightarrow H_2$

   Natrium reagiert mit Wasser zu Natriumhydroxid unter Freiwerden von Wasserstoff. Dieser kann sich durch die freiwerdende Reaktionswärme (exotherme Reaktion) entzünden.

   Durchführung des Versuchs, der nur vom **Fachmann** ausgeführt werden darf, s. Ziff. 13.7.

   Nach der Reaktion wird rotes Lackmuspapier durch das Wasser blau gefärbt. Dampft man das Wasser zur Trockne ein, bleibt eine weiße Masse (Natriumhydroxid, NaOH) zurück.

2. $K + H_2O \longrightarrow KOH + H \quad H + H \longrightarrow H_2$

   Kalium verbindet sich mit Wasser zu Kaliumhydroxid, wobei Wasserstoffgas in Freiheit gesetzt wird. Die Reaktion verläuft noch heftiger als bei Natrium.

Erkennung von Basen:

- Wässerige Lösungen von Basen (Laugen) haben einen ätzenden Geschmack.
- Lackmus wird durch diese Lösungen **blau** gefärbt.
- Indikatorpapier gibt durch die Farbe, die es durch Eintauchen in die Lösung annimmt, an, welchen Basizitätsgrad (s. Ziff. 18.2) die Lösung besitzt.

Charakteristisch für Basen ist, dass die wassergelösten Rasenmoleküle zum Teil in **Metall-Ionen** und **Hydroxid-Ionen** gespalten sind.

Beispiele:

$NaOH \leftrightarrows Na^+ + OH^-$ *)

$Ca(OH)_2 \leftrightarrows Ca^{2+} + 2\ OH^-$

*) Der Doppelpfeil bedeutet, dass die Ionenspaltung ein reversibler Vorgang ist (s. Ziff. 10).

Die **Stärke der Lauge** ist durch den **Gehalt** einer Lösung an **OH-Ionen** bestimmt, der einerseits vom Dissoziationsgrad (s. Ziff. 17.2), andererseits von der Konzentration der Lauge abhängt.

Deutung der elektrischen Ladung der Ionen

Die **Metallionen** sind **elektrisch positiv** geladen, da sie die Valenzelektronen, mit welchen sie eine chemische Bindung eingegangen waren, bei der Ionenspaltung an die OH-Gruppe verloren haben. Im Falle NaOH hat ein Atom Natrium ein Elektron (Valenzelektron) abgegeben, so dass im Natriumion eine positive Kernladung überwiegt. Das Natriumion ist daher einfach positiv geladen.

Die OH-Gruppe hat durch Aufnahme des Valenzelektrons des Natriums eine zusätzliche negative Ladung erhalten. Das **Hydroxid-Ion** ist daher **einfach negativ** geladen.

Im Falle Calciumhydroxid hat ein Atom Calcium seine beiden Valenzelektronen bei der Ionenspaltung an je eine OH-Gruppe abgegeben. Das Calcium-Ion ist daher doppelt positiv geladen. Diesem Ion stehen in der Lösung zwei einfach negativ geladene OH-Ionen gegenüber (s. u.).

Eine Besonderheit der Basenbildung:

Das Gas Ammoniak (NH_3) gibt mit Wasser ebenfalls eine Base

$$NH_3 + H_2O \longrightarrow NH_4OH \text{ (Ammoniumhydroxid)}$$

$$NH_4OH \leftrightarrows NH_4^+ + OH^-$$

Die Gruppe NH_4^+ heißt „Ammoniumgruppe", sie verhält sich wie ein einwertiges Metall, ist aber frei nicht beständig.

Abschließend die „klassische" **Definition** der **Basen** (nach Arrhenius und Ostwald):

Basen sind chemische Verbindungen, die in wässeriger Lösung im Zuge der elektrolytischen Dissoziation negativ geladene **Hydroxid-Ionen** abspalten. Diese bewirken den „Laugengeschmack" wässeriger Basenlösungen.

Die neuzeitliche Definition der Basen siehe Ziff. 16.2.1.

15.3 Überblick über die wesentlichen Basen im Bauwesen

Formel	Benennung	Stärke	Ionen
$Ca(OH)_2$	Calciumhydroxid	stark	$Ca^{2+} + 2\,OH^-$
NaOH	Natriumhydroxid (Lösung: Natronlauge)	stark	$Na^+ + OH^-$
KOH	Kaliumhydroxid (Lösung: Kalilauge)	stark	$K^+ + OH^-$
NH_4OH	Ammoniumhydroxid (auch kurz Ammoniak oder Salmiakgeist genannt)	z. schwach	$NH_4^+ + OH^-$
$Mg(OH)_2$	Magnesiumhydroxid	schwach	$Mg^{2+} + 2\,OH^-$
$Ba(OH)_2$	Bariumhydroxid (auch Barytwasser genannt)	mittelstark	$Ba^{2+} + 2\,OH^-$

16 Nichtmetalloxide und Säuren

16.1 Nichtmetalloxide

Ebenso wie die Metalle verbinden sich die Nichtmetalle (Edelgase ausgenommen) mit Sauerstoff unter Wärmeabgabe zu Oxiden.

Beispiel:

$$S + O_2 \longrightarrow SO_2 \text{ (\textbf{Schwefeldioxid})}$$

Schwefel verbrennt, nachdem man ihn auf die Entzündungstemperatur erhitzt hat, mit blauer Flamme zu dem stechend riechenden Gas Schwefeldioxid.

> **Versuch:**
>
> In einer kleinen Porzellanschale wird etwas Schwefel erhitzt, bis er zu brennen beginnt. Darauf stellt man die Porzellanschale mit dem brennenden Schwefel unter eine Glasglocke, die in einer mit Wasser gefüllte Wanne steht. Unter der Glasglocke bildet sich ein Nebel, der sich nach Verlöschen der blauen Flamme allmählich lichtet.
>
> Prüft man nun das Wasser mit einem blauen Lackmuspapier, so stellt man fest, dass dieses gerötet wird. Das Wasser enthält eine Säure gelöst (s. u.).
>
> Als weiteres Beispiel der Bildung eines Nichtmetalloxids sei die Verbrennung von Kohlenstoff angeführt:
>
> $$C + O_2 \longrightarrow CO_2 \text{ (Kohlendioxid)}$$

Allgemein gilt für die Oxidation der Nichtmetalle das Gleiche, das in vorstehendem Kapitel über die Oxidation der Metalle ausgesagt wurde. Auch bei den Nichtmetallen verläuft eine Verbrennung (**schnelle** Oxidation) nur dann selbständig, wenn **Sauerstoff** in der erforderlichen **Menge** zur Verfügung steht, wenn die **Entzündungstemperatur** zum Ingangkommen der Reaktion erreicht wird und die **Abkühlung** (Abführung der entstandenen Wärme) nicht so groß ist, dass die Entzündungstemperatur unterschritten wird.

> **Versuch:**
>
> Koks brennt in einem Ofen oder dergl., in welchem eine Wärmeabstrahlung gedämmt ist. Werden dagegen einige brennende Koksstücke vor den Ofen auf einen Zementstrich oder dergl. gelegt, so verlöschen sie bald infolge Unterschreitens der Entzündungstemperatur.

Auch eine **Beschleunigung** der Oxidation der Nichtmetalle lässt sich auf die gleiche Weise erreichen wie in vorstehendem Kapitel ausgeführt. Zusätzlich ist hier nachstehendes festzustellen:

Bei einer heftig verlaufenden Verbrennung kann es bei Mischung des Nichtmetalls mit einem sauerstoffabgebenden Stoff zu einer **Explosion** kommen, sofern **gasförmige** Reaktionsprodukte entstehen.

> **Versuch:**
>
> Kohlepulver, auf ein Asbestdraht-Netz in einer dünnen Schicht aufgebracht, verbrennt relativ langsam, nachdem es an einer Seite angezündet worden ist. Bei sehr dünner Schicht kommt die Verbrennung nach Entfernung des BUNSENbrenners gegebenenfalls sogar zum Erliegen, insbesondere, wenn die Raumtemperatur relativ niedrig liegt.
>
> Mischt man dagegen das Kohlepulver mit einer mehrfachen Menge Kalisalpeter (KNO_3), so kommt es nach dem Entzünden zu einer sehr heftigen Verbrennungsreaktion, die man als Verpuffung bezeichnet.
>
> Noch heftiger verläuft die Reaktion, wenn man die Zusammensetzung des Schwarzpulvers wählt: ca. 75 % Kalisalpeter, 15 % Kohlepulver und 10 % Schwefelblumen. Das Schwarzpulver verbrennt außerordentlich heftig unter starker Rauchentwicklung. Wird Schwarzpulver dagegen eingeschlossen zur Entzündung gebracht, so kommt es zu einer Explosion, s. Ziff. 65.

16 Nichtmetalloxide und Säuren

16.2 Säuren

16.2.1 Sauerstoffsäuren

Werden **Nichtmetalloxide** mit **Wasser** in Berührung gebracht, so kommt es zu einer chemischen Bindung des Wassers durch das Nichtmetalloxid. Man erhält eine **Säure als wässerige Lösung** der neu entstandenen chemischen Verbindung.

Versuch:

Kohlendioxid, das beispielsweise mit Hilfe des Kippschen Apparates aus Marmor und Salzsäure hergestellt wird (s. Abb. 3), leitet man in ein Glas mit destilliertem Wasser ein. Nach wenigen Sekunden des Einleitens reagiert das Wasser sauer, was durch **Rot**färbung von blauem Lackmuspapier angezeigt wird.

Das Gas Kohlendioxid hat sich beim Einleiten in Wasser mit diesem zu **Kohlensäure** verbunden:

Valenzstrichformel:

$$CO_2 + H_2O \longrightarrow H_2CO_3$$
Kohlendioxid + Wasser $\longrightarrow$ Kohlensäure

$$O = C \begin{matrix} O-H \\ O-H \end{matrix}$$

Bildungsschema: Nichtmetalloxid + Wasser $\longrightarrow$ Säure

Geschichtliches:

Die Erkenntnis, dass das H^+-Ion Träger der sauren Eigenschaft der Säuren ist, geht auf Arrhenius (1884) zurück, der auch die elektrolytische Dissoziation, im Besonderen den „Zerfall" von Säuren und Basen in wässeriger Lösung nach noch heute gültigen Vorstellungen deutete.

Noch Lavoisier (18. Jht.) sah den Sauerstoff als Träger der sauren Eigenschaft der Säuren an, daher s. Zt. die Namensgebung „Sauerstoff". Erst Davy (1814) widerlegte diese Annahme im Zuge der Entdeckung sauerstoff-freier Säuren.

Nach der **„Säure-Basen-Theorie"** von Arrhenius ist bis heute unverändert gültig:

- Chemische Verbindungen, die im Zuge einer elektrolytischen Dissoziation in wässeriger Lösung Wasserstoff-Ionen (H^+-Ionen) bilden, sind **Säuren**;
- Chemische Verbindungen, die im Zuge einer elektrolytischen Dissoziation in wässeriger Lösung Hydroxid-Ionen (OH^--Ionen) abspalten, sind **Basen**.

Broensted (1923) erweiterte die Theorie von Arrhenius, indem er definierte:

Alle Partikel werden als **Säuren** bezeichnet, die in wässeriger Lösung **Protonen** (H^+-Ionen) abspalten können.

Alle Partikel werden als **Basen** bezeichnet, die in wässeriger Lösung **Protonen binden** können.

Allerdings ist diese Protonenübertragung stets mit einem zweiten Vorgang gekoppelt, bei dem das abgegebene Proton wieder „verbraucht" wird, indem sich die Protonen unter Bildung von Hydronium-Ionen (s. Ziff. 18.1) an Wassermoleküle anlagern.

Beispiel:

$$HCl \longrightarrow H^+ + Cl^-$$
$$H^+ + H_2O \longrightarrow H_3O^+$$
$$\overline{HCl + H_2O \longrightarrow H_3O^+ + Cl^-}$$

Das Cl⁻-Ion, das im ersten Teilvorgang gebildet wurde, ist nach Auffassung BROENSTED eine Base, da dieses ein Proton – unter Übergang in HCl – aufnehmen kann. Er bezeichnete das Cl⁻-Ion als „zu HCl konjugierte Base".

Die Aufspaltung von Säuren in Ionen durch die elektrolytische Dissoziation in wässeriger Lösung nebst der dann stattfindenden Protonenübertragung auf eine Base, wie H_2O, NH_3 u. a. hat BROENSTED als **Protolyse** bezeichnet. Auf eine weitere Vertiefung in die Säure-Basen-Theorien wird in diesem, auf die Bauchemie ausgerichteten Rahmen verzichtet. Interessenten mögen sich der entsprechenden Fachliteratur zuwenden (Siehe anlieg. Fachliteraturverzeichnis).

Vorstehend wurde bereits die Bildung der Kohlensäure erörtert. Nachstehend weitere Beispiele für die Bildung von **Sauerstoffsäuren:**

Valenzstrichformeln:

SO_2	+ H_2O	$\longrightarrow$	H_2SO_3
Schwefeldioxid	+ Wasser	$\longrightarrow$	Schweflige Säure
SO_3	+ H_2O	$\longrightarrow$	H_2SO_4
Schwefeltrioxid	+ Wasser	$\longrightarrow$	Schwefelsäure
P_2O_5	+ 3 H_2O	$\longrightarrow$	2 H_3PO_4
Phosphorpentoxid	+ Wasser	$\longrightarrow$	Phosphorsäure
N_2O_5	+ H_2O	$\longrightarrow$	2 HNO_3
Stickstoffpentoxid	+ Wasser	$\longrightarrow$	Salpetersäure

Erkennung von Säuren:

- Wässerige Lösungen von Säuren haben einen sauren Geschmack (vergleiche z. B. Speiseessig);
- Lackmus wird durch die säurehaltige Lösung rot gefärbt;
- Indikatorpapier gibt durch die Farbe, die es durch Eintauchen in die säurehaltige Lösung annimmt, an, welchen Säuregrad (s. Ziff. 18) die Lösung besitzt.

Charakteristisch für Säuren ist, dass die wassergelösten Säuremoleküle mehr oder weniger in **Wasserstoff-Ionen** und **Säurerest-Ionen** gespalten sind (s. Ziff. 17.2).

Beispiele:

Valenzstrichformeln:

H_2CO_3	$\rightleftarrows$ 2 H^+	+	CO_3^{2-}
Kohlensäure	Wasserstoff-Ion		Carbonat-Ion (Säurerest-Ion)
H_2SO_4	$\rightleftarrows$ 2 H^+	+	SO_4^{2-}
Schwefelsäure	Wasserstoff-Ion		Sulfat-Ion (Säurerest-Ion)

16 Nichtmetalloxide und Säuren

Die Wasserstoffionen verbinden sich mit Wassermolekülen, die eine Dipolnatur besitzen (s. Ziff. 8.3.3.3), zu positiv geladenen H_3O^+-Ionen (Oxonium-Ionen) oder auch $[H \cdot (H_2O)_4]^+$-Ionen (Hydronium-Ionen):

$$H^\cdot + H : \overset{..}{\underset{..}{O}} : H \longrightarrow \left[H : \overset{\overset{H}{..}}{\underset{..}{O}} : H \right]^+$$

Einfachheitshalber wird jedoch bei der Darstellung der Ionenspaltung der Säuren meist nur das H^+-Ion, nicht dagegen das Oxonium- oder Hydronium-Ion aufgeführt.

16.2.2 Sauerstofffreie Säuren

- Chlorwasserstoffgas, das einen außerordentlich stechenden Geruch besitzt, verbindet sich mit Wasser zu **Salzsäure**:

$$HCl + H_2O \longrightarrow H_3O^+ + Cl^-$$

Je Moleküle Chlorwasserstoff und Wasser bilden sich ein „Oxoniumion", gegebenenfalls ein „Hydroniumion" $[H \cdot (H_2O)_4]^+$, und ein Chloridion (s. a. Ziff. 8.3.2.2).

Vereinfacht wird jedoch für die Ionenspaltung der Salzsäure geschrieben:

$$HCl \longrightarrow H^+ + Cl^-$$

- $Br + H \longrightarrow HBr$ (Bromwasserstoff)

Das Gas Bromwasserstoff, das ebenfalls einen stark stechenden Geruch besitzt, verbindet sich mit Wasser zu Bromwasserstoffsäure. Die Formel für diese Säure ist, ebenfalls vereinfacht, HBr:

$$HBr \leftrightarrows H^+ + Br^-$$

Entsprechend besitzt die Fluorwasserstoffsäure die Formel HF, die Jodwasserstoffsäure die Formel HJ.

Die **Stärke einer Säure** ist durch den Gehalt einer Lösung an H^+-Ionen bestimmt. Dieser hängt vom Dissoziationsgrad (s. Ziff.17.2) der Säurelösung und deren Konzentration ab.

Die **H^+-Ionen** sind deshalb **elektrisch einfach positiv** geladen, weil der Wasserstoff sein einziges Elektron (Valenzelektron) bei Eingehen der chemischen Bindung an die „Säurerestgruppe" abgegeben hat. Die positive Kernladung ist daher nach außen durch kein Elektron abneutralisiert.

Säurerest-Ionen sind dagegen durch Aufnahme von einem oder mehreren Valenzelektronen **elektrisch negativ** geladen.

16.3 Überblick über die wesentlichen Säuren im Bauwesen

Formel	Benennung	Stärke	Ionen
HCl	Salzsäure	stark	$H^+ + Cl^-$
HF	Fluorwasserstoffsäure (Nitrat)	stark	$H^+ + F^-$
HNO_3	Salpetersäure	stark	$H^+ + NO_3^-$
H_2SO_4	Schwefelsäure	stark	$2\,H^+ + SO_4^{2-}$
H_2SO_3	Schweflige Säure	mittelstark	$2\,H^+ + SO_3^{2-}$
H_3PO_4	Phosphorsäure	mittelstark	$3\,H^+ + PO_4^{3-}$
H_2CO_3	Kohlensäure	schwach	$2\,H^+ + CO_3^{2-}$
H_2SiO_3	Kieselsäure	schwach	$2\,H^+ + SiO_3^{2-}$
H_2SiF_6	Kieselfluorwasserstoffsäure	mittelstark	$2\,H^+ + SiF_6^{2-}$
H_2S	Schwefelwasserstoff	sehr schwach	$2\,H^+ + S^{2-}$

17 Elektrolytische Dissoziation – Ionen, Elektrolyte

17.1 Theorie der elektrolytischen Dissoziation

Unter „elektrolytischer Dissoziation" versteht man nach Arrhenius die Erscheinung, dass wassergelöste Basen, Säuren und Salze im Wasser in Ionen zerfallen, und zwar in elektrisch positiv geladene **Kationen** und elektrisch negativ geladene **Anionen**.

Die Benennung der Ionen rührt vom **Nachweis** der elektrolytischen Dissoziation durch **Elektrolyse** her, bei welcher sich an der Kathode (der negativ geladenen Elektrode) die Kationen und an der Anode (der positiv geladenen Elektrode) die Anionen abscheiden.

> **Versuch:**
>
> In einer Glasküvette wird wässerige Kupfersulfatlösung eingefüllt. An den beiden Schmalenden der Küvette bringt man je eine Kohleelektrode an, worauf man eine Gleichstromquelle anschließt.
>
> Nach wenigen Minuten der Stromeinwirkung stellt man an der Kathode eine **Abscheidung von metallischem Kupfer** fest. An der Anode zeigt sich eine Gasentwicklung.
>
> Die elektrochemischen Vorgänge sind in Ziff. 24.4 dargelegt.

Die Ursache der elektrischen Ladung der Ionen ist in den beiden vorstehenden Kapiteln (Ziff. 15 und 16) bereits dargelegt worden. Befinden sich in einer Lösung keine Elektroden, an welche eine Stromspannung angelegt ist, bewegen sich die Ionen in der Lösung in etwa der gleichen Weise wie die undissoziierten Moleküle (s. Ziff. 9.3, Abb. 26) ziellos durcheinander. Durch geladene Elektroden werden sie jedoch angezogen und an diesen neutralisiert.

Wasser, das Ionen enthält, ist daher **elektrisch leitfähig**. Die elektrische Leitfähigkeit nimmt mit der Ionenkonzentration zu (hierauf beruht beispielsweise die elektrometrische Bestimmung des pH-Wertes, s. Ziff. 18).

17.2 Dissoziationsgrad

Die „elektrolytische Dissoziation" ist ein „reversibler Vorgang", d. h. sie verläuft niemals vollständig, sondern bis zur Einstellung eines „chemischen Gleichgewichts" (s. z. B. Ziff. 10.2) je nach Stoffart, Konzentration, Temperatur usw.

Der „Dissoziationsgrad" ist das Verhältnis der Anzahl der in Ionen gespaltenen Moleküle zu der Gesamtzahl der Moleküle.

Beispiel:

Sind von 1000 Molekülen einer $MgSO_4$-Lösung 920 in Ionen gespalten, so ist der

Dissoziationsgrad $\gamma = 0{,}92 \left(\gamma = \dfrac{920}{1000} \right)$

Durch die Ionenspaltung wird die Anzahl der Einzelteilchen in einer Lösung vermehrt (1 Molekül Na_2SO_4 zerfällt beispielsweise bei der Ionenspaltung in 3 Einzelteilchen – zwei Na^+-Ionen und ein SO_4^{2-}-Ion), wodurch u. a. die Gefrierpunktserniedrigung verstärkt wird (s. Ziff. 22.3).

Ermitteln kann man den Dissoziationsgrad aus der Gefrierpunktserniedrigung, genauer ausgedrückt, aus dem Verhältnis der gemessenen Gefrierpunktserniedrigung zur theoretischen Gefrierpunktserniedrigung (s. Ziff. 22.3) oder aus dem elektrischen Leitvermögen der Lösung, da bei gleichbleibender Lösungskonzentration die elektrische Leitfähigkeit mit Zunahme der Ionenspaltung erhöht wird (s. Ziff. 24).

18 Der pH-Wert

18.1 Ableitung des pH-Wertes

Chemisch reines Wasser ist zu einem sehr geringen Teil durch Autoprotolyse (s. o.) in **Hydronium-** und **Hydroxid-Ionen** gespalten:

$$H_2O + H_2O \leftrightarrows H_3O^+ + OH^-$$

In zurückliegenden Jahren schrieb man vereinfacht wie folgt:

$$H_2O \leftrightarrows H^+ + OH^-$$

Durch genaue Messungen hat man festgestellt, dass von 555 Millionen H_2O-Molekülen bei 24 °C **eines** – durch die vorstehend beschriebene Autoprotolyse – in Ionen gespalten ist. Das bedeutet, dass in

10 Millionen Litern Wasser .... 1 Mol = rd. 18 g Wasser in H_3O^+ und OH^--Ionen gespalten ist.

Auf 1 l Wasser bezogen enthält dieses

rd. 1×10^{-7} g H_3O^+-Ionen und 17×10^{-7} g OH^--Ionen bzw.

rd. 1×10^{-7} **Mole** H_3O^+-Ionen und 1×10^{-7} **Mole** OH^--Ionen.

Nach dem Massenwirkungsgesetz bleibt das **„Ionenprodukt des Wassers"**

$$[H_3O^+] \cdot [OH^-] = [10^{-7}] \cdot [10^{-7}] = K_w = [10^{-14}]$$

stets konstant.

(Die Protolysenkonstante K ist gleichbedeutend mit der Dissoziationskonstanten.)

Wird durch Zugabe einer Säure zum reinen Wasser die Konzentration der H_3O^+-Ionen erhöht, so wird – da das Ionenprodukt des Wassers den gleichbleibenden Wert von 10^{-14} behalten muss – die Dissoziation des Wassers zurückgedrängt.

Beispiel:

Angenommen, es sei durch Zugabe einer Säure die H_3O^+-Konzentration auf den Wert von 10^{-3} Mole im Liter angestiegen. Die Konzentration der OH^--Ionen wurde hierdurch zwangsläufig auf 10^{-11} Mole zurückgedrängt:

$$[10^{-3}] \cdot [10^{-11}] = [10^{-14}]$$

Wird dagegen dem reinen Wasser eine **Lauge** zugegeben, steigt die Konzentration der OH^--Ionen an. Ist diese beispielsweise auf 10^{-4} Mole im Liter erhöht worden, musste zwangsläufig eine Reduzierung der H_3O^+-Ionenkonzentration auf 10^{-10} Mole im Liter erfolgen:

$$[10^{-10}] \cdot [10^{-4}] = [10^{-14}]$$

Zur Kennzeichnung des „Säuregrades" oder des „Basizitätsgrades" einer Flüssigkeit hat man sich darauf geeinigt, diese durch die

Molkonzentration der H_3O^+-Ionen

zu kennzeichnen, und diese durch den negativen Exponenten der Molkonzentration der H_3O^+-Ionen anzugeben.

Hierfür wurde die Bezeichnung **pH-Wert** geprägt (abgeleitet von „potentio hydrogenii", was etwa „Wirksamkeit der Wasserstoffionen" bedeutet).

Der pH-Wert betrug in vorgenanntem Beispiel pH = 3 bei der sauren Lösung, wogegen die basische Lösung einen pH-Wert = 10 aufwies.

Definition des pH-Werts:

Der pH-Wert ist der „negative Logarithmus der H_3O^+-Konzentration"

pH = – log H_3O^+-Konzentration

Merksatz: Je größer die H_3O^+-Konzentration, desto niedriger der pH-Wert, um so größer jedoch die Azidität der Lösung.

Der pH-Wert beträgt somit bei einer

- **neutralen** Lösung   pH = 7
- **sauren** Lösung   pH < 7
- **basischen** Lösung   pH > 7

18 Der pH-Wert

pH-Werte und „Normallösungen" (s. Ziff. 84)

Normalität	Molkonzentration / l Lösung		pH-Wert
	H^+-Ionen	OH^--Ionen	
1 n-Säure	10^0	10^{-14}	0
0,1 n-Säure	10^{-1}	10^{-13}	1
0,01 n-Säure	10^{-2}	10^{-12}	2
0,001 n-Säure usw.	10^{-3}	10^{-11}	3
Wasser (neutral)	10^{-7}	10^{-7}	7
0,01 n-Lauge	10^{-12}	10^{-2}	12
0,1 n-Lauge	10^{-13}	10^{-1}	13
1 n-Lauge	10^{-14}	10^0	14

18.2 Messung des pH-Wertes – Indikatoren

Die **praktische Messung** des pH-Wertes erfolgt

- elektromagnetisch,
- mittels Indikatoren (säure- bzw. basenempfindlichen Farbstoffen).

Für das Bauwesen hat die Messung mit Hilfe von Indikatoren praktische Bedeutung, zumal diese mit „Indikatorpapieren" (farbstoffgetränktem Papier) sehr einfach ist und rasch durchgeführt werden kann, wobei bereits Genauigkeiten bis ± 0,1 erreicht werden.

Indikatoren, wie Lackmus, Phenolphthalein, Methylorange, geben lediglich an, ob eine Lösung neutral, basisch oder sauer ist.

Farbe einer Lösung mit Indikatorzusatz

Indikator	Lösung		
	sauer	neutral	basisch
Lackmus	rot	violett	blau
Phenolphthalein	farblos	farblos	rot
Methylorange	rot	orange	orangegelb

Die pH-Wert-Messung mit Indikatoren bzw. Indikatorpapieren beruht darauf, dass bestimmte Farbstoffmischungen je nach Säuregrad einer Lösung ihre Farbe verändern.

Nach kurzem Eintauchen eines Indikatorpapiers in eine Lösung kann man durch Vergleich mit einer der Packung des Indikatorpapiers beigegebenen Farbtabelle sofort feststellen, welcher pH-Wert vorliegt. (In der Farbtabelle ist zu jeder Farbe der zugehörige pH-Wert angegeben.)

Neben „Universal-Indikatorpapier" für die näherungsweise Bestimmung des pH-Wertes sind auch Spezial-Indikatorpapiere für eine möglichst genaue Bestimmung des pH-Wertes herausgebracht worden.

Das Universal-Indikatorpapier kann für einen pH-Wert-Bereich von 1 – 11 angewandt werden.

Die Spezial-Indikatorpapiere sind auf beschränkte Bereiche der pH-Werte-Skala von 1 – 13 abgestellt. Das jeweils geeignete Spezial-Indikatorpapier wird nach der näherungsweisen Bestimmung des pH-Wertes mittels des Universal-Indikatorpapiers angewandt.

> Neben Indikatorpapieren sind auch Indikator**stäbchen** bzw. Spezial-Indikatorstäbchen im Gebrauch, deren Handhabung besonders einfach ist (s. Lit. IV/5).

19 Salze – Bildungsweisen, Charakteristisches, Hydrolyse

19.1 Bildungsweisen der Salze

Man unterscheidet im Wesentlichen nachstehende Bildungsweisen der Salze:

$$\text{Säure + Base} \longrightarrow \text{Salz + Wasser}$$

Diesen Vorgang nennt man „Neutralisation".

Beispiele:

a) $HCl + NaOH \longrightarrow NaCl + H_2O$

Das Metall Natrium hat sich somit im Säuremolekül an die Stelle des Wasserstoffs gesetzt. Der verdrängte Wasserstoff hat sich mit den OH-Gruppen zu Wasser verbunden.

Die Reaktionsgleichung kann auch wie folgt geschrieben werden:

$H^+ + Cl^- + Na^+ + OH^- \longrightarrow Na^+ + Cl^- + H_2O$

Die H^+-Ionen und OH^--Ionen müssen weitgehend zu undissoziiertem Wasser zusammentreten, da bei deren gleichzeitigem Vorhandensein in einer Lösung nur ein beschränkter Anteil dissoziiert bleiben kann (s. Ziff. 24). Das gebildete NaCl bleibt weitgehend dissoziiert.

b) $2\ HCl + Ca(OH)_2 \longrightarrow CaCl_2 + 2\ H_2O$

Salzsäure wird durch die Base Calciumhydroxid neutralisiert, unter Bildung des neutralen Salzes Calciumchlorid und von Wasser.

c) $H_2SO_4 + 2\ NaOH \longrightarrow Na_2SO_4 + 2\ H_2O$

Schwefelsäure wird durch Natronlauge neutralisiert, unter Bildung von Natriumsulfat und Wasser.

d) $H_3PO_4 + 3\ NaOH \longrightarrow Na_3PO_4 + 3\ H_2O$

Phosphorsäure wird durch Natronlauge neutralisiert, unter Bildung eines Natriumsalzes der Phosphorsäure (Natriumphosphat) und von Wasser.

Säuren, die je Molekül **mehr als ein** Molekül einer einwertigen Base zur Neutralisation benötigen, nennt man **mehrbasige Säuren**.

Salzsäure (HCl)   **ein**basig

Schwefelsäure (H_2SO_4)   **zwei**basig

Phosphorsäure (H_3PO_4)   **drei**basig

Reicht die Menge der Base zur restlosen Neutralisation einer Säure nicht aus, so kommt es zu einer **Teilneutralisation**.

Beispiele:

a) $H_2SO_4 + NaOH \longrightarrow NaHSO_4 + H_2O$

19 Salze – Bildungsweisen, Charakteristisches, Hydrolyse

Bei Teilneutralisation der Schwefelsäure durch Natronlauge entsteht das „saure Natriumsalz" der Schwefelsäure, Natriumhydrogensulfat (ältere Bez.: Natriumsulfat) genannt.

b) $H_2CO_3 + NaOH \longrightarrow NaHCO_3 + H_2O$

Bei Teilneutralisation der Kohlensäure durch Natronlauge entsteht das saure Natriumcarbonat, Natriumhydrogencarbonat (ältere Bez.: Natriumbicarbonat, auch schlechthin „Natron") genannt.

Stehen weitere Mengen an Basen zur Verfügung, so wird die Teilneutralisation zur Neutralisation weitergeführt:

$NaHCO_3 + NaOH \longrightarrow Na_2CO_3 + H_2O$

Natriumhydrogencarbonat wird durch Natronlauge in Natriumcarbonat (Soda) übergeführt, wobei ein Molekül Wasser in Freiheit gesetzt wird.

Das Ergebnis der stufenweisen Neutralisation ist das Gleiche wie bei Durchführung der restlosen Neutralisation in einem Zuge:

$H_2CO_3 + 2\, NaOH \longrightarrow Na_2CO_3 + H_2O$

c) $H_3PO_4 + NaOH \longrightarrow NaH_2PO_4 + H_2O$

Bei der Teilneutralisation der dreibasigen Phosphorsäure durch Natronlauge entsteht zunächst das primäre Natriumphosphat, Natriumdihydrogenphosphat (ältere Bez.: **Mono**-Natriumphosphat) genannt.

Führt man die Teilneutralisation durch Mehrzugabe von Natronlauge weiter, so erhält man:

$NaH_2PO_4 + NaOH \longrightarrow Na_2HPO_4 + H_2O$

Aus dem primären Natriumphosphat ist das sekundäre Natriumphosphat, auch Dinatriumhydrogenphosphat benannt (ältere Bez.: **Di**-Natriumphosphat), entstanden.

Durch weitere Zugabe von Natronlauge wird schließlich die restlose Neutralisation erreicht:

$Na_2HPO_4 + NaOH \longrightarrow Na_3PO_4 + H_2O$

Zur Unterscheidung von den zwei vorstehend benannten sauren Natriumphosphaten wird das tertiäre Na-Phosphat auch im Handel als **Trinatriumphosphat** bezeichnet. (U. a. wird dieses in der Wasserenthärtung eingesetzt – s. Ziff. 46.3).

Durch Neutralisation von Säuren durch eine Base können somit bei Vorliegen einer

- **ein**basigen Säure – nur **ein** Salz,
- **zwei**basigen Säure – **zwei** Salze (ein saures und ein neutrales),
- **drei**basigen Säure – **drei** Salze (zwei saure und ein neutrales)

entstehen.

Eine Teilneutralisation liegt auch vor, wenn auf eine Base Säure in einer Menge einwirkt, die für eine restlose Neutralisation nicht ausreicht.

Beispiel:

$Cu(OH)_2 + HCl \longrightarrow Cu(OH)Cl + H_2O$

Valenzstrichformel:

$$Cu\begin{matrix}\diagup Cl \\ \diagdown O-H\end{matrix}$$

Kupfer(II)-hydroxid geht durch Einwirkung einer beschränkten Menge Salzsäure in basisches Kupfer(II)-chlorid, auch Kupfer(II)-hydroxidchlorid genannt, über.

Durch weiteren Zusatz von Salzsäure wird eine vollständige Neutralisation erreicht:

Valenzstrichformel:

$$Cu(OH)Cl + HCl \longrightarrow CuCl_2 + H_2O$$

$$Cu \begin{smallmatrix} \diagup Cl \\ \diagdown Cl \end{smallmatrix}$$

Kupfer(II)-hydroxidchlorid geht unter Einwirkung von Salzsäure in Kupfer(II)-Chlorid über.

Das gleiche Ergebnis wird erreicht, wenn die für eine Neutralisation erforderliche Menge Salzsäure in einem Zuge zur Einwirkung gebracht wird:

$$Cu(OH)_2 + 2\ HCl \longrightarrow CuCl_2 + 2\ H_2O$$

Weitere Beispiele für basische Salze:

Co(OH)Cl – Kobalt(II)-hydroxidchlorid,

Sb(OH)$_2$Cl – Antimonhydroxidchlorid;

basische Salze mit 2 OH-Gruppen im Molekül sind an der Luft nicht beständig, sie spalten 1 Molekül Wasser ab:

$$Sb(OH)_2Cl \longrightarrow SbOCl + H_2O$$

Ähnlich wie bei Säuren unterscheidet man daher bei Basen:

Valenzstrichformeln:

einsäurige Basen, z. B. NaOH, KOH, NH$_4$OH

Na — O — H

zweisäurige Basen, z. B. Ca(OH)$_2$, Ba(OH)$_2$

$$Ca \begin{smallmatrix} \diagup O-H \\ \diagdown O-H \end{smallmatrix}$$

dreisäurige Basen, z. B. Al(OH)$_3$, Sb(OH)$_3$

$$Al \begin{smallmatrix} \diagup O-H \\ - O-H \\ \diagdown O-H \end{smallmatrix}$$

Säuren enthalten je Molekül, wenn sie

- einbasig sind – **ein** durch ein Metall ersetzbares H-Atom
- zweibasig sind – **zwei** durch ein Metall ersetzbare H-Atome
- dreibasig sind – **drei** durch ein Metall ersetzbare H-Atome

Basen enthalten, wenn sie

- einsäurig sind – **eine** OH-Gruppe je Molekül,
- zweisäurig sind – **zwei** OH-Gruppen je Molekül,
- dreisäurig sind – **drei** OH-Gruppen je Molekül, usw.

Säure + Metall $\longrightarrow$ Salz + Wasserstoff

Die meisten Metalle werden durch Säuren unter Wasserstoffentwicklung aufgelöst:

Beispiele:

a) $Zn + H_2SO_4 \longrightarrow ZnSO_4 + H_2$

Zink wird durch Schwefelsäure unter lebhaft verlaufender Reaktion und Wasserstoffentwicklung aufgelöst. Zink liegt dann als Zinksulfat in wässeriger Lösung vor.

19 Salze – Bildungsweisen, Charakteristisches, Hydrolyse

Versuch:

Ein KIPPscher Apparat (s. Ziff. 2.6, Abb. 3) wird mit Zinkstückchen und verdünnter Schwefelsäure befüllt. Das sich entwickelnde Gas leitet man in ein Reagenzglas, dessen offenes Ende nach unten gehalten wird. An eine Flamme gebracht, entzündet sich das Gas vielfach mit leichtem Knall. Die Wandung des Reagenzglases ist danach mit Wassertröpfchen beschlagen, da der Wasserstoff mit dem Sauerstoff der Luft zu Wasser verbrannt wurde (s. Ziff. 13.1).

b) $2\ Fe + 6\ HCl \longrightarrow 2\ FeCl_3 + 3\ H_2$

Eisen wird durch Salzsäure zu Eisen(III)-chlorid unter Wasserstoffentwicklung aufgelöst. (Die Reaktion verläuft nicht so heftig wie das Auflösen des Zinks, da Eisen edler als Zink und daher nicht so reaktionsfähig ist.)

$$\text{Säure + Metalloxid} \longrightarrow \text{Salz + Wasser}$$

Beispiel:

$H_2SO_4 + CuO \longrightarrow CuSO_4 + H_2O$

Schwefelsäure löst Kupferoxid zu Kupfersulfat auf.

$$\text{Metall + Lauge} \longrightarrow \text{Salz + Wasserstoff}$$

Beispiel:

$Zn + 2\ KOH \longrightarrow K_2ZnO_2 + H_2$

Valenzstrichformel:

$Zn\diagdown^{OK}_{OK}$

Zink wird durch Kalilauge unter Wasserstoffentwicklung allmählich aufgelöst. Es bildet sich **Kaliumzinkat**, das wasserlöslich ist.

In ähnlicher Weise wie Zink wird **Aluminium** durch Laugen, wie Natronlauge oder Calciumhydroxid, allmählich aufgelöst:

$$2\ Al + 3\ Ca(OH)_2 + 6\ H_2O \longrightarrow 3\ CaO \cdot Al_2O_3 \cdot 6\ H_2O + 3\ H_2\nearrow$$

Allgemein betrachtet werden diejenigen Metalle **durch Laugen angegriffen**, deren Oxide sowohl Basen als auch Säuren bilden können. Man kann sagen, dass schwache Basen gegenüber starken Basen „in die Rolle eines Säurebildners zurücktreten" können. In solchen Fällen spricht man von einer **„amphoteren"** Eigenschaft der Metalloxide.

In bautechnischer Hinsicht ist zu beachten, dass **Aluminium** und **Zink** durch die Base Calciumhydroxid („Kalkwasser") angegriffen, d. h. korrodiert werden. Auch **Blei** wird durch Kalkwasser deutlich angegriffen. **Eisen** wird durch konzentrierte Natronlauge, doch nicht von Kalkwasser angegriffen – infolge einer nur schwach ausgeprägten „amphoteren" Eigenschaft –, was für eine gute Beständigkeit der Stahlbewehrung des Betons von Bedeutung ist. (Siehe auch Ziff. 55.3).

Bei der Herstellung von Porenbeton wird Aluminiumpulver oder -paste einem Zementmörtel zugesetzt. Der durch die Reaktion des Aluminiums mit Ca-Hydroxid entwickelte Wasserstoff (s.o.) port den Mörtel auf.

$$\text{Salz einer schwächeren Säure + stärkere Säure} \longrightarrow$$
$$\text{Salz der stärkeren Säure + freie schwächere Säure}$$

Eine stärkere Säure treibt eine schwächere Säure aus ihrem Salz aus.

Beispiele:

a) $2\ NaCl + H_2SO_4 \longrightarrow Na_2SO_4 + 2\ HCl$

Schwefelsäure treibt die Salzsäure aus ihrem Salz aus. Es bildet sich das Natriumsalz der Schwefelsäure Natriumsulfat.

(Die Schwefelsäure ist die am wenigsten flüchtige starke Säure, daher praktisch die stärkste Säure.)

Versuch:

Konzentrierte Schwefelsäure lässt man auf festes Natriumchlorid auftropfen, das sich in einem Reagenzglas befindet. Man stellt eine Gasentwicklung fest. Das Gas riecht stechend und bildet, mit Ammoniakdämpfen zusammengebracht, schwere weiße Nebel von Ammoniumchlorid (NH_4Cl).

b) $CaCO_3 + 2\ HCl \longrightarrow CaCl_2 + H_2CO_3$
$\qquad\qquad\qquad\qquad\qquad\qquad\swarrow\ \searrow$
$\qquad\qquad\qquad\qquad\qquad H_2O\ \ CO_2$

Calciumcarbonat (Kalksteinmehl) wird durch Einwirkung von Salzsäure unter starkem Aufbrausen in Calciumchlorid umgewandelt. Die stärkere Salzsäure hat sich an die Stelle der schwächeren Kohlensäure gesetzt. Letztere zerfällt in Wasser und Kohlendioxid (durch welches das Aufbrausen bewirkt wird), da sie bei normaler Temperatur nicht beständig ist.

Salz einer schwächeren Base + stärkere Base ⟶

Salz der stärkeren Base + freie schwächere Base

Eine starke Base treibt eine schwächere Base aus ihrem Salz aus.

Beispiele:

$NH_4Cl + NaOH \longrightarrow NaCl + NH_4OH$
$\qquad\qquad\qquad\qquad\qquad\qquad\ \ \swarrow\ \searrow$
$\qquad\qquad\qquad\qquad\qquad\ \ H_2O\ \ NH_3$

Konzentrierte Natronlauge treibt aus dem Salz Ammoniumchlorid die schwache Base Ammoniumhydroxid aus, die sich weitgehend in Wasser und Ammoniakgas spaltet.

Salzbildung aus Salzlösungen

Treffen zwei Salzlösungen zusammen, so bilden sich neue Salze, wenn sich mindestens ein schwer- oder unlösliches Salz zu bilden vermag.

Beispiele:

a) $Na_2SO_4 + BaCl_2 \longrightarrow \mathbf{BaSO_4} + 2\ NaCl$

Bei Zusammentreffen von gelöstem Natriumsulfat und gelöstem Bariumchlorid bilden sich die Salze Bariumsulfat, da dieses praktisch wasserunlöslich ist, und Natriumchlorid. Bariumsulfat fällt als weißer Niederschlag aus, Natriumchlorid bleibt im Wasser gelöst.

b) $NaCl + AgNO_3 \longrightarrow \mathbf{AgCl} + NaNO_3$

Bei Zusammentreffen der Lösungen von Natriumchlorid und Silbernitrat bilden sich die neuen Salze Silberchlorid (praktisch wasserunlöslich, weißer, flockiger Niederschlag) und Natriumnitrat, das wassergelöst bleibt.

c) $Na_2SO_4 + CaCl_2 \longrightarrow$ **$CaSO_4$ + 2 NaCl**

Bei Zusammentreffen der Lösungen von Natriumsulfat und Calciumchlorid bilden sich die neuen Salze Calciumsulfat und Natriumchlorid, da Calciumsulfat ein schwerlösliches Salz ist ($CaSO_4$ kristallisiert als Gipsstein $CaSO_4 \cdot 2\,H_2O$ aus – s. auch Ziff. 39).

Diese Art der Salzbildung ist im Bauwesen von großer Bedeutung, da insbesondere Schädigungsreaktionen (z. B. Auskristallisieren von Gips) **auf dieser Reaktionsart beruhen.**

19.2 Charakteristisches für Salze

Für Salze ist charakteristisch:

- Wässerige Lösungen von Salzen weisen einen „salzigen" Geschmack auf (vgl. z. B. Kochsalzlösung);
- Salzlösungen reagieren vielfach neutral; diese können jedoch infolge „Hydrolyse" (s. Ziff. 19.3) auch basisch oder sauer sein;
- Salze sind in wässeriger Lösung weitgehend in Ionen dissoziiert.

   Beispiele:

   $NaCl \leftrightarrows Na^+ + Cl^-$

   Natriumchlorid ist in wässeriger Lösung praktisch vollständig in Natrium-Ionen (mit je einer positiven Ladung) und Chlorid-Ionen (mit je einer negativen Ladung) gespalten.

   $Na_2SO_4 \leftrightarrows 2\,Na^+ + SO_4^{2-}$

   Natriumsulfat ist in wässeriger Lösung in Natrium-Ionen (mit je einer positiven Ladung) und Sulfat-Ionen (mit je zwei negativen Ladungen) dissoziiert.

Allgemein ausgedrückt sind wassergelöste Salze mehr oder weniger stark dissoziiert in

- elektrisch positiv geladene **Metall-Ionen** und
- elektrisch negativ geladene **Säurerest-Ionen**.

19.3 Hydrolyse und Protolyse bei Salzlösungen

Unter Hydrolyse, auch mit Hydratation oder Hydratisierung bezeichnet, versteht man im „klassischen" Sinne bei Salzen deren teilweise **Spaltung** in wässeriger Lösung in ihre jeweilige **Base** und **Säure**.

Neutrale Salze, wie z. B. NaCl (Natriumchlorid), die aus einer etwa gleich starken Base und Säure gebildet wurden, zeigen keine Hydrolyse.

Salze jedoch, die aus unterschiedlich starken Basen und Säuren entstanden sind, werden in wässeriger Lösung hydrolytisch gespalten, und zwar um so stärker, je verdünnter die wässerige Lösung ist. Die Lösungen solcher Salze zeigen gegen Lackmus oder Indikatorpapier (s. Ziff. 18.2) eine deutliche Reaktion.

Im Anschluss an die hydrolytische Spaltung reagiert vielfach mindestens ein Spaltprodukt weiter unter Bildung von „Aquakomplexen", in welchem Falle man nach auf BROENSTED (s. Ziff. 16.2) zurückzuführenden Vorstellungen von einer **Protolysenreaktion** spricht.

Beispiele:

a) Natriumcarbonat (Soda) reagiert in wässeriger Lösung **basisch** (rotes Lackmuspapier wird blau gefärbt).

Diese basische Reaktion wird durch Natriumhydroxid bewirkt, das durch die hydrolytische Spaltung entsteht:

$$Na_2CO_3 + 2\,H_2O \longrightarrow 2\,NaOH + H_2CO_3$$

$$NaOH \longrightarrow Na^+ + OH^-$$

(Die Kohlensäure zeigt im Gegensatz zur Natronlauge nur eine sehr schwache Ionenspaltung)

b) Aluminiumsulfat reagiert in wässeriger Lösung **sauer** (blaues Lackmuspapier wird rot gefärbt).

Die hydrolytische Spaltung erfolgt wie nachstehend angegeben:

$$Al_2(SO_4)_3 + 6\,H_2O \longrightarrow 2\,Al(OH)_3 + 3\,H_2SO_4$$

Die Lösung wird durch eine weitgehende Unlöslichkeit von Aluminiumhydroxid zunächst trübe, schließlich kommt es zu einer flockigen Ausfällung des Aluminiumhydroxids unter elektrostatischer Anlagerung von Wassermolekülen (Bildung von „Aquakomplexen") durch Protolysenreaktion.

c) Nicht ganz so einfach erscheinen die Vorgänge beim Auflösen von Kaliumbichromat $K_2Cr_2O_7$. Die wässerige Lösung reagiert nämlich **sauer** (aufgrund der stärkeren Base hätte man eine basische Reaktion erwartet).

Zunächst erfolgt zwar die hydrolytische Spaltung im klassischen Sinne.

Das $Cr_2O_7^{2-}$-Ion reagiert jedoch mit Wasser weiter

$$Cr_2O_7^{2-} + H_2O \leftrightarrows 2\,HCrO_4^-$$

$$HCrO_4^- + H_2O \leftrightarrows H_3O^+ + CrO_4^{2-}$$

Die Lösung reagiert leicht sauer, da die gebildeten H_3O^+-Ionen in der Reaktion dominieren.

19.4 Ionengleichungen

Wenn wassergelöste Stoffe miteinander chemisch reagieren, die in Ionen gespalten sind, so ist die chemische Reaktion eine Reaktion der Ionen, die man auch als „Ionenreaktion" bezeichnet.

Beispiel:

Die chemische Reaktion zwischen Natriumsulfat und Bariumchlorid wird üblicherweise durch nachstehende Reaktionsgleichung (Molekulargleichung) dargestellt:

$$Na_2SO_4 + BaCl_2 \longrightarrow BaSO_4 + NaCl$$

Wenn wir die Ionenspaltung berücksichtigen wollen, ist die Gleichung wie folgt zu fassen:

$$2\,Na^+ + SO_4^{2-} + Ba^{2+} + 2\,Cl^- \longrightarrow BaSO_4 + 2\,Na^+ + 2\,Cl^-$$

$BaSO_4$ (Bariumsulfat), ein praktisch unlösliches Salz, ist als weißer Niederschlag aus der Lösung ausgefallen, es ist daher nicht mehr in Ionen gespalten. Die Na^+- und Cl^--Ionen sind an der Reaktion unbeteiligt geblieben.

Vereinfacht kann man daher die Reaktion durch eine **Ionengleichung** zum Ausdruck bringen:

$$SO_4^{2-} + Ba^{2+} \longrightarrow BaSO_4$$

Vorstehende Ionengleichung ist die des **Sulfatnachweises** (s. Ziff. 79).

Wie ersichtlich, spielte es keine Rolle, an welche Ionen Barium und Sulfat **vor** der Fällung gebunden waren (sofern nur Wasserlöslichkeit vorlag), da diese Ionen an der Reaktion keinen Anteil nahmen.

Als weiteres Beispiel sei die Reaktion des **Chloridnachweises** herangezogen:

Die Reaktion zwischen einem Chlorid, z. B. NaCl, und dem Reagens $AgNO_3$ wird durch nachstehende Molekulargleichung ausgedrückt:

$$NaCl + AgNO_3 \longrightarrow AgCl + NaNO_3$$

Bei Berücksichtigung der Ionenspaltung ist die Gleichung wie folgt zu schreiben:

$$Na^+ + Cl^- + Ag^+ + NO_3^- \longrightarrow AgCl + Na^+ + NO_3^-$$

Die Ionengleichung, in welcher an der Reaktion unbeteiligte Ionen weggelassen sind, ist nachstehende:

$$Cl^- + Ag^+ \longrightarrow AgCl$$

Die Ionengleichung ist die einfachste und übersichtlichste Darstellungsart einer zwischen Ionen verlaufenden chemischen Reaktion.

20 Übersicht über anorganisch-chemische Verbindungen

Nachstehend ist eine Auswahl wesentlicher anorganisch-chemischer Verbindungen mit Beispielen in alphabetischer Reihenfolge zusammengestellt. Eine Übersicht über organisch-chemische Verbindungen vermitteln die Ziff. 28 bis 31.

20.1 Einfache chemische Verbindungen

Bezeichnung	Beispiele	Chem. Formel	Bemerkung
Bromid	Natriumbromid	NaBr	Bromide werden als Salze der
	Silberbromid	AgBr	Bromwasserstoffsäure aufgefasst
Carbid	Siliciumcarbid	SiC	
	Calciumcarbid	CaC_2	
Chlorid	Natriumchlorid	NaCl	Chloride werden als Salze der
	Calciumchlorid	$CaCl_2$	Chlorwasserstoffsäure aufgefasst
Hydrid	Natriumhydrid	NaH	
	Calciumhydrid	CaH_2	
Hydroxid	Natriumhydroxid	NaOH	Hydroxide der Metalle sind Basen
	Calciumhydroxid	$Ca(OH)_2$	
Jodid	Kaliumjodid	KJ	Jodide werden als Salze der Jodwasserstoffsäure
	Silberjodid	AgJ	aufgefasst
Nitrid	Lithiumnitrid	Li_3N	
	Magnesiumnitrid	Mg_3N_2	
Oxid	Natriumoxid	Na_2O	
	Calciumoxid	CaO	
	Eisen(III)-oxid	Fe_2O_3	

Bezeichnung	Beispiele	Chem. Formel	Bemerkung
Peroxid	Wasserstoffperoxid Natriumperoxid	H_2O_2 Na_2O_2	
Phosphid	Natriumphosphid Calciumphosphid	Na_3P Ca_3P_2	
Sulfid	Natriumsulfid Calciumsulfid Eisen(II)-sulfid	Na_2S CaS FeS	Sulfide können als Salze des Schwefelwasserstoffs aufgefasst werden

20.2 Salze der Mineralsäuren

Salzbezeichnung	Salz der	Beispiele	Chem. Formel
Borat	o-Borsäure (H_3BO_3)	Natriumborat Kaliumborat	Na_3BO_3 K_3BO_3
Carbonat	Kohlensäure (H_2CO_3)	Calciumcarbonat Calciumhydrogencarbonat Natriumcarbonat Natriumhydrogencarbonat	$CaCO_3$ $Ca(HCO_3)_2$ Na_2CO_3 $NaHCO_3$
Chlorat	Chlorsäure ($HClO_3$)	Kaliumchlorat	$KClO_3$
Chlorid	Chlorwasserstoffsäure = Salzsäure (HCl)	Natriumchlorid Calciumchlorid Kupfer(II)-hydroxidchlorid Eisen(III)-chlorid	$NaCl$ $CaCl_2$ $Cu(OH)Cl$ $FeCl_3$
Fluorid	Fluorwasserstoffsäure (HF)	Natriumfluorid Calciumfluorid	NaF CaF_2
Fluorosilicat (abgek.: Fluat)	Kieselfluorwasserstoffsäure (H_2SiF_6)	Magnesiumfluorosilicat Zinkfluorosilicat	$MgSiF_6$ $ZnSiF_6$
Jodid	Jodwasserstoffsäure (HJ)	Kaliumjodid Silberjodid	KJ AgJ
Nitrat	Salpetersäure (HNO_3)	Natriumnitrat Calciumnitrat	$NaNO_3$ $Ca(NO_3)_2$
Nitrit	Salpetrige Säure (HNO_2)	Natriumnitrit	$NaNO_2$
Phosphat	Phosphorsäure (H_3PO_4)	Natriumphosphat Natriumdihydrogenphosphat Dinatriumhydrogenphosphat	Na_3PO_4 NaH_2PO_4 Na_2HPO_4
Silicat	Kieselsäure (H_2SiO_3)	Natriumsilicat	Na_2SiO_3
Sulfat	Schwefelsäure (H_2SO_4)	Kaliumsulfat Kaliumhydrogensultat Calciumsulfat	K_2SO_4 $KHSO_4$ $CaSO_4$
Sulfit	Schwefelige Säure (H_2SO_3)	Natriumsulfit	$NaSO_3$
Thiosulfat	Thioschwefelsäure ($H_2S_2O_3$)	Natriumthiosulfat	$Na_2S_2O_3$

D Lösungen

21 Echte und kolloide Lösungen, Dispersionen, Emulsionen

21.1 Kurze Charakteristik des Wassers als Lösungsmittel

Das Wasser ist in der Natur und in unserem täglichen Leben das wichtigste Lösungsmittel. Auch in der Bauchemie spielt es eine dominierende Rolle. Nicht nur die Erhärtungsreaktionen der Baubindemittel beruhen auf chemischen Umsetzungen in wässeriger Phase, auch bei den Schädigungsreaktionen jeglicher Art des Bausektors sind wässerige Lösungen maßgeblich beteiligt.

Durch seinen **Dipol**-Charakter ist Wasser ein außerordentlich wirksames Lösungsmittel für feste, flüssige und gasförmige Stoffe.

> Das Wasser müsste, wenn es in der flüssigen Phase aus Einzelmolekülen bestehen würde, ähnlich etwa wie Schwefelwasserstoff H_2S bereits bei etwa −60 °C sieden, d. h. bei dieser niedrigen Temperatur in Dampfform übergehen. Es siedet jedoch, wie bekannt, erst bei 100 °C (bei einem Luftdruck von 1,013 bar).

Diese für das gesamte organische Leben der Erde entscheidende Eigenschaft des Wassers beruht darauf, dass es nicht – wie viele andere bei Normaltemperatur flüssigen Stoffe – aus durch Kohäsion aneinanderhaftenden Einzelmolekülen besteht, sondern aus **Molekülkomplexen**, die je nach Temperatur aus 25 (70 °C) bis 90 (0 °C) Einzelmolekülen gebildet wurden.

> Auf die Ausführungen zum **Dipolcharakter** des Wassers und zur Ausbildung von **„Assoziationen"** (Molekülkomplexen) in Ziff. 8.3.3.3 wird verwiesen.

21.2 Betrachtung des Lösungsvorgangs im Lösungsmittel Wasser

Die Stoffe, deren Lösungsvorgänge in Wasser auf dem Sektor der Bauchemie in Betracht zu ziehen sind, beruhen vorwiegend auf Ionenbindungen (s. Ziff. 8.3.2.1) und nur zu einem geringen Anteil auf polarisierten Elektronenpaarbindungen (s. Ziff. 8.3.2.2).

Der Verbund der Moleküle bzw. Ionengitter beruht auf elektrostatischer Anziehung. Das Wasser vermag durch seinen ausgeprägten Dipolcharakter die elektrostatischen Bindungskräfte zu reduzieren und schließlich zu überwinden, wodurch Moleküle bzw. Ionen von der Oberfläche des in Lösung gehenden Stoffes zunehmend abgelöst werden. Hierbei werden sie von Wassermolekülen umhüllt und als **„hydratisierte Ionen oder Moleküle"** in die

Lösung aufgenommen, – bis schließlich nur noch eine Lösung vorliegt (bezüglich einer „Sättigungsgrenze" siehe Ziff. 22.2).

Nachstehend ist der Lösungsvorgang eines auf Ionenbindung beruhenden Stoffes am Beispiel eines Kochsalzkristalles bildlich schematisch dargestellt. Die unterschiedlichen Atomdurchmesser wurden hierbei in Annäherung berücksichtigt (vgl. z. B. Ziff. 3.3.2).

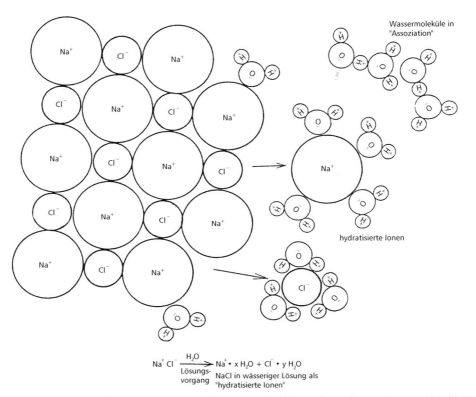

Abb. 27: Bei Einwirkung von Wasser auf einen Kochsalzkristall werden an dessen Oberfläche Na^+-Ionen und Cl^--Ionen zunehmend abgespalten – unter Umhüllung mit Wasser-Dipolen, da die Ionen-Dipol-Anziehung stärker ist, als die elektrostatischen Anziehungskräfte zwischen den Ionen des Kristalls.
Die Ionen des Kristalls wechseln dadurch als **„hydratisierte Ionen"** in die wässerige Phase über.

21.3 Echte Lösungen

Eine **echte** Lösung ist eine **molekulare Verteilung** eines Stoffes in einem Lösungsmittel.

> **Versuch:**
>
> In einem Messzylinder ist destilliertes Wasser bis zu einer bestimmten Marke eingefüllt. Nun wird eine eingewogene Menge $NaNO_3$ in den Messzylinder eingeworfen. Man beobachtet ein Ansteigen des Wasserspiegels; die Marke, bis zu welcher das Wasser angestiegen ist, wird notiert.

21 Echte und kolloide Lösungen, Dispersionen, Emulsionen

Nun wird der Messzylinder so lange geschwenkt, bis das eingestreute Salz unsichtbar geworden ist, sich somit aufgelöst hat.

Wir stellen fest, dass der Wasserspiegel nach Auflösen des Salzes wieder abgesunken ist, und zwar fast bis auf die ursprüngliche Marke, bis zu der das destillierte Wasser eingefüllt worden war.

Der Lösungsvorgang stellt eine Sprengung des starren Molekularverbands (s. a. Ziff. 9) des festen Stoffs dar. Die Moleküle des gelösten Stoffs verhalten sich wie Flüssigkeitsmoleküle, indem sie sich in der Lösung **frei und ungeordnet** hin und her **bewegen.**

Farblose Salze werden durch Auflösung des starren Molekularverbands in der Lösung unsichtbar. Farbige Salze, wie z. B. das blaue Kupfersulfat, geben eine farbige Lösung, die jedoch vollständig klar ist.

Mit dem Auflösen Hand in Hand geht, wie sich mit dem vorstehend beschriebenen Versuch feststellen lässt, eine **Volumenkontraktion** (s. u.). Daher weisen Lösungen fester Stoffe eine höhere Dichte als das Lösungsmittel auf (sofern die festen Stoffe, wie meist, eine höhere Dichte als das Lösungsmittel besitzen).

Werden **Elektrolyte** (s. Ziff. 17.1) gelöst, findet nicht nur eine molekulare Verteilung statt, sondern es spalten sich die Moleküle weiter in **Ionen** (s. Ziff. 17.1).

Bei **Nichtelektrolyten** findet nach der molekularen Verteilung keine weitere Zerlegung der Moleküle statt (Beispiel: Rohrzuckerlösung in Wasser).

Auch flüssige Stoffe können durch eine molekulare Verteilung in einer anderen Flüssigkeit echte Lösungen bilden. (Beispiel: Lösung von Alkohol in Wasser).

Schließlich bilden **Gase** auch echte Lösungen in Flüssigkeiten. Beispielsweise ist in den natürlichen Wässern Sauerstoff in geringem Umfange gelöst, der u. a. für die Fische lebensnotwendig ist (s. Ziff. 53).

21.4 Kolloide Lösungen

Unter kolloiden Lösungen versteht man eine feine Verteilung eines Stoffs in einer Flüssigkeit, die bis zu Molekülkomplexen geht. Die Teilchengröße liegt etwa zwischen einem Millionstel bis einem Tausendstel Millimeter (zwischen 1 nm und 1 μm).

Eine scharfe Grenze zu Dispersionen oder Emulsionen (s. u.) gibt es nicht.

Beispiele:

Leimlösung, Rubinglas (feine Verteilung von Gold in Glas als Verteilungsmittel), Schlagsahne (feine Verteilung von Luft in flüssigem Fett), allgemein als Schaum zu bezeichnen;

Nebel (feine Verteilung von Flüssigkeiten in Gasen), Rauch (feine Verteilung von festen Stoffen in Gasen).

Bei kolloiden Lösungen unterscheidet man zwischen **Solen** und **Gelen.**

Sole sind durch eine weitgehend freie Beweglichkeit der als Molekülkomplexe vorliegenden Partikelchen gekennzeichnet, während Gele einen andersartigen Verbund des Kolloidsystems aufweisen, der eine mehr oder weniger starke Ansteifung (vgl. Pudding, Aspik) aufweist.

Feindisperse kolloide Lösungen erscheinen in der Durchsicht völlig klar, im Streiflicht dagegen **trübe.** Die Erklärung: Das durchfallende Licht wird an den Molekülkomplexen gebeugt. (TYNDALL-**Phänomen** – s. Abb. 28).

Die Molekülkomplexe des verteilten Stoffs zeigen die BROWNsche **Molekularbewegung** (s. a. Ziff. 9). Durch diese werden die Teilchen an einem Absetzen weitgehend gehindert. Nur relativ „grobdisperse" kolloide Lösungen zeigen im Laufe der Zeit ein gewisses Absetzen oder Aufrahmen (je nach der Dichte des verteilten Stoffs).

Eine kolloide Lösung lässt sich fast von jedem festen, flüssigen oder gasförmigen Stoff herstellen.

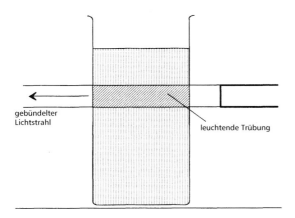

Abb. 28: TYNDALL-**Phänomen:**
Eine feindisperse kolloide Lösung erscheint im durchfallenden Licht völlig klar. Schickt man in einem abgedunkelten Raum einen gebündelten Lichtstrahl durch die Lösung, zeigt diese – von der Seite betrachtet – eine **leuchtende Trübung** – infolge der Streuung des Lichts durch die Molekülkomplexe der Lösung (**Test** für kolloide Lösungen).

21.5 Dispersionen

Dispersionen sind Verteilungen eines festen Stoffs in einer Flüssigkeit bis zu einer Teilchengröße von 1 μm (10^{-6} m). (Eine Verteilung mit geringerer Teilchengröße als 1 μm zählt bereits zu den kolloiden Lösungen, s. o.)

> **Versuch:**
>
> In einem Reagenzglas wird feinkörniges, gefälltes Calciumcarbonat in Wasser durch Schütteln dispergiert.
>
> Man erhält eine weiße „Milch", die jedoch nach kurzzeitigem Stehen eine Entmischung zeigt:
>
> Das feinkörnige Calciumcarbonat setzt sich allmählich als Bodensatz ab. Die feinsten Teilchen setzen sich zuletzt ab (hierauf beruht die Bestimmung des **„Aufschlämmbaren"**, eines Betonzuschlagstoffs, s. Ziff. 87). Die Flüssigkeit ist nach dem Absetzen wieder vollkommen klar.

Eine sehr feine „Aufschlämmung" eines festen Stoffs in Wasser ist die Kalkmilch, nämlich eine feine Verteilung von festem Calciumhydroxid in einer echten (wässerigen) Calciumhydroxid-Lösung.

> **Anmerkung:**
>
> Die den Farbanstrichmitteln zugrunde liegenden wässerigen Kunststoff-Dispersionen sind, da die Feinteilchen ölig-weich sind, den Emulsionen zuzuordnen (siehe Ziff. 68.2).

21 Echte und kolloide Lösungen, Dispersionen, Emulsionen

21.6 Emulsionen

Emulsionen sind feine Verteilungen eines flüssigen Stoffs in einer anderen Flüssigkeit, ohne in dieser löslich zu sein. Die Grenze zwischen einer kolloiden Lösung und einer Emulsion liegt, wie bei den Dispersionen, bei einer Teilchengröße von 1 μm.

Das natürliche Vorbild für eine beständige Emulsion ist die Milch.

> Die Milch besteht zum größten Teil aus Wasser, in welchem Milchzucker und anorganische Salze echt gelöst sind (3 – 4 %). In dieser Lösung sind Fetttröpfchen fein verteilt, die jedes mit einem schleimigen Kaseinfilm umgeben sind. Dieser Kaseinfilm verhindert ein Zusammentreffen der Öltröpfchen, erhält die Emulsion somit beständig; man bezeichnet das Kasein als „Stabilisator" (s. Abb. 29).

Emulgatoren sind Stoffe, die in der Regel sowohl in der zu zerteilenden Flüssigkeit als auch im Wasser bzw. der sonstigen Verteilungsflüssigkeit zumindest etwas löslich sind. Sie „vermitteln" somit zwischen beiden Flüssigkeiten, die mechanische Zerteilung zu feinsten Tröpfchen erleichternd (s. a. Ziff. 70.2).

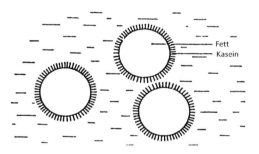

Abb. 29: Aufbau der Emulsion Milch:
In einer wässerigen, verdünnten Milchzuckerlösung befinden sich fein verteilte Fetttröpfchen, die durch Kaseinhäutchen umhüllt sind. Letztere verhindern ein Zusammentreten der Fetttröpfchen zu größeren Gebilden.

Emulsionen werden im Bauwesen vielfach angewendet, z. B. wässerige Bitumen- oder Teeremulsionen (vgl. Ziff. 66.2.2.c bzw. 66.4.2). Allgemein unterscheidet man „anionische", „kationische" und „nicht ionogene" Emulsionen, je nach dem zu deren Herstellung eingesetzten Emulgatorsystem.

Anionische Emulsionen enthalten als Emulgator meist einen geringen Zusatz einer „Seife" (wasserlöslichen Metallsalzes einer Fettsäure – s. Ziff. 31.9). Dieser ist im emulgierten Stoff löslich und reichert sich in dessen Oberfläche an, unter teilweiser Spaltung in Ionen:

$$R.COOK \leftrightarrows R.COO^- + K^+ \qquad R = \text{Fettsäure-Radikal (s. Ziff. 30.1)}$$

Die Fettsäure-Ionen orientieren sich mit ihrer negativen Ladung zur wässerigen Phase, die durch die Alkali-Ionen eine positive Ladung sowie einen basischen Charakter erhält (s. Abb. 30 a).

> Solche Emulsionen sind insbesondere für einen Auftrag auf basische Flächen (z. B. basisches Gestein, Beton, Zementputz) geeignet, da sie durch deren Metallionen (Ca^{2+}, Mg^{2+}) schnell „brechen", d. h. die Emulsionströpfchen treten durch diese schnell zu einem geschlossenen Film (z. B. Anstrich- bzw. Abdichtungsfilm) zusammen.
>
> Durch die zusätzliche Beimischung eines „Stabilisators" (bei Emulsionsherstellung) lässt sich das „Brechen" der Emulsion nach Anwendung verzögern.

Kationische Emulsionen enthalten ein kationisches Emulgatorsystem, z. B. einen wasserlöslichen Abkömmling von Aminen (s. Ziff. 31.6) und Säuren, die im wässerigen Medium zum Teil in positive, den organischen Stoff enthaltende Ionen und negative Säurerest-Ionen zerfallen (s. Abb. 30 b):

$$R \cdot NH_3 \cdot Cl \leftrightarrows R \cdot NH_3^+ + Cl^-$$

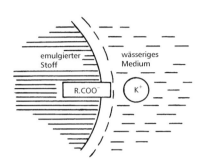

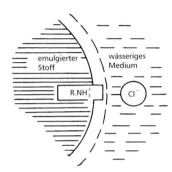

Abb. 30 a   Abb. 30 b

22 Gesetzmäßigkeiten bei echten Lösungen – Praktische Nutzanwendungen

22.1 Lösungswärme

Zur Abspaltung der Ionen aus dem Kochsalzkristall ist ein Energieaufwand erforderlich, der als **„Gitterenergie U"** bezeichnet wird, die im Zuge des Lösungsvorgangs der Umgebung entzogen wird. (Es ist die gleiche Energiemenge, die bei Bildung des Ionengitters als **„Gitterenergie U"** freigesetzt worden war.)

Der Hydratisierungsvorgang setzt die **„Hydratisierungswärme H"** frei.

Die **Lösungswärme (L)** resultiert aus der Differenz zwischen der (freiwerdenden) Hydratationswärme und der im Zuge des Lösungsvorgangs aufzuwendenden Gitterenergie U:

$$L = H - U$$

Ist die Gitterenergie größer als die Hydratationswärme, ist die Folge eine Abkühlung der Lösung; im umgekehrten Falle wird eine Erwärmung der Lösung festgestellt.

Meist wird bei Lösungsvorgängen eine „negative Wärmetönung" (somit eine Abkühlung) beobachtet, da die in Lösung gehenden Teilchen (Moleküle oder Ionen) zur Überwindung der Gitterenergie an der Phasengrenzfläche mehr Energie benötigen, als durch die Hydratation (als „Hydratationswärme") beigesteuert wird.

22 Gesetzmäßigkeiten bei echten Lösungen – Praktische Nutzanwendungen

Beispiele:

Beim Auflösen von

1 g NH$_4$Cl wird eine Wärmemenge von .. 293 J,

1 g Kochsalz (NaCl) eine solche von rd. .... 84 J

verbraucht. (Wird keine Wärme zugefügt, so sinkt durch das Lösen die Temperatur der Lösung ab!)

Beim Auflösen von

1 g Natriumhydroxid (NaOH) wird eine Wärmemenge von 1.047 J frei! (Es erfolgt starke Erwärmung der Lösung!)

22.2 Löslichkeit – Konzentration

Feste Stoffe, die **echte** Lösungen eingehen, sind nur bis zu einer bestimmten **„Sättigungsgrenze"** löslich. Wird mehr vom festen Stoff dem Lösungsmittel zugefügt, als dieses aufzulösen vermag, so verbleibt der Mehranteil des festen Stoffes in der Lösung als Bodensatz unverändert.

Versuch:

In ein Becherglas, in dem sich destilliertes Wasser befindet, wird NaNO$_3$ langsam eingestreut und durch Rühren mit einem Glasstab aufgelöst.

Mit steigender Zugabe von NaNO$_3$ verbleibt schließlich ein Bodensatz, der sich auch durch langzeitiges Rühren nicht mehr auflösen lässt (da die Sättigungsgrenze erreicht wurde).

Setzt man das Rühren bei gleichzeitigem Erhitzen des Becherglasinhalts fort, so stellt man fest, dass sich der Bodensatz auflöst. Bei höherer Temperatur ist somit deutlich mehr NaNO$_3$ löslich als bei niedriger Temperatur. Auch andere Salze, wie Ammonchlorid, oder auch Nichtelektrolyte, wie Rohrzucker, zeigen diese Temperaturabhängigkeit der Löslichkeit.

In Ausnahmefällen, wie zum Beispiel bei Gipslösung, wird in der Kälte eine bessere Löslichkeit festgestellt als in der Wärme. Der Regelfall ist jedoch eine **Zunahme der Löslichkeit durch Temperaturerhöhung** bzw. eine Abnahme der Löslichkeit durch Temperaturerniedrigung (s. Abb. 31).

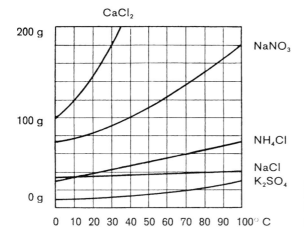

Abb. 31: Temperaturabhängigkeit der Löslichkeit einiger Salze in Wasser (es sind die in 100 g Wasser löslichen Salzmengen dargestellt).

Eine **Beeinflussung des Lösungsvorgangs** ist möglich durch:

Beschleunigung	Verzögerung
Wärme	Kälte
Gutes Durchmischen, z. B. kräftiges Rühren	Schlechtes oder langsames Durchmischen
Feinkörnigkeit des zu lösenden Stoffs (große Berührungsfläche)	Grobkörnigkeit des zu lösenden Stoffs (kleine Berührungsfläche)

Praktische Folgerung:

Grobkörnige Frostschutzsalze lösen sich an der Baustelle in kaltem Wasser nur langsam. Man wird feinkörnige Salze und warmes Wasser zum Lösen vorziehen und dieses durch kräftiges Rühren beschleunigen.

Werden **zwei oder mehrere** Stoffe in einem Lösungsmittel, z. B. Wasser, gelöst, beeinflussen sich diese bezüglich der Löslichkeit bzw. Sättigungsgrenze gegenseitig. Die Löslichkeit der einzelnen Stoffe wird gemindert, die Gesamtmenge der gelösten Stoffe erhöht.

> **Beispiel:**
> Bei 20 °C enthält eine gesättigte Lösung von NaCl in destilliertem Wasser rd. 37 % NaCl; werden dagegen NaCl und KCl gleichzeitig aufgelöst, so enthält die gesättigte Lösung bei 20 °C rd. 29 % NaCl und rd. 15 % KCl (Gesamtmenge rd. 44 %).

Der Gehalt einer Lösung an gelöstem Stoff, benannt als **„Konzentration"**, wird wahlweise angegeben mit

- der Anzahl Gramme gelöster Substanz in 100 ml (cm³) Lösung, oder
- der Anzahl Gramme gelöster Substanz in 100 g Lösung, oder
- der Anzahl Mole gelöster Substanz in 1 Liter Lösung.

> **Beispiel:**
> Eine 20 %ige NaCl-Lösung enthält 20 g NaCl in 100 g Lösung. Diese hat bei 20 °C eine Dichte von 1,068; daher enthält sie bei dieser Temperatur
>
> $$20 \text{ g NaCl in } \frac{100}{1,068} \text{ ml} = 93,6 \text{ ml Lösung}$$
>
> entsprechend 21,4 g NaCl in 100 ml Lösung.

Die **Löslichkeit von Gasen** in einer Flüssigkeit wird durch den **„Absorptionskoeffizienten"** angegeben.

> **Beispiel:**
> Der Absorptionskoeffizient des Wassers von 20 °C beträgt für Sauerstoff 0,0311. Wasser von 20 °C nimmt nämlich 33,4 ml O_2/l von gleicher Temperatur und normalem Druck auf. Durch Umrechnung dieses Volumens auf Normalbedingungen erhält man den Wert von 31,1, der durch 1000 zu teilen ist:
>
> $$v_0 = \frac{v_t}{1+\gamma_t} = \frac{0,0334}{1+\frac{1}{273} \cdot 20} = 0,0311$$

Übersättigte Lösungen sind solche, die mehr an gelöstem Stoff enthalten, als dem Sättigungsgrad entspricht. Beispielsweise können solche Lösungen durch Unterkühlung gesättigter Lösungen erhalten werden. Es handelt sich um eine Kristallisationsverzögerung. Auch geschmolzene Stoffe können unterkühlt werden und eine Kristallisationsverzögerung aufweisen. Beheben lässt sich die Kristallisationsverzögerung beispielsweise durch Reiben mit dem Glasstab an der Becherglaswandung oder durch „Impfen" der Lösung durch Einwerfen eines Kristalls oder Kristallsplitters des auszukristallisierenden Stoffs.

22.3 Gefrierpunktserniedrigung – Siedepunktserhöhung

Die Lösung eines (nichtflüchtigen) Stoffs hat stets einen niedrigeren Dampfdruck als das reine Lösungsmittel bei gleicher Temperatur. Wie in Ziff. 9 dargelegt, kommt eine Flüssigkeit dann zum Sieden, wenn der Dampfdruck der Flüssigkeit, der mit der Temperatur infolge Beschleunigung der Molekularbewegung wächst, den äußeren Luftdruck, der durchschnittlich den Wert von 1 bar hat, erreicht. Da ein gelöster Stoff somit den Dampfdruck einer Flüssigkeit erniedrigt, wird der Dampfdruck von 1 bar (z. B. bei Wasser) nicht bei 100 °C, sondern erst bei einer höheren Temperatur erreicht. Der Siedepunkt von Lösungen liegt daher höher als der Siedepunkt des reinen Lösungsmittels.

Der Gefrierpunkt einer Flüssigkeit wird durch einen gelösten Stoff erniedrigt. Das Ausmaß von Gefrierpunktserniedrigung und Siedepunktserhöhung ist für jedes Lösungsmittel lediglich von der Anzahl der gelösten Moleküle je Volumeneinheit Lösung abhängig. Es wird daher durch ein Mol eines echtgelösten Stoffes, gleich welcher Art, bei einem bestimmten Lösungsmittel, wie z. B. Wasser, stets die gleiche Gefrierpunktserniedrigung und Siedepunktserhöhung bewirkt.

> **Beispiel:**
>
> Wasser mit seinem Gefrierpunkt von 0 °C erhält durch echte Auflösung eines **Mols** eines beliebigen Stoffes je Liter Lösung eine **„molare Gefrierpunktserniedrigung"** von 1,85 °C.
>
> Der **Siedepunkt** des Wassers (100 °C bei 1,013 bar) wird **je Mol/l** um **0,51 °** erhöht.
>
> **Benzol** besitzt eine „molare Gefrierpunktserniedrigung" von **5,0 °C** und eine „molare Siedepunktserhöhung" von **2,67 °C**.

Das **Ausmaß der Veränderung** von Gefrier- und Siedepunkt ist somit **für jedes Lösungsmittel verschieden,** doch bewirken **gleiche Mole** verschiedener Stoffe in einem bestimmten Lösungsmittel stets die **gleiche Veränderung** von Gefrier- bzw. Siedepunkt.

Werden **zwei oder drei Mole** eines Stoffs im Liter Lösung aufgelöst, so beträgt die Gefrierpunktserniedrigung bzw. Siedepunktserhöhung den **zwei- bis dreifachen Wert** der Veränderung, die durch Auflösung eines Mols im Liter Lösung bewirkt wird.

Stoffe, die in Lösung elektrolytisch **dissoziiert** sind, bewirken je Mol in einer Lösung eine stärkere Veränderung des Gefrierpunkts und des Siedepunkts als vorstehend angegeben.

Die Ursache liegt darin, dass die Zahl der **Einzelteilchen** (Moleküle) durch die Spaltung in Ionen vermehrt wird. Man hat festgestellt, dass Moleküle und Ionen in ihrer Beeinflussung von Gefrierpunktserniedrigung bzw. Siedepunktserhöhung **gleichzusetzen** sind.

Wird ein Stoff somit je Molekül z. B. in zwei Ionen gespalten, so liegen bei vollständiger Dissoziation doppelt so viel Einzelteilchen (in diesem Fall Ionen) vor als bei Inlösunggehen der gleichen Anzahl Mole eines Stoffs, der nicht zu dissoziieren vermag.

Beispiel:

Eine Lösung von 10 g NaCl je Liter Lösung zeigt

eine Gefrierpunktserniedrigung von 0,588 °C. Da die molare Gefrierpunktserniedrigung des Wassers 1,85 °C beträgt, dürfte diese Lösung (undissoziiert) nur eine Gefrierpunktserniedrigung von 0,316 °C aufweisen.

Es lässt sich somit errechnen, dass das aufgelöste NaCl in obiger Lösung einen Dissoziationsgrad $\gamma = 86\ \%$ aufweist.

Durch experimentelle **Bestimmung der Gefrierpunktserniedrigung** lässt sich daher der **Dissoziationsgrad** eines gelösten Stoffs **ermitteln**.

22.4 Anwendungshinweise für die Baupraxis

22.4.1 Wirkung von Frostschutzsalzen

Die Wirkung von Frostschutzsalzen beruht im Wesentlichen, wenn von einer Abbindebeschleunigung bei Zementmörtel abgesehen wird, auf einer Gefrierpunktserniedrigung des Anmachwassers. Vergleicht man hierbei die Wirkung von NaCl und $CaCl_2$, so ist festzustellen:

- 1 Mol NaCl = rd. 58,5 g/l Lösung, bewirkt undissoziiert eine Gefrierpunktserniedrigung von 1,85 °C;
bei Annahme einer 80 %igen Dissoziation eine solche von 3,33 °C.
- 1 Mol $CaCl_2$ = 111 g/l Lösung, bewirkt undissoziiert ebenfalls eine Gefrierpunktserniedrigung von 1,85 °C;
bei Annahme einer gleichen 80 %igen Dissoziation wird durch 58,5 g $CaCl_2$ eine Gefrierpunktserniedrigung von 2,54 °C verursacht.

Auf **gleiche Gewichtsmengen** bezogen, ist **NaCl** hinsichtlich einer Gefrierpunktserniedrigung somit etwa **30 % wirksamer als $CaCl_2$**.

22.4.2 Auftauen von Glatteis

Glatteis und dgl. kann man durch Aufstreuen von Kochsalz oder anderen Salzen zum Auftauen bringen. Kochsalz geht mit dem Eis eine Lösung ein, deren Gefrierpunkt bei rd. − 21 °C liegt.

22.4.3 Wässerige Lösungen als „Kältemischungen"

Kältemischungen erhält man durch Mischen von Schnee oder zerstoßenem Eis mit Salzen, die eine größere negative Lösungswärme aufweisen. Durch das Inlösunggehen des Salzes wird der Umgebung nicht nur die Lösungswärme, sondern auch die zum Schmelzen des Eises erforderliche Schmelzwärme (335 kJ/kg Eis) entzogen. Hierdurch sinkt die Temperatur ab, und zwar bis zu nachstehend angegebenen Temperaturen.

- Mischung von Eis und Kochsalz .... bis ca. − 21 °C
- Mischung von Eis, NH_4Cl und $NaNO_3$ .... bis ca. − 31 °C
- Mischung von Schnee und Alkohol, ca. 1 : 1 ..... bis ca. − 30 °C

22 Gesetzmäßigkeiten bei echten Lösungen – Praktische Nutzanwendungen

22.4.4 Wässerige Lösungen als „Kühlflüssigkeiten"

Wässerige Lösungen, im Besonderen Salzlösungen, werden u. a. im Bauwesen als Kühlflüssigkeiten verwendet, z. B. zur Absenkung der Wärmetönung in erhärtendem Massenbeton (s. Ziff. 36.4) oder zum Einfrieren des Baugrunds im „Gefrierverfahren". Auch zur Eisfabrikation werden diese eingesetzt, wobei die Frosttemperaturen meist durch eine „LINDEsche Kältemaschine" „erzeugt" werden.

22.5 Diffusion – Osmose

Werden zwei Flüssigkeiten, die ineinander löslich sind, oder eine Salzlösung und Wasser vorsichtig übereinander geschichtet, so dass eine Durchmischung nicht auf die Bewegung während des Zusammenbringens zurückgeführt werden kann, so stellen wir nach einer gewissen Zeit fest, dass trotzdem eine Homogenität vorliegt; wir können an keiner Stelle einen Konzentrationsunterschied feststellen. Den Vorgang des „selbsttätigen" Durchmischens von Flüssigkeiten oder Lösungen nennen wir Diffusion. Die Diffusion bei Flüssigkeiten entspricht ganz der Diffusion bei Gasen, und sie beruht auf der „Molekularbewegung" (s. Ziff. 9) der in der Lösung befindlichen Moleküle bzw. Ionen.

> **Versuch:**
>
> Es werden zwei Standzylinder bereitgestellt, die am oberen Ende einen Planschliff besitzen, der mit Vaseline gut eingefettet wird. Der eine Standzylinder wird mit Kaliumpermanganatlösung bis zum Rand gefüllt. Der andere Zylinder wird in gleicher Weise mit destilliertem Wasser gefüllt. Nun legt man auf den zweiten Zylinder eine dünne Glasplatte, wendet diesen unter Festdrücken der Glasplatte um 180 °, so dass nun der Boden des Standzylinders nach oben weist. Man bringt die Standzylinder genau übereinander, entfernt rasch die Glasplatte und drückt die Schliffe aufeinander.
>
> Im unteren Standzylinder haben wir nun die farbige Lösung, die ohne Trennung mit dem Wasser des oberen Zylinders in Verbindung steht. Wir beobachten, dass die Lösung allmählich in das Wasser des oberen Zylinders hochsteigt, bis nach längerer Zeit eine vollständige Durchmischung erfolgt ist und in beiden Zylindern eine verdünnte Kaliumpermanganatlösung von einheitlicher Konzentration vorliegt. Es sind somit die Salzmoleküle bzw. -Ionen entgegen der Schwerkraft in den oberen Zylinder gewandert.
>
> Das Wesen der Osmose sei zunächst an dem nachstehend beschriebenen **Versuch** veranschaulicht:
>
> In ein beliebiges Gefäß, dessen Boden jedoch aus einer semipermeablen (halbdurchlässigen) Membrane (z. B. Schweinsblasenhaut oder Pergamentpapier) besteht, füllt man eine wässerige Zuckerlösung ein. Das Gefäß wird verschlossen, wobei der Lösung eine Ausdehnungsmöglichkeit in ein Steigrohr (s. Abb. 32) gelassen wird.
>
> Das Gefäß wird nun in Wasser eingestellt, wobei der Wasserspiegel nicht über dem Spiegel der Zuckerlösung stehen soll. Nach kurzer Zeit beobachtet man ein allmähliches Ansteigen der Zuckerlösung im Steigrohr, d. h. deren Volumen nimmt langsam oberständig zu, bis sich schließlich ein Maximum der Steighöhe einstellt, das sich nicht mehr verändert.

Die **Osmose**, die auf der vorstehend dargelegten Diffusion beruht, ist für das organische Leben, im Besonderen für das pflanzliche Wachstum, ein außerordentlich bedeutsamer Vorgang. Denn in Pflanzen wird das für das Wachstum unentbehrliche Bodenwasser durch die Osmose bis in die höchsten Baumwipfel hochgedrückt.

Worauf ist es zurückzuführen, dass die Zuckerlösung im Steigrohr entgegen der Schwerkraft hochzusteigen vermag?

Im Zuge der – temperaturabhängigen – Molekularbewegung (s. Abb. 26, S. 51) bewegen sich sowohl die Moleküle des Lösungsmittels Wasser als auch die des gelösten Stoffes (Zucker) unregelmäßig hin und her. Die relativ kleinen Wassermoleküle sind hierbei in der Lage, die semipermeable Membrane zu durchstoßen, und zwar sowohl aus der Richtung des Wassers als auch aus der Richtung der Zuckerlösung. Die relativ großen Zuckermoleküle vermögen dagegen nicht die semipermeable Membrane zu durchdringen, sie werden zurückgehalten.

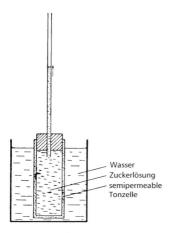

Wasser
Zuckerlösung
semipermeable Tonzelle

Abb. 32: Versuchsanordnung zur Veranschaulichung der Osmose.

Die Anzahl der aus dem reinen Wasser – mit einem Diffusionsdruck p_{diff} – in die Zuckerlösung gelangenden Wassermoleküle ist größer, als die – je Zeit- und Flächeneinheit – aus der Zuckerlösung in das reine Wasser – mit dem Diffusionsdruck p'_{diff} – gelangenden Wassermoleküle.

Der osmotische Druck entspricht der **Differenz** der beiden Diffusionsdrücke der Wassermoleküle und ist dieser, wie festgestellt, der Molzahl n des gelösten Stoffes proportional:

$$P_{diff} - p'_{diff} = \Delta p = \pi = K \cdot n$$

Durch den zunehmenden Flüssigkeitsdruck im Steigrohr wird schließlich p'_{diff} numerisch gleich mit dem Wert p_{diff} mit der Folge, dass das Ansteigen der Zuckerlösung im Steigrohr zum Stillstand gekommen ist und es durchstoßen nunmehr – je Zeit- und Flächeneinheit – gleich viele Lösungsmittelmoleküle die semipermeable Membrane in beiden Richtungen.

Experimentell kann man den osmotischen Druck entsprechend den vorstehenden Ausführungen durch Messung des hydrostatischen Druckes p_{hydr} der Flüssigkeitssäule im Steigrohr ermitteln.

In Anbetracht der Gleichartigkeit der Bewegungen der Moleküle des gelösten Stoffes und der von Gasmolekülen, oder anders ausgedrückt, infolge der Analogie im Moleculardruck beider Stoffarten unterliegt der osmotische Druck π bei verdünnten wässerigen Lösungen den gleichen Gesetzmäßigkeiten, wie diese für Gase gültig sind und es gilt in analoger Weise – entsprechend der Zustandsgleichung der Gase:

$$\pi \cdot V = n \cdot R \cdot T$$

$$\pi = \frac{n \cdot R \cdot T}{V}$$

Erläuterung:
T = absolute Temperatur
V = Volumen
n = Anzahl der Mole
R = Gaskonstante (diese hat den gleichen Wert wie in der Zustandsgleichung der Gase)

23 Hygroskopische Stoffe – Kristallwasser, Gleichgewichtsfeuchte

Kristalle, die chemisch gebundenes Wasser, sogenanntes Kristallwasser, enthalten, zeigen an der Luft (bei trockener Witterung) eine **„Verwitterung"**.

Beispiel:

Kupfervitriol, $CuSO_4 \cdot 5\ H_2O$, ist durch seine schöne blauen Kristalle bekannt. Werden diese an trockener Luft offen aufbewahrt, so zeigen sie, an den Ecken und Kanten beginnend, ein Weißlichwerden. Schließlich zerfallen die Kristalle zu einem weißlichen Pulver.

Wie ist die „Verwitterung" der Kristalle zu erklären?

Zunächst ist festzustellen, dass das Verwitterungsprodukt keine wesentliche chemische Veränderung aufweist, nur das Kristallwasser fehlt oder ist nur noch zu einem geringen Anteil enthalten. Kristallwasserhaltige Kristalle weisen einen bestimmten Wasserdampfdruck auf, der vom Kristallwasser ausgeht. Ist der Wasserdampfdruck in der Luft geringer als der Dampfdruck, den das Kristallwasser ausübt, so entweicht Kristallwasser mehr oder weniger rasch dampfförmig aus dem Kristall. Der Kristallverband wird dadurch gesprengt, die Verbindung zerrieselt zu Pulver.

Umgekehrt kann es zu einem Zerfließen des Kristalls kommen, wenn der Dampfdruck des Kristallwassers wesentlich niedriger liegt als der Dampfdruck der umgebenden Luft. Stoffe, die in der Lage sind, Wasser aus der Luft anzuziehen und sich in diesem schließlich aufzulösen, nennt man „zerfließlich" oder **„hygroskopisch"**.

Hygroskopische Stoffe beginnen dann zu zerfließen, wenn ihre **„Gleichgewichtsfeuchte"** gestört ist, wenn somit der Wasserdampfdruck der umgebenden Luft größer wird als der Eigendampfdruck der Kristalle.

Der Wasserdampfdruck ist, von der stofflichen Eigenart abgesehen, insbesondere von der **Temperatur** abhängig.

Als Beispiel seien nachstehend die Grenzdampfdrucke von 3 kristallisierten Salzen für eine Temperatur von 25 °C angegeben.

Steigt die relative Luftfeuchtigkeit ohne Veränderung der Temperatur an, nehmen die Kristalle Wasser auf und zerfließen allmählich.

Sinkt die relative Luftfeuchtigkeit unter die Wasserdampfdrucke der Gleichgewichtsfeuchte, so kristallisieren die Salze aus ihren Lösungen wieder aus usw.

Diese Vorgänge sind u. a. bei der Ausbildung von **Ausblühungen** an Bauwerken von Bedeutung (s. Ziff. 44).

Stoff	Temperatur	Wasserdampfdruck in mbar	Gleicher Wasserdampfdruck liegt in der Luft (bei 25 °C) bei nachstehender relativer Luftfeuchtigkeit vor:
Calciumchlorid $CaCl_2 \cdot 6\,H_2O$	25 °C	9,33	ca. 30 %
Calciumnitrat (Kalksalpeter) $Ca(NO_3)_2 \cdot 4\,H_2O$	25 °C	16,0	ca. 50 %
Natriumsulfat (Glaubersalz) $Na_2SO_4 \cdot 10\,H_2O$	25 °C	27,2	ca. 84 %

E Grundzüge der Elektrochemie

24 Elektrolyse

24.1 Allgemeines

Unter Elektrolyse versteht man die Zersetzung einer wässerigen Lösung oder einer Schmelze durch den elektrischen Strom. Ein Teil des gelösten oder geschmolzenen Stoffs scheidet sich hierbei jeweils an der Anode, der andere Teil an der Kathode ab.

Versuch:

In eine Lösung von Kupfersulfat werden zwei Elektroden eingetaucht, z. B. zwei Platin- oder Kohleelektroden. Legt man an diese eine Spannung an, so scheidet sich an der Kathode metallisches Kupfer ab, während an der Anode ein Gas, Sauerstoff, entwickelt wird.

Kupfersulfat ($CuSO_4$) ist in Lösung in Ionen Cu^{2+} und SO_4^{2-} zerlegt. Die Kupferionen wandern zur Kathode und werden dort neutralisiert. Die Folge ist eine Abscheidung als metallisches Kupfer. Die SO_4^{2-}-Ionen wandern zur Anode, geben dort ihre negativen Ladungen ab und reagieren, da SO_4 frei nicht beständig ist, mit Wasser zu Schwefelsäure unter Freisetzung von Sauerstoff. Es bildet sich somit Schwefelsäure und elementarer Sauerstoff, der in Form von Atommolekülen (O_2) entweicht. Die Lösung wird durch die Schwefelsäurebildung im Zuge der Elektrolyse zunehmend sauer (s. auch Ziff. 24.4).

Nachstehend eine vereinfachte Darstellung der Vorgänge an den Elektroden sowie eine Schemaskizze der Elektrolyse der wässerigen Kupfersulfatlösung unter Anwendung von neutralen Kohleelektroden:

Kathodenreaktion: $Cu^{2+} + 2\,(^-) \longrightarrow Cu$

Anodenreaktionen: $SO_4 + 2\,(^+) \longrightarrow SO_4$

$SO_4 + H_2O \longrightarrow H_2SO_4 + O$

$O + O \longrightarrow O_2 \uparrow$

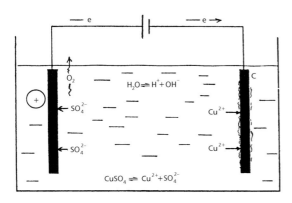

Abb. 33: Elektrolyse einer Kupfersulfatlösung.

Eine Elektrolyse ist als **„Redox-Vorgang"** aufzufassen (s. Ziff. 10.5), indem an der Kathode eine Elektronisierung (Reduktion) und an der Anode eine Deelektronisierung (Oxydation) stattfindet.

Die **Ionenwanderung** zu den Elektroden, die Folge der an die letzteren angelegten elektrischen Spannung, lässt sich bei Salzen mit farbigen Ionen gut sichtbar demonstrieren.

Versuche:

a) In einer Anordnung, wie sie in Abb. 34 dargestellt ist (U-förmiges Glasrohr mit Platinelektroden), befindet sich (violett gefärbte) **Kaliumpermanganat** – ($KMnO_4$) – Lösung. Diese wird beiderseits mit einer **Kaliumnitrat**lösung überschichtet, in welche die Elektroden eintauchen.

Legt man an die Elektroden eine Spannung an, so beobachtet man, dass die violett gefärbten MnO_4^- - Ionen in Richtung auf die Anode zu wandern.

b) Ein Gemisch einer Lösung von **Kupfersulfat** und **Kaliumbichromat** wird beiderseits mit verdünnter **Schwefelsäure** überschichtet. Legt man an die Elektroden eine Spannung an, so beobachtet man, dass die blauen Cu^{2+}-Ionen zur Kathode und die rotgelben $Cr_2O_7^{2-}$-Ionen zur Anode wandern.

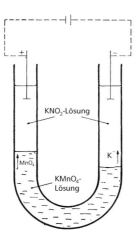

Abb. 34: Versuchsanordnung zum Sichtbarmachen der Wanderung farbiger Ionen.

24.2 FARADAYsche Gesetze

24.2.1 1. FARADAYsches Gesetz

MICHAEL FARADAY (1791 bis 1867, England) stellte empirisch fest:

> Die Masse m eines durch Elektrolyse abgeschiedenen Stoffs ist der Ladung Q = I · t der transponierten Elektrizitätsmenge proportional
>
> $$m = c \cdot I \cdot t \; [mg/As]$$

24 Elektrolyse

c = Masse je Ladungseinheit und Ionenart und wird als relatives **elektrochemisches Äquivalent (Ae)** bezeichnet
I = Stromstärke in Ampère (A)
t = Zeit in Sekunden (s)

Beispiel:

Für **Silber** beträgt das relative elektrochemische Äquivalent – somit die Masse, die durch einen Gleichstrom von 1 A in 1 s abgeschieden wird – **c = 1,11817 mg**.

24.2.2 2. Faradaysches Gesetz

> **Die Massen der durch gleiche Elektrizitätsmengen abgeschiedenen Stoffe verhalten sich wie ihre molaren Äquivalentmassen**
>
> $$m_1 : m_2 = Ae_1 : Ae_2$$

In Übereinstimmung mit diesem Gesetz ist 1 C (ein Coulomb) die Elektrizitätsmenge, die zur elektrolytischen Abscheidung der molaren Äquivalentmasse eines Stoffes, z. B. von 107,870 : 96,485 = 1,1180 mg Silber (aus einer Silbersalzlösung) führt.

(Ein Coulomb ist gleich der Elektrizitätsmenge, die während einer Sekunde bei einer Stromstärke von 1 Ampere (1 A) durch den Querschnitt eines Leiters fließt. Dimension: [As]).

24.2.3 Vergleichende Übersicht für einige Elemente

Stoff	Chemisches Symbol	relative Atommasse	Wertigkeit	relative Äquivalentmasse	molare Äquivalentmasse
Silber	Ag	107,870	1	107,870 g	1,1180 mg/As
Kupfer	Cu	63,546	2	31,773 g	0,32945 mg/As
Quecksilber	Hg	200,59	2	100,295 g	1,03966 mg/As
Wasserstoff	H	1,00797	1	1,00797 g	0,01046 mg/As
Aluminium	Al	26,98	3	8,9938 g	0,09321 mg/As

24.2.4 Faradaysches Konstante F

Gemäß Vorstehendem weist der elektrische Strom eines Gleichstromkreises die Stromstärke von 1 A auf, wenn dieser Strom aus einer Silbernitratlösung je Sekunde 1,118 mg Silber abscheidet. Für die Ladung der durch den Elektrolyten hierzu je Sekunde transportierten Elektrizitätsmenge wurde die **Ladungseinheit „1 Coulomb" – 1 C** – festgelegt. (Coulomb, französischer Physiker 1736 – 1806).

Für die Abscheidung einer molaren Äquivalentmasse eines Stoffes wird eine Ladung von rd. **96.485 C** benötigt, wie u. a. aus den Werten der vorstehenden Tabelle errechnet werden kann:

Beispiel:

1,1180 mg Ag werden durch die Ladung 1 C abgeschieden,

107,87 g Ag werden durch die Ladung

$$Q = \frac{1 \cdot 107{,}87}{1{,}1180} = \text{rd. } \mathbf{96{,}485} \text{ C ausgeschieden.}$$

Für die elektrolytische Abscheidung von relativen Äquivalentmassen unterschiedlicher Elemente wurde für die hierzu erforderliche Ladung ein weitgehend gleichbleibender Wert ermittelt, nämlich

eine Ladung von rd. 96.485 C (Coulomb).

Dieser konstant bleibende Ladungswert wurde als FARADAYsche **Konstante** benannt (FARADAY, englischer Physiker 1791 – 1867).

24.3 Elementarladung

Wie groß ist die elektrische Elementarladung eines einwertigen Ions?

Im vorstehenden wurde dargelegt, dass zur Abscheidung einer relativen Äquivalentmasse eines Stoffes eine Ladung von rd. **96.485 C** erforderlich ist.

Ein Mol (s. Ziff. 4.4) enthält nach LOSCHMIDT (1821 – 1895, Österreich)

$$L = \text{rd. } 6{,}0295 \cdot 10^{23}$$

Elementarteilchen. Wenn wir die Elementarladung eines einwertigen Ions mit e bezeichnen, so können wir für die Gesamtladung, die zur elektrischen Abscheidung eines Mols erforderlich ist und die Größe F besitzt, schreiben:

$$F = e \cdot L$$

Daraus ist

$$e = \frac{F}{L}$$

Durch Einsetzen der Zahlenwerte erhält man

$$e = \frac{96{,}485}{6{,}0295 \cdot 10^{23}} \quad [C]$$

$$e = \text{rd. } \mathbf{1{,}602 \cdot 10^{-19}} \text{ [C]}$$

Der vorstehend aufgeführte Wert der elektrischen **Elementarladung** eines einwertigen Ions ist der **Ladung eines Elektrons** gleichzusetzen; diese wird als **elektrisches Elementarquantum** bezeichnet.

Nach dem heutigen Stande der Wissenschaft beträgt der Zahlenwert der

LOSCHMIDTschen Konstanten $N_L = 6{,}0020453 \cdot 10^{23}$.

Vorwiegend in englischsprachigen Ländern wird diese auch als **AVOGADRO**sche **Konstante** N_A bezeichnet.

Der gegenwärtig gültige Zahlenwert für die **Elementarladung** ist somit

$$e = 1{,}6028892 \cdot 10^{-19} \text{ [C]}.$$

24 Elektrolyse

24.4 Übersicht über einige Elektrolysenvorgänge in wässeriger Lösung

Stoff	Ionen an der		Vorgänge an der	
	Kathode	Anode	Kathode	Anode
H_2SO_4	$2\,H^+$	SO_4^{2-}	$2\,H^+ + 2\,(^-) = H_2$ Entweichen von H_2	$SO_4^{2-} + 2\,(^+) = SO_4$ $SO_4 + H_2O = H_2SO_4 + O$ **Rückbildung** der H_2SO_4 Entweichen von O_2
$CuSO_4$	Cu^{2+}	SO_4^{2-}	$Cu^{2+} + 2\,(^-) = Cu$ Abscheidung von metallischem Kupfer	$SO_4^{2-} + 2\,(^+) = SO_4$ $SO_4 + H_2O = H_2SO_4 + O$ Bildung von H_2SO_4 Entweichen von O_2
Na_2SO_4	$2\,Na^+$ H^+	SO_4^{2-} OH^-	$2\,H^+ + 2\,(^-) = H_2$ $2\,H_2O = 2\,H^+ + 2\,OH^-$ Bildung von 2 NaOH, die sich nach Mischung mit der gebildeten H_2SO_4 zu $Na_2SO_4 + 2\,H_2O$ **neutralisiert**. Es wird somit nur **Wasser verbraucht**. Entweichen von H_2	$SO_4^{2-} + 2\,(^+) = SO_4$ $SO_4 + H_2O = H_2SO_4 + O$ Entweichen von O_2
NaCl	Na^+ H^+	Cl^- OH^-	$2\,H^+ + 2\,(^-) = H_2$ $2\,H_2O = 2\,H^+ + 2\,OH^-$ Bildung von OH^--Ionen Entweichen von H_2	$2\,Cl^- + 2\,(^+) = Cl_2$ $4\,OH^- + 4\,(^+) = 2\,H_2O + O_2$ Entweichen von Cl_2 und O_2
NaOH	Na^+ H^+	OH^-	$2\,H^+ + 2\,(^-) = H_2$ $2\,H_2O = 2\,H^+ + 2\,OH^-$ **Rückbildung** der NaOH Entweichen von H_2	$4\,OH^- + 4\,(^+) = 2\,H_2O + O_2$ Entweichen von O_2
HCl	H^+	Cl^-	$2\,H^+ + 2\,(^-) = H_2$ Entweichen von H_2	$2\,Cl^- + 2\,(^+) = Cl_2$ Entweichen von Cl_2

24.5 Schmelzelektrolyse

Neben der Elektrolyse in wässeriger Lösung wird in der Technik häufig auch die Schmelzelektrolyse angewandt, u. a. zur Gewinnung von Metallen (s. Ziff. 13).

Unter Wegfall eines Lösungsmittels wird hierbei der elektrische Strom durch den geschmolzenen Stoff geleitet, wobei es ebenfalls zu einer Ionenwanderung zu den Elektroden kommt.

Beispiel:

Schmelzelektrolyse von NaCl

Diese erfolgt nach der Reaktionsgleichung

$$2\,NaCl \longrightarrow 2\,Na^+ + 2\,Cl^-$$

Die Na^+-Ionen wandern zur Kathode, nehmen dort negative Ladung auf, wodurch sie sich als elementares, metallisches Natrium abscheiden.

Die Cl^--Ionen wandern zur Anode, geben dort ihre negative Ladung ab und entweichen wie bei der Elektrolyse in wässeriger Lösung als elementares, gasförmiges Chlor.

25 Technologie der Elektrolyse

25.1 Galvanotechnik

Unter Galvanisieren (die Technik heißt: Galvanotechnik) versteht man ein Überziehen von Metallteilen mit dünnen Schichten meist korrosionsbeständiger Metalle auf dem Wege der Elektrolyse in wässerigem Medium. Im Besonderen seien genannt: Vernickeln, Verchromen, Vergolden u. a.

Arbeitsverfahren: Das zu überziehende Metallteil wird als Kathode, das beschichtende Metall als Anode angewandt. Als Bad dient eine Salzlösung des beschichtenden Metalls. Zur Erzielung eines einwandfreien Metallüberzugs müssen hinsichtlich Badtemperatur, Konzentration, Stromspannung u. a. bestimmte erprobte Bedingungen eingehalten werden.

> **Beispiel:**
>
> Zum „Vernickeln" eines eisernen Gegenstandes wird letzterer als Kathode angewandt, wogegen die Anode aus Nickel besteht. Als Bad wird eine Lösung von Nickelsulfat ($NiSO_4$) angewandt.
>
> Auf der Eisen-Kathode werden die Ni-Ionen nach Neutralisation als metallischer Nickelüberzug niedergeschlagen. Die an der Anode gebildete Schwefelsäure löst das Nickel der Anode
>
> $$H_2SO_4 + Ni \longrightarrow NiSO_4 + H_2$$
>
> so dass der Nickelgehalt der Lösung stets erneuert wird. Das Metall der Anode wandert somit als Beschichtung an die Kathode. Man sagt daher vielfach, „die Metalle wandern mit dem Strom" (unter Voraussetzung der alten Annahme, dass der Strom vom Plus-Pol zum Minus-Pol fließt).

Unter **Galvanoplastik** versteht man metallische Beschichtungen von Hohlformen und dgl., wobei nach Erzielung einer ausreichenden Dicke der Metallschicht diese von der Form abgelöst werden kann. Die zu beschichtenden Flächen der Form werden durch Bestreichen mit Graphit oder dgl. zuvor elektrisch leitend gemacht.

Galvanisches Ätzen ist eine kunstgewerbliche Arbeit:

> In eine auf eine Metallplatte (meist Kupfer) aufgetragene Wachsschicht wird mittels Nadel eine Schrift oder Zeichnung eingeritzt. Die Platte wird anschließend als Anode einer Elektrolyse ausgesetzt, wodurch an den durch das Ritzen freigelegten Stellen Vertiefungen durch Auflösen des Metalls entstehen.

25.2 Elektrolytisches Oxidieren und Reduzieren von Metallen

In der Technik wird auch von der Möglichkeit einer **elektrolytischen Oxidation** oder Reduktion von Metalloberflächen Gebrauch gemacht. Vgl. z. B. das **Eloxal-Verfahren**, das eine anodische Oxidation des Aluminiums zur Erzielung einer schützenden Oxidschicht darstellt (s. auch Ziff. 56).

25.3 Elektrolytisches Entfetten und Beizen von Metallteilen

Metallteile werden elektrolytisch entfettet, indem man diese in Natriumsulfatlösung als Kathode anschließt (Entstehung von fettlösender NaOH am Metall). Anschließend wird umgepolt, worauf am Metall Schwefelsäure entsteht, die „beizend" wirkt (s. a. Ziff. 24.4).

26 Lösungsdruck der Metalle

26.1 Allgemeines

Zum Studium und zur Demonstration charakteristischer Erscheinungen bei Metallen führen wir nachstehende Versuche aus:

Versuch 1:

Die in Ziff. 24.1 geschilderte Elektrolyse einer Kupfersulfatlösung wird zunächst wiederholt. Man hängt in eine Glasküvette, in welcher sich etwa molare Kupfersulfatlösung befindet, zwei Kohleelektroden ein. Man verbindet diese mit einem Miniamperemeter (0 – 100 mA) und überzeugt sich, dass dieses keinen Strom anzeigt.

Nun legt man an die Kohleelektroden einen Gleichstrom (4 – 8 V) an. An der negativen Elektrode (Kathode) wird sich kurzfristig metallisches Kupfer abscheiden (s. Ziff. 24.1). Sobald man eine deutliche, kräftige Kupferabscheidung erzielt hat, klemmt man den Gleichstrom ab und verbindet wieder mit dem Milliamperemeter.

Dieses zeigt nun einen Strom an, der in umgekehrter Richtung fließt als der für die elektrolytische Abscheidung des Kupfers angewandte Strom. Die mit Kupfer beschichtete Elektrode weist nun eine negative Ladung auf. Man misst und notiert auch die Spannung. Bei durchschnittlichen Versuchsbedingungen wird man eine Spannung von etwa 0,35 V und eine Stromstärke zwischen etwa 20 – 30 mA messen. (Es ist u. a. festzustellen, dass Konzentration der Lösung und Flächengröße der Elektroden einen Einfluss auf Spannungsanzeige und Stromstärke ausüben.)

Wechselt man die mit Kupfer beschichtete Elektrode gegen ein gleich großes blankes Kupferblech aus, wird man die gleichen Wette für Spannung und Stromstärke messen.

Wir haben ein „elektrochemisches Element" (Cu/C-Element) erhalten.

Versuch 2:

In eine Glasküvette füllen wir etwa molare Zinksulfatlösung ein. Als Elektroden hängen wir ein Zinkblech und ein Kohleplättchen ein. Nach Verbinden mit dem Milliamperemeter stellen wir eine größere Stromstärke als vorstehend, etwa 50 – 60 mA, fest. Die Spannung wird bei durchschnittlichen Versuchsbedingungen über 1 V liegen.

Zink liefert somit einen stärkeren Strom als Kupfer.

Nach einigen Minuten des Betriebs des Elements wird man ein gewisses Nachlassen von Spannung und Stromstärke beobachtet (z. B. von 1,1 V auf 0,75 V). Nach diesem Abfall bleibt die Spannung dann wieder weitgehend konstant.

Diesen Spannungs-(und Stromstärke-)abfall kann man beispielsweise dadurch unterbinden, dass man vor Inbetriebnahme des Elements die Kohleelektrode mit Braunsteinpulver (MnO_2) fest umpackt, z. B. unter Zuhilfenahme eines porösen Gewebesäckchens. Es müssen also Vorgänge an der Kohleelektrode mit eine Rolle spielen.

Versuch 3:

In die Küvette wird nun eine neutrale Salzlösung, z.B. NaCl-Lösung, eingefüllt. Es wird eine Kohleelektrode eingehängt, abwechselnd werden als zweite Elektrode Plättchen der wesentlichen Gebrauchsmetalle eingehängt. Man misst und notiert Spannung und Stromstärke der jeweiligen Elemente.

Wiederum wird Kupfer nur einen schwachen Strom erzeugen. Ebenso werden Blei und Zinn keine starken Ströme bewirken. Eisen wird bereits einen deutlich stärkeren Strom verursachen, der jedoch schwächer sein wird als der durch Zink bewirkte. Jedoch noch stärkere Ausschläge der Messgeräte wird man bei Anwendung von Magnesium feststellen können.

Es ergibt sich also eindeutig, dass „unedle" Metalle einen starken, „edlere" Metalle einen entsprechend schwächeren Strom erzeugen.

Wodurch wird die Stromerzeugung bewirkt?

Die Metalle sind, wie alle Stoffe, bei gewöhnlicher Temperatur bestrebt, von einem energie**reicheren** in einen energie**ärmeren** Zustand überzugehen. Diese Möglichkeit ist bei Übergang vom gediegenen Zustand in eine Metall**verbindung** gegeben. (Man erinnere sich beispielsweise an die erhebliche Hitzeentwicklung bei Verbrennen von Magnesium – Mg ⟶ MgO.) Bei Berührung mit Wasser sind die Metalle bestrebt, **Ionen** in die Lösung zu schicken, um damit in Lösung zu gehen. Dieses Lösungsbestreben der Metalle nennt man **Lösungsdruck**.

Ein Übergang von Zinkatomen in Zink**ionen** ist nur dadurch möglich, dass die Zinkatome ihre Valenzelektronen auf dem Zinkblech zurücklassen, wodurch dieses eine negative elektrische Aufladung erhält. Je mehr Ionen in Lösung gehen, um so stärker wird diese Aufladung. Man spricht von einer „Elektronenstauung". (Jede Elektronenstauung ist eine Stromquelle.)

Durch das Inlösunggehen von Zinkionen wird die Lösung um das Zinkblech positiv aufgeladen. Sofern die elektrische Aufladung am Zinkblech nicht abfließen kann, ist es nur einer begrenzten Menge von Zinkionen möglich, in Lösung zu gehen. Es kommt zur Ausbildung eines Gleichgewichts zwischen dem Lösungsdruck und der elektrostatischen Anziehung der Ionen durch die negative Aufladung.

Wird jedoch die negativ elektrische Aufladung des Zinkblechs abgeführt, können ständig weitere Zinkatome als Ionen in Lösung gehen, wodurch die Aufladung des Zinkblechs laufend Nachschub erhält.

Was geschieht, wenn man ein solches Element „arbeiten" lässt?

Verbindet man die Zinkelektrode mit der Kohleelektrode durch einen Draht (elektr. Leiter), so kommt es infolge der gegenseitigen Abstoßung der Elektronen zu einem Elektronenfluss vom Zink zur Kohle. Letztere ist nun ebenfalls negativ elektrisch aufgeladen und zieht positiv geladene Ionen, insbesondere solche mit geringem Lösungsdruck an. Als solche liegen stets Wasserstoffionen in der Lösung vor. Diese werden an der Kohle entladen. Sofern sie nicht sofort zu Wasser oxydiert werden (z. B. durch den Sauerstoffgehalt des Wassers), entweichen sie als Gasbläschen in die Luft.

Durch die Wasserstoffabscheidung wird die Spannung des erzeugten Stroms entsprechend dem eigenen Lösungsdruck des Wasserstoffs vermindert. Sorgt man jedoch z. B. durch eine Braunsteinpackung an der Kohle für eine sofortige Oxidation des Wasserstoffs zu Wasser, bleibt die ursprünglich gemessene Stromspannung erhalten.

Durch den Verbrauch von Wasserstoffionen wird das Dissoziationsgleichgewicht des Wassers gestört (siehe Ziff. 17). Die Folge ist eine ständige Neubildung von H^+- und OH^--Ionen. Letztere reichern sich in der Lösung an; doch bei Zusammentreffen mit Zinkionen reagieren diese zu der schwer löslichen Verbindung Zinkhydroxid $Zn(OH)_2$.

26 Lösungsdruck der Metalle

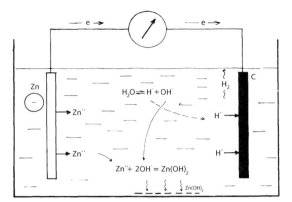

Abb. 35: Darstellung des Vorgangs bei Betrieb eines Zn/C-Elements.
Anmerkung:
Der Punkt rechts oben am chem. Symbol (z. B. H˙) bedeutet eine positive, ein Komma (z. B. OH´) eine negative Ladung (ältere, vereinfachte Schreibweise).

Übersicht über die Vorgänge im Element

Art	Ort
1. $Zn \longrightarrow Zn^{++} + 2\,(^-)$	Zinkelektrode
2. $H^+ + (^-) \longrightarrow H$	Kohleelektrode
$H + H = H_2$ ggf. $H_2 + O = H_2O$	Kohleelektrode
3. $H_2O \leftrightarrows H^+ + OH^-$	Lösung
4. $Zn^{++} + 2\,OH^- = Zn(OH)_2$	Lösung

Das „elektrochemische Element" liefert so lange Strom, bis das Zink weitgehend in Zinkhydroxid umgewandelt oder noch Wasser zur Neubildung von H^+-Ionen vorhanden ist.

Unterbricht man die leitende Verbindung zwischen Zink und Kohle, kommt die Auflösung des Zinks zum Stillstand, da sich zwischen der nun nicht mehr abfließenden negativen Aufladung des Zinks und den durch Lösungsdruck fortstrebenden Zinkionen – wie vorstehend bereits dargelegt – ein Gleichgewicht ausbildet. Ein elektrochemisches Element dieser Art ist also durchaus lagerfähig.

Das Bestreben der Metalle, in Lösung zu gehen, ist, wie durch Experiment festgestellt, unterschiedlich. Der stärkste Lösungsdruck liegt bei unedlen Metallen vor. Je „edler" das Metall, um so geringer ist der Lösungsdruck. (Die „unedlen" Metalle zeigen die größte Bereitschaft, sich von ihren – wenigen – Valenzelektronen zu trennen.)

26.2 Elektrolytische Spannungsreihe der Metalle

Ordnet man die Metalle nach der Größe ihres Lösungsdruckes in eine Reihe ein, so erhält man die „elektrolytische Spannungsreihe" der Metalle. Die Reihenfolge der wichtigsten Metalle in dieser ist nachstehende:

– Li, K, Ca, Ba, Na, Mg, Al, Zn, Fe, Cd, Ni, Sn, Pb, (H), Cu, Ag, Hg, Pt, Au +

Ein unedles Metall vermag jedes edlere Metall aus Lösungen zu verdrängen. (Jedes weiter links stehende Metall kann jedes weiter rechts stehende Metall aus dessen Lösungen verdrängen.) Wie ersichtlich, hat auch der **Wasserstoff** in der Spannungsreihe seinen Platz. Die Metalle, die links vom Wasserstoff stehen, vermögen ihn aus seinen Lösungen zu verdrängen, d. h. die links stehenden Metalle werden in Säuren aufgelöst. Die rechts vom Wasserstoff stehenden Metalle können den Wasserstoff aus seinen Lösungen nicht mehr verdrängen. Daher ist z. B. Kupfer im Gegensatz zu unedleren Metallen in natürlichen Wässern beständig (s. Kap. II/F).

27 Elektrochemische Elemente und Normalpotenziale

27.1 Elektrochemische Elemente

Der Lösungsdruck von Metallen lässt sich zu einer Stromerzeugung auswerten. Es wird hierbei die chemische Energie des Metalls **in elektrische Energie** umgewandelt.

Aggregate, welche eine Umwandlung von chemischer Energie auf Basis der Lösungstension der Metalle in elektrischen Strom bewirken, nennt man elektrochemische **Elemente**; Gruppen von hinter- oder nebeneinander geschalteten Elementen werden mit **Batterien** bezeichnet.

Eines dieser elektrochemischen Elemente ist das Daniell-**Element** (siehe Abb. 36).

> Ein Daniell-Element kann wie folgt gefertigt werden: Eine Glaswanne wird durch eine semipermeable Membran (Diaphragma) in zwei Kammern geteilt. In die eine Kammer wird eine Zinkelektrode eingebracht, in die andere eine Kupferelektrode. Die erste Kammer wird mit einer molaren Zinksulfatlösung gefüllt (1 Mol $ZnSO_4$ je Liter), die Kammer der Kupferelektrode wird gleich hoch mit einer molaren Kupfersulfatlösung gefüllt. Verbindet man die beiden Elektroden über ein Voltmeter, so stellt man eine Spannung von 1,1 V fest.

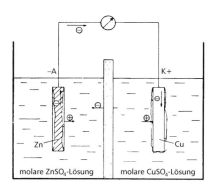

Abb. 36: Daniell-Element.

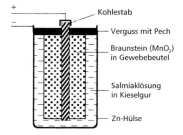

Abb. 37: Element einer Taschenlampenbatterie. Ein Kohlestab, in einem Gewebebeutel mit Braunsteinpulver umpackt, befindet sich in einer Hülse aus Zinkblech. Als Elektrolyt dient Salmiaklösung. Die Zinkblechhülse ist oben mit Pech vergossen, so dass die Lösung nicht auslaufen kann.

Die Spannung dieses Elements beträgt 1,5 V. Durch Hintereinanderschalten von meist 3 Elementen erhält man eine Spannung von 4,5 V.

27 Elektrochemische Elemente und Normalpotenziale

Zink hat gegenüber der molaren Zinksulfatlösung eine Spannung von – 0,76 V (s. auch Ziff. 26), **Kupfer** gegenüber der molaren Kupfersulfatlösung eine solche von + 0,34 V. Die gemessene Gesamtspannung von 1,1 V (s. Abb. 36) resultiert aus der Summe der Einzelspannungen (0,76 + 0,34 = 1,10 V). In Anbetracht des sehr"unedlen" Charakters des Zinks ist dieses nämlich bestrebt, Elektronen an Kupferionen abzugeben. Zink reduziert somit Kupferionen zu metallischem Kupfer; es hat in Anbetracht seines stärkeren Lösungsdrucks das höhere, Kupfer das niedrigere Potenzial.

Es liegt somit ein **„Redox-Vorgang"** (s. Ziff. 10.5, auch Ziff. 24.1) wie folgt vor:

$$\begin{array}{rcl} Zn & \longrightarrow & Zn^{2+} + 2\,e \\ Cu^{2+} + 2\,e & \longrightarrow & Cu \\ \hline Zn + Cu^{2+} & \longrightarrow & Zn^{2+} + Cu \end{array}$$

Versuch:

Legt man ein Zinkblech in eine Kupfersulfatlösung, überzieht sich dieses mit metallischem Kupfer. In diesem Falle findet der Elektronenaustausch unmittelbar von Zinkatom zu Kupferatom (unter Inlösunggehen von Zinkionen) statt.

Anwendung: Einfaches „Verkupfern" von Zinkblechdachrinnen u. dgl.

Beim **Zink/Kohle-Element** von der üblichen Bauart gem. Abb. 37 wird eine Spannung von 1,5 V gemessen, sofern der Wasserstoff, der an der Kohleelektrode zur Abscheidung gelangt, durch Braunstein unmittelbar zu Wasser oxydiert wird (andernfalls Minderung der Spannung durch einen der Zinkspannung entgegenwirkenden Lösungsdruck des Wasserstoffs).

Cadmium-Nickel-Elemente neuerer Entwicklung haben sich als „alkalische Elemente" mit Langzeitwirkung bewährt, die gleichfalls 1,5 V Spannung liefern.

Als **„Stromspeicher"** ist der **Bleiakkumulator** seit vielen Jahren in allgemeinem Gebrauch. Dieser besteht aus einer Blei- und einer Bleidioxid-Elektrode in etwa 20 %iger Schwefelsäure. Er liefert eine Spannung von 2,04 V.

Anodenreaktion bei Entladung: $PbO_2 + SO_4^{2-} + 4\,H_3O^+ + 2\,e^- \longrightarrow PbSO_4 + 2\,H_2O$

Kathodenreaktion bei Entladung: $Pb + SO_4^{2-} \longrightarrow PbSO_4 + 2\,e^-$

Im Zuge der Stromentnahme wird, wie in der Gleichung der Anodenreaktion erkennbar, Schwefelsäure verbraucht. Durch Spindeln der Dichte kann die Verdünnung der Schwefelsäure und damit der Ladungszustand des Akkumulators kontrolliert werden. Die „Aufladung" ist ein elektrolytischer Vorgang, der in umgekehrter Richtung verläuft.

27.2 Normalpotenziale

Zur exakten Bestimmung der Potenziale verwendet man vereinbarungsgemäß **„Normal-Wasserstoffelektroden"**, mit deren Hilfe die **„Normalpotenziale"** ermittelt werden.

Die Normal-Wasserstoffelektrode ist ein Platinblech, das während der Messungen mit Wasserstoffgas bespült wird, das durch die Platinoberfläche in geringer Menge atomar gelöst wird.

Nach dem Muster des *Daniell*-Elements wird diese Elektrode in der einen Kammer in der molaren Lösung einer Säure installiert, während in der anderen Kammer z. B. ein Zinkblech als Elektrode in einer molaren Zinksulfatlösung angebracht wird. Die so zwischen Metallen und der Wasserstoffelektrode bei 25 °C gemessenen Potenziale werden als „**Normalpotenziale**" bezeichnet.

Übersicht über die Normalpotenziale einiger Metalle (in saurer Lösung bei 25 °C)

Li	(1-wertig)	−3,45 V	Sn	(2-wertig)	−0,136 V
K	(1-wertig)	−2,925 V	Pb	(2-wertig)	−0,126 V
Ca	(2-wertig)	−2,866 V	Fe	(3-wertig)	−0,036 V
Ba	(2-wertig)	−2,85 V	**H**	**(1-wertig)**	**−0,0000 V**
Na	(1-wertig)	−2,714 V	Cu	(2-wertig)	+0,337 V
Mg	(2-wertig)	−2,363 V	Ag	(1-wertig)	+0,7891 V
Al	(3-wertig)	−1,662 V	Hg	(2-wertig)	+0,854 V
Mn	(2-wertig)	−1,180 V	Pd	(2-wertig)	+0,987 V
Zn	(2-wertig)	−0,7627 V	Pt	(2-wertig)	+1,2 V
Fe	(2-wertig)	−0,4002 V	Au	(3-wertig)	+1,498 V
Cd	(2-wertig)	−0,4029 V			

Anmerkung: Wie ersichtlich, entspricht die Reihenfolge der elektrolytischen Spannungsreihe der Metalle. Auf Normalpotenziale in basischer Lösung wurde in diesem Rahmen nicht eingegangen, da diese in der Bauchemie kaum Bedeutung haben.

27.3 Veränderung der Potenziale mit der Konzentration

Wird bei der Potenzialmessung anstelle einer molaren Lösung eine andere Konzentration der Lösung angewandt, lässt sich die zu erwartende Spannung nach einer Formel von NERNST errechnen:

$$E = E_0 - \frac{0,058}{n} \cdot \log c \ [V]$$

E_0 = Normalpotenzial = Potenzial des Metalls in der molaren Lösung seines Salzes (gegenüber Normal-Wasserstoffelektrode);

n = Wertigkeit des Metalls,

c = Konzentration der Salzlösung in Mol/Liter.

Beispiel:

Befindet sich Zink (Zn) in einer Lösung von Zinksulfat ($ZnSO_4$), deren Konzentration $c = \frac{1}{100}$ Mol/Liter beträgt, so errechnet sich das Potenzial wie folgt:

$$E = -0,76 - \frac{0,058}{2} \cdot (-2) \ [V]$$

$$E = -\textbf{0,702 V.}$$

F Organische chemische Verbindungen

28 Der Kohlenstoff und seine Oxide

28.1 Das Element Kohlenstoff

Kohlenstoff können wir aus jeder „organischen Substanz" erhalten, indem wir diese beispielsweise „verkohlen", d. h. unter weitgehendem Luftabschluss erhitzen.

> **Versuch:**
>
> In einem Glaskölbchen erhitzen wir etwas Kristallzucker mittels der Flamme eines Bunsenbrenners. Der Zucker schwärzt sich mit zunehmender Erhitzung, am oberen Rand des Glaskölbchens schlagen sich Wassertröpfchen nieder.

Der Kohlenstoff ist das Grundelement des organischen Lebens, das auf Umwandlungsvorgängen zwischen Kohlenstoffverbindungen beruht. Man kennt heute über eine halbe Million Kohlenstoffverbindungen gegenüber etwa 80.000 anorganischen chemischen Verbindungen.

Lange Zeit ist man der Meinung gewesen, dass Kohlenstoffverbindungen, somit „organische chemische Verbindungen", nur durch eine besondere „Lebenskraft" in den Organismen aufgebaut werden können, bis es im Jahre 1828 Wöhler gelang, die Verbindung Harnstoff aus „unbelebten" Kohlenstoffverbindungen herzustellen.

Die organische Chemie behandelt jedoch nicht die Lebensvorgänge (Gebiet der Physiologie und Biochemie), sondern nur die organischen Verbindungen an sich. In der vorgenannten großen Zahl der Kohlenstoffverbindungen sind auch solche enthalten, die es in der Natur gar nicht gibt, die somit als ganz neue Stoffe „synthetisch" hergestellt wurden (vgl. z. B. Kunststoffe – Ziff. 73).

Wesentliche Eigenschaften des Elements Kohlenstoff sind bereits in Ziff. 13.3 behandelt worden. U. a. ist auch kurz dargelegt worden, dass die Vielzahl der Kohlenstoffverbindungen auf der unter allen Elementen einzigartigen Eigenschaft des Kohlenstoffs beruht, Ketten, verzweigte Ketten oder Ringe bilden zu können (die **Cellulose** der Baumwolle enthält beispielsweise etwa **3000 Kohlenstoffatome je Molekül**).

28.2 Die Kohlenoxide

An der Luft verbindet sich Kohlenstoff allmählich zum gasförmigen Kohlendioxid (CO_2).

> An der Luft lagernder Koks beispielsweise nimmt an Gewicht allmählich ab, er verbrennt „kalt" zu CO_2. Effektiv wird die Reaktionswärme frei; sie bewirkt jedoch Infolge ihrer Abstrahlung keine merkliche Temperaturerhöhung des Kokses (s. auch Ziff. 64).

Schnell erfolgt die Oxidation als „Verbrennung", wenn man den Kohlenstoff auf die „Entzündungstemperatur" erhitzt. Bei beschränkter Luftzufuhr kommt es zu einer „unvollständigen" Verbrennung, es entsteht das Gas „Kohlen**monoxid**":

$$2C + O_2 \longrightarrow 2\,CO$$

> Kohlenmonoxid ist ein gefährliches **Atemgift**. Mit der Luft eingeatmet, blockiert es die Funktion der roten Blutkörperchen, indem Kohlenoxid-Hämoglobin (Hämoglobin ist der rote Blutfarbstoff) gebildet und damit die Aufnahme von Sauerstoff in der Lunge (Bildung von Oxy-Hämoglobin) verhindert wird.

In chemischer Hinsicht ist Kohlenmonoxid ziemlich **reaktionsfähig**. An der Luft verbrennt das Gas mit bläulicher Flamme zu Kohlendioxid (Verbrennungswärme s. Ziff. 64)

$$2\,CO + O_2 \longrightarrow 2\,CO_2$$

Mit Chlor verbindet sich CO unter Lichteinwirkung zu dem sehr giftigen Gas **Phosgen** (Kampfgas des 1. Weltkriegs)

$$CO + Cl_2 \longrightarrow COCl_2$$

Leitet man CO mit Wasserstoff gemischt bei rd. 300 °C über feinverteiltes Nickel als Katalysator, so erhält man das Gas **Methan** (CH_4):

$$CO + 3\,H_2 \longrightarrow CH_4 + H_2O$$

(Grundlegende Reaktion für die Treibstoffherstellung nach Fischer und Tropsch).

Kohlendioxid (CO_2) ist, wie Kohlenmonoxid (CO), ein farbloses Gas, doch wesentlich schwerer (rd. 1,5 mal so schwer wie Luft, s. auch Ziff. 9) und unbrennbar. In der Luft in höherer Konzentration enthalten, wirkt Kohlendioxid ebenfalls giftig, da dann die Abgabe des Kohlendioxids aus dem Blut behindert ist. Eine Stearinkerze verlöscht bereits in einer Luft, die 4 – 5 % CO_2 enthält! Für die menschliche Atmung sind etwa 10 % CO_2 bereits lebensgefährlich, während 25 % tödlich sind.

CO_2 wird im Gegensatz zu CO von Wasser gelöst bzw. chemisch gebunden, es ist das Anhydrid der Kohlensäure (Ziff. 16).

Über die Rolle des Kohlendioxids bei den Lebensvorgängen s. Ziff. 53.

29 Kohlenwasserstoffe

29.1 Allgemeines

Unter „Kohlenwasserstoffen" versteht man diejenigen organischen, chemischen Verbindungen, die neben dem Element Kohlenstoff nur noch das Element Wasserstoff enthalten. Der Charakter der chemischen Bindung des Kohlenstoffs mit seinen gerichteten vier Valenzen ist in Ziff. 8.3.2.2 (s. insbes. Abb. 20) bereits erläutert worden. Die besondere Eigenschaft der Kohlenstoffatome, untereinander chemische Bindungen eingehen zu können – unter Absättigung der restlichen Valenzen durch Wasserstoff – lässt eine kaum übersehbare Zahl von möglichen Kohlenwasserstoffen zu.

Grundsätzlich unterteilt man die Kohlenwasserstoffe in

29 Kohlenwasserstoffe

- **Kettenkohlenwasserstoffe** (auch aliphatische Kohlenwasserstoffe), bei welchen man geradkettige und verzweigtkettige unterscheidet, und
- **Ringkohlenwasserstoffe** (auch aromatische Kohlenwasserstoffe), bei welchen man carbocyclische und heterocyclische kennt (s. Ziff. 29.3.1).

Innerhalb dieser Gruppen unterscheidet man weiterhin

- gesättigte Kohlenwasserstoffe, die nur einfache C-C-Bindungen aufweisen,

$$-\overset{|}{\underset{|}{C}} - \overset{|}{\underset{|}{C}} -$$

und

- ungesättigte Kohlenwasserstoffe mit mindestens einer „ungesättigten" Bindung

$$-\overset{|}{C} = \overset{}{\underset{|}{C}} - \quad \text{oder} \quad -C \equiv C-$$

(Doppelbindung)   (Dreifachbindung)

Die Doppel- oder Dreifachbindung kann durch andere Stoffe relativ leicht aufgespalten bzw. „abgesättigt" werden, weshalb diese „ungesättigte" Stellen darstellen.

29.2 Kettenkohlenwasserstoffe (Aliphate)

29.2.1 Alkane (ältere Bez.: Paraffinkohlenwasserstoffe) – C_nH_{2n+2}

Nachstehend sind die Ersten („niedrigsten") Kohlenwasserstoffe dieser Reihe aufgeführt. Die Anfangsglieder dieser Reihe sind bei Normalbedingungen gasförmig; ab 5 C-Atomen im Molekül liegt eine flüssige Beschaffenheit vor, während ab 16 C-Atomen im Molekül eine zunächst salbenartige Beschaffenheit bei heller, fast weißer Farbe zu verzeichnen ist. Die höheren Glieder dieser Reihe sind zunehmend hart, die Farbe vertieft sich bis zu einem Braunschwarz (vgl.: Erdölbitumen – s. Ziff. 63).

Für die Alkane gilt die allgemeine Formel C_nH_{2n+2}

Nachstehend sind die ersten fünf Kohlenwasserstoffe dieser Gruppe aufgeführt:

In den Valenzstrichformeln ist durch einen Valenzstrich jeweils ein Elektronenpaar dargestellt. Für Methan ist zum Vergleich auch die Elektronenformel (siehe s. Ziff. 8.3) aufgeführt.

Bezüglich der **Technologie** der Alkane sei zunächst allgemein auf ihre große technische Bedeutung als Brenn- und Treibstoffe, Schmierstoffe, technische Lösungsmittel und als wichtige Ausgangsstoffe in der chemischen Industrie hingewiesen.

Gewonnen werden diese vorwiegend aus dem **Erdöl** (s. Ziff. 63). Gasförmige Kohlenwasserstoffe dieser Reihe liegen in der Natur im **Erdgas** vor (s. Ziff. 63). Im **„Ozokerit"** (auch „Erdwachs" genannt) werden feste Kohlenwasserstoffe dieser Reihe vorgefunden. Künstliche Gewinnungsverfahren sind in den Ziff. 62 u. 63 behandelt (s. a. Ziff. 28.2).

Was die **chemischen Eigenschaften** der Alkane anbelangt, sind diese als ausgesprochen **reaktionsträge** zu kennzeichnen. Lediglich durch Halogene werden sie unter Substitution von Wasserstoff angegriffen (s. Ziff. 31.2).

Zahl der Kohlenstoffatome im Molekül (n)	Benennung	Formel	Siedepunkt (1,013 bar)	Strukturformeln
1	Methan	CH_4	−161,5 °C	H−C(H)(H)−H H:C:H
2	Ethan	C_2H_6	−88,5 °C	H−C(H)(H)−C(H)(H)−H
3	Propan	C_3H_8	−42,5 °C	H−C(H)(H)−C(H)(H)−C(H)(H)−H
4	Butan	C_4H_{10}	−0,5 °C	H−C(H)(H)−C(H)(H)−C(H)(H)−C(H)(H)−H
5	Pentan	C_5H_{12}	+36,2 °C	H−C(H)(H)−C(H)(H)−C(H)(H)−C(H)(H)−C(H)(H)−H

Methan (CH_4), auch Sumpf- und Grubengas genannt, bildet sich als Zersetzungsprodukt organischer Stoffe (Fäulnisvorgänge, Inkohlung u. a.). In Kohlebergwerken entströmt es vielfach der Kohle und ist dort Hauptursache der „schlagenden Wetter". (Mit Luft bildet es ein explosives Gasgemisch – s. Ziff. 65.) Es ist im Erdgas (s. o.) sowie im Leuchtgas (s. Ziff. 62.2) enthalten.

Von den „Homologen" des Methans sind die Gase **Propan** und **Butan** als bewährte Heizgase zu nennen, zumal sich diese durch Druckeinwirkung leicht verflüssigen und in Stahlflaschen rationell versenden und lagern lassen.

Von den bei Normalbedingungen flüssigen Kohlenwasserstoffen dieser Reihe ist insbesondere auf die **Heptane** und **Octane** hinzuweisen, deren Gemisch als „Fahrbenzin" für den Otto-Motor angewandt wird. Neben dem geradkettigen Heptan und geradkettigen Octan sind im Fahrbenzin „Isoheptane" und „Isooctane" enthalten. Diese haben als verzweigtkettige Alkane die gleiche Summenformel C_7H_{16} bzw. C_8H_{18}.

29 Kohlenwasserstoffe

Diese als **Isometrie** bezeichnete Erscheinung (unterschiedlicher Molekularaufbau, doch gleiche Summenformel) sei am Beispiel Butan und Isobutan erläutert:

```
    H   H   H   H                    H   H   H
    |   |   |   |                    |   |   |
H — C — C — C — C — H            H — C — C — C — H
    |   |   |   |                    |   |   |
    H   H   H   H                    H   C   H
                                        /|\
                                       H H H
```

Butan (C_4H_{10})   Isobutan (C_4H_{10})

Siedepunkt: – 0,5 °C   Siedepunkt: – 10 °C

Isomerie zeigen verzweigtkettige Kohlenwasserstoffe ab 4 Kohlenstoffatomen im Molekül. Propan zeigt somit noch keine Isometrie, bei Butan kennt man ein Isobutan. Bei zunehmender Zahl der Kohlenstoffatome im Molekül nimmt die Zahl der möglichen Isokohlenwasserstoffe entsprechend den zunehmenden Möglichkeiten des verzweigtkettigen Molekülaufbaus (bei jeweils gleichbleibender Summenformel) zu; man spricht von der zunehmenden Zahl möglicher „isomerer Formen".

29.2.2 Alkene (ältere Bez.: Olefine) – C_nH_{2n}

Die Kohlenwasserstoffe dieser Reihe enthalten im Molekül eine **Doppelbindung** zwischen zwei Kohlenstoffatomen; nachstehend sind die ersten drei aufgeführt:

Zahl der Kohlenstoffatome im Molekül (n)	Benennung (ältere Bez. in Klammern)	Formel	Siedepunkt (1,013 bar)	Strukturformeln
2	Ethen (Ethylen)	C_2H_4	– 103,7 °C	H H H H | | ∙∙ ∙∙ C = C C :: C | | ∙∙ ∙∙ H H H H
3	Propen (Propylen)	C_3H_6	– 47,7 °C	H H | | H – C – C = C | | | H H H
4	Buten (Butylen)	C_4H_8	– 6,3 °C	H H H | | | H – C – C – C = C | | | | H H H H

In den Siedepunkten unterscheiden sich die Kohlenwasserstoffe dieser Reihe deutlich von den Paraffinkohlenwasserstoffen.

Allgemein kann die Formel der Kohlenwasserstoffe dieser Reihe mit

$$C_nH_{2n}$$

geschrieben werden.

Die Möglichkeiten der Isomerie sind bei dieser Reihe infolge der Variationsmöglichkeiten der Doppelbindung („Tautomerie") größer als bei der vorstehend beschriebenen Reihe. Zudem ist durch die Doppelbindung eine stärkere chemische Reaktionsfähigkeit bedingt. Beispielsweise wird Brom durch Ethylen schnell und vollständig zu Dibrommethan gebunden:

$$H_2C = CH_2 + Br_2 \longrightarrow BrH_2C - CH_2Br$$

Zur **Technologie** der Olefine sei kurz dargelegt, dass vor allem der Kohlenwasserstoff **Ethen** (Ethylen) dieser Reihe heute ein wichtiger Ausgangsstoff in der chemischen Industrie (Sektor: Petrochemie) ist. Dieses Gas fällt bei der „Crackung" von Erdöldestillationsrückständen als Nebenprodukt in großen Mengen an. Es ist farblos und verbrennt mit stark leuchtender Flamme (höherer C-Gehalt als Methan bzw. Ethan).

Technisch außerordentlich bedeutungsvoll ist die Eigenschaft der Olefine, unter Auflösung der Doppelbindung zu **Großmolekülen** zu **„polymerisieren"**. Ethylen wird beispielsweise durch eine geeignete „Aktivierung" der Moleküle zum Kunststoff **„Polyethylen"** (s. a. Ziff. 73.3) synthetisiert.

29.2.3 Dialkene (auch Diene, ältere Bez.: Diolefine) – C_nH_{2n-2}

Dialkene sind zweifach ungesättigte Kohlenwasserstoffes sie enthalten 2 Doppelbindungen im Molekül. Die allgemeine Formel ist C_nH_{2n-2}. Die chemische Reaktionsfähigkeit ist groß, ebenfalls ihre Neigung zu einer „Polymerisation".

Von technischer Bedeutung sind das 1,3-Methylbutadien, genannt **„Isopren"**, der „Baustein" des Naturkautschuks, sowie das 1,3-Butadien, einfach mit **„Butadien"** bezeichnet, der „Baustein" des Kunstgummis **„Buna"**.

$$\begin{array}{c} CH_3 \\ | \\ H_2C = C - CH = CH_2 \end{array} \qquad H_2C = CH - CH = CH_2$$

Isopren C_5H_8 \qquad\qquad Butadien C_4H_6

Technisch wird Butadien heute vorwiegend nach dem Houdry-Prozess durch Dehydrierung von Butan unter Erhitzung an Chromoxidkatalysatoren hergestellt:

$$H_3C - CH_2 - CH_2 - CH_3 \xrightarrow[E, Kat.]{-2\,H_2} H_2C = CH - CH = CH_2$$

Isopren wird aus Verbindungen der Crackgase synthetisiert, hat jedoch für die Herstellung von Kunstgummi nicht die gleiche Bedeutung wie Butadien erlangt (s. a. Ziff. 73.3). Kohlenwasserstoffe mit mehr als zwei Doppelbindungen im Molekül sind bekannt und werden mit „Triene" bzw. „Polyene" bezeichnet.

29.2.4 Alkine (auch „Ethine" genannt)

Die Kohlenwasserstoffe dieser Reihe enthalten im Molekül eine Dreifachbindung zwischen zwei Kohlenstoffatomen; die Ersten dieser Reihe sind Folgende:

29 Kohlenwasserstoffe

Zahl der Kohlenstoffatome im Molekül (n)	Benennung (ältere Bez. in Klammern)	Formel	Siedepunkt (1,013 bar)	Strukturformeln
2	**Ethin** (Acetylen)	C_2H_2	– 83,6 °C	$H-C\equiv C-H \quad H:C:::C:H$
3	**Propin** (Allylen)	C_3H_4	– 23,3 °C	$H-\underset{H}{\overset{H}{\underset{|}{\overset{|}{C}}}}-C\equiv C-H$

Die chemische Reaktionsfähigkeit dieser Kohlenwasserstoffe ist infolge der Dreifachbindung außerordentlich groß. Technisch hat vor allem Acetylen, nach der Genfer Nomenklatur mit „Ethin" bezeichnet, nicht nur als Schweißgas, sondern als Ausgangsprodukt in der chemischen Industrie (s. z. B. Ziff. 73.3) große Bedeutung.

Acetylen (Ethin) verbrennt als Schweißgas mit besonders heißer Flamme, da es je Mol rd. 1.306 kJ (s. auch Ziff. 64) abgibt:

$$2\ C_2H_2 + 5\ O_2 \longrightarrow 4\ CO_2 + 2\ H_2O$$

Die übliche Herstellung erfolgt durch Einwirkung von Wasser auf Calciumcarbid:

$$CaC_2 + 2\ H_2O \longrightarrow Ca(OH)_2 + C_2H_2$$

Das Nebenprodukt ist „Carbidkalk". Eine neuere Synthese geht vom Ethen (Ethylen), einem Abfallgas aus der Petrochemie (s. Ziff. 29.2.2) aus.

29.3 Cyclische oder Ringkohlenwasserstoffe

29.3.1 Allgemeines

Der Kohlenstoff ist in der Lage, neben kettenförmigen Verbindungen ringförmige (s. a. Ziff. 29.1) zu bilden. Am beständigsten sind fünf- bis sechsgliedrige Ringsysteme. Aufgrund der gerichteten Valenzen des Kohlenstoffatoms(s. Ziff. 8.3.2.2 – Abb. 20) sind Kohlenstoffketten gekrümmt. Die Enden einer viergliedrigen Kohlenstoffkette sind räumlich stark genähert, so dass durch ein fünftes Kohlenstoffatom ein Ringschluss ohne Spannung möglich ist. Infolge der freien Drehbarkeit der C–C-Bindung können auch mehrgliedrige Ringe spannungsfrei bestehen.

Man unterscheidet carbocyclische (reine Kohlenstoffringe) und heterocyclische Verbindungen. Bei letzteren ist im Ring mindestens ein Kohlenstoffatom durch ein anderes Element, z. B. Sauerstoff oder Stickstoff, ersetzt.

Technisch haben insbesondere die Ringkohlenwasserstoffe mit sechs Ringgliedern Bedeutung.

29.3.2 Carbocyclische Kohlenwasserstoffe

Nachstehend sind die wesentlichen – nämlich technisch bedeutsame – carbocyclischen Kohlenwasserstoffe beschrieben. Sie weisen Sechserringe auf und werden auch als **„Aromaten"** bezeichnet.

29.3.2.1 Benzolreihe

Benzol (C_6H_6) ist u. a. im Steinkohlenteer enthalten (s. Ziff. 62.2). Die Vorstellung vom „Sechserring" des Benzolmoleküls mit der Annahme von 3 Doppelbindungen geht auf den deutschen Chemiker KEKULÉ (1865) zurück.

$$\begin{array}{c} CH \\ \parallel \\ CH \quad\quad CH \\ | \quad\quad\quad \parallel \\ CH \quad\quad CH \\ \parallel \\ CH \end{array}$$

Benzol ist jedoch chemisch sehr beständig und zeigt keinen „ungesättigten" Olefincharakter. Nach heute gültigen Vorstellungen wird daher angenommen, dass die 3 Doppelbindungen örtlich nicht fixiert sind, sondern im Benzolring ihre Lage ständig wechseln, sie „oszillieren".

Die **Homologen** des Benzols, die gleichfalls im Steinkohlenteer enthalten sind, entstehen theoretisch dadurch, dass je ein Wasserstoffatom durch eine organische Gruppe (die Einfachste ist die Methylgruppe – CH_3) ersetzt wird.

Die einfachsten Glieder dieser Reihe sind **Toluol** ($C_6H_5CH_3$) und **Xylol** ($C_6H_4(CH_3)_2$).

Ab dem Kohlenwasserstoff Xylol zeigen die Ringkohlenwasserstoffe eine Isomerie. Man unterscheidet die **Ortho-, Meta-** und die **Para-Form** eines Kohlenwasserstoffes. Nachstehend sind die drei isomeren Formen des Xylols angegeben.

o-Xylol	m-Xylol	p-Xylol
Siedepunkte: 144,4 °C	139 °C	138,4 °C

29.3.2.2 Kondensierte carbocyclische Ringsysteme

Naphthalin ($C_{10}H_8$), gleichfalls im Steinkohlenteer enthalten, zeigt in der Bauformel ein System aus 2 „kondensierten" Kohlenstoff-Sechsringen (s. nachstehende Übersicht). Die sich von dieser Verbindung ableitende **Naphthalinreihe** wird – gleichartig wie bei der Benzolreihe – durch zunehmenden Ersatz von Wasserstoffatomen durch organische Gruppen erhalten.

Anthracen ($C_{14}H_{10}$) ist ebenfalls im Steinkohlenteer zu finden. Es besteht aus einem System von drei „kondensierten" Kohlenstoff-Sechsringen (s. nachstehende Übersicht). Auch die sich von dieser Verbindung ableitende **Anthracenreihe** wird durch einen zunehmenden Austausch von Wasserstoffatomen gegen organische Gruppen erhalten.

29.3.2.3 Übersicht über die carbocyclischen Kohlenwasserstoffe lt. Ziffer 29.3.2.1 und 29.3.2.2

- **Benzolreihe** (ein Kohlenstoff-Sechserring)

Benennung	Summen-Formel	Siedepunkt (1,013 bar)	Bauformel
Benzol	C_6H_6	80,1 °C	
Toluol	$C_6H_5CH_3$	110,6 °C	
o-Xylol	$C_6H_4(CH_3)_2$	144,4 °C	
usw.			

- **Naphthalinreihe** (zwei Kohlenstoff-Sechserringe)

Benennung	Summen-Formel	Siedepunkt (1,013 bar)	Bauformel
Naphthalin	$C_{10}H_8$	218 °C (F: 80,1 °C)	
usw.			

- **Anthracenreihe** (drei Kohlenstoff-Sechserringe)

Benennung	Summen-Formel	Siedepunkt (1,013 bar)	Bauformel
Anthracen	$C_{14}H_{10}$	340 °C (F: 216 °C)	
usw.			

29.3.2.4 Zur Technologie der carbocyclischen Kohlenwasserstoffe

Benzol wird u. a. angewandt als Lösungsmittel für Fette, Harze, Teerpech usw. und als Ausgangsstoff in der chemischen Industrie, u. a. des Sektors Farb- und Kunststoffe.

Weiterhin ist Benzol als Treibstoffanteil für Automotoren und dgl. geschätzt. Es wird vorwiegend aus Steinkohlenrohteer gewonnen (s. Ziff. 62.2).

Toluol und **Xylol** werden gleichfalls als Lösungsmittel bzw. Ausgangsstoffe in der chemischen Industrie angewandt.

Naphthalin wird aus Steinkohlenteer in Form von weißlichen Schuppen erhalten; der Geruch ist eigenartig penetrant. Bekannt ist dieser Kohlenwasserstoff als Mittel gegen Motten. Wird in der chemischen Industrie vielseitig als Ausgangsstoff angewandt.

Anthracen wird wie Naphthalin bei der Aufbereitung des Steinkohlenteers gewonnen und ist ebenfalls vielseitiges Ausgangsprodukt in der chemischen Industrie.

29.3.3 Heterocyclische Kohlenwasserstoffe

29.3.3.1 Allgemeines

Wie bei den carbocyclischen Kohlenwasserstoffen liegen hier als beständige Formen gleichfalls 5- bis 6-gliedrige Ringsysteme vor. Mindestens ein Kohlenstoffatom ist – wie bereits dargelegt – durch ein anderes Element, wie z. B. Sauerstoff, Stickstoff, Schwefel u. a., ersetzt.

29.3.3.2 Häufig vorkommende Heterocyclen

Nachstehend wird ein knapper Überblick gegeben über häufig vorkommende bzw. technisch wichtige Heterocyclen.

Pyridin C_5H_5N ist im Steinkohlenteer enthalten, eine Flüssigkeit mit einem charakteristischen unangenehmen Geruch und schwach basischen Eigenschaften. Stammsubstanzen vieler Abkömmlinge, u. a. der Alkaloide, Pyridin wird u. a. als Vergällungsmittel für Ethylalkohol (Brennspiritus) verwendet.

Pyrrol C_4H_5N, eine flüssige Substanz ohne deutliche basische Eigenschaften, ist der Ausgangsstoff für die Gruppe der Pyrrolfarbstoffe. Der rote Blutfarbstoff (Hämoglobin) und der grüne Blattfarbstoff (Chlorophyll) sind sehr kompliziert zusammengesetzte Abkömmlinge des Pyrrols.

Chinolin C_9H_7N und **Isochinolin** C_9H_7N sind gleichfalls im Steinkohlenteer zu finden. Alkaloide, wie Chinin, Nicotin und Coffein, sind Derivate dieser Stoffe. Zahlreiche Arzneimittel wurden auf Basis dieser Verbindungen entwickelt.

Indol C_8H_7N ist Baustein des blauen Farbstoffs **Indigo**.

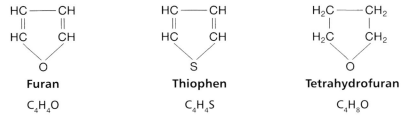

Pyridin	Pyrrol	Chinolin	Isochinolin	Indol
C_5H_5N	C_4H_5N	C_9H_7N	C_9H_7N	C_8H_7N

Furan C_4H_4O zeigt aromatischen Charakter, es ist eine leichtsiedende Flüssigkeit von chloroformähnlichem Geruch. Von dem strukturell verwandten isocyclischen Kohlenwasserstoff Cyclopentadien C_5H_6 weicht es im chemischen Verhalten ab.

Thiophen C_4H_4S ist die dem Furan entsprechende Schwefelverbindung. Es ist dem Benzol sehr ähnlich. Im Teerbenzol ist es zu etwa 0,15 % enthalten.

Tetrahydrofuran C_4H_8O ist ein wichtiges technisches Lösungsmittel und kann durch Hydrierung von Furan erhalten werden.

Furan	Thiophen	Tetrahydrofuran
C_4H_4O	C_4H_4S	C_4H_8O

30 Oxidationsprodukte der Kohlenwasserstoffe

30.1 Oxidationsprodukte der Aliphaten

30.1.1 Allgemeine Ableitung

Geht man vom einfachsten Alkan, dem **Methan**, aus, wird durch Oxidation zunächst ein **Alkohol**, allgemein auch als **Alkanol** bezeichnet, erhalten, und zwar **Methanol** oder Methylalkohol. Durch weitere Oxidation entsteht dann **Methanal** (ältere Bez.: Formaldehyd) und schließlich eine **organische Säure**, im vorliegenden Fall **Ameisensäure**:

$$H-\underset{H}{\overset{H}{C}}-H \xrightarrow{+O} H-\underset{H}{\overset{H}{C}}-OH \xrightarrow{-H_2} H-C\underset{O}{\overset{H}{\diagup}} \xrightarrow{+O} H-C\underset{O}{\overset{OH}{\diagup}}$$

Methan   Methanol   Formaldehyd   Ameisensäure
(Methylalkohol)   (Methanal)

Aus dem auf Methan folgenden Kohlenwasserstoff **Ethan** (C_2H_6), entsteht durch Oxidation zunächst **Ethylalkohol** (C_2H_5OH), durch Weiterführung der Oxidation **Acetaldehyd** (CH_3CHO), und schließlich **Essigsäure** (CH_3COOH).

$$\underset{CH_3}{\overset{CH_3}{|}} \xrightarrow{+O} \underset{OH}{\overset{CH_3}{\underset{|}{C}\diagdown \overset{H}{H}}} \xrightarrow{-H_2} \underset{}{\overset{CH_3}{\underset{|}{C}\diagdown \overset{H}{O}}} \xrightarrow{+O} \underset{}{\overset{CH_3}{\underset{|}{C}\diagdown \overset{OH}{O}}}$$

Ethan   Ethanol   Athanal   Essigsäure
(Ethylalkohol)   (Acetaldehyd)

Bei Weiterführung der Oxidation wird nunmehr die zweite CH_3-Gruppe des Ethans angegriffen. Über eine „Hydroxysäure" wird die Oxalsäure erhalten. Bei weiterer Oxidation erhält man die „normalen" Verbrennungsprodukte der Kohlenwasserstoffe, Kohlendioxid und Wasser:

$$\underset{COOH}{\overset{CH_3}{|}} \xrightarrow{O_2} \underset{COOH}{\overset{CH_2OH}{|}} \xrightarrow{O_2} \underset{COOH}{\overset{COOH}{|}} + H_2O \xrightarrow{O_2} 2\,CO_2 + H_2O$$

Essigsäure   **Hydroxysäure**   **Oxalsäure**

Allgemein kann gesagt werden:

Alkohole entstehen aus Kohlenwasserstoffen durch Aufnahme von Sauerstoff.

Aldehyde entstehen aus Alkoholen, indem diesen Wasserstoff (durch Oxidation) entzogen wird.

Organische Säuren entstehen aus Aldehyden durch weitere Sauerstoffaufnahme.

30.1.2 Alkohole

Einwertige Alkohole erhält man, wie vorstehend dargelegt, indem in einem Kohlenwasserstoff **ein** H-Atom durch eine OH-Gruppe ersetzt wird.

Beispiel:

$CH_4 \longrightarrow CH_3OH$ Bauformel: $H-\underset{H}{\overset{H}{\underset{|}{\overset{|}{C}}}}-OH$ (Methylalkohol oder Methanol)

30 Oxidationsprodukte der Kohlenwasserstoffe

Zweiwertige Alkohole entstehen durch Ersatz von **zwei** Wasserstoffatomen eines Kohlenwasserstoffmoleküls durch OH-Gruppen.

Beispiel:

$C_2H_6 \longrightarrow C_2H_4(OH)_2$ Bauformel:

$$HO-\underset{\underset{H}{|}}{\overset{\overset{H}{|}}{C}}-\underset{\underset{H}{|}}{\overset{\overset{H}{|}}{C}}-OH \quad \text{(Glykol)}$$

Dreiwertige Alkohole entstehen durch Ersatz von **drei** Wasserstoffatomen eines Kohlenwasserstoffmoleküls durch je eine OH-Gruppe.

Beispiel:

$C_2H_8 \longrightarrow C_3H_5(OH)_3$ Bauformel:

$$HO-\underset{\underset{H}{|}}{\overset{\overset{H}{|}}{C}}-\underset{\underset{OH}{|}}{\overset{\overset{H}{|}}{C}}-\underset{\underset{H}{|}}{\overset{\overset{H}{|}}{C}}-OH \quad \text{(Glycerin)}$$

Isomerie höherer Alkohole

Höhere Alkohole weisen Isomerie auf. Man unterscheidet daher zwischen **primären, sekundären** und **tertiären** Alkoholen. Die Isomerie der höheren Alkohole sei nachstehend an Beispielen von **ein**wertigen Alkoholen erläutert.

- **Propan** **Propylalkohol** **Isopropylalkohol**

Propan	Propylalkohol	Isopropylalkohol
CH$_3$	CH$_3$	CH$_3$
|	|	|
CH$_2$	CH$_2$	CHOH
|	|	|
CH$_3$	CH$_2$OH	CH$_3$
(C$_3$H$_8$)	(C$_3$H$_7$OH)	(C$_3$H$_7$OH)

- **Butan** (primärer) Butylalkohol sekundärer Butylalkohol (primärer) Isobutylalkohol tertiärer Butylalkohol

Butan	(primärer) Butylalkohol	sekundärer Butylalkohol	(primärer) Isobutylalkohol	tertiärer Butylalkohol
CH$_3$	CH$_3$	CH$_3$		CH$_3$
|	|	|	CH$_3$	|
CH$_2$	CH$_2$	CH$_2$	|	CH$_3$ — COH
|	|	|	H$_3$C — CH	|
CH$_2$	CH$_2$	CHOH	|	CH$_3$
|	|	|	CH$_2$OH	
CH$_3$	CH$_2$OH	CH$_3$		
(C$_4$H$_{10}$)	(C$_4$H$_9$OH)	(C$_4$H$_9$OH)	(C$_4$H$_9$OH)	(C$_4$H$_9$OH)

30.1.3 Organische Säuren (Carbonsäuren)

Die organischen Säuren sind, wie vorstehend bereits angegeben, durch die Carboxylgruppe charakterisiert:

$$-C\overset{\displaystyle O}{\underset{\displaystyle OH}{\diagdown}}$$

Sie sind im Allgemeinen gut wasserlöslich und dissoziieren meist in geringem Umfange in H^+-Ionen und Säurerestionen.

Beispiel:

Essigsäure, eine „schwache" Säure, dissoziiert wie folgt

$$CH_3COOH \longrightarrow H^+ + CH_3COO^-$$

Neben **ein**wertigen – im vorstehenden Kapitel bereits behandelten – Säuren, auch Monocarbonsäuren genannt – unterscheidet man zwei-, drei- und mehrwertige organische Säuren (auch **Di-, Tri-**Carbonsäuren genannt).

Hydroxysäuren enthalten neben mindestens einer Carboxylgruppe eine oder mehrere OH-Gruppen (außerhalb der Carboxylgruppe).

Beispiele für organische Säuren (Carbonsäuren)

- einwertige Carbonsäuren:

Benennung:	Ameisensäure	Essigsäure	Propionsäure	Buttersäure
Summenformel:	HCOOH	CH_3COOH	C_2H_5COOH	C_3H_7COOH

Bauformel:

$$H-C{\overset{O}{\underset{OH}{\diagdown}}} \quad CH_3-C{\overset{O}{\underset{OH}{\diagdown}}} \quad CH_3-CH_2-C{\overset{O}{\underset{OH}{\diagdown}}} \quad CH_3-CH_2-CH_2-C{\overset{O}{\underset{OH}{\diagdown}}}$$

Die wichtigsten, im **Fett** vorkommenden organischen Säuren sind:

Palmitinsäure $C_{15}H_{31}COOH$ Salze: Palmitate
Stearinsäure $C_{17}H_{35}COOH$ Stearate
Ölsäure $C_{17}H_{33}COOH$ Oleate

Formelbild der **Stearinsäure:**

$$H-\underset{\underset{H}{|}}{\overset{\overset{H}{|}}{C}}-\underset{\underset{H}{|}}{\overset{\overset{H}{|}}{C}}-\underset{\underset{H}{|}}{\overset{\overset{H}{|}}{C}}-\cdots-\underset{\underset{H}{|}}{\overset{\overset{H}{|}}{C}}-\underset{\underset{H}{|}}{\overset{\overset{H}{|}}{C}}-\overset{\overset{O}{\|}}{C}-OH$$

- zweiwertige Carbonsäure

$$\begin{array}{c} CH_3 \\ | \\ CH_3 \end{array} \longrightarrow \begin{array}{c} COOH \\ | \\ COOH \end{array}$$

(Ethan)   (Oxalsäure)

- einwertige und zweiwertige Hydroxysäure

$$\begin{array}{c} CH_3 \\ | \\ CH_2 \\ | \\ CH_3 \end{array} \longrightarrow \begin{array}{c} CH_3 \\ | \\ CHOH \\ | \\ COOH \end{array} \quad \text{(Milchsäure)} \quad \begin{array}{c} CH_3 \\ | \\ CH_2 \\ | \\ CH_2 \\ | \\ CH_3 \end{array} \longrightarrow \begin{array}{c} COOH \\ | \\ CHOH \\ | \\ CHOH \\ | \\ COOH \end{array} \quad \text{(Weinsäure)}$$

(Propan)   (Butan)

30 Oxidationsprodukte der Kohlenwasserstoffe

● **Aminosäuren**

Aminosäuren sind Carbonsäuren, die eine Aminogruppe enthalten. Abgeleitet werden diese sowohl von aliphatischen als auch von aromatischen Carbonsäuren, die neben Aminogruppen auch weitere funktionelle Gruppen (–OH, –SH, –S u. a.) enthalten können.

Beispiele:

$$H_2C-C\underset{OH}{\overset{O}{\diagup}}$$
$$\quad |$$
$$NH_2$$

Glycin
(2-Aminoessigsäure)

$$H_3C-CH-C\underset{OH}{\overset{O}{\diagup}}$$
$$\qquad |$$
$$\quad NH_2$$

Alanin
(2-Aminopropionsäure)

$$R-CH-C\underset{OH}{\overset{O}{\diagup}}$$
$$\quad |$$
$$NH_2$$

α-Aminocarbonsäure

$$R-CH-CH_2-C\underset{OH}{\overset{O}{\diagup}}$$
$$\quad |$$
$$NH_2$$

β-Aminocarbonsäure

$$\underset{HO}{\overset{O}{\diagdown}}C-CH_2-CH_2-CH-C\underset{OH}{\overset{O}{\diagup}}$$
$$\qquad\qquad\qquad\qquad |$$
$$\qquad\qquad\qquad\quad NH_2$$

Glutaminsäure

$$CH_2-CH_2-CH-C\underset{OH}{\overset{O}{\diagup}}$$
$$|\qquad\qquad\quad |$$
$$S\qquad\qquad\quad NH_2$$
$$|$$
$$CH_3$$

Methionin

Die Aminocarbonsäuren sind die Bausteine der natürlichen Proteine und Proteide (siehe auch Ziff. 31.10). Etwa 20 davon enthält der menschliche Körper, der einen Teil davon – aus Spaltprodukten der mit der Nahrung aufgenommenen Proteine und Proteide – selbst synthetisiert.

Aminocarbonsäuren werden heute umfangreich angewendet, beispielsweise im Rahmen der intravenös durchgeführten künstlichen Ernährung, der Pharmazie, Kosmetik u. a., auch in der Tierernährung insbesondere im Zuge der Intensivfütterung (s. o.: Methionin).

Auch als „Geschmacksverstärker" finden Aminosäuren, im Besonderen das Na-Salz der Glutaminsäure (s. o.), als Zusatz meist zu Fertig gerichten Anwendung (durch diese werden die Mundpapillen sensibilisiert).

30.1.4 Ether

Ether entstehen aus Alkoholen durch Wasserabspaltung

$$CH_3 \quad + \quad CH_3 \quad \xrightarrow{-H_2O} \quad CH_3 \quad CH_3$$

Reaktionsgleichung in Summenformeln:

$$2\ C_2H_5OH \xrightarrow{-H_2O} (C_2H_5)_2O + H_2O$$

Ethylalkohol   **Diethylether**

Aus Ethylalkohol erhält man durch Einwirkung konzentrierter Schwefelsäure und Destillation Diethylether.

Diethylether wird allgemein als „Ether" bezeichnet. Infolge des niedrigen Siedepunktes (35 °C) ist Ether sehr feuergefährlich. Er wird als Lösungsmittel, für Narkosezwecke u. a., verwendet.

30.1.5 Ketone

Ketone entstehen durch Oxidation von sekundären Alkoholen.

Beispiele:

Propan	Isopropylalkohol	Aceton (Dimethylketon)
CH_3	CH_3	CH_3
$\|$	$\|$	$\|$
CH_2	$CHOH$	$C=O$
$\|$	$\|$	$\|$
CH_3	CH_3	CH_3

30.2 Oxidationsprodukte von Aromaten

30.2.1 Allgemeines

Bei den Aromaten liegen im Gegensatz zu den Aliphaten grundsätzlich zwei Möglichkeiten der Bildung von Oxidationsprodukten vor. Entweder greift die Oxidation unmittelbar am Ring an, oder es wird eine an einem Ring gebundene Alkylgruppe oxidiert.

30.2.2 Beispiele für Oxidationsprodukte der Aromaten

Wird im **Benzol** (C_6H_6) ein H-Atom durch eine OH-Gruppe ersetzt, so erhält man die Verbindung **Phenol**.

Vereinfachte Darstellungsweise:

Benzol → **Phenol**

Geht man vom **Toluol** aus, so erhält man 3 isomere Formen des **Kresols**, und zwar Ortho-, Meta- und. Para-Kresol, abgekürzt **o-, m-** und **p-Kresol**.

o-Kresol   **m-Kresol**   **p-Kresol**

Leichter als die Wasserstoffatome des Benzolrings werden die **Seitenketten** des Benzolringes oxidiert. Hierbei entstehen Alkohole, Aldehyde und Säuren, die einen oder mehrere Benzolringe enthalten.

Als Beispiel sei die **Oxidation des Toluols** dargestellt:

Toluol	Benzylalkohol	Benzaldehyd	Benzoesäure
$C_6H_5CH_3$	$C_6H_5CH_2OH$	C_6H_5CHO	C_6H_5COOH

30.3 Zur Technologie der Oxidationsprodukte

Methylalkohol, auch Methanol genannt (CH_3OH), ist eine klare, mit Wasser mischbare und brennbare Flüssigkeit (Siedepunkt: 65 °C).

Methylalkohol wird hauptsächlich als **Lösungsmittel** und als Grundstoff in der chemischen Industrie angewandt. Er ist sehr **giftig**, Verwechslungen mit Ethylalkohol haben vielfach Erblindung oder den Tod herbeigeführt.

Gewonnen wurde Methylalkohol u. a. bei der trockenen Destillation des Holzes. Heute wird er fast ausschließlich synthetisch hergestellt, und zwar durch Überleiten von Wassergas (s. Ziff. 62) unter hohem Druck (200 bar) und Temperatur (rd. 450 °C) über einen Katalysator.

$$CO + 2\,H_2 \longrightarrow CH_3OH$$

Formaldehyd (CH_2O) ist bei Normalbedingungen gasförmig. Die Lösung wird mit „Formalin" bezeichnet. Diese wird als Desinfektionsmittel, u. a. für Leimfarben und dgl., verwendet. Formaldehyd ist auch ein wichtiger Ausgangsstoff für Kunststoffe (s. Ziff. 73.3).[*]

Ameisensäure (HCOOH) ist eine wasserklare, eigenartig stechend riechende Flüssigkeit. Ameisen besitzen sie als Abwehrstoff. Desgleichen ist Ameisensäure auch in den Brennhaaren der Brennnessel enthalten.

---

[*] Formaldehyd soll nach wissenschaftlich fundierten Erkenntnissen wegen gesundheitsgefährdender Eigenschaften dort nicht eingesetzt werden, wo es in die Atemluft oder in Grundwässer gelangen kann.

Ethylalkohol, schlechthin Alkohol genannt, ist eine wasserhelle, angenehm riechende Flüssigkeit, die brennbar und mit Wasser mischbar ist (Siedepunkt: 78 °C).

Als **Weingeist** ist Alkohol, mit Wasser verdünnt, ein bekanntes Genussmittel. Denaturiert durch Zusatz von unangenehm riechenden „Pyridinbasen" oder Methylalkohol u. a. wird **Ethylalkohol** als „**Brennspiritus**" in den Handel gebracht. Brennspiritus wird auch als Lösungsmittel insbesondere für „**Spirituslacke**" angewandt (s. Ziff. 68). Auch als Treibstoffzusatz und als Ausgangsstoff vieler organischer Synthesen wird Alkohol angewandt.

Ethylalkohol wird auch heute noch hauptsächlich durch die „**alkoholische Gärung**" gewonnen (s. Ziff. 31.8). Synthetisch wird Ethylalkohol z. B. aus Acetylen hergestellt:

$$\begin{array}{ccccc} CH & & CH_3 & & CH_3 \\ ||| & \xrightarrow{H_2O} & | \diagup H & \xrightarrow{Reduktion} & | \diagup H \\ CH & Katalysator & C \diagdown O & & C \diagdown H \\ & & & & \diagdown OH \end{array}$$

Acetylen   **Acetaldehyd**   **Ethylalkohol**

Essigsäure (CH_3COOH) ist in konzentrierter Form eine ziemlich starke Säure. Eisessig ist die erstarrte Form der Essigsäure (beständig unter 17 °C – Schmelzpunkt ca. 17 °C; Siedepunkt 118 °C).

Abgesehen von der Anwendung des „**Essigs**" (ca. 3 %ige Essigsäurelösung) für Speisezwecke, dient die Essigsäure für viele technische Zwecke, z. T. auch als Ausgangsstoff für chemische Synthesen.

Die Herstellung der Essigsäure erfolgt einerseits durch die „**Essigsäuregärung**" (s. Ziff. 31.8) oder synthetisch (z. B. durch Oxidation von Acetaldehyd, s. o.).

Milchsäure ($C_2H_4OHCOOH$) wird bei der Milchsäuregärung aus Milchzucker (durch Einwirkung der Milchsäurebakterien) gewonnen. Durch diese wird die Milch „sauer", so dass sie gerinnt (s. a. Ziff. 21.6).

Die Milchsäure ist ein **mildes Desinfektionsmittel**, das andere Bakterien als die Milchsäurebakterien vernichtet. U. a. entsteht Milchsäure als „Konservierungsmittel" bei der Einlagerung von Sauerkraut, Grünfutter u. a.

Buttersäure (C_3H_7COOH) hat einen unangenehmen, „ranzigen" Geruch. Ihre Benennung hat sie von der Butter, weil sie in dieser durch „Buttersäuregärung" gebildet wird. U. a. enthält auch der Schweiß Buttersäure.

Die höheren **Aldehyde** und **Ketone** sind meist angenehm „aromatisch" riechende Flüssigkeiten. **Aceton** ist ein vielangewandtes Lacklösungsmittel.

Glycerin und **Glykol** sind viskose, süßlich schmeckende und schwer siedende Flüssigkeiten. Glycerin ist Bestandteil der **Fette** (s. Ziff. 31.9). Beide Flüssigkeiten sind mit Wasser in jedem Verhältnis mischbar. U. a. werden sie als „**Frostschutzmittel**" in Autokühlern, Gasuhren und dgl. verwendet. Glycerin ist zudem ein wichtiger Ausgangsstoff in der Sprengstoffindustrie (**Nitroglycerin**, s. Ziff. 65).

Phenol (C_6H_5OH), auch Karbolsäure genannt, hat einen ziemlich unangenehmen Geruch und schwach saure Eigenschaften. Weiterhin hat es eine ätzende, desinfizierende Wirkung. Enthalten ist es im Steinkohlenteer.

Kresol ($C_6H_4CH_3OH$) ist ebenfalls im Steinkohlenteer enthalten. Ein Gemisch von Kresolen und Phenol ist das **Karbolineum**.

Phenol und die Kresole sind mit Wasser mischbar.

Benzaldehyd (C_6H_5CHO) ist als Geruchsstoff (Bittermandelaroma) bemerkenswert. Die **Benzoesäure** wird u. a. als Konservierungsmittel angewandt.

31 Sonstige wesentliche Arten organisch-chemischer Verbindungen

31.1 Ester

Ester bilden sich durch Umsetzung von Alkoholen mit organischen oder anorganischen Säuren.

- CH_3COOH + C_2H_5OH ⟶ $CH_3COOC_2H_5$ + H_2O
  Essigsäure   **Ethylalkohol**   **Essigsäure-Ethylester**

- HCl + C_2H_5OH ⟶ C_2H_5Cl + H_2O
  Salzsäure   **Ethylalkohol**   **Ethylchlorid**

Die Bildung von Estern ist mit der Bildung von Salzen vergleichbar, wie etwa

CH_3COOH + KOH ⟶ CH_3COOK + H_2O
Essigsäure   **Kalilauge**   **Kaliumacetat**

Im Gegensatz zu Salzen werden Ester nicht in Ionen gespalten.

Fette sind Glycerylester der Fettsäuren: (s. Ziff. 31.9).

$$\begin{array}{llll}
C_{15}H_{31}COOH & CH_2OH & C_{15}H_{31}COOCH_2 & \\
C_{15}H_{31}COOH \quad + & CHOH \quad \longrightarrow & C_{15}H_{31}COOCH & + \; 3\, H_2O \\
C_{15}H_{31}COOH & CH_2OH & C_{15}H_{31}COOCH_2 & \\
\textbf{Palmitinsäure} & \textbf{Glycerin} & \textbf{Tripalmitinsäure-Glycerylester} &
\end{array}$$

Ester lassen sich durch „**Verseifung**" wieder spalten. Betrachten wir die Esterbildung an Hand des allgemeinen Schemas

Säure + Alkohol ⟶ Ester + Wasser

so ist ersichtlich, dass eine Spaltung der Ester dadurch zu erreichen sein muss, dass man auf diese ein säurebindendes Mittel einwirken lässt, wie beispielsweise Laugen. Lässt man Alkalilauge, beispielsweise Natronlauge, auf einen Ester einwirken, so erhält man das Natriumsalz der im Ester enthaltenen Säure und den freien Alkohol.

Beispiel:

$CH_3COOC_2H_5$ + $NaOH$ ⟶ CH_3COONa + C_2H_5OH

Durch „Verseifung" der Fette zum Beispiel durch Einwirkung van Natronlauge erhält man die Natriumsalze der Fettsäuren unter Abspaltung von Glycerin (s. Ziff. 31.9).

Ein wichtiger Ester ist **Nitroglycerin** (Sprengstoff, wirksamer Anteil des Dynamit, s. Ziff. 65). Nitroglycerin entsteht durch Einwirkung eines Gemisches von rauchender Salpetersäure und konzentrierter Schwefelsäure auf Glycerin:

```
CH₂OH         HONO₂          CH₂ONO₂
 |             |              |
CHOH    +    HONO₂    →      CH₂ONO₂    + 3 H₂O
 |             |              |
CH₂OH         HONO₂          CH₂ONO₂
```
Glycerin   Salpetersäure   Nitroglycerin

Die Schwefelsäure hat hierbei die Aufgabe, das sich abspaltende Wasser an sich zu reißen, um damit die Reaktion im Ablauf zu fördern.

31.2 Halogenide der Kohlenwasserstoffe

Wasserstoffatome der Kohlenwasserstoffe lassen sich durch Halogenatome „substituieren".

Beispiele:

Wird ein Wasserstoffatom von Methan (CH_4) durch ein Chloratom ersetzt, so erhält man die Verbindung

$$CH_3Cl - \text{Methylchlorid.}$$

Bei normaler Temperatur gasförmig, farblos mit betäubendem Geruch.

Durch weitere Substitution von Wasserstoffatomen erhält man die Verbindung

$$CHCl_3 - \text{Chloroform.}$$

Farblose Flüssigkeit mit betäubendem Geruch, angewandt als Narkosemittel wie auch als Lösungsmittel für Wachse, Harze u. a.

Werden alle Wasserstoffatome des Methans substituiert, kommt man zu der Verbindung

$$CCl_4 - \text{Tetrachlorkohlenstoff.}$$

Farblose Flüssigkeit, unbrennbar, wird als Lösungsmittel für Fette, Wachse, Harze und dgl. sowie auch als Feuerlöschmittel angewandt.

Technisch wichtige Lösungsmittel erhält man aus dem Kohlenwasserstoff Ethylen:

```
CHCl      Dichlorethylen, Summenformel: C₂H₂Cl₂
 ||          ist ein gutes Lösungsmittel für Steinkohlenweichpech, Bitumen, Fette, Öle u. a., wird auch
CHCl         als „scharfes" Lösungsmittel in Abbeizpasten angewendet. (vgl. Ziff. 68.6)
C═Cl₂     Trichlorethylen, Summenformel: C₂HCl₃
 ||          ist ebenfalls ein gutes Lösungsmittel für die oben genannten Stoffe. Es wird u. a. in der
CHCl         chemischen Reinigung von Bekleidung und dgl. angewandt.
```

Die Halogenide der aliphatischen Kohlenwasserstoffe werden auch unter dem Begriff „**Alkylhalogenide**" zusammengefasst. Diese lassen sich auch als Ester der Halogenwasserstoffsäuren auffassen.

Herstellen lassen sich die Alkylhalogenide beispielsweise aus Alkohol und Halogenwasserstoffsäure (Veresterung) oder durch Einwirkung von Halogenwasserstoffsäure auf ungesättigte Kohlenwasserstoffe:

- CH_3OH +   HCl   → CH_3CL + H_2O
  Methylalkohol   Salzsäure   Methylchlorid

31 Sonstige wesentliche Arten organisch-chemischer Verbindungen

$$CH_2=CH_2 + HCl \longrightarrow CH_3-CH_2Cl$$

Ethylen   **Salzsäure**   **Ethylchlorid**

Frigene (Fluorchlorkohlenwasserstoffe) der Methan- und Ethanreihe sind ungiftige, reaktionsträge Verbindungen mit niedrig liegenden Siedepunkten. Bekannt ist ihre breite Anwendung als Treibmittel in Sprühdosen sowie als Kälteflüssigkeiten in Klimaanlagen, Haushaltskühlschränken, als Treibmittel zur Aufporung von Kunststofferzeugnissen usw.

> In der Technik bewährte Frigene sind u. a. Dichlorfluormethan ($CHCl_2F$, Sp. 9 °C), Chlordifluormethan ($CHClF_2$, Sp. − 41 °C), Dichlordifluormethan (CCl_2F_2, Sp. − 30 °C). Wegen ihrer schädigenden Wirkung auf die **Ozonschicht** im obersten Bereich der Erdatmosphäre soll ihre Herstellung und Anwendung baldmöglich eingestellt werden. (siehe auch Ziff. 52.3).

Chlorierte Aromaten, insbesondere chlorierte Phenole und Furane, spielen im Rahmen chemischer Syntheseprozesse eine bedeutende Rolle, beispielsweise bei der Herstellung von **Insektiziden, Fungiziden** und **Herbiziden**. Das bekannteste, höchst wirksame Insektenbekämpfungsmittel ist **DDT** (Dichlor-Diphenyl-Trichlorethan), das durch Umsetzung von Chlorbenzol mit Trichlor-Acetaldehyd erhalten wird:

$$Cl-C_6H_4-H + CCl_3-CHO \xrightarrow[H^+]{-H_2O} Cl-C_6H_4-CH(CCl_3)-C_6H_4-Cl$$

Dichlor-Diphenyl-Trichlorethan **(DDT)**

Da DDT biologisch kaum abbaubar ist, gelangt es über die Wässer in die Nahrungskette von Mensch und Tier, sodass es in unseren Breiten nicht mehr eingesetzt wird.

In den Tropen ist es zu einer erfolgreichen Bekämpfung der Insekten, die insb. Malaria, Fleckfieber, Schlafkrankheit u. a. übertragen, nach wie vor unverzichtbar.

Die Fungizide und im Besonderen die Herbizide der „Chlorchemie" wurden in der Landwirtschaft zur Steigerung der Erträge in breitem Umfang eingesetzt.

Im Hinblick auf die **Umwelt** ist zu beachten, dass chlorsubstituierte Ringkohlenwasserstoffe, die zum Teil selbst bereits **Giftstoffe** darstellen, bei industriellen Pannen oder bei Verbrennung von Chlorverbindungen dieser Art (z. B. bei Müllverbrennung mit PVC- und PCP-Abfällen) Stoffe von besonderer Giftigkeit entwickeln können.

Als höchstgefährliche Giftstoffe sind in erster Linie die **Dioxine** zu nennen, im Besonderen das stärkste Gift dieser Gruppe, das **2,3,7,8-Tetrachlordibenzo-p-Dioxin**, auch „**Seveso-Gift**" genannt, da dieses 1986 in Seveso (Italien) bei der Umsetzung von Tetrachlorbenzol mit Natriumhydroxid in Ethylenglykol entstanden ist, weil durch eine Betriebspanne die kritische Temperatur von 120 °C überschritten wurde:

Tetrachlorbenzol + NaOH ⟶ **Trichlor-Natriumphenolat** $\xrightarrow{>120\,°C}$ **2,3,7,8-Tetrachlor-dibenzo-p-Dioxin** + NaCl

Auch in **Auspuffgasen** der Automobile wurde Dioxin nachgewiesen, sofern bleihaltiges Benzin mit einem Zusatz von Dichlorethan, das ein Ansetzen von Bleirückständen verhindern soll, verwendet wurde.

31.3 Säurehalogenide

Säurehalogenide werden erhalten, wenn eine OH-Gruppe der Carboxylgruppe durch ein Halogenatom ersetzt wird.

Beispiel:

CH$_3$COOH	+	PCl$_5$	$\longrightarrow$	CH$_3$COCl	+	POCl$_3$	+	HCl
Essigsäure		**Phosphorpentachlorid**		**Acetylchlorid**		**Phosphoroxychlorid**		**Chlorwasserstoff**

Acetylchlorid ist eine farblose Flüssigkeit mit unangenehm stechendem Geruch. Allgemein sind die Säurechloride unbeständig, sie zersetzen sich an feuchter Luft unter Rückbildung der Säuren

$$CH_3COCl + H_2O \longrightarrow CH_3COOH + HCl.$$

Ein technisch wichtiges Chlorid der **Olefin**reihe ist das

Vinylchlorid – C_2H_3Cl.

Hergestellt wird es durch Einwirkung von konzentrierter Salzsäure auf Acetylen.

Durch Polymerisation des Vinylchlorids wird Polyvinylchlorid, ein Kunststoff, erhalten (s. Ziff. 73.3).

31.4 Acetate der Kohlenwasserstoffe

Nach dem Muster der Herstellung von Chloriden der Kohlenwasserstoffe können auch Acetate erhalten werden, wenn anstelle der Salzsäure Essigsäure angewandt wird. Ein technisch wichtiges Acetat ist das

Vinylacetat – $C_2H_3COOCH3$

Hergestellt wird es durch Einwirkung von konzentrierter Essigsäure auf Acetylen.

31 Sonstige wesentliche Arten organisch-chemischer Verbindungen

$$\begin{array}{c} C-H \\ \mathrel{\mathop{|||}} \\ C-H \end{array} + \begin{array}{c} CH_3 \\ | \\ COOH \end{array} \longrightarrow \begin{array}{c} H \\ | \\ C-H \\ \mathrel{\mathop{||}} \\ C-OOCCH_3 \\ | \\ H \end{array}$$

Durch Polymerisation des Vinylacetats wird der Kunststoff **Polyvinylacetat** erhalten (s. Ziff. 73.3).

31.5 Nitroverbindungen der Kohlenwasserstoffe

Nitroverbindungen der Kohlenwasserstoffe werden erhalten, wenn ein oder mehrere Wasserstoffatome eines Kohlenwasserstoffmoleküls durch die Nitrogruppe – NO_2 „substituiert" werden.

Dargestellt werden diese am einfachsten als Salpetersäure**ester** durch Nitrierung von Alkoholen (z. B. Nitroglycerin s. o.).

Als **Beispiele** für **aliphatische** Nitroverbindungen seien weiterhin genannt:

Nitromethan CH_3NO_2

Nitroethan $C_2H_5NO_2$

Nitromethan und Nitroethan sind wasserhelle Flüssigkeiten mit ätherischem Geruch. Sie finden bei organischen Synthesen Anwendung.

Aromatische Nitroverbindungen werden besonders leicht erhalten, zum Beispiel durch Einwirkung eines Gemisches von rauchender Salpetersäure und konzentrierter Schwefelsäure auf Benzol

Benzol   **Salpetersäure**   **Nitrobenzol**

Nitrobenzol ist eine klare gelblich gefärbte Flüssigkeit (Siedepunkt 211 °C); es hat ein starkes Lichtbrechungsvermögen, einen Geruch nach bitteren Mandeln und dient hauptsächlich als Zwischenprodukt zur Herstellung von Anilin (s. u.).

31.6 Amine der Kohlenwasserstoffe

Amine werden durch starke Reduktion von Nitroverbindungen der Kohlenwasserstoffe erhalten.

Beispiele:

CH_3NO_2 + 6 H ⟶ CH_3NH_2 + 2 H_2O

Nitromethan　　　　　　　Methylamin

$CH_2H_6NO_2$ + 6 H ⟶ $C_2H_5NH_2$ + 2 H_2O

Nitroethan　　　　　　　Ethylamin

Die starke Reduktion wird durch naszierenden Wasserstoff erreicht, der zum Beispiel durch beigemischte Eisenfeilspäne und Salzsäure erzeugt wird.

Methylamine sind **stärker basisch als Ammoniak**, mit Zunahme der Anzahl der Methylgruppen nimmt die Basizität zu. Im Gegensatz zu dem schwer entflammbaren Ammoniak sind die Amine brennbar.

Von den **aromatischen** Aminen (Arylaminen) ist zu nennen:

Anilin $C_6H_5NH_2$, ein Aminobenzol, das 1834 im Steinkohlenteer entdeckt worden ist.

> Die Darstellung von Anilin erfolgt am einfachsten durch Reduktion von Nitrobenzol unter Anwendung von naszierendem Wasserstoff.

C$_6$H$_5$–NO$_2$ + 6 H ⟶ C$_6$H$_5$–NH$_2$ + 2 H_2O

Nitrobenzol　　　　　　　**Anilin**

> Anilin ist eine **schwache Base**, die mit Säuren Verbindungen eingeht. Als Ausgangsstoff für die Darstellung zahlreicher organischer Verbindungen, insbesondere des **Farbstoff**sektors, hat Anilin große Bedeutung.

31.7 Säureamide

Säureamide entstehen beispielsweise durch Ersatz von Chloratomen in Säurechloriden durch Aminogruppen ($-NH_2$-Gruppen).

Beispiel:

CH_3COCl + 2 NH_3 ⟶ CH_3CONH_2 + NH_4Cl

Acetylchlorid　　Ammoniak　　　Acetamid　　Ammonchlorid

Säureamide entstehen allgemein durch Ersatz einer oder mehrerer OH-Gruppen einer Säure durch Aminogruppen.

Trockenes Ammoniak und trockenes Kohlendioxid reagieren leicht unter Bildung des Ammonsalzes der Carbamidsäure:

31 Sonstige wesentliche Arten organisch-chemischer Verbindungen

$$CO_2 + 2\,NH_3 \longrightarrow \underset{\underset{ONH_4}{|}}{\overset{\overset{NH_2}{|}}{C}} = O$$

Kohlendioxid   **Ammoniak**   **Ammoniumsalz der Carbamidsäure**

Das neutrale Amid der Kohlensäure ist der **Harnstoff**. Dieser wird erhalten durch Reaktion von trockenem Kohlendioxid mit trockenem Ammoniak bei bestimmter Temperatur und Druck:

$$CO_2 + 2\,NH_3 \longrightarrow \underset{\underset{NH_2}{|}}{\overset{\overset{NH_2}{|}}{C}} = O + H_2O$$

Harnstoff reagiert schwach basisch, ist ein fester Stoff, der weiße Kristalle bildet. Er ist ein wichtiger Ausgangsstoff u. a. in der Industrie der Kunststoffe (s. Ziff. 73.3).

WÖHLER hatte im Jahre **1828** den **Harnstoff** durch Erhitzen einer Lösung von Ammoniumcyanat erhalten; er hatte hierdurch die Umlagerung des Ammoniumcyanats zu Harnstoff erreicht:

$$NH_4CNO \longrightarrow \underset{\underset{NH_2}{|}}{\overset{\overset{NH_2}{|}}{C}} = O \quad \text{(Harnstoff)}$$

Auf dem Sektor der Aromaten haben insbesondere die **Sulfonamide** Bedeutung erlangt, und zwar auf dem Gebiete der Arzneimittel als hochwirksame Chemotherapeutika gegen Kokkeninfektionen (Entdecker: G. DOMAGK, Nobelpreis für Medizin 1939).

Ausgangsstoff ist meist Benzolsulfonylchlorid ($C_6H_5SO_2Cl$), das mit sekundären Aminen umgesetzt wird.

Die Stammsubstanz der Sulfonamide ist **Sulfanilamid**:

$$H_2N-\!\!\!\left\langle\!\!\bigcirc\!\!\right\rangle\!\!-\underset{\underset{O}{\|}}{\overset{\overset{O}{\|}}{S}}-NH_2$$

31.8 Kohlenhydrate

Entsprechend der Bezeichnung bestehen Kohlenhydrate aus Kohlenstoff, Wasserstoff und Sauerstoff. Die beiden letzteren im Verhältnis 2 : 1, wie sie im Wasser vorhanden sind. Allgemein kann man für Kohlenhydrate die in den meisten Fällen zutreffende Summenformel

$$C_n \cdot (H_2O)_n \quad \text{oder} \quad C_n \cdot (H_2O)_{n-1}$$

schreiben.

I Allgemeine Grundlagen der Chemie – F Organische chemische Verbindungen

Kohlenhydrate kann man sich entstanden denken durch **Oxidation von mehrwertigen Alkoholen**. Sie stellen dann die ersten Oxidationsprodukte der Alkohole dar und man unterscheidet grundsätzlich **zwei Arten** von Kohlenhydraten, die „**Aldosen**" und „**Ketosen**".

Zur Veranschaulichung sei die Oxidation des dreiwertigen Alkohols Glycerin betrachtet:

a)
$$\begin{array}{c} CH_2OH \\ | \\ CHOH \\ | \\ CH_2OH \end{array} \xrightarrow{O} \begin{array}{c} C{\scriptstyle\diagup}^H_{\diagdown O} \\ | \\ CHOH \\ | \\ CH_2OH \end{array}$$

Glycerin → Glycerinaldehyd (eine „Aldose")

b)
$$\begin{array}{c} CH_2OH \\ | \\ CHOH \\ | \\ CH_2OH \end{array} \xrightarrow{O} \begin{array}{c} CH_2OH \\ | \\ C=O \\ | \\ CH_2OH \end{array}$$

Glycerin → Dioxyaceton (eine „Ketose")

In der Natur spielen vor allem die Hexosen **Glucose** („Traubenzucker") und **Fructose** („Fruchtzucker") eine bedeutende Rolle. Diese sind „**Monosaccharide**" mit der gemeinsamen Summenformel $C_6H_{12}O_6$, sie weisen jedoch eine unterschiedliche Strukturformel auf:

Glucose
$$\begin{array}{c} H{\diagdown}{\mkern-6mu}{}^O \\ C \\ | \\ H-C-OH \\ | \\ HO-C-H \\ | \\ H-C-OH \\ | \\ H-C-OH \\ | \\ CH_2OH \end{array}$$

Fructose
$$\begin{array}{c} CH_2OH \\ | \\ C=O \\ | \\ HO-C-H \\ | \\ H-C-OH \\ | \\ H-C-OH \\ | \\ CH_2OH \end{array}$$

Die Glucose ist eine „**Aldohexose**" (eine Aldehydgruppe enthaltend), die Fructose eine Ketohexose. Beide Zuckerstoffe neigen zu einer innermolekularen Umlagerung unter Ringbildung mit Ausbildung einer Sauerstoffbrücke zwischen zwei C-Atomen. Beide Strukturen stehen in wässeriger Lösung miteinander im Gleichgewicht:

Glucose (Kettenförmige Struktur) ⇌ **α-Glucose** (Ringstruktur) ⇌ **β-Glucose** (Ringstruktur)

Die Ringstruktur der Aldose weist eine **Stereoisimerie** auf, d. h. räumlich unterschiedliche Ausbildungen, die als α-Glucose und β-Glucose bezeichnet werden.

Disaccharide – die gemeinsame Summenformel ist $C_{12}H_{22}O_{11}$ – entstehen in der Natur durch Bindung von zwei Monosaccharid-Molekülen unter Wasserabspaltung:

$$2\ C_6H_{12}O_6 \longrightarrow C_{12}H_{22}O_{11} + H_2O$$

Das wichtigste Disaccharid ist die **Saccharose** („Rohrzucker bzw. Rübenzucker") die aus den Monosacchariden Glucose und Fructose gebildet wird. Nachstehend die Raumformel:

Bekannte, in der Natur vorkommende Disaccharide sind weiterhin die **Maltose** (Malzzucker, gebildet aus zwei Molekülen Glucose) und **Milchzucker** (gebildet aus einem Molekül Glucose und einem Molekül Galactose).

Die Disaccharide werden in wässeriger Lösung durch Fermente (oder auch durch Kochen unter Zugabe von etwas Säure) unter Wasseraufnahme in die Monosaccharide gespalten:

$C_{12}H_{22}O_{11} + H_2O \longrightarrow C_6H_{12}O_6\ \ +\ \ C_6H_{12}O_6$
Rübenzucker   **Traubenzucker**   **Fruchtzucker**

Diese hydrolytische Spaltung der Saccharose wird als **Inversion** bezeichnet. Die optisch rechtsdrehende Saccharoselösung zeigt nach der Inversion eine Linksdrehung, da die Fructoselösung eine stärkere Linksdrehung aufweist, als die Glucoselösung mit (geringerer) Rechtsdrehung. Der nach der Inversion erhaltene Zucker wird als **Invertzucker** bezeichnet.

Polysaccharide (Vielfachzucker), wie z. B. Stärke und Cellulose, haben die gemeinsame Summenformel $(C_6H_{10}O_5)_n$. Diese sind großmolekulare Stoffe, deren Moleküle durch im Wesentlichen kettenförmige Verknüpfung von Tausenden von Monosaccharidmolekülen entstanden sind (s. z. B. Ausschnitt aus dem Cellulosemolekül – Ziff. 72.1).

31.8.1 Eigenschaften der Kohlenhydrate

Die Mono- und Disaccharide sind wasserlöslich, sie schmecken mehr oder weniger süß und sind kristallisationsfähig. Die Polysaccharide sind praktisch geschmacklos und nicht kristallisationsfähig (amorph). Stärke und Cellulose sind wasserunlöslich, Dextrin ist wasserlöslich.

31.8.2 Zur Technologie der Kohlenhydrate

Die Kohlenhydrate sind die wichtigsten Nähr- und Speicherstoffe des organischen Lebens. Sie bilden sich in den grünen Blättern der Pflanze aus dem Kohlendioxid der Luft und Wasser unter Lichteinwirkung. Dieser Vorgang wird mit **Assimilation** (auch „Photosynthese") bezeichnet.

$$6\ CO_2 + 6\ H_2O + 2.822\ kJ \longrightarrow C_6H_{12}O_6 + 6\ O_2$$

Im Zuge der Assimilation wird Sauerstoff in Freiheit gesetzt. Die Pflanze wandelt den Traubenzucker hauptsächlich in Cellulose und Stärke um. Die Cellulose dient dem Aufbau der Zellen, die Stärke wird gespeichert.

In der Natur kommt **Traubenzucker** insbesondere in reifen Früchten vor (u. a. auch im Honig). Auch Rohrzucker findet man in vielen Pflanzen als Speicherstoff.

> Die Gewinnung des **Rohrzuckers** aus dem Zuckerrohr, das im Saft durchschnittlich 15 – 16 % Rohrzucker enthält, ist schon seit langer Zeit üblich. Die Zuckergewinnung aus der Zuckerrübe ist erst zur Zeit Napoleons bekannt geworden. Der Zuckergehalt des Rübensaftes ist inzwischen bis auf 18 – 20 % gesteigert worden.

Die **Stärke** ($C_6H_{10}O_5$)$_n$ ist ein Speicherstoff, der hauptsächlich in Früchten vorgefunden wird. n liegt zwischen 1000 und 2000. Die Stärke ist amorph und besitzt weder Geruch noch Geschmack. Im Wasser ist sie unlöslich, doch quillt sie in heißem Wasser ab ca. 70 °C zu einer gallertartigen Masse, die ziemlich durchscheinend ist (Stärkekleister).

Um als **Nährstoff** verwendet zu werden, muss die Stärke **abgebaut** werden. Der Abbau geht über **Dextrin** (niedrigeres Molekulargewicht als Stärke) zu Fruchtzucker. Ein Erhitzen über 200 °C (z. B. durch Backen) leitet den Stärkeaufschluss bereits ein. Im Speichel ist ein **Ferment** „Ptyalin" vorhanden, das die Stärke zu Malzzucker abbaut.

Durch die **alkoholische Gärung** werden Zuckerstoffe (Hexosen) in Ethylalkohol und Kohlendioxid gespalten. Bewirkt wird die alkoholische Gärung durch **Fermente** des einzelligen Hefepilzes:

$$C_6H_{12}O_6 \longrightarrow 2\ C_2H_5OH\ +\ 2\ CO_2$$

Hexose   **Ethylalkohol**   **Kohlendioxid**

Cellulose, ebenfalls mit der Summenformel ($C_6H_{10}O_5$)$_n$, ist in Wasser, verdünnten Säuren und Alkalien unlöslich. Sie ist weiß und hat ein faseriges Gefüge, dessen Ursache die lang gestreckte **„Fadenform"** der **Großmoleküle** ist (ein Cellulosemolekül der Baumwolle enthält beispielsweise bis 3000 Kohlenstoffatome in einer langen Kette aneinandergereiht – s. Ziff. 72.1).

Gewonnen wird die Cellulose aus Holz durch Herauslösen der anderen Holzbestandteile, u. a. des Lignins (s. Ziff. 57).

31.9 Fette, Wachse und Seifen

Fette sind Glycerylester der Fettsäuren (s. Ziff. 31.1). Sie stellen wichtige Betriebs- und Speicherstoffe im organischen Leben dar.

Die festen natürlichen Fette, wie Schweineschmalz, Rindstalg, Butter und Kokosfett, enthalten überwiegend gesättigte Fettsäuren, die fetten Öle, wie Pflanzenöle und Fischtran, hauptsächlich ungesättigte.

Fette und fette Öle gehören zu den „kalorienreichen" Lebensmitteln. Für eine gesunde Ernährung soll man Fette bzw. Öle mit einem hohen Gehalt an ungesättigten, möglichst

31 Sonstige wesentliche Arten organisch-chemischer Verbindungen

mehrfach ungesättigten Fettsäuren (sog. „essenziellen" Fettsäuren) vorziehen. (Aus diesen bildet der menschliche Körper die für den Organismus wichtige Hormongruppe der Prostaglandine).

Natürliche Wachse sind mit den Fetten chemisch verwandt. Sie werden je aus einem höheren Primären Alkohol und einer langkettigen Carbonsäure gebildet.

Bienenwachs ist ein Gemenge von Estern der vorstehend bezeichneten Art.

Pflanzen bilden zahlreiche Wachsarten, deren Aufgabe vorwiegend darin zu liegen scheint, durch Ausbildung von Wachsschichten die Blätter der Pflanzen sowie auch Früchte (z. B. Weintrauben, Pflaumen) vor einem Austrocknen zu schützen.

Wachse sind chemisch sehr beständige Stoffe. Pflanzenwachse haben beispielsweise Inkohlungsprozesse in Jahrmillionen überstanden. **Montanwachs** wird aus Braunkohle extrahiert.

Seifen sind Alkalisalze höherer Fettsäuren. Sie werden durch Neutralisation solcher Fettsäuren oder durch alkalische Hydrolyse von Fetten gebildet:

$$\text{Fettsaures Glycerin} + \text{Natronlauge} \longrightarrow \text{Fettsaures Natrium} + \text{Glycerin}.$$

Alkaliseifen (Natron- und Kaliseifen) sind in Wasser kolloid löslich (Kernseife = Natronseife, Schmierseife = Kaliseife), jedoch sind **Erdalkaliseifen** (Calcium- oder Magnesiumseifen) in Wasser **unlöslich**, sie zeigen lediglich eine starke Quellfähigkeit (s. a. Ziff. 39.3.11).

31.10 Eiweißstoffe (Proteine und Proteide)

Eiweißstoffe (wissenschaftliche Bezeichnung: Proteine und Proteide) ist ein Sammelbegriff für eine große Gruppe stickstoffhaltiger organischer Verbindungen, die einen **großmolekularen** Aufbau aufweisen und aus miteinander verknüpften **Aminosäuren** bestehen. (Aminosäuren siehe Ziff. 31.1.3)

Die Verknüpfung von Aminosäuren zu einem Protein-Großmolekül erfolgt unter Wasserabspaltung durch „Kondensation" (s. Ziff. 32.2) etwa nach folgendem Schema:

$$\begin{array}{c}H\\H\end{array}\!\!>\!N-(CH_2)_n-C\!\!<\!\!\begin{array}{c}O\\OH\end{array}+\begin{array}{c}H\\H\end{array}\!\!>\!N-(CH_2)_n-C\!\!<\!\!\begin{array}{c}O\\OH\end{array}\xrightarrow{-H_2O}$$

$$\ldots -\underset{\underset{H}{|}}{N}-(CH_2)_n-\underset{\underset{O}{\|}}{C}-\underset{\underset{H}{|}}{N}-(CH_2)_m-\underset{\underset{O}{\|}}{C}-\ldots$$

Proteine enthalten mindestens hundert, maximal bis etwa 50.000 Aminosäure-Bausteine, entsprechend kann das Molekulargewicht im Bereich von Millionen liegen.

Beispiele für Proteine sind das Eiweiß der Eier, des Muskelfleisches, des Klebers der Getreidekörner u. a. Gerüsteiweißstoffe, wie Haar, Horn oder Leimstoffe sind auch meist einfache Proteine.

Proteide sind mit einem Fremdmolekül verknüpfte Proteine, z. B. Glycoprotein (Protein + Kohlenhydrate), Lipoprotein (Protein + Fett) oder Phosphoprotein (Protein + Phosphorsäure).

> Beispiele für Proteide sind Schleimstoffe (Glycoproteide), Kasein (Phosphoproteid). Cholesterine (Lipoproteine) sind lebenswichtige Stoffe im menschlichen Körper.

Eiweißstoffe sind wichtige Bestandteile aller Pflanzen und Lebewesen, ohne diese wäre ein organisches Leben nicht möglich.

> Der Aufbau der Eiweißstoffe erfolgt durch die Pflanzen aus Wasser, Kohlensäure und löslichen Stickstoffverbindungen des Bodens. Eine Aufnahme von Eiweiß (mit der Nahrung) ist für Mensch und Tier lebensnotwendig, da die Lebensvorgänge zu einem wesentlichen Teil auf einem Eiweißabbau im Körper beruhen – wobei letzterer durch eiweißspaltende Fermente bewirkt wird, die von der Magen- und Darmschleimhaut abgeschieden werden (s. auch Ziff. 53). Das Stoffwechselprodukt ist der Harnstoff $CO(NH_2)_2$ (s. Ziff. 31.7).

Angewandte Chemie des Bauwesens II

A Abriss der Silicatchemie

32 Wesen und Eigenschaften der Kieselsäure und ihrer Salze

32.1 Allgemeines

Die Kieselsäure ist am Aufbau der Gesteine der Erdkruste maßgeblich beteiligt (s. Ziff. 12). Sie prägt in entscheidender Weise den Charakter der silicatischen Mineralien wie auch der künstlichen Silicate des Bauwesens.

Vor einem Eingehen auf die Salze der Kieselsäure, die Silicate, ist es daher geboten, zunächst die Kieselsäure selbst einer eingehenden Betrachtung zu unterziehen.

32.2 Kieselsäure

Versuch:

Man nehme ein Alkaliorthosilicat, z. B. Natriumorthosilicat, und löse dieses im Reagenzglas in destilliertem Wasser auf.

Natriumorthosilicat lässt sich auch durch Zusammenschmelzen von Quarzfeinsand und Natriumcarbonat im elektrischen Ofen herstellen:

$$2\ SiO_2 + 4\ NaCO_3 \longrightarrow 2\ Na_4SiO_4 + 4\ CO_2$$

Die wässerige Lösung des Natriumorthosilicats säuert man mit Salzsäure an.

Man stellt zunächst optisch keine Veränderung fest. Durch das Ansäuern mit (der stärkeren) Salzsäure musste jedoch die „schwächere" Kieselsäure in Form der "Orthokieselsäure" in Freiheit gesetzt worden sein:

$$Na_4SiO_4 + 4\ HCl \longrightarrow 4\ NaCl + H_4SiO_4$$

Valenzstrichformel:

$$HO-\underset{\underset{OH}{|}}{\overset{\overset{OH}{|}}{Si}}-OH$$

Die Orthokieselsäure ist gut wasserlöslich (daher optisch zunächst keine Veränderung), bei einem pH-Wert um 3,2 ist sie einige Zeit beständig.

Weicht der pH-Wert der Lösung von dem vorstehenden Wert ab, erfolgt ziemlich schnell eine Umwandlung der Kieselsäure in eine **schwerlösliche Form**, die Lösung zeigt bald eine weißlich-gallertige Ausflockung.

Die Orthokieselsäure hat die Neigung, Wasser abzuspalten. Über Zwischenformen geht sie in die **Metakieselsäure** über:

$$\text{HO}-\underset{\underset{\text{OH}}{|}}{\overset{\overset{\text{OH}}{|}}{\text{Si}}}-\text{OH} + \text{HO}-\underset{\underset{\text{OH}}{|}}{\overset{\overset{\text{OH}}{|}}{\text{Si}}}-\text{OH} + \text{HO}-\underset{\underset{\text{OH}}{|}}{\overset{\overset{\text{OH}}{|}}{\text{Si}}}-\text{OH} \xrightarrow{-H_2O}$$

$$..-O-\underset{\underset{\text{OH}}{|}}{\overset{\overset{\text{OH}}{|}}{\text{Si}}}-O-\underset{\underset{\text{OH}}{|}}{\overset{\overset{\text{OH}}{|}}{\text{Si}}}-O-\underset{\underset{\text{OH}}{|}}{\overset{\overset{\text{OH}}{|}}{\text{Si}}}-O-..$$

Summenformel: $(H_2SiO_3)_n$

Gleichzeitig erfolgt ein Zusammenschluss zu größeren Molekülkomplexen. Im Gegensatz nämlich zur „intramolekularen" Wasserabspaltung bei der Orthokohlensäure

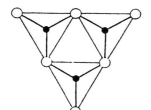

herrscht bei den Nichtmetallen ab der zweiten Achterperiode des Periodensystems die Neigung zu einer „intermolekularen" Wasserabspaltung vor, d. h. zur Wasserabspaltung zwischen verschiedenen Molekülen, die mit **„Kondensation"** bezeichnet wird. Dieses andersartige Verhalten wird durch die größeren Atomdurchmesser der Elemente ab der 2. Achterperiode erklärt.

Die Metakieselsäure $(H_2SiO_3)_n$ tritt je nach Größe der Zahl n in sehr unterschiedlichen Erscheinungsformen auf:

- Die einfachste Form der **Metakieselsäure** ist $(H_2SiO_3)_3$:

Tetraederanordnung:	Valenzstrichformel:

Zur Erläuterung ist noch darzulegen, dass sich auf Grund von Untersuchungen mittels Röntgenstrahlen und elektronenoptischer Art die Auffassung durchgesetzt hat, dass sich in den Kieselsäuren und Silicaten jeweils ein Si-Atom im Schwerpunkt eines Tetraeders befindet, an dessen Ecken (4) Sauerstoffatome vorliegen, die mit den benachbarten Si-Atomen geteilt werden.

Die Sauerstoffatome (bzw. -ionen) sind im Vergleich zu den Si-Ionen relativ groß ($r_o = 1,32$ m^{-10}). Die kleinen Si-Ionen ($r = 0,39$ m^{-10}) sind in die Zwischenräume zwischen die Sauerstoffionen eingefügt. [*]

---

[*] **Anmerkung:** Vor Einführung der SI-Einheiten verwendete man die Längeneinheit 1 Å (Angstroem) = 1 m^{-10} bez. 0,1 nm.

32 Wesen und Eigenschaften der Kieselsäure und ihrer Salze

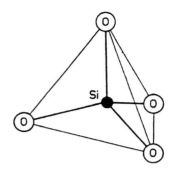

Abb. 38: Modell eines $(SiO_4)^{4-}$-Tetraeders

Weitere Erscheinungsformen der Metakieselsäure sind unter anderen:

- $(H_2SiO_3)_6$-Sechserringbildung

Tetraederanordnung: Valenzstrichformel:

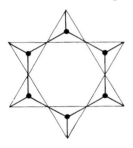

- (H_2SiO_3)-Kettenbildung

Tetraederanordnung: Valenzstrichformel:

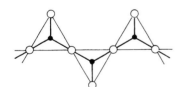

Durch **weitere Kondensation** (Wasseraustritt) erfolgt ein fortschreitender Zusammenschluss zu Si-O-Tetraedern:

- $(H_6Si_4O_{11})$-Doppelkette (Bandbildung)

Tetraederanordnung:

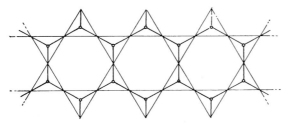

Valenzstrichformel:

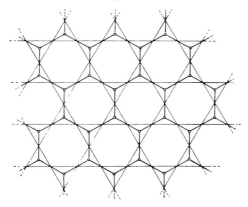

- $(H_2Si_2O_5)$-Schichten-(Blatt-)bildung

Tetraederanordnung:

- Raumnetzbildung

Schließlich kann es zur räumlichen Vernetzung der obigen Schichten kommen, da die Si-Atome im Wechsel nach oben und unten noch eine OH-Gruppe aufweisen. Durch weitere Kondensation kann es zu einer Verknüpfung der Blattebenen zu einem **Raumnetz** kommen, in welchem jedes Si-Atom von 4 O-Atomen umgeben ist und jedes O-Atom zwischen zwei Si-Atomen angeordnet ist (s. Abb. 38: $(SiO_4)^{4-}$-Tetraeder).

Das Kristallgitter des Siliciumdioxides (SiO_2) ist dem des Eises vergleichbar. Anstelle der –Si–O–Si–Kombinationen liegen beim Eis Wasserstoffbrücken (siehe Ziff. 8.3) –O–H . . . O– vor. Entsprechend besteht das Kristallgitter des Eises aus $(OH_4)^{2+}$-Tetraedern.

32.3 Salze der Kieselsäure (Silicate)

32.3.1 Allgemeines

- **Alkalisalze**

Die Natrium- und Kaliumsalze der Kieselsäure (eigtl. „Metakieselsäure"), für die man vereinfacht die Formel H_2SiO_3 schreibt, sind farblos und **wasserlöslich**.

Als Handelsprodukte sind wässerige Lösungen unter der Bezeichnung **„Natronwasserglas"** (Na_2SiO_3) bzw. „Kaliwasserglas" (K_2SiO_3) bekannt. Infolge Hydrolyse (s. Ziff. 19.3) reagieren diese Lösungen stark alkalisch. Anwendung im Bauwesen siehe Ziff. 42.

- **Erdalkalisalze**

Die Erdalkalisalze sind farblos (trocken: weiß) und praktisch **wasserunlöslich**.

> **Versuch**:
>
> In ein Reagenzglas gibt man ca. 5 ml eines Kieselsäuresols (kolloide Kieselsäurelösung) und setzt 2–3 ml Kalkmilch (wässerige Aufschlämmung von $Ca(OH)_2$) zu. Man schüttelt kräftig, ggf. mischt man unter Zuhilfenahme eines Glasstabes durch. Der Reagenzglasinhalt verfestigt augenblicklich zu einer weißlichen gallertigen Masse (Calciumsilicat-Hydrat s. u.).
>
> Bezeichnend ist, dass das im Überschuss angewandte Wasser so stark fest gehalten wird, dass der Inhalt des Reagenzglases, wenn man dieses umkehrt, nicht ausläuft. Nach äußerem Augenschein erzielte man das gleiche Ergebnis, wenn man anstelle von Kalkmilch eine konzentrierte Magnesiumlösung, z. B. $MgSO_4$, anwendet. Das Reaktionsprodukt ist dann Magnesiumsilicat-Hydrat.

- **Aluminium- und Schwermetallsalze**

Die Silicate des Aluminiums sowie der wesentlichen Schwermetalle sind gleichfalls praktisch wasserunlöslich, wie man sich durch gleichartige Versuche (s. o.) überzeugen kann. Man erhält ebenfalls Silicat-Hydrate mit der Eigenschaft des starken Bindevermögens für Wasser.

Aluminiumsilicat-Hydrat wird z. B. unter Anwendung von Aluminiumsulfat als weißliche, gallertige Fällung erhalten.

Eisen(II)-silicat-Hydrat, z. B. aus Eisen(II)-sulfat-Lösung gefällt, hat eine bläulich-grüne Färbung.

Vorstehende Versuchsergebnisse lassen bereits deutlich werden, dass die Silicate (von den wasserlöslichen Alkalisilicaten abgesehen) in größeren Molekülkomplexen vorliegen. Neben der Unlöslichkeit ist die ausgeprägte Neigung zur Wasserbindung (u. a. Hydratwasserbindung) bezeichnend.

32.3.2 Natürliche Silicate

Die als Minerale der Gesteine vorliegenden natürlichen Silicate liegen meist als Doppel- oder Mehrfachsilicate vor. Von den Metallen sind am häufigsten Aluminium, daneben Eisen, Calcium und die Alkalimetalle vertreten (s. Ziff. 12).

Grundsätzlich unterscheidet man hinsichtlich ihres Aufbaus

- Silicate mit begrenzter Anionengröße, und

- Silicate mit unbegrenzter Anionengröße (auch „Polysilicate" benannt)

Die ersteren weisen Ionengitter aus begrenzten Si-O-Gruppen und Metallionen als Kationen auf.

Beispiele:

Olivin	$(Mg, Fe)_2 [SiO_4]$,	Orthosilicate
Granat (Grossubar)	$Ca_3Al_2 [SiO_4]_3$	
Beryll	$Al_2Be_3 [Si_6O_{18}]$	Meta-hexasilicat

Die zweitgenannte Gruppe weist im Mikroaufbau negativ geladene Ketten, Bänder oder Blätter (s. o.) auf, die durch (positiv geladene) Kationen verknüpft sind. Man unterscheidet:

- Silicate mit Kettenstruktur (Pyroxene)

   Beispiele: Pyroxen – $CaMg [Si_2O_6]$

   Wollastonit – $Ca[SiO_3]$

- Silicate mit Bandstruktur (Amphibole)

   Beispiele: Tobermorit – $5 CaO \cdot 6 SiO_2 \cdot 5 H_2O$ (hochmolekulares Polysilicat)

   Tremolit (Amphibol) – $Ca_2Mg_5 [Si_8O_{22}] (OH, F)_2$

   Chrysotil (faseriger Serpentin) – $Mg_6 [Si_4O_{11}] (OH)_6 \cdot H_2O$

   Riebeckit (Hornblende) – $Na_{2/3} (Fe^{III}, Fe^{II})_5 [(Si, Al)_8O_{22}] (OH_2)$

- Silicate mit Blattstruktur

   Beispiele: Talk – $Mg_3 [Si_4O_{16}] (OH)_2$

   Pyrophyllit – $Al [Si_2O_5] (OH)$ bzw. $Al_2O_3 \cdot 4 SiO_2 \cdot H_2O$

   (Montmorillonit gleichartig, doch Na, K, Ca, Mg enthaltend)

   Antigonit (blättriger Serpentin) – $Mg_6Si_4O_{10} (OH)_6$, Fe-haltig

   Kaolinit – $Al_2 [Si_2O_5] (OH)_4$ bzw. $Al_2O_3 \cdot 2 SiO_2 \cdot 2 H_2O$

Bezüglich der Beschaffenheit der natürlichen Silicate kann allgemein festgestellt werden:

Die Silicate mit Ketten- oder Bandstruktur weisen in der Regel eine gute Spaltbarkeit parallel zu den Ketten oder Bändern auf, da die Atombindungen innerhalb der Ketten oder Bänder wesentlich fester sind als die Ionenbindungen, welche diese Ketten bzw. Bänder zu größeren Gebilden zusammenhalten. Vielfach liegt eine ausgesprochene „Faserstruktur" vor. Besonders typisch dafür ist der Asbest, eine Abart des Serpentins.

Die Silicate mit Blattstruktur weisen aus gleichem Grunde eine gute Spaltbarkeit parallel zu den Blattebenen auf. Besonders typisch dafür ist der Glimmer (s. u.). Die weiche Beschaffenheit des Talks beruht in einer sehr leichten Verschiebbarkeit der Anionenschichten gegeneinander.

Bezeichnend ist auch die sehr ausgeprägte Quellbarkeit vieler Silicate mit Blattstruktur, z. B. Kaolinit, Montmorillonit, die auf einem Aufnahmevermögen für Wasser zwischen die Si-O-Schichten beruht. Mit der Wassereinlagerung ist eine Quellung (senkrecht zu den Si-O-Ebenen) verbunden. Desgleichen erfolgt bei Wasserabgabe eine Schrumpfung. Trotz eines erheblichen Aufnahmevermögens für Wasser bleibt der Zusammenhalt des Raumgitters erhalten. Das starke Adsorptionsvermögen solcher Silicate beruht auf der großen wirksamen Oberfläche der Blattstruktur, die u. a. als Quelltone und Bleicherden Anwendung finden.

Nachstehend sind die Strukturen von Kaolinit und Montmorillonit (gedachte Schnitte senkrecht zu den Blattebenen) veranschaulicht:

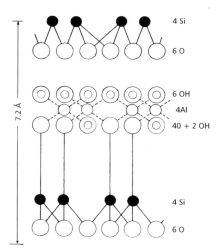

Abb. 39: Schematische Darstellung der Blattstruktur des **Kaolinit** als Verknüpfung zwischen einer $Si_2O_5^{2-}$-Schicht und einer $Al_2(OH)_4^{2+}$-Schicht.

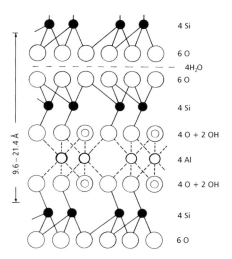

Abb. 40: Schematische Darstellung der Blattstruktur des **Montmorillonit** als Verknüpfung von je zwei Si-O-Schichten mit einer $Al_2(OH)_2^{4+}$-Zwischenschicht.
(1 Å = 10^{-10} m)

Die Vielfalt der silicatischen Mineralien ist nicht zuletzt auch dadurch bedingt, dass die Si-Atome in den Si-O-Gittern durch andere Elemente, insbesondere Aluminium, zum geringeren oder größeren Teil ersetzt sind. Solche Aluminium enthaltende Silicate bezeichnet man als **Alumosilicate.**

Als Beispiel sei der **Muscovit** (Glimmer) – $KAl_2 [AlSi_3O_{10}] (OH, F)_2$ – genannt, der sich vom Pyrophyllit – $Al_2 [Si_4O_{10}] (OH)_2$ – durch Austausch eines jeden vierten Si-Atoms durch Aluminium und zusätzliche Bindung eines Kations (K) – in Anbetracht der (um 1) geringeren Kernladung des Aluminiums gegenüber Silicium – unterscheidet.

Was das **Raumgitter des SiO_2** (Quarz) anbelangt, können auch in diesem Si-Atome, z. B. durch Aluminium, ersetzt sein.

Beispielsweise ist im Kalifeldspat (Orthoklas) – $K [AlSi_3O_8]$ – jedes vierte Si-Atom durch Al ersetzt. Die durch Einbau des Al-Atoms um 1 verminderte positive Ladung wurde durch Aufnahme eines K-Ions ausgeglichen.

Weitere Beispiele:

Nephelin – $(Na, K) [AlSiO_4]$ ⎱
Lazurit (Ultramarin) – $Na_8 [Al_6Si_6O_{34}] S$ ⎰ Ersatz eines jeden zweiten Si-Atoms durch Al.

Natriumzeolith (Analcim) –
$Na [AlSi_2O_6] \cdot H_2O$ ⎱
Natrium-Calciumzeolith (Chabasit) – ⎰ Ersatz eines jeden dritten Si-Atoms durch Al.
$(Na_2, Ca) [Al_2Si_6O_{12}] \cdot 6 H_2O$

Kennzeichnend für die Alumosilicate ist die feste Verknüpfung der übereinander angeordneten Schichten durch Atombindung. Zwischen diesen Schichten befinden sich in einer Art von „Hohlräumen" oder „Kanälen" die Alkali-, Erdkali- und Wassermoleküle, die leicht abgegeben, wieder aufgenommen oder ausgetauscht werden können.

Solche Alumosilicate insbesondere vom Charakter der Calciumzeolithe sind im **Ackerboden** sehr wertvoll, da sie neben Wasser die für die pflanzliche Ernährung wichtigen Kalium- und Ammoniumionen zu speichern vermögen.

Alkalizeolithe **(Permutite)** haben sich in der **Wasserenthärtung** (s. Ziff. 46) bewährt, da sie die Erdalkaliionen des harten Wassers gegen Abgabe von Na-Ionen aufnehmen:

$$2 NaAlSi_2O_6 + Ca^{2+} \longrightarrow CaAl_2Si_4O_{12} + 2 Na^+$$

Dieser Vorgang ist umkehrbar. Ein Permutit-Filter kann durch NaCl-Lösung, die im Gegenstrom durchgepumpt wird, wieder regeneriert werden (s. Ziff. 46).

Anmerkung:

In neuzeitlichen Waschmitteln für die Haushaltswäsche wurde der Phosphatanteil durch Alkalizeolithe ersetzt, um die Umweltbelastung der Abwässer durch Phosphat abzumildern.

33 Künstlich hergestellte Silicate des Bauwesens

33.1 Gebrannter Ton

Die Herstellung von wasserfesten Bausteinen durch Brennen von getrockneten Formlingen aus „plastiziertem" Ton oder Lehm (s. Ziff. 34) war bereits im Altertum bekannt und geläufig. Ungebrannter Ton erweicht bei Wassereinwirkung allmählich infolge Wasseraufnahme in das Moleculargefüge (s. a. Ziff. 32.3.1). Nach restlosem Austreiben des „Hydratwassers" durch Erhitzen („Brennen") auf 800 bis 1000 °C vermag der gebrannte Ton nicht mehr zu „plastifizieren", er ist wasserfest geworden.

Sein Gefüge ist jedoch porig („porös"), da durch Trocknung und anschließendes Brennen Wasser aus dem Formling ausgetrieben wurde, das durch Luft ersetzt wurde. Kunststeine aus gebranntem Ton oder Lehm sind daher deutlich wassersaugfähig.

Es lässt sich jedoch ein dichtes Gefüge (oder ein dichter „Scherben", wie der Keramiker sagt) erzielen, wenn das Brennen bis zum Sintern (beginnenden Schmelzen) – durch Erhitzen auf etwa 1200 bis 1300 °C – geführt wird. Auf diese Weise wird z. B. aus dem porösen, wassersaugfähigen Ziegelstein ein Klinker mit dichtem oder weitgehend dichtem Scherben (s. u.).

Im Wesentlichen unterscheidet man in diesem Bereich

- **Ziegeleierzeugnisse** – Ton bzw. Lehm sind nicht bis zum Sintern gebrannt worden. Der Ziegelstein ist porös, wassersaugfähig, meist von ziegelroter bis blassgelber Farbe. Die ziegelrote Farbe rührt von einem Gehalt an Fe_2O_3 her, das durch Brennen von $Fe(OH)_3$, das als Verunreinigung im Lehm enthalten ist, entstand.

    Für frostbeständige Erzeugnisse (z. B. Vormauerungssteine) ist die notwendige Festigkeit durch einen ausreichenden Kaolinitgehalt sicherzustellen.

    Klinker werden durch Brennen bis zum Sintern (bis zur Erzielung eines weitgehend dichten Scherbens) hergestellt.

- **Steingut** – Steinguterzeugnisse werden aus einem meist hellfarbigen Tonfeinmörtel gepresst. Nach Trocknung und Brennen wird ein hellfarbiger, feinporiger Scherben erzielt. Durch Aufstreuen z. B. von Kochsalz noch während des Brandes wird (z. B. bei der Herstellung von „Industrie-Wandfliesen") oberseitig eine dichte „Kochsalzglasur" (= Na-Al-Silicat-Glas) erhalten. Oder es wird in einem zweiten Brand eine Glasurmasse aufgebrannt (s. a. Ziff. 33.3), auf welche Weise z. B. „Majolika-Wandfliesen" hergestellt werden.

- **Steinzeug** – dichter, grauer bis brauner Scherben, bis zur Sinterung (ca. 1300 °C) gebrannt.

    Vielfach wird – z. B. bei Steinzeugrohren – zur Oberflächenabdichtung restlicher Poren eine „Kochsalzglasur" (s. o.) aufgebracht.

- **Porzellan** – hergestellt aus dem reinsten Kaolin, der Porzellanerde; zweimaliger Brand bis zum Sintern, wodurch ein verglaster, durchscheinender und hellklingender Scherben erzielt wird. Meist wird – nach dem Aufbrennen der Farben – eine Glasur in einem dritten Brand aufgebracht.

- **Schamotte** – **feuerfeste Steine** auf Basis von basischem Aluminiumsilicat, vorwiegend vom Typus $Al_2O_3 \cdot 2\ SiO_2$ – mit geringem Eisen- und Calciumgehalt.

    Erweichungstemperatur der Steine (Segerkegel) rd. 1700 °C.

    Durch Erhöhung des Tonerdegehalts (Bildung von Mullit – $3\ Al_2O_3 \cdot 2\ SiO_2$) lässt sich die Erweichungstemperatur der Steine auf rd. 1850 °C erhöhen (**hoch**feuerfeste Mullit- bzw. Sillimanitsteine).

    Aus Tonerde mit rd. 10 % Ton als Bindemittel werden Dynamidonsteine (hochfeuerfest, Erweichungstemperaturen rd. 1900 °C) hergestellt.

Saure feuerfeste Steine bestehen hauptsächlich aus SiO_2, daneben Tonerde (Al_2O_3) und etwas CaO.

Erweichungstemperatur maximal 1700 – 1750 °C.

Der Vollständigkeit halber seien auch die kieselsäure- und tonerdefreien feuerfesten Steine genannt.

Diese bestehen aus Oxiden oder Mischoxiden des Mg, Mg + Ca, Cr und Fe, zum Beispiel:

Magnesiasteine, bestehend aus MgO gebrannt aus Magnesit ($MgCO_3$). Erweichungstemperatur über 1800 °C (Schmelzpunkt des MgO rd. 2800 °C).

Sinterdolomitsteine, bestehend aus MgO · CaO, gebrannt aus Dolomit ($CaCO_3$ · $MgCO_3$). Erweichungstemperatur ähnlich wie vorstehend (Schmelzpunkt des CaO rd. 2570 °C; zur Lagerungsfähigkeit an der Luft werden diese Steine mit einem Pechüberzug versehen, da CaO sonst ablöschen und zerfallen würde).

Hochfeuerfest sind auch **Graphit** (C) und **Siliciumcarbid** (SiC).

(Chemische Prüfung und Beurteilung von Ziegeleierzeugnissen siehe Ziff. 92.)

33.2 Glas

Unter dem Begriff „Glas" versteht man eine **erstarrte Silicatschmelze** von **amorpher** (nicht kristallisierter) Beschaffenheit.

- **Natronglas** (Natron-Kalk-Glas)

  Hergestellt wird dieses Glas durch Zusammenschmelzen von Quarzsand, Soda und Kalk (vorwiegend Kalkspatmehl) in großen Wannenöfen. Kohlebedarf etwa 1,5 kg je 1 kg Glas.

  $$Na_2CO_3 + CaCO_3 + SiO_2 \longrightarrow Na2O \cdot CaO \cdot 6\, SiO_2 + CO_2$$

  Das normale Gebrauchsglas kommt der vorstehend angegebenen Zusammensetzung sehr nahe (rd. 13 % Na_2O, rd. 11,5 % CaO, rd. 75,5 % SiO_2). Meist liegen geringe Beimengungen von Tonerde und Eisen vor. (Die bläulich-grüne Färbung rührt vom Eisen, meist Eisen(II)-silicat, her.)

  Natronglas ist, wenn der Alkaligehalt nicht erhöht ist, gut wasserbeständig, doch wenig beständig gegen Laugen. Von Säuren löst nur Flusssäure Glas schnell (unter Entwicklung des giftigen Gases SiF_4). Gegen sonstige (verdünnte) Säuren ist Glas gut beständig.

- **Kaliglas** (Kali-Kalk-Glas)

  Kaliglas, als „Böhmisches Glas" bekannt geworden, besitzt die durchschnittliche Zusammensetzung $K_2O \cdot CaO \cdot 8\, SiO_2$.

  Es ist schwerer schmelzbar als Natronglas, härter und stärker lichtbrechend.

  Zur Herstellung wird anstelle von Soda Pottasche (K_2CO_2) verwandt. Unter der Bezeichnung „Thüringer Glas" ist ein Natron-Kali-Glas bekannt geworden, das eine Kombination von Natron- und Kaliglas darstellt.

- **Bleiglas** (Kali-Blei-Glas)

  Wird anstelle von Ca im Kaliglas Pb eingesetzt, erhält man ein leicht schmelzbares Glas von hoher Dichte (3,5 bis 4,8) und starkem Lichtbrechungsvermögen. Es wird als „Bleikristallglas" vorwiegend für geschliffene Glaswaren verwandt.

  Abarten sind das **„Flintglas"** für optische Zwecke und der besonders bleireiche (borathaltige) **Strass**, der im Lichtbrechungsvermögen dem Diamant nahe kommt.

- **Borat-Tonerde-Glas**

  Als **„Jenaer Glas"** wurde ein chemisch besonders widerstandsfähiges Glas bekannt, in welchem ein Teil des SiO_2 durch Bor- und Aluminiumoxid ersetzt ist. Bor verringert auch die Wärmedehnung des Glases (geringere Empfindlichkeit gegen schnelles Erhitzen und Abkühlen); Tonerde setzt die Sprödigkeit herab. Barium erhöht die Widerstandsfähigkeit gegen chemische Einwirkungen.

  Durchschnittliche Zusammensetzung des „Jenaer Glases" (Erweichungstemperatur zwischen 600 – 700 °C):

  74,4 % SiO_2, 8,5 % Al_2O_3, 4,6 % B_2O_3, 7,7 % Na_2O, 3,9 % BaO, 0,8 % CaO und 0,1 MgO.

  (Prüfung von Fensterglas auf Witterungsbeständigkeit s. Ziff. 92.4)

33.3 Emaille

Emaille wird ähnlich wie Glas durch Zusammenschmelzen einer glasigen **Silicatmasse** erhalten. Sie wird auf einen Untergrund, meist ein Metall, aufgeschmolzen. Die Emailleschicht kann glasig-transparent oder farbig und nichttransparent hergestellt werden. In letzterem Falle wird der Schmelze weißes oder farbiges Pigment (Metalloxide, wie u. a. TiO_2) zugemischt.

$$Fe + NiO \longrightarrow FeO + Ni$$

Zur Sicherstellung eines guten Haltens insbesondere auf Eisen werden der Silicatschmelze **„Haftoxide"**, wie Nickel- oder Kobaltoxid, zugemischt, durch welche das Eisen beim Einbrennen der Emaille chemisch aufgeraut wird:

33.4 Zemente

33.4.1 Allgemeines

Unter dem Begriff **„Zement"** versteht man ein „feingemahlenes, hydraulisches Bindemittel für Mörtel und Beton" (s. DIN 1164), bestehend im Wesentlichen aus Verbindungen von **CaO, SiO_2, Al_2O_3, und Fe_2O_3**, entstanden durch Sintern oder Schmelzen.

Zemente erhärten, mit Wasser angemengt, sowohl an der Luft als auch unter Wasser, sie bleiben auch unter Wasser fest. Zur erfolgreichen Anwendung der Zemente speziell auf dem Betonsektor ist ein ausreichendes Verständnis für die chemischen Zusammenhänge erforderlich, auf welche nachstehend erläuternd eingegangen ist.

33.4.2 Zementarten, Normung

Die Bestrebungen, im europäischen Raum einheitliche Normen verbindlich einzuführen, waren nach langjährigen Beratungen erfolgreich: Seit dem 01.04.2001 ist die **Europäische Zementnorm EN 197-1** als allgemein gültige Richtlinie für **Normalzemente** verbindlich eingeführt. Diese umfasst 27 in Europa gebräuchliche, in ihrer Zusammensetzung unterschiedliche Zemente. Die zugehörige **EN 197-2** zur Konformitätsbewertung der Zemente hat gleichfalls allgemeine Gültigkeit erlangt.

Die **DIN EN 197-1** umfasst 5 unterschiedlich zusammengesetzte Hauptarten:

CEM I – **Portlandzement,** mit mindestens 95 M.-% Portlandzementklinker; Restanteile sollen der Verbesserung der Verarbeitungseigenschaften und des Wasserrückhaltevermögens dienen;

CEM II – **Portlandkompositzement,** umfasst unterschiedlichst zusammengesetzte Zemente, neben Portlandzementklinker meist Hüttensand, Puzzolane, Flugasche u. a. enthaltend;

CEM III – **Hochofenzement:** 3 Zemente mit 36 – 95 M.-% Hüttensand;

CEM IV – **Puzzolanzement:** Zwei Zemente, neben Portlandzementklinker 11 – 55 M.-% Puzzolane u. a. enthaltend;

CEM V – **Kompositzement:** Zemente mit 18 – 50 M.-% Hüttensand neben Portlandzementklinker und sonstigen Anteilen.

Über die in der **EN 197-1** enthaltenen Normenbestimmungen – einschließlich Benennungen und Kurzzeichen der Zemente sowie ihrer Zusammensetzungen – möge man Näheres dieser Norm oder baustoffkundlicher Fachliteratur entnehmen (Siehe Lit. V / 1 – 5).

Von den lt. **DIN 1164** anerkannten Zementen werden in Deutschland bislang fast nur nachstehend Benannte verwendet:

Portlandzement, Portlandhüttenzement, Hochofenzement, Portlandkalksteinzement und in zunehmenden Umfang auch Portlandflugaschehüttenzement.

In der **DIN 1164, Ziff. 4,** sind auch Bestimmungen über

Zemente mit besonderen Eigenschaften

enthalten, und zwar

NW-Zemente – mit der Zusatzbezeichnung „NW" zum Kurzzeichen – Während des Erhärtungsvorgangs entwickeln diese eine niedrige Hydratationswärme (Siehe Ziff. 36.4),

HS-Zemente – mit der Zusatzbezeichnung „HS" zum Kurzzeichen – Diese weisen eine erhöhte Widerstandsfähigkeit gegen Sulfatangriff auf (Siehe Ziff. 39.3.4),

NA-Zemente – mit der Zusatzbezeichnung „NA" zum Kurzzeichen – gekennzeichnet durch einen niedrigen wirksamen Alkaligehalt (Siehe Ziff. 39.2.2.4).

Diese Zemente müssen die Anforderungen für allgemeine Eigenschaften nach Abschnitt 4 der **EN 197-1** erfüllen.

Von **bauaufsichtlich zugelassenen Zementen** sei der in Deutschland nicht mehr hergestellte **Sulfathüttenzement**, von Sonderzementen der **Tonerdeschmelzzement** (s. Ziff. 36.8) und der **Schnellzement** erwähnt. Sonstige Bestimmungen der DIN 1164 möge man

33 Künstlich hergestellte Silicate des Bauwesens

aus Raumgründen dieser Norm oder baustoffkundlicher Fachliteratur entnehmen (Siehe Lit. V / 1 – 5).

33.4.3 Gegenüberstellung neuer und alter Benennungen und Kurzzeichen

Für einige im Bauwesen vielfach eingesetzte Normenzemente sind nachstehend die neuen und alten Benennungen und Kurzzeichen einander gegenübergestellt.

neu		alt	
Portlandzement	(CEM I)	Portlandzement	(PZ)
Portlandhüttenzement	(CEM II/A-S, CEM II/B-S)	Eisenportlandzement	(EPZ)
Portlandpuzzolanzement	(CEM II/A-P, CEM 11/B-P)	Trasszement	(TrZ)
Portlandflugaschezement	(CEM II/A-V)	Flugaschezement	(FAZ)
Portlandschieferzement	(CEM II/A-T, CEM II/B-T)	Portlandölschieferzement	(PÖZ)
Portlandkalksteinzement	(CEM II/A-L)	Portlandkalksteinzement	(PKZ)
Portlandflugaschehüttenzement	(CEM II/B-SV)	Flugaschehüttenzement	(FAHZ)
Hochofenzement	(CEM III/A, CEM III/B)	Hochofenzement	(HOZ)

33.4.4 Überblick über die chemische Zusammensetzung deutscher Normenzemente

Nachstehend ein Überblick über die chemische Zusammensetzung einiger in Deutschland vielfach angewandter Normenzemente (s. Ziff. 33.4.1 und 34, 35, 36).

	Portlandzement	Portlandhüttenzement	Hochofenzement	Portlandpuzzolanzement	Portlandschieferzement
CaO	61–69	52–66	43–60	43–58	53–58
SiO_2	18–24	19–26	23–32	25–28	24–28
$Al_2O_3 + TiO_2$[1)]	4–8	4–10	6–14	6–7	5–7
Fe_2O_3 (FeO)	1–4	1–4	0,5–3	2,5–3,5	3–6
Mn_2O_3 (MnO)	0,0–0,5	0,0–1	0,1–2,5	0,1–0,3	0,1–0,3
MgO	0,5–4,0	0,5–5,0	1,0–9,5	1,0–3,0	1,5–2,5
SO_3	2,0–3,5	2,0–4,0	1,0–4,0	2,0–3,0	2,5–3,5

1) Der mittlere TiO_2-Gehalt beträgt bei Portlandzement etwa 0,25 M.-%, bei Portlandhüttenzement 0,35 M.-%, bei Hochofenzement 0,45 M.-%, bei Portlandpuzzolanzement 0,4 M.-%, bei Portlandölschieferzement 0,35 M.-%.

33.4.5 Gegenüberstellung der Zusammensetzung anorganischer Baubindemittel in einem Dreistoffsystem

In sehr übersichtlicher Form ist die Zusammensetzung der anorganischen Baubindemittel auf Kalk-, Silicat- bzw. Aluminatbasis in einem Dreistoffsystem (s. Abb. 41) gegenübergestellt[*)].

---

*) (Zur Vertiefung s. Ziff. 35, 36, 39 u. Lit. V/2 – 5)

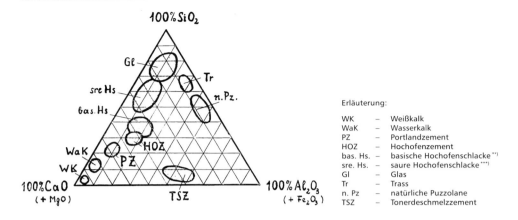

Abb. 41: Dreistoffsystem

**) Die „basische granulierte Hochofenschlacke" wird vereinbarungsgemäß nunmehr mit „Hüttensand",
***) die „saure Hochofenschlacke" mit „säurereicher Hüttensand" bezeichnet.

B Erhärtungsreaktionen der anorganischen Baubindemittel und mögliche Beeinflussungen

34 Erhärtung von Lehm

Lehm, der wohl älteste Mörtelstoff, besteht aus Ton mit Beimengungen von Sand, Eisenverbindungen u. a. Er gehört zu den „losen Trümmergesteinen".

Ton ist durch Verwitterung aus Mineralen der Urgesteine, insbesondere des Feldspats, durch Einwirkung vor allem von kohlensäurehaltigen Wässern entstanden (s. a. Ziff. 32.3):

$$\text{K-Al-Silicat} + H_2CO_3 + H_2O \longrightarrow Al_2O_3 \cdot 2\,SiO_2 \cdot 2\,H_2O + K_2CO_3$$

Feldspat   Kohlensäure   Al-Silicat-Hydrat = Ton (Kaolin)

In reiner Form ist Ton weiß (Kaolin bzw. Porzellanerde). Im lufttrockenen Zustand sind Ton und Lehm infolge der Feinkörnigkeit der Einzelteilchen ($\varnothing \leq 0{,}002$ mm) ziemlich hart. Der Ton liegt dann als Aluminiumsilicathydrat der Formel $Al_2O_3 \cdot 2\,SiO_2 \cdot 2\,H_2O$ vor. Bei Wassereinwirkung wird weiteres Hydratwasser gebunden, wodurch der Ton bildsam wird.

$$Al_2O_3 \cdot 2\,SiO_2 \cdot 2\,H_2O + n\,H_2O \leftrightarrows Al_2O_3 \cdot 2\,SiO_2 \cdot (H_2O)_{n+2}$$

fester Ton   bildsamer Ton

Dieser Vorgang ist reversibel, d. h. an trockener Luft wird das zusätzlich aufgenommene **Hydratwasser** aus dem weichen, bildsamen Ton **wieder abgespalten**, worauf die **Verfestigung** von trockenem Ton und Lehm beruht.

Die Fähigkeit, Hydratwasser bis zur Bildsamkeit anzulagern, verdankt der Ton offensichtlich einer „vermittelnden" Rolle der zwei Moleküle gebundenen Hydratwassers. Wenn letztere nämlich durch **Brennen** ausgetrieben sind,

$$Al_2O_3 \cdot 2\,SiO_2 \cdot 2\,H_2O \xrightarrow[-H_2O]{\text{Brennen}} Al_2O_3 \cdot 2\,SiO_2$$

fester, trockener Ton   gebrannter Ton

so kann bei Wassereinwirkung nachträglich **keine** Hydratwasserbindung mehr erfolgen. **Gebrannter** Ton ist daher **wasserbeständig** und **hart**.

Verbauter Lehm (ungebrannt), der **fest** bleiben soll, ist vor Wassereinwirkung **unbedingt zu schützen**. (Näheres s. Ziff. 32.3.2, u. a. Abb. 39).

Soll er dagegen als **Binde-** oder **Abdichtungsstoff** dienen, muss er „bindig", somit plastifiziert bleiben – eine Austrocknung muss dann verhütet werden (z. B. bei „Chlorcalciumstraßen" durch Zumischung des hygroskopischen Salzes Chlorcalcium zum lehmigen Sand einer Schotterdecke).

35 Erhärtung von Kalk

35.1 Allgemeiner Überblick

Der **gebrannte Kalk** (CaO) wird durch **Brennen von Kalkstein** erhalten:

$$CaCO_3 \longrightarrow CaO + CO_2 - 165{,}8 \text{ kJ}$$

Die Zersetzungsreaktion ist endotherm, sie verläuft somit nur so lange, wie Energie zugeführt wird (s. a. Ziff. 10) bei Temperaturen von mindestens 800 – 1000 °C.

Die Zersetzungswärme je kg $CaCO_3$ beträgt rd. 1788 kJ.

Der **gelöschte Kalk**, der als Baubindemittel angewandt wird, wird durch Löschen des gebrannten Kalks erhalten:

$$CaO + H_2O \longrightarrow Ca(OH)_2 + 65{,}3 \text{ kJ}^{*)}$$

Der Löschvorgang ist eine exotherme Reaktion. Ein Teil der beim Brennen aufgewandten Energie wird wieder frei, wodurch das Gemenge von Kalk und Wasser erhitzt wird (s. Ziff. 10).

$Ca(OH)_2$ ist in Wasser ziemlich schwer löslich (1,26 g $Ca(OH)_2$ in 1 Liter Wasser bei 20 °C).

Die wässerige Lösung wird als „**Kalkwasser**" bezeichnet und reagiert stark basisch (pH ~ 12,5).

„**Kalkmilch**" ist eine Dispersion von festem $Ca(OH)_2$ in gesättigter $Ca(OH)_2$-Lösung.

Das durch den Löschvorgang entstandene Calciumhydroxid ist sehr feinkörnig (Teilchengröße um 0,002 mm). Feinkörnige wässerige Massen können allein durch Trocknung eine gewisse Festigkeit erlangen (z. B. getrockneter Lehm – s. Ziff. 34), die für den Verbund eines Mauerwerks bereits ausreichen kann.

Die eigentliche **Erhärtung** beruht auf der Bindung von Kohlensäure durch die Base Kalk. Die Kohlensäure bildet sich aus dem Kohlendioxid der Luft und Wasser (meist Anmachwasser):

$$Ca(OH)_2 + H_2CO_3 \longrightarrow CaCO_3 + 2\,H_2O + \text{rd. } 100{,}5 \text{ kJ}^{*)}$$

Der Erhärtungsvorgang ist ebenfalls exotherm, es wird der Rest der beim Brennen aufgenommenen Energie in Freiheit gesetzt.

Vereinfacht kann die Erhärtungsreaktion des Kalks auch wie folgt dargestellt werden:

$$Ca(OH)_2 + CO_2 \longrightarrow CaCO_3 + H_2O$$

Hieraus ist ersichtlich, dass je Molekül Calciumhydroxid **ein Molekül Wasser** abgespalten wird, das vor der Erhärtung im Calciumhydroxid chemisch gebunden war. Dieses Wasser ist die in Neubauten sehr lästig empfundene **Baufeuchtigkeit**, die sich noch Monate nach der Erstellung des Bauwerks abspaltet. Die Kalkerhärtung, auch „**Carbonatisierung**" genannt, verläuft nämlich vor allem durch den geringen CO_2-Gehalt der Luft (rd. 0,03 %) sehr langsam. Sie ist im Durchschnitt erst etwa nach einem Jahr weitgehend abgeschlossen (das mit dem Mörtel in das Bauwerk eingebrachte Anmachwasser ist dagegen durchschnittlich in-

---

*) Eine Veränderung des Aggregatzustandes des Wassers wurde in den Reaktionsgleichungen übersichtshalber nicht berücksichtigt.

35 Erhärtung von Kalk

nerhalb von 1 – 2 Wochen verdunstet). Die Base Calciumhydroxid, $Ca(OH)_2$, kann erst dann mit dem Kohlendioxid (CO_2) der Luft in Reaktion treten, wenn Feuchtigkeit (Anmachwasser oder Luftfeuchtigkeit) vorhanden ist, welche mit dem Kohlendioxid (CO_2) Kohlensäure (H_2CO_3) bildet. Aus diesem Grunde ist pulverförmiges „Kalkhydrat" $Ca(OH)_2$ in Papiersäcken gut lagerbeständig.

Erst bei Feuchtigkeitszutritt kann eine „Carbonatisierung" einsetzen.

Erhärteter Weißkalkmörtel (z. B. Mörtelgruppe I lt. DIN 1053 und 18550) erreicht keine hohen Festigkeiten (im Mittel 60 – 100 N/cm² Druckfestigkeit), besitzt jedoch eine gute Elastizität und Volumenbeständigkeit bei Wechsel von Trocknung und Durchfeuchtung. Die Wärmedehnung eines üblichen Weißkalkputzes (s. DIN 18550) entspricht etwa der eines Ziegel- oder Natursteinmauerwerks ($\alpha_t \sim 0{,}5 \cdot 10^{-5}$ m/K).

Eine **Beeinflussung des Ablaufs** der Kalkerhärtung ist nach den allgemeinen Grundsätzen einer Beeinflussung des Ablaufs chemischer Reaktionen (s. Ziff. 10) durch nachstehende Maßnahmen möglich:

Beschleunigung	Verzögerung
Wärme	Kälte
hohe CO_2-Konzentration der Luft	niedrige CO_2-Konzentration der Luft
gute Luftzirkulation (rascher Ersatz des verbrauchten CO_2)	schlechte Luftzirkulation (schleppender Ersatz des verbrauchten CO_2)
große Reaktionsoberfläche	kleine Reaktionsoberfläche
hoher Druck	niedriger Druck
wenig Feuchtigkeit*)	Nässe (viel Feuchtigkeit)

*) Eine beschränkte Menge ist zur Bildung der Kohlensäure unerlässlich.

Der Übersicht ist zu entnehmen, dass bei **kühler und feuchter Witterung** eine **Hemmung** der Kalkerhärtung verursacht wird, wodurch sich eine ausreichende Wetterfestigkeit nur langsam einstellt (Zusatz eines hydraulischen Bindemittels zu Weißkalk stellt eine frühzeitigere Wetterbeständigkeit sicher). (Starke Nässe, z. B. an Außenputzen, drückt zudem das Reaktionsgleichgewicht stark nach links!)

Eine **Beschleunigung der Erhärtung**, insbesondere in der kalten Jahreszeit, ist vor allem bei Innenputzen dadurch zu erzielen, dass man Koksöfen oder Propangasbrenner aufstellt, durch welche die **CO_2-Konzentration der Luft erhöht** wird unter gleichzeitiger **Temperaturerhöhung**. Eine leichte, aber ständige Durchlüftung darf nicht verabsäumt werden, damit das im Zuge der Carbonatisierung abgespaltene Wasser in Dampfform abgeführt wird. Von einer rascheren Erhärtung abgesehen, wird hierdurch die **Trocknung** des Bauwerks **beschleunigt**.

Falsch wäre es, eine frühzeitige Trocknung eines Innenputzes etwa durch eine **scharfe Trocknung**, z. B. mittels Elektrostrahlern, erzwingen zu wollen:

Bei der Bearbeitung eines **Schadensfalles** wurde festgestellt, dass der in einem Neubau zuletzt hergestellte Innenputz mittel Elektrostrahlern abgetrocknet worden war, da die Termine drängten. Die Tapeten wurden auf den abgetrockneten Innenputz fristgerecht aufgeklebt.

Nach einigen Wochen, nachdem die Räume bereits bewohnt waren, zeigten sich an den Wänden nasse Flecken und entsprechende Feuchtigkeitsschäden, insbesondere an den Tapeten. Was war die Ursache?

Durch die scharfe Trocknung des frisch aufgebrachten Putzes wurde (durch die Verdunstung des Anmachwassers) zwar zunächst Trockenheit erzielt, doch ist hierdurch die kaum erst in Gang gekommene Carbonatisierung unterbrochen worden. Die aufgebrachten Tapeten behinderten eine Fortsetzung der Carbonatisierung. Erst als durch die Bewohner der CO_2- und Feuchtigkeitsgehalt der Raumluft anstieg, kam es zu einer Fortsetzung der Carbonatisierung. Das chemisch abgespaltene Wasser konnte, durch die Tapeten behindert, nicht ohne Weiteres verdunsten. Der Wasserdampf kondensierte schließlich hinter den Tapeten. Die Folge waren die vorstehend erwähnten Feuchtigkeitsschäden.

Zur Sicherstellung einer zügigen Kalkerhärtung und einer baldmöglichen Erzielung eines **trockenen Bauwerks** darf daher der frisch angewandte Kalk (insbesondere in Mauer- und Putzmörtel) gegen die Außenluft nicht abgeschlossen werden. Ein Tapezieren darf nicht zu frühzeitig ausgeführt werden, vor allem sind Lacktapeten durch Schwitzwasserbildung hinter der Tapete, insbesondere bei Fertigstellung des Neubaus kurz vor Beginn der kalten Jahreszeit, gefährdet. Auch Fliesen, Wandspachtel und dgl. stellen einen praktisch luftundurchlässigen Abschluss dar.

35.2 Baukalk

Für Baukalk sind die Bestimmungen der **DIN 1060** und **DIN EN 459-1** maßgebend. Als Richtlinie für Prüfverfahren ist die **EN 459-2** gültig.

Baukalke werden durch „Brennen" natürlicher Kalksteine erhalten. Ein **„Weißkalk 90"** enthält mindestens 90 M.-% CaO. Als Nebenanteile liegen unterschiedliche Anteile an **MgO** und „Tonsäuren" vor, letztere als Verbindungen von SiO_2, Al_2O_3 und Fe_2O_3.

Beträgt der Anteil an MgO mindestens 30 M.-%, spricht man von einem **Dolomitkalk**. Ein höherer Gehalt an reaktionsfähigen Tonsäuren führt zu höheren Festigkeiten. Solche Baukalke werden als **„hydraulische Kalke"** bezeichnet. Die Erhärtungsreaktionen werden in den nachstehenden Kapiteln ausführlich behandelt.

Überblick über die Baukalkarten:

Baukalkart	Kurzbezeichnung	Chemische Anforderungen Anteile in M.-%				Druckfestigkeit (R_c) in N/mm² nach	
		CaO + MgO	MgO	CO_2	SO_3	freier Kalk	7 Tagen	28 Tagen
Weißkalk 90	CL 90	≥ 90	≤ 5	≤ 4	≤ 2	–	–	–
Weißkalk 80	CL 80	≥ 80	≤ 5	≤ 7	≤ 2	–	–	–
Weißkalk 70	CL 70	≥ 70	≤ 5	≤ 12	≤ 2	–	–	–
Dolomitkalk 85	DL 85	≥ 85	≥ 30	≤ 7	≤ 2	–	–	–
Dolomitkalk 80	DL 80	≥ 80	≥ 5	≤ 7	≤ 2	–	–	–
Hydraulischer Kalk 2	HL 2	–	–	–	≤ 3	≥ 8	–	2 bis 7
Hydraulischer Kalk 3,5	HL 3,5	–	–	–	≤ 3	≥ 6	≥ 1,5	3,5 bis 10
Hydraulischer Kalk 5	HL 5	–	–	–	≤ 3	≥ 3	≥ 2	5 bis 15[1)]

1) HL 5 mit einer Schüttdichte von weniger als 0,90 kg/dm³ darf eine Festigkeit von nicht mehr als 20 N/mm² aufweisen.

Bei Weiß- und Dolomitkalk werden außerdem die Raumbeständigkeit nach dem Löschen (nach Anweisung des Kalkherstellers) und die Ergiebigkeit jeweils nach EN 459 T 2 geprüft.

CL = calcium lime   DL = dolomitic lime   HL = hydraulic lime

Bezüglich der **Handelsformen** der Baukalke unterscheidet man zwischen ungelöschten und gelöschten Baukalken:

Ungelöschter Baukalk wird als **Stückkalk** (auch „Branntkalk" benannt) und als **Feinkalk** (feingemahlener Stückkalk) geliefert.

Gelöschter Baukalk wird als „Kalkhydrat" (ohne Wasserüberschuss gelöschter Kalk in Pulverform) oder **„Kalkteig"** angeboten.

Zur Vertiefung s. Lit. V/1 – 3). Chemische Prüfung von Kalk s. Ziff. 93.

36 Erhärtungsreaktionen hydraulischer Baubindemittel

36.1 Allgemeines

Das Erhärtungsschema des als „Luftmörtel" bezeichneten Weißkalkmörtels (wegen des Kohlendioxidbedarfs erhärtet er nur an der Luft) sei nachstehend nochmals veranschaulicht:

> Kalk**base** + Kohlen**säure** = Ca-**Salz** der Kohlensäure + H_2O

Steht Kohlensäure zu einer Erhärtung nicht zur Verfügung, so kann es dann trotzdem zu einer Erhärtung kommen, wenn dem Kalkmörtel eine **Säure** zugemischt wird, die in einer **langsam** verlaufenden Reaktion (zur Sicherstellung einer ausreichenden Verarbeitungszeit) ein praktisch **wasserunlösliches** Ca-**Salz** bildet.

Eine geeignete Säure ist die Kieselsäure. Die Neutralisationsreaktion mit der Kalkbase führt zum Calciumsilicathydrat (s. Ziff. 32.3). Die Zusammensetzung ist u. a. von der Reaktionstemperatur abhängig. Bei Normaltemperatur werden Calciumsilicathydrate (auch „Kalkhydrosilicate" genannt) von der durchschnittlichen Zusammensetzung.

$$3\ CaO \cdot 2\ SiO_2 \cdot 3\ H_2O \text{ (Tricalcium-Disilicat-Hydrat)}$$

erhalten.

Bei der Erhärtung von hydraulischen Kalken und Portlandzement wird gleichfalls Tricalcium-Disilicat-Hydrat erhalten. Jedoch entsteht dieses aus in der Brennhitze gebildeten wasserfreien Calciumsilicaten bei Berührung mit Wasser durch die sogenannte **„hydraulische Umlagerung"** (s. u.).

Da die Reaktionsprodukte auf dieser Basis praktisch wasserunlöslich sind, verläuft die Erhärtungsreaktion nicht nur an der Luft, sondern auch unter Wasser. Für Baubindemittel dieser Art hat sich daher die Bezeichnung **„hydraulische Bindemittel"** eingebürgert. Hierzu gehören Wasserkalk, hydraulischer und hochhydraulischer Kalk sowie die Zemente.

Brennt man tonhaltigen Kalkstein bzw. Mergel bei Temperaturen über 1200 °C, so bilden sich neben gebranntem Kalk (CaO) auch Calciumsalze der Tonsäuren. Die chemischen Reaktionen zwischen dem im Überhang vorliegenden (basischen) Kalk und sauren Komponenten (Tonsäuren) erfolgen im festen Zustand. Für ein Zustandekommen ist eine feine Vermahlung und gute Vermengung der Reaktionskomponenten Voraussetzung. In den Mergeln liegt letztere von Natur aus vor.

Die **Erhärtung der hydraulischen Kalke** beruht auf folgenden, nebeneinander verlaufenden Einzelvorgängen:

- „**Carbonatisierung**" des Kalks durch Lufteinwirkung (wie bei Weißkalk);
- **hydraulische Umlagerung** kalkreicher Salze der Tonsäuren in kalkarme Salzhydrate; infolge der niedrigeren Brenntemperatur als bei Zement liegt nur ein mäßiger Gehalt von Ca-Salzen der Tonsäuren mit meist nur einem geringen „Kalküberschuss" vor, so dass keine Festigkeiten wie bei Zement erreicht werden können;

Bezüglich der Verarbeitung hydraulischer Kalke ist zu bemerken:

Ein **Erstarren** zeigen deutlich **nur hochhydraulische** Kalke, so dass diese, ähnlich wie Zement, durchschnittlich innerhalb von **4 Stunden** nach Anmachen verarbeitet sein müssen. Die sonstigen hydraulischen Kalke verfestigen nur langsam, sie zeigen, wie Weißkalk (Luftkalk), ein allmähliches Anziehen nach Auftrag.

36.2 Erhärtung von Kalk-Puzzolan-Mörtel

Mischt man einem Weißmörtel eine geeignete „Puzzolane" zu, wird der „Luftmörtel" zu einem „Wassermörtel", d. h. dieser Mörtel vermag nunmehr nicht nur an der Luft, sondern auch unter Luftabschluss oder unter Wasser zu erhärten.

Puzzolane enthalten Kieselsäure, daneben auch mehr oder weniger Tonerde und Eisenoxidhydrat, in einer langsam reagierenden Form. Zusammengefasst spricht man von „Tonsäuren".

Die reaktionsfähigen Tonsäuren werden auch als „**Hydraulefaktoren**", die Puzzolane als „**hydraulische Zuschläge**" bezeichnet.

Erhärtungsschema von Kalk-Puzzolan-Mörtel

(gilt für hydratische und vulkanische Puzzolane)

Luftkalk	Hydraulefaktoren	Haupttypen der wasserunlöslichen Ca-Salze
$Ca(OH)_2 +$	$SiO_2 \cdot H_2O$	$\longrightarrow$ $3\,CaO \cdot 2\,SiO_2 \cdot 3\,H_2O$ -Tricalcium-Disilicat-Hydrat
$Ca(OH)_2 +$	$Al_2O_3 \cdot H_2O$	$\longrightarrow$ $3\,CaO \cdot Al_2O_2 \cdot 6\,H_2O$ -Tricalcium-Aluminat-Hydrat
$Ca(OH)_2 +$	$Fe_2O_3 \cdot H_2O$	$\longrightarrow$ $3\,CaO \cdot Fe_2O_3 \cdot 6\,H_2O$ -Tricalcium-Ferrit-Hydrat

Die Base Calciumhydroxid reagiert somit mit den Tonsäuren, soweit diese in den Puzzolanen in reaktionsfähiger Form vorliegen, zu praktisch wasserunlöslichen Kalksalzen, die als Hydrate Wasser chemisch gebunden enthalten. Hauptträger dieser „hydraulischen Erhärtung" ist, da von reaktionsfähigen Tonsäuren hauptsächlich Kieselsäure vorliegt, das Tricalcium-Disilicat-Hydrat (s. o.).

Nach dem vorstehend angegebenen Schema verläuft im Wesentlichen die Erhärtung der „**Hydratischen Puzzolane**" (z. B. Diatomeenerde, Molererde, Si-Stoff u. a.) und der „**Puzzolane vulkanischen Ursprungs**" (z. B. Puzzolanerde, Santorinerde und Trass).

Romankalke sind hydraulische Kalke, die praktisch keinen freien Kalk enthalten. Sie werden durch Brennen von sehr kalkarmen Mergeln erhalten. Sie sind nicht löschfähig und bedürfen daher einer werksmäßigen Feinmahlung.

Anmerkung:

Der Kalk-Puzzolan-Mörtel ist bereits im Altertum u. a. von den Römern angewandt worden. Auch in neuer Zeit hat er sich u. a. im Wasserbau bewährt (z. B. mit Kalk-Trass-Mörtel vermauerte Naturstein-Schwergewichtssperrmauern der Intze-Talsperren in der Eifel).

36.3 Erhärtungsreaktion anhydrischer Puzzolane mit Kalk

Die Erhärtung der „anhydrischen" (wasserfreien) Puzzolane, z. B. Steinkohlenflugasche, Silicastaub, auch Ziegelmehl, verläuft unter Erzielung nur geringer Festigkeiten etwa nach folgendem Schema:

$$2\,(Al_2O_3 \cdot 2\,SiO_2) + 7\,Ca(OH)_2 \longrightarrow 2\,(2\,CaO \cdot Al_2O_3 \cdot SiO_2 \cdot aq) + 3\,CaO \cdot 2\,SiO_2 \cdot aq$$

Al-Silicat   Ca-Hydroxid   Ca-Al-Silicat-Hydrat   Tri-Ca-Disilicat-Hydrat

Als Betonzusatzstoffe eingesetzt können sie die Dauerhaftigkeit des Betons verbessern, wobei jedoch darauf zu achten ist, dass größere Zusatzmengen die **Alkalitätsreserve** im Beton völlig abbauen und somit das Korrosionsrisiko für die Stahlbewehrung erhöhen (s. auch Ziff. 55.1.2 und Lit. VI/1)

Warum ist Quarzsand (SiO_2 mit Calciumhydroxid nicht reaktionsfähig?

Quarz, SiO_2, das Anhydrid der Kieselsäure, kann durch Wassereinwirkung bei normaler Temperatur und normalem Druck keine Kieselsäure bilden. Erst diese würde mit der Base Kalk in Reaktion treten können.

In „feuchter Hitze" und unter Druck kann Quarz jedoch zu Kieselsäure „aufgeschlossen" werden, wie z. B. durch Einwirkung von hochgespanntem Wasserdampf in Druckkesseln. Bei der Kalksandsteinfabrikation verbinden sich $Ca(OH)_2$ und SiO_2 (Sand) im „Härtekessel" zu Ca-Silicat-Hydrat, wodurch eine Verfestigung des Steins in wenigen Stunden erreicht wird. Ohne eine solche Behandlung wird in gewöhnlichem Kalkmörtel meist erst nach Jahrhunderten (z. B. bei Mörtel alter Burgen) eine gewisse chemische Bindung zwischen Kalk und Sand festgestellt.

36.4 Erhärtung von Portlandzement

Im erbrannten Zementklinker liegt der Kalk (CaO) weitgehend in Form von Ca-Salzen der Tonsäuren vor.

Anmerkung:

Chemische Reaktionen, wie die Bildung von Salzen, gehen nicht nur in wässeriger Lösung vor sich, sondern auch im Schmelzfluss bzw. in der Nähe der Schmelztemperatur (bei „Sinterung"), dann ohne eine Vermittlung des Wassers – s. auch Ziff. 24.5).

Die **Hauptbestandteile** des Portlandzementklinkers mit mittlerem Kalkgehalt, sind:

Formel	Bezeichnung	Kurzbezeichnung
$3\,CaO \cdot SiO_2$	Tricalciumsilicat	C_3S, auch A-lit genannt;
$2\,CaO \cdot SiO_2$	Dicalciumsilicat	C_2S, auch B-lit genannt;
$2\,CaO \cdot (Al_2O_3 \cdot Fe_2O_3)$	Calciumaluminatferrit	$C_2(A, F)$, auch C-lit genannt;
$3\,CaO \cdot Al_2O_3$	Tricalciumaluminat	C_3A

Nebenbestandteile sind Restmengen an freien Tonsäuren sowie geringe Gehalte an freiem CaO, MgO und Alkaliverbindungen, letztere je nach Alkaligehalt der Ausgangsstoffe.

Bei Normaltemperatur sind die **kalkreichen Silicate** des Zements **nicht beständig**, sie sind bestrebt, sich in **kalkarme** umzulagern, da dieser Zustand **energieärmer** ist als die Zustandsform der kalkreichen Ca-Salze.

Da der erbrannte Portlandzementklinker ziemlich rasch abgekühlt wird, kann eine Umlagerung während des Abkühlens nicht mehr erfolgen. Bei Normaltemperatur sind die Moleküle nicht mehr beweglich genug um reagieren zu können. Erst **Wasser** (als Zugabewasser oder Luftfeuchtigkeit) ermöglicht durch Beweglichmachung der Moleküle eine **hydraulische Umlagerung**. Aus gleicher Ursache sind die Aluminate und Ferrite bestrebt, bei Wassereinwirkung in ihre Hydrate überzugehen.

Vereinfachtes, **allgemeines Schema** der **hydraulischen Umlagerung**

> A. **Kalkreiche** Silicate + Zugabewasser ⟶
>   1. kalk**arme** Silicathydrate + $Ca(OH)_2$
>   2. $Ca(OH)_2$ + freie Tonsäuren = kalk**arme** Salzhydrate
> B. **Kalkreiche** Aluminate und Ferrite + Zugabewasser ⟶
>   kalk**reiche** Aluminathydrate bzw. Ferrithydrate

Durch die hydraulische Umlagerung entstehen unterschiedlich zusammengesetzte Hydrate von Ca-Silicaten und -aluminaten bzw. -aluminatferriten, die im Zuge des Erhärtungsvorgangs fest miteinander verwachsen, worauf die Härte des schließlich vorliegenden Zementsteins beruht.

Nachstehend beispielhaft ein Schema der hydraulischen Umlagerung des Tricalciumsilicats als Hauptbestandteil des Portlandzements und Hauptträger der Festigkeit des Zementsteins:

Schema der Hydraulischen Umlagerung von **Tricalciumsilicat**

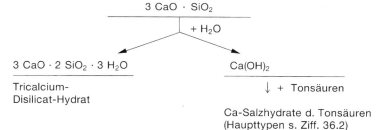

Reaktionsgleichung der 1. Phase:

$2 \, (3 \, CaO \cdot SiO_2) + 6 \, H_2O \longrightarrow 3 \, CaO \cdot 2 \, SiO_2 \cdot 3 \, H_2O + 3 \, Ca(OH)_2$

100 Gew.-Teile $3 \, CaO \cdot SiO_2$ binden somit rd. 24 Gew.-Teile Wasser.

Es entstehen rd. 75 Gew.-Teile Tricalcium-Disilicat-Hydrat und

rd. 49 Gew.-Teile Calciumhydroxid.

Das Mol-Verhältnis $CaO/SiO_2/H_2O$ variiert vielfach je nach vorliegenden Reaktionsbedingungen, u. a. spielt hierbei auch die jeweils verfügbare Anmachwassermenge eine Rolle.

Die hydraulische Umlagerung des **Dicalciumsilicats** verläuft nach gleichem Schema etwa wie folgt:

$$2\,(2\,CaO \cdot SiO_2) + 4\,H_2O \longrightarrow 3\,CaO \cdot 2\,SiO_2 \cdot 3\,H_2O + Ca(OH)_2$$

100 Gew.-Teile $2\,CaO \cdot SiO_2$ binden rd. 21 Gew.-Teile Wasser.

Es entstehen rd. 100 Gew.-Teile Dicalciumsilicat-Hydrat und

rd. 21 Gew.-Teile Calciumhydroxid.

Anmerkung:

Die Hydratation durchläuft verschiedene Phasen und ist vorstehend grob vereinfacht dargestellt. Man hat Hydratationsphasen des A-lits und B-lits eine Ähnlichkeit mit dem natürlichen Mineral **Tobermorit** zugeschrieben, was jedoch nicht gerechtfertigt zu sein scheint. Die Hydratationsprodukte erreichen nämlich trotz einer gewissen Polysilicatbildung nicht die Struktur der natürlichen Tobermorite (hochmolekulare Polysilicate mit Doppelkettenstruktur – siehe Ziff. 32.3.2).

Tricalciumaluminat geht im Zuge der Hydratation über Zwischenstufen (meist $4\,CaO \cdot Al_2O_3 \cdot 19\,H_2O$) in $4\,CaO \cdot Al_2O_3 \cdot 13\,H_2O$ über. **Calciumaluminatferrit** lagert sich im Zuge der Hydratation in gleichartige Verbindungen um, wobei ein Teil des Al_2O_3 durch Fe_2O_3 ersetzt wird. (Näheres siehe Fachliteraturverzeichnis).

Der ausgehärtete **Zementstein** besteht somit aus weitgehend auskristallisierten und ineinander verwachsenen Ca-Salz-Hydraten vom Typus des $3\,CaO \cdot 2\,SiO_2 \cdot 3\,H_2O$ und Ca-Aluminat-Hydraten bzw. -aluminatferrit-Hydraten, die auch wenig übersichtliche Mischkristalle bilden. Auch amorphe Anteile enthält der Zementstein, vorwiegend aus Kieselsäure- und Tonerdegel bestehend, sowie Calcium-Hydroxid ($Ca(OH)_2$), das durch „Carbonatisation" (s. Ziff. 35) allmählich in überwiegend kristallines $CaCO_3$ übergeht.

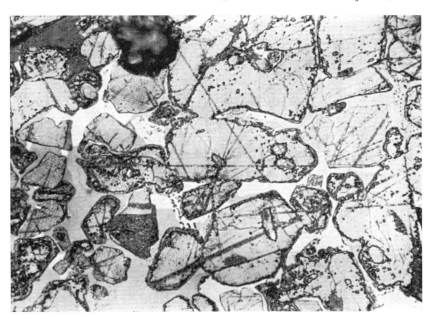

Abb. 42: Zementklinker.
Anschliff, geätzt mit einprozentiger Borsäurelösung, Vergrößerung: 500fach.
Tricalciumsilicat(C_3S)-Kristalle, großflächige Querschnitte z. T. unregelmäßig sechseckig; dunkelgraue Ränder der C_3S-Kristalle besetzt mit Dicalciumsilicat (C_2S); zwischen den C_3S-Kristallen mittelgrau, ohne Relief – Tricalciumaluminat (C_3A) und weiß – Tetracalciumaluminatferrit (C_4AF).
Von Dr. W. Kramer, Forschungsinstitut f. Hochofenschlacke, Rheinhausen, zur Verfügung gestellt.

An Dünnschliffen hergestellte **Mikroaufnahmen** lassen deutlich erkennen, dass das **Zementsteingefüge** aus einer Unzahl winziger Kristalle, die ineinander verwachsen und durch amorphe Anteile verkittet sind, besteht–durchsetzt von einer Unzahl „mikrorissiger" Zwischenräume und auch sogenannten Wasserporen.

Diese Zwischenräume sind die Ursache der **„Kapillarität"** (des kapillaren Wassersaugvermögens) des anorganischen Bindemittelsteins. Sie entstehen einerseits durch die Schrumpfung der frischen „Zementpaste" infolge Wasseraufnahme (Hydratation) der feingemahlenen Zementkörnchen, andererseits dadurch, dass nur ein Teil des Anmachwassers chemisch gebunden wird, während der übrige Wasseranteil im Zementmörtel bzw. Beton in kleinen Hohlräumen verbleibt, die miteinander in Verbindung stehen.

Nach Verdunsten des überschüssigen Anmachwassers, auf das im Interesse einer guten Verarbeitbarkeit bzw. Verdichtbarkeit des Betons nicht verzichtet werden kann, sind die Hohlräume luftgefüllt. Bei Einwirkung von Wasser wird dieses in die Hohlräume wieder weitgehend „kapillar" eingesaugt usw. (s. auch Ziff. 70.4).

Was ist das „Erstarren" (früher: „Abbinden") eines Zementmörtels?

In der Baupraxis unterscheidet man zwischen einem „Erstarren" des Zements und der sich anschließenden **„eigentlichen Erhärtung"**, die mit einer Wärmetönung (Reaktionswärme des Zements im Durchschnitt 420 kJ/kg) verbunden ist.

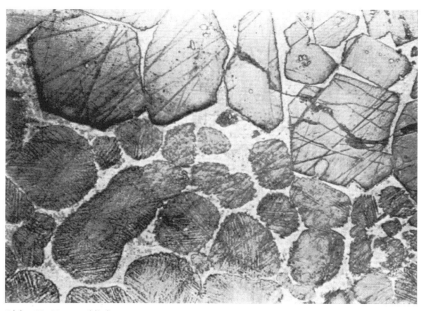

Abb. 43: Zementklinker.
Anschliff, geätzt mit einprozentiger Borsäurelösung, Vergrößerung: 700fach.
In der oberen Bildhälfte: Tricalciumsilicat(C_3S)-Kristalle; charakteristisch sind starkes Relief und die unregelmäßig sechseckigen Kristallquerschnitte.
In der unteren Bildhälfte: Dicalciumsilicat(C_2S)-Kristalle; charakteristisch die Streifung durch ein oder mehrere Lamellensysteme und die abgerundeten Kristallquerschnitte.
Die Grundmasse zwischen den C_3S- und C_2S-Kristallen besteht aus Tricalciumaluminat (C_3A), hellgrau ohne Relief und Tetracalciumaluminatferrit (C_4AF), weiß ohne Relief.
Von Dr. W. Kramer, Forschungsinstitut f. Hochofenschlacke, Rheinhausen, zur Verfügung gestellt.

36 Erhärtungsreaktionen hydraulischer Baubindemittel

Die Verfestigung (Erhärtung) eines Zementmörtels setzt sich aus folgenden Vorgängen zusammen:

- **„Anziehen"** z. B. eines Putzmörtels infolge eines gewissen Wasserabsaugens durch den Untergrund;
- weiterer Wasserentzug durch die Zementpartikelchen infolge Einsetzens der chemischen Wasserbindung (Hydratation), der auch als **„inneres Wasserabsaugen"** bezeichnet wird;
- gelartige Neubildungen als Folge der Hydratation, die vom Rande der Zementkörnchen aus allmählich nach innen fortschreitet; dadurch erfolgt eine allmählich zunehmende **gelartige Ansteifung,** schließlich Verfestigung des gesamten Mörtels (vgl. Feststellung des „Erstarrungsbeginns" und „Erstarrungsendes" lt. DIN 1164);
- weitgehende **Auskristallisation** der Salzhydrate aus der gelartigen Masse, wodurch die eigentliche Erhärtung erreicht wird, die mit einer deutlichen „Wärmetönung" verknüpft ist.

Diese Wärmetönung macht sich in einer meist stoßartig verlaufenden Temperaturerhöhung – des im Anfangszustand der Erhärtung befindlichen Betons ab etwa 8 bis 12 Stunden nach – Betonbereitung bemerkbar. (Diese Kenntnis ist u. a. für den Winterbau wichtig, bei welchem eine „Unterkühlung" des erhärteten Betons unter + 4 °C zuverlässig zu vermeiden ist – s. a. Ziff. 36.5).

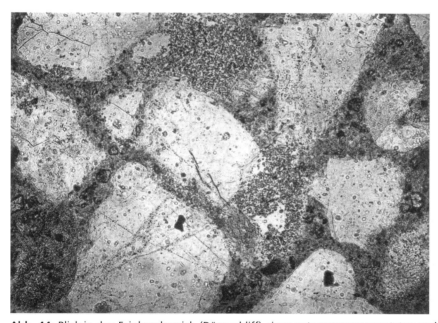

Abb. 44: Blick in den Feinkornbereich (Dünnschliff) eines gut zusammengesetzten und verdichteten Betons (Zementgehalt rd. 300 kg/m³, Sieblinie bei B lt. DIN 1045).
Große helle Flächen: Zuschlagstoffanteile,
Graue körnige Masse: Zementstein,
Im Zementstein: Wasserporen (hell)
Mikrofoto des Verfassers, Vergrößerung ca. 60fach.

Die schnelle Entwicklung der relativ hohen Festigkeit des Portlandzementsteins ist im Wesentlichen der Verbindung Tricalciumsilicat zu verdanken.

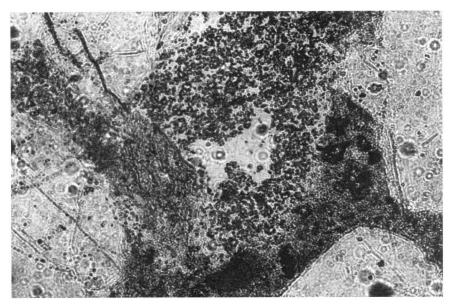

Abb. 45: Vergrößerter Ausschnitt aus Abb. 44: Das „mikrorissige" Gefüge des Zementsteins ist deutlich erkennbar; eine Wasserpore, die im lufttrockenen Zustand des Betons luftgefüllt ist, ist im Querschnitt zu sehen. (Vergrößerung ca. 160fach).

Gemäß empirischer Ermittlung nimmt Portlandzement bis zur vollständigen Aushärtung des Zementsteins im Mittel **25 Gew.-% Wasser** auf. Bei der chemischen Bindung des Wassers ist eine Volumenkontraktion um etwa 1/4 seines Ausgangsvolumens in Rechnung zu setzen. Unter Einbeziehung des Zementanteils beträgt die sogenannte **„Schrumpfung"** des Gesamtvolumens der „Zementpaste" durch die chemische Wasserbindung im Mittel etwa **6 Vol.-%**.

Schwinden und **Quellen** von Beton oder Zementmörtel sind auf Volumenänderungen des Zementsteins zurückzuführen.

Ein Schwinden wird im Zuge der Erhärtung und Lufttrocknung des Zementsteins festgestellt. Man unterscheidet einen irreversiblen und einen reversiblen Teil der Schwindung. Durch Feuchtlagerung lufttrockenen Zementsteins wird eine Quellung bewirkt, d. h. ein Teil der Schwindung wird wieder rückgängig gemacht. Im Mittel beträgt der „reversible" Teil der Schwindung etwa 50 bis 80 % des irreversiblen Teils. Bei langzeitiger Wasserlagerung kann jedoch die Quellung das Ursprungsvolumen überschreiten.

Das Ausmaß der Schwindung hängt von vielen Faktoren, u. a. Zusammensetzung des Zements, Mahlfeinheit, Wasserzementwert, Zeitpunkt der Trocknung in Bezug auf den erreichten Erhärtungszustand, Geschwindigkeit der Austrocknung usw. ab. Im Allgemeinen ist das Schwinden – bei sonst gleichbleibenden Bedingungen – um so größer, je größer die Gesamtoberfläche der Hydratationsprodukte ist. Tricalciumsilicatreicher Zement schwindet weniger als Zement, der reich an Dicalciumsilicat und Aluminat ist.

Feingemahlene Zemente führen gleichfalls – offenbar nicht nur wegen ihres höheren Zugabewasseranspruchs – zu einem stärkeren Schwinden als grob gemahlene Zemente.

36 Erhärtungsreaktionen hydraulischer Baubindemittel

Eine künstliche Vergröberung der Feinstruktur des Zementsteins ist durch eine **Druckdampfbehandlung** erzielbar. Sie führt insbesondere bei Leichtbetonfertigteilen zu einer deutlichen Minderung des Schwindens.

Die **reversible** Schwindung lässt im Laufe der Jahre merklich nach, was im Wesentlichen auf eine Strukturvergröberung (u. a. Ausbildung relativ grabkristallinen Calciumcarbonats – s. u.) zurückzuführen sein dürfte.

Die **irreversible** Schwindung wird jedoch bei Beton, der mit Luft in Berührung steht, allmählich **verstärkt**. Ursache ist nach dem heutigen Stande der Wissenschaft die Einwirkung der Luftkohlensäure, die zur „**Carbonatisierung**" des Zementsteins führt.

Bei Einwirkung von Kohlendioxid (CO_2) der Luft und Feuchtigkeit wird bekanntlich Kohlensäure gebildet (s. z. B. Erhärtung von Kalk – Ziff. 35). Diese führt einerseits das im Zuge der hydraulischen Umlagerung abgespaltene Calciumhydroxid (sofern dieses nicht anderweitig gebunden wird) in Calciumcarbonat über:

$$Ca(OH)_2 + CO_2 + H_2O \longrightarrow CaCO_3 + 2\,H_2O$$

Andererseits werden auch Hydratationsprodukte, wie Calciumsilicathydrate, durch Kohlensäure angegriffen:

$$3\,CaO \cdot 2\,SiO_2 \cdot 3\,H_2O + 3\,CO_2 \longrightarrow 3\,CaCO_3 + 2\,SiO_2 + 3\,H_2O$$

Unter Strukturvergröberung (s. o.) sind diese Vorgänge mit einer Schwindung verknüpft.

Die Carbonatisierung hängt vom Feuchtigkeitsgehalt des Betons und auch von dessen Porosität ab. Beton kann an **trockener** Luft infolge Abwesenheit von (kohlensäurebildendem) Wasser kaum carbonatisieren. Dieser Umstand ist für **Stahlbeton** von Bedeutung, da die Carbonatisierung für die Korrosionsbeständigkeit der Stahlbewehrung von Nachteil ist (s. Ziff. 55). Beton unter Wasser kann infolge des weitgehenden Luftabschlusses gleichfalls kaum durchcarbonatisieren, doch wird aus diesem – soweit kein **hydrophobierter Sperrbeton** vorliegt – das korrosionshemmende $Ca(OH)_2$ allmählich ausgewaschen (s. a. Ziff. 70.4).

Mit **Kriechen** eines Betons wird die Erscheinung einer plastischen Verformung unter Dauerlasteinwirkung bezeichnet. Eindeutig liegt diesem die plastische Verformbarkeit des Zementsteins zugrunde.

Ursache und Gesetzmäßigkeiten des Kriechens sind bis heute nicht eindeutig geklärt. Aus Erfahrung ist bekannt, dass das Kriechen mit zunehmendem Betonalter abnimmt und dass es sowohl im **ständig wassersatten** wie auch **ständig lufttrockenen** Beton nur schwach in Erscheinung tritt. Da das Kriechen in feuchtem oder öfter durchfeuchtetem Beton am stärksten in Erscheinung tritt, dürfte die Annahme, dass das Kriechen auf Verlagerung von gebundenem Wasser in feuchten Zementgelen unter Druckeinwirkung zurückzuführen ist, weitgehend zutreffen. (Nach Entlastung „federt" das abgedrängte Wasser dann wieder weitgehend auf den alten Platz zurück.) Zur weitgehenden **Hemmung eines Kriechens** wird man daher neben der Sicherstellung einer guten Festigkeit dafür Sorge tragen, dass erstellte Betonbauteile nach Erhärtung an der Luft trocknen und nachträglich nicht mehr durchfeuchtet werden können.

Ein **Verdursten**, d. h. ein übermäßiger Wasserentzug eines erhärtenden Zements durch Verdunsten, bringt auch bei nachträglicher Nässung die Erhärtung zum Erliegen, da ein auch nur vorübergehendes Fehlen des Wassers den Kristallisationsprozess empfindlich stört (s. Abb. 46 bis 48).

36.5 Beeinflussung des Ablaufs der hydraulischen Erhärtung

Die hydraulische Erhärtung unterliegt den für chemische Reaktionen allgemein gültigen Gesetzen. Im Gegensatz zu der „Carbonatisierung" des Kalks ist die Geschwindigkeit des Ablaufs zudem durch besondere Zusätze regulierbar.

Abb. 46: Frischbeton wird bei starker Sonneneinstrahlung abgedeckt (auf dem Bild mit leeren Zementsäcken), um eine Erstarrungsbeschleunigung in der Oberflächenschichte des Betons durch Erwärmung zu unterbinden (andernfalls besteht die Gefahr von Schwindrissbildungen in der Betonoberschicht).

Abb. 47: Zusätzlich zu der Abdeckung des Frischbetons gegen eine Sonneneinstrahlung wird an heißen Tagen eine Kühlung durch Wasseraufsprühen auf das Abdeckmaterial vorgesehen, wodurch gleichzeitig ein zu starkes Verdunsten des Anmachwassers aus der Oberflächenschicht des Betons verhindert wird.

36 Erhärtungsreaktionen hydraulischer Baubindemittel

Eine Übersicht über die Beeinflussung des Ablaufs der hydraulischen Umlagerung gibt nachstehende Tabelle:

Beschleunigung	Verzögerung
Wärme (s. Abb. 46)	Kälte (s. Abb. 47)
große Reaktionsoberfläche (Feinmahlung)	kleine Reaktionsoberfläche (grobe Mahlung)
Zusätze an beschleunigend wirkenden Salzen, wie z. B. $CaCl_2$, Na_2CO_3; (s. Abb. 48)	Zusätze an verzögernd wirkenden Stoffen, wie z. B. $CaSO_4$ (Gipsstein, Anhydrit), organische Stoffe, wie Humussäuren, Zucker: Phosphorsäure, u. a.

Bei den beschleunigenden Zusätzen ist zu beachten, dass Chloride die Korrosion von Stahleinlagen des Betons zu fördern vermögen (s. Ziff. 54.3), wogegen alkalische Zusätze, wie Na_2CO_3, weißliche Ausblühungen und Festigkeitsminderung verursachen können.

Verzögernde Zusätze werden in der Baupraxis insbesondere bei größeren Betonwerken z. B. zur Sicherstellung einer plastischen Verformbarkeit des Betons bis ca. 24 Stunden nach Anmachen angewandt, jedoch erfordert ihre Anwendung zur Vermeidung einer zu starken Verzögerung eine besondere technische Erfahrung sowie die jeweilige Durchführung eines Vorversuchs mit dem zur Anwendung vorgesehenen Zement bei voraussichtlicher Baustellentemperatur (s. a. Ziff. 70.3).

Für die Baupraxis ist von Bedeutung, dass die hydraulische Erhärtung durch niedrige Temperaturen so stark gehemmt wird, dass sie bereits bei **+ 4 °C** praktisch zum **Erliegen** kommt. Bei 8 – 10 °C verläuft die hydraulische Erhärtung nur etwa halb so schnell wie bei 18 – 20 °C. Die **Frühfestigkeiten** des bei niedrigen Temperaturen erhärtenden hydraulischen Bindemittels sind daher wesentlich niedriger als bei Erhärtung unter Normaltemperatur.

Zur **Erstarrungsregulierung** (Sicherstellung eines „Erstarrens" nicht vor Ablauf einer Stunde nach Anmachen) wird dem Portlandzementklinker bis 5 % Gipsstein oder Anhydrit zugemahlen. Man deutet die Hemmung eines vorzeitigen Ansteifens des Frischbetons durch eine Blockierung des im Erstarren „vorpreschenden" Aluminatanteils des Portlandzements durch den Gipssteinzusatz wie folgt:

$$3\,CaO \cdot Al_2O_3 + 3\,CaSO_4 + 32\,H_2O \longrightarrow \underset{\text{Ettringit}}{3\,CaO \cdot Al_2O_3 \cdot 3\,CaSO_4 \cdot 32\,H_2O}$$

100 Gew.-Teile Gipsstein (als $CaSO_4$ gerechnet) binden rd. 66 Gew.-Teile $3\,CaO \cdot Al_2O_3$ und 137 Gew.-Teile Wasser zu der komplexen Verbindung Tricalciumsulfaluminathydrat (Mineralbezeichnung: Ettringit).

Das Trisulfat bildet an der Oberfläche der Zementpartikelchen einen dünnen, kristallinen Überzug aus, durch welchen die Hydratation der Zementpartikelchen eine Verzögerung erfährt.

In der Baupraxis hat man allerdings die Erfahrung gemacht, dass das erwähnte vorzeitige Ansteifen bzw. Erstarren des Aluminatanteils durch den dem Zement beigemahlenen Zusatz an Gipsstein oder Anhydrit nicht immer ausreichend abgeblockt werden konnte. Insbesondere bei höheren Verarbeitungstemperaturen (als 18 – 20 °C Normentemperatur) trat sowohl bei Beton als auch bei Zementmörtel oft ein vorzeitiges Ansteifen auf, das erhebliche Mängel (z. B. Verdichtungsmängel, Rohrverstopfer bei Pumpbeton, Rissebildungen bei Betonböden bzw. Zementestrichen) verursachte.

Abb. 48: Ausbesserungsarbeiten mit Zementmörtel an Beton (z. B. nach Abbrennen von Rödeleisen) werden zur Vermeidung eines Verdurstens des Zementmörtels mit einem die Zementerhärtung beschleunigenden Zusatz durchgeführt.
(Die Ausbesserungsstelle wurde zuvor vorgenässt.)

Ein in dieser Weise vorzeitig angesteifter Zement- oder Zementmörtelbrei wird wieder weich, wenn man eine Probe gut durchrührt. Daher spricht man in der Regel von einem **„falschen oder thixotropen Ansteifen bzw. Erstarren"**. Durch die Prüfung auf Erstarren lt. DIN 1164 lässt sich das „thixotrope Ansteifen" (oder „falsche Erstarren") nicht erkennen. Der Verfasser hat in Anlehnung an die in den USA eingeführte Prüfung lt. ASTM C 359-56 T eine etwas vereinfachte **Prüfung** auf **„thixotropes Ansteifen"** ausgearbeitet (s. Ziff. 105).

36.6 Erhärtung von Portlandhütten- und Hochofenzement

Diese Normenzemente enthalten neben Portlandzementklinker als Erhärtungsträger sogenannte **„latent hydraulische Stoffe"**, wie zum Beispiel Hüttensand (alte Bezeichnung „basische granulierte Hochofenschlacke"). Diese enthalten kalkarme Silicate und -aluminate, die nur eines Anstoßes (einer „Erregung") bedürfen, durch welchen ihr latentes (verstecktes) Erhärtungsvermögen ausgelöst wird.

Der Anteil an Portlandzementklinker erhärtet, wie in Ziff. 36.4 dargelegt wurde und ist zugleich als „Erreger" der latent hydraulischen Zumahlung (s. o.) wirksam, die gleichfalls eine hydraulische Umlagerung erfährt (s. auch Ziff. 33.4).

Vereinfachtes Erhärtungsschema (am Beispiel des Di-Ca-Silicats):

$$2\,(2\,CaO \cdot SiO_2) + 4\,H_2O + \text{Erreger} \longrightarrow 3\,CaO \cdot 2\,SiO_2 \cdot 3\,H_2O + Ca(OH)_2$$

$$\downarrow \begin{array}{l}+ \text{Tonsäuren} \\ + H_2O\end{array}$$

Tri-Ca-Disilicat-Hydrat. (kristallisiert weitgehend aus)   Calciumsalzhydrate der Tonsäuren (s. Ziff. 36.2)

Aluminate und Ferrite der latent hydraulischen Stoffe lagern sich in gleichartiger Weise, wie bei Portlandzement angegeben, hydraulisch um.

Da diese Erhärtungsreaktion wesentlich langsamer verläuft, als die des Portlandzements, resultiert eine niedrigere Wärmetönung. Diese Zemente, vor allem Hochofenzemente, werden daher bevorzugt im **Massenbetonbau** eingesetzt. Auch bei Vorliegen **aggressiver Einwirkungen** – in Anbetracht des geminderten Kalkgehalts des Betons – werden diese bevorzugt angewendet (s. Ziff. 39.3).

36.7 Portlandpuzzolan- und Portlandflugaschenzemente

Im Rahmen der Zementherstellung wird von natürlichen Puzzolane vorwiegend **Trass** eingesetzt. Aufgabe der Puzzolanzumahlung soll eine **Bindung** des im Zuge der hydraulischen Umlagerung in Freiheit gesetzten $Ca(OH)_2$ sein. Durch die träge verlaufende Einbindung des Puzzolananteils wird eine Streckung der Wärmetönung erzielt. Auch eine Erhöhung der Gefügedichte wird meist festgestellt.

Auch bei Einsatz von geeigneten **Steinkohleflugaschen** wurden sehr gute Ergebnisse erzielt (s. z. B. Lit. VI/3). Diese müssen allerdings, als Zementanteil angewendet, frei von schädlichen Anteilen sein. Bei Anwendung puzzolanhaltiger Zemente ist jedoch darauf zu achten, dass durch den Puzzolangehalt **nicht der karbonatisierungsinduzierten Korrosion** der Stahlbewehrung **Vorschub** geleistet wird. Es ist daher sicherzustellen, dass ein ausreichender Anteil des im Zuge der hydraulischen Umlagerung freigesetzten $Ca(OH)_2$ zu einem langzeitigen **Passivierungsschutz verbleibt.**

36.8 Tonerdeschmelzzement

Auch der Tonerdeschmelzzement erhärtet durch hydraulische Umlagerung. Sein Hauptbestandteil ist **Monocalciumaluminat** $CaO \cdot Al_2O_3$.

Die hydraulische Umlagerung erfolgt in ähnlicher Weise wie bei Portlandzement angegeben, sie verläuft sehr intensiv, unter raschem Freiwerden einer erheblichen Reaktionswärme.

Ein erheblicher Mangel der Tonerdeschmelzzemente ist der Umstand, dass insbesondere bei höheren Erhärtungstemperaturen instabile Erhärtungszwischenprodukte entstehen können, die durch nachträgliche Umlagerung in einen stabilen Endzustand innerhalb von 1 – 3 Jahren zu Festigkeitsrückgängen bis zu rd. 50 %, zu einem nachträglichen Schrumpfen, Rissbildung u. ä. führen können. Die Zulassung des Tonerdeschmelzzements lt. DIN 1045 für die Herstellung von Stahlbeton ist zurückgezogen worden.

Im Verlauf der hydraulischen Umlagerung bildet sich aus dem Monocalciumaluminat (CA) vorwiegend Dicalciumaluminatseptahydrat ($C_2A \cdot 7\ H_2O$), daneben andere Aluminathydrate und Aluminiumhydroxid, welcher Vorgang in etwa wie folgt darzustellen ist:

$$2\ (CaO \cdot Al_2O_3) + 10\ H_2O \longrightarrow 2\ CaO \cdot Al_2O_3 \cdot 7\ H_2O + Al_2O_3 \cdot 3\ H_2O$$

(Zur Vertiefung s. Lit. VI/ 1, 3 u. 5).

Ein zu der benannten Festigkeitsminderung führender Umkristallisationsvorgang ist nachstehender:

2 CaO · Al$_2$O$_3$ · 7 H$_2$O ⟶   3 CaO · Al$_2$O$_3$ · 6 H$_2$O
Dicalciumaluminatseptahydrat   Tricalciumaluminathexahydrat
hexagonales Kristallsystem   reguläres (kubisches) Kristallsystem

Bei der Anwendung von Tonerdeschmelzzement sollte daher auf **niedrige** Erhärtungstemperaturen (unter etwa 25 °C einschl. Wärmetönung!) geachtet werden.

Tonerdeschmelzzement wird heute z. B. im Ofenbau zur Herstellung **feuerfester Mörtel** angewandt. Ein Erhitzen führt durch Austreiben des Hydratwassers zwar zu einer Festigkeitseinbuße, doch nicht zum Zerfall des Zementsteins. Bei Anwendung geeigneter Zuschlagstoffe kann die hydraulische Bindung durch eine keramische Bindung ersetzt werden, so dass Mörtel dieser Art Gebrauchstemperaturen bis ca. 1600 °C auszuhalten in der Lage sind.

Gemische von Tonerdeschmelzzement mit Kalkhydrat oder Portlandzement führen zu **Schnellbindern** von meist mäßiger Endfestigkeit. Eine **unbeabsichtigte Mischanwendung** von Tonerdeschmelzzement ist daher unbedingt zu **vermeiden**!

37 Erhärtungsreaktion von Gips und Anhydrit und ihre Beeinflussung

Wird Gipsstein, das Ausgangsmaterial für die Herstellung der Baugipse, auf 120 – 180 °C erhitzt („Gipskochen" infolge des stoßartig entweichenden Wasserdampfes), erhält man den Stuckgips:

$$CaSO_4 \cdot 2\ H_2O \longrightarrow CaSO_4 \cdot 0{,}5\ H_2O + 1{,}5\ H_2O \uparrow$$

Halbhydrat   Stuckgips

Nach Einstreuen in Wasser erhärtet Stuckgips bereits nach durchschnittlich 30 Minuten, indem Auskristallisation zu Gipsstein erfolgt.

Erhitzt man den Gipsstein auf ca. 500 – 600 °C, liegt völlig entwässertes Calciumsulfat (CaSO$_4$) vor, das praktisch kein Erhärtungsvermögen zeigt („Totgebrannter" Gips). Durch weiteres Erhitzen auf ca. 1000 °C wird „Estrichgips" erhalten. Dieser enthält einige Prozent (meist 4 – 5 %) CaO, das durch Zersetzung eines Teils des CaSO$_4$ entstanden ist:

$$CaSO_4 \longrightarrow CaO + SO_3 \uparrow$$

Der Estrichgips zeigt ein gutes Erhärtungsvermögen (Verarbeitungszeit ca. 4 Stunden nach Anmachen), er kristallisiert gleichfalls zu Gipsstein (CaSO$_4$ · 2 H$_2$O) in einer feinkristallineren (härteren) Struktur als Stuckgips aus. Das im Estrichgips sehr fein verteilte CaO wirkt als Erhärtungsanreger.

Die Erhärtung von Gips ist unmittelbar nach Auskristallisation des CaSO$_4$ · 2 H$_2$O abgeschlossen (bei Stuckgips beispielsweise durchschnittlich bereits nach etwa 30 Minuten nach Anrühren), so dass die Gefahr eines Verdurstens bei Gips praktisch nicht vorliegt. Die volle Härte wird jedoch erst nach Abtrocknung des Gipsputzes erreicht, da Gips zwar schwer löslich, aber doch deutlich **wasserlöslich** ist (bei 18 °C werden **2,01 g Gips** von 1 l Wasser gelöst).

Der Ablauf der **Gipserhärtung** lässt sich wie folgt beeinflussen:

Beschleunigung	Verzögerung
Wärme	Kälte
Zusätze an beschleunigenden Salzen, wie z. B. Glaubersalz, Na_2SO_4 (bei Estrichgips)	Zusätze zum Wasser, wie Leim, Dextrin, Zucker, Alaun, Wasserglas, Kalkmilch u. a. (insbesondere bei Stuckgips)

Anhydrit ($CaSO_4$) wird durch Zumahlung von Erregern (z. B. rd. 3 % Aluminium- und/oder Eisensulfat) zu einem Bindemittel (Anhydritbinder lt. DIN 4208). Die Erhärtung beruht gleichfalls auf einer Auskristallisation zu Gipsstein.

Gips und Anhydrit dürfen nur für Bauteile Anwendung finden, die **dauernd** trocken bleiben. Eine **Volumenvergrößerung** bis rd. **0,7 %** im Zuge der Erhärtung ist zu beachten.

(Chemische Prüfungen s. Ziff. 95)

38 Magnesiabinder – Wesen und Erhärtung

Magnesiabinder (Steinholzbindemittel) wird durch Mischen von äquivalenten Mengen Magnesia (MgO) und Magnesiumchlorid ($MgCl_2$) erhalten. Im Verlauf von einigen Stunden erhärtet dieses Gemenge zu einer harten, weißen, polierfähigen Masse.

Das Erhärtungsprodukt ist ein wenig erforschtes Gemenge von Magnesiumhydroxidchloriden etwa der Zusammensetzung $MgCl_2 \cdot 5\, Mg(OH)_2 \cdot 7\, H_2O$. Ein Überschuss an $MgCl_2$ verursacht Hygroskopizität (Feuchtwerden z. B. eines Steinholzestrichs durch Anziehen von Feuchtigkeit aus der Luft – s. a. Ziff. 23), zu wenig $MgCl_2$ einen porösen Estrich von geringer Festigkeit.

Anstelle von $MgCl_2$-Lösung wird auch $MgSO_4$-Lösung angewandt, bei welcher die Gefahr einer Hygroskopizität erheblich geringer ist. Dieser Binder hat sich u. a. zur Herstellung von Holzwolleleichtbauplatten bewährt.

(Chemische Prüfungen a. Ziff. 96)

C Schädigungsreaktionen bei Einwirkung von Feuchtigkeit, aggressiven Wässern, Böden, Dämpfen u. a. und mögliche chemische Gegenmaßnahmen

39 Schädigungsreaktionen bei Kalkmörtel, Zementmörtel und Beton

39.1 Arten der Schädigung von Mörtel und Beton

Erhärteter Mörtel und Beton unterliegen vielseitigen Einflüssen. Wasser wirkt einerseits physikalisch lösend, andererseits bringt es chemisch wirksame Anteile heran, oder es löst durch seine vermittelnde Wirkung chemische Vorgänge aus. Auch Dämpfe können chemisch schädigend wirken, wenn gleichzeitig Feuchtigkeit vorhanden ist (ein SO_2-Anteil der Luft bildet beispielsweise mit Feuchtigkeit unter gleichzeitiger Oxidation Schwefelsäure).

Der Bindemittelanteil in Mörtel oder Beton ist in der Regel der am leichtesten angreifbare Anteil, sofern silicatischer Sand bzw. Kies und nicht etwa Kalkstein oder sonstige leicht angreifbare Stoffe als Zuschlagstoff angewandt worden sind.

Die **Arten der Schädigung** von Mörtel und Beton sind

- ein **Herauslösen** von Bindemittel, wodurch Festigkeitsrückgang, Abnehmen der Dichtigkeit u. a. bewirkt werden, oder
- eine **Neubildung** chemischer Verbindungen durch Reaktion von Bindemittelanteilen mit anderen, meist neu hinzugekommenen Stoffen. Besonders gefährlich sind solche Neubildungen, die ein größeres Volumen beanspruchen als die Ausgangsstoffe und zudem auskristallisieren, wodurch es zu einer **Sprengwirkung** kommt, die oft zur Zerstörung ganzer Bauwerke geführt hat.
- Gefügeschädigungen, die durch **schädliche Einschlüsse**, wie Branntkalkkörnchen, Kohle- und Torfpartikelchen usw., verursacht werden können, indem diese unter Wasser- oder Calciumhydroxideinwirkungen ihr Volumen vergrößern und hierdurch **sprengend** wirken (s. Abb. 49).

Zuvor sollen nachstehend chemische Schädigungsreaktionen erörtert werden, die durch **Mängel im Baustoff** selbst zu Schäden an Mörtel oder Beton führen können.

39 Schädigungsreaktionen bei Kalkmörtel, Zementmörtel und Beton

39.2 Chemische Schädigungsreaktionen durch Mängel im Baustoff

39.2.1 Schäden durch mangelhaften Baukalk

Kalk- oder Kalkzementmörtel enthalten nicht selten mangelhaft abgelöschte Stückkalk- oder Feinkalkpartikelchen, die durch nachträgliche Ablöschung nach der Reaktionsgleichung

$$CaO + H_2O \longrightarrow Ca(OH)_2$$

ihr Volumen um etwa rd. 20 % vergrößern und dadurch eine Sprengwirkung verursachen (s. Abb. 49). Besonders augenfällig sind Schäden dieser Art an Putzflächen. Die sich allmählich ausbildenden Aussprengungen, meist von trichterartiger Form, werden allgemein als **„Kalkmännchen"** bezeichnet (s. Abb. 50 u. 51).

39.2.2 Schäden durch mangelhaften Zement

39.2.2.1 Kalktreiben

Enthält ein Zement mehr als rd. 2 Gew.-% freien Kalk (CaO), kann es durch ein nachträgliches Ablöschen gleichfalls zu Treiberscheinungen kommen, die sich bei Zementmörtel und Beton durch Rissebildungen bemerkbar machen. Ein solcher als „Kalktreiber" bezeichneter Zement wird durch den „Kochversuch" (s. DIN 1164) erkannt.

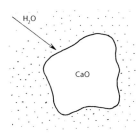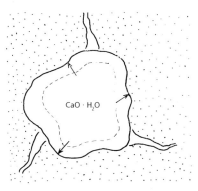

Abb. 49: Schematische Darstellung einer Schädigung durch „Kalktreiben":
links: Nicht abgelöschter Kalkanteil in erhärtendem Mörtel;
rechts: Ein nachträgliches Ablöschen verursacht infolge Volumenzunahme um etwa 20 % eine Sprengwirkung und damit Gefügeschädigung.

Abb. 50: Trichterartige Aussprengung aus einem Kalk-Deckenputz von der Art eines „Kalkmännchens".

Abb. 51: Im Trichtergrund lag das dunkler gefärbte treibende Kalkkorn, das hydraulische Anteile, u. a. Eisen, enthielt. Es ist zum größten Teil auf der Rückseite der Aussprengung (s. Abb.) zu erkennen. (Vergrößerung etwa 1 : 2,8).

39.2.2.2 Magnesiatreiben

Enthält ein Zement mehr als 5 M.-% MgO (lt. DIN 1164 ist ein Höchstgehalt von 5 M.-% zugelassen), kann es durch ein nachträgliches, meist sehr verzögert verlaufendes „Ablöschen" des MgO zu MgO · n H_2O zu einem „Magnesiatreiben" kommen, in der Erscheinungsform ähnlich wie das vorstehend dargestellte Kalktreiben (s. auch Ziff. 39.3.7).

39.2.2.3 Sulfattreiben

Durch einen überhöhten Gipszusatz kann es gegebenenfalls zu Treibreaktionen kommen, wie solche in Ziff. 39.2.3 dargelegt wurden. Feuchtigkeitsgehalt im Beton ist Voraussetzung. Im Allgemeinen verlaufen jedoch diese Reaktionen noch im Frischzustande des Betons, so dass sie unschädlich bleiben (s. auch Ziff. 39.3.4).

39.2.2.4 Alkalitreiben in Verbindung mit alkaliempfindlichem Zuschlagstoff

Vorwiegend im norddeutschen Küstenbereich, auch in Dänemark und den Niederlanden, enthalten natürliche Kiessande oft Mineralanteile mit alkalilöslicher Kieselsäure, wie insbesondere Opal, Opalsandstein, oft auch Flint (Feuerstein) u. a., die in langzeitig **feuchtem Beton** zu allmählich verlaufenden Umsetzungsreaktionen mit alkalihaltigen Zementen führen können, vorwiegend, wenn deren Gesamtalkaligehalt über einem Na_2O-Äquivalent von 0,6 M-% liegt.

Die Umsetzungsprodukte, vorwiegend Alkalisilicat-Hydrate, führen infolge einer erheblichen Volumenzunahme zu Treiberscheinungen **(Treibrissbildungen)**.

Qualitativer Nachweis alkalilöslicher Kieselsäure im Zuschlagstoff siehe Ziff. 87.6.

Vorbeugung: Anwendung eines NA-Zements (siehe Ziff. 33.4 u. Lit. IV/ 1 – 2).

Abb. 52: Dieser Betonbordstein wurde durch „Kalk- und Eisenzerfall" der bei Betonbereitung als Splitt zugesetzten Metallhütten-Hartschlacke allmählich zerstört.

(Zur Vertiefung s. Lit. VI/1, 2 u. 8.)

39.2.3 Schäden durch mangelhaften Zuschlagstoff

Chemische Schädigungen von Mörtel und Beton durch mangelhaften Zuschlagstoff sind häufig anzutreffen, wenn die Normenbestimmungen (s. DIN 4226) bezüglich dessen Reinheit nicht erfüllt sind.

Sulfattreiben ist zu erwarten, wenn der zulässige Sulfatgehalt (angegeben mit 1 % SO_3) überschritten ist (Vorsicht insbesondere bei **Schlacken** als Zuschlagstoff!). Je nach Art der schädlichen Stoffe kommt es zu den gleichen Reaktionen, die vorstehend bereits beschrieben wurden.

Auch kann es bei Schlacken, z. B. Hochofen- oder Metallhüttenschlacken, zu einem „**Kalk- und Eisenzerfall**" kommen, wenn die Schlacke zumindest teilweise einen basischen Charakter und dadurch eine Tendenz zu einer „hydraulischen Umlagerung" (s. Ziff. 36.6) aufweist.

Verunreinigungen, wie Torf- oder Kohlepartikelchen, Stroh, Laub usw., führen insbesondere bei Putzen, speziell wasserdichten Putzen, zu sichtbaren Mängeln, indem unter der Einwirkung der basischen Feuchtigkeit zunächst ein Quellen dieser Teile mit Sprengwirkung und anschließend eine allmähliche Verrottung unter Ausbildung von Undichtstellen zu verzeichnen ist.

39.3 Chemische Schädigungsreaktionen bei Lösungsvorgängen oder Stoffneubildungen (s. Ziff. 39.1 a u. b)

39.3.1 Überblick über schädigende Stoffe

Vor einer Erörterung der wesentlichen, häufigen Schädigungsreaktionen sei zunächst grundsätzlich dargelegt, welche Stoffe Mörtel und Beton in wässeriger Lösung zu schädigen vermögen:

Abb. 53: Kalksinterauswitterungen an einer natursteinverblendeten Beton-Stützmauer.

- sehr **weiches Wasser** wirkt in geringem Maße lösend;
- **Säuren** sind grundsätzlich Schädiger, da diese mit den basischen Bindemittelanteilen (Ca- bzw. Mg-Base) in Reaktion treten.
- **Basen** sind zumindest in verdünnten Konzentrationen nicht schädigend, da die Base Kalk durch andere (verdünnte) Basen nicht angegriffen werden kann.
- **Salze** bzw. Salzlösungen sind schädigend, sofern sie mit Bindemittelanteilen in Reaktion treten können, wie z. B. Sulfate. Letztere sind praktisch ebenso schädigend wie verdünnte Schwefelsäure, da die Sulfationen den schädigenden Anteil darstellen.
- **Ester**, insbesondere pflanzliche und tierische Öle und Fette, wie auch andere organische Stoffe (s. u.) wirken zerstörend, da sie mit den basischen Anteilen von Mörtel und Beton in Reaktion treten.

39.3.2 Schädigung durch sehr weiches Wasser

Bei Einwirkung von Wasser auf Beton wird zunächst das im Zuge der hydraulischen Umlagerung abgespaltene Calciumhydroxid gelöst. Wasser von geringer Härte greift zudem auch die Calciumsalzhydrate des Zementsteins durch hydrolytische Spaltung an. Es bilden sich von der Oberfläche aus zunächst kalkärmere Salzhydrate, unter Abscheidung von Kieselsäure, Tonerde und Eisenhydroxid in Gelform, welche die Betonporen verlegen und dadurch einen weiteren Auslaugungsvorgang hemmen. Frischer Kalkmörtel ist infolge der Löslichkeit des Calciumhydroxids nicht wasserbeständig. Calciumcarbonat dagegen weist nur eine sehr geringe Wasserlöslichkeit auf (13 mg in 1 l Wasser – s. Ziff. 39.3.3).

Natürliche weiche Wässer nehmen aus der Luft Kohlendioxid (unter Kohlensäurebildung) auf, so dass der Angriff durch weiches Wasser meist durch einen Angriff von Kohlensäure (ggf. auch Schwefelige oder Schwefelsäure z. B. aus Rauchgasen – s. Ziff. 39.3.3) überlagert wird.

Abb. 54: Kalksinterauswitterungen an Betonsichtflächen treten an Undichtstellen, wie Nestern und Arbeitsfugen, aus. Sie bilden oft Ablagerungen von mehreren Zentimetern Dicke.

39.3.3 Schädigung durch Kohlensäure

Freie Kohlensäure ist vor allem in weichen Wässern, u. a. auch Regenwasser, vorhanden (s. Ziff. 47, 48), wir finden sie in Oberflächenwässern von Talsperren, in Quellwässern u. a.

Die Art der Schädigung ist ein **Herauslösen** von Bindemittel, von welchem nicht nur Calcium- bzw. Magnesiumcarbonat, sondern auch andere Salze, insbesondere Calciumsilicate, angegriffen werden.

Reaktionsschema:

$$CaCO_3 + CO_2 + H_2O \longrightarrow Ca(HCO_3)_2$$

Calcium-   Calciumcarbonat   hydrogencarbonat

Das praktisch unlösliche Calciumcarbonat (Löslichkeit: 13 mg/l bei 18 °C) wird durch die Einwirkung von Kohlensäure in das erheblich stärker lösliche Calciumhydrogencarbonat (Löslichkeit: 1890 mg/l bei 18 °C) umgewandelt und durch das Wasser abtransportiert.

Tritt die Calciumhydrogencarbonatlösung an die Außenseite von Bauwerken, so verläuft der Lösungsvorgang wieder in umgekehrter Richtung. Mit dem verdunstenden Wasser geht je Molekül Calciumcarbonat ein Molekül Kohlensäure in die Luft, nachdem sich dieses in Kohlendioxid und Wasser gespalten hat. Zurück bleibt das praktisch unlösliche Calciumcarbonat als amorpher Kalksinter, der sich in Form der bekannten „weißen Bärte" abscheidet (s. Abb. 53 u. 54).

$$Ca(HCO_3)_2 \longrightarrow CaCO_3 + CO_2 + H_2O$$

39.3.4 Schädigung durch freie Schwefelsäure und Sulfate

Wie einleitend bereits herausgestellt, ist das Sulfat-Ion der maßgebliche schädigende Anteil. Die Art der Schädigung ist entweder ein **Herauslösen** von Bindemittel durch Abführen von in Lösung bleibenden Reaktionsprodukten mit dem Wasser **oder** eine **Sprengwirkung**, wenn die Reaktionsprodukte zur Auskristallisation gelangen. Im letzteren Falle spricht man vom **„Sulfattreiben"** (s. Abb. 55, 56).

Beispiele für durch SO_4^{2-}-Ion bewirkte Schädigungsreaktionen:

$$CaCO_3 + H_2SO_4 \longrightarrow CaSO_4 + CO_2 + H_2O$$

$$Ca(OH)_2 + Na_2SO_4 \longrightarrow CaSO_4 + 2\,NaOH$$

$$Ca(HCO_3)_2 + Na_2SO_4 \longrightarrow CaSO_4 + 2\,NaHCO_3$$

Kommt das gebildete Calciumsulfat zur Auskristallisation, bindet es je Molekül zwei Moleküle Kristallwasser, wodurch eine **Volumenvermehrung** bewirkt wird:

$$CaSO_4 + 2\,H_2O \longrightarrow CaSO_4 \cdot 2\,H_2O$$

Gipsstein

Vereinfacht lässt sich die Sulfatschädigung mit Gipssteinkristallisation durch eine Ionengleichung darstellen:

$$Ca^{2+} + SO_4^{2-} + 2\,H_2O \longrightarrow CaSO_4 \cdot 2\,H_2O$$

39 Schädigungsreaktionen bei Kalkmörtel, Zementmörtel und Beton

Abb. 55: Putzschädigung durch **Sulfattreiben**. Im Bild ist erkennbar, dass auch ausgebesserte Stellen erneut geschädigt worden sind.

Zur **Sanierung** und zur Verhütung neuer Auswitterungen ist ein weiteres Eindringen von Regennässe in das sulfathaltige Mauerwerk zu unterbinden.

Sanierungsvorgang:
a) Abschlagen des geschädigten Putzes,
b) Hochdruckreinigung des Mauerwerks,
c) Bei trockener Witterung Auftrag eines hydrophobierten Sperrputzes (s. z. B. Ziff. 70.4.2),
d) Wasserdichte Firstabdeckung (mit Traufrillen).

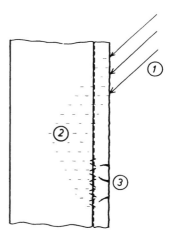

Abb. 56: Schematische Darstellung des Sulfattreibens an einem verputzten Mauerwerk:
Eingedrungene Regenfeuchtigkeit löst im Mauerwerk lösliches Sulfat, die Sulfatlösung sinkt durch die Schwerkraft im Mauerwerk ab und gelangt bei Wiederabtrocknung des Mauerwerks an die Außenfläche, wo sie mit dem Kalk des Putzes unter Bildung von Gips reagiert. Der Gips kristallisiert an der Berührungsfläche von Putz und Mauerwerk aus, was ein Absprengen (zunächst Rissigwerden des Putzes) zur Folge hat.

Versuch:

(Zur Demonstration einer Auskristallisation von Gipsstein – $CaSO_4 \cdot 2\,H_2O$)

Man bereitet eine rd. 10 %ige Natriumsulfatlösung und füllt davon etwa 10 ml in ein Reagenzglas. Nun gibt man 5 bis 6 ml einer 10 – 20 %igen Calciumchloridlösung hinzu und schüttelt um.

Zunächst bleibt das Lösungsgemisch klar, doch allmählich kommt es zu einer kräftigen Auskristallisation von Gipsstein ($CaSO_4 \cdot 2\,H_2O$). Das Einsetzen der Auskristallisation lässt sich durch kräftiges Schütteln (Erschütterungen!) oder Kratzen mit dem Glasstab an der Reagenzglaswandung (innen, in der Lösung) beschleunigen (Verzögerungseffekt, der vielfach das Eindringen von sulfathaltigem Wasser in Beton begünstigt!).

Auf einen Objektträger bringt man einen Tropfen destillierten Wassers auf. Mittels eines Glasstabes mischt man in diesen etwas von dem Kristallbrei aus dem Reagenzglas ein. Nach Auflegen des Deckgläschens betrachtet man die ausgeschiedenen Kristalle unter dem Polarisationsmikroskop. Je nach Versuchsbedingungen wird man Kristalle der in den Abb. 57 und 58 dargestellten Art beobachten können.

Bei Anwesenheit von Tricalciumaluminat im Mörtel bzw. Beton kann es zu einer weiteren Umsetzung des Calciumsulfats zu „**Ettringit**", auch Zementbazillus genannt, kommen:

$$3\,CaO \cdot Al_2O_3 + 3\,CaSO_4 \xrightarrow{H_2O} 3\,CaO \cdot Al_2O_3 \cdot 3\,CaSO_4 \cdot 32\,H_2O$$

Tricalciumaluminat   Tricalciumaluminat-Sulfat-Hydrat
(auch Tricalciumsulfaluminathydrat)

Bei **Ettringit**bildung ist die Volumenzunahme infolge der chemischen Bindung einer außerordentlich großen Wassermenge sehr erheblich. Zudem kristallisiert Ettringit in langen Nadeln aus. Die Sprengwirkung ist **daher sehr stark** (s. Abb. 59, 60).

Geeignete Vorbeugemaßnahmen bei Bauausführung:

- Verwendung eines **SH-Zements** und Erzielung eines hochdichten Betongefüges,
- bei starkem Angriff zusätzlich Unterbindung eines Eindringens von aggressiver Nässe durch geeignete Maßnahmen.

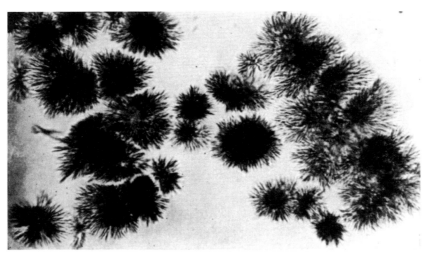

Abb. 57: Gipsrosetten, aus stark gesättigter Gipslösung auskristallisiert. Vergrößerung: 500fach.
Von Dr. W. Kramer, Forschungsinstitut f. Hochofenschlacke, Rheinhausen, zur Verfügung gestellt.

39 Schädigungsreaktionen bei Kalkmörtel, Zementmörtel und Beton

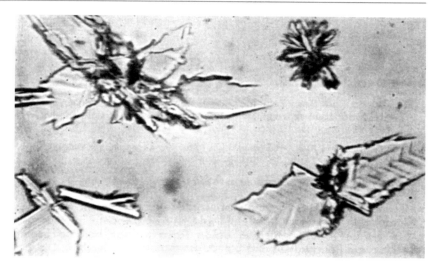

Abb. 58: Gipskristallite, aus schwach gesättigter Gipslösung auskristallisiert.
Vergrößerung: 500fach.
Von Dr. W. Kramer, Forschungsinstitut f. Hochofenschlacke, Rheinhausen, zur Verfügung gestellt.

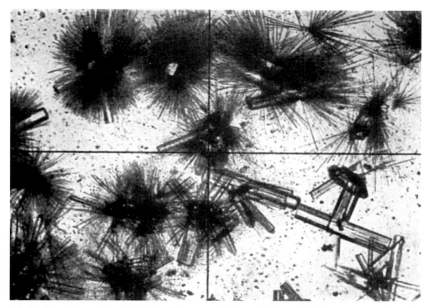

Abb. 59: Ettringit (alte Bez.: Zementbazillus), Reaktionsprodukt von C_3A und Sulfaten, vermag in sehr volumenreichen Formen auszukristallisieren.
Vergrößerung: ca. 150fach.
(Von Dyckerhoff Zementwerke A.-G., Hauptlaboratorium, Wiesbaden-Amöneburg, zur Verfügung gestellt.)

Abb. 60: Ettringit (Zementbazillus) als Porenfüllung in schadhaftem Beton.
Vergrößerung: 200fach.
Von Dr. W. Kramer, Forschungsinstitut f. Hochofenschlacke, Rheinhausen, zur Verfügung gestellt.

39.3.5 Schädigung durch Schwefelwasserstoff und Schwefeldioxid

Schwefelwasserstoff, H_2S, kommt insbesondere in Faulgasen (Kanalisationen, Kläranlagen u. a.) vor, Schwefeldioxid ist insbesondere in Rauchgasen als schädigender Anteil enthalten. Beide Gase werden bei gleichzeitiger Anwesenheit von Feuchtigkeit und Luft zu Schwefelsäure oxydiert. Die Schädigungsreaktionen sind daher die Gleichen wie vorstehend beschrieben (s. Abb. 61).

39.3.6 Schädigung durch freie Salpetersäure und Nitrate („Mauersalpeter")

Salpetersäure bzw. Nitrate bilden sich in Bauwerken vielfach durch Umsetzung von Eiweißabbauprodukten unter Mitwirkung von Bakterien, z. B. aus Jauche an Stallungen, bei undichten Toilettenanlagen und dgl., infolge Oxidation von gebildetem Ammoniak:

$$NH_3 \xrightarrow[H_2O]{O_2} HNO_2 \xrightarrow[H_2O]{O_2} HNO_3$$

Reaktionsbeispiele:

$$Ca(OH)_2 + 2\ HNO_3 \longrightarrow Ca(NO_3)_2 + 2\ H_2O$$

$$Ca(HCO_3)_2 + 2\ NaNO_3 \longrightarrow Ca(NO_3)_2 + 2\ NaHCO_3$$

Calciumnitrat kristallisiert unter Bindung von vier Molekülen Kristallwasser je Molekül aus:

$$Ca(NO_3)_2 + 4\ H_2O \longrightarrow Ca(NO_3)_2 \cdot 4\ H_2O$$

Kalksalpeter oder **„echter Mauersalpeter"**

Der Mauersalpeter wirkt besonders **stark schädigend** (s. Ziff. 23. 44 u. Abb. 74).

Zur Vorbeugung: Schutz des Bauvorhabens gegen ein Eindringen aggressiver Nässe durch geeignete Maßnahmen.

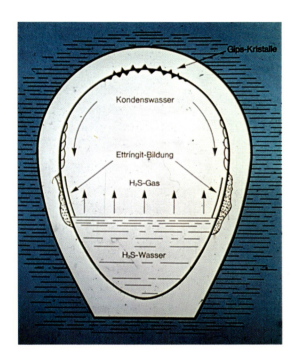

Abb. 61: Bei Kanalisationen beobachtet man die stärksten Sulfatschäden meist in den Wandungen der Einstiegschächte, da in diesem Bereich durch Frischluftzufuhr und Kondenswasserniederschlag für Beton und Zementmörtel besonders ungünstige Verhältnisse vorliegen. Betonrohre zeigen die stärksten Sulfatschäden, auch Ettringitbildung, in der Wasserwechsel- und Scheitelzone.

39.3.7 Schädigung durch Magnesiumsalze („Magnesiatreiben")

Magnesiumsalze können das sogenannte **„Magnesiatreiben"** insbesondere bei zementgebundenen Bauteilen bewirken. Dieses beruht darauf, dass die Magnesiumsalze mit den Calciumverbindungen des Zements in Wechselwirkung treten, wobei eine Volumenzunahme erfolgt, die eine **Sprengwirkung** zur Folge hat.

Reaktionsbeispiele:

$$MgCl_2 + Ca(OH)_2 \longrightarrow CaCl_2 + Mg(OH)_2$$
$$MgSO_4 + Ca(OH)_2 \longrightarrow CaSO_4 + Mg(OH)_2$$

In Betonporen ausgefälltes Magnesiumhydroxid bewirkt durch starke Quellung einen erheblichen Treibeffekt. Charakteristisch für das Magnesiatreiben ist, dass dieses noch lange Zeit (bis etwa zwei Jahre) nach Einwirkung eines Magnesiumsalzes auftreten kann.

Auch nichtwasserlösliche Calciumverbindungen des Zementsteins können mit Magnesiumsalzen in Wechselwirkung trafen, wobei Ca-Mg-Silicat-Hydrate, z. T. Mg-Silicat-Hydrate etwa der Zusammensetzung $4 MgO \cdot SiO_2 \cdot n H_2O$ oder $3 MgO \cdot 2 SiO_2 \cdot n H_2O$ (ähnlich Serpentin) gebildet werden können. Auch solche Neubildungen sind mit Volumenzunahme verbunden.

Die Einwirkung von $MgSO_4$ auf $C_3A \cdot 6 H_2O$ kann zu einem regelrechten Zerfall des Zementsteins führen:

$$3 MgSO_4 + 3 CaO \cdot Al_2O_3 \cdot 6 H_2O \longrightarrow 3 CaSO_4 + 2 Al(OH)_3 + 3 Mg(OH)_2$$

Zur Vorbeugung:

- Prüfung des einwirkenden Wassers auf MgO-Gehalt (s. Ziff. 89.6.3);
- Bei schädlichem Gehalt an MgO: Wirksamer Schutz des Bauvorhabens gegen ein Eindringen des aggressiven Wassers.

39.3.8 Schädigung durch Chloride

Wenn Chloride in verdünnter wässeriger Lösung auf (unbewehrten) Beton – Stahlbeton siehe Ziff. 36.4 u. 43 – einwirken, treten diese mit Anteilen des Zementsteins unter Bildung wasserlöslicher Salze in Reaktion, die meist ausgewaschen werden und die Festigkeit des Betons mindern.

Relativ konzentrierte Lösungen insbesondere von Natrium-, Calcium- oder Magnesiumchloriden führen meist zu **erheblichen Schädigungen** des Betons infolge Ausbildung komplexer Salze, u. a. des **Friedelschen Salzes** nach dem Schema

$$3 CaO \cdot Al_2O_3 + CaCl_2 + 10 H_2O \longrightarrow 3 CaO \cdot Al_2O_3 \cdot CaCl_2 \cdot 10 H_2O$$

Die erhebliche Volumenzunahme führt zu einer starken **Sprengwirkung**.

Konzentrierte Salzlösungen der beschriebenen Art wirken auf Betonfahrbahndecken, Bordsteine usw. insbesondere bei Anwendung von **Tausalzen** ein, wobei eine gleichzeitige **Frosteinwirkung** die Schädigung fördert. Bekannt sind die „**Frost-Tausalz-Schädigungen**" des Betons (siehe Ziff. 70.2).

> **Vorsicht** auch beim **Mauern** mit Frostschutzsalz enthaltendem Mauermörtel mit Leichtbetonsteinen und Kalksandsteinen insbesondere bei höherer Salzdosierung und einem jungen Alter der Steine. Es können empfindliche **Festigkeitsschädigungen** bis zur **Teilzerstörung** auftreten.

Auch **Meerwasser** verursacht durch seinen Gehalt an betonschädigenden Salzen (Chloride, Magnesiumsulfat u.a.) insbesondere in Verbindung mit Frosteinwirkung **Absprengschäden** (siehe Abb. 62, 63).

39 Schädigungsreaktionen bei Kalkmörtel, Zementmörtel und Beton

Abb. 62: Absprengschäden an einer Betonmole an der Ostsee, verursacht durch Meersalz-Frost-Einwirkung.

Abb. 63: Instandsetzung eines Teils der Betonmole lt. Abb. 62 durch Auftrag eines Reaktions-Kunststoff-Mörtels (s. Ziff. 73.3).
Fotoaufnahme nach rd. 3-jähriger Bewährung der Instandsetzungsausführung.
(Die abgebildete Schutzmaßnahme ist inzwischen im 11. Jahr gut erhalten und wirksam geblieben, sodass diese auf weitere schadhaft gewordene Betonflächen ausgedehnt wurde)

39.3.9 Schädigung durch Ammoniumsalze

Ammoniumsalze reagieren mit Kalkanteilen des Bindemittels Kalk oder Zement. Die stärkere Base (Kalk) verdrängt die schwächere Base (Ammonium) aus ihrem Salz.

Man kann auch sagen, dass Ammoniumsalze wie verdünnte freie Säuren reagieren, da ihre Säurereste als Ionen mit Ca^{2+}-Ionen in Reaktion treten.

Reaktionsbeispiele:

$$2\ NH_4Cl + Ca(OH)_2 \longrightarrow CaCl_2 + 2\ NH_4OH$$
$$\searrow \qquad \swarrow$$
$$2\ NH_3 \quad 2\ H_2O$$

$$(NH_4)_2SO_4 + Ca(HCO_3)_2 \longrightarrow CaSO_4 + 2\ (NH_4)HCO_3$$

39.3.10 Schädigung durch Basen

Wie in Ziff. 39.3 bereits dargelegt, greifen basische Wässer Mörtel und Beton praktisch nicht an. Lediglich starke Basen (etwa ab 10 %iger Natron- oder Kalilauge) wirken insbesondere auf den Aluminat- und Silicatanteil des Zementsteines lösend.

39.3.11 Schädigung durch organische Stoffe

39.3.11.1 Organische Säuren

Neben anorganischen Säuren, die den Bindemittelstein unter Bildung ihrer Calciumsalze, und, soweit es sich um stärkere Säuren handelt, auch ihrer Aluminium- und Eisensalze zersetzen, treten in der Baupraxis auch zahlreiche organische Säuren als Beton- und Mörtelschädiger auf.

Allgemein wirken sie zwar schwächer schädigend als die stärkeren Mineralsäuren, doch vermögen sie im Laufe einer längeren Einwirkungszeit Mörtel und Beton unter Bildung ihrer Calciumsalze ebenfalls zu zersetzen. Aluminium- und Eisenhydroxid bleiben hierbei zurück. Der Schädigungseffekt ist somit ein **Herauslösen** des Bindemittels.

Beispiele:

- **Humussäuren**, vielfach im Betonzuschlagstoff oder Moorwässern und dergleichen enthalten.
  Versuch:
  Man bringt etwas Humuserde in verdünnten Ammoniak ein, schüttelt mehrmals kräftig durch, und filtriert nach Ablauf von 15 – 20 Minuten.
  Aus dem braunen wässerigen Extrakt lassen sich die Humussäuren durch Zugabe von einigen Tropfen Salzsäure (als brauner flockiger Niederschlag) ausfällen. Wird anstelle von Salzsäure eine Calciumsalzlösung (z. B. $CaCl_2$) angewandt, fällt huminsaures Calcium (brauner Niederschlag, der nach einigem Stehen zusammenflockt – s. a. Ziff. 36.5) aus.
- **Milchsäure** (s. Ziff. 30.1), die insbesondere in Molkereibetrieben durch Milchsäuregärung (aus Milchzucker) anfällt. Sie wirkt auf Mörtel und Beton stark schädigend.
- **Gerbsäuren** (z. B. aus Abwässern von Gerbereien) greifen Mörtel und Beton schwach an;

39 Schädigungsreaktionen bei Kalkmörtel, Zementmörtel und Beton

- **Phenol** und Homologe (**Carbolsäure** – s. Ziff. 30.2) sind in vielen Abwässern (u. a. Kokereien, Gasanstalten) vorhanden und bewirken unter Bildung von löslichen Calciumsalzen gleichfalls Schädigungen durch „Auslaugung".
- Weinsäure (s. Ziff. 30.1) bildet insbesondere mit dem Aluminat- und Ferritanteil des Zementsteins lösliche Verbindungen und ist daher gleichfalls ein (schwacher) Betonschädiger. Ähnlich wirken sonstige Fruchtsäuren (Wein- und Fruchtsaftbehälter aus Stahlbeton sind daher z. B. durch eine Kunststoffbeschichtung [s. Ziff. 73.3] gegen einen Angriff solcher Säuren zu schützen).

> **Anmerkung:**
> Im Gegensatz zu den meisten anorganischen Säuren sind viele **organische Säuren**, z. B. Humussäuren, Milch- und Zitronensäuren, gefährliche **„Erhärtungsgifte" des Zements,** indem diese das Erstarren und die Erhärtung des Zements wirksam zu hemmen, ggf. sogar zu unterbinden in der Lage sind (vgl. Ziff. 36.5).

39.3.11.2 Ester, insbes. fette Öle

Ester (s. Ziff. 31.1) treten mit der Base Kalk in Wechselwirkung. Von Bedeutung sind **pflanzliche und tierische Öle und Fette.**

Diese werden als Glyceride der Fettsäuren (s. Ziff. 31.1) durch die Base Kalk zu **Kalkseifen** „verseift", wobei Glycerin abgespalten wird.

> **Reaktionsschema:**
> Fettsäureglycerid + $Ca(OH)_2 \longrightarrow$ **Ca-Seife** + Glycerin

Die Kalkseife ist eine zwar wasserunlösliche, doch käsigweiche, quellfähige Masse, so dass durch Einwirkung „fetter Öle" auf Mörtel oder Beton deren Gefüge allmählich gelockert wird (s. a. Ziff. 39.2).

> **Anmerkung:**
> **Mineralöle** und **Mineralfette** wirken als Kohlenwasserstoffe, sofern sie frei von pflanzlichen oder tierischen Ölen oder Seifen sind, und auch keine organischen Säuren (alte Mineralöle!) enthalten, auf Mörtel und Beton chemisch **nicht** ein. Vor allem **dünnflüssige** Öle können jedoch bei Durchtränkung von Beton dessen Gefüge durch physikalische Wirkung lockern bzw. dessen Festigkeit mindern.

39.3.11.3 Kohlenhydrate

Zuckerlösungen vermögen den Bindemittelstein anzulösen; es wird Kalk in Form von Calciumverbindungen der Kohlenhydrate herausgelöst.

> **Anmerkung:**
> Zuckerstoffe, insbesondere Rohrzucker, sind gefährliche Erhärtungsgifte für Zement: zuckerhaltige Abwässer dürfen nicht als Anmachwasser verwandt werden (s. Ziff. 36.5).

39.3.11.4 Sonstige organische Stoffe

Von sonstigen häufig vorkommenden Stoffen sei **Glycerin** erwähnt, das z. B. bei der Einwirkung von fetten Ölen (s. o.) auf Beton entsteht. Es greift den Bindemittelstein unter Bildung einer löslichen Calciumverbindung an.

Glykole wirken auf den Bindemittelstein ähnlich lösend ein.

40 Chemische Schädigungsreaktionen bei Natursteinen (Werksteinen)

Bei Natursteinen können die gleichen Schädigungsreaktionen vorliegen, wie vorstehend behandelt.

Als Werksteine werden nämlich vorwiegend relativ leicht bearbeitbare **kalk**gebundene Sandsteine oder auch porige (daher verhältnismäßig weiche) silicatische Gesteine (s. z. B. Trachyt am Kölner Dom) angewandt.

Bezüglich der chemischen Angreifbarkeit kommt es jedoch nicht nur auf die chemische Zusammensetzung, sondern auch auf das Gefüge (insbesondere die „Porosität") an. Beispielsweise ist ein dichter Kalkstein oder Marmor, den Witterungseinflüssen ausgesetzt, wesentlich beständiger als ein „kalkgebundener" Sandstein. In letzteren dringt nämlich mit aggressiven Stoffen beladene Feuchtigkeit viel rascher und tiefer ein als in einen relativ dichten Stein. Das **Wassersaugvermögen** eines Natursteins ist daher ein wichtiges Kriterium seiner Beständigkeit gegen chemische Witterungseinflüsse.

In diesem Rahmen sind in erster Linie in Betracht zu ziehen Werksteine für Mauerwerk aller Art (s. Abb. 64 u. 65), Fassadenverblendungen, Säulen u. a., für welche man vorwiegend leicht bearbeitbares Gestein auswählt, wie insbesondere Standsteine. Die chemische Angreifbarkeit richtet sich im Besonderen danach, in welchem Umfange leicht angreifbarer Kalk als Bindemittel enthalten ist.

Prüfungen s. Ziff. 90.

Abb. 64: Sulfatschädigung an einem Natursteinmauerwerk (kalkgebundener Sandstein).

Abb. 65: Zerstörung eines Natursteinmauerwerks durch Auskristallisation von Gipsstein in der Oberflächenschicht der Steine.

Vorbeugung: Ein Eindringen von Regennässe muss wirksam unterbunden werden

Bewährt: Wasser abweisende Imprägnierung der Fassadenflächen mit **Siliconharzlösung** (s. Ziff. 73.3 f), die alle 3 bis 5 Jahre wiederholt werden muss. Zur Sanierung zuvor Schäden ausbessern, zur Siliconisierung trockene Witterung abwarten.

41 Chemische Schädigungsreaktionen bei Gips, Anhydrit

1. Bei **Feuchtigkeitseinwirkung** wird Gips allmählich in Wasser gelöst, da seine Löslichkeit bei 18 °C 2,01 g/l Wasser beträgt.

Auf dieser Löslichkeit beruht auch die **Schädigung** von Gipsputz durch **Nässeeinwirkung**.

> Zu dieser Schädigung kommt es wie folgt:
>
> Bei Eindringen von Wasser, z. B. Regenfeuchtigkeit, wird Gips gelöst. Die gesättigte Gipslösung sinkt im Gipsputz ab. Bei Eintreten wieder trockener Witterung verdunstet das Wasser der Lösung an der Außenfläche des Gipsputzes, wodurch die Sättigungsgrenze überschritten wird, so dass es zu einer **Auskristallisation von Gips** $CaSO_4 \cdot 2\,H_2O$ in den Poren des feuchten Gipsputzes kommt, dessen Festigkeit durch die Feuchtigkeit infolge der Löslichkeit des Gipses ohnehin gelockert ist. Durch die **Sprengwirkung** als Folge der Auskristallisation kommt es zu einem Zermürben und damit einer Zerstörung des Gipsputzes (s. Abb. 66 u. 67).

Putze, Estriche oder Plattenbeläge aus Gips oder Anhydrit müssen daher zur Vermeidung von Schäden vor jeglicher Feuchtigkeitseinwirkung (z. B. Bodenfeuchtigkeit, Reinigungswasser u.a.) geschützt bleiben.

2. Gips darf **keinem hydraulischen** Bindemittel zugesetzt werden, andernfalls kommt es zum **„Gipstreiben"** infolge Ettringitbildung:

$$3\ CaO \cdot Al_2O_3 + 3\ CaSO_4 + 32\ H_2O \longrightarrow 3\ CaO \cdot Al_2O_3 \cdot 3\ CaSO_4 \cdot 32\ H_2O$$
$$\text{Ettringit}$$

3. **Weißkalkmörtel** darf einen Zusatz von Gips enthalten, da mit Kalk keine chemische Umsetzung erfolgen kann.

Allerdings sollte ein „Kalk-Gips-Putz" vor längeren bzw. wiederholten Feuchtigkeitseinwirkungen zuverlässig geschützt bleiben, da sonst mit einer Schädigung bis Zerstörung des Putzes (siehe Abb. 67) zu rechnen wäre.

Bei Untersuchungen solcher Schädigungen wurde vielfach als besonders stark schädigende Neubildung das Mineral

$$\textbf{Thaumasit} - 2\ CaCO_3 \cdot 2\ CaSO_4 \cdot 2\ Ca(SiO_2)_2 \cdot OH \cdot 27\ H_2O$$

nachgewiesen, das ähnlich wie Ettringit durch die hohe Kristallwasserbindung unter starker Volumenzunahme auskristallisiert.

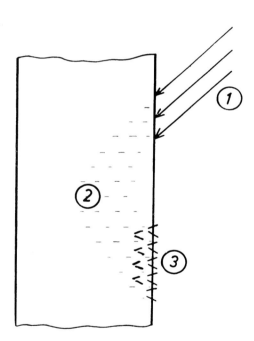

Abb. 66: Schematische Darstellung der allmählichen **Zerstörung** eines **Gipsputzes** durch **Nässeeinwirkung:**
Regenfeuchtigkeit (1) dringt in den Gipsputz ein und löst Gips (2). Die gesättigte Gipslösung sinkt infolge Schwerkrafteinwirkung im Putz ab und gelangt bei Wiederabtrocknen des Putzes an die Putzoberfläche. Das Wasser verdunstet, die Gipslösung wird hierdurch übersättigt, Gips muss in den Poren der Oberflächenschicht auskristallisieren. Der Kristallisationsdruck verursacht ein allmähliches Zermürben des durch die Feuchtigkeit in seiner Festigkeit ohnehin gelockerten Gipsputzes (3).

4. Für **Anhydrit** gilt das Gleiche wie vorstehend für Gips ausgeführte.

Bei Anwendung von Anhydrit ist besonders darauf zu achten, dass eine **Raumbeständigkeit** des erhärteten Anhydrits erst dann vorliegen kann, wenn alle $CaSO_4$-Moleküle unter Bindung von je 2 Molekülen Kristallwasser zu $CaSO_4 \cdot 2\ H_2O$ auskristallisiert sind. Ist dies nicht der Fall, so kommt es zu einer nachträglichen Volumenzunahme. Bei einem Plattenbelag aus Anhydritplatten beispielsweise kann es durch nachträgliche Wasserbindung zu einem Aufwölben des Belags kommen.

In diesem Zusammenhang sei darauf verwiesen, dass Anhydritvorkommen in der Natur durch Wasserbindung unter Volumenzunahme allmählich in Gips übergehen (gefährlicher Baugrund!).

42 Chemische Gegenmaßnahmen gegen Schädigungsreaktionen bei Mörtel und Beton, Natursteinen und Gips

Gegenmaßnahmen, die einen Ablauf von chemischen Schädigungsreaktionen möglichst verhindern sollen, werden unterteilt in

- **bauliche** Gegenmaßnahmen (s. z. B. DIN 4030), sowie
- **chemische** Gegenmaßnahmen.

Abb. 67: Der Gips-Kalk-Innenputz an der Innenseite einer Außenwand wird durch von außen durchdringende **Regennässe** allmählich **zerstört**.

Bezüglich der chemischen Gegenmaßnahmen sind im Wesentlichen nachstehende zu unterscheiden:

1. Bei der **Auswahl der Baustoffe**, insbesondere des Bindemittels, werden nur solche herangezogen, die je nach den zu erwartenden Einflüssen möglichst **wenig an angreifbaren Anteilen** enthalten.

   Beispielsweise ist ein **kalkarmer** Zement (z. B. Hochofenzement) weniger gefährdet als ein kalkreicher Zement. Bei zu erwartendem **Sulfat**angriff wird man zudem zweckmäßig einen Zement mit möglichst geringem Gehalt an Tricalcium**aluminat** auswählen.

2. Voraussetzung eines **Ablaufs chemischer Reaktionen** bei Normaltemperatur ist das **Wasser**. Schädigungsreaktionen werden daher an einem Ablauf dadurch gehindert werden können, dass man ein **Eindringen** von Feuchtigkeit in die in Betracht kommenden Bauteile **unterbindet**. Mögliche Maßnahmen hierzu sind im Abschnitt J erläutert.

3. Vorhandene angreifbare Anteile, z. B. Calciumcarbonat oder Ca-Silicat-Hydrate, können durch eine **chemische Behandlung** in praktisch **nicht angreifbare Verbindungen** übergeführt werden.

Beispielsweise können die Oberflächenschichten von Bauteilen aus Mörtel, Beton oder kalkhaltigem Naturstein „chemisch gehärtet" werden durch Oberflächentränkung mit **Fluaten** (Fluorosilicaten):

$$2\ Ca(OH)_2 + MgSiF_6 \longrightarrow 2\ CaF_2 + MgF_2 + SiO_2 + 2\ H_2O$$
$$2\ CaCO_3 + MgSiF_6 \longrightarrow 2\ CaF_2 + MgF_2 + SiO_2 + 2\ CO_2$$

Die Reaktionsprodukte sind praktisch unlöslich und unangreifbar. Durch Entstehung dieser Stoffe in den Poren der Oberflächenschichten wird gleichzeitig eine erhöhte Dichtigkeit gegen eindringendes Regenwasser und dgl. erzielt, wodurch ein Eindringen aggressiver Anteile in tiefere, nicht imprägnierte Schichten des Bauteils erschwert wird.

Abb. 68: Schalenartiges Abplatzen der chemisch gehärteten Oberflächenschichte an Naturstein-Werkstein infolge Sulfattreiben.

Zur Vermeidung von Schäden infolge Durchdringen von Regenfeuchtigkeit hinter die fluatierte („chemisch gehärtete") Oberflächenschicht hat sich insbesondere an Natursteinfassaden eine zusätzliche Wasser abstoßende Imprägnierung, z. B. auf Siliconbasis (s. Ziff. 73.3), bewährt.

In früheren Jahren wurden vielfach Fassadenimprägnierungen mit wässeriger **Kaliwasserglas**-Lösung durchgeführt. Der Erfolg war mäßig, die chemischen Umsetzungen waren nachstehende:

$$K_2SiO_3 + Ca(HCO_3)_2 \longrightarrow CaSiO_3 + 2\ KHCO_3$$
$$2\ KHCO_3 \longrightarrow K_2CO_3 + H_2CO_3$$
$$\swarrow \searrow$$
$$CO_2 \quad H_2O$$

Durch Imprägnieren eines kalkhaltigen Bauteils mit Kaliwasserglaslösung ist somit in den Poren der Oberflächenschicht Calciumsilicat ausgefällt worden, das praktisch wasserunlöslich ist und durch verdünnte Kohlensäure und Schwefelsäure nicht angegriffen wird. Allerdings kann das gebildete hygroskopische Kaliumcarbonat feuchte Flecken bzw. Ausblühungen verursachen, die im Laufe der Zeit durch Regen abgewaschen werden.

Kalkfreie Natursteine, z. B. Sandstein mit kieseligem oder ferritischem Bindemittel, können in ihrer chemischen Widerstandsfähigkeit durch Fluate ebenfalls verbessert werden, wenn **vor** Anwendung eines Fluats ein „Avantfluat" angewandt wird. Hierbei handelt es sich um eine Kaliwasserglaslösung, die in den Poren des Steins mit dem anschließend aufgetragenen Fluat reagiert:

$$K_2SiO_3 + MgSiF_6 \longrightarrow MgSiO_3 + K_2SiF_6$$

Die Reaktionsprodukte sind praktisch unlöslich und unangreifbar.

Durch **„Ocratieren"** werden Betonfertigteile zur Verbesserung ihrer chemischen Widerstandsfähigkeit behandelt. Das Okratverfahren beruht auf einer Einwirkung von gasförmigem Siliciumtetrafluorid SiF_4 auf Betonfertigteile in einer geeigneten Anlage. Die leicht angreifbaren Kalkverbindungen werden hierdurch in ähnliche schwerangreifbare Verbindungen umgewandelt, wie diese durch eine Fluatbehandlung erzielt werden.

Über eine **Betonschädigung durch Aluminiumabrieb** wurde berichtet (s. Lit. VI/4):

Bei Erstellung einer Betonfahrbahn waren im erhärtenden Beton **Blasenbildungen** aufgetreten. Gemäß Befund wurden diese durch **Wasserstoff** gebildet, der durch chemische Reaktion des Kalkhydrats des Betons mit Aluminiumabrieb entwickelt wurde. Dieser Abrieb stammte aus den mit Aluminiummulden ausgestatteten Beton-Transportfahrzeugen (Siehe auch Ziff. 19.1.4).

43 Magnesiabinder – Mögliche Schädigungen und Gegenmaßnahmen

Erhärtetes **Steinholzbindemittel** (Magnesiabinder) **quillt** bei **Feuchtigkeitseinwirkung** (u. a. bei hoher relativer Luftfeuchtigkeit). Steinholzestriche beispielsweise dehnen sich hierdurch aus. Bei Wiederabtrocknung (bei niedriger relativer Luftfeuchtigkeit) erfolgt ein Zusammenziehen (Schwinden). Infolge der Reibung am Untergrund kann sich der Estrich jedoch nicht zusammenziehen, so dass es dadurch vielfach zu **Rissebildungen** kommt. Es ist daher wesentlich, das richtige Mischungsverhältnis beim Anrühren des Magnesiabinders einzuhalten, da auch durch einen geringen Überschuss an $MgCl_2$ die Wasserempfindlichkeit des erhärteten Binders erheblich erhöht wird (**Prüfungen** s. Ziff. 96).

Stahlbeton ist durch Magnesiabinder doppelt **gefährdet**: Einerseits durch ein Magnesiatreiben (s. Ziff. 39.3), anderseits durch die Förderung einer Korrosion der Stahleinlagen durch den Chloridanteil (s. Ziff. 54.3). Beton soll daher möglichst durch eine **Sperrschicht**

(z. B. Bitumen-Sperranstrich) gegen eine mögliche Einwirkung des Magnesiabinders geschützt werden. Als Mindestmaßnahme ist bei trocken bleibenden Böden die Ausführung eines weitgehend **dichten Betons,** vorzugsweise eines **hydrophobierten Sperrbetons,** erforderlich (s. Ziff. 70.4).

Steinholzestriche weisen insbesondere nach größerer Feuchtigkeitsaufnahme eine hohe **elektrische Leitfähigkeit** auf.

Bei Anwendung von Magnesiabinder auf Basis $MgO/MgSO_4$ ist die Gefahr möglicher Schädigungen dagegen geringer, da Magnesiumsulfat im Gegensatz zu Magnesiumchlorid nur schwach hygroskopisch ist (Zerfließen erfolgt bei 18 °C erst bei Überschreiten einer relativen Luftfeuchtigkeit von rd. 94 %). Voraussetzung ist eine Vermeidung von Durchfeuchtungen der magnesiagebundenen Bauteile (sonst u. a. Abgabe von Mg^{2+}- und SO_4^{2-}-Ionen!).

44 Ausblühungen an Bauwerksaußenflächen
(auch mit „Auswitterungen" bezeichnet)

44.1 Allgemeines

Ausblühungen sind Ausscheidungen an Bauwerksaußenflächen von meist weißer bis schmutzigweißer Farbe, die besonders auf dunklem bzw. farbigem Untergrund ins Auge fallen. Sie bestehen meist aus feinen Kristallen, sie können jedoch auch in mehliger Form oder glasurartig auftreten bzw. amorphe Ablagerungen bis zu einer Dicke von einigen Zentimetern bilden (siehe Abb. 53, 54).

Ausblühungen sind meist nicht nur Schönheitsfehler, sie können je nach Art und Hartnäckigkeit ihres Auftretens auch **Schädigungen**, in der Regel auf Basis von **Treib-** oder **Sprengeffekten** bewirken.

44.2 Ursachen und Erscheinungsformen der Ausblühungen

Die Ausblühungssalze entstammen entweder

- dem **Baustoff** (bei Mauerwerk ist zwischen dem Mauerstein einerseits und dem Mauer- bzw. Fugmörtel andererseits zu unterscheiden),
- dem **Boden,** aus welchem sie mit der aufsteigenden Bodenfeuchtigkeit in das Mauerwerk gelangen,
- **Gebrauchswässern** und dgl. (s. z. B. Abb. 74), sowie
- der **Luft,** indem beispielsweise Luftkohlensäure oder Schwefelanteile von Rauchgasen mit Baustoffanteilen Ausblühungssalze bilden.

Im Hinblick auf die Beseitigung vorhandener Ausblühungen können wir diese wie folgt unterteilen:

- **wasserlösliche Ausblühungen**
    - **alkalische** Ausblühungen
      sie färben rotes Lackmuspapier blau – **Alkalicarbonate**
    - **nicht alkalisch** reagierende Ausblühungen

44 Ausblühungen an Bauwerksaußenflächen

  - stickstoffhaltige – **Mauersalpeter**
  - nicht stickstoffhaltige – **Alkalisulfate, Magnesiumsulfat – Chloride** u. a.
- **im Wasser schwer- bis unlösliche Ausblühungen**
  - in verdünnter **Salzsäure** unter Aufbrausen **löslich – Calciumcarbonat**
  - in verdünnter Salzsäure praktisch unlöslich – **Calciumsulfat, Kieselsäure, Silicate.**

Chemische Prüfung und Beurteilung von Ausblühungen siehe Ziff. 86.

Abb. 69: Sulfatausblühungen an einer Klinkerfassade. Diese sind dort am hartnäckigsten, wo sich durch eine Umsetzung mit Kalk aus Mörtel oder Beton Gips bilden kann, der schwer wasserlöslich ist und durch den Regen nur außerordentlich langsam abgewaschen werden kann.

Abb. 70: Absprengungen an einer Klinkerfassade, bewirkt durch Sulfatschädigung. Die auf einem Auskristallisieren von Salzen beruhenden Schädigungen sind am stärksten in der Zone des häufigsten Wechsels von Feuchtigkeit und Trockenheit.

44.3 Überblick über die Entstehung häufiger Ausblühungen und mögliche Gegenmaßnahmen

44.3.1 Ausblühungen an Mauersteinen

Rohziegel- bzw. Klinkermauerwerk zeigt vielfach, vor allem, wenn es neu erstellt ist, einen weißlichen, kristallinischen Belag, der die sichtbaren Flächen von Mauersteinen ziemlich gleichmäßig bedeckt (s. Abb. 69, 70). Es handelt sich meist um Natriumsulfat ($Na_2SO_4 \cdot 10\ H_2O$), das sich beim Brand der Ziegelsteine aus dem Schwefel der Kohle und dem Alkali des Tones gebildet hat.

Klinker und Vormauersteine für unverputzt bleibende Fassaden sollten daher möglichst nur aus gut „ausgewintertem Ton" hergestellt werden, der weitgehend frei von (wasserlöslichem) Alkali ist (s. auch Abb. 71).

Alkalisulfat, das sich aus dem im Ton verbliebenen Alkali und dem Schwefel der Kohle bzw. des Erdöls gebildet hat, ist erfahrungsgemäß nur schwer wasserlöslich, da es in den gebrannten Ton weitgehend eingebunden wurde.

Durch Einwirkung von Calciumhydroxid des Mauermörtels wird es jedoch – vermutlich durch eine Art zeolithischer Umlagerung – größtenteils frei und wird bei Einwirkung von Nässe von dieser gelöst. Dadurch ist dann die Ausbildung von **Ausblühungen** insbesondere an Bauwerksaußenflächen ermöglicht.

Eine Ausbildung von Ausblühungen oder „Auswitterungen" beruht auf einem Transport der in den Mauersteinen enthaltenen wasserlöslichen Salze in gelöster Form an die Bauwerksaußenfläche, an welcher die Salze – durch Verdunstung des Lösungswassers – auskristallisieren. Dieser Vorgang ist in Abb. 66 veranschaulicht.

Mit Kalkanteilen des Kalk- oder Zementmörtels kann es – im Besonderen z. B. im Bereich von Mörtelfugen oder an Betonstützen – zu chemischen Umsetzungen kommen. Alkalisulfat setzt sich beispielsweise in schwerlöslichen Gips um, der als Gipsstein „ausblüht" und im Gegensatz zu leicht löslichen Alkalisalzen nur schwer zu beseitigen ist.

Abb. 71: „Auswintern" des Tones.

Nach altbewährtem Verfahren wird der aus der Grube ausgefahrene Ton in ca. 1 m dicker Schicht ausgebreitet und über Winter den Witterungseinflüssen ausgesetzt.
Im Zusammenwirken von Frost und Nässe wird das im Ton enthaltene Alkali weitgehend ausgewaschen und in den Boden zum Versickern gebracht.

Zur Vermeidung von Ausblühungen sollten daher möglichst nur solche Vormauersteine oder Klinker verbaut werden, die praktisch **frei sind** von ausblühungsfähigen Salzen (**Prüfung** s. Ziff. 92).

Sofern alkalisalzhaltige Vormauersteine verbaut wurden, lassen sich Ausblühungen doch weitgehend vermeiden, wenn dafür Sorge getragen wird, dass ein **Wassereintritt** in die Fassadensteine **vermieden** wird. Nach einem trockenen Abbürsten etwa vorhandener Ausblühungssalze bei trockener Witterung wird die Fassade mit einem farblosen, Wasser abweisend wirksamen Mittel satt imprägniert (s. Ziff. 71.4 u. 73.3).

44.3.2 Ausblühungen an Mörtel

Die häufigsten Ausblühungen an Mörtel (Kalk- und Zementmörtel) sind sogenannte „Kalksinterauswitterungen", verursacht durch ein Lösen von Bindemittel durch kohlensäurehaltiges Wasser und Wiederabscheiden des gelösten Kalks an der Bauwerksaußenfläche (s. Ziff. 39, s. a. Abb. 53, 54). Auch diese Auswitterungen lassen sich durch Unterbindung eines Wasserdurchtritts vermeiden (s. o.).

Mitunter stellt man an Mörtel auch Sulfatausblühungen, hauptsächlich Gipskristalle, fest, die nicht nur in der Oberflächenschicht, sondern auch im Innern des Mörtels vorzufinden sind. Die Ursache ist oft die Anwendung eines **sulfat**haltigen Sandes, u. a. ungeeigneten Schlackensandes (**Prüfung** s. Ziff. 87).

Der Verdacht, dass schädigendes Sulfat aus dem Mauer- oder Fugmörtel stammt, liegt nahe, wenn die Ausblühungen sichtlich vom Mörtel ausgehen (s. Abb. 73). Sind dagegen gleichmäßig überzogene Ziegelflächen festzustellen, so stammt das Sulfat erfahrungsgemäß aus dem Ziegelstein. Vielfach werden auch **Chloride** als Ausblühungen an Mörtel festgestellt, die meist auf die Anwendung eines Frostschutzmittels bei Mörtelherstellung zurückzuführen sind. Diese sind wasserlöslich und werden an Außenflächen daher durch Regen allmählich abgewaschen. Ein Trockenhalten der Bauteile schützt nicht immer vor einem Auftreten von Chloridausblühungen, die insbesondere an der Innenseite von Wohnbauten unangenehme Tapeten- und Anstrichschäden bewirken können, da Chloride aus der Luft Feuchtigkeit anzuziehen vermögen und „zerfließen". Bei niedriger relativer Luftfeuchtigkeit kristallisieren diese jedoch wieder – mit Kristallwasserbindung – aus usw. (siehe das Verhalten **hygroskopischer Salze**: Ziff. 23).

44.3.3 Ausblühungen an Beton

An Betonsichtflächen findet man vielfach Kalksinterauswitterungen vor. Diese treten insbesondere an Undichtstellen des Betons, wie Arbeitsfugen, Nestern und dgl., auf (s. Abb. 53, 54, 84). Es gilt dasselbe, was zu „Kalksinterauswitterungen" im vorstehenden Abschnitt gesagt wurde.

In der Oberflächenschicht von der Witterung ausgesetztem Beton findet man nicht selten **Ettringitkristalle** vor, die oft die Ursache deutlicher Schädigungen sind. In zahlreichen Fällen musste angenommen werden, dass diese durch chemische Umsetzung des dem Zement zugesetzten Gipses mit dem C_3A des Zements entstanden sind (s. Ziff. 39). Bei Einwirkung von Industrieluft kann Ettringit durch SO_2 aus der Luft entstehen (s. u.).

Ausblühungsschädigungen dieser Art lassen sich durch Unterbindung eines Wasserdurchgangs durch die in Betracht kommenden Bauteile vermeiden (s. Ziff. 70 u. 71).

44.3.4 Ausblühungen an Natursteinen

An Natursteinen sind Ausblühungen nur selten deutlich zu sehen, sofern es sich nicht um Ausblühungen aus dem Mauer- bzw. Fugenmörtel handelt (s. o.). Häufig stellt man ein „Zerrieseln" der Oberflächenschicht fest. Oft ist eine „Zermürbung" des Natursteins unter einer 1 – 2 mm dicken Oberflächenschicht, die ziemlich hart bleibt (sie ist meist chemisch „gehärtet" worden – s. Ziff. 42), festzustellen (s. Abb. 65, 68).

Die Ursache des „Zerrieselns" ist eine Auskristallisation von Salzen, z. B. Gips ($CaSO_4$ 2 H_2O) an und innerhalb der Oberflächenschicht, meist entstanden durch chemische Umsetzungen von im Stein enthaltenen Kalk mit schwefelhaltigen Anteilen der Stadt- bzw. Industrieluft (s. Ziff. 51).

Abb. 72: Kalksinterauswitterungen an einer natursteinverblendeten Betonbrücke.

Schädigungen dieser Art kann man gleichfalls durch Unterbindung eines Eindringens von Nässe in den Naturstein entgegenwirken. Da eine hydrophobierte Außenfläche zwar Nässe abweist, chemisch schädigenden Gasen der Luft, wie SO_2, H_2S, NO u. a. ein Eindringen in den Stein durch die offenen Poren nicht verhindern kann (diese können unter Mitwirkung von Kondenswasser chemisch schädigen), sind zur wirksamen Konservierung besonders der z. B. bei Kirchenbauten viel verwendeten kalkgebundenen Sandsteine besondere Maßnahmen erforderlich. Eine bewährte Möglichkeit ist hierzu beispielsweise eine „Austape-

44 Ausblühungen an Bauwerksaußenflächen

Abb. 73: Detailaufnahme von Auswitterungen an einer natursteinverblendeten Stützmauer. (Mit Salzen beladene Nässe war aus den Fugen ausgetreten).

zierung" der Porenräume mit einem säurefesten Kunststoff-Film in Verbindung mit einer gleichzeitig durchgeführten hydrophobierenden Imprägnierung der Natursteine.

44.3.5 Ausblühungen aus dem Boden

Weisen in Bodennähe verschiedene Bauteile gleichartige Ausblühungen auf, so ist der Verdacht naheliegend, dass die Ausblühungen auf ein „Aufsteigen" von Salzen mit der Bodenfeuchtigkeit zurückzuführen sind. Neben den Ausblühungen wird man daher auch Bodenproben einer **chemischen Prüfung** unterziehen (s. Ziff. 86 u. 88).

Eine Unterbindung solcher Ausblühungen ist nur durch Absperrung der Bauteile gegen die aufsteigende Bodenfeuchtigkeit (s. z. B. Ziff. 66, 70 u. 71) erzielbar.

44.3.6 Ausblühungen, durch Gebrauchswässer und dgl. bewirkt

Ausblühungen dieser Art, wie z. B. Kalksalpeter (s. Ziff. 39 u. 42), lassen sich gleichfalls nur vermeiden, wenn man ein Eindringen des Wassers in die Bauteile zuverlässig unterbindet.

Eine „**Sanierung**" von Mauerwerk, das beispielsweise mit Mauersalpeter bereits durchsetzt ist, ist kaum möglich. Man muss sich im Wesentlichen mit der vorgenannten Maßnahme begnügen, durch welche eine Zufuhr weiterer schädlicher Anteile unterbunden wird. In schweren Fällen kann man zudem versuchen, durch öfteres sattes Berieseln des Mauerwerks mit Wasser einen Teil des Mauersalpeters im Laufe der Zeit auszuwaschen, der durch

Abb. 74: Ausblühungen von echtem Mauersalpeter an einem Stallgebäude.

den ständigen Wechsel von Zerfließen und Wiederauskristallisieren in Abhängigkeit von der veränderlichen relativen Luftfeuchtigkeit (siehe Ziff. 23) stets erneut schädigend wirkt.

44.3.7 Ausblühungen aus der Luft

Ausblühungen, die ihr Entstehen im Wesentlichen Anteilen der Luft verdanken, haben stets eine Reaktionskomponente im Bauteil zur Voraussetzung.

Schädigende **Schwefelsäure** entsteht aus Schwefeldioxid der Rauchgase und Feuchtigkeit bei gleichzeitiger Oxidation:

$$SO_2 + H_2O + O \longrightarrow H_2SO_4$$

Auch aus Schwefelwasserstoff, z. B. aus Faulgasen, bildet sich durch Oxidation Schwefelsäure (s. Ziff. 39 u. 52). Durch diese aus der Luft stammende Schwefelsäure kann ein Auskristallisieren von **Gips** oder **Ettringit** verursacht werden (s. Abschnitt c u. d).

Regenwasser oder sonstige mit der Luft in Berührung stehende Wässer nehmen Kohlendioxid der Luft unter Bildung von **Kohlensäure** auf, welche Ausblühungen bzw. Schädigungen bewirkt, die in vorstehendem (nebst Gegenmaßnahmen) bereits behandelt worden sind.

D Chemie des Wassers

Vor einer weiteren Besprechung von Bauschäden, ihren Ursachen und den Möglichkeiten, diese zu verhüten bzw. zu beheben, sei zunächst die Chemie des Wassers erörtert.

45 Physikalische Eigenschaften des Wassers

Wasser ist in reinem Zustande eine geruch- und geschmacklose durchsichtige Flüssigkeit, in dünner Schicht farblos, in dicker Schicht bläulich. Bei einem Luftdruck von 1,013 bar siedet Wasser bei 100 °C, die Gasform wird mit „Wasserdampf" bezeichnet, bei 0 °C erstarrt Wasser zu Eis.

Die Verdampfungsenthalpie beträgt 40,67 kJ/Mol, die Schmelzenthalpie 6,0131 kJ bei 0 °C. Die Dichte des Eises beträgt bei 0 °C 0,9168 g/cm³, die des flüssigen Wassers bei 0 °C 0,9999 g/cm³.

Beim Gefrieren dehnt sich somit das Wasser um rd. 1/11 seines Volumens aus. Wird Wasser von 0 °C erwärmt, nimmt die Dichte bis zu einer Temperatur von + 4 °C zunächst zu – die Dichte beträgt dann genau 1,00 g/cm³. Wird weiter erwärmt, nimmt die Dichte nunmehr allmählich ab. Bei 100 °C liegt diese bei 0,9584 g/cm³.

Für Natur und Umwelt ist diese Eigenschaft des Wassers von großer Bedeutung, denn bei Frosttemperaturen kühlt das Wasser der Gewässer zunächst bis + 4 °C ab und sinkt infolge der zugenommenen Dichte nach unten. Das unter + 4 °C abgekühlte Wasser bleibt an der Oberfläche und erstarrt schließlich zu Eis.

Das – im Vergleich zum flüssigen Wasser – größere Volumen des Eises ist auf die Ausbildung einer von zahlreichen Hohlräumen durchsetzten Kristallstruktur der H_2O-Moleküle zurückzuführen, die über Wasserstoffbrücken miteinander verknüpft sind. Die Abnahme der Dichte (Zunahme des Volumens) bei Erwärmung über + 4 °C wird auf eine Zunahme der Molekularbewegung (s. Ziff. 9.3) zurückgeführt.

> Über den **Dipol-Charakter** des H_2O-Moleküls und dessen Einfluss auf den Lösungsvorgang in Wasser siehe Ziff. 8.3.3.3 und 21.2.

46 Härte des Wassers

46.1 Allgemeiner Überblick

Für die Nutzung des Wassers als Trink- oder Waschwasser, das in Rohrleitungen in die Haushalte gelangt, ist die Härte des Wassers von Bedeutung.

Unter „Härte" eines Wassers versteht man allgemein seine **Gesamthärte,** die Summe der Gehalte des Wassers an Erdalkali-Ionen, d. h. Calcium-, Magnesium-, Strontium- und Barium-Ionen.

Die Gesamthärte setzt sich zusammen aus der „vorübergehenden" oder „temporären" Härte sowie der „bleibenden" oder „permanenten" Härte (siehe nachstehende Übersicht). Die „Carbonathärte" gibt den Gehalt an (im Wasser gelösten) Hydrogencarbonat- und Carbonat-Ionen der Erdalkalien an.

Überblick:

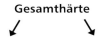

Vorübergehende oder „temporäre"	Bleibende oder „permanente" Härte
wesentliche Anteile:	wesentliche Anteile:
$Ca(HCO_3)_2$, $Mg(HCO_3)_2$	$CaSO_4$, $CaCl_2$ u. a.
	$MgSO_4$, $MgCl_2$ u. a.
	sowie geringe Mengen $MgCO_3$, die in Lösung bleiben.

Allgemein unterscheidet man

hartes Wasser – dieses enthält größere Mengen an Erdalkalisalzen, vorwiegend Ca- und Mg-Salzen gelöst,

weiches Wasser – an Erdalkalisalzen armes Wasser.

Hartes Wasser können wir von **weichem** Wasser durch einen einfachen **Versuch unterscheiden:**

> Einen ERLENMEYER-Kolben füllen wir 2 – 3 cm hoch mit einem harten Wasser. Einen zweiten Kolben füllen wir in gleicher Weise mit (weichem) Regenwasser oder destilliertem Wasser. Nun werfen wir in jeden Kolben ein gleich großes Stückchen (1 – 2 g) Kernseife oder dgl. ein, schwenken einige Minuten um, bis sich die Seife gelöst hat, worauf beide Kolben kräftig geschüttelt werden. Hierbei zeigt der Kolben mit dem weichen Wasser eine starke Schaumbildung, es wirkt „weich". Der Kolben mit dem harten Wasser zeigt dagegen kaum eine Schaumbildung, man empfindet es beim Schütteln als „hart". Im Gegensatz zum weichen Wasser zeigt zudem das harte Wasser eine deutliche Trübung, die auf eine Ausfällung von Kalkseife zurückzuführen ist.

Zum Studium der Härte des Wassers empfiehlt sich die Durchführung nachstehenden **Versuchs:**

> Ein ERLENMEYER-Kolben wird etwa zur Hälfte mit Kalkwasser, d. h. einer weitgehend gesättigten Lösung von Calciumhydroxid, befällt. Diese Lösung stellt man beispielsweise dadurch her, dass man eine Aufschlämmung von Calciumhydroxid in destilliertem Wasser filtriert oder die Lösung vom ungelöst gebliebenen Calciumhydroxid durch Dekantieren trennt.
>
> In die Lösung leitet man Kohlendioxid ein, das beispielsweise unter Anwendung des KIPPschen Apparates hergestellt wird (s. Abb. 21). Man stellt eine Trübung fest ($CaCO_3$), die durch Umsetzung des Calciumhydroxids mit Kohlensäure entstanden ist:
>
> $$Ca(OH)_2 + CO_2 + H_2O \longrightarrow CaCO_3 + H_2O$$
>
> Durch weiteres Einleiten von CO_2 verschwindet die Trübung jedoch wieder, da eine weitere Umsetzung zu Calciumhydrogencarbonat erfolgt (s. auch Ziff. 39),
>
> $$CaCO_3 + CO_2 + H_2O \longrightarrow Ca(HCO_3)_2$$

46 Härte des Wassers

Calciumhydrogencarbonat ist wasserlöslich, so dass der Kolbeninhalt wieder klar wird.

Nun erhitzt man den Kolbeninhalt zum Sieden. Nachdem man einige Minuten hat kochen lassen, lässt man wieder abkühlen. Der Inhalt des Kolbens ist nun wieder trübe geworden, das Calciumhydrogencarbonat ist unter Entweichen von Kohlendioxid wieder in Calciumcarbonat umgewandelt worden:

$$Ca(HCO_3)_2 \longrightarrow CaCO_3 + H_2O + CO_2$$

Durch diesen Versuch wurde demonstriert, dass die „vorübergehende Härte" deshalb als „vorübergehend" bezeichnet wurde, weil sie durch Kochen aus dem Wasser beseitigt werden kann. Danach ist im Wasser nur noch die „bleibende Härte" vorhanden.

46.2 Maßeinheiten der Härte

Die Härte wird in mmol Erdalkali-Ionen pro Liter Wasser oder in „Härtegraden" gemessen:

- Das **Härte-Äquivalent** – [mmol/l]
- Der **Deutsche Grad** (°d) (früher: Deutscher Härtegrad – °dH)
  1 Deutscher Grad (°d) entspricht
  10,00 mg CaO bzw. 7,19 mg MgO bzw. 18,48 mg SrO bzw. 27,35 mg BaO im Liter.

  Rechenbeispiel:

  Die rel. Äquivalentmasse für CaO beträgt $\frac{56,08}{2}$ mg/l = 28,02 mg/l;

  Da 1 °d eine Menge von 10,0 mg CaO in 1 Liter Wasser angibt, entspricht

  1 mmol/l Härte-Äquivalent einer Härte von rd. 2,8°d.

- **Beschaffenheit** des Wassers

Kennzeichnung	Gesamthärte °d	Härte-Äquivalent mmol/l
sehr weich	0 – 4	< 1,43
weich	4 – 8	1,43 – 2,86
mittelhart	8 – 12	2,86 – 4,28
ziemlich hart	12 – 18	4,28 – 6,42
hart	18 – 30	6,42 – 10,72
sehr hart	> 30	> 10,72

Laborative Bestimmung der Härte des Wassers, s. Ziff. 89.

46.3 Enthärtung des Wassers

46.3.1 Allgemeines

Enthärtetes Wasser ist ein solches, das von **Erdalkalisalzen** praktisch frei ist (die gutlöslichen Alkalisalze dürfen enthalten sein).

Eine **Teilenthärtung** (Ausfällung der vorübergehenden Härte) wird durch **Kochen** des Wassers (s. o.) erzielt (s. auch Kalktuffbildung in der Natur).

46.3.2 Enthärtung durch Überführung der Erdalkalisalze in Alkalisalze

Eine Destillation des Wassers beispielsweise zur Bereitung von Kesselspeisewasser ist zu teuer. Man begnügt sich daher mit einer Umwandlung der Erdalkalisalze in die gut wasserlöslichen Alkalisalze. (Eine Anwendung von nichtenthärtetem Wasser als Kesselspeisewasser würde zu Kesselsteinbildung führen; s. Wasserstein im Teekessel.)

Kesselstein besteht aus $CaCO_3$, $MgCO_3$, $CaSO_4$ u. a. und meist auch kolloid gelöst gewesener Kieselsäure, auf welche die große Härte des Steins hauptsächlich zurückzuführen ist.

Im Wesentlichen unterscheidet man nachstehende Verfahren:

46.3.2.1 Kalk-Soda-Verfahren

In das zu enthärtende Wasser wird in einer „Enthärtungsanlage" Calciumhydroxid und Soda (Na_2CO_3) eingemischt. Die Calcium- und Magnesiumsalze scheiden sich als Schlamm ab, Natriumsulfat bleibt in Lösung:

$$Ca(HCO_3)_2 + Ca(OH)_2 \longrightarrow 2\ CaCO_3 + 2\ H_2O$$
$$\text{unlöslich}$$

$$Mg(HCO_3)_2 + 2\ Ca(OH)_2 \longrightarrow 2\ CaCO_3 + Mg(OH)_2 + 2\ H_2O$$
$$\text{unlöslich} \quad \text{unlöslich}$$

$$CaSO_4 + Na_2CO_3 \longrightarrow CaCO_3 + Na_2SO_4$$
$$\text{unlöslich}$$

$$CaCl_2 + Na_2CO_3 \longrightarrow CaCO_3 + 2\ NaCl$$
$$\text{unlöslich}$$

Die Enthärtung verläuft nichtvollständig, da geringe Mengen von Ca- und Mg-Salzen gelöst bleiben. Eine fast vollständige Enthärtung (wie dies insbesondere für Hochdruckkessel erforderlich ist) kann durch eine zusätzliche Anwendung des nachstehend angegebenen Verfahrens erzielt werden:

46.3.2.2 Trinatriumphosphat-Verfahren

Dem vorenthärteten Wasser (aus Kostengründen) wird Trinatriumphosphat in der erforderlichen Menge beigemischt, wodurch eine Enthärtung bis auf fast 0 °d erreicht werden kann:

$$3\ Ca(HCO_3)_2 + 2\ Na_3PO_4 \longrightarrow Ca_3(PO_4)_2 + 6\ NaHCO_3$$
$$3\ CaSO_4 + 2\ Na_3PO_4 \longrightarrow Ca_3(PO_4)_2 + 3\ Na_2SO_4$$
$$Mg(HCO_3)_2 + 2\ Ca(OH)_2 \longrightarrow 2\ CaCO_3 + Mg(OH)_2 + 2\ H_2O$$
$$\text{unlöslich} \quad \text{unlöslich}$$

46.3.2.3 Barytverfahren

Dieses Verfahren ist eine Abwandlung des Kalk-Soda-Verfahrens, indem dem Wasser neben gebranntem Kalk nicht Soda, sondern Bariumcarbonat, $BaCO_3$, zugemischt wird. Der Vorteil ist eine praktisch vollständige Ausfällung von Calciumsulfat, da $BaSO_4$ praktisch unlöslich ist.

46.3.2.4 Wasserenthärtung durch niedermolekulare Polyphosphate

Niedermolekulare Polyphosphate werden in großem Umfange als Wasserenthärter eingesetzt, da die Anionen mit Metall-Ionen, z. B. Ca^{2+}-Ionen, **wasserlösliche Komplexverbindungen** bilden. Hierdurch wird eine Ausfällung der Härtebildner des Wassers verhindert, einem Waschwasser zugesetzte Seife fällt nicht mehr als Ca-Seife (vgl. Ziff. 31.9) aus.

Niedermolekulare Polyphosphate waren beispielsweise weitgehend allgemein Bestandteil von Waschmitteln für die Haushaltswäsche. Aus **Umweltgründen** – um eine zu hohe Phosphatbelastung der Abwässer zu vermeiden – wurden diese inzwischen durch **Alkalizeolite** (s. u.) ersetzt.

46.3.2.5 Wasserenthärtung durch Alkalizeolite („Permutit-Verfahren")

Alkalizeolite ermöglichen einen Austausch von Na^+-Ionen gegen Ca^{2+}-Ionen des harten Wassers. Zur Wasserenthärtung geeignete Zeolite werden unter der Bezeichnung **„Permutit"** angeboten.

Diese werden durch Zusammenschmelzen von Kaolin, Quarzsand und Soda in einem bestimmten Verhältnis hergestellt, z. B. Natriumpermutit $Na_2O \cdot Al_2O_3 \cdot 2\ SiO_2$.

Zur Enthärtung wird das Wasser durch eine Permutitschicht filtriert.

Enthärtungsvorgang:

$$\text{Na-Permutit} + Ca(HCO_3)_2 \longrightarrow \text{Ca-Permutit} + NaHCO_3$$
$$\text{Na-Permutit} + CaSO_4 \longrightarrow \text{Ca-Permutit} + Na_2SO_4$$
$$\text{Na-Permutit} + Fe(HCO_3)_2 \longrightarrow \text{Fe-Permutit} + NaHCO_3$$

Die Erdalkalisalze werden bis auf **Spuren** entfernt. Der Vorteil des Permutits ist, dass dieser nach Erschöpfung sehr einfach **regeneriert** werden kann, indem man Kochsalzlösung in umgekehrter Richtung durch die Permutitschicht pumpt.

46.3.3 Praktisch restloser Stoffentzug durch „Ionen-Austauscher" auf Kunststoffbasis

Ein restloser Stoffentzug, somit eine Entfernung nicht nur der **Erdkalisalze**, sondern **auch der Alkalisalze** aus dem Wasser, wird durch neuzeitliche Verfahren einer doppelten Filtration des Wassers über „Ionen-Austauscher" auf Kunststoffbasis erzielt. Dieses enthärtete Wasser ist dem **destillierten** Wasser fast gleichzusetzen.

Das Wasser wird zunächst über eine Schicht aus gekörntem Kunststoff filtriert, der nicht, wie vorstehend angegeben, mit reaktionsfähigen Na^+-Ionen, sondern mit reaktionsfähigen H^+-Ionen beladen ist. Das Wasser wird hierdurch unter Entzug der Kationen der Salze sauer, da H^+-Ionen im Austausch abgegeben werden:

$$\text{Ca-Salz} + H^+\text{-Kunststoff} \longrightarrow \text{Ca-Kunststoff} + H^+ + \text{Säurerest-Ionen}$$

Mg-Salz + H⁺-Kunststoff ⟶ Mg-Kunststoff + H⁺ + Säurerest-Ionen

Na-Salz + H⁺-Kunststoff ⟶ Na-Kunststoff + H⁺ + Säurerest-Ionen

Das saure Wasser wird nun über ein zweites Filter geleitet, das einen Kunststoff mit reaktionsfähigen OH⁻-Ionen enthält:

H⁺-Ionen + Säurerest-Ionen + OH⁻-Kunststoff ⟶ Kunststoff · Säurereste + H_2O

Das Wasser wird nicht nur neutralisiert, sondern es werden auch die Säurerest-Ionen durch den Kunststoff fast restlos gebunden. Das Wasser ist praktisch **elektrolytfrei**.

47 Anforderungen an Wässer – Grenzen der Schädlichkeit

47.1 Trinkwasser

Als Trinkwasser wird das in die Leitungen abgegebene aufbereitete Rohwasser bezeichnet. In der Bundesrepublik werden je Kopf und Tag davon rd. 2 Liter gebraucht, der Gesamtbedarf an Trinkwasserqualität liegt jedoch bei rd. 145 l. Das für die Trinkwasserbereitstellung erforderliche Rohwasser wird vorwiegend aus Quell- und Grundwasser gewonnen. Zur Deckung dieses hohen Bedarfs muss das Grundwasser auch aus Brunnen bezogen werden, die in landwirtschaftlich genutzten Bereichen liegen. Um insbesondere die Nitrat- und Pestizidbelastung des Trinkwassers aus der Felddüngung gering zu halten, müssen dort die Brunnen in größere Tiefen (z. B. 100 m) abgeteuft werden.

Trinkwasser soll rein, klar, farb-, geruchlos und kühl (6 – 12 °C) sein. Zudem soll es Sauerstoff gelöst enthalten und nicht zu weich sein (mindestens 4 °d). Chemisch reines (salz- und sauerstofffreies Wasser) schmeckt fade und ist als Trinkwasser zudem (infolge der Salzfreiheit) nicht bekömmlich. Krankheitserregende Bakterien dürfen im Trinkwasser nicht, sonstige Bakterien höchstens bis zu einer Keimzahl von 100 je ml Wasser enthalten sein.

> In den Ländern der Europäischen Gemeinschaft und den Vereinigten Staaten von Amerika gilt Trinkwasser für den menschlichen Genuss bereits als ungeeignet, wenn es 2,2 Koli-Bakterien je 100 ml Wasser enthält.

Gesundheitsschädliche Stoffe, wie Verbindungen von Blei, Zink, Arsen, Fluor, Ammoniak, Ammoniumverbindungen und Nitrit (NO_2^-) dürfen nicht oder höchstens in Spuren nachweisbar sein. Nitrat (NO_3^-) darf lt. Trinkwasserverordnung (TrinkwV) vom 1.10.1989 höchstens mit rd. 90 mg/l enthalten sein, ein Grenzwert von 50 mg/l wird angestrebt.

Zur Sicherstellung eines weitestgehend **pestizidfreien** Trinkwassers wurden nachstehende Grenzwerte festgelegt:

47 Anforderungen an Wässer – Grenzen der Schädlichkeit

Grenzwerte für chemische Stoffe	
Polycyclische aromatische Kohlenwasserstoffe (C)	0,0002 mg/l (0,2 µg/l)
1,1,1-Trichlorethan Trichlorethylen Tetrachlorethylen Dichlormethan	0,025 mg/l (25 µg/l)
Tetrachlorkohlenstoff	0,003 mg/l (3 µg/l)
Chemische Stoffe zur Pflanzenbehandlung und Schädlingsbekämpfung sowie in der Wirkung ähnliche Stoffe einschließlich toxischer Hauptabbauprodukte und Polychlorierte, polybromierte Biphenyle und Terphenyle	einzelne Substanz 0,0001 mg/l (0,1 µg/l) insgesamt 0,0005 mg/l (0,5 µ/l)

Organische Substanzen, z. B. Algen, dürfen nur in Spuren vorliegen. (**Prüfungen** s. Ziff. 89)

Zur **Keimtötung** (Entkeimung) wird das Trinkwasser gechlort. Man wendet hierzu heute vorwiegend gasförmiges Chlor an, von welchem im Wasser durchschnittlich 0,2 – 0,4 mg/m³ gelöst werden, je nach Befund der bakteriologischen Prüfung (Bestimmung der Keimzahl), die nach dem Klären, gegebenenfalls einer besonderen Enteisenung und der Filtrierung des Trinkwassers durchgeführt wird. Auch Ozon ist geeignet. Seine Anwendung ist jedoch teurer als die des Chlors.

1986 wurde in eine Novellierung der TrinkwVO eine Regelung zur Verhinderung des Eintragens von **Asbestfasern** aus **Asbestrohren** aufgenommen, nach welcher für durch Asbestrohre fließendes Trinkwasser sicherzustellen ist, dass der pH-Wert des Wassers auf den jeweiligen pH-Wert der Kalksättigung des Trinkwassers eingestellt wird. Dadurch wird eine Anlösung des Zementsteins im Asbestzement und so eine Faserabgabe dauerhaft unterbunden.

Zur Vermeidung von Verstopfungen der Rohrleitungen darf Trinkwasser nur Spuren an Eisen (höchstens 0,5 mg/l) und Mangan (höchstens 0,1 mg/l) aufweisen (**Prüfung** s. Ziff. 80 u. 89).

Um Korrosionen an Rohrleitungen aus Stahl oder Blei zu vermeiden, darf im Wasser höchstens enthalten sein (**Prüfung** s. Ziff. 80.2 u. 89):

SO_4^{2-} .... 60 mg/l

Cl^- .... 30 mg/l

NO_3^- .... 30 mg/l

Zur Sicherstellung der Ausbildung einer Korrosionsschutzschicht muss das Wasser mindestens nachstehende Härte aufweisen:

für Eisenrohre .... 4 °d

für Bleirohre .... 8 °d

Wasser von mindestens 4 °d bildet in eisernen Leitungsrohren eine Rostschutzschicht von $FeCO_3 \cdot CaCO_3$ aus, die ein Rosten verhindert, sofern das Wasser keine „rostschutzverhindernde Kohlensäure" enthält (s. Ziff. 48).

Bleirohre werden durch weicheres Wasser als solches mit 8 °d angegriffen, indem giftige Bleiverbindungen, z. B. $Pb(OH)_2$, gebildet werden. Die Schutzschicht besteht aus praktisch unlöslichem $PbCO_3$. Wasser, das auch nur geringe Mengen an „rostschutzverhindernder Kohlensäure" enthält, wie z. B. **angewärmtes** Trinkwasser, darf nicht durch Bleirohre geleitet werden, da sich sofort giftiges, lösliches Pb(HCO$_3$)$_2$ bilden würde. (Spuren von Bleiverbindungen, regelmäßig aufgenommen, können zu schweren bis tödlichen Vergiftungen führen.)

Kupferrohre sind gegen heißes Wasser beständig, so dass dieses Metall für Heißwasserleitungen geeignet ist (s. Ziff. 55.2).

47.2 Waschwasser

Waschwasser soll möglichst weich sein, da die Schaumkraft der Seife durch die Härte des Wassers beeinträchtigt wird. (Ein Teil der Seife wird als Kalkseife ausgefällt und dadurch einer Nutzung entzogen.) Es kommt erst dann zu einem Schäumen, wenn die gesamte Härte als Ca- bzw. Mg-Seife ausgefällt ist. Um einen unnötigen Seifeverlust und zudem Calciumseifenflecken im Waschgut zu vermeiden, wird das Wasser durch Zugabe eines „Wasserenthärters" (meist auf Polyphosphat- oder Alkalizeolit-Basis – s. Seite 206) „weich" gemacht.

Weiterhin soll Waschwasser ebenso wie Trinkwasser weitgehend frei von Eisenverbindungen sein, da durch solche (Ausfällung als Fe(OH)$_3$ in der alkalischen Waschlauge) Rostflecken entstehen würden.

> Die neuzeitlichen Waschrohstoffe werden durch Ca- und Mg-Ionen des Wassers weder beeinträchtigt, noch ausgefällt.
>
> Allgemein werden diese als **Detergentien** (lat.: detergere = reinigen) bezeichnet. Wie die echten Seifen enthalten diese einen hydrophoben Kohlenwasserstoffrest und eine hydrophile Gruppe. Im Gegensatz zu echten Seifen sind diese **biologisch kaum abbaubar** und belasten dadurch die Abwässer nicht unerheblich.
>
> Vorwiegend werden anionenaktive Detergentien eingesetzt, – diese enthalten als hydrophile Gruppe meist eine Sulfonat- oder Sulfatgruppe, z. B. Natriumalkylsulfonat CH$_3$-(CH$_2$)$_n$-O-SO$_3$Na. Kationenaktive Detergentien enthalten als hydrophile Gruppe z. B. eine quartäre Ammoniumgruppe, nichtionogene Detergentien sind meist Polyether mit etwa 12 bis 16 C-Atomen im Molekül.

47.3 Baugrundwasser

Baugrundwasser und sonstige auf Bauwerke einwirkende Wässer enthalten vielfach Stoffe in einer Konzentration, die auf Mörtel bzw. Beton schädigend wirkt. Die wesentlichen schädigenden Stoffe und die entsprechenden Schädigungsreaktionen sind im Abschnitt II/C behandelt worden.

Im nachstehenden soll ein Überblick gegeben werden über die Grenzen der Schädlichkeit (s. DIN 4030 „Beton in betonschädlichen Wässern und Böden, Richtlinien für die Ausführung").

Grundsätzlich ist zunächst herauszustellen, dass stehendes Grundwasser weniger schädlich ist als fließendes Grundwasser, weil bei letzterem die schädlichen Stoffe schnell immer wieder neu ersetzt werden. Allgemein als betonschädlich gelten solche Wässer, die entweder sehr weich sind oder Säuren, Sulfate, Magnesiumsalze, Ammoniumsalze, Nitrate u. a. enthalten (s. Ziff. 39 bis 41).

Lt. DIN 4030 (s. o.) liegt für die Beurteilung der „Betonschädlichkeit" eines Baugrund- oder -bodenwassers nachstehende Richtlinie vor:

47 Anforderungen an Wässer – Grenzen der Schädlichkeit

Grenzwerte zur Beurteilung des Angriffsgrades von Wässern natürlicher Zusammensetzung

	Angriffgrad		
	schwach	stark	sehr stark
pH-Wert	6,5 – 5,5	< 5,5 – 4,5	< 4,5
Kalklösende Kohlensäure			
(HEYER-Versuch) – mg CO_2/l	15 – 40	> 40 – 100	> 100
Ammonium-Ionen – mg NH_4^+/l	15 – 30	> 30 – 60	> 60
Magnesium-Ionen – mg Mg^{2+}/l	300 – 1000	> 1000 – 3000	> 3000
Sulfat-Ionen – mg SO_4^{2-}/l	200 – 600	> 600 – 3000	> 3000

1) Bei SO_4^{2-}- Gehalten über 600 mg SO_4^{2-}/l Wasser, ausgenommen Meerwasser, ist ein Zement mit hohem Sulfatwiderstand (HS) zu verwenden (s. DIN 1164 u. Lit. V/1 – 3).

Obige Angaben können nur als **Anhalt** dienen. Die wesentlichen **Prüfungen** auf Sulfatgehalt, Magnesiagehalt, Gehalt an freier Kohlensäure und auf pH-Wert sind lt. Ziff. 89 relativ einfach durchzuführen. In Zweifelsfällen wende man sich jedoch stets an einen Fachchemiker.

Bei der Beurteilung der Schädlichkeit eines Baugrundwassers kommt es, wie vorstehend bereits erwähnt, u. a. darauf an, ob das Wasser als ruhendes Wasser betrachtet werden kann oder ob es fließt bzw. wie rasch es fließt. Besonders gefährdet sind Betonbauteile oder dgl. insbesondere in einer sogenannten **„Wasserwechselzone"**, wie solche beispielsweise an Brückenpfeilern, Schleusenkammern oder an Hafenbauten vorliegen. Durch eine öftere Austrocknung im Wechsel mit einer Wiederdurchfeuchtung ist das Bauwerk deshalb besonders gefährdet, weil gebildete Schädigungssalze bei Verdunsten des Wassers in jedem Falle auskristallisieren und dann entsprechend schädigend wirken, wogegen es in einer ständig wassergesättigten Betonzone nur dann zu einer Auskristallisation und damit Schädigung durch Sprengwirkung kommt, wenn die Sättigungsgrenze (für Gips rd. 2 g/l bei 18 °C) überschritten wird. Bei Nichterreichen erfolgt lediglich ein Herauslösen der neugebildeten Verbindungen und damit des Bindemittels.

Beispiele für in der Natur vorliegende betonschädliche Wässer:

Moorwässer enthalten hauptsächlich freie Schwefelsäure und Huminsäuren;

Meerwässer enthalten neben Alkalichloriden u. a. den am stärksten schädigenden Anteil Magnesiumsulfat.

Abb. 75: Die Bauwerksschädigung durch kapillar hochsteigendes Meerwasser wird durch starke Sonneneinstrahlung (südliche Länder) sehr gefördert.

Anhaltswerte für die Zusammensetzung von Meerwasser (mg/l)

	Nordseewasser	Ostseewasser
Na^+	11000	5000
K^+	400	200
Ca^{2+}	400	200
Mg^{2+}	1300	600
Cl^-	19900	9000
SO_4^{2-}	2800	1300
pH-Wert ca.	8	7
Salzgehalt ca.	36000 mg/l	16000 mg/l

47.4 Zugabewasser für Beton und Mörtel

Als Zugabewasser für **unbewehrten** Beton und Mörtel kann jedes in der Natur vorkommende nicht verunreinigte Wasser angewandt werden, sofern der Salzgehalt (Abdampfrückstand) nicht über 3,5 % liegt. Es können auch betonschädliche Wässer Anwendung finden, da eine Umsetzung eines geringen Kalkanteils des Zements mit reaktionsfähigen Stoffen im Frischbeton nicht schädlich ist.

Bei Anwendung salzreicher Wässer besteht allerdings die Gefahr eines Entstehens von **Ausblühungen**. Meerwasser ist ebenfalls als Zugabewasser anwendbar, wenn Ausblühungen in Kauf genommen werden können. Sollen Ausblühungen vermieden werden, wird man nach Möglichkeit stets Leitungswasser oder ein diesem (im Salzgehalt) entsprechendes Wasser zur Anwendung bringen.

Eine Ausnahme macht der Tonerdeschmelzzement: Dieser darf nicht mit Meerwasser oder einem sonstigen salzreichen Wasser, sondern nur mit Leitungswasser angemacht werden, da die Erhärtungsreaktion bereits durch geringe Mengen fremder Salze erheblich gestört werden kann.

Als Zugabewasser für **bewehrten** Beton und Mörtel (insbes. Stahl- und Spannbeton) ist stets Leitungswasser (oder ein diesem in Salzgehalt und Reinheit entsprechendes Wasser) anzuwenden. Auf die zulässigen **Höchstgehalte** an **Chlorid**-Ionen ist entsprechend den gültigen Baubestimmungen zu achten.

48 Arten der Kohlensäure in natürlichen Wässern

48.1 Allgemeines

Bei Berührung von Wasser mit Luft wird aus dieser Kohlendioxid (CO_2) in Lösung aufgenommen, und zwar um so mehr, je „weicher" das Wasser ist (s. Ziff. 46). Die Löslichkeit ist auch temperatur- und druckabhängig. Von dem in Lösung gegangenen Kohlendioxid setzt sich ein kleiner Teil in die schwache Kohlensäure nach folgender vereinfachter Reaktionsgleichung um,

$$H_2O + CO_2 \leftrightarrows H_2CO_3$$

48 Arten der Kohlensäure in natürlichen Wässern

wobei folgende Reaktionsabläufe vorliegen können:

$$H_2CO_3 + H_2O \leftrightarrows H_3O^+ + HCO_3^-$$
$$HCO_3^- + H_2O \leftrightarrows H_3O^+ + CO_3^-$$
$$CO_3^{2-} + CO_2 + H_2O \leftrightarrows 2\ HCO_3^-$$

Zur Beurteilung eines Wassers ist es wichtig, zu wissen, ob es „kalkaggressiv" ist, d. h. ob es Calciumcarbonat ($CaCO_3$) zu lösen vermag, oder ob es „kalkabscheidend" ist, weil es an $CaCO_3$ übersättigt ist, – oder ob es sich gerade im Zustande der „Kalksättigung" befindet. Nach einer historischen, nach heutiger Kenntnis nicht ganz zutreffenden Ansicht steht ein Wasser der letzten Art im „Kalk-Kohlensäure-Gleichgewicht".

Dieser Begriff wird heute in der Literatur nicht mehr verwendet. Das Thema **„Calciumcarbonatsättigung eines Wassers"** wurde lt. DIN 38404, T. 10, Ziff. 1, vereinbarungsgemäß wie folgt präzisiert:

> „Calciumcarbonatsättigung eines Wassers liegt dann vor, wenn es sich gegenüber Calciumcarbonat in der Modifikation Calcit indifferent verhält.
>
> Wasser ist calcitabscheidend, wenn es an Calciumcarbonat übersättigt ist und es ist calcitaggressiv, wenn es Calciumcarbonat zu lösen vermag."
>
> Calcitaggressives Wasser vermag eine bestimmte Menge Calciumcarbonat zu lösen, wobei
>
> Ca^{2+}- und CO_3^{2-}-Ionen
>
> in das Wasser übergehen.

48.2 Arten und Aggressivität der Kohlensäure

Die in Wässern enthaltene Kohlensäure (einschließlich gelösten CO_2) liegt vor als

- gebundene Kohlensäure (CO_3^{2-}-Ionen aus $CaCO_3$, $MgCO_3$ u. a.)
- halbgebundene Kohlensäure (HCO_3^--Ionen, s. o, und Ziff. 39.3.3)
- freie Kohlensäure (CO_2, HCO_3^-)

In welchem Umfange ist die freie Kohlensäure aggressiv?

Ein Anteil freier Kohlensäure ist als **„zugehörige"** oder **„stabilisierende"** Kohlensäure erforderlich, die Hydrogencarbonate der Erdalkalien in Lösung zu halten, um somit ein Ausfallen von $CaCO_3$ bzw. $MgCO_3$ zu verhindern:

$$CaCO_3 + H_2CO_3 \leftrightarrows Ca(HCO_3)_2$$

Dieser Anteil der freien Kohlensäure greift Eisen oder Carbonat nicht an. Ist mehr freie Kohlensäure vorhanden, als zur Stabilisierung der wassergelösten Hydrogencarbonate erforderlich ist, greift dieser Mehranteil Eisen an, auch wenn dieses eine Schutzschicht von $FeCO_3$ besitzt. Man nennt die „überschüssige" freie Kohlensäure **„rostschutzverhindernde"** Kohlensäure.

48.3 Überblick über die Arten der Kohlensäure

Wird ein natürliches Wasser in einem Warmwasserbereiter erhitzt, findet eine zunehmende Zersetzung der **„halbgebundenen Kohlensäure"** – die auch als „vorübergehende Härte" bezeichnet wird – unter Freigabe von Kohlensäure, der **„freien Kohlensäure"**, statt.

Ein Anteil dieser freien Kohlensäure ist – wie vorstehend bereits dargelegt – als **„zugehörige"** oder **„stabilisierende"** Kohlensäure erforderlich, um die noch nicht zersetzten Hydrogencarbonate der Erdalkalien in Lösung zu halten, der Restanteil der freien Kohlensäure wird als **„überschüssige freie Kohlensäure"** bezeichnet, die allein die Carbonate der Erdalkalien oder z. B. Eisen anzugreifen vermag. Im letzteren Falle trägt diese die Bezeichnung **„rostschutzverhindernde Kohlensäure"**.

48.4 Beurteilung der Aggressivität der freien Kohlensäure für die Baupraxis

Vorstehendem ist zu entnehmen, dass der **aggressive Charakter** der freien Kohlensäure von der **„vorübergehenden Härte"** sehr abhängig ist. Bei sehr weichem Wasser wird fast keine „stabilisierende Kohlensäure" benötigt, es wirken daher bereits geringe Gehalte an freier Kohlensäure aggressiv. In hartem Wasser dagegen ist erst ein höherer Gehalt an freier Kohlensäure schädigend.

Beispiel:

a) Wasser von 11 °d

benötigt zur Stabilisierung von z. B. 94 mg CO_2/l halbgebundener Kohlensäure rd. 18 mg CO_2/l an freier Kohlensäure;

b) Wasser von 20 °d

benötigt zur Stabilisierung von z. B. 140 mg CO_2/l halbgebundener Kohlensäure rd. 74 mg CO_2/l an freier Kohlensäure.

Die „kalkaggressive Kohlensäure" wird daher im Rahmen einer Wasseranalyse jeweils gesondert bestimmt. (Prüfungen s. Ziff. 89.10 u. 89.11)

49 Wasseranalyse und Auswertung

Die **Probenahme** zu einer **Wasseranalyse** und deren **Durchführung** ist in Ziff. 89 beschrieben.

An Hand eines Beispiels sei nachstehend die Auswertung einer Wasseranalyse erörtert:

Ergebnis einer Wasseranalyse (Baugrundwasser):

Temperatur	10,5 °C
Aussehen	klar, farblos
Bodensatz	Spuren eines bräunlichen Satzes
Durchsichtigkeit für Druckschrift	100 cm
Geruch	ohne Befund
pH-Wert	7,0
Sulfat (SO_4^{2-})	282 mg SO_4^{2-}/l
H_2S	nicht vorhanden
NH_3 bzw. NH_4^+	nicht vorhanden
Nitrit (NO_2^-)	nicht vorhanden
Nitrat (NO_3^-)	49 mg NO_3^-/l

49 Wasseranalyse und Auswertung

Chlorid (Cl⁻)	61 mg Cl⁻/l
Abdampfrückstand	711 mg/l
Glührückstand	687 mg/l
Glühverlust	24 mg/l
Gesamthärte	33,8 °d
Carbonathärte	15,2 °d
Mineralsäurehärte	18,6 °d
gebundene Kohlensäure	118 mg CO_2/l
freie Kohlensäure	24 mg CO_2/l
kalkaggressive Kohlensäure (Marmorversuch)	nicht vorhanden
kalkaggressive Kohlensäure (berechnet)	nicht vorhanden
Kalk (CaO)	212 mg CaO/l
Magnesia (MgO)	91 mg MgO/l
Silicat (als SiO_2 berechnet)	6 mg SiO_2/l
Sauerstoff, im Wasser gelöst	8,8 mg O_2/l

Beurteilung des Baugrundwassers auf Grund der Wasseranalyse:

Das Wasser ist neutral (pH = 7);

auf Grund eines Sulfatgehalts von 282 mg SO_4^{2-}/l ist es, da dieser Gehalt über der „Schädlichkeitsgrenze" von 200 mg SO_4^{2-}/l liegt, als **„schwach sulfataggressiv"** zu bezeichnen.

Die sonstigen Wasseranteile, die als betonschädlich in Betracht kommen könnten, wie „kalkaggressive Kohlensäure", Nitrat, Mg-Salze, geben hinsichtlich einer Betonschädlichkeit einen unbedenklichen Befund.

Die Erstellung eines Bauwerks in diesem Grundwasser muss daher unter Berücksichtigung der **Betonschädlichkeit** dieses Wassers erfolgen, wobei zu einer weiteren Beurteilung der betonschädlichen Eigenschaften des Wassers noch die **besonderen Gegebenheiten der Baustelle**, u. a. auch die Fließgeschwindigkeit des Grundwassers, zu beachten sind. Diese Beurteilung ist durch einen erfahrenen Bauchemiker durchzuführen, für welche in vielen Fällen auch noch eine Untersuchung des **Bodens** auf betonschädliche Stoffe durchzuführen ist (s. Ziff. 88).

E Chemie der Luft

50 Zusammensetzung und physikalische Eigenschaften der Luft

50.1 Geschichtliches

Nach dem griechischen Philosophen EMPEDOKLES (5. Jh. v. Chr.) nahm man im Altertum an, dass das All aus den 4 Elementen Luft, Feuer, Wasser und Erde aufgebaut sei. Diese Lehre wurde u. a. durch ARISTOTELES verbreitet. Erst 1777 wurde durch SCHEELE nachgewiesen, dass Luft kein einheitlicher Stoff ist. Die Verbrennung als Vorgang der chemischen Bindung von Sauerstoff aus der Luft wurde dann durch LAVOISIER 1778 richtig gedeutet.

50.2 Zusammensetzung der Luft

In niedrigen Höhenlagen ist die atmosphärische Luft ziemlich gleichmäßig zusammengesetzt. An der Grenze der Lufthülle zum Weltall befindet sich nur das leichteste Gas, nämlich Wasserstoff.

Durchschnittliche Zusammensetzung der Luft

Gas	Chem. Symbol	Vol-%	M.-%
Sauerstoff	O_2	20,93	23,1
Stickstoff	N_2	78,03	75,6
Kohlendioxid	CO_2	0,03	0,046
Wasserstoff	H_2	$5 \cdot 10^{-5}$	$3,5 \cdot 10^{-6}$
Argon	Ar	0,932	1,285
Neon	Ne	$1,5 \cdot 10^{-3}$	$1 \cdot 10^{-3}$
Helium	He	$4,6 \cdot 10^{-4}$	$7 \cdot 10^{-5}$
Krypton	Kr	$1,1 \cdot 10^{-4}$	$3 \cdot 10^{-4}$
Xenon	Xe	$0,8 \cdot 10^{-5}$	$4 \cdot 10^{-5}$

Daneben enthält die Luft noch Wasserdampf und Verunreinigungen.

50 Zusammensetzung und physikalische Eigenschaften der Luft

50.3 Physikalische Eigenschaften der Luft

- **Kennzeichnung:** Farb- und geruchloses Gasgemisch; Normdichte $\rho_n = 1{,}293$ g/l,

Litergewichte bei 0 °C und 1,013 bar (Normalbedingungen)	
Luft	= 1,293 g/l
Sauerstoff	= 1,429 g/l
Luftstickstoff	= 1,257 g/l
reiner Stickstoff	= 1,250 g/l

- **Spezifische Wärme:**

Die spez. Wärme von (1 kg) Luft $c_p = 1{,}009$ kJ

- **Absolute und relative Luftfeuchtigkeit:**

Durch die „**absolute**" Luftfeuchtigkeit wird angegeben, wie viel g Wasser 1 m³ Luft je nach Temperatur bei Sättigung enthält. Die **relative** Luftfeuchtigkeit gibt das Verhältnis der in 1 m³ Luft tatsächlich vorhandenen Wassermenge zu der bei Sättigung enthaltenen Menge an.

Feuchtigkeitsgesättigte Luft enthält je m³:

bei einer Temperatur von	Wassermenge in g
−15 °C	2,36
−10 °C	3,16
0 °C	4,57
2 °C	5,27
5 °C	6,51
10 °C	9,14
15 °C	12,67
20 °C	17,36
25 °C	23,52
30 °C	31,51
40 °C	55,04
60 °C	149,4
80 °C	351,1
100 °C	760,0

- **Lösungsvermögen des Wassers für Luft:**

1 Liter Wasser enthält bei Sättigung gelöst:

Temperatur	an Einzelgasen (cm³)			an Luft (cm³)	
	O_2	N_2	CO_2	O_2	N_2
0 °C	48,57	23,34	1692,0	10,19	18,44
10 °C	37,54	18,34	1172,0	7,87	14,49
20 °C	33,40	15,10	853,6	6,35	11,90

Bei einem gleichzeitigen Lösen von Sauerstoff und Stickstoff in Wasser wird weniger gelöst als bei Vorliegen eines einzelnen Gases. Die Löslichkeit eines Gases ist nämlich nach dem

Absorptionsgesetz von HENRY proportional dem Druck des Gases, die Löslichkeit eines Gasgemisches nach dem Absorptionsgesetz von DALTON proportional dem **Partial**druck eines jeden Gases. (Der Partialdruck ist der Anteil des Gases am Gesamtdruck entsprechend seiner Konzentration; der Luftsauerstoff besitzt somit bei Normalbedingungen den Partialdruck von 0,2120 bar).

51 Chemische Eigenschaften und chemische Einwirkungen der Luft

51.1 Allgemeines

Da die Luft nur ein Gemenge und keine chemische Verbindung von bei Normalbedingungen gasförmigen Elementen darstellt, können ihr Anteile durch reaktionsfähige Stoffe ohne Widerstand entzogen werden. Vor allem spielt der Sauerstoff eine Rolle, durch welchen die Atmung wie die Verbrennung unterhalten werden. Auch für die Korrosion der Metalle ist die Luft verantwortlich. Das Pflanzenwachstum wäre ohne ihren CO_2-Gehalt nicht denkbar. Eine Trocknung von Gegenständen beruht auf der physikalischen Eigenschaft der Luft, Feuchtigkeit aufnehmen zu können.

51.2 Oxidation durch die Luft

Da Oxidationsvorgänge exotherme Reaktionen sind (s. Ziff. 10), verlaufen diese von selbst. Ein rascher Ablauf wird erreicht, wenn „brennbare Stoffe" auf „Entzündungstemperaturen" gebracht werden.

Besonders gefährlich werden durch den Luftsauerstoff genährte Oxidationsvorgänge, wenn brennbare Gase oder feste und flüssige Stoffe in feinster Verteilung (z. B. Kohlenstaub oder Benzinnebel) mit der Luft **„Explosionsgemische"** bilden.

> **Versuch:**
>
> In ein Reagenzglas wird Luft und Leuchtgas in einem Volumenverhältnis 1 : 1 eingebracht. Wird das Gas-Luft-Gemisch an einer Flamme entzündet, so brennt es ruhig ab. Dasselbe ist der Fall, wenn wir ein „mageres" Leuchtgas-Luft-Gemisch von etwa 5 % Leuchtgas herstellen.
>
> Ein Leuchtgas-Luft-Gemisch mit etwa 15 – 20 Vol.-% Leuchtgas reagiert jedoch bei Entzündung mit einem heftigen Knall.

Aus dem Versuch ist zu erkennen, dass sehr „fette" und sehr „magere" Gemische nicht explodieren. Zu einer Explosion oder zumindest einer heftigen „Verpuffung" kommt es innerhalb gewisser „Explosionsgrenzen", die je nach Stoffart unterschiedlich liegen.

> **Beispiele:**
>
> Zu einer explosionsartig verlaufenden Oxidation von **Gas-Luft-Gemischen** kommt es bei nachstehend aufgeführten Konzentrationsbereichen:
>
> Wasserstoff . . . . 6 – 70 %
> Kohlenmonoxid . . . . 12 – 75 %
> Leuchtgas . . . . rd. 10 – 25 %
> Alkohol (Dampf) . . . . 4 – 14 %

Benzindampf . . . . 2 – 5 %
Benzoldampf . . . . 2 – 14 %

Vermeiden lässt sich eine Oxidation durch die Luft dadurch, dass man den oxidablen Stoff fegen den Luftsauerstoff **abschirmt**. Hierzu dienen:

- deckende Schutzanstriche, wie z. B. bei Metallen, die durch solche gegen den Luftsauerstoff abgeschlossen werden;
- Abschirmung durch inerte Gase, wie z. B. Stickstoff oder Edelgase (z. B. Glühlampen, Schutzgasschweißung u. a.);
- Abschirmung durch Reduktionsmittel.

Beispiel:

Eine Oxidation und damit Verfärbung von z. B. frischem Fleisch kann man dadurch verzögern, dass es mit Nitrit eingerieben wird, was allerdings infolge der Schädlichkeit des Nitrits verboten ist.

51.3 Einwirkung des Kohlendioxids der Luft

Trotz des geringen CO_2-Gehalts der Luft ist dieser für das organische Leben von entscheidender Bedeutung, indem die Pflanze Kohlendioxid und Wasser unter Einwirkung des Lichts zu Kohlenhydraten aufzubauen vermag (s. Ziff. 31 u. 53).

Die Rolle des Kohlendioxids der Luft im Bauwesen ist in Ziff. 35 u. 39 behandelt worden.

Der chemische Beitrag der „Luftkohlensäure" zu Korrosionsvorgängen ist im Abschnitt II/F dargelegt.

51.4 Chemische Eigenschaften der flüssigen Luft

Flüssige Luft ist trotz ihrer niedrigen Temperatur ein **starkes Oxidationsmittel**. Taucht man in diese beispielsweise einen glimmenden Holzspan, verbrennt dieser unter starker Feuererscheinung. Teigt man Kohlenpulver mit flüssiger Luft an, so kommt es bei Entzünden zu einer ähnlich heftigen Verpuffung wie bei einem Kohlenpulver-Salpeter-Gemisch. Wird eine glimmende Zigarette in flüssige Luft getaucht, verbrennt sie unter starker Feuererscheinung.

52 Umweltproblematik der Verunreinigungen und Schadstoffe der Luft

52.1 Art der Verunreinigungen und Schadstoffe der Luft

Aus physiologischer Sicht lassen sich Verunreinigungen und Schadstoffe der Luft wie folgt unterteilen (bezogen auf die Außenluft):

- Luftstaub, enthaltend Ruß, meist „öligen" Ruß, Schwermetallverbindungen des Bleies, Cadmiums, Quecksilber u. a.,
- Stickgase, wie Kohlenmonoxid, Kohlendioxid,
- Reizgase, wie Schwefeldioxid, Stickoxide, Ozon u. a.,

- Organische Verbindungen, wie Lösungsmitteldämpfe, Hexachlorbenzol und Abkömmlinge, insbesondere Dioxine, Furane, Benzopyren u.a.

Die **Innenluft** (in Wohnräumen) ist in gesundheitlicher Hinsicht oft wesentlich stärker belastet als die Außenluft, und zwar vorwiegend durch aus Möbeln, Spanplatten, Bauklebern abgegebene Dämpfe, z. B. Formaldehyd, durch Tabakrauch, enthaltend Teerabkömmlinge, u. a. das giftige bzw. carcinogene Benzopyren, durch Dämpfe aus Holzschutz- und Pflegemitteln aller Art, u. a.

52.2 Ursachen der Luftverunreinigungen

- Ruß, u. a. Mineralöle enthaltender Ruß, ist auf Verbrennungsabgase der fossilen Brennstoffe aus Hausbrand und industriellen Feuerungen zurückzuführen. Auspuffabgase der Kraftfahrzeuge, im Besonderen der Dieselfahrzeuge, erhöhen die Luftbelastung insbesondere in Ballungsgebieten erheblich.
- Schwermetallverbindungen der vorstehend genannten Art stammen gleichfalls aus Verbrennungsabgasen, nicht zuletzt der Müllverbrennung.
- Die Gase Kohlenmonoxid und Kohlendioxidstammen aus der Verbrennung der fossilen Brennstoffe. Auspuffabgase der Kraftfahrzeuge erhöhen diese Luftbelastung.

Zum Schutz der Erdatmosphäre (Stichwort: Treibhausklima)sollen die CO_2-Emissionen nach den Beschlüssen der Bundestag-Enquetekommission bis zum Jahre 2005 um 20 – 30 % verringert werden. Ob dieses Ziel ohne weiteren Ausbau der Anlagen der Kernenergie erreicht werden kann, ist zweifelhaft. Immerhin haben diese in der Bundesrepublik bis zum Jahre 1991 Emissionen von rd. **1,6 Milliarden Tonnen CO_2** eingespart.

- Reizgase wie SO_2 und Stickoxide stammen gleichfalls vorwiegend aus Verbrennungsabgasen der fossilen Brennstoffe. Die Stickoxidbelastung der Luft beruht im Besonderen auf den Auspuffgasen der Kraftfahrzeuge.
  Zum Thema „Ozon" wird nachstehend gesondert Stellung genommen.
- Organische Verbindungen der vorstehend bezeichneten Art stammen vorwiegend aus Verbrennungsabgasen insbesondere von Müll, der Reste von Pflanzenschutz-, Holzschutzmitteln, Farbstoffen mit Lösungsmittelresten, chlorhaltigen Stoffen aller Art, wie insbesondere PVC, enthielt.

52.3 Die Umweltproblematik des Ozons

Für die Umwelt ist von Bedeutung, dass sich in etwa 30 km Höhe der Erdatmosphäre eine Ozonschicht befindet, durch welche die „Kosmische Strahlung" (siehe Ziff. 7.1) in ihrer Wirkung auf die Menschheit bzw. das gesamte organische Leben auf der Erde abgemildert wird.

Da die Ozonschicht u. a. durch technisch hergestellte Gase, wie Fluor-Chlor-Kohlenwasserstoffe, geschädigt wird, ist es dringend geboten, die Herstellung und Verwendung solcher Stoffe zu unterbinden.

Das bodennahe Ozon ist Hauptbestandteil der **„Photooxidantien"**, die als „sekundäre" Luftverunreinigungen zu kennzeichnen sind. Diese bilden sich nämlich erst einerseits durch chemische Prozesse in der Pflanzenwelt, andererseits aus Emissionen vorwiegend von Stickoxiden und Kohlenwasserstoffen. Eine starke Sonneneinstrahlung fördert diese Vorgänge erheblich.

In Ballungsgebieten wird im Sommer der zulässige Grenzwert für den Ozongehalt der Luft (Anm.: Dieser beträgt lt. zzt. gültiger Ozonverordnung 240 Mikrogramm/cbm Luft) insbesondere bei **Smoglage** des Öfteren überschritten, was zu einer behördlich angeordneten Einschränkung des Kfz-Verkehrs führen kann. Jedoch wurden auch in ländlichen Bereichen, auch ausgesprochenen Reinluftgebieten, in Abhängigkeit von Wetterlage und Sonneneinstrahlung sehr hohe Ozonwerte gemessen, die durch einen Kfz-Verkehr nicht verursacht worden sein konnten. In diesem Zusammenhang ist von Interesse, dass hohe Ozonwerte in städtischen Bereichen oft relativ schnell abgebaut wurden, was auf eine Reaktion des Ozons mit Stickstoffmonoxid aus Autoabgasen zurückgeführt wurde (Ozon + Stickstoffmonoxid $\longrightarrow$ Stickstoffdioxid + Sauerstoff).

Zu den Photooxidantien, somit den photochemischen Luftverunreinigungen zählt die Gesamtheit der unter dem Einfluss des Sonnenlichts insbesondere aus Stickoxiden und Kohlenwasserstoffen entstandenen Stoffe. Neben Ozon sind höhere Oxide des Stickstoffs, Peroxide wie Wasserstoffsuperoxid, Peroxiacetylnitrat und Homologe, freie und aerosolgebunde anorganische und organische Säuren u. a. zu nennen.

52.4 Chemische Einwirkungen der Luftverunreinigungen

Die vorstehend beschriebenen Verunreinigungen der Luft durch Abgase und Flugstaub, wie Schwefeldioxid, nitrose Gase u. a. bewirken **chemische Schädigungen an Bausubstanz**, die in Ziff. 39 – 41 behandelt wurden.

Schwefeldioxid bildet mit der Feuchtigkeit der Luft schweflige Säure, die zu Schwefelsäure oxidiert wird. Diese wurden für den „**sauren Regen**" und in diesem Zusammenhang für Waldschäden verantwortlich gemacht. Insbesondere in hohen Waldlagen liegen vielfach starke Schäden vor, vermutlich infolge einer verstärkten Säurebildung in Hochnebellagen. Doch auch die Photooxidantien, wie Ozon, sind starke Schädiger vor allem von organischer Substanz und scheinen an den Waldschädigungen beteiligt zu sein.

53 Übersicht über die Chemie des Stoffkreislaufs der Natur

Die Luft ist ein entscheidender Faktor im Stoffkreislauf des organischen Lebens der Natur.

Der **Kohlendioxid**-Anteil der Luft wird im grünen Blatt der Pflanzen mit **Wasser**, das aus den Wurzeln durch Osmose hochgedrückt wird, zu **Zuckerstoffen** synthetisiert (s. Ziff. 31.8), unter Mitwirkung des Lichtes bzw. der Sonnenenergie, die erforderlich ist in Anbetracht des endothermen Charakters dieser Aufbaureaktion (Assimilation). Aus den einfachen Zuckerstoffen baut die Pflanze weiterhin die **polymeren** Stoffe **Cellulose** und **Stärke** auf. Auch (stickstoffhaltiges) **Eiweiß** wird durch die Pflanze synthetisiert. Viele Pflanzen, insbesondere die sogenannten „Stickstoffmehrer", bedienen sich hierbei der Hilfe von Mikroorganismen, der sog. Stickstoffbakterien, die „verdaulichen" Stickstoff (wasserlösliche Stickstoffverbindungen) liefern und sich dafür in ihrem Wurzelwerk ansiedeln dürfen.

Auch **Fette** und **Wachse** werden durch die Pflanze aufgebaut, die ähnlich wie die Stärke als **Reservestoffe** bzw. das Wachs als Schutzstoff dienen. Auch zur Wasserversorgung der Pflanzen ist die Luft unentbehrlich, da die Luft Feuchtigkeit heranführt, die sich als Regen und dgl. niederschlägt und durch den Boden aufgenommen wird.

Die abgestorbenen Pflanzen verwandeln sich unter Mitwirkung von Mikroorganismen (s. Ziff. 58) allmählich wieder in **Kohlendioxid, Wasser** und **Asche** (Salze). Voraussetzung für diese Umwandlung ist ein Zutritt von Luftsauerstoff, da diese Rückverwandlungen in Kohlendioxid, Wasser und Salze im Wesentlichen eine Summe von Oxidationsvorgängen darstellen, die exotherm vor sich gehen. Werden pflanzliche Überreste der Einwirkung von Sauerstoff entzogen, kann es zur Bildung von Torf bzw. im Laufe eines langen Zeitraumes durch Inkohlung zur Bildung von Kohlen kommen. In Gestalt der Kohlen liegt durch Jahrmillionen gesammelte Sonnenenergie vor, die durch den heutigen Menschen nutzbar gemacht wird.

Für den Menschen und die Tierwelt wäre ein Leben ohne die atmosphärische Luft nicht denkbar, da diese die **Atmung** unterhalten muss. Die Atmung beruht auf einer Sauerstoffaufnahme durch die Lunge. Das Blut reichert sich in dieser mit Sauerstoff an und verbrennt im Gewebe die diesem zugeführten Nährstoffe. Die während des Verbrennungsvorgangs freiwerdende **Wärmeenergie** wird in die vielfältigen **Lebensvorgänge** umgesetzt. Unter anderem ist die Erwärmung bzw. Warmhaltung des Blutes die Folge dieser Verbrennungsreaktion.

Auch die Lebewesen des Wassers, u. a. die Fische, benötigen den Sauerstoff als „Motor" ihres Stoffkreislaufs, den sie dem Wasser entnehmen.

F Korrosionsverhalten der Baumetalle

54 Ursachen und Arten der Korrosion

54.1 Allgemeines

Unter Korrosion versteht man die **Zerstörung** der Metalle durch chemische oder elektrochemische Vorgänge.

Die Gefahr einer Korrosion, somit Zerstörung der Metalle, ist relativ groß, da diese das Bestreben haben, in ihre Verbindungen überzugehen, entsprechend dem Naturgesetz, dass alle Stoffe bestrebt sind, von einem **energiereicheren** Zustand in einen **energieärmeren** überzugehen.

Die Metalle sind im Bauwerk verschiedenen Einflüssen ausgesetzt, und zwar Einflüssen

- aus der **Luft** (einschließlich Witterungseinflüssen)
- des **Wassers** (Bodenfeuchtigkeit, Regenfeuchtigkeit oder Schwitzwasser und dgl.)
- aus **anderen Baustoffen** eines Bauwerks, z. B. Frisch- und Festmörtel bzw. -beton.

Im Interesse einer Erhaltung von Substanz und Gebrauchswert der verbauten Metalle ist eine genaue Kenntnis darüber erforderlich, welchen Einflüssen die Metalle Widerstand zu leisten vermögen, und welchen Einflüssen sie nicht ausgesetzt werden dürfen – und, wenn nicht vermeidbar, welcher Metallschutz erforderlich bzw. ausreichend ist.

54.2 Arten der Korrosion

Bezüglich der Korrosionsarten unterscheidet man

- die **chemische** Korrosion und
- die **elektrochemische** Korrosion.

An besonderen Erscheinungsformen der Korrosion lt. a) und/oder b) seien die **galvanische** Korrosion und die **Spannungsrisskorrosion** erwähnt.

Im nachstehenden werden die benannten Korrosionsarten im Einzelnen erörtert.

54.3 Chemische Korrosion

54.3.1 Allgemeines

Die chemische Korrosion kommt durch unmittelbare chemische Einwirkung von Sauerstoff, Feuchtigkeit bzw. Wasser, Säuren, Basen, Salzen oder sonstigen Stoffen auf das Metall zustande. Ablauf und Ausmaß der chemischen Korrosion sind vom **chemischen Verhalten**

des Metalls abhängig, somit von der „chemischen Affinität" des Metalls zu dem angreifenden bzw. mit ihm in Berührung stehenden Stoff.

Nachstehend ist die chemische Einwirkung der – im Bauwesen – wesentlichen „korrosiven Agenzien" auf Metalle dargelegt.

54.3.2 Einwirkung von Sauerstoff

Sauerstoff ist in der Lage, in trockenem Zustande (ohne Vermittlung des Wassers oder dgl.) mit Metallen Verbindungen einzugehen. Die Stärke des Bindungsvermögens der Metalle zu Sauerstoff kann der elektrolytischen Spannungsreihe (s. Ziff. 26.2) entnommen werden, indem die links stehenden Metalle das stärkste Bindungsvermögen, die rechts stehenden Metalle das schwächste Bindungsvermögen zu Sauerstoff besitzen.

> **Versuch:**
>
> Natriummetall zeigt, mit einem Messer durchschnitten, eine silberweiße Schnittfläche. Diese überzieht sich jedoch in Sekunden, auch an ganz trockener Luft, mit einer matten Schicht von Natriumoxid. Auch weiter rechts stehende Metalle, wie Magnesium und Aluminium, überziehen sich kurzfristig mit einer Oxidschicht. Eisen wird in **trockener** Luft nicht mehr angegriffen. Weiter rechts stehende Metalle, wie beispielsweise Silber oder Gold, werden auch in feuchter Luft nicht mehr angegriffen.
>
> Beschleunigt wird die unmittelbare chemische Bindung zwischen Metall und Sauerstoff durch **Hitze.** Beispielsweise wird glühendes Eisen rasch mit einer Oxidschicht (Hammerschlag, Walzzunder) überzogen.

Ein Widerspruch scheint im Verhalten der ziemlich unedlen Metalle Zn, Mg und Al zu liegen. Blanke Flächen dieser Metalle überziehen sich an trockener oder feuchter Luft rasch mit einer Oxidschicht. Die Oxidation geht jedoch danach nicht mehr weiter. Dieses Verhalten ist dadurch erklärt, dass die gebildete Oxidschicht eine fest haftende, dichte Schutzschicht darstellt, durch welche das Metall gegen eine weitere Einwirkung von Sauerstoff abgeschlossen wird (s. a. Ziff. 52).

54.3.3 Einwirkung von Wasser

Wasser vermag die Einwirkung von Sauerstoff auf ein Metall zu unterstützen und damit zu beschleunigen. Besonders Eisen wird durch gleichzeitige Einwirkung von Sauerstoff und Wasser stark angegriffen (s. Abb. 76 u. 77). Der Vorgang des Rostens ist, so einfach er erscheinen mag, sehr kompliziert, zumal meist die Kohlensäure der Luft mitwirkt. Wirken Wasser und Sauerstoff allein auf Eisen ein, so kommt es zu nachstehenden chemischen Reaktionen:

$2\ Fe + O_2 + 2\ H_2O \longrightarrow 2\ Fe(OH)_2$ — weißer Rost

$Fe(OH)_2 + O_2 \longrightarrow Fe(OH)_3$ — brauner Rost (durch Oxidation aus weißem Rost entstehend)

$Fe(OH)_3 \longrightarrow Fe_2O_3 + H_2O$ — roter Rost (aus braunem Rost durch Entweichen von Wasser entstehend)

Bei Einwirkung von Dampf und wenig Sauerstoff bildet sich meist schwarzer Rost ($Fe_3O_4 = FeO \cdot Fe_2O_3$).

54 Ursachen und Arten der Korrosion

Abb. 76: Zersprengen von Beton infolge Rostens unrichtig eingesetzter Geländerstützen.

Abb. 77: Betonschädigung infolge Rostens (Volumenzunahme!) der Stahlbewehrung.

54.3.4 Einwirkung von Säuren

Metalle werden durch Säuren, entsprechend ihrem Charakter, angegriffen. Die Intensität, mit welcher ein Metall mit einer Säure in Reaktion zu treten vermag, ist ebenfalls der elektrolytischen Spannungsreihe der Metalle zu entnehmen. In Säuren lösen sich nur diejenigen Metalle, die links vom Wasserstoff stehen (s. Ziff. 26.2). Sofern sich bei rechts vom Wasserstoff stehenden Metallen Korrosionsvorgänge ergeben können, sind diese auf Oxidationseinwirkung neben der Säureeinwirkung (z. B. durch Salpetersäure oder Chlor) zurückzuführen. Die zunächst links vom Wasserstoff stehenden Metalle Pb, Sn und Ni werden durch Säuren nur schwach angegriffen. Zum Teil bilden sich Schutzschichten aus, die das Metall gegen einen weiteren Angriff schützen.

> **Beispiel:**
>
> Ausbildung von unlöslichem $PbSO_4$ als Schutzschicht bei Schwefelsäureangriff auf Pb, wodurch ein weiterer Angriff zum Erliegen kommt.
>
> Bei Einwirkung von Kohlensäure wird Blei unter Bildung von Bleihydrogencarbonat angegriffen. Da Bleisalze giftig sind, darf für Trinkwasserleitungen Blei nur dann angewandt werden, wenn das Wasser keine freie Kohlensäure und eine Härte von mindestens 8 °d aufweist (s. Ziff. 47).

Die nächsten Metalle, die links vom Wasserstoff stehen, Fe, Al und Mg, werden entsprechend intensiver angegriffen, Sie müssen gegen einen Säureangriff in jedem Falle geschützt werden.

Das Gleiche trifft für die weiter links stehenden Metalle zu.

Scheinbare Unregelmäßigkeiten ergeben sich beispielsweise dadurch, dass Al in Salpetersäure bestimmter Konzentration weniger löslich ist als Kupfer. Die Erklärung für diese Erscheinung ist eine Schutzschichtbildung am Aluminium (s. a. Ziff. 55.1).

54.3.5 Einwirkung von Basen

Basen korrodieren Metalle nur dann, wenn diese nicht nur Basenbildner, sondern auch Säurebildner sind. (Näheres über die Eigenschaften **„amphoterer"** Metalloxide, die gegenüber stärkeren Basen in die Rolle eines Säurebildners zurücktreten, s. Ziff. 19.1/4.)

Von den Baumetallen werden durch Basen, im Besonderen **Kalkwasser** (u. a. auch frischen Kalk- und Zementmörtel) **Aluminium, Zink** und **Blei** in einem unterschiedlichen Ausmaß angegriffen bzw. zerstört (Chemische Reaktionen s. Ziff. 19.1/4).

Eisen tritt gegenüber starken Basen (z. B. Natronlauge) ebenfalls als Säurebildner au. Durch Kalkwasser wird es jedoch nicht angegriffen. Vielmehr ist es in diesem gegen ein Rosten „passiviert" (s. Ziff. 56).

> Dieses Verhalten des Eisens ist in **betontechnologischer** Hinsicht von Bedeutung: Die Stahlbewehrung korrodiert daher auch in lange feucht bleibendem Beton nicht, unter der Voraussetzung, dass eine dichte Einbettung erzielt wurde, die den Stahl vor einer gleichzeitigen Einwirkung von Wasser und Luftsauerstoff weitgehend schützt.
>
> Von Bedeutung ist weiterhin, dass am Stahl anhaftender Flugrost (nicht dicker Blattrost!) durch den Zement des Betons zu Calciumferrithydraten umgewandelt und in den Zementstein eingebunden wird, wodurch eine wesentliche Erhöhung der Haftung zwischen Bewehrungsstahl und Beton erzielt wird (s. a. Ziff. 36.4).

54.3.6 Schädigende Einwirkung von Salzlösungen insbes. auf Stahlbeton

Salzlösungen können gleichfalls Metalle korrodieren und zur Zerstörung führen, sofern die Ausbildung einer dichten, gut haftenden Schutzschicht ausbleibt.

Nachstehend eine Übersicht darüber, durch welche Ionenarten Baumetalle in wässerigem Medium (ggf. bei gleichzeitiger Einwirkung von Feuchtigkeit) hauptsächlich angegriffen werden:

Ionenart	angegriffen werden nachstehende Baumetalle	Bemerkungen
Cl^-	Fe, Zn, Al, Cu	Bildung von Metallchloriden; Durchdringen von Schutzschichten möglich;
SO_4^{2-}	Zn, Fe	Bildung von Metallsulfaten;
NO_3^-, NO_2^-	Zn, Cu	Nitratbildung ggf. unter Oxidation;
NH_4^+	Zn, Cu	Angriff durch Bildung löslicher Komplexsalze möglich

Es können weiterhin auch solche eine chemische Korrosion bewirken, die bei Wasserzutritt infolge Hydrolyse (s. Ziff. 19.3) Lösungen mit einem pH-Wert unter 7 bilden.

Eine Lokalelementbildung (elektrochemische Korrosion – s. u.) kann eine Verschiebung des Korrosionsbildes bzw. eine Verstärkung der Korrosion bewirken.

In Stahlbeton ist der Bewehrungsstahl durch den amorphen Anteil des Betons an Calciumhydroxid – **Ca(OH)**$_2$ – „passiviert", d. h. gegen Korrosion geschützt – solange die Carbonatisierung (s. Ziff. 36.4 u. 91.4) den Stahl nicht erreicht hat. Wird jedoch bei Chlorideinwir-

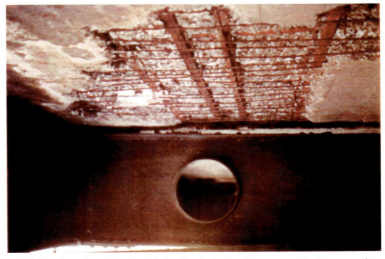

Abb. 78: Blick auf die Unterseite einer Spannbetonbrücke: Nach Beobachtung von Rostsprengschäden wurde ein Teil der unterseitigen Betondeckschicht abgeschlagen: Man erkennt im Bild die fortgeschrittene Korrosion aller Stahlteile. Die Untersuchung ergab einen erheblichen Chloridgehalt im gesamten Querschnitt des Betons. Von Versuchen einer Sanierung musste Abstand genommen werden (aus einem Gutachten des Verfassers).

kung am Stahl die „kritische korrosionsauslösende Chloridkonzentration" überschritten, ist die Passivierung aufgehoben (s. auch Ziff. 55.1.2).

Schwerste Schäden sind insbesondere an Spannbetonbrücken dadurch entstanden, dass es versäumt worden war, die Betonfahrbahnen der Brücken durch geeignete Abdichtungsmaßnahmen gegen ein Eindringen von Tausalzlösungen wirksam zu schützen (Siehe Abb. 78 sowie Lit. VI/7).

(nach dem Streuen von NaCl oder $CaCl_2$ wirken konzentrierte Lösungen dieser Salze auf die Betonfahrbahn ein)

Nach Erfahrung des Verfassers führte meist der unzureichend definierte Begriff „Wasserundurchlässiger Beton lt. DIN 1048" manche zu der irrigen Annahme, dass diese Betonqualität bei Nässeeinwirkung nicht durchfeuchten und entsprechend auch durch Tausalzlösungen kapillar nicht durchdrungen werden könne.

In Ziff. 70.4 und 103 ist allgemein gültig dargelegt, dass auch der bestzusammengesetzte Beton durch eine längere Nässeeinwirkung kapillar durchfeuchtet wird und daher gegen ein Eindringen von stahlbetonschädlichen Aggressivstoffen geeignet geschützt werden muss.

54.4 Elektrochemische Korrosion

54.4.1 Allgemeines

Elektrochemische Vorgänge sind an der Korrosion der Metalle meist maßgeblich beteiligt. Sie sind oft schwer übersehbar. Durch Unachtsamkeit können überraschend starke Schäden auftreten. Eine Kenntnis dieser Vorgänge im Bauwesen ist daher wichtig.

Die elektrochemische Korrosion beruht auf einer Bildung von **elektrochemischen Elementen,** die zur Ausbildung kommen, wenn

- **zwei** Metalle (von unterschiedlichem elektrochemischem Lösungsdruck) miteinander in elektrischen Kontakt kommen und gemeinsam von einem Elektrolyten benetzt sind. Diese wird daher auch als **„Kontaktkorrosion"** bezeichnet.
  (Die Grundlagen solcher elektrochemischer Vorgänge sind in Ziff. 26 behandelt worden)
- **ein** Metallteil an seiner Oberfläche von einem Elektrolyten benetzt ist und diese Oberfläche elektrochemisch betrachtet uneinheitlich beschaffen ist.

  Beispiel:

  Eine Stahlfläche ist zum Großteil mit einer Rosthaut überzogen, einige Bereiche sind noch nicht oxidiert.

  Die Rosthaut ist elektrochemisch „edler" als Eisen und bildet eine großflächige Kathode, das blanke Eisen die Anode in einem elektrochemischen Element.

  Korrosionsschichten unterschiedlicher Ausbildung kommen oft durch eine unterschiedliche Belüftung der Metallfläche zustande und man spricht dann von einem **„Belüftungselement".**

Ein elektrochemisches „Korrosionselement" ist somit ein galvanisches Element, bei welchem sich an einem oder zwei Metallen in einem Elektrolyt jeweils eine Anode und eine Kathode ausbilden.

An der „Anode" findet ein Abbau – eine „Korrosion" – des Metalls statt. Die wesentlichen Arten der elektrochemischen Korrosion werden nachstehend erörtert.

54.4.2 Korrosion vom Wasserstofftyp

Eine Korrosion vom Wasserstofftyp verläuft bei leitender Verbindung von zwei ungleichen Metallen bei deren Benetzung durch eine saure Flüssigkeit, z. B. durch kohlensäurehaltiges Wasser (s. Abb. 79 u. 80).

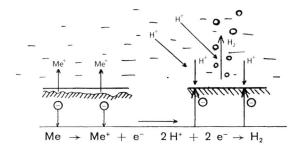

Abb. 79: Korrosion vom Wasserstofftyp.

$$Me \rightarrow Me^+ + e^- \quad 2\,H^+ + 2\,e^- \rightarrow H_2$$

Das unedlere Element sendet hierbei Ionen in Lösung, wodurch es negativ elektrisch aufgeladen wird. Es kommt zu einem Elektronenfluss vom unedleren zum edleren Metall, an welchem die Wasserstoffionen neutralisiert werden (gasförmige Wasserstoffabscheidung!). Die Korrosion verläuft so lange, bis das **unedlere Metall restlos aufgelöst** ist. Dieser Korrosionstyp tritt auf beim **Mischbau mit metallischen Werkstoffen,** wie auch bei Anwendung von Metallen mit Überzügen aus einem anderen Metall.

In letzterem Falle unterscheiden wir zwei verschiedene Formen des Auftretens der Korrosion, nämlich den Flächenabtrag und den Lochfraß. Bei **verzinktem Eisen** beispielsweise ist der schützende metallische Überzug das unedlere Metall. Wird der Zinküberzug örtlich verletzt, so bildet sich ein Kontaktelement zwischen dem freigelegten Eisen und der großen Zinkfläche aus. Da das unedlere Metall aufgelöst wird, kommt es zu einem allmählichen, gleichmäßigen **Flächenabtrag** des Zinks, durch welchen die freiliegende Stelle des Eisens, an welcher es zur Wasserstoffgasabscheidung kommt – s. Abb. 79, rechte Hälfte – vor einer Korrosion „elektrochemisch" geschützt bleibt. Da das Eisen in diesem Falle die Kathode, das Zink als Elektronengeber die Anode ist, spricht man auch von einem „**kathodischen**" Schutz des Eisens.

Ist jedoch der schützende Überzug des Eisens aus einem edleren Metall, wie beispielsweise Zinn oder Kupfer, so wird bei Verletzung des schützenden Überzugs das Eisen angegriffen bzw. aufgelöst. Da die freigelegten Stellen des Eisens flächenmäßig klein sind, kommt es zu einem **Tiefenabtrag**, zu einem sogenannten **Lochfraß**. Dieser ist wesentlich unangenehmer als der vorstehend genannte Flächenabtrag (s. a. Ziff. 55) und führt beispielsweise bei Leitungsrohren schnell zu einer Undichtstelle (s. Ziff. 55.2).

Zur **Unterbindung** einer Korrosion dieses Typs sind folgende Maßnahmen in Betracht zu ziehen:

- Beseitigung einer leitenden Verbindung zwischen den ungleichen Metallen;
- Schutzüberzug (z. B. Schutzanstrich);
- Zugabe von „Inhibitoren" zur Korrosionsflüssigkeit;
- Kathodischer Schutz (s. Ziff. 55).

Nachstehend seien die **Vorgänge der Korrosion vom Wasserstofftyp** an einem zweiwertigen Metall **zusammengefasst** dargestellt.

Anodenreaktion am unedleren Metall: Me $\longrightarrow$ Me^{++} + 2 e$^-$

(Als „Anode" eines Lokalelements wird der Elektronengeber bezeichnet, der sich unter Abspaltung von Ionen auflöst.)

Kathodenreaktion am edleren Metall: 2 H$^+$ + 2 e$^-$ $\longrightarrow$ H$_2$

(Durch die elektrisch leitende Verbindung zwischen Anode und Kathode erhält letztere eine negative Aufladung. Sie zieht edlere, positiv geladene Ionen an und gibt Elektronen an diese ab.)

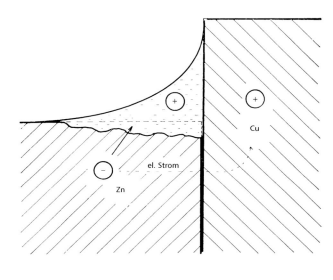

Abb. 80: Kontaktkorrosion: Elektrochemische Auflösung von Zink im Kontakt mit Kupfer.

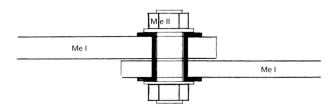

Abb. 81: Im Metall-Mischbau kann eine Kontaktkorrosion durch elektrische Isolierung der Metalle vermieden werden.

54.4.3 Korrosion vom Sauerstofftyp

Eine elektrochemische Korrosion vom Sauerstofftyp ist eine solche Korrosionsart, die durch Sauerstoff bewirkt wird oder an welcher Sauerstoff zumindest maßgeblich beteiligt ist. Hierbei kann es sich um Sauerstoff handeln, der im benetzten Wasser gelöst oder am benetzten Metall adsorbiert ist.

Sie kommt zustande bei großer „Überspannung" des Wasserstoffs an der Kathode oder bei nicht ausreichend negativem Metallpotenzial für die Auslösung einer Wasserstoffentwick-

54 Ursachen und Arten der Korrosion

lung. Der Sauerstoff bewirkt als „Depolarisator" beispielsweise den Ablauf nachstehender Kathodenreaktionen:

$$4 H^+ + O_2 + 4 e^- \longrightarrow 2H_2O$$
$$2 H_2O + O_2 + 4 e^- \longrightarrow 4 OH^-$$

Bei Ablauf der zweitgenannten Kathodenreaktion wird das elektrolythaltige Wasser an der Kathode basisch. In beiden Fällen werden Elektronen (die von der Anode zugeführt werden) verbraucht, so dass die Anodenreaktion – in gleicher Weise wie oben angegeben – fortschreiten und dadurch das anodische Metall korrodieren kann.

Der Begriff der „Überspannung" des Wasserstoffs lässt sich etwa an nachstehendem Versuch anschaulich machen:

> **Versuch:**
>
> Man taucht ein reines Zinkplättchen in frisch ausgekochtes destilliertes Wasser, dem man eine Spur eines neutralen Elektrolyten zugesetzt hat. Es wird keine Reaktion, im Besonderen keine H_2-Entwicklung beobachtet.
>
> Berührt man jedoch das Zink mit einem Platinstab, setzt an diesem sofort eine Wasserstoffentwicklung ein und Zink geht in Lösung.
>
> **Erläuterung:**
>
> Wasserstoff besitzt in neutraler Lösung gegenüber einer Kohleelektrode ein negatives Potenzial von –0,41 V. Zink weist jedoch ein erheblich stärker negatives Potenzial auf. Es müsste beim Eintauchen des Zinks in das reine Wasser eigentlich zu einer Wasserstoffentwicklung kommen (Vergleiche Eintauchen von Natrium oder Calcium in Wasser). Eine H_2-Abscheidung ist jedoch an der Zinkoberfläche gehemmt – man spricht von einer „Überspannung" des Wasserstoffs am Zink.
>
> Wird nun der Platindraht mit dem Zink in Berührung gebracht, kommt es – ohne Erhöhung der Potenzialdifferenz – zu einer Abscheidung von Wasserstoff am Platin, weil an diesem keine bzw. eine niedrige Überspannung vorliegt (die unter der Potenzialdifferenz liegt).
>
> Vorstehend beschriebene Versuchsanordnung kann im Übrigen als Modell eines elektrochemischen Elements betrachtet werden.

Ist Sauerstoff vorhanden, wirkt dieser bei elektrochemischen Vorgängen stets als korrosionsförderndes Agens. Sauerstoff beschleunigt auch Korrosionsvorgänge, die unter H_2-Entwicklung verlaufen.

Durch Sauerstoffeinwirkung kommt es auch an gleichmäßig beschaffenen wasserbenetzten Metallflächen zur Ausbildung von sogenannten **Belüftungselementen**. Beispielsweise kommt die bekannte Wassertropfenkorrosion auf Eisenblech durch ein solches Belüftungselement zustande (s. Abb. 82):

Das Charakteristische der Wassertropfenkorrosion ist die Ausbildung eines Rostringes unter merklicher Korrosion lediglich des inneren Teils der durch den Wassertropfen benetzten Eisenfläche. Nach Auftrag des Wassertropfens erreicht aus der Luft aufgenommener Sauerstoff die benetzte Eisenfläche zuerst in der Randzone (s. Abb. 82). Es kommt zur Ausbildung einer zunächst hauchdünnen Rostschicht nach dem in Ziff. 54.3 dargestellten chemischen Rostungsvorgang.

Zwischen der „edler" gewordenen Oxidhaut und der noch metallblanken Fläche im mittleren Bereich des Wassertropfens kommt es zur Ausbildung eines Lokalelements:

Die Oxidhaut schützt das Eisen zunächst gegen weitere Einwirkungen. An der metallblanken Fläche kommt es durch den Lösungsdruck des Eisens zur Abstoßung von Eisenionen,

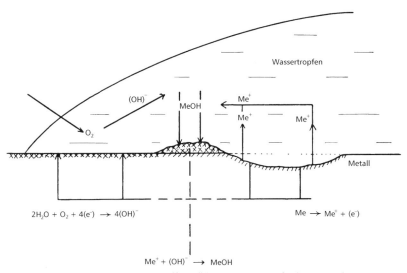

Abb. 82: Korrosion vom Sauerstofftyp (hier: Wassertropfenkorrosion).

die ihre Valenzelektronen zurücklassen. Die negative Aufladung, die das Eisen durch diese erfährt (man kann diese durch ein ausreichend empfindliches Gerät messen), verteilt sich, und es wird auch der mit der Oxidhaut überzogene Flächenteil negativ elektrisch aufgeladen. Es kommt an diesem zur nachstehenden „Anodenreaktion":

$$H_2O + \tfrac{1}{2} O_2 + 2\,e^- \longrightarrow 2\,OH^-$$

Es wird elektrische Ladung „abgebaut", was zu einem weiteren Inlösunggehen von Eisenionen (im mittleren Bereich der benetzten Fläche) führt:

$$Fe \longrightarrow Fe^{++} + 2\,e^-$$

Das Wasser reichert sich mit Fe^{++}-Ionen und OH^--Ionen an. Infolge Schwerlöslichkeit der Verbindung Eisen(II)-hydroxid vereinigen sich diese Ionen im Bereich ihres Zusammentreffens zu der vorgenannten Verbindung, diese fällt aus und bildet den erwähnten Rostring.

Vorstehende Reaktionen können wie folgt zusammengezogen werden:

$$Fe + H_2O + \tfrac{1}{2} O_2 \longrightarrow Fe(OH)_2$$

Die Zusammenfassung dieser Vorgänge gleicht der normalen chemischen **Rostung** bei gleichzeitiger Einwirkung von Wasser und Sauerstoff (s. Ziff. 54.3).

Ein Belüftungselement kann beispielsweise durch nachstehenden **Versuch** demonstriert werden:

In eine Glasküvette bringt man mittig eine halbdurchlässige Zwischenwand aus gebranntem Ton oder gefrittetem Glas ein. Die Küvette wird mit reinem Wasser gefüllt, in das man eine Spur eines neutralen Elektrolyten gebracht hat. Nun bringt man in jede Kammer eine metallblanke Eisenelektrode (Eisenplättchen) ein. Beide Elektroden sind über ein Voltmeter miteinander elektrisch leitend verbunden. Auch nach längerer Beobachtungszeit wird keine Spannung (kein Stromfluss) registriert.

Nun bläst man in die eine Kammer Luft ein, so dass die Luft entlang der einen Eisenelektrode hochperlt. Zur Ausschaltung des Kohlendioxids der Luft wird diese vor dem Einblasen zweckmäßig durch verdünnte Kalilauge gedrückt.

54 Ursachen und Arten der Korrosion

Kurze Zeit nach Beginn des Lufteinblasens wird die Ausbildung einer elektrischen Spannung beobachtet. Die nicht „belüftete" Elektrode lädt sich negativ elektrisch auf; ein Elektronenstrom fließt von der nicht belüfteten zur belüfteten Elektrode. Erstere ist zur korrodierenden Anode, letztere zur Kathode eines „Belüftungselements" geworden.

Anodenreaktion:	$Fe \longrightarrow Fe^{++} + 2\,e^-$
Kathodenreaktionen:	$H_2O + \tfrac{1}{2}\,O_2 + 2\,e^- \longrightarrow 2\,OH^-$
oder	$2\,H^+ + \tfrac{1}{2}\,O_2 + 2\,e^- \longrightarrow H_2O$
	$2\,H_2O \leftrightarrows 2\,H^+ + 2\,OH^-$
Chemische Reaktion in der Lösung:	$Fe^{++} + 2\,OH^- \longrightarrow Fe(OH)_2$
Durch Zusammenziehung:	$Fe + H_2O + \tfrac{1}{2}\,O_2 \longrightarrow Fe(OH)_2$

Der weiße Rost – $Fe(OH)_2$ – bildet sich auch in diesem Falle nicht an den Elektroden, sondern erst in der Lösung nach Zusammentreffen der Fe- und OH-Ionen. Durch Oxidation bildet sich aus dem weißen Rost meist kurzfristig brauner Rost – $Fe(OH)_3$.

Der tatsächliche Reaktionsablauf bei Belüftungselementen ist wesentlich komplizierter und oft nicht voll durchschaubar. Einerseits wirkt bei den Korrosionsvorgängen in Berührung mit natürlichen Wässern meist Kohlensäure mit, andererseits können Salze, wie insbesondere Alkalichloride, auf den Ablauf Einfluss nehmen. Liegt beispielsweise im Wasser ein höherer Gehalt an Alkalichlorid vor, bildet sich an der Anode Eisen(II)-Chlorid, an der Kathode Alkalihydroxid. Zusammengefasst liegt dann folgender Reaktionsablauf vor:

$$2\,Fe + 4\,NaCl + O_2 + 2\,H_2O \longrightarrow 2\,FeCl_2 + 4\,NaOH$$

Wird die Anodenfläche durch eine passivierende Schutzschichtausbildung (s. u.) weitgehend eingeengt, kann es an den Stellen, an welche Eisen(II)-Chlorid ausgeschieden wurde, zur Lochfraßkorrosion kommen (s. Ziff. 55.2).

Bei Metallen, die mit natürlichen Wässern in Berührung sind, kommt es infolge des Gehalts dieser Wässer an Sauerstoff (sie sind neutral oder fast neutral) meist zu elektrochemischen Vorgängen dieses Typs, im Besonderen bei Eisen, Blei, Zink und Kupfer.

Das Eisenmetallbelüftungselement ist somit dadurch gekennzeichnet, dass der belüftete Teil des Metalls kaum, der nichtbelüftete Teil dagegen stark korrodiert. Die Anode verhält sich als übliche Eisenelektrode (Normalpotenzial – 0,44 V), die Kathode dagegen als Sauerstoffelektrode (Normalpotenzial +0,41 V).

Spalten, Risse und dergleichen in der Metalloberfläche können die Sauerstoffkonzentration unterschiedlich gestalten, so dass es selbst im belüfteten Teil der Metallfläche zu Potenzialdifferenzen kommen kann. Die an der Kathode entstandenen OH-Ionen schützen diese zusätzlich vor Korrosion. Bei kathodischen Wandungen von Behältern, Rohren und dergleichen spricht man von der Ausbildung einer Wandalkalität durch die OH-Ionen (s. Ziff. 55.2).

Normalpotenziale von einigen Gasen

(Normalpotenziale von Metallen s. Ziff. 27)

Wasserstoff $H_2\,/\,H^+$	0 V
Sauerstoff $O_2\,/\,OH^-$	+ 0,41 V
Chlor $Cl_2\,/\,Cl^-$	+ 1,4 V

54.5 Galvanische Korrosion

Eine galvanische Korrosion kommt durch **Einwirkung eines Gleichstroms** zustande, vielfach können es auch **vagabundierende** Ströme sein.

> **Beispiel:**
>
> Ein eisernes Wasserleitungsrohr wurde im Boden unter einem Straßenbahngeleise zerstört. Die Ursache waren vagabundierende Gleichströme im feuchten durch Salzgehalt (Tausalze!) leitfähig gemachten Boden – vorwiegend infolge schlechter Kontakte an Schienenstößen (s. Abb. 81). Auch influenzierte Vorgänge können in Fällen dieser Art eine Rolle spielen.
>
> Die Korrosion trat dort auf, wo der Strom, nach der alten Auffassung der Physik in Richtung von + nach – betrachtet, das Wasserleitungsrohr wieder verließ, um in die Schiene zurückzukehren. (Metalle wandern mit dem Strom!)

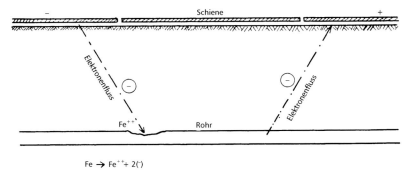

Abb. 83: Galvanische Korrosion, bewirkt durch vagabundierende Strome infolge schlechten Kontaktes eines Schienenstoßes der Straßenbahn, verursachte eine Zerstörung eines Wasserleitungsrohres in der Straße.

54.6 Spannungsrisskorrosion

Unter Spannungsrisskorrosion versteht man eine chemische und/oder elektrochemische Korrosion eines Metalls unter gleichzeitiger Einwirkung eines **Korrosionsmittels** und einer **statischen Zugspannung**.

Man hat festgestellt, dass unter Einwirkung von Zugspannungen stehende Metalle durch Korrosionsflüssigkeiten, die normalerweise kaum schädigen, stark korrodiert werden können. Spannungsrisskorrosion hat man u. a. an der Außenseite von gebogenem Metall festgestellt. **Stahl** ist durch Spannungsrisskorrosion insbesondere bei Einfluss von **Nitratlösungen** besonders gefährdet, **Leichtmetall** bei Einwirkung von **Meerwasser**.

> Insbesondere durch die Anwendung von **Spannstählen** im Rahmen des **Spannbetonbaus** hat dieser Fragenkomplex auch für das Bauwesen besondere Bedeutung erlangt. U. a. muss beim Verpressen der Spannkanäle durch Zementmörtel darauf geachtet werden, dass dieser keinerlei Anteile enthält, bei welchen der begründete Verdacht bestehen muss, dass diese eine Spannungsrisskorrosion fördern könnten (z. B. Chloride! – s. Ziff. 55.1.2).

55 Überblick über die Korrosion der Baumetalle durch Einflüsse der Atmosphäre, des Wassers und von Baustoffen

55.1 Atmosphärische Korrosion

55.1.1 Allgemeines

Die Metallkorrosion durch den Sauerstoff der Luft zusammen Verein mit Feuchtigkeit wird durch in der Luft enthaltene, gasförmige Verunreinigungen, Flugstaub usw. in der Regel erheblich gefördert.

Neben Kohlendioxid, das mit Feuchtigkeit Kohlensäure bildet, sind es Schwefelverbindungen (Oxide des Schwefels aus Rauchgasen, Schwefelwasserstoff aus Küchen-, Kanalisationsabgasen usw.), die besonders stark korrosionsfördernd wirken. Auch Chloride und sonstige Salze, Salzsäure, Chlor, Ammoniak und organische Säuren werden vielfach als korrosionsfördernde Stoffe festgestellt.

55.1.2 Eisen und Stahl, einschl. Betonstahl

An **trockener** Luft ist Eisen bei Normaltemperatur korrosionsbeständig. Im glühenden Zustande überzieht es sich schnell mit einer Oxidschicht.

An der Außenluft ist Eisen das korrosionsanfälligste Gebrauchsmetall. Die in Ziff. 54.3 dargestellte chemische Rostung durch Einwirkung von Sauerstoff und Luft wird insbesondere im Bereich von Rauchgasen (s. o.) durch einen Schwefelsäuregehalt der Luft sehr beschleunigt. Es bildet sich Eisen(II)-sulfat, das durch Hydrolyse und gleichzeitige Oxidation in Eisen(III)-hydroxid und Schwefelsäure übergeht. Letztere korrodiert erneut weitere Eisenanteile, bis sie entweder vom Regen abgewaschen oder als basisches Eisensulfat gebunden wird.

Reines Eisen und Stahl verhalten sich praktisch gleich. Stähle mit verbesserter Witterungsbeständigkeit sind Kupfer- und Phosphorkupferstähle (u. a. „gekupferte Baustähle" mit 0,3 – 0,6 Gew.-% Kupfer). Eine Verbesserung liegt jedoch nicht in Meeresluft, Tunnels und unter Wasser vor. Weiterhin sind besonders Chromstähle und Chromnickelstähle zu nennen, die insbesondere auch in Industrieluft eine sehr gute Witterungsbeständigkeit aufweisen (vgl. Fassadenelemente und -bleche aus nichtrostendem Stahl!). Gusseisen verhält sich auf längere Sicht praktisch wie Reineisen. Die chemische Korrosion wird meist durch elektrochemische Korrosionsvorgänge überlagert. Durch letztere wird die Gesamtkorrosion oft wesentlich beschleunigt (s. Ziff. 54).

Stahlbewehrung des Betons ist durch die basische Beschaffenheit des Zementsteins „passiviert", d. h. gegen Rostung geschützt. Voraussetzung sind (s. a. Ziff. 54.3.5):

- Die Stahlbewehrung darf beim Einbau nur mit leichtem Flugrost, nicht mit Blattrost behaftet sein (andernfalls Gefahr eines Weiterrostens mit der Folge von Rostsprengungen);

- Die Stahlbewehrung muss im Beton gut eingebettet sein und eine ausreichende Betonüberdeckung (s. DIN 1045) besitzen;
- Die „Carbonatisierung" des Betons (s. Ziff. 36.4) darf den Bewehrungsstahl nicht erreicht haben, da andernfalls die Passivierung des Stahls nicht mehr gegeben ist. (Zur Passivierung des Betonstahls ist ein pH-Wert über 9,5 erforderlich).
- Ein Chloridgehalt des Betons am Bewehrungsstahl darf nicht über 0,4 M-% Cl$^-$, bezogen auf den Zementanteil (bei Spannbeton mit direktem Verbund des Spannstahls zum Beton nicht über 0,2 M-%) liegen, da höhere Chloridgehalte die Passivierung des Stahls im nicht carbonatisierten Beton erfahrungsgemäß überwinden können. (**Prüfungen** s. Ziff. 91.4).

Auch bei **Instandsetzung** von Stahlbetonbauteilen ist auf eine einwandfreie Entrostung der Stahlbewehrung zu achten, um Korrosionsvorgänge am Bewehrungsstahl bestmöglich auszuschließen. Kleinste Fehlstellen können erfahrungsgemäß zu **korrosionsaktiven Anodenbereichen** und dadurch zu schweren Schäden führen. In der Neufassung der Richtlinie „Schutz und Instandsetzung von Betonbauteilen" des Ausschusses für Stahlbeton wurde darauf hingewiesen und dem „sachverständigen Planer" hierfür die Verantwortung übertragen. (Siehe Lit. VI/7).

Chloride erhöhen die elektrische Leitfähigkeit des Wassers außerordentlich und begünstigen hierdurch u. a. den Ablauf elektrochemischer Korrosionsvorgänge, die meist zu „Lochfraßkorrosionen" (s. Ziff. 54.6) führen.

> Dass Chloride die durch den Ca(OH)$_2$-Gehalt des Betons gewährleistete **Passivierung** des **Betonstahls aufheben,** sobald die „kritische korrosionsauslösende Chloridkonzentration" am Stahl überschritten wird, ist auf Seite 224 einschließlich der Schilderung eines schweren Schadensfalles bereits dargelegt worden (s. auch Abb. 76a und Lit. VI/9).

Spannstähle sind – neben Nitraten – durch Chloride besonders gefährdet, da bei diesen die Tendenz zur Ausbildung von Spannungsrisskorrosionen vorliegt (s. Ziff. 54.6), oft in Verbindung mit einer **Wasserstoffversprödung** des Stahls.

Letztere wird in erster Linie durch eine kathodische Wasserstoffabscheidung am Bewehrungsstahl (oder an dessen Oxidhaut) bewirkt, z. B. bei Vorhandensein von verzinkten Stahlteilen im Beton

$$\text{Anodenreaktion:} \quad Zn \longrightarrow Zn^{2+} + 2\,e^-$$

$$\text{Kathodenreaktion:} \quad 2\,H^+ + 2\,e^- \longrightarrow 2\,H$$

Wasserstoff dringt infolge seines kleinen Atomdurchmessers atomar in das Stahlgefüge ein. Allmählich werden örtlich hohe Wasserstoffdrucke aufgebaut, die zunehmend zu Gefügeanrissen führen.

Eine weitere Ursache einer kathodischen Abscheidung von Wasserstoff am Bewehrungsstahl kann sich aus der hydrolytischen Umsetzung von Calciumsulfid (CaS) aus dem Hüttensand eines Hochofenzements entwickeln, indem Schwefelwasserstoff (H$_2$S) an der Stahloberfläche ein elektrochemisches Element mit Wasserstoffabscheidung ausbildet.

55.1.3 Zink

Zinkbleche haben sich für Dacheindeckungen, Dachrinnen, Fallrohre usw. seit Jahrzehnten bestens bewährt. Durch eine Schutzschicht aus Zinkhydroxid und basischem Zinkcarbonat bleibt das Zink gegen eine tiefere Korrosion weitgehend geschützt. Stärkere Rauchgaseinwirkungen (Schwefelsäure!) wie auch salzhaltige Meeresluft an Küsten verursachen jedoch eine erhebliche Korrosion des Zinks, so dass man dieses in einer solchen Atmosphäre nicht anwenden soll oder es schützen muss. (Etwa 1 Jahr zur Anrauung der Oberfläche korrodieren lassen, dann – nach Säuberung – Schutzanstrich auftragen.)

Anfällig ist Zink gegen Schwitzwasser in kohlensäurearmer Atmosphäre, d. h. bei behindertem Luftaustausch. Bei Dacheindeckungen mit Zinkblech kann es zu Durchfressungen von unten kommen, wenn z. B. noch feuchter Beton abgedeckt worden war (Unterbindung der Ausbildung einer carbonathaltigen, dichten Schutzschicht). In Zweifelsfällen wird man daher die Unterseite der Zinkbleche chromatieren oder mit einem bituminösen Anstrich versehen.

Zink hat sich bei verzinkten Eisenblechen als elektrochemischer Schutz sehr bewährt (s. Ziff. 54). Liegen im Zinküberzug größere Poren oder sonstige Lücken vor, muss zur Sicherstellung des elektrochemischen Schutzes des Eisens Feuchtigkeit (möglichst öftere Regeneinwirkung) vorliegen. Unter Dach kann sich der Schutz eines perforierten Zinküberzugs nicht mehr voll auswirken.

Galvanische Zinküberzüge und Schmelzzinküberzüge haben sich als weitgehend gleichwertig gezeigt. Wesentlich sind die Gleichmäßigkeit und Schichtdicke des Überzugs.

55.1.4 Aluminium

Aluminium ist infolge Ausbildung einer Schutzschicht von Al_2O_3 trotz seines unedlen Charakters eines der witterungsbeständigsten Metalle. Chloride bewirken eine deutliche Korrosion, insbesondere bei noch nicht ausreichend ausgebildeter Schutzschicht. Doch ist Aluminium auch im Küstenbereich ausreichend korrosionsbeständig, wenn die Förderung einer Spannungsrisskorrosion durch Chloride beachtet wird.

Zur Sicherstellung eines guten, gleichbleibenden Aussehens von Aluminiumprofilen und -blechen, z. B. an Fassaden, verwendet man in der Regel eloxierte Aluminiumteile (s. Ziff. 25). Es ist darauf zu achten, dass Mörtelspritzer auf eloxiertem Aluminium nicht mehr zu beseitigende Flecken verursachen (Einwirkung von Basen s. Ziff. 29.1). Beim Einbau usw. ist Aluminium gegen diese z. B. durch Auftrag eines Abziehlacks zu schützen.

55.1.5 Kupfer

Kupfer ist an Außenluft sehr beständig. Zunächst bildet sich eine dünne Oxidschicht, allmählich setzt sich die bekannte grüne „Patina" an. Diese stellt eine Schutzschicht aus basischem Kupfersulfat und -carbonat dar. An der Küste besteht diese vorwiegend aus basischem Kupferchlorid.

55.1.6 Blei

Blei ist insbesondere in Industrieluft gut beständig, da es vielfach zu einer Schutzschichtbildung, vorwiegend aus unlöslichem Bleisulfat bestehend, kommt. Durch Regenwasser wird es jedoch deutlich korrodiert, wenn eine solche Schutzschicht noch nicht zur Ausbildung gekommen ist. Die Korrosion ist daher in Landluft stärker als in Stadt- oder Industrieluft.

Die Regenwasserkorrosion ist dort, wo ein weitgehender Abschluss gegen die Außenluft vorliegt, verhältnismäßig groß.

Blei kann bei gleichzeitiger Einwirkung von Erschütterungen und Wärme einen Kornzerfall erleiden.

55.2 Korrosion durch Leitungswasser (Rohrkorrosion)

55.2.1 Allgemeines

Rohrschäden sind in Bauten sehr häufig, und zwar sowohl im Warmwasserstrang einschließlich Warmwasserbereiter als auch im Kaltwasserstrang. Es erscheint daher notwendig, zur Vermeidung von Installationsfehlern die wesentlichen Ursachen, die zu Rohrkorrosion führen können, näher zu untersuchen.

Trinkwasser, das den Anforderungen (s. Ziff. 47.1) entspricht, enthält Sauerstoff als den wesentlichen korrodierenden Anteil. Daneben liegt meist Kohlensäure in freier aggressiver Form vor (s. Ziff. 48), insbesondere im Warmwasserstrang (Freisetzung aus der vorübergehenden Härte). An dritter Stelle sind bereits im Wasser enthaltene Chloride zu nennen, die bei höherem Gehalt insbesondere eine Passivierung von Rohrwandungen erheblich stören bzw. weitgehend unwirksam machen können.

Sauerstoff wirkt auf Metalle nicht nur unmittelbar oxidierend ein, sondern er beschleunigt auch elektrochemische Korrosionsvorgänge einerseits durch seine depolarisierende Eigenschaft, andererseits durch die Ausbildung von Belüftungselementen. Insbesondere bei **Eisen** und **Kupfer** ist die Sauerstoffeinwirkung von erheblichem Einfluss.

Zur Ausschaltung der Sauerstoffkorrosion wird daher Kesselspeisewasser durch dosierte Zugabe von Reduktionsmitteln ($NaHSO_3$, Na_2SO_3 u. a. sauerstofffrei gemacht (s. auch Ziff. 54.2).

Bei Trinkwasser ist eine solche Behandlung bisher nicht üblich.

Kohlensäure wirkt im Allgemeinen schwächer korrodierend als der Sauerstoffgehalt des Wassers. Bei Abwesenheit von oxidierenden Stoffen greift die Kohlensäure unter Wasserstoffentwicklung an. Ein Sauerstoffgehalt fördert die Kohlensäurekorrosion infolge der depolarisierenden Wirkung (des Sauerstoffs) erheblich:

$$O_2 + 4\,H_3O^+ + 4\,e^- \longrightarrow 6\,H_2O$$

Allgemein sind besonders elektrolytarme (weiche) Wässer mit Sauerstoff- und Kohlensäuregehalt als stark aggressiv bzw. korrodierend zu kennzeichnen.

Gelöste Kohlensäure kann durch Alkalisierung des Wassers in der Schädlichkeit gemindert werden. Wirksamer ist jedoch eine Vollentgasung des Wassers durch Vakuum.

Härte des Wassers

Weiche Wässer sind als stark korrodierend einzustufen, da sie – sofern kein Gehalt an Silicaten oder Phosphaten vorliegt – keine Schutzschicht bilden können. Bei einer Gesamthärte ab 4 – 8 °d kommt es zur Schutzschichtausbildung, wenn es sich um „Gleichgewichtswasser" (s. Ziff. 48) handelt.

Eine schwache oder ungleichmäßige Schutzschichtausbildung begünstigt die Ausbildung von Belüftungselementen und damit die Rohrkorrosion. Zur Unterstützung einer Ausbildung von gleichmäßig-dichten Schutzschichten hat sich ein „Impfen" des Wassers mit Silicaten und/oder Phosphaten, speziell komplexsalzbildenden Polyphosphaten (Größenordnung der Zugabe 4 – 8 mg/l Wasser), sehr bewährt.

Durch Ionenaustauscher **enthärtetes** Wasser ist korrosiver als weiches Wasser, da die „stabilisierende Kohlensäure" (s. Ziff. 48) infolge Bindung der Erdalkalien als freie, rostschutzverhindernde Kohlensäure vorliegt. Weitere Kohlensäure kann durch Spaltung des im Ionenaustauscher gebildeten Natriumhydrogencarbonats frei werden:

$$\begin{array}{lll}
Ca(HCO_3)_2 & \rightleftarrows \quad CaCO_3 \; + & H_2CO_3 \\
\quad \downarrow & \quad \text{unlöslich} & \text{stab. Kohlensäure} \\
+ \; 2\,Na^+ & & \downarrow \\
2\,NaHCO_3 \; + \; Ca^{++} & & H_2CO_3 \\
\quad \downarrow & & \text{freie aggressive Kohlensäure} \\
Na_2CO_3 \; + \; H_2CO_3 & & \\
\quad \text{freie aggressive Kohlensäure} & &
\end{array}$$

Chloride erhöhen die Leitfähigkeit des Wassers für elektrischen Strom erheblich und stören die Ausbildung passivierender Schutzschichten (s. u.).

Bei Wässern unter 10 °d wurde eine Beeinträchtigung einer Schutzschichtbildung bereits ab einem Gehalt von 5,3 mg Cl⁻/l festgestellt.

Einstufung des Leitungswassers nach Korrosivität

Härte	Kennzeichnung	Gefährlichkeit für Rohrkorrosion
0 – 8 °d	sehr weich bis weich	sehr groß bis groß
8 – 20 °d	mittel bis hart	mittel bis gering
über 20 °d	hart bis sehr hart	mittel bis gering, Neigung zu Krustenbildung

55.2.2 Leitungswasserkorrosion von Eisenrohren

Stahl- und Gusseisen sind als Rohrwerkstoffe hinsichtlich einer Korrosionsanfälligkeit auf lange Sicht als praktisch gleichwertig zu bezeichnen, d. h. gusseiserne Rohre sind praktisch nicht korrosionsbeständiger als Stahlrohre.

Weiches Wasser verursacht eine chemische Rostung (s. Ziff. 54.3). Beträgt die Härte des Wassers mindestens 4 °d, kann es zu einer Passivierung durch Schutzschichtbildung ($FeCO_3 \cdot CaCO_3$) – s. Ziff. 47.1 – kommen, wenn das Wasser keinen höheren nachteiligen Salzgehalt, insbesondere Chloride (s. Ziff. 47.1), enthält. Zur weitgehenden Sicherstellung der Ausbildung einer Passivierungsschicht wird man eine **Mindesthärte von 8 °d** anstreben. Ein pH-Wert unter 7 und ein Gehalt an „rostschutzverhindernder Kohlensäure" (s. Ziff. 48) sind auszuschließen.

> Auch schlammbildende Anteile, insbesondere Eisen- und Mangansalze, dürfen in Leitungswasser nur in Spuren enthalten sein – s. Ziff. 47.1.

Wird ein weiches, kohlensäurehaltiges Wasser ohne Erhöhung der Härte alkalisiert, wird zwar die Korrosion durch die Kohlensäure gemindert, doch nicht aufgehoben. Zudem wird keine Schutzschichtbildung erzielt (s. auch Ziff. 55.2.1).

Wird das Leitungswasser **erhitzt** (z. B. Warmwasserboiler, Warmwasserheizung), wird es **kohlensäureaggressiv** infolge Zerlegung der „vorübergehenden Härte" und Freiwerden der „stabilisierenden" (zugehörigen) Kohlensäure (s. Ziff. 47.1 u. 55.2.1):

$$Ca(HCO_3)_2 \longrightarrow CaCO_3 + H_2CO_3$$

Heizschlangen aus ungeschütztem Eisen würden daher schnell zerstört werden; Warmwasserheizungen dürfen nur selten neu befüllt werden und eine Anreicherung des Wassers mit Sauerstoff (Ausdehnungsgefäße!) soll tunlichst vermieden werden.

55.2.3 Leitungswasserkorrosion von verzinkten Eisenrohren

Im Hause vielfach angewandte verzinkte Eisenrohre besitzen gegenüber Rohren aus ungeschütztem Eisen den Vorzug des elektrochemischen Schutzes durch das Zink (s. Ziff. 54.4).

Es sind jedoch zwei Faktoren besonders zu beachten: Zink wird durch freie Kohlensäure angegriffen. Zumindest vor einer ausreichenden Passivierung durch eine geeignete Schutzschicht darf es insbesondere im Warmwasserstrang (Kohlensäureanfall durch Zersetzung der vorübergehenden Härte und Freiwerden der „stabilisierenden Kohlensäure"!) keinem Angriff durch Kohlensäure ausgesetzt werden. Eine schnelle chemische Korrosion des Zinks wäre die Folge.

Weiterhin ist zu beachten dass eine Verzinkung bei Temperaturen **über rd. 70 °C** elektrochemisch **edler als Eisen** wird. Bei Raumtemperaturen besitzt Zink ein Normalpotenzial von – 0,76 V, Eisen ein solches von – 0,44 V (s. Ziff. 27.2). Zink ist gegenüber Eisen daher anodisch und auch bei kleineren Verletzungen der Zinkschicht bleibt das Eisen vor einem Rosten elektrochemisch geschützt (s. Ziff. 54.4).

Wird die Wassertemperatur jedoch erhöht, wird das Zink in Bezug auf das Eisen elektrochemisch **edler,** und zwar bei Überschreitung einer Temperatur von rd. 70 °C. Die Stromrichtung kehrt sich hierdurch um und es kommt zu einer schnellen Korrosion des Eisens (Lochfraß!).

Über die Ursache der „elektrochemischen Umkehrung" des Zinks besteht noch keine völlige Klarheit. Die Hauptursache scheint die Umwandlung des auf der Zinkoberfläche befindlichen Zinkhydroxids in Zinkoxid bei Überschreitung einer Wassertemperatur von rd. 70 °C zu sein. Befinden sich im Wasser Spuren von Kupferverbindungen, wird die Umkehrung bereits bei niedrigeren Temperaturen, z. T. bereits ab 50 °C, festgestellt.

Für einen Warmwasserstrang ist daher verzinktes Eisen als Rohrwerkstoff nur bedingt geeignet, wenn Wassertemperaturen von ca. 65 °C nicht überschritten werden. (Es ist davon auszugehen, dass der Zinküberzug Poren und sonstige Fehlstellen, insbesondere an den Anschlussstellen, aufweist.) Höhere Wassertemperaturen als rd. 70 °C hält ein verzinktes Eisenrohr nur dann aus, wenn es vor einer Warmwasserbelastung zur Ausbildung einer einwandfrei dichten Schutzschicht gekommen ist.

55.2.4 Leitungswasserkorrosion von Kupferrohren

Kupfer hat sich infolge seines halbedlen Charakters (es steht in der elektrolytischen Spannungsreihe rechts vom Wasserstoff – s. Ziff. 26) als Werkstoff für Rohre im Kalt- und Warmwasserstrang gut bewährt. Die „Kupferschlange" im Boiler wird durch freie Kohlensäure praktisch nicht angegriffen, wenn der Sauerstoffgehalt des Wassers niedrig liegt.

Es sind jedoch vielfach unvermutet Lochfraßkorrosionen festgestellt worden, so dass das Korrosionsverhalten dieses Werkstoffs in Berührung mit Leitungswasser näher zu erörtern ist.

Kupfer überzieht sich in Berührung mit sauerstoffhaltigem Wasser zunächst mit einer hauchdünnen Schicht aus CuO. Ist das Wasser mittelhart bis hart, scheidet sich im Laufe der Zeit eine patinagrüne Schutzschicht, im Wesentlichen aus basischem Kupfercarbonat, z. T. aus basischem Kupferchlorid bestehend, ab. Wasser, das freie Kohlensäure enthält, bildet keine dichte Schutzschicht aus. Vielmehr wird durch weiche, kohlensäurehaltige und **kalte** Leitungswässer nicht nur eine Schutzschichtbildung weitgehend unterbunden, sondern erfahrungsgemäß eine Korrosion bewirkt. Hierbei kommt es, insbesondere bei einem höheren Gehalt des Wassers an Alkalichloriden, meist zu gefährlichen nadelsticharten Lochfraßkorrosionen (vgl. Ziff. 54.4).

Durch einen nahe der Sättigungsgrenze liegenden Sauerstoffgehalt wird die Ausbildung von Belüftungselementen offenbar besonders begünstigt. Ungeeignetes Lötmaterial, in die Rohre geflossenes Lötfett, Verunreinigungen verschiedener Art begünstigen Lochfraßkorrosionen. Auch Spannungen und Unhomogenitäten in der Rohrwandung begünstigen Korrosionen, so dass bei Verlegung eine Kaltbiegung grundsätzlich zu vermeiden ist (Anwendung von heißgeformten Krümmungsstücken!). Besonders ungünstig liegen die Verhältnisse, wenn Schutzschichten sich nur unterbrochen ausbilden können, so dass es fast zwangsläufig zur Ausbildung anodischer und kathodischer Bereiche mit entsprechenden Potenzialdifferenzen kommen muss. Nadelstichartige Lochfraßkorrosionen entstehen dann, wenn die anodischen Bereiche sehr klein, die kathodischen dagegen sehr groß sind. (s. auch DIN 50930, T. 5, Ziff. 6)

Auch auf der Rohrwandung abgesetzte Rostkörnchen können auf Kupfer Kathoden (das Kupfer an der Berührungsstelle die Anode) bilden, da Eisen(III)-oxid elektrochemisch edler als Kupfer ist (siehe Abb. 84).

Sofern bei Kaltwasser somit die Ausbildung einer dichten passivierenden Schutzschicht nicht gewährleistet ist, wird man eine geeignete Wasseraufbereitung vorsehen müssen.

Im Warmwasserstrang haben weiche kohlensäurehaltige Wässer nach bisherigen Erfahrungen keine gefährlichen Korrosionen verursacht. Bei höheren Sauerstoff- und Chloridgehalten des Leitungswassers wird man jedoch auch in diesem Bereich Vorsicht walten lassen müssen und die vorstehend erwähnte Aufbereitung des Wassers vorsehen.

Erinnert sei in diesem Zusammenhang an die Nachteile des Einbaus von verzinkten Eisenrohren **hinter** einer Kupferschlange. Kupfer fördert die „elektrochemische Umkehrung" des Zinks ab ca. 50 °C Wassertemperatur. In solchen Fällen dürfen höhere Wassertemperaturen nur angewandt werden, wenn freiliegendes Eisen durch eine dichte Schutzschichtausbildung (Zusatz von Stoffen, welche die Ausbildung einer dichten passivierenden Schutzschicht fördern, z. B. Polyphosphate und Silicate) abgedeckt ist. Es ist daher ratsam, hinter einer Kupferschlange jeweils Kupferrohr zu verwenden.

55.2.5 Leitungswasserkorrosion von Bleirohren

Blei wird durch natürliche Wässer korrodiert, wenn nicht eine Mindesthärte von rd. 8 °d vorliegt (Schutzschichtausbildung – $PbCO_3/CaCO_3$). Weiche Wässer korrodieren Blei unter Bildung von $Pb(OH)_2$, das **giftig** ist (vgl. Ziff. 47.1).

Freie aggressive Kohlensäure verhindert ähnlich wie bei Eisen die Schutzschichtbildung.

Aufgeheizte natürliche Wässer korrodieren Bleirohr infolge Abspaltung der freien Kohlensäure aus der vorübergehenden Härte (einschl. der durch Kalksteinabscheidung frei gewordenen stabilisierenden Kohlensäure). Bleirohr ist daher für heiße natürliche Wässer nicht geeignet.

55.3 Metallkorrosion durch Baustoffe

55.3.1 Kalk- und Zementmörtel

Kalk- und Zementmörtel (Beton) greifen in frischem wie auch erhärtetem Zustande diejenigen Metalle chemisch an, die gegenüber der starken Base $Ca(OH)_2$ in die Rolle eines Säurebildners zurücktreten (s. Ziff. 19.1.4).

Von den wesentlichen Gebrauchsmetallen werden Aluminium sehr stark, weniger stark Blei und Zink angegriffen. Aluminium darf nur, z. B. durch einen Bitumenanstrich, geschützt in Mörtel bzw. Beton eingebettet werden, bei welchem eine baldige Trocknung gewährleistet ist. Blei und Zink können ungeschützt eingebettet werden, wenn kurzfristige Trocknung und weitgehende Unterbindung von nachträglichen Durchfeuchtungen sichergestellt erscheinen.

Ein Zusatz von Gips zu Kalkmörtel oder von chlorid- oder sulfathaltigen Zusatzmitteln (z. B. Erhärtungsbeschleunigern) soll vermieden werden, wenn eine Einbettung von Metallteilen vorgesehen ist.

55.3.2 Gips und Anhydrit

Feuchter Gips oder Anhydrit greifen infolge SO_4-Ionen-Gehalt der enthaltenen Feuchtigkeit Eisen und Zink erheblich an. Ein Rosten des Eisens wird durch SO_4-Ionen stark gefördert (s. a. Ziff. 54.3).

55.3.3 Magnesiabinder

Für magnesiagebundene Bauteile (z. B. Holzwolleleichtbauplatten, Steinholzestriche) trifft das vorstehend für Gips ausgeführte gleichfalls zu, soweit der Magnesiabinder auf Basis von $MgO/MgSO_4$ aufgebaut ist.

Bei Magnesiabinder auf Basis $MgO/MgCl_2$ werden Cl-Ionen bereits durch hygroskopisch angezogene Feuchtigkeit (s. a. Ziff. 43) gebildet, die bei vielen Metallen, insbesondere Eisen, eine starke Korrosionsförderung bewirken (s. a. Ziff. 54.3).

56 Grundlagen des Schutzes gegen chemische und elektrochemische Korrosion

56.1 Grundsätzliches

Bei Angriff eines Korrosionsmittels auf ein Metall liegen zwei Möglichkeiten vor:

1. Das Metall ist gegen Angriff **geschützt,** denn es ist

- **korrosionspassiv** – durch eine natürliche Deckschicht geschützt;
- **korrosionsstabil** – gegenüber dem Korrosionsmittel beständig;
- **passiviert** – das Korrosionsprodukt schützt gegen eine weitere Korrosion.

2. Das Metall ist gegen Einwirkung des Korrosionsmittels **nicht** ausreichend **geschützt.**

In diesem Falle ist ein zweckdienlicher **Korrosionsschutz** vorzusehen. Möglichkeiten hierfür s. Ziff. 56.2.

Beim **Mischbau mit metallischen Werkstoffen** ist darauf zu achten, dass die Metalle

- **elektrisch isoliert** eingebaut werden (s. Abb. 81);
  in konstruktiver Hinsicht ist zu beachten, dass Kontaktherstellung auch z. B. durch Absetzen von Flugstaub und Regenfeuchtigkeit möglichst vermieden bleiben muss (s. Abb. 80).
- durch einen geeigneten **Oberflächenschutz** geschützt werden.

Bei Anwendung von Blechen oder sonstigen Metallteilen mit **Überzug eines anderen Metalls** muss eine Verletzung der Schicht peinlichst vermieden werden. Etwaige Verletzungen müssen **sofort** durch einen Schutzanstrich o. dgl. zuverlässig überdeckt werden. Andernfalls erfolgt:

- bei Metallschutzschichten aus einem **unedleren** Metall, wie z. B. bei Zinkblech, eine Korrosion durch **Flächenabtrag** des unedleren Überzugsmetalls (bei verzinktem Eisenblech wird das Zink im Flächenabtrag allmählich abgelöst);
- bei Schutzschichten aus **edleren** Metallen, wie z. B. bei verzinntem Eisenblech (Weißblech), **Lochfraß,** da das in diesem Falle unedlere Eisen korrodiert.

Sollen an einem Bau somit verschiedene Metalle Anwendung finden, die Einflüssen der Witterung und Feuchtigkeit jeglicher Art (z. B. auch Schwitzwasser) ausgesetzt sein können, ist dafür Sarge zu tragen, dass keine leitende Verbindung zwischen diesen Metallen besteht oder im Laufe der Zeit z. B. durch Flugstaub hergestellt werden kann. Andernfalls muss ein Oberflächenschutz vorgesehen werden, oder es ist eine Kontaktkorrosion auch durch einen sogenannten „kathodischen Schutz" erfolgreich zu verhüten. Beispielsweise kann bei gleichzeitiger Anwendung von Eisen und Kupfer auf Schiffen eine Kontaktkorrosion dadurch verhütet werden, dass man außen an der Bordwandung unter dem Wasserspiegel **Zinkblech** unter leitender Verbindung montiert und korrodieren lässt. Der durch diese Elementbildung entwickelte Strom kann auch durch eine **äußere Stromquelle** bereitgestellt werden, wobei unlösliche Elektroden (z. B. Kupferblech) angewandt werden können (s. auch Ziff. 54.4.2).

> Beispielsweise werden Rohrleitungen der Gas- und Wasserversorgung des Stadtnetzes oder Öl- und Ferngasleitungen auf diese Weise gegen Korrosion geschützt.

56.2 Möglichkeiten des Korrosionsschutzes der Baumetalle

Korrosionspassives Verhalten

Korrosionspassiv verhalten sich beispielsweise **Aluminium** und **Magnesium** gegen Sauerstoff, Wasser u. a.; Aluminium ist auch gegen verdünnte Salpetersäure sehr beständig; es liegt eine **„natürliche" Schutzschicht** von Aluminium- bzw. Magnesiumoxid vor, die fest haftet und von den korrodierenden Stoffen der Land- und Stadtluft nicht durchdrungen wird.

Die natürliche Schutzschicht lässt sich zur Verbesserung der Korrosionsschutzwirkung künstlich verstärken, indem man Aluminiumteile chemisch oder elektrolytisch oxidiert. Am besten und bekanntesten ist das **„Eloxal-Verfahren"**, das auf einer elektrolytischen **(anodischen) Oxidation** der Oberfläche von Aluminiumteilen beruht. Es wird nach diesem Verfahren eine besonders fest haftende, dichte Schutzschicht (Al_2O_3) erzielt.

Korrosionsstabile Metalle

Gegen viele korrodierende Agenzien sind Edelmetalle und Halbedelmetalle weitgehend unempfindlich (korrosionsstabil).

Kupferbleche können beispielsweise in Böden, Beton und dergleichen ohne Gefahr einer wesentlichen Korrosion ungeschützt angewandt werden.

Durch kohlen- und schwefelsäurehaltige Luft wird Kupfer jedoch korrodiert. Es kommt aber zu einer „Passivierung" (s. u.) infolge Ausbildung einer Schutzschicht („Patina"), die das Kupfer gegen eine weitere Korrosion schützt (s. a. Ziff. 55.1.5).

Durch weiches, sauerstoff- und kohlensäurehaltiges Kaltwasser wird Kupfer jedoch korrodiert, ohne dass es zur Ausbildung einer ausreichend wirksamen Schutzschicht kommen kann. Es ist in diesem Falle gegen das Korrosionsmittel nicht ausreichend geschützt.

Korrosionsschutz durch „Passivierung"

Am bekanntesten ist die Passivierung des **Eisens** durch eine Schutzschicht aus **Eisenphosphat**. Hergestellt wird sie nach dem „Parker-Verfahren" durch Einwirkung von Phosphatlösungen, u. a. Schwermetallphosphaten, auf das Eisen. Die Phosphatschicht haftet fest auf dem Eisen; sie vermag Korrosionen nicht dauerhaft zu unterbinden, jedoch erheblich zu hemmen. Die Eisenphosphatschicht ist ein **guter Untergrund** für **Korrosionsschutzanstriche**, die auf dieser besser haften als auf blankem Eisen.

Die korrosionsschützende Wirkung der Eisenphosphatschicht kann erhöht werden, wenn nach dem Parkerbad zusätzlich **Kaliumbichromat-** bzw. **Chromsäurelösung** zur Einwirkung gebracht wird.

Eine Korrosion von Leitungsrohren (Eisen, verzinktes Eisen, Kupfer) kann durch geringe Zusätze von Phosphaten und Silicaten zum Wasser (Schutzschichtausbildung) wirksam gemindert werden (s. Ziff. 55.2).

Eine Korrosion in Dampfkesseln kann beispielsweise durch eine Phosphatschicht gemindert werden, desgleichen von Autokarosserieblechen mit beschädigter Lackschicht u. a.

56 Grundlagen des Schutzes gegen chemische und elektrochemische Korrosion

Grundsätzliches zum Korrosionsschutz durch Schutzschichten

Korrosionsschutzschichten bestehen im Wesentlichen entweder

- aus einem **Metall,** das korrosionspassiv oder -stabil ist, oder
- aus einem **deckenden Anstrichfilm,** der in der Regel mehrschichtig aus organischem Bindemittel und Farbpigment besteht.

Ein Auftrag von **Metallüberzügen,** wie z. B. von Zn, Cu u. a., wird auf folgende Arten hergestellt:

- **galvanisch** (s. Ziff. 25),
- durch **Aufspritzen** von **schmelzflüssigem Metall,**
- durch **Tauchen** in schmelzflüssiges Metall,
- durch **Plattieren** (Aufbringung dünner Metallfolien).

Durch **Anstrichmittel** kann eine Korrosion im Wesentlichen auf zwei Arten unterbunden werden:

- Weit gehend **dichte Abdeckung** des Metalls gegen korrosive Einwirkungen.

  Beispiel:

  3facher Auftrag eines bituminösen Anstrichmittels oder Chlorkautschuklacks.

- **Physikalisch-chemischer Schutz** des Metalls durch einen Grundanstrich, der quellfähig ist und Ionen bildet, die korrosive Einwirkungen zu neutralisieren vermögen. Um den Grundanstrich nicht vorzeitig zu erschöpfen, sind (zusätzlich zum Grundanstrich) Deckanstriche aus möglichst unquellbaren Materialien erforderlich.

  Beispiel:

  Grundanstrich auf Basis von Bleimennige (Pb_3O_4) + Leinöl,

  einmaliger Auftrag (einfache Ausführung lt. VOB DIN 18363),

  oder zweimaliger Auftrag (bessere Ausführung lt. VOB) und zweifach aufgetragener Deckanstrich.

  Die Bleimennige bildet mit Leinöl und Luftsauerstoff quellfähige basische Bleiseifen, die durch Abspaltung von Pb- und OH-Ionen durch den Deckanstrich dringende aggressive Ionen unschädlich machen (SO_4^{2-} wird zu unlöslichem $PbSO_4$, CO_3^{2-} zu unlöslichem $PbCO_3$ und H^+ zu Wasser gebunden).

Da es insbesondere in Anbetracht der unterschiedlichen Verarbeitungsbedingungen sehr schwierig ist, durch einen Anstrichfilm eine 100 %ig dichte (porenfreie) Abdeckung einer Metallfläche zu erzielen, wird im Korrosionsschutz insbesondere von Stahl vorwiegend die zweitgenannte Art angewandt. Durch diese ist infolge der chemischen Wirksamkeit des Grundanstrichs auch dann ein guter Korrosionsschutz sichergestellt, wenn im Anstrichsystem Poren (geringen Umfangs) verblieben sein sollten.

Wird im Laufe der Zeit der Anstrichfilm beschädigt, sei es durch äußere mechanische Einwirkungen, sei es durch Einwirkungen korrodierender Stoffe, so ist der Anstrichfilm rechtzeitig zu erneuern. Etwa bereits umgesetzte Metallanteile, z. B. Rost bei Eisen, sind zuvor sorgfältig zu entfernen.

Eine neuzeitliche Abart der Korrosionsschutzanstrichmittel sind **kathodisch schützende Anstrichmittel.** Der Anstrichfilm besteht beispielsweise aus Zinkstaub, der durch ein organisches Bindemittel gebunden ist. Der Zinkgehalt muss zur Sicherstellung einer guten elektrischen Leitfähigkeit mindestens 94 % betragen. Der Anstrichfilm ist dann wie eine Verzinkung (s. o.) wirksam. Durch einen geeigneten Deckanstrich lässt sich die Haltbarkeit eines solchen Zinkstaubanstrichs erhöhen.

Anstrichmittel für den Korrosionsschutz lassen sich allgemein wie folgt unterteilen:

- **Physikalisch erhärtende** Anstrichmittel; sie erhärten durch Verdunsten des Lösungsmittels (z. B. Nitrocelluloselack, Bitumenanstrich).
- **Chemisch erhärtende** Anstrichmittel:
  - **luftreaktive** Anstrichmittel; sie erhärten durch chemische Einwirkung des Luftsauerstoffs auf das Bindemittel des Anstrichfilms, z. B. Leinöl bzw. Leinölfirnis der Ölfarbe (s. Ziff. 67.4);
- **wärmereaktive** Anstrichmittel; sie erhärten durch Auslösung chemischer Reaktionen infolge Wärmeeinwirkung; z. B. Einbrennlack auf Phenolharzbasis (s. Ziff. 73.3);
- **selbstreaktive** Anstrichmittel, diese erhärten durch chemische Reaktion von 2 oder mehreren Stoffen, die vor Anstrichauftrag miteinander gemischt werden und zu einem filmbildenden Stoff zu erhärten vermögen. Man nennt sie „Zweikomponentenlacke" (siehe Ziff. 71.5 u. 73.3);
- **metallreaktive** Anstrichmittel; diese bilden durch chemische Reaktion mit dem Metall eine Korrosionsschutzschicht aus, z. B. Wash-Primer, welche durch Bildung einer Phosphatschicht eine fest haftende, haltbare Grundierung für deckende Anstrichmittel erzielen lassen. Bedeutung haben diese insbesondere bei Aluminiumlegierungen, die einen schlechten Haftgrund für Anstriche bzw. Lacke abgeben.

Näheres über Schutz- und Farbanstriche s. Ziff. 67 u. 68.

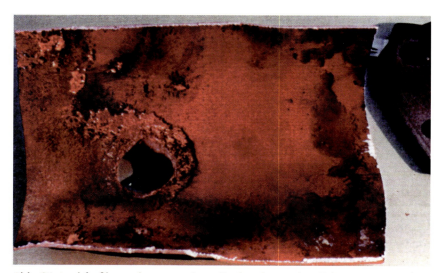

Abb. 84: Lochfraßkorrosionen an einem Kupferrohr aus dem Kaltwasserstrang eines Wohnhauses. Diese sind an der Innenseite des aufgebogenen Kupferrohres deutlich zu erkennen. Das eingespeiste weiche und leicht kohlensäureaggressive Leitungswasser ließ keine flächendeckende Schutzschichtausbildung zu. Aus dem Leitungsnetz mit eingebrachte Rostkörnchen wurden an den Ansatzstellen als **Kathoden** wirksam, das Kupfer wurde hier zur **Anode**, da Eisen(III)-oxid elektrochemisch edler als Kupfer ist.
Zur Verhütung des Schadens hätte – für eine schadensfreie Anwendung eines sonst qualitativ einwandfreien Kupferrohres – das Leitungswasser geeignet aufbereitet eingespeist werden müssen (s. Ziff. 55.2.4).
(Aus einem Gutachten des Verfassers.)

G Grundzüge der Chemie des Holzes und des Holzschutzes

57 Chemische Zusammensetzung des Holzes

Der Hauptbestandteil der trockenen Holzsubstanz (frisches Holz enthält über 50 %, lufttrockenes Holz rd. 20 % Wasser) ist die **Cellulose** (= Zellstoff).

Die Cellulose hat die chemische Formel $(C_6H_{10}O_5)_n$, sie enthält die Elemente C, H und O in nachstehendem Gewichtsverhältnis:

Kohlenstoff (C)	44,4 Gew.-%
Wasserstoff (H)	6,2 Gew.-%
Sauerstoff (O)	49,4 Gew.-%

Die durchschnittliche Zusammensetzung der trockenen, aschefreien Holzsubstanz ist nachstehende:

Kohlenstoff (C)	rd. 50 Gew.-%
Wasserstoff (H)	rd. 6 Gew.-%
Sauerstoff (O)	rd. 44 Gew.-%

Das Holz ist somit kohlenstoffreicher als die Cellulose, was darauf zurückzuführen ist, dass weitere Bestandteile des Holzes, die man unter dem Begriff **Lignin** zusammenfasst, kohlenstoffreicher als die Cellulose sind. (Bei der „Verholzung" der Zellwände, die bei jungen Zellen praktisch nur aus Cellulose bestehen, werden die kohlenstoffreicheren Lignine eingelagert.) Daneben enthält das Holz **Zucker, Stärke** und vor allem **Eiweiß** (u. a. Protoplasma der Zelle) sowie anorganische Salze wie Kalisalze (z. B. Pottasche, K_2CO_3) und Phosphate.

Gebildet wird die Cellulose aus den **Kohlenhydraten**, die im grünen Blatt der Pflanze unter Lichteinwirkung aus Wasser und Kohlensäure der Luft aufgebaut werden (s. Ziff. 31.8). Ebenso werden die eingelagerten Stoffe aus den Kohlenhydraten durch Polymerisation aufgebaut. Auch das Eiweiß, das neben C, H und O auch N und etwas S enthält, wird durch die Pflanze selbst aufgebaut.

Das Eiweiß spielt bei den Lebensvorgängen der Pflanze eine bis heute nicht restlos geklärte, doch wichtige Rolle. Das Protoplasma der Zelle besteht vorwiegend aus Eiweiß, auch der Zellkern enthält dieses zu einem wesentlichen Anteil. Man findet in der Pflanze auch eingelagertes Eiweiß vor, u. a. in den Samenschalen, wo es offenbar zur Reserve bereitgestellt ist. Die Cellulose bildet lange, röhrenförmige Zellen in Wuchsrichtung („Faserrichtung"), u. a. auch die zur Saftleitung erforderlichen „Gefäßbündel". Der Safttransport aus den Wurzeln wird durch die Osmose (s. Ziff. 22.5) bewirkt, die Zellwandungen müssen daher eine „semipermeable" Eigenschaft besitzen. Die Cellulose stellt den Hauptbaustoff der Pflanze dar. Das Lignin erhöht durch seine Einlagerung die Härte des Holzes.

> Holz ist einer der ältesten **Werkstoffe** und wird hauptsächlich als Bau- und Möbelholz angewandt. Auch als **Brennstoff** findet Holz, allerdings nur noch in beschränktem Umfange, Anwendung. Der Heizwert lufttrockenen Holzes beträgt rd. **12500 kJ/kg.**

Wird Holz parallel zur Faser in gut feuchtem Zustand gepresst, so lässt es sich biegen und behält nach dem Trocknen die neue Form **(Biegeholz)**. **Pressholz** erhält man durch allseitige Verdichtung von Holz bei etwa 150 °C. Es besitzt eine erhöhte Rohdichte (bis 1,4). **Ölholz** wird durch Einpressen oder Tränken von lufttrockenem Holz durch Mineralöle erhalten. **Metallholz** ist ein Holz, das mit einer leichtschmelzenden Metalllegierung getränkt worden ist. **Lagenholz** wird durch Verleimung von mehreren dünnen Holzlagen hergestellt, wodurch neben einer besseren Raumbeständigkeit eine geringere Wasserempfindlichkeit und höhere Festigkeit erzielt wird, insbesondere, wenn wasserunempfindliche Kunstharzleime angewandt werden. **Schichtholz** ist ein Lagenholz, bei welchem die Fasern der einzelnen Schichten parallel laufen. Es hat in der Faserrichtung eine besonders hohe Festigkeit. Bei Versetzen der Faserrichtungen um jeweils 90° erhält man Sperrholz. Lagenholz, das mit hohem Gehalt an einem wasserfesten Kunstharzleim unter hohem Druck verdichtet wird, wird als **Kunstharz-Pressholz** bezeichnet.

Zur Gewinnung von Zellstoff wird zerkleinertes Holz vorwiegend unter Druck mit Calciumhydrogensulfit-Lösung [$Ca(HSO_3)_2$] behandelt. Lignin wird durch diese Behandlung gelöst. Der Zellstoff liegt nach Reinigung und Bleichung (meist mit Chlor) als weiße, faserige Masse vor.

Zur Herstellung von **Papier** werden Leim und als Beschwerung Schwerspatpulver ($BaSO_4$) oder Kaolin, Talkum u. a. zugemischt. Filterpapier ist ungeleimtes Papier. Wasserfeste Papiere erhält man, indem man einen wasserfesten Kunstharzleim anwendet. Packpapiere und dgl. enthalten Holzschliff zur Streckung der Zellstoffmasse.

Zellstoff dient auch zur Herstellung von Kunststoffen (s. Ziff. 73.2), u. a. von Kunstseide und Zellwolle. Kunstseide ist ein endloser aus Spinndüsen gepresster Faden, während Zellwolle aus diesem dadurch hergestellt wird, dass die Kunstseide „auf Stapel" geschnitten wird (Längen von 3 bis ca. 12 cm), die Stapel werden gekräuselt und daraufhin versponnen. Der Zellwollfaden hat hierdurch den Charakter eines aus Naturwolle oder Baumwolle gesponnenen Fadens.

58 Chemische Ursachen der Holzschäden

Schädigungen des Holzes beruhen auf einer chemischen Veränderung von Holzbestandteilen, die allmählich zu einer Zerstörung führt. Die chemische Veränderung beruht einerseits auf einer **Oxidation** durch den **Luftsauerstoff**, andererseits auf einer Einwirkung von **Mikroorganismen**, die in den Holzbestandteilen einen guten „Nährboden" vorfinden. Auch für viele Insekten trifft dies zu.

Am raschesten angegriffen werden die **Eiweißstoffe**, was insbesondere bei Nadelhölzern durch ein „**Anlaufen**" des Holzes zu erkennen ist. Auch die im Zellsaft enthaltenen Zuckerstoffe sind willkommene Nährstoffe für Mikroorganismen. Die Beständigkeit des Holzes kann daher durch Auslaugen des Saftes verbessert werden (z. B. geflößtes Holz).

Im Wasser liegendes Holz ist im Allgemeinen gut beständig. Auch lufttrockenes Holz hat eine gute Haltbarkeit. Am raschesten angegriffen wird Holz, das oft im Wechsel durchfeuchtet wird und wieder austrocknet. An der Luft lagerndes Holz ist auch bei hoher relativer Luftfeuchtigkeit gefährdet.

Das **Faulen** des Holzes beruht auf einer Oxidation der Holzbestandteile unter Mitwirkung von Mikroorganismen. Die Fäulnis verläuft je nach den vorherrschenden Mikroorganismen unterschiedlich (z. B. „Trockenfäule" von feuchtem Holz, einer Vermoderung vergleichbar).

Die **bessere Haltbarkeit** von **unter Wasser** lagerndem Holz ist durch den weitgehenden Luftabschluss und die Auslaugung löslicher Holz- bzw. Holzsaftanteile zu erklären. **Lufttrockenes** Holz ist dagegen **relativ beständig**, weil die für die Mikroorganismen notwendige Feuchtigkeit fehlt. Allerdings konnte nachgewiesen werden, dass Hausschwamm in der Lage ist, zu seiner Entwicklung der Cellulose Wasser zu entziehen.

> Gegen schwache Säuren und Alkalien ist Holz praktisch beständig. Konzentrierte Säuren und Laugen schädigen Holz, beispielsweise wird Holz durch Einwirkung konzentrierter Schwefelsäure rasch geschwärzt. Die Schwefelsäure entzieht nämlich der Cellulose Wasser, wodurch eine Abscheidung von amorphem Kohlenstoff bewirkt wird.

59 Möglichkeiten eines Holzschutzes in chemischer Hinsicht

59.1 Allgemeines

Gegen zersetzende Einwirkungen kann Holz durch nachstehende Maßnahmen mehr oder weniger geschützt werden:

- **Auslaugung** des Zellsaftes (s. o., erhöht die Haltbarkeit). Im Winter geschlagenes Holz ist ohne Auslaugung beständiger, da es wenig und einen zuckerarmen Saft enthält.
- **Ankohlen** des Holzes oder Bestreichen mit **Teererzeugnissen** oder anderen deckenden, **fungizid** wirkenden Mitteln.
- **Überstreichen** von lufttrockenem Holz durch **deckende**, abschließende **Anstriche**, wie z. B. Leinölanstriche.
- Tränkung des Holzes mit **fungizid** wirkenden Stoffen.

Die Möglichkeiten eines Holzschutzes beschränken sich somit praktisch darauf, dass man zur Erhöhung der Beständigkeit wasserlösliche, besonders leicht angreifbare Holzanteile durch Auslaugen entfernt, oder dass man das Holz in lufttrockenem Zustande durch abschließende Anstrichfilme gegen Aufnahme von Wasser und Luftsauerstoff abschließt, oder dass man ein Ansiedeln von Mikroorganismen durch Tränkung mit Giften verhindert. Die Giftstoffe schützen bei entsprechender Zusammensetzung auch gegen Insektenbefall. Vielfach werden Kombinationen der angegebenen Möglichkeiten angewandt.

Zum **vorbeugenden chemischen Holzschutz** werden die nachfolgend genannten Stoffe vielfach in Kombination in verschiedenen Verfahren (Tauchverfahren, Saftverdrängungsverfahren, Volltränkungsverfahren im Druckkessel usw.) angewandt.

59.2 Chemische Holzschutzmittel

Unter dem Begriff „Chemische Holzschutzmittel" fasst man diejenigen Stoffe bzw. Präparate zusammen, die Holz gegen einen Befall durch Mikroorganismen oder Insekten schützen sollen. Oft schützen Giftstoffe sowohl gegen Mikroorganismen als auch gegen Insekten. Nachstehend seien die gebräuchlichsten Giftstoffe in einer Übersicht aufgeführt:

59.3 Giftstoffe gegen Befall durch Mikroorganismen

- Steinkohlenteer bzw. -öl, z. B. Karbolineum, Imprägnieröle (Teeröle), Kreosotöle („saure" Teeröle);
- Chlorierte Kohlenwasserstoffe, insbesondere Chlornaphthaline;
- Natriumfluorid in wässeriger Lösung;
- Wässerige Lösungen von Schwermetallsalzen, wie z. B. Quecksilberchlorid $HgCl_2$; Kupfersulfat $CuSO_4$; Zinkchlorid $ZnCl_2$.

59.4 Giftstoffe gegen Insekten

- Steinkohlenteer bzw. -öle;
- Chlorierte Kohlenwasserstoffe, u. a. Chlornaphthaline;
- Arsensalze;
- Blausäure und Schwefelkohlenstoff (insbesondere bei nachträglicher Anwendung zur Beseitigung von schädigenden Insekten als Atmungsgifte).

59.5 Umweltproblematik des chemischen Holzschutzes

Wie in Ziff. 52.1 (Art der Verunreinigungen und Schadstoffe der Luft) bereits dargelegt wurde, ist im Besonderen die **Luft in Wohnräumen** oder sonstigen Räumen, in welchen sich Menschen aufzuhalten pflegen, oft durch **Dämpfe toxokologisch bedenklicher Holzschutzmittel** erheblich belastet. Viele Menschen, die solchen Belastungen langzeitig ausgesetzt waren, erlitten ernsthafte gesundheitliche Beeinträchtigungen. Die Auswirkungen der Belastungen der erwähnten Art wurden in den zurückliegenden Jahren unterschätzt.

Da die chemischen Holzschutzmittel alle mehr oder weniger **starke Gifte** sind, sollten zur bestmöglichen Vermeidung von Umweltschäden nur amtlich zugelassene Mittel nach der jeweils vorgeschriebenen Gebrauchsanleitung verwendet werden. In **Innenräumen** sollten nur solche Mittel eingesetzt werden, die **nicht zu Emissionen in die Raumluft** neigen. In Zweifelsfällen ist die Einholung eines entsprechenden Nachweises ratsam.

Chemische Holzschutzmittel sollten daher stets **mit Bedacht** und etwa nach dem Motto „So viel wie erforderlich – so wenig wie möglich" eingesetzt werden. Die DIN 68800, T. 3 („Vorbeugender chemischer Holzschutz") empfiehlt, nur noch **tragende Holzbauteile** (z. B. Stützen, Dachbalken) einem vorbeugenden chemischen Holzschutz zu unterziehen und dafür toxikologisch möglichst unbedenkliche Mittel einzusetzen.

Zur bestmöglichen Vermeidung von Umweltbelastungen bzw. -schäden sollte der **„konstruktive Holzschutz"** wieder mehr Beachtung finden, etwa nach folgenden Gesichtspunkten:

- Nur im Winter geschlagenes Nadelholz einsetzen (es enthält, jahreszeitlich bedingt, kaum Pilzsporen);
- Bauholz ab dem winterlichen Einschlag so behandeln, bearbeiten und einbauen, dass sich möglichst keine Holzschädlinge einnisten können und es zu keinem Fäulnisbefall kommt;
- In Witterungseinflüssen ausgesetzten Bereichen nur resistentes Holz, wie Lärche oder Douglasie, verwenden;
- für tragende Bauteile nur Kernholz, nicht Splintholz, vorsehen;
- Holz im Außenbereich durch großzügige Dachüberstände vor Durchfeuchtung bestmöglich schützen;
- für Holzbauteile, die mit Wasser in Berührung kommen können (Regen-, Gebrauchs-, Schwitzwasser) unbehinderte Wasserabfluss- bzw. gute Trocknungsmöglichkeit sicherstellen.

60 Möglichkeiten eines Holzschutzes gegen Feuereinwirkung

Holz kann infolge seiner chemischen Zusammensetzung gegen Verbrennen nicht geschützt werden, es kann jedoch seine **Entflammbarkeit gemindert** und mit einer feuerdämmenden Schutzschicht umgeben werden, so dass das Holz bei großer Hitzeeinwirkung nicht mit großer Flamme brennt, sondern nur in sich verkohlt.

Für einen „Feuerschutz" wird das Holz mit Anstrichen behandelt, die im Wesentlichen einen oder mehrere der nachstehenden Stoffe enthalten:

- **Wasserglas** (Natriumsilicatlösung);
- **Magnesiamörtel** (s. Ziff. 38);
- **Salz**lösungen, die bei Hitzeeinwirkung **flammerstickende Gase** entwickeln (z. B. CO_2, NH_3, SO_2);
- **Salz**lösungen, die bei Erhitzen das Holz mit einer **feuerbeständigen Schmelzschicht** umgeben (Phosphate, Borate);
- **Anstriche,** die bei Hitzeeinwirkung eine **schaumige Kruste** bilden, die das Holz als eine **wärmedämmende** Schutzschicht umgibt (Fischmehlpräparate, in neuerer Zeit Kunststoffpräparate, z. B. Aminoplaste).

Vorstehende Schutzmöglichkeiten werden in handelsüblichen Mitteln vielfach in **Kombination** angewandt. Beispielsweise wird Holz durch Anwendung bewährter Mittel bei Erhitzen wirksam gegen Feuereinwirkung geschützt durch Ausbildung einer sehr fest haftenden schaumigen Kruste unter gleichzeitiger Entwicklung von flammerstickenden Gasen.

H Grundzüge der Chemie der Brenn-, Treib- und Sprengstoffe

61 Kohlen und Torf

61.1 Natürliche Kohlen

Die in der Naturvorkommenden Kohlen und Torfe sind Überreste ehemaligen organischen Lebens. Die älteste Kohle ist die **Steinkohle**, davon die älteste **„Anthracit"**. Sie ist viele Millionen Jahre alt und hauptsächlich aus großen Schachtelhalm- und Farnwäldern entstanden.

Die **Braunkohlen** sind wesentlich jünger als die Steinkohlen, sie liegen in geringerer Tiefe; oft findet man in diesen noch das Gefüge des Holzes abgezeichnet. Sie sind bereits aus dem Holz von Bäumen der noch heute vorherrschenden Arten entstanden.

Gewonnen werden sie meist im Tagebau; die größten Vorkommen der Welt befinden sich in Westdeutschland, Mitteldeutschland und Nordböhmen.

Torf ist als jüngstes Produkt eines natürlichen „**Inkohlungs**vorgangs" an der Erdoberfläche zu finden; er entsteht auch heute noch in den Torfmooren.

Zusammensetzung und Entstehung der Kohlen

Die natürlichen Kohlen bestehen aus einer Unzahl zum Großteil sehr verwickelt aufgebauter chemischer Verbindungen der Elemente C, H, O, N und S.

Übersicht über die chemische Zusammensetzung der Kohlen im Vergleich zu Holz

Stoff	Gehalt in Gew.-% an			
	C	H	O	N
Anthracit	90 – 95	2 – 3	2 – 3	0,1 – 0,5
Steinkohle	75 – 90	4 – 5,5	5 – 15	1,0 – 1,5
Braunkohle	60 – 70	5 – 6	18 – 28	0,5 – 1,4
Torf	55 – 60	5 – 7	30 – 40	1,0 – 1,4
Holz	rd. 50	rd. 6	rd. 44	rd. 0,3

Ihre Entstehung verdanken die Kohlen einem „Inkohlungsvorgang". Diesen Vorgang können wir auch heute noch in Torfmooren beobachten. Eingeleitet wird er durch ein „**Vermodern**", äußerlich kenntlich durch ein Dunkelwerden und weitgehendes Zerfallen von pflanzlichen Anteilen, wie Laub und dgl. Hauptträger dieser ersten Stufe der **Inkohlung** sind die „**Holzzerstörer**" unter den Mikroorganismen. Voraussetzung der Inkohlung ist ein **weitgehender Luftabschluss**. Während des Inkohlungsvorgangs werden Wasser, leichte Kohlenwasserstoffe (z. B. Methan = Sumpfgas!) und Kohlendioxid abgespalten, wodurch der Gehalt des Kohlenstoffs in den zurückbleibenden Anteilen der pflanzlichen Überreste unter Absinken des Gehalts an Wasserstoff und Sauerstoff wächst.

Das fortgeschrittene Stadium der Inkohlung bei Steinkohle ist, abgesehen von dem Alter dieser Kohlen, durch die Einwirkung von Druck und Hitze in großen Tiefen zu erklären.

61.2 Künstliche Kohlen

Künstliche Kohlen erhält man durch eine forcierte Inkohlung organischer Stoffe, indem man diese unter Luftabschluss erhitzt. Man nennt diesen Vorgang **„trockene Destillation"**.

61.2.1 Holzkohle

Holzkohle wurde früher ausschließlich in Kohlenmeilern gebrannt. Heute wird die Holzkohle durch trockene Destillation in Retorten industriell hergestellt, wobei auch die flüchtigen Produkte der trockenen Destillation gewonnen und verwertet werden.

Die Holzkohle ist sehr rein, vor allem praktisch schwefelfrei. Sie hat ein poriges Gefüge und daher eine niedrige Rohdichte ($\rho = 0{,}15 - 0{,}30$). Der Heizwert beträgt rd. 33.500 kJ.

Anwendung von Holzkohlen:

In holzreichen Gegenden, wie Schweden, wird Holzkohle verschiedentlich noch zur Gewinnung von Eisen (Holzkohlenroheisen) hergestellt. Im Haushalt wurde sie früher z. B. zum Heizen von Bügeleisen verwendet. Doch findet Holzkohle nach wie vor eine breite Anwendung:

Zur Herstellung von Schwarzpulver (s. Ziff. 65), als Zeichenkohle (weiche Lindenholzkohle), als Filterkohle in Anbetracht ihrer Eigenschaft, Verunreinigungen aus Lösungen zu absorbieren vermöge der „oberflächenaktiven" Eigenschaften ihres feinporigen Gefüges.

„Aktivkohle" ist für Absorptionszwecke besonders präparierte Holzkohle, die in der Regel durch trockene Destillation von mit Salzlösungen, wie Zinkchlorid u. a., getränktem Holz hergestellt wird. U. a. werden Aktivkohlen zur Behebung von Darmstörungen, als Gasmaskenkohlen und Entfärbungskohlen angewandt.

> **Versuch:**
> a) Aachener Quellwasser, das stark nach Schwefelwasserstoff riecht, wird durch eine Schicht von gepulverter Holzkohle filtriert.
>
>   Das filtrierte Wasser ist **geruchlos**.
> b) Eine Lösung eines organischen Farbstoffes wird in gleicher Weise durch eine Schicht gepulverter Holzkohle filtriert.
>
>   Das Filtrat ist **farblos**.

61.2.2 Tierkohle (Knochenkohle)

Tierkohle wird durch trockene Destillation von tierischen Knochen hergestellt. Neben Kohlenstoff enthält sie unter anderem Calciumphosphat.

Anwendung:

Als schwarze Farbe (Beinschwarz) in feinstgepulverter Form; als Adsorptionskohle (s. o.).

61.2.3 Ruß

Ruß besteht aus feinverteiltem Kohlenstoff, meist durchsetzt mit öligen Anteilen, somit kohlenstoffreichen Wasserstoff und Sauerstoff enthaltenden Verbindungen. Vielfach wird er als lästiges Nebenprodukt unvollständiger Verbrennungen erhalten. Rein, in gleichmäßiger Zusammensetzung wird er jedoch industriell hergestellt, z. B. durch Verbrennung von harzreichem Holz, von Naphthalin oder durch Spaltung von Acetylen.

Verwendung:

Als schwarze Farbe (Buchdruckerschwärze, Tusche); als Füllstoff in der Gummi- und Kunststoff-Industrie, u. a.; – auch zum Anfärben von Beton wird Ruß neben Eisenoxidschwarz verwendet.

62 Kohle-, Kokerei- und Gaswerkserzeugnisse

62.1 Kohleerzeugnisse

62.1.1 Steinkohle

Die aus der Grube kommende „**Förderkohle**" wird zunächst durch die Kohlenwäsche von den „**Bergen**" (anhaftenden Gesteinsanteilen) befreit. Durch Sieben wird sie in einzelne Korngrößen zerlegt. **Stückkohle** über 80 mm, **Nuss**kohle in verschiedenen Kornabstufungen zwischen 80 und 10 mm sowie **Fein**kohle (unter 10 mm).

Die Feinkohle wird zu „**Eierbriketts**" verarbeitet oder in Kohlenstaubfeuerungen (nach Trocknung und Feinmahlung) verbrannt.

Im Hinblick auf das Verhalten beim Brand unterscheidet man im Wesentlichen nachstehende Kohlensorten:

- **Gasflammkohlen** – sie sind sehr wasserstoffreich und geben daher viel Gas und einen lockeren Koks.
- **Gaskohle** – ist etwas Wasserstoff- und daher auch gasärmer. Es fällt reichlich Gas und ein fester Koks an (von Gasanstalten bevorzugt).
- **Fettkohle** – gibt eine mittellange Flamme infolge eines mittleren Wasserstoffgehalts und einen porösen, sehr festen Koks (von Kokereien zur Herstellung von Hüttenkoks bevorzugt).
- **Mager- und Esskohle** – hat wenig flüchtige Bestandteile und brennt daher mit kurzer Flamme (für Hausbrand und Schmiedeeisen u. a. bevorzugt). Bei Verkokung wird ein stark gesinterter Koks erhalten.
- **Anthracit** – ist die „magerste" Kohle infolge des geringsten Wasserstoffgehalts, so dass er fast ohne Flamme am „saubersten" brennt. Bei Verkokung wird ein lockerer bis pulvriger Koks erhalten.

62.1.2 Braunkohle

Da die grubenfeuchte Braunkohle bis 60 % Wasser enthält und nur langsam und unwesentlich abtrocknet, hat sie als Brennstoff nur örtliche Bedeutung. Sie wird daher vorwie-

62 Kohle-, Kokerei- und Gaswerkserzeugnisse

gend in getrockneter und verpresster Form als „Braunkohlenbriketts" oder als getrockneter Kohlenstaub in Kohlenstaubfeuerungen angewandt.

Braunkohlenbriketts werden durch Zusammenpressen von Braunkohlengrus in Stempelpressen hergestellt. Falls das Bitumen der Braunkohle zur Bindung nicht ausreicht, wird etwas Teerpech zugesetzt. Der Heizwert beträgt durchschnittlich 21 000 kJ gegenüber dem Heizwert der Rohbraunkohle von 8400 bis 12500 kJ. Der Energieaufwand muss durchschnittlich durch Verbrennen von 1,5 kg Rohbraunkohle je 1 kg Briketts gedeckt werden.

62.2 Kokerei- und Gaswerkserzeugnisse

Trockene Destillation der Kohle

Bei der trockenen Destillation der Kohle (Erhitzen unter Luftabschluss) wird diese in **Gas, Gaswasser, Rohteer** und **Koks** zerlegt.

> **Versuch:**
> In einem schwer schmelzbaren Glasgefäß (z. B. schwer schmelzbares Reagenzglas) werden einige Steinkohlenstückchen mittels der Flamme eines BUNSENbrenners erhitzt. Die Produkte der trockenen Destillation werden in einer gekühlten Vorlage aufgefangen (s. Abb. 85, in welcher sich Rohteer und Gaswasser abscheiden. Das entweichende Gas (Leuchtgas) ist brennbar.

Aus 100 kg einer Gaskohle werden im Durchschnitt erhalten:

        55 – 60 kg   Koks
        45 – 50 m³   Leuchtgas
        8 – 10 kg   Gaswasser
        ca. 6 kg   Rohteer

Koks ist hell- bis dunkelgrau, meist silbrig glänzend, porig und auch in der Hitze formbeständig. Der Kohlenstoffgehalt liegt zwischen 85 bis 90 %, der Heizwert liegt bei 30000 – 33000 kJ.

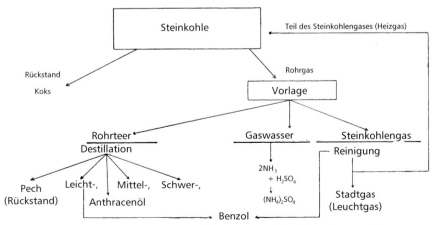

Abb. 85: Schematische Darstellung der trockenen Destillation von Steinkohle. Rohteer und Gaswasser werden in einer gekühlten Vorlage aufgefangen, das Gas wird nach Reinigung im Gasbehälter gespeichert.

Koks brennt praktisch ohne Flamme, ist schwer entzündlich und verbrennt langsamer als Kohle. Schwefel ist gegenüber Steinkohle nur noch in geringer Menge enthalten, wodurch Koks, von seiner Porosität abgesehen, für die Eisengewinnung in Hochöfen besonders geeignet ist. Auch für den Betrieb von Dauerbrandöfen (u. a. Zentralheizungen) ist Koks infolge seiner „sauberen Verbrennung" besonders geeignet.

Leuchtgas besteht hauptsächlich aus Wasserstoff, Methan und Kohlenoxiden neben einem geringen Anteil von höheren Kohlenwasserstoffen und unangenehm riechenden (bzw. korrodierenden) Schwefelverbindungen und giftigen Cyanverbindungen. Der Heizwert des Gases, wie es anfällt, beträgt rd. 21000 kJ/m³.

Infolge eines Gehalts an Kohlenmonoxid (CO, Gehalt etwa 7 Vol.-%) ist das Leuchtgas **giftig**. (In neuerer Zeit enthält das Stadtgas meist **Erdgas**, das einen relativ hohen Heizwert besitzt (s. Ziff. 63).

Gaswasser enthält als wertvolles Produkt hauptsächlich Ammoniak (NH_3). Es wird vorwiegend auf Ammonsulfat, $(NH_4)_2SO_4$ (Düngemittel), weiterverarbeitet.

Der **Rohteer** ist eine schwarzbraune, schmierig-flüssige Masse von charakteristischem Teergeruch („aromatischem" Geruch). Er enthält eine große Zahl heute äußerst wertvoller „aromatischer Verbindungen", wie u. a. Benzol und seine Homologen.

Rohteer wird heute in zentralen Anlagen (Teerdestillationsanlagen) weiter aufbereitet. Durch fraktionierte Destillation wird er zerlegt in:

Fraktionen	Siedebereich bis	enthält vorwiegend
Leichtöl	170 °C	Benzol und Homologe, Pyridin
Mittelöl	230 °C	Phenole, Naphthalin
Schweröl	270 °C	Paraffinkohlenwasserstoffe, Chinolin
Anthracenöl	360 °C	Anthracen

Der Rückstand der Destillation ist etwa 50 % **Steinkohlenteerpech**, das eine glänzend schwarze, ziemlich spröde Masse darstellt, bestehend aus feinkörnigem Kohlenstoff (zu 30 – 50 %) und kohlenstoffreichen, verwickelt zusammengesetzten Verbindungen.

63 Erdöl, Erdgas und Raffinationsprodukte

Erdöl ist eine dunkle, ziemlich zähe Flüssigkeit von unangenehmem Geruch. Es stellt ein Gemenge von hauptsächlich **aliphatischen** (kettenförmigen) **Kohlenwasserstoffen** dar.

Über die Entstehung des Erdöls sind verschiedene Theorien entwickelt worden. Man darf heute annehmen, dass sich das Erdöl aus Faulschlamm bei relativ niedrigen Temperaturen gebildet hat, der aus pflanzlichen und tierischen Überresten am Grunde von Seen oder Binnenmeeren entstanden war.

Neben dem Erdöl fällt vielfach **Erdgas** an, das an manchen Stellen auch ohne Erdölanfall gewonnen wird. Erdgas ist ein hochwertiges Gas aus niedrigen Paraffinkohlenwasserstoffen, wie u. a. **Methan**.

Die Aufarbeitung des Rohöls erfolgt in „Erdölraffinerien" durch **fraktionierte Destillation**.

64 Verbrennung – Umweltproblematik – Heizwerte

Bei der Raffination des Erdöls werden im Durchschnitt erhalten:

Fraktionen	Siedebereich bis	enthält vorwiegend
Gase (Propan, Butan, Pentan)	–	
Petroläther	ca. 50 °C	niedrige Paraffinkohlenwasserstoffe
Benzine	50 – 180 °C	mittlere Paraffinkohlenwasserstoffe
Petroleum	160 – 300 °C	höhere Paraffinkohlenwasserstoffe
Gasöl, Dieselöl	300 – 350 °C	höhere Paraffinkohlenwasserstoffe
Heiz- und Schmieröl	über 350 °C	höhere Paraffinkohlenwasserstoffe

Der Rückstand der Destillation der Erdöle ist das sogenannte **Bitumen**, eine bräunlich-schwarze, glänzende, klebrige, zähfeste Masse von thermoplastischen Eigenschaften (s. Ziff. 66.2).

Die russischen und osteuropäischen Erdöle enthalten zu einem erheblichen Teil „**Naphthen**kohlenwasserstoffe" (gesättigte hydroaromatische Kohlenwasserstoffe, vorwiegend Kohlenstoff-Fünfringe enthaltend). Der mengenmäßig geringere Destillationsrückstand besteht zu einem erheblichen Teil nicht aus langkettigen (paraffinischen) Molekülen, sondern aus solchen mehr gedrungenen Charakters, so dass die Temperaturabhängigkeit der Viskosität sowohl der Öle als auch des Destillationsrückstandes wesentlich ungünstiger liegt als bei einem „paraffinischen" Erdöl.

Verwendet werden die Destillationsprodukte des Erdöls als **Heiz- und Treibstoffe**, als **Schmieröle** und nicht zuletzt als Grundstoffe der **Erdölchemie** mit ihren zahllosen, auf Erdölbasis beruhenden Erzeugnissen.

> Als Beispiel für letztere seien die „Detergentien" erwähnt, die u. a. als Waschrohstoffe eingesetzt werden (Diese werden durch die Härte des Waschwassers – im Gegensatz z. B. zu Seifen – nicht ausgefällt.) – s. Ziff. 31.9 und 47.2.

Bitumen wird im Bauwesen als **Bindemittel** wie auch als **Abdichtungsstoff** in belangreichem Umfang angewandt (s. Ziff. 66.2).

Als **Asphalt** bezeichnet man heute Mischungen aus Bitumen mit Sand, Kies oder Gesteinsmehl (z. B. Walz- oder Gussasphalt des Straßenbaus).

Naturasphalt ist in der Natur vorkommender Asphalt. Der bekannteste ist der Trinidad-Asphalt von der Insel Trinidad, wo durch vulkanische Gase heißflüssiger Asphalt (Gemisch von Bitumen mit hohem Schmelzpunkt und vulkanischer Asche etwa 1 : 1) in einen „Asphaltsee" hochgedrückt wird.

Das deutsche Asphaltvorkommen (Limmer und Vorwohler Gebiet) weist einen ziemlich „mageren" Asphalt (bitumengetränkter Kalkstein) auf, der zur Anwendung mit Bitumen angereichert wird.

64 Verbrennung – Umweltproblematik – Heizwerte

64.1 Verbrennung

Bei der Verbrennung eines Brennstoffes muss stets ein **Luftüberschuss** vorliegen, um die Verbrennung vollständig zu gestalten. Bei nicht ausreichender Luftmenge verläuft die Verbrennung unvollständig, wodurch Verluste entstehen.

Bei der **unvollständigen** Verbrennung von Kohlenstoff werden nach der Reaktionsgleichung je Mol Kohlenstoff 121,4 kJ frei:

$$C + \tfrac{1}{2} O_2 \longrightarrow CO + 121{,}4 \text{ kJ}$$

Bei der **vollständigen** Verbrennung des Kohlenstoffs werden je Mol jedoch 406,1 kJ in Freiheit gesetzt:

$$C + O_2 \longrightarrow CO_2 + 406{,}1 \text{ kJ}$$

Heizöfen, u. a. Zentralheizungen, deren Verbrennungsvorgang durch die Luftzufuhr „reguliert", im Besonderen gedrosselt wird, müssen daher so konstruiert sein, dass gebildetes Kohlenmonoxid (CO) **über** dem Koks verbrennt. Dies wird dadurch erreicht, dass man unmittelbar über dem Koks Luft zusätzlich – reguliert – zuführt („Sekundärluft").

Das gebildete Kohlenmonoxid verbrennt dann zu Kohlendioxid unter Abgabe von 284,7 kJ je Mol:

$$CO + \tfrac{1}{2} O_2 \longrightarrow CO_2 + 284{,}7 \text{ kJ}$$

64.2 Verbrennung und Umweltproblematik

Die Verbrennung fossiler Brennstoffe und aus diesen hergestellter Treibstoffe dient der Erzeugung von **Energie**, sei es in Form von Wärme-, elektrischer oder mechanischer Energie.

Mit der Zunahme der Weltbevölkerung steigt der **Energiebedarf** unaufhaltsam an. Wissenschaftler aller Industrieländer arbeiten an dem Problem

> **Energiegewinnung mit hohem Wirkungsgrad bei gleichzeitig geringer Schadstoffemission.**

Vorstehend wurde bereits dargelegt, dass zur Erzielung einer weitgehend vollständigen Verbrennung ein ausreichender Luftüberschuss erforderlich ist – der Luftüberschuss drosselt jedoch die Heiz- oder Motorenleistung. Auch die Verbrennungstemperatur spielt eine Rolle. Eine hohe Verbrennungstemperatur fördert die „Energieausbeute", sie fördert jedoch auch den Ausstoß an unverbrannten oder unvollständig verbrannten Kohlenwasserstoffen, an Stickoxiden, fördert eine Ozonbildung u. a. m.

Bei der Verbrennung der üblichen Brennstoffe fossiler Provenienz entstehen als Reaktionsprodukte nur **Gase**. Verunreinigungen oder Begleitstoffe, wie Mineralsalze, bleiben allerdings als Verbrennungsrückstände in Form von Asche oder Schlacke zurück.

Im Gegensatz zu festen Brennstoffen ist es bei Gas- und Ölfeuerungen, auch bei Kohlenstaubfeuerungen, möglich, den Luftüberschuss gering zu halten, da sich diese Brennstoffe in der Verbrennungsluft besser und schneller verteilen lassen.

Bei der Verbrennung von **Treibstoffen** in Otto-, Dieselmotoren und Flugzeugtriebwerken versuchen die Konstrukteure im besonderen Maße, den Luftüberschuss im Interesse der Motorenleistung gering zu halten, wobei oft ein erhöhter **Schadstoffausstoß** in Kauf genommen wurde, denn eine vollständige Verbrennung, sei es Kohlenstoff, seien es Kohlenwasserstoffe, ist ohne einen ausreichenden Luftüberschuss nicht zu erzielen.

> Die klassische Chemie konnte – bis zum Beginn des „Computerzeitalters" – kaum mehr als die Anfangs- und Endprodukte einer Verbrennung erfassen. Flammen sind jedoch äußerst komplizier-

te, dreidimensionale und zeitabhängige physikalisch-chemische Systeme, in welchen sich unterschiedlichste Reaktionen ständig überlagern. Die neuzeitliche Computersimulation ermöglichte beispielsweise eine Erfassung von rd. 40 Zwischenprodukten bei Verbrennung des einfachen Kohlenwasserstoffs Methan.

64.3 Durchschnittliche Heizwerte der Brenn- und Treibstoffe

Nachstehend eine Übersicht über durchschnittliche Heizwerte der Brenn- und Treibstoffe. Eine vollständige Verbrennung ist vorausgesetzt.

Brenn- bzw. Treibstoff	Heizwert in kJ/kg
Holz, lufttrocken	rd. 12500
Holzkohle	rd. 33500
Torf, lufttrocken	14600 – 15500
Maschinenpresstorf mit ca. 25 % Wassergehalt	ca. 12500
Braunkohle, grubenfeucht	8400 – 12500
Braunkohlenbriketts	rd. 20100
Steinkohle	29300 – 33500
Koks	30100 – 33100
Steinkohlen-Eierbriketts	31800 – 32700
Benzin	rd. 41900
Benzol	rd. 41900
Gas- und Heizöl	41900 – 46000
Alkohol	26796
Gasförmige Brennstoffe	**Heizwert in kJ/m³**
Leuchtgas (Stadtgas)	18400
Steinkohlengas	20100 – 22200
Generatorgas	rd. 4200
Wassergas	rd. 10700
Mischgas	5000 – 6300
Methan	36006
Propan	98808
Acetylen	56940
Kohlenmonoxid	rd. 12500
Wasserstoff	10886

65 Abriss der Chemie der Treib- und Sprengstoffe

65.1 Allgemeines

Treibstoffe, wie auch Sprengstoffe (auch Explosivstoffe genannt), liefern während ihrer außerordentlich rasch verlaufenden Verbrennung **neben** der **Wärmeenergie** unmittelbar auch **mechanische Energie**. Die freiwerdende mechanische Energie ist auf eine plötzliche

Drucksteigerung zurückzuführen, die durch ein Entstehen von großen Mengen hoch erhitzter Gase bewirkt wird, die ein wesentlich größeres Volumen beanspruchen als der Treib- oder Sprengstoff vor der Zündung.

Der mechanische Effekt der Explosion beruht vorwiegend auf einem **thermischen Treibeffekt**. Es spielt kaum eine Rolle, ob das Volumen der Endprodukte nach Abkühlung ein größeres oder kleineres ist als das der Ausgangsstoffe. Bei einer Knallgasexplosion, die bekanntlich sehr heftig verläuft bzw. eine erhebliche mechanische Energiefreiwerden lässt, beträgt das Endvolumen (als Wasserdampf) nach Abkühlung (auf ca. 100 °C) etwa 2/3 des Volumens der Ausgangsprodukte. Der erhebliche Druckanstieg beruht darauf, dass durch die Explosion bzw. die schlagartig freiwerdende Energie eine Erhitzung der Reaktionsgase auf über 2000 °C bewirkt wird. Bei einer Explosion von Kohlenwasserstoff-Luft-Gemisch entsteht eine echte Volumenzunahme, wie beispielsweise bei der Explosion eines Propan-Sauerstoff-Gemischs:

$$C_3H_8 + 5\,O_2 \longrightarrow 4\,H_2O + 3\,CO_2 + 2202\,kJ.$$

Wenn die Knallgasexplosion trotzdem heftiger ist als die Explosion eines Propan-Sauerstoff-Gemischs, so beruht diese Erscheinung darauf, dass die Knallgasexplosion innerhalb einer kürzeren Zeitspanne abläuft als die Explosion des zweitgenannten Gemisches.

65.2 Arten der Explosionsreaktionen

Die Explosionsreaktionen werden unterteilt in

- **Oxidationsreaktionen**

  Beispiele:

  Explosive Verbrennung von Wasserstoff (Knallgasexplosion s. o.), von Propan (s. o.), Schießpulver (s. u.).

- **Explosiver Zerfall von stark endothermen Verbindungen**

  Beispiele:

  Explosiver Zerfall von Bleiacid

  $Pb(N_3)_2 \longrightarrow Pb + 3\,N_2 + rd.\ 423\,kJ$

  Explosiver Zerfall von Acetylen

  $C_2H_2 \longrightarrow 2\,C + H_2 + rd.\ 226\,kJ$

Hinsichtlich des **Ablaufs** einer Explosion unterscheidet man

- **Wärmeexplosionen**, bei welchen die Verbrennung durch Wärmeübertragung fortgepflanzt wird; es werden somit immer neue Teile des Brennstoffs durch **Wärmeübertragung** auf Entzündungstemperatur erhitzt.
- **Kettenexplosionen**, bei welchen die Erhitzung auf Reaktionstemperatur schlagartig durch eine **Druckwelle** erfolgt, die beispielsweise durch einen Stoß erzeugt werden kann.

Explosionen verlaufen mit Brenngeschwindigkeiten von nur einigen Metern in der Sekunde (man bezeichnet sie als „**Verpuffungen**") bis zu Brenngeschwindigkeiten von einigen tausend Metern in der Sekunde (Explosionen), in besonderen Fällen bis ca. 10000 m/sec (**Detonationen**).

65.3 Die treibende Explosion (Verpuffung) des Treibstoffs Benzin

Im „Explosionsmotor" findet durch den thermischen Treibeffekt, der durch eine verpuffende Verbrennung erzeugt wird, eine unmittelbare Umwandlung von chemischer Energie in mechanische statt. Der im Ottomotor angewandte **Benzin-Luft-Nebel** muss **kompressionsfest** sein, d. h. er darf sich bei der Verdichtung nicht so stark erhitzen, dass er sich vorzeitig entzünden könnte. Die Zündung erfolgt im komprimierten Zustand des Gemisches durch den elektrischen Funken der Zündkerze. Das Gemisch soll auf den Kolben während seines Abbrennens einen **nachhaltigen Treibeffekt** ausüben. Eine schlagartige Explosion würde den Motor zerstören. Es ist sehr wichtig, dass das Gemisch mit einer zügig und gleichmäßig fortschreitenden Flammenfront abbrennt. Unregelmäßigkeiten im Brennvorgang, etwa durch Bildung von Verbrennungszentren durch Druckwellen oder dgl. vor der Flammenfront, führen zu einem **Klopfen** des Motors, wodurch dieser zerstört wird.

Von den Kohlenwasserstoffen des Benzins (Hexan C_6H_{14}, Heptan C_7H_{16}, und Octan C_8H_{18}, – Siedepunkte 55 – 130 °C) sind die Isokohlenwasserstoffe, insbesondere Isooctan, klopffest, während die unverzweigten Kohlenwasserstoffe, insbesondere Heptan, ein Klopfen bewirken.

> Die „**Klopffestigkeit**" eines Benzins wird durch die **Octanzahl** angegeben, die durch Vergleich mit Mischungen von Isooctan und Heptan ermittelt wird. Hat das Benzin beispielsweise eine gleiche Klopffestigkeit wie eine Mischung von 75 % Isooctan und 25 % Heptan, so besitzt das Benzin eine Octanzahl von 75. Tankstellenbenzin hat eine Octanzahl von durchschnittlich 78 bis 86; hochwertige Benzin-Benzol-Gemische liegen über 90.

Motorentreibstoff soll eine hochliegende Octanzahl aufweisen. Benzol, einem Benzin zugemischt, verbessert dessen Octanzahl, da Ringkohlenwasserstoffe „klopffest" sind. Benzolfreie Benzine für Ottomotoren enthalten Bleitetraethyl $Pb(C_2H_5)_4$ als „Antiklopfmittel".

Der Dieselmotor wird mit Öl betrieben, und zwar wird dieses in hochkomprimierte Luft eingespritzt, wodurch es sich entzündet. In Anbetracht der hohen Kompression werden Temperaturen bis über 2000 °C und Drücke bis zu 40 bar erzielt.

65.4 Übersicht über die wesentlichen Sprengstoffe

Für den praktischen Gebrauch werden die Sprengstoffe nach ihrem explosiven Verhalten unterschieden. Man unterscheidet:

- **Treibende** Sprengstoffe
- **Brisante** Sprengstoffe
- **Zünd**sprengstoffe (**Initial**sprengstoffe).

Treibende Sprengstoffe

Zu den treibenden Sprengstoffen, die als Schießstoffe zum Abschießen von Granaten in Kanonenrohren oder zur schonenden Sprengung verwendet werden, gehören: Schwarzpulver, Sprengsalpeter, „rauchloses" Pulver (niedrig nitrierte Cellulose). Auch Nitroglycerin in Pulverform gehört in diese Gruppe.

Chemisch handelt es sich somit sowohl um gemischte Sprengstoffe, als auch um sauerstoffreiche organische Verbindungen. Schwarzpulver besteht aus einem Gemenge von Kalisalpeter (70 – 75 %), Holzkohlepulver (15 – 19 %) und Schwefel in Pulverform (3 – 9 %). Der Schwefelzusatz dient zur Erhöhung der Zündfähigkeit. Die wesentliche Reaktion ist die Verbrennung des Kohlenstoffs unter Lieferung des Sauerstoffs durch den Salpeter.

$$4 \, KNO_3 + 5 \, C \longrightarrow 2 \, K_2CO_3 + 3 \, CO_2 + 2 \, N_2 + 1515{,}6 \, kJ$$

Im Moment der Explosion ist das Volumen der entstandenen Gase etwa 4400-mal so groß wie das Ausgangsvolumen. Nach Abkühlung auf Normaltemperatur ist das Volumen noch 500-mal größer als das Ausgangsvolumen des Schwarzpulvers.

Wird Schwarzpulver an der Luft entzündet, so kommt es lediglich zu einer heftigen Verbrennung. Zu einer Explosion kommt es erst in einem abgeschlossenen Raum infolge der beschleunigenden Wirkung durch die Drucksteigerung.

Sprengsalpeter ist ähnlich zusammengesetzt wie Schwarzpulver, es enthält anstelle des Kalisalpeters jedoch Natronsalpeter.

Allgemein lässt sich für die treibenden Sprengstoffe sagen, dass sie offen bei Feuereinwirkung lediglich abbrennen, im geschlossenen Raum jedoch explodieren. Mit Inizialsprengstoffen wird nur zum Teil eine Zündung erreicht, weshalb z. B. zur Zündung des Schwarzpulvers Lunten angewendet werden.

Brisante Sprengstoffe

Zu den brisanten Sprengstoffen zählen in erster Linie sauerstoffreiche organische Verbindungen, in zweiter Linie jedoch auch gemischte Sprengstoffe.

Zu den ersteren gehören: stark nitrierte Cellulose, allgemein als „Nitrocellulose" bezeichnet. Nitroglycerin, Nitropentaerythrit, Trinitrotuluol, Nitronaphthaline u. a.

Nitroglycerin ist eine Flüssigkeit, die bereits bei einem geringen Stoß explodieren kann. Die Explosionsreaktion ist nachstehende:

$$4 \, C_3H_5N_3O_9 \longrightarrow 12 \, CO_2 + 10 \, H_2O + 6 \, N_2 + O_2 + 7243 \, kJ$$

Die große Gewalt der Explosion beruht einesteils darauf, dass der Ablauf schlagartig erfolgt, anderseits darauf, dass die entstandenen Gase in der Explosionshitze ein etwa 20000-mal so großes Volumen besitzen wie das zur Explosion gelangte Nitroglycerin.

Von großer Bedeutung war die Erfindung des Dynamit (NOBEL 1876), das sehr stoßfest und damit transportsicher ist. Hergestellt wird es im Wesentlichen durch Aufsaugen des Nitroglycerins durch saugfähige poröse Stoffe, wie insbesondere Kieselgur.

65 Abriss der Chemie der Treib- und Sprengstoffe

Die chemische Zusammensetzung bzw. der molekulare Aufbau einiger Sprengstoffe dieser Gruppe ist in nachstehender Übersicht dargelegt:

H_2CONO_2
|
$HCONO_2$
|
H_2CONO_2

Nitroglycerin

Trinitrophenol (Pikrinsäure)

Trinitrotoluol (TNT)

Pentaerythrit-Tetranitrat

Cellulose-Trinitrat (höchste Nitrierstufe)

Zündsprengstoffe

Zündsprengstoffe sind solche, die bei Einwirkung von Feuer oder Schlag außerordentlich leicht zur Explosion kommen. Sie werden daher zur Zündung von brisanten Sprengstoffen in Sprengkapseln oder dgl. angewandt. Die wichtigsten Zündsprengstoffe sind **Knallquecksilber**, $Hg(OCN)_2$, und **Bleiacid**, $Pb(N_3)_2$ (s. auch Ziff. 13.25).

Bleiacid wird vorwiegend in **Sprengkapseln** eingesetzt.

J Grundzüge der Chemie der Bautenschutz- und Bauhilfsstoffe

66 Bituminöse Stoffe und Formen ihrer Anwendung im Bauwesen

66.1 Allgemeines

Zu den „bituminösen Stoffen des Bauwesens" werden vereinbarungsgemäß **Erdölbitumen**, **Asphalt** und **Steinkohlenteer** (bzw. Steinkohlenteerweichpech) gezählt. Diese Zusammenfassung ist durch eine verwandte chemische Zusammensetzung sowie ähnliche Beschaffenheit und Eigenschaften dieser Stoffe, die im Bauwesen vielfach auch als „Schwarzstoffe" bezeichnet werden, begründet. Hieraus ergaben sich auch gleichartige Anwendungen. Andere „bitumige" Stoffe, wie Braunkohlenteerpech, Erdwachs, Fettpeche u. a. werden infolge einer nicht gleichartigen Anwendbarkeit im Bauwesen den „bituminösen Stoffen des Bauwesens" nicht zugezählt.

Bezüglich der grundsätzlichen chemischen Zusammensetzung haben die bituminösen Stoffe des Bauwesens gemein, dass sie aus **Kohlenwasserstoffen** (s. Ziff. 29) mit vorwiegend lang gestreckten Molekülformen bestehen. Die festen bis halbfesten Stoffe zeigen hierdurch einen **thermoplastischen** Charakter, d. h. bei Erwärmung erfolgt eine allmähliche Erweichung (man kennt keinen Schmelzpunkt!), bei Erkalten eine zunehmende Verfestigung, die je nach Stoffart und Temperatur bis zu einer „Versprödung" führen kann.

Entsprechend dem Kohlenwasserstoffcharakter sind die bituminösen Stoffe **chemisch** wenig reaktionsfähig; vor allem liegt im Allgemeinen eine sehr gute Beständigkeit gegen Witterungseinflüsse (Sauerstoff, Wasser einschl. Ozon und UV-Licht), saure Wässer und Salzlösungen vor. Auch die Beständigkeit gegen verdünnte Laugen ist im Allgemeinen als gut zu kennzeichnen. Löslichkeit liegt dagegen in vielen organischen Lösungsmitteln, fetten Ölen u. a. vor.

Durch „Überhitzen" der bituminösen Stoffe werden diese „pyrogen" zersetzt, d. h. durch die Steigerung der Molekularbewegung wird ein zunehmendes „Brechen" der Moleküle unter Bildung von Koks und flüssigen bis gasförmigen Spaltprodukten bewirkt (s. auch Gewinnung von Ethylen durch „Crackung" – Ziff. 29.2.2). Man erkennt eine pyrogene Spaltung von bituminösen Stoffen an einem Hochsteigen von meist gelblich gefärbten Dämpfen aus dem Schmelzkessel.

66.2 Erdölbitumen

66.2.1 Gewinnung und Charakteristik des Erdölbitumens

Das im Bauwesen und anderen Bereichen verwendete Bitumen wird bei der Aufarbeitung ausgewählter (bitumenreicher) Rohöle gewonnen und stellt ein „schwerflüchtiges Gemisch verschiedener organischer Substanzen dar, dessen elastoviskoses Verhalten sich mit der Temperatur ändert" (s. DIN 55946, T. 1).

Bezüglich der **chemischen Zusammensetzung** besteht Erdölbitumen (ähnlich wie Naturbitumen – s. Ziff. 66.3) aus einer Vielzahl von **Kohlenwasserstoffen** (s. Ziff. 29) und Kohlenwasserstoffverbindungen (letztere enthalten geringe Mengen an Schwefel, Stickstoff und Sauerstoff, daneben meist auch Spuren von Eisen, Nickel, Vanadium u. a.) in einem **kolloiden** System.

Die „kontinuierliche Phase" dieses Kolloidsystems besteht aus hellen, öligen Verbindungen, für welche man den Sammelbegriff **„Maltene"** festgelegt hat. Die „disperse Phase" besteht aus dunkelfarbigen, halbfesten bis festen Stoffen, den **„Asphaltenen"**. Weiterhin liegen Asphalt- bzw. Erdölharze vor, die vorwiegend als Schutzkolloide wirksam sind. Die Molekulargewichte der Maltene liegen im Durchschnitt etwa zwischen 500 und 1000, die der Asphaltene, die größere, meist ringförmige Molekülkomplexe bilden, zwischen etwa 5000 und 100000.

Alle Bitumenarten weisen eine sehr geringe Leitfähigkeit für elektrischen Strom und Wärme auf. Lösungsmittel sind: Benzin, Benzol und seine Homologen (Lösungsbenzol), chlorierte Kohlenwasserstoffe, Schwefelkohlenstoff, Butylacetat u. a.

66.2.2 Arten des Erdölbitumens

Technisch unterscheidet man im Wesentlichen nachstehende Arten des Erdölbitumens:

- **Bitumen gemäß DIN 1995** (auch: „Straßenbaubitumen", „Destillationsbitumen")
  Diese Bitumenart wird in verschiedenen Sorten (s. DIN 1995) durch fraktionierte Destillation des Rohöls gewonnen, bei welcher Bitumen als Rückstand anfällt (vergl. Ziff. 63).
- **Hochvacuumbitumen**
  Durch Weiterführung der Destillation unter Einsatz von Unterdruck („Vacuum") werden durch weiteren Entzug von Ölanteilen harte Bitumensorten erhalten, die u. a. bei der Herstellung von Lacken (meist als „Asphaltlacke" bezeichnet) eingesetzt werden. (Durch Einsatz von Unterdruck lässt sich eine pyrogene Zersetzung des Destillationsrückstands vermeiden – s. auch Ziff. 66.1)
- **Oxidationsbitumen** (ältere Bez.: „Geblasenes Bitumen")
  Gewonnen wird diese Bitumenart in verschiedenen Sorten durch Einblasen von Luft in schmelzflüssiges Weichbitumen, wodurch eine Oxidation und eine gewisse Vernetzung von Kohlenwasserstoffmolekülen zu größeren Komplexen bewirkt wird. Die Temperaturabhängigkeit der Viskosität wird hierdurch gemindert, erkennbar u. a. an einer deutlichen Vergrößerung der Temperaturspanne Erweichungspunkt/Brechpunkt lt. DIN 1995. Je nach Intensität des durchgeführten Lufteinblasens resultiert allerdings eine gewisse Minderung der Wasserbeständigkeitseigenschaften.

Abb. 86: Bituminöse Sperranstriche haben sich zur Abdichtung von Bauwerken gegen (drucklos einwirkende) Bodenfeuchtigkeit bewährt.

(Solche Oxidationsbitumen werden insbesondere auf dem Abdichtungssektor, z. B. für Dach- und Dichtungsbahnen, Klebe-, Rohrdichtungsmassen u. a., erfolgreich eingesetzt)
- **Sonstige Bitumenarten**
Hartbitumen ist ein Oxidationsbitumen mit der Konsistenz eines Hochvacuumbitumens.
Kaltbitumen ist eine Bitumenlösung, bestehend aus weichem bis mittelhartem Straßenbitumen und leichtflüchtigen Lösemitteln.
Polymermodifiziertes Bitumen ist ein physikalisches Gemisch von Bitumen und Polymersystemen oder ein Reaktionsprodukt zwischen Bitumen und Polymeren. Die Polymerzusätze verändern das elastoviskose Verhalten des Bitumens.

66.2.3 Anwendungsformen

Verformbar bzw. verarbeitbar wird Bitumen auf folgende Weise:

- Überführen in den **schmelzflüssigen** Zustand durch **Erhitzen** (durchschnittlich 180 °C);
In Anbetracht der guten Beständigkeitseigenschaften und eines guten Klebvermögens wird Bitumen im Bauwesen als **Bindemittel** verwendet, u. a. im Fahrbahndeckenbau zur Herstellung von Trag-, Binder- und Deckschichten.
Auf dem Abdichtungssektor wird Bitumen als **Klebemasse** und **Abdichtungsstoff** eingesetzt, u. a. als **Sperranstrichmittel** (s. DIN 18195) oder in Verbindung mit Trägerstoffen zur Herstellung von Dach- bzw. Abdichtungspappe und „bituminösen **Dichtungsbahnen**", von welchen sich die „**Schweißbahnen**" (siehe DIN 18195) besonders durchgesetzt haben.

- **Fluxbitumen** (ältere Bez.: „Verschnittbitumen") enthält mittel- bis schwerflüchtige Öle als „Fluxmittel". Anwendung insbes. im Straßendeckenbau, vorwiegend für „Kompressionsdecken". **Warmverarbeitung**, Aufheizung des Mischguts dafür bis höchstens 90 °C. Die langsame Verdunstung des Fluxmittels ermöglicht eine Streckung der Verarbeitungszeit).
- **Kalt verarbeitbare Bitumenlösungen** werden durch Einrühren von leichtflüchtigen Lösungsmitteln, wie Schwerbenzin, in schmelzflüssige, meist härtere Bitumensorten hergestellt. Nach Verdunsten des Lösungsmittels, z. B. nach Ausführung eines **Bitumenanstrichs,** liegt das Bitumen in der ursprünglichen Beschaffenheit vor (s. z. B. Abb. 86/87)

Abb. 87: So ist es richtig: Lösungsmittelhaltige Anstrichstoffe müssen von unten nach oben gestrichen werden, damit die Streicharbeiter durch die schweren zu Boden sinkenden Lösungsmitteldämpfe nicht zu sehr in Mitleidenschaft gezogen werden.

- **Bitumenemulsionen** – kalt verarbeitbar
  Bitumen kann in heißflüssigem Zustande unter Anwendung von Emulgatoren (s. Ziff. 21.4) im Wasser emulgiert werden. Man unterscheidet **rasch brechende** Emulsionen für Anstrichzwecke (u. a. Abdichtungsanstriche) sowie **halbstabile** und **stabile** Emulsionen (somit langsam brechende Emulsionen), insbesondere für den Straßenbau (für Reparaturarbeiten bevorzugt).
  Zu unterscheiden ist hierbei zwischen kationischen und anionischen Emulsionen.
  Die ersteren weisen eine **positive** Oberflächenladung der Bitumenpartikelchen auf (s. Ziff. 21.4) und finden durch Ladungsausgleich an „saurem" quarzitischen Gestein (mit negativer Ladung) schnell eine gute Haftung.
  Die anionischen (alkalischen) Emulsionen besitzen eine **negative** Oberflächenladung und resultieren daher nur an „basischem Gestein", z. B. Kalkstein, Dolomit u. a., ein guter Haftverbund.
  Eine dritte Art sind „nichtionische" Bitumenemulsionen, die mit Hilfe von Stabilisatoren, wie feinkörnigen Tonmineralien, z. B. Bentonit, hergestellt werden (siehe auch Ziff. 21.4).

Bitumenanstriche auf Emulsionsbasis weisen eine schlechtere Wasserbeständigkeit auf als Anstriche auf Lösungsbasis. Der Emulgatorgehalt verstärkt ein Quellungsvermögen eines Bitumenfilms, wodurch es in Grenzfällen sogar zu einer Reemulgierung kommen kann.

Abb. 88: Bituminöse Anstriche sind keine druckwasserhaltigen Abdichtungen, wie die durch im Beton abgesickertes Regenwasser bewirkten Kalksinterauswitterungen unter Beweis stellen.

66.3 Asphalt

66.3.1 Allgemeines

Naturasphalt wird in der Natur vorgefunden als Gemenge von hartem Bitumen (Rückständen ehemaliger Erdölvorkommen) mit einem geringeren oder größeren Anteil an meist feinkörnigen Mineralstoffen.

Künstlicher Asphalt ist ein meist heiß hergestelltes Gemenge von Erdölbitumen und Mineralstoffen.

66.3.2 Eigenschaften

Die Eigenschaften eines Asphalts ergeben sich aus den Eigenschaften der Asphaltbestandteile (Bitumen und Mineralstoffe), deren Mischungsverhältnis und der Güte der Verdichtung. Eine nach dem gegenwärtigen Stande der Bautechnik hergestellte Asphaltdeckschicht einer Fahrbahndecke besteht aus einem in sich verzahnten Mineralgerüst aus vorwiegend gebrochenem Hartstein (Split), das durch ein verhältnismäßig weich eingestelltes Bitumen verklebt ist.

Eine relativ weiche Einstellung des Bitumens wird heute auf Grund von Erfahrungen hinsichtlich der Haltbarkeit von Asphaltbetondecken bevorzugt, um eine spröde Beschaffenheit des Bitumens bei Frosttemperaturen weitgehend zu vermeiden, die unter den Verkehrsbeanspruchungen leicht zu Bruchschäden Anlas geben kann.

66.4 Steinkohlenteer und Steinkohlenteerweichpech

66.4.1 Allgemeines

Steinkohlenrohteer fällt bei der „trockenen Destillation" der Steinkohle an (s. Ziff. 62.2). Im Bauwesen wird Steinkohlenteer in einer aufbereiteten Form als **„präparierter Steinkohlenteer"** angewandt, der durch „Zurückverschneiden" von schmelzflüssigem Steinkohlenteerpech (s. Ziff. 62.2) mit Teeröl, vorwiegend Anthracenöl, das von festem Anthracen weitgehend befreit wurde, erhalten wird.

Straßenteere sind schwarze, zähe Flüssigkeiten und stellen kolloide Lösungen von vorwiegend aromatischen Kohlenwasserstoffen ineinander dar. Es liegt zudem ein Gehalt an „freiem Kohlenstoff" (vergleichbar mit Ruß) von durchschnittlich etwa 30 % vor.

66.4.2 Eigenschaften

Straßenteere und Steinkohlenteerweichpech weisen ähnlich wie Bitumen eine thermoplastische Eigenschaft auf. Die Temperaturabhängigkeit der Viskosität ist jedoch größer als bei letztgenanntem. Steinkohlenteerweichpech erweicht durchschnittlich bei 45 ... 50 °C und ist bei ca. 100 °C bereits flüssig (Bitumen erst bei etwa 180 °C); bei niedrigen Temperaturen ist es (etwa unter 8 °C) spröde, so dass es beispielsweise als Bindemittel für Fahrbahndecken nicht angewandt werden kann, im Gegensatz zu den wesentlich „weicher" eingestellten Straßenteeren.

> Ein besonderer Vorteil der Straßenteere bzw. Bitumenteere ist die **„Wurzelfestigkeit"** der damit hergestellten Beläge und Massen (z. B. Rohrvergussmassen), die auf einen Gehalt an „sauren" (phenolhaltigen) Teerölen zurückzuführen ist.

Löslich ist Steinkohlenteer bzw. -Weichpech in vielen organischen Lösungsmitteln, u. a. Benzol und seinen Homologen (das handelsübliche Homologengemisch wird „Lösungsbenzol" oder auch „Homologenraffinat" bezeichnet) oder chlorierten Kohlenwasserstoffen – bis auf den unlöslichen Gehalt an „freiem Kohlenstoff" (s. o.).

Straßenteere bzw. „Teeranstriche" dürfen nicht mit Benzin verdünnt werden, da sonst ein „Ausflocken" des Teeres (einschl. des freien Kohlenstoffs) stattfinden würde (Störung der kolloiden Lösung) und keine Verarbeitbarkeit mehr gegeben wäre.

67 Chemische Grundlagen der Anstrichstoffe

67.1 Allgemeines

Zur Klarstellung der heute gültigen Begriffe sei zunächst dargelegt, dass man unter **Anstrichen** fertige Beschichtungen von Bauteilen oder Gegenständen aller Art versteht, die durch Auftrag eines **Anstrichstoffs** (oder Anstrichmittels) auf Oberflächen im Streich-, Spritz- oder Tauchverfahren hergestellt wurden.

Vom beabsichtigten Zweck her unterscheidet man Abdichtungs- oder Sperranstriche, Schutzanstriche, im Besonderen Korrosionsschutzanstriche, Farb- oder allgemein Verschönerungsanstriche, Hygieneanstriche, Markierungs- oder Kennzeichnungsanstriche u. a. m.

Hinsichtlich der Anwendungsform sind Anstrichstoffe flüssige bis pastöse Stoffe bzw. Stoffgemische, die nach Auftrag auf eine physikalische, chemische oder kombiniert physikalisch-chemische Weise zu einem festen und fest haftenden Film erhärten.

67.2 Bestandteile der Anstrichstoffe

Anstrichstoffe bestehen in der Regel aus einem „filmbildenden" **Bindemittel** und einem **Pigment**. Vielfach enthalten sie auch Verdünnungsmittel, Streichhilfen und ggf. Füllstoffe. Einfach zusammengesetzte Anstrichstoffe, wie z. B. die bereits erörterten Bitumenlösungen (s. Ziff. 66.2), bestehen ungefüllt nur aus einem nichtflüchtigen Anteil (Bitumen).

Als **Bindemittel** finden sowohl anorganische als auch organische Stoffe Anwendung, z. B. Kalk, Zement, Wasserglas, Leim, trocknende Öle, Natur- und Kunstharze, mit Ausnahme der Öle meist gelöst oder in Dispersions- bzw. Emulsionsform.

Pigmente sind feingemahlene pulverförmige Farbkörper. Es handelt sich um natürliche mineralische Farben (früher: Erdfarben), z. B. Ocker und Umbra, oder künstliche anorganische Pigmente (Mineralpigmente), z. B. Eisenoxidrot, -schwarz, -gelb, Titanweiß, Bleiweiß, Bleimennige, Chromoxidgrün u. a., wie auch um metallische Pigmente (z. B. Aluminiumpulver) und organische Pigmente (z. B. Ruß, Graphit sowie unlösliche organische Farbstoffe, wie Indigo, Kasseler Braun).

Pigmente sollen eine gute Deckfähigkeit besitzen, die vorliegt, wenn das Licht durch das Pigment gut absorbiert oder reflektiert wird. Die Deckkraft eines Pigments nimmt mit seiner Mahlfeinheit zu.

Als „Lasurfarben" bezeichnet man lösliche organische Farbstoffe. Diese weisen keine oder nur geringe Deckfähigkeit auf.

> **Beispiel:**
>
> Eisenoxidrot ist ein deckfähiges Farbpigment. Mit einer wässerigen Dispersion von Polyvinylacetat angerührt, ergibt es nach Auftrag einen deckenden Anstrich. Je feiner das Eisenoxidrot, um so sparsamer kann es angewandt werden, da mit der Feinkörnigkeit die Deckkraft zunimmt.
>
> Wird die Dispersion des Polyvinylacetats allein aufgetragen, so erhält man nach Abtrocknung und Erhärtung des Kunststoffs einen farblosen, durchsichtigen bis durchscheinenden „Lasuranstrich". Mischt man der Dispersion vor Auftrag eine Lasurfarbe (anstelle des Eisenoxidrots) zu, so ist der aufgetragene Anstrich nach Erhärtung zwar gefärbt, jedoch durchsichtig, ähnlich einem durchsichtigen Farbglas.

Die Pigmente werden in **inerte** und **reaktive** unterteilt. Letztere werden vor allem in Korrosionsschutzanstrichen angewandt (s. Ziff. 56).

Oft sind Anstrichmittel durch **Füllstoffe** (meist Steinmehle, z.B. Kreide-, Barytmehl) verschnitten („Verschnittfarbe"). Füllstoffe werden als „Extender" bezeichnet, wenn diese die Wirkung des Farbpigments (z. B. des Titandioxids) unterstützen, oder als „Substrate", wenn auf diese zur Erzielung künstlicher Farbpigmente organische Farbstoffe aufgezogen („aufgefärbt") wurden.

Die **Aufgabe** der **Pigmente**, ggf. in Kombination mit einem Füllstoff, besteht – neben der Sicherstellung eines Farb- und Deckeffekts – in einer Minderung der Schwindneigung des Anstrichs, einer Erhöhung der Abriebfestigkeit, Schlag- und Kratzfestigkeit sowie ggf. einem physikalisch-chemischen Schutz des Untergrunds bei Korrosionsschutzgrundanstrichen (s. Ziff. 56).

Bezüglich der **Anforderungen** an Pigmente ist neben dem Farbton und der Deckkraft (Ausgiebigkeit!) zu achten auf **Echtheit** (Widerstandsfähigkeit) gegen Licht, Kalk, Zement, Laugen sowie Löslichkeit in Wasser und Lösungsmittel (wichtig hinsichtlich eines „Durchschlagens" des Anstrichs). **Streichhilfen** werden vielfach zur Verbesserung der Verarbeitungseigenschaften eines Anstrichmittels diesem zugesetzt. Es handelt sich meist um Verdickungsmittel, wie Celluloseäther, die eine gut streichfähige, sämige Beschaffenheit des Anstrichstoffs herbeiführen.

68 Chemische Technologie der Anstrichstoffe

68.1 Allgemeines

Anstrichstoffe, auch mit „Anstrichmittel" bezeichnet, werden auf dem Bausektor in einem erheblichen Umfange angewendet, sei es zur Erzielung von Verschönerungs- bzw. **Farbanstrichen** auf Decken und Wänden, sei es zur Herstellung von – der Witterung ausgesetzten – **Fassadenanstrichen**, die höheren Anforderungen genügen müssen, oder **Schutzanstrichen**, die den Untergrund bestmöglichst dicht abzuschließen haben, wobei die **Korrosionsschutz-Anstrichmittel** besondere Aufgaben zu erfüllen haben, auf die nachstehend noch eingegangen wird.

Die Einteilung der Anstrichstoffe erfolgte aus der Sicht der Baupraxis in

- wasserverdünnbare Anstrichstoffe,
- lösungsmittelverdünnbare Anstrichstoffe und
- Wasser- und lösungsmittelfreie Anstrich- bzw. Beschichtungsstoffe.

68.2 Wasserverdünnbare Anstrichstoffe

68.2.1 Kalkfarben

Eine „Kalkfarbe" ist eine Aufschlämmung von gelöschtem Kalk in Kalkwasser, meist mit Zusatz eines Farbpigments, ggf. auch eines Streckmittels, wie Feinsand oder Schlämmkreide. (In letzterem Falle spricht man von „Schlämmen".) Die Enthärtung beruht auf einer

Carbonatisierung des gelöschten Kalks unter Einwirkung der Kohlensäure der Luft (s. Ziff. 35). Kalkanstriche dürfen nur sehr dünnschichtig ausgeführt werden, um Risse durch den parallel zur Erhärtung verlaufenden Schwindvorgang zu vermeiden.

Ein „Kalkanstrich" ist preiswert, blendend weiß, doch nicht wischfest. Eine öftere Erneuerung ist dadurch vorprogrammiert. Mit dem „Weißen" von Stallwänden und dgl. verbindet man einen, durch die Base Kalk bewirkten fungiciden Effekt.

68.2.2 Zementschlämmen

Diese bestehen aus einer Aufschlämmung eines Zements in Wasser, dem bei gewünschtem Farbeffekt zuvor trocken eine „Zementfarbe" zugemischt wurde. („Zementfarben" sind zement- und lichtechte Farbpigmente.)

Beliebt ist die „Weißzement-Schlämme", eine Aufschlämmung von Weißzement in Wasser, die zweckmäßig unter Zusatz von Weißkalk-Hydrat (etwa 1 : 1) zur Minderung einer Schwindrissgefahr bereitet und im Streichverfahren (Quast) aufgetragen wird. Ein Anfärben mit Zementfarben ist, eine gute Durchmischung vorausgesetzt, möglich.

Die Erhärtung beruht auf der normalen Zementerhärtung (s. Ziff. 36.4). Es ist entsprechend darauf zu achten, dass kein „Verdursten" des Zements eintritt.

68.2.3 Wasserglasfarben

Diese bestehen aus einer Wasserglaslösung (s. Ziff. 32.3), in welche ein Farbpigment eingetragen wurde. Die Erhärtung beruht auf einer Umsetzung des Wasserglases mit reaktionsfähigem Kalk des Untergrundes. Das gebildete Calciumsilicat fungiert als Bindemittel.

Wasserglasfarben, früher mit „Silicatfarben" bezeichnet, benötigen zur Verfestigung einen Untergrund mit reaktionsfähigem Kalk, falls ein wetterfester Anstrich erzielt werden soll.

Das in Wasserglasfarben meist enthaltene Kaliumsilicat setzt sich mit dem reaktionsfähigen Kalk z. B. im Putzuntergrund zu praktisch wasserunlöslichem Calcium-Silicat-Hydrat um, das den Anstrich verfestigt.

Fehlt reaktionsfähiger Kalk im Untergrund, kann zwar der Silicatanteil unter Einwirkung der Kohlensäure der Luft „verkieseln", d. h. es fällt praktisch wasserunlösliche Kieselsäure aus, die nur allmählich und bedingt verfestigt. Bei Außenanstrichen liegt die Gefahr eines Auswaschens durch frühzeitige Regeneinwirkung vor.

68.2.4 Leimfarben

Leimfarben bestehen aus Farbpigment, Füllstoff und einer Leimlösung als Bindemittel. Als Leim wird tierischer, pflanzlicher oder ein Kunstharzleim angewandt.

Die Erhärtung beruht auf der Trocknung und damit Verfestigung des Leims. Da dieser wasserlöslich ist, können Leimfarben nur im Innern von Bauwerken angewandt werden.

68 Chemische Technologie der Anstrichstoffe

68.2.5 Caseinfarben

Diese sind wie Leimfarben zusammengesetzt, als Bindemittel enthalten sie jedoch eine Lösung von Casein-Kaltleim (s. Ziff. 73.2).

Die Erhärtung beruht auf einer Trocknung des Caseinleims, zum Teil auch in einer Umsetzung mit reaktionsfähigem Kalk des Untergrundes zu Kalk-Casein. Caseinfarben sind nicht wasserfest, daher nur **innen** anzuwenden.

68.2.6 Kunststoff-Dispersionsfarben („Binderfarben")

Diese Anstrichmittel enthalten entsprechend ihrer Bezeichnung eine wässerige Kunststoff-Dispersion als Bindemittel. Diese haben sich in Anbetracht ihrer guten Haltbarkeitseigenschaft allgemein durchgesetzt. Sogar Kalk- oder Wasserglasfarben werden heute „Binder" zugesetzt.

Das Angebot an Kunststoff-Dispersionen ist sehr umfangreich geworden. Polyvinylacetat, Polyvinylpropionat mit Abwandlungen, Butadien-Styrol-Polymerisate und -Copolymerisate, schließlich im Vordergrund Polyacrylat- und Polymethylmethacrylat-Dispersionen.

Der anorganische Anteil ist Pigment, insbesondere Titanweiß, sowie Füllstoff, meist in Form eines Feinminerals in abgestufter Körnung. Die Bezeichnung der Binderfarbe als „Feinmörtel" ist dann meist nicht unberechtigt. Die „Bewehrung" des Anstrichfilms durch das abgestufte Feinmineral erhöht dessen Haltbarkeit (insbesondere bei Fassadenanstrichen) gegen Abrieb (Flugstaub, Regen), uv-Licht usw. erfahrungsgemäß erheblich.

Die Binderfarbe hat sich als Wandanstrich außen und innen im Bauwesen daher dominierend durchgesetzt (s. Abb. 87).

Die Erhärtung des aufgetragenen Kunststoff-Dispersionsanstrichfilms beruht auf einem „Zusammenfließen" der dispergierten Kunststoffpartikelchen im Zuge der Verdunstung des Disperionswassers sowie von Anteilen leicht flüchtigen Lösungsmittels – und einer **Nachpolymerisation** des Kunststoffs.

Es resultiert ein geschlossener, wasserdichter, jedoch dampfdurchlässiger Kunststofffilm.

Wird eine der genannten Kunststoff-Dispersionen ohne Zusatz von Pigment und dergleichen z. B. auf eine Glasplatte aufgestrichen, kann man sich – am folgenden Tage, nach Verdunstung des Dispersionswassers und der erfolgten Nachpolymerisation – von dem Zustandekommen eines geschlossenen, transparenten, fast farblosen und gut anhaftenden Kunststoff-Films überzeugen.

Abb. 89, 90: Der optische Effekt von Fassadenflächen mit Sichtbetonelementen (oben ohne Anstrich) wird durch einen Kunststoffdispersionsanstrich erheblich gesteigert (unteres Bild), von dem zusätzlichen Schutz der Stahlbewehrung durch den Anstrichfilm ganz abgesehen.

68.3 Lösungsmittelverdünnbare Anstrichstoffe

68.3.1 Allgemeines

Diese Gruppe der „Kunststoff-Farben auf Lösungsbasis" steht den Kunststofflacken nahe, oft werden sie als solche bezeichnet. Es handelt sich um wasserfreie und mit Wasser **nicht** verdünnbare Anstrichmittel.

Soweit je nach Einzelfall eine Verdünnung erforderlich ist, darf diese nur mit einem geeigneten, meist mitgelieferten organischen Lösungsmittel erfolgen.

68 Chemische Technologie der Anstrichstoffe

68.3.2 Zusammensetzung und Erhärtungsweise

Bezüglich ihrer Zusammensetzung handelt es sich um pigmentierte Lösungen von Kunststoffen auf Polyvinyl- bzw. Polyvinyl-Copolymerisat-Basis, von Polyacrylaten und in neuerer Zeit im Besonderen von **Polymethylmethacrylaten**.

Wie bei den Dispersionsfarben liegt auch bei diesen meist eine „Bewehrung" durch Feinmineralzusatz, im Besonderen bei **Fassadenanstrichstoffen** vor.

Die Erhärtung eines – meist mehrfach – aufgetragenen Anstrichmittelfilms beruht auf einer Verdunstung des Lösungsmittels in Verbindung mit einer Nachpolymerisation des Kunststoffs.

68.3.3 Eigenschaften und Einsatzbereiche

Die auf Kunststoff**lösungen** in organischem Lösungsmittel beruhenden Farbanstrichstoffe dringen insbesondere in einen feinporigen Untergrund (z. B. Sichtbeton- und Beton-Fertigteil-Flächen, Zementputz, Klinker u. a.) wesentlich tiefer ein, als Anstrichstoffe auf Basis wässeriger Dispersionen. Der Effekt ist eine **besonders gute Haftung** des Farbfilms am Untergrund und – dadurch bedingt – eine deutlich **bessere Haltbarkeit** (Abb. 91).

Im Gegensatz zu den wasserverdünnbaren Dispersionsfarben enthält diese Anstrichmittelgruppe **keine Emulgatoren** oder sonstige hydrophilen (wasseraufnehmenden) Anteile.

Emulgatoren (s. Ziff. 21.3/4) in Außenanstrichen nehmen bei Regeneinwirkung Nässe auf. Die hierdurch bewirkte Quellung und die anschließende Schrumpfung bei Wiederabtrocknung stellen eine nachteilige Beanspruchung des Anstrichgefüges dar, zudem begünstigt ein Emulgatorgehalt infolge der hydrophilen Beschaffenheit einen Schmutzansatz und – was oft sehr unangenehm auffällt – einen Grünalgenansatz, der schließlich zu unschönen Schwärzungen der gestrichenen Fassadenoberfläche führt (siehe Abb. 98 und 99).

Abb. 91: Ein Anstrichmittelsystem auf Methylmethacrylatbasis wies, aufgetragen auf Sichtbeton-Brüstungsplatten, sehr gute Haltbarkeits- und Schmutzabweisungseigenschaften auf.

68.4 Ölfarben, Lacke und Öllacke (Einschließlich Lacke auf Reaktionskunststoff-Basis)

68.4.1 Allgemeines

Metalle, insbesondere Stahl, sowie Holz bedürfen zur Erhaltung ihrer Substanz eines Schutzes durch hochwertige Anstrichstoffe, die einen weitgehend dichten und gut haltbaren Abschluss dieser Stoffe gegen äußere schädigende Einflüsse zu gewährleisten vermögen.

Voraussetzung eines solchen „Oberflächenschutzes" (Grundsätzliche Möglichkeiten eines Korrosionsschutzes s. z. B. Ziff. 56) ist die Ausbildung eines lückenlos geschlossenen, an allen Stellen ausreichend dicken Anstrichfilms.

Die benannten Anforderungen vermögen Ölfarben, Lacke und Öllacke zu erfüllen, die im nachstehenden beschrieben sind.

68.4.2 Zusammensetzung und Erhärtungsweise von Ölfarben

Ölfarben bestehen aus **Farbpigment**, einem **trocknenden pflanzlichen Öl** als Bindemittel und ggf. einem **Füllstoff**, evtl. mit Zusatz einer Streichhilfe.

Als trocknendes Öl wird vorwiegend das hellgelbe und dünnflüssige **Leinöl** angewandt, das infolge seines ungesättigten Charakters an der Luft oxidiert und in das zähfeste Linoxyn umgesetzt wird.

Da die Trocknungsgeschwindigkeit des Leinöls gering ist, verwendet man **Leinöl-Standöl** (hergestellt durch Erhitzen von Leinöl – „einfach" und „doppelt gekochtes" Standöl) oder **Leinölfirnis** (hergestellt durch Erhitzen von Leinöl unter Zusatz von Bleiglätte oder Trocknungsbeschleunigern, wie z. B. Bleiresinat). Beide Präparate sind zähflüssiger als Leinöl und trocknen schneller als dieses.

Standöl, insbesondere doppelt gekochtes Standöl, liefert eine Farbe, die mit einem lackartigen Glanz trocknet. Es stellt eine polymerisierte Form des Leinöls dar. Neben dem Glanz ist auch die Wetterfestigkeit der Farben bei Standölanwendung verbessert.

Die Wirkung der **Trocknungsbeschleuniger** ist eine **katalytische**. Die Trocknungsgeschwindigkeit einer Ölfarbe auf Basis von Leinölfirnis lässt sich durch Zumischung von **„Sikkativen"** (Trocknungsbeschleunigern) erhöhen. Als Trocknungsbeschleuniger sind allgemein leinölsaure und harzsaure Metallsalze, insbesondere des Bleis und des Mangans, geeignet. Der Zusatz soll im Interesse einer guten Luftbeständigkeit der Farbe nicht über 4 bis 5 % liegen.

Eine Ölfarbe besonderer Art ist das Rostschutz-Grundanstrichmittel auf Basis von Bleimennige und Leinöl (Näheres s. Ziff. 56).

68.4.3 Zusammensetzung und Erhärtungsweise von Lacken und Lackfarben

Lacke der „klassischen" Art ergeben im Allgemeinen harte, glänzende Beschichtungen. Sie bestehen aus dem sogenannten **„Lackkörper"** (Natur- oder Kunstharz) und Lösungsmittel (z. B. leichtflüchtige Öle, wie Terpentinöl, oder organische Lösungsmittel, wie Butylacetat,

Alkohole u. a.). **Lackfarben** enthalten zusätzlich ein Farbpigment, vielfach auch Füllstoffe. Meist werden auch Streichhilfen (s. z. B. Cellit – s. Ziff. 73.2) zugesetzt.

Die **Erhärtung** solcher Lacke erfolgt durch Verdunstung des angewandten Lösungsmittels. Lacke usw. Lackfarben trocknen im Gegensatz zu Ölfarben entsprechend dem angewandten Lösungsmittel bzw. Lösungsmittelgemisch schnell.

> **Beispiele für Lacke:**
>
> **Schellack** (tropisches Naturharz in Alkohol gelöst):
>
> Glänzender, harter, sehr stoßfester Lackfilm.
>
> **Kopalharzlack** (Kopalharz in Terpentinöl, Aceton, Alkohol u. a.):
>
> Ähnlich hochwertiger Lack, qualitativ den Schellack jedoch nicht erreichend (wird auch als Kleber z. B. für Linoleum angewandt).
>
> **Chlorkautschuklack** (Chlorkautschuk, s. Ziff. 84.2), in Testbenzin, Schwerbenzol oder chlorierten Kohlenwasserstoffen gelöst, + Farbpigment):
>
> Als **Unterwasseranstrich** und Schutzanstrich im Säure- und Korrosionsschutz sehr gut geeignet.
>
> **Nitrolack** (Nitrocellulose, z. B. Kollodiumwolle, in Butylacetat oder dgl. gelöst, + Farbpigment): Sehr haftfester und stoßfester **Korrosionsschutzlack**.
>
> **Zapponlack** ist Nitrolack mit Ether als Lösungsmittel; er trocknet nach Auftrag in Sekunden. **Alkydharzlacke** bzw. Alkydharz-Lackfarben haben als schnell trocknende und anwendungsfertig bereitgestellte Lackfarben von hoher Qualität ein breites Anwendungsfeld gefunden, – u. a. wird die zähelastische Beschaffenheit und hochkratzfeste Beschaffenheit der Farblackaufträge sehr geschätzt.
>
> Bezüglich ihrer Stoffbasis handelt es sich um ungesättigte, öl- und fettsäuremodifizierte **Polyester**. Die Erhärtung beruht auf Lösungsmittelverdunstung, Sauerstoffbindung und weitere Molekularvernetzung (**Prüfungen** siehe Ziff. 101).

Reaktionskunststofflacke, vielfach als „**Zweikomponenten-Kunststofflacke**" bezeichnet, beruhen meist auf Polyester-, Polyurethan-, Epoxidharz- oder Methylmethacrylatbasis.

Die Bezeichnung „Zweikomponentenlacke" beruht darauf, dass diese Anstrichmittel jeweils in einem **Gebindepaar** zur Baustelle kommen und erst unmittelbar vor Anwendung zu einem Anstrichstoff vermengt werden.

Im Gebindepaar enthält das entsprechend bezeichnete „Gebinde 1" jeweils das „Monomer", weiterhin Farbpigment, z. B. Titanweiß, Streichhilfen, ggf. einen Zusatz an Feinmineral in Kornabstufung, mitunter auch etwas Verdünnungsmittel zur Sicherstellung einer guten Streichfähigkeit. Das „Gebinde 2" enthält den „Härter" (näheres siehe Ziff. 73.3).

Besonders bekannt geworden ist diese Reaktionslackgruppe durch die **Desmodur-Desmophen-Lacke**, kurz **D/D-Lacke** genannt, die auf Polyurethan-Basis beruhen.

Vorwiegend auf dieser Stoffbasis beruhen die – in steigendem Umfang angewendeten – „**2-Komponenten-Fassadenlacke**" zum Schutz und Verschönerung speziell von Betonfassaden, die in der Lage sind, in Bezug auf Dauerhaftigkeit des Schutzes und Ästhetik höchste Ansprüche zu erfüllen (siehe Abb. 92).

Der Lackfilm weist eine zähelastische Beschaffenheit auf, die an Leder erinnert. Die Betonstruktur bleibt trotz einer Schichtdicke zwischen 0,3 bis 0,5 mm gut erkennbar.

Der ausgehärtete Lackfilm weist eine **hohe Dampfdichte** auf. Durch diese wird – bei Aufträgen auf Stahlbeton – dessen **Carbonatisierung gehemmt**, als gute Voraussetzung für einen langzeitigen Erhalt der Stahlbewehrung.

Abb. 92: Ein „Zweikomponenten-Reaktionslack-System" auf Polyurethan-Basis lässt, aufgetragen auf Sichtbeton-Brüstungsplatten, einen langzeitigen Schutz u. a. der Stahlbewehrung sowie eine gute Schmutzabweisung erwarten.

Die hohe Dampfdichte hat auch einen Nachteil: der Auftrag eines Reaktionskunststofflacks darf nur – um nachträgliche Blasenbildungen zu vermeiden – **auf gut lufttrockenen** Untergrund erfolgen.

Einbrennlacke sind gleichartige Reaktionskunststofflacke, die nach Auftrag durch Wärmeeinwirkung (meist zwischen 80 ... 160 °C) zur Aushärtung gebracht werden (s. Farblacke auf Autoblechen, Kühlschränken usw.).

Neben besonders guten Beständigkeitseigenschaften weisen Einbrenn- und Reaktionskunststofflacke gegenüber üblichen Lacken den Vorteil auf, dass sie fast lösungsmittelfrei bereitgestellt werden können, so dass bei Aushärtung praktisch kein Volumenschwund erfolgt und der Porenraum eines Untergrunds voll ausgefüllt bleibt.

Abb. 93: Die neuzeitlichen Autolacke sind „Einbrennlacke" der beschriebenen Art.

68.4.4 Zusammensetzung und Erhärtungsweise von Öllacken

Als eine Kombination zwischen Ölfarben und Lacken sind **Öllacke** zu bezeichnen. Hergestellt werden diese durch Verkochen von Naturharzen oder Kunstharzen in Leinöl oder dgl. und anschließende Verdünnung mit einem leichtflüchtigen Lösungsmittel.

Die Erhärtung beruht auf einem Nebeneinander von **Verdunstung, Polymerisation** und **Oxidation**. Die Erhärtungsgeschwindigkeit lässt sich daher durch Trockenstoffe beeinflussen.

Auch durch Wärmeeinwirkung kann die Erhärtungsgeschwindigkeit beschleunigt werden. So wurden auf diesem Sektor gleichfalls **Einbrennlacke** entwickelt (s. Ziff. 68.4.3), die sich durch eine besonders gute Stoßfestigkeit und Biegsamkeit des Films auszeichnen.

Der Ölanteil verleiht den Öllacken die Geschmeidigkeit und Witterungsbeständigkeit, der Natur- oder Kunstharzanteil Glanz und Härte, u. a. Stoßfestigkeit.

68.4.5 Voraussetzungen für den Auftrag eines verseifbaren Anstrichstoffs

Vor Auftrag eines verseifbaren Anstrichstoffs – hierzu gehören im Besonderen **Ölfarben**, weiterhin auch die meisten **Öllacke** – ist sicherzustellen, dass der Untergrund chemisch auf den **Ölanteil** (als verseifbaren Anteil) **nicht einzuwirken vermag**. Insbesondere kann bei Auftrag z. B. einer Ölfarbe auf einen Putz, der reaktionsfähigen **Kalk** enthält, eine **Verseifung** des Leinöls durch den Kalk und damit eine Schädigung des Anstrichs bewirkt werden. Der Untergrund muss zudem **sauber** und **staubfrei** sein, damit es zu einer **guten Haftung** kommen kann, und darf insbesondere weder **wachs**artige Stoffe noch Paraffin enthalten, da solche ein gutes Haften verhindern.

Soll eine Ölfarbe auf einen kalkhaltigen **Putz** oder **Beton** aufgetragen werden, die noch nicht restlos carbonisierten Kalk enthalten, so lässt sich der Kalk durch Vorbehandlung des Untergrundes mit einem Fluat „neutralisieren" (s. Ziff. 71.5).

Ölfarbfilme sind bei längerer Wassereinwirkung **nicht wasserbeständig**, da das Linoxyn quellbar ist. Als Unterwasseranstriche können daher Ölfarben nicht angewandt werden (als solche werden auf dem Bausektor vorwiegend bituminöse und in Sonderfällen Chlorkautschukanstrichmittel angewandt). Als Schutzanstriche gegen **Witterungseinflüsse** haben sich Ölfarben dagegen sehr gut bewährt, insbesondere, wenn der letzte Auftrag mit Standölzusatz vorgenommen wurde.

68.5 Ursachen der Anstrichschäden, Verhütungs- und Sanierungsmöglichkeiten

Farb- und Schutzanstriche müssen erfahrungsgemäß von Zeit zu Zeit **erneuert** werden, da Einflüsse unterschiedlichster Art früher oder später zu Schäden und schließlich zur weitgehenden Zerstörung führen.

Voraussetzung für eine langzeitige **Haltbarkeit** eines Anstrichs ist neben der Sicherstellung der richtigen Arbeitstechnik die fachkundig überlegte **Auswahl** des **Anstrichstoffs** je nach den vorliegenden Gegebenheiten, die eine treffsichere Beurteilung im Besonderen der möglichen schädigenden Einwirkungen auf den Anstrich erfordern. Die vorstehenden Darlegungen hierzu sollten hierfür eine Hilfe sein.

Die wesentlichen **Ursachen** einer Schädigung bzw. Zerstörung sind nachstehend zusammengefasst:

68.5.1 Einwirkung des Untergrunds

- Chemische Einwirkungen auf Anteile des Farbfilms, z. B. von Alkalien auf den Ölanteil (Verseifung!);
- Physikalische Einwirkungen, z. B. Rissebildungen des Untergrunds und dgl. oder Ausbildung von Ausblühungen unter dem Anstrichfilm bei Vorliegen von Feuchtigkeit und ausblühungsfähigen Salzen (im Untergrund) infolge einer zwar geringfügigen, aber doch vorhandenen Luftdurchlässigkeit eines Farbfilms (s. z. B. Abb. 94 u. 95).
- Mangelhafte Vorbehandlung des Anstrichuntergrunds, wie z. B. blasenartige Vertiefungen in der Betonoberfläche. Diese werden vielfach überstrichen oder der Blasengrund wurde nicht mit Anstrichmittel satt überdeckt.

In beiden Fällen ist hierdurch der Anstrichfilm bald perforiert, Regennässe gelangt hinter den Film und löst diesen – nicht nur bei Frosteinwirkung – zunehmend ab (s. Abb. 93).

68.5.2 Abblättern eines Fassadenanstrichs

Die Ursachen des **Abblätterns eines Fassadenanstrichs** können mannigfaltig sein: Mangelhafte Vorbehandlung des Untergrunds (siehe vorstehende Darlegungen), keine Blechabdeckung des oberen waagerechten Teils der Brüstungsplatten, Lockerung des Anstrichfilms durch Quellung (bei Regeneinwirkung) und Schrumpfung (bei Abtrocknung) des Emulgatoranteils eines Kunststoff-Dispersionsanstrichs u. a.

Wesentliche Schadensursache ist eine Hinterwanderung des Anstrichfilms durch Regennässe, die in Verbindung mit dem Quellverhalten des Emulgatoranteils zu zunehmenden Ablösungen führt. Frosteinwirkungen führen zu verstärkten Ablösungen.

Abb. 94: Abblättern eines Kunststoffdispersionsanstrichs („Binderanstrichs"), der auf einen Kalk-Gips-Innenfeinputz aufgebracht wurde, infolge Eindringens von Regenfeuchtigkeit in die Außenwand: Der Anstrichfilm wird durch **„ausblühenden" Gips** zunehmend abgedrückt.

Abb. 95: Anstrich- und Putzschädigung durch „ausblühenden" Gips aus dem Kalk-Gips-Putz der Fensterleibung infolge von außen durchgedrungener Regennässe.

Abb. 96: Blasenartige Vertiefungen in der Betonoberfläche wurden vor Auftrag eines Fassadenanstrichs nicht fachgerecht verspachtelt.
Folge: Überstrichene Vertiefungen sind aufgeplatzt, Schmutz setzt sich hinein, Regennässe dringt hinter den Anstrichfilm und führt allmählich zu Abblätterungen.
Im Bild: Prüfung der blasenartigen Vertiefungen auf Wassereindringen mit dem Prüfgerät nach KARSTEN (s. auch Ziff. 104).

Abb. 97: Abblättern eines Dispersionsfarbanstrichs von Fassadenflächen (Sichtbeton).

Abhilfeempfehlung (für Sanierung oder Neuausführung):

- Im Sanierungsfalle Abbeizen des vorhandenen Anstrichfilms,
- Fachgerechte Vorbehandlung des Untergrunds mit Verspachteln aller Unebenheiten, im Besonderen blasenartigen Vertiefungen (s. Abb. 96).
- Auftrag einer emulgatorfreien Kunststoff-Fassadenfarbe auf Lösungs-Basis oder einer Fassaden-Lackfarbe (s. Ziff. 68.3/4) nach Herstelleranweisung.

68.5.3 Algenansatz an Außenanstrichen

Ein Algenansatz an Fassadenanstrichen, der zu Schwärzungen der Flächen (nach Absterben und Verrottung eines Algenteils) führt, ist eine häufige Beanstandung. In der Regel sind davon poröse und emulgatorhaltige Anstriche betroffen (s. Abb. 98 und 99).

Die Ursache dieses Ansatzes ist ein Anstrichfilm, der den Algen einen **Nährboden** bietet. Ein grobporiger Film lässt in seinen Poren eine Ablagerung von Flugstaub und Feuchte zu, die als Nährboden ausreichen. Ein Emulgatoranteil stellt auch bei relativ feinporigen Filmen einen Nährboden.

Die beste Möglichkeit, einen Algenansatz mit anschließender Schwärzung der Fassadenflächen zu vermeiden, ist ein fachgerechter Auftrag eines Anstrichstoffsystems auf Kunststoffbasis der vorstehend beschriebenen Art in organischem **Lösungsmittel**.

Eine erhöhte Sicherheit bietet ein „Zweikomponenten-Reaktionslacksystem", z. B. auf Polyurethanbasis (siehe Abb. 100).

Im Sanierungsfalle ist nach Entfernung des alten Anstrichs im Rahmen der Vorbehandlung des Untergrunds vorsorglich eine algizide Imprägnierung des Untergrunds ratsam.

Abb. 98: Algenansatz an einem Kunststoff-Dispersionsanstrich auf rauem Untergrund. „Lieferanten" der Algen sind eine benachbarte Baumgruppe.

Abb. 99: Detailaufnahme des vorstehend dargestellten Algenansatzes.

Abb. 100: Ein bewährter Schutz von Sichtbeton-Fassadenflächen u. a. gegen Algenbefall ist der Auftrag eines „Zweikomponenten-Reaktionslacksystems", hier auf Polyurethanbasis.
Die dichte Oberfläche weist einen seidenartigen Glanz auf, die Betonstruktur ist trotz einer Schichtdicke des Farbfilms von rd. 0,3 bis 0,5 mm gut erkennbar.

68.5.4 Schimmel-, Stockfleckenansatz

An der Innenseite von Außenwandbereichen üblicher Wohnhäuser wird vielfach ein Schimmelansatz meist ein sogenannter Stockfleckenansatz mit auffallender Schwarzfärbung (s. Abb. 101) festgestellt.

Die Ursache ist ein wiederholter Kondenswasserniederschlag auf Anstrichflächen, die einen Nährboden für Pilzkulturen darstellen. Besonders anfällig dafür sind Leim- oder Caseinanstriche, sobald der fungicide Zusatz durch wiederholte Nässeeinwirkung allmählich ausgewaschen wurde.

Auch an – emulgatorhaltigen – Kunststoff-Dispersionsanstrichen treten diese Ansätze nach wiederholtem „Schwitzwasserniederschlag" auf.

Eine Sanierung erfordert zunächst eine Verbesserung der Wärmedämmung des befallenen Außenwandbereichs. Der Anstrich ist zu entfernen und der gesäuberte Untergrund muss mit einem fungiciden Mittel satt imprägniert werden. Als neuer Anstrich sollte vorsorglich

68 Chemische Technologie der Anstrichstoffe

Abb. 101: Starker Stockfleckenansatz durch angesiedelte Pilzkulturen im Bereich häufigen Kondenswasserniederschlags an der Innenseite eines Außenwandbereichs.

ein emulgatorfreies Farbpräparat, z. B. ein Kunststoff-Wandanstrichmittel auf Lösungsbasis angewendet werden.

Ein etwaiger fungicider Anteil des Anstrichstoffs wird erfahrungsgemäß durch wiederholten Nässeniederschlag kurzfristig ausgewaschen.

68.5.5 Abkreiden eines Fassadenanstrichs

ist entweder auf eine zu geringe Bindemittelmenge im Anstrichmittel oder auf ein zu starkes Absaugen des Bindemittels durch einen stark saugfähigen Untergrund zurückzuführen. Tritt das Abkreiden erst nach Ablauf von 2 bis 3 Jahren (nach Anstrichauftrag) auf, liegt als Ursache meist eine mangelhafte Witterungs- bzw. uv-Licht-Beständigkeit vor.

68.5.6 Rissebildungen in Anstrichfilmen

soweit der Untergrund nicht die Ursache ist (s. o.), sind solche bei bituminösen, insbesondere Teeranstrichen, die Folge eines Schrumpfens des Anstrichs infolge Verdunsten eines Ölanteils.

Bei Ölfarbanstrichen führt meist ein zu großer Ölanteil zu Rissebildungen; bei zweischichtiger Arbeit zeigt eine ölärmere Schicht auf einer ölreicheren infolge einer geringeren Elastizität der ersteren leicht Rissbildungen.

68.6 Möglichkeiten der Entfernung alter Anstriche bzw. Anstrichreste

68.6.1 Allgemeines

Vor Auftrag eines neuen Anstrichs ist ein vorhandener alter Anstrich im Allgemeinen restlos zu entfernen, um eine gute Haftung des neuen Anstrichfilms auf dem Untergrund zu gewährleisten.

Sofern der alte Anstrich bezüglich Haftung und Festigkeit noch in Ordnung ist, jedoch z. B. infolge vorliegender Flugstaubverschmutzung eine „Auffrischung" gewünscht wird, kann z. B. bei Kunststoffdispersionsanstrichen, besonders jedoch bei Kunststoffanstrichen auf Lösungsbasis (s. Ziff. 68.3), auf eine Entfernung des alten Anstrichs verzichtet werden, wenn ein erfahrener Fachmann nach entsprechender Prüfung dies befürwortet und – nach Säuberung der Flächen – ein Neuüberstreichen mit dem **gleichen** Anstrichstoff (wie bereits angewandt) empfehlen kann.

68.6.2 Entfernungsmöglichkeiten

Mechanische Entfernung

Diese wird entweder von Hand mit Drahtbürsten oder Spachteln, ggf. nach Aufweichen des Anstrichfilms mit der Lötlampe, durchgeführt, oder unter Zuhilfenahme z. B. von rotierenden Drahtbürsten.

Weit gehend durchgesetzt hat sich die mechanische Entfernung durch Sandstrahlen, im Hochbau im Besonderen durch „nasses Sandstrahlen", das eine Staubentwicklung vermeiden lässt.

Liegt ein Stahluntergrund vor, wird gleichzeitig eine gute Entrostung erzielt.

Entfernung mittels „Abbeizpasten"

Die Entfernung mittels sogenannter Abbeizpasten hat sich bewährt und wird als Alternative insbesondere zum Sandstrahlen vielfach ausgeführt.

Die Paste wird auf den zu entfernenden Anstrich ca. 2 mm dick aufgetragen. Man lässt diese ca. 30 Minuten lang einwirken, worauf die Paste einschließlich des durch die Paste angelösten Anstrichs mittels Hochdruckstrahler abgespritzt wird.

Die Wirkung beruht auf einem Gehalt der Paste an „scharfem Lösungsmittel", meist Methylenchlorid. Aus Umweltgründen muss das Strahlgut daher abgefangen und vorschriftsmäßig entsorgt werden.

Entfernung durch chemische Umsetzung

Ölfarben und -lacke wurden in früheren Jahren durch Auftrag alkalischer Mittel „abgebeizt", z. B. durch Auftrag einer Paste aus Schmierseife und Natronlauge. Der nach längerer Einwirkung weitgehend „verseifte" Anstrich ließ sich dann abspachteln. Ein gutes Nachwaschen war erforderlich. Inzwischen haben sich die Entfernungsmöglichkeiten auch für diese Anstriche lt. a) bzw. b) durchgesetzt.

Säurelösliche Anstriche, wie z. B. Kalkfarben, lassen sich durch Auftrag verdünnter Säurelösungen entfernen, sofern der Untergrund der Einwirkung saurer Mittel ausgesetzt werden darf. Ein gutes Nachwaschen ist auch in solchen Fällen unabdingbar.

69 Chemische Technologie der Dichtstoffe und anderer Bauhilfsstoffe

69.1 Allgemeines

Das Angebot des Baumarktes an Bauhilfsstoffen ist groß und vielfältig. Nachstehend sollen nur die Dichtstoffe des Bauwesens näher behandelt, andere Bauhilfsstoffe nur knapp gestreift werden.

Für Fugen- und Glasabdichtungen geeignete, in plastischer Konsistenz verarbeitbare Massen werden nach den gültigen Normenbestimmungen als **Dichtstoffe** bezeichnet. Die ältere Bezeichnung „Kitt" soll lt. DIN 52460 (5.91) nur noch für Verglasungsdichtstoff auf Ölbasis verwendet werden („Fenster- oder Glaserkitt").

Von sonstigen Bauhilfsstoffen seien zunächst die **Kleber** erwähnt, die vorwiegend als Plattenkleber zum Verlegen von Boden- oder Wandplatten im „Dünnbettverfahren" eingesetzt werden. Weiterhin **Spachtelmassen** vorwiegend zum Egalisieren unebener Bauteile, z. B. zur Egalisierung unebener oder schadhafter Zementestriche.

69.2 Zur chemischen Technologie dieser Stoffe

69.2.1 Ölkitte als Verglasungsdichtstoffe

Diese sind gut durchgearbeitete Gemenge von Leinölfirnis (s. Ziff. 68.4) und Steinmehl, wie Kreide, Schwerspat, Glasmehl, ggf. mit Zusatz von Bleimennige.

Die Erhärtungsreaktion ist die Gleiche, wie bei den Ölfarben. Von der Oberfläche aus härten diese Kitte allmählich durch. Wird die Oberfläche der verarbeiteten Kitte mit einem Anstrichfilm von hoher Dichtigkeit (Ölfarbe, Öllack) versehen, bleibt die plastische Eigenschaft des Kittes länger erhalten. Zu beachten ist die **Verseifbarkeit** dieser Kitte, so dass diese nicht in Berührung mit oft feuchten Kalk- oder zementgebundenen Bauteilen anzuwenden sind.

> **Beispiele:**
>
> Fensterkitt – Mischung von Leinölfirnis und Kreidepulver;
>
> Stahlrohrkitt – Mischung von Leinölfirnis und Mennige.

Eine Variation sind Kitte auf **Öllackbasis**, die schneller durchhärten, als die einfachen Ölkitte.

69.2.2 Bituminöse Dichtstoffe

Diese dienen als Abdichtungsmittel vorwiegend für Fugen, Rohrmuffen u. a. und bestehen aus Lösungen oder wässerigen Emulsionen von Bitumen oder Steinkohlenteerweichpech, vermengt mit Feinmineral, Faserstoffen u. a. (s. auch Ziff. 66.2/3).

69.2.3 Wasserglaskitte

Einfache Wasserglaskitte bestehen aus Wasserglaslösung und mineralischem Füllstoff (Steinmehle) und erhärten durch Wasserverdunstung (Anwendung z. B. zum Kitten von Glas auf Glas).

Jüngere Entwicklungen auf diesem Sektor sind „Zweikomponentenkitte": In eine Wasserglaslösung wird vor Anwendung eine pulverförmige Komponente eingerührt, die neben Steinmehl einen Stoff enthält, der an die Wasserglaslösung beispielsweise Ca^{2+}-Ionen abgibt, die eine chemische Umsetzung und Verfestigung zu Calciumsilicathydrat bewirken.

69.2.4 Plastisch bleibende Dichtstoffe auf Kunststoffbasis

Als Stoffbasis von Dichtstoffen dieser Gruppe ist zunächst **Polyisobutylen** zu nennen (s. Ziff. 73.3). Eingesetzt werden diese beispielsweise als Verglasungsdichtstoffe an Glasbetonfenstern. Im Gegensatz beispielsweise zu Ölkitten sind diese **verseifungsfest**.

Eine weitere Kunststoffbasis für Dichtstoffe dieser Art ist **Polyacrylat**, verfügbar auch in wässeriger Dispersion (z. B. **„Acrylgummi"**), wodurch die Möglichkeit eines Arbeitens bei **feuchter Witterung** gegeben ist.

Butylkautschuk ist eine Weiterentwicklung der Polyisobutylenbasis. In plastischer Konsistenz angewandt härtet dieser zu einem plastoelastischen Material guter Festigkeit aus.

69.2.5 Elastisch aushärtende Dichtstoffe

Diese Stoffgruppe steht zur Abdichtung von Dehnfugen aller Art, im Besonderen von Fassadendehnfugen, im Vordergrund. Zu unterscheiden ist zwischen **Einkomponenten-** und **Mehrkomponenten**-Präparaten. Anwendungsmöglichkeiten sind in DIN 18540 (10.88) niedergelegt (s. Abb. 102).

Eine bewährte Stoffbasis für elastisch aushärtende Dichtstoffe ist die **Polysulfid**-Kunststoffgruppe, vielfach mit „Thiokol" bezeichnet (s. Ziff. 73.3). Es handelt sich um **2-Komponenten-Präparate**, d. h. vor Anwendung ist der „Härter" in das Monomer gut einzumischen und das Gemenge ist innerhalb einer angegebenen „Topfzeit" (meist mittels Spritzpistole) zu verarbeiten.

Vor Anwendung des Dichtstoffs sind die gut gesäuberten, ebenen Fugwandungen „vorzuprimern" (Der „Primer" wird mitgeliefert, meist handelt es sich um eine Chlorkautschuklösung).

Im Interesse einer Niedrighaltung der Haftspannungen an den Fugwandungen sollen Dehnungsfugen-Dichtstoffe ausreichend **weich**elastisch aushärten, etwa mit Shore A-Härten zwischen rd. 20 – 30.

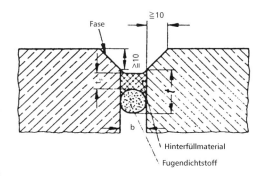

Abb. 102: Fachgerechte Abdichtung einer Dehnungsfuge zwischen Fassadenlatten (Beton) lt. DIN 18540:
Der elastisch aushärtende Dichtstoff wird lt. Skizze gegen ein zuvor eingebrachtes Hinterfüllmaterial satt angedrückt. Die Fasen der Betonelemente müssen von Dichtstoff frei bleiben.

t_F = Dicke des Fugendichtstoffs (mm)

Eine weitere Gruppe von Dichtstoffen dieses Anwendungsbereichs beruht auf **Silikonkautschuk**-Basis (s. Ziff. 73.3). Da nach Anwendung die plastische Dichtstoffmasse durch Einwirkung von Luftfeuchtigkeit zu einer **elastischen** Beschaffenheit aushärtet, entfällt die Notwendigkeit der Zumischung eines Härters. Die Anwendung ist daher als „Einkomponenten-Präparat" vereinfacht.

Auf **Polyurethanbasis** werden gleichfalls elastisch aushärtende Dichtstoffe hergestellt. Zur Vernetzung wurden ursprünglich Präparate mit Härterzusatz angeboten. Gegenwärtig stehen „Einkomponenten-Präparate" im Vordergrund, wobei das Monomer gleichfalls durch Einwirkung von Luftfeuchtigkeit zu einer elastischen Beschaffenheit „aushärtet", d. h. vernetzt wird.

Auf **Acrylnitril-Basis („Acrylgummi")** werden gleichfalls Dichtstoffe für den beschriebenen Anwendungsbereich hergestellt, die auch gute Beständigkeitseigenschaften unter Beweis gestellt haben.

Zum **Chemismus** dieser plastisch weich anwendbaren, jedoch zu „**gummielastisch**" aushärtenden Materialien sei zusammenfassend angemerkt:

Die **Aushärtung** dieser plastisch weich anwendbaren Materialien zu „**gummielastischen**" Dichtstoffen beruht in allen Fällen auf einer **chemischen Vernetzungsreaktion** geeigneter Vorfabrikate (Monomere) von flüssiger bis honigartiger Konsistenz zu größeren Molekülkomplexen, wobei eine lediglich **lockere Vernetzung** zu gummielastischen Eigenschaften führt.

Nach Aushärtung liegen somit **Elaste** vor.

Im **Nassbereich** (z. B. Wasserbau) haben sich **Kombinationspräparate** der vorstehend bezeichneten Kunststoffe mit **bituminösen** Stoffen, im Besonderen einem Steinkohlen-Spezialteer, durch gute **Wasserfestigkeit** bewährt.

69.2.6 Fugendichtbänder

Für die Abdichtung insbesondere von Dehnfugen im Fassadenbereich gegen **Schlagregeneinwirkung** haben sich auch **Fugendichtbänder** bewährt, die aus aufgeporten, bereits gummielastisch ausgehärteten **Polyurethan** bestehen.

Diese werden im komprimierten Zustande in Rollen geliefert. Nach Einbringung expandieren diese in der Fuge und dichten diese durch den **Anpressdruck** ab (siehe Abb. 103).

Ein Fugendichtband dieser Art hat sich auch als Hinterfüllmaterial zur **doppelten Absicherung** von Fassadendehnfugen gegen ein Durchdringen von Schlagregen insbesondere im Rahmen der Sanierung älterer Hochhäuser bewährt, – im Besonderen, wenn eine zuverlässige Ableitung hinterlaufener Nässe nicht eingeplant worden war.

Wie in Abb. 103 dargestellt, wird in den Fugraum zunächst das Fugendichtband eingebracht. Diesem lässt man 2 – 3 Tage Zeit zum expandieren, worauf – zur doppelten Absicherung – ein Dichtstoff fachgerecht vorgesetzt wird.

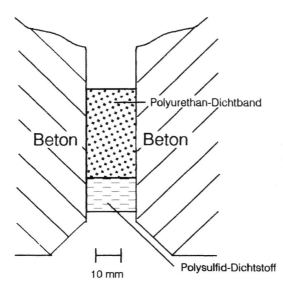

Abb. 103: Schemaskizze einer **doppelt abgesicherten** Dehnfuge gegen Schlagregeneinwirkung.

Im Rahmen von Gebäudesanierungen sind zuvor die Fugwandungen gut zu säubern und es ist im Bereich des einzubringenden Dichtstoffs (nicht des Fugendichtbandes) für deren Ebenflächigkeit Sorge zu tragen.

70 Chemische Technologie der Zusatzmittel zu Mörtel und Beton

70.1 Allgemeines

Die Zusatzmittel, die bei Bereitung von Mörtel und Beton diesen zugemischt werden, wirken nicht immer chemisch auf Anteile des Mörtels oder Betons ein. Vielfach liegen Grenzflächenreaktionen vor, die an der Grenze zwischen chemischen und physikalischen Vorgängen angesiedelt sind. Die Mittel dieser Art werden unter der Bezeichnung „**chemische Zusatzmittel**" zusammengefasst, zumal diese von der chemischen Industrie hergestellt werden.

70 Chemische Technologie der Zusatzmittel zu Mörtel und Beton

Im Wesentlichen unterscheidet man nachstehende chemische Zusatzmittel für Mörtel und Beton:

- **Plastifizierende** Zusatzmittel;
- **Erstarrungsregler** – Zusatzmittel, die das Erstarren des Zements verzögern oder beschleunigen sollen;
- **Dichtungsmittel**;
- **Frostschutzmittel**;
- **Sonstige** Zusatzmittel, u.a. Zusatzmittel auf **Kunststoffbasis**.

Im nachstehenden sei die Wirkungsweise dieser Mittel kurz erläutert.

70.2 Plastifizierende Zusatzmittel

Man unterscheidet

- **Betonverflüssiger** einschl. „Fließmittel"
- **Luftporenbildende Zusatzmittel** („LP-Mittel")

Betonverflüssiger

Die Wirkungsweise dieser Mittel bei Zumischung zu Kalk-, Zementmörtel oder Beton beruht auf

- Herabsetzung der Oberflächenspannung des Wassers unter Steigerung dessen Netzvermögens, sowie
- Herabsetzung der „inneren Reibung" des Mischguts.

Das Mischgut wird „plastifiziert", der Anmachwasserbedarf und damit der Wasserzementwert (w/z-Wert) werden gemindert mit dem Effekt einer deutlichen **Erhöhung** der **Druckfestigkeit**.

Die Wirkung der „plastifizierenden" Zusatzmittel kann durch nachstehend beschriebenen **Versuch** anschaulich gemacht werden:

> **Versuch:**
>
> Auf eine Glasplatte wird ein Tropfen Wasser vorsichtig aufgesetzt. Wir stellen fest, dass dieser etwa die Form einer Halbkugel angenommen hat, infolge der großen Oberflächenspannung des Wassers, die auf die Kohäsion des Wassers (Massenanziehungskräfte der Wassermoleküle) zurückzuführen ist. Das Wasser widersetzt sich somit einem Benetzen der Glasfläche. Wird dem Wasser dagegen ein betonverflüssigender Wirkstoff zugesetzt, so wird bei gleichartiger Aufbringung eines Wassertropfens auf die Glasplatte keine Halbkugelform des Tropfens mehr erhalten, sondern der Wassertropfen breitet sich auf dem Glase aus. Die Adhäsion zwischen Glas und Wasser ist nun stärker als die Kohäsion in der Verflüssigerlösung.

Die Folge der besseren Benetzung der Zement- und Zuschlagstoffanteile ist eine „Verflüssigung" des Frischbetons. Ein gut verarbeitbarer Beton lässt sich daher bei Anwendung verflüssigender Wirkstoffe mit einem verringerten Anmachwasserzusatz bereiten.

Die Verbesserung des Netzvermögens des Anmachwassers durch ein plastifizierendes Zusatzmittel lässt sich beispielsweise durch nachstehenden **Versuch** sichtbar machen:

> Zement wird in Wasser aufgeschlämmt, worauf ein Tropfen der Aufschlämmung auf einen Objektträger gebracht und unter dem Mikroskop betrachtet wird. Man stellt flockige Zusammen-Ballungen der Zementpartikelchen fest. Diese sind entweder darauf zurückzuführen, dass der Zement beim Anmengen mit Wasser nicht restlos dispergiert wurde (s. Abb. 106), oder darauf, dass dis-

Abb. 104: Ein Wassertropfen vorsichtig auf eine Glasplatte gebracht, nimmt weitgehend Halbkugelform an (links). Entspanntes Wasser breitet sich, unter gleichen Bedingungen auf die Glasplatte gebracht, in dünner Schicht aus.

Abb. 105: Gegenüberstellung einer Betonmischung.
Links: Ohne Zusatz eines Betonverflüssigers angemacht.
Rechts: Die gleiche Betonmischung wurde unter Einhaltung des gleichen Wasserzementfaktors mit Zusatz eines „Betonverflüssigers" angemacht. Dieser Beton wird als „verflüssigt" bezeichnet.

pergierte Zementteilchen durch Massenanziehung nachträglich wieder zu Zusammen-Ballungen zusammengefunden haben.

Dispergiert man nun den gleichen Zement unter Einhaltung der gleichen Mengenverhältnisse in Wasser, das einen verflüssigenden Wirkstoff in geringer Menge enthält, so zeigt ein Tropfen der Aufschlämmung unter dem Mikroskop einen fein dispergierten Zement. Man stellt auch ein Ausbleiben nachträglicher Zusammenballungen von Zementpartikelchen fest (s. Abb. 106, rechts).

Unterbindung von Agglomerationen und „Schmiereffekt"

Die durch die Adsorption an den Oberflächen der Zement- und Zuschlagstoffpartikelchen gebildeten Wirkstoff-Filme verhindern Agglomerationen der Feinstoffanteile, wie solche in Abb. 106 deutlich zu erkennen sind, und zwar durch gleichartige, insbesondere gleichartig elektrisch geladene, nach außen weisende Komponenten.

70 Chemische Technologie der Zusatzmittel zu Mörtel und Beton

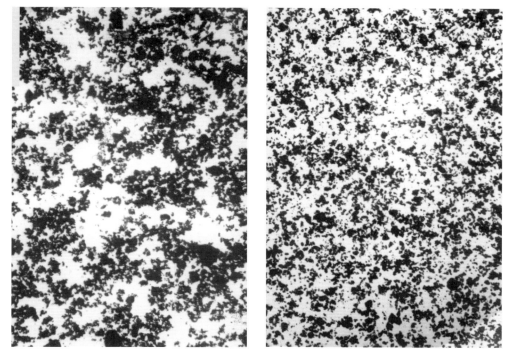

Abb. 106: Eine Aufschlämmung von Normenzement in Wasser zeigt unter dem Mikroskop deutliche Flockenbildungen, bewirkt einerseits durch die Massenanziehung der Zementteilchen, andererseits durch die hohe Oberflächenspannung des Wassers (Bild links).
Unter gleichen Bedingungen dispergierter Zement, jedoch mit Zusatz eines plastifizierenden Wirkstoffs, zeigt eine feine Verteilung (Bild rechts). (Vergrößerung ca. 50fach.)
(Mikrophotos des Verfassers)

Es leuchtet ein, dass durch Agglomerationen (Zusammenballungen) der Feinstoffanteile eine Verdichtung des Frischbetons behindert bzw. erschwert wird.

Durch den Wirkstoffzusatz wird gleichzeitig die **innere Reibung** vermindert, da die mit den Adsorptionsfilmen umgebenen Einzelteilchen im Zuge der Verdichtungsarbeit viel leichter aneinander vorbeigleiten, als bei Nichtzusatz des „verflüssigenden" Wirkstoffs (s. Abb. 107 und 108).

Besonders geeignet als verflüssigende Wirkstoffe erwiesen sich organische Verbindungen, die aus einer **hydrophoben** und einer **hydrophilen** Komponente aufgebaut sind. Die hydrophobe Komponente bewirkt eine sogenannte **negative Adhäsion** zwischen den Molekülen des Zusatzstoffes und dem Wasser (s. Abb. 107).

Die Folge ist eine Anreicherung des zugesetzten Wirkstoffs an der Wasseroberfläche, allgemein ausgedrückt an der **Wassergrenzfläche**. (Wassergrenzflächen liegen in einer Betonmischung vor allem an der Grenze zwischen Anmachwasser und Zement- und Zuschlagstoffteilchen vor.) Es kommt zu einer „Adsorption" molekularer oder polymolekularer Wirkstoff-Filme an der Oberfläche der Zement- und Zuschlagstoffanteile. Die Adsorption der Wirkstoffmoleküle an der Oberfläche der festen Anteile wird verstärkt, wenn die hydrophoben Komponenten der Wirkstoffmoleküle zu den festen Stoffen eine ausgesprochen

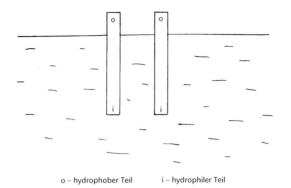

Abb. 107: Oberflächenaktive Stoffe orientieren sich im Wasser so, dass die hydrophoben Teile der Wirkstoffmoleküle nach außen gedrückt werden, die hydrophilen Teile dagegen im Wasser diesem zugekehrt bleiben. Hierdurch kommt es an den Grenzflächen des Wassers zur Ausbildung von Wirkstoff-Filmen.
Für oberflächenaktive Stoffe wurde der Begriff **„Tenside"** geprägt. Die Gruppe der „Detergenzien" ist gleichfalls oberflächenaktiv wirksam (vergl. Ziff. 47.2, auch Ziff. 21.6)

o – hydrophober Teil   i – hydrophiler Teil

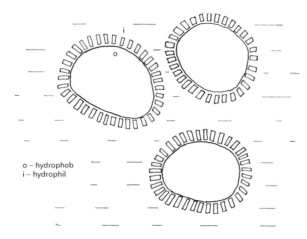

o – hydrophob
i – hydrophil

Abb. 108: Die um Zement- und Zuschlagstoffpartikelchen gebildeten Wirkstoff-Filme unterbinden ein Zusammenballen und erniedrigen gleichzeitig die innere Reibung während der Verdichtungsarbeit.

positive Adhäsion besitzen, die auch chemisch bedingt sein kann. Das hydrophile Ende der Wirkstoffmoleküle bleibt dem Wasser zugekehrt (s. Abb. 108).

Hydrophile Komponenten sind einerseits Säurerestradikale, andererseits Komponenten, die einen ähnlichen Aufbau besitzen wie Wasser. Im ersteren Falle liegen in der Regel **polare** Stoffe vor, im zweiten Falle vielfach unpolare oder **„nichtionogene"** Stoffe.

Ein Frischbeton, hergestellt unter Zusatz eines verflüssigenden Wirkstoffs, zeigt somit **trotz verringerten Anmachwasserzusatzes** eine **bessere Verarbeitbarkeit**, wobei, was für die Baupraxis von erheblicher Bedeutung ist, ein Entmischen wie auch ein Wasserabstoßen des Frischbetons praktisch unterbunden wird. Zur Herstellung von Betonbauteilen mit gleichmäßig-dichtem Gefüge und schönen Sichtflächen ist dieser Zusatzstoff daher eine wertvolle Hilfe (s. Abb. 109 – 111).

Als geeignete, **bewährte** Wirkstoffe für plastifizierende bzw. „betonverflüssigende" Zusatzmittel sind zu nennen Ligninsulfonate und Präparate auf Basis von Melaminharzen sowie Naphthalinsulfonsäurekondensaten. Melaminharzpräparate bewirken neben einer gewissen Erhärtungsbeschleunigung meist eine deutliche Haftungsverbesserung, die beispielsweise bei Auftrag von jungem Beton oder Estrichen auf älteren Beton hilfreich sein kann. Die letztgenannte Wirkstoffgruppe ist besonders stark wirksam, so dass meist geringe Dosierungen ausreichen.

Abb. 109: Die neuzeitlichen feingliedrigen Stahl- bzw. Spannbetonbauwerke fordern eine entmischungsfreie Einbringung des Betons mit einwandfreien Sichtflächen.

Abb. 110: Arbeitsfugen und Nester bewirkten erhebliche Undichtstellen der Betonstützmauer bereits in jungem Zustand.

Fließmittel (zur Herstellung von „**Fließbeton**") sind auf einen hohen Wirkeffekt eingestellte betonverflüssigende Zusatzmittel, sie basieren meist auf einer Wirkstoffkombination der vorstehend benannten Stoffe.

Durch die Minderung des Anmachwassers wird in der Regel eine deutliche **Festigkeitssteigerung** des Betons erzielt. Überdosierungen müssen vermieden werden, da durch solche eine Abbindeverzögerung bewirkt werden kann (s. Ziff. 36.5). Eine etwa versehentliche doppelt Dosierung bewirkt jedoch keine ins Gewicht fallenden Nachteile.

Abb. 111: Ein auf die Stützmauer nachträglich aufgebrachter Putz konnte die Mängel nicht beheben; Feuchtstellen und Kalksinterauswitterungen sind deutlich erkennbar.

Luftporenbildende Zusatzmittel

Die sogenannten luftporenbildenden Zusatzmittel **verbessern** die **Frischbetoneigenschaften** ähnlich wie Betonverflüssiger. Es wird die Entmischungsneigung wie auch ein Wasserabstoßen gehemmt. Eine Minderung des Anmachwasseranspruchs ist allerdings weniger deutlich. Auch eine Verflüssigung tritt weniger stark oder kaum in Erscheinung. Der Frischbeton erscheint jedoch bindiger, pastöser als eine Mischung ohne Zusatz oder mit Zusatz eines Verflüssigers.

Die **Wirkungsweise** eines luftporenbildenden Zusatzmittels beruht in erster Linie auf einer Bildung von **Mikro-Luftbläschen**, den sogenannten „Mikro-Luftporen" (s. Abb. 112).

Diese Mikro-Luftbläschen werden durch Wirkstoffe erzeugt, die einen außerordentlich **feinblasigen** Schaum zu bilden vermögen, dessen Bläschen sehr **zäh** sein müssen. Geeignete Wirkstoffe sind wasserlösliche Seifen von bestimmten Harzen, synthetische Sulfonate organischer Verbindungen u. a. Sie sind mit den Wirkstoffen der Betonverflüssiger verwandt, doch stärker polar aufgebaut mit stärkeren Schäumeigenschaften.

Die plastifizierende Wirkung der Mikro-Luftbläschen stellt man sich als eine Art **Kugellagerwirkung** vor, durch welche die innere Reibung der Betonteilchen während der Verdichtungsarbeit verringert wird.

Durch die Bindung der Mikro-Luftbläschen wird Luft in den Frischbeton zusätzlich eingeführt. Die Gesamtmenge der Luft in einem Frischbeton soll **5 – 6 % nicht übersteigen**, da andernfalls mit Festigkeitsrückgängen zu rechnen ist. Eine **Überwachung** des Frischbeton-Luftgehalts ist bei Anwendung von LP-Stoffen auf der Baustelle daher erforderlich.

Der Festbeton weist eine **erhöhte Frostbeständigkeit** und erhöhte Beständigkeit gegen **Frost-Tausalz-Einwirkungen** auf (s. Abb. 113).

LP-Stoffe müssen sorgfältig dosiert werden, da bereits eine doppelte oder dreifache Zusatzmenge eine erhebliche Steigerung des Frischbeton-Luftgehalts und damit entsprechende Minderung der Festigkeit bewirken kann.

70 Chemische Technologie der Zusatzmittel zu Mörtel und Beton

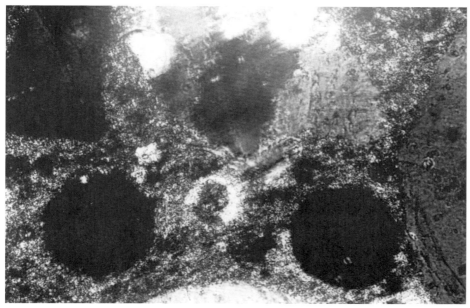

Abb. 112: Mikrofoto des Verfassers von Luftporen im Zementstein im Dunkelfeld zwischen gekreuzten Nicols. Die Unzahl kleinster Kriställchen des Zementsteins leuchtet im Dunkelfeld auf, desgleichen kristallisierte Zuschlagstoffanteile. Die Luftporen sind im erhärteten Zementstein kleine kugelförmige Hohlräume, die mit den mikrorissigen Zwischenräumen des Zementsteins weitgehend Verbindung besitzen. (Vergrößerung ca. 160fach.)

Abb. 113: Frost-Tausalz-Schädigung (Abblätterung) einer Betonfahrbahndecke.

Abb. 114, 115: Plastifizierende Zusatzmittel erleichtern die Verdichtungsarbeit und gestalten die Herstellung von Betonbauteilen mit gleichmäßigem, dichtgeschlossenem Gefüge daher rationeller.

70 Chemische Technologie der Zusatzmittel zu Mörtel und Beton

Die **Menge** der bei Betonherstellung entstehenden **Luftporen** ist von der Betonzusammensetzung, insbesondere dem Wassergehalt, Gehalt an Feinstoffen, sowie auch von der Zementart und Mischweise abhängig. Auch die Temperatur übt einen Einfluss aus. Bei feinsandreichem Beton wird bei gleicher Zusatzmenge weniger Luft festgestellt als bei feinsandärmerem Beton. Ein wasserreicher (weicher) Beton zeigt bei gleichen Voraussetzungen einen höheren Luftgehalt als z. B. ein erdfeuchter Beton. Bei stark schlagender Mischung ist der Frischbeton-Luftgehalt größer als bei weniger intensiver Mischung. Mit Absinken der Temperatur steigt in der Regel der Frischbeton-Luftgehalt. „Lange" Zemente fördern die Luftporenbildung und umgekehrt.

70.3 Erstarrungsregler

70.3.1 Erstarrungsbeschleuniger

Erstarrungsbeschleuniger wirken **chemisch** auf die Zementerhärtung ein. Sie können in Verbindung **mit allen Normenzementen** angewandt werden, jedoch **nicht mit Tonerdeschmelzzement**, dessen Erhärtungsablauf zu sehr gestört werden würde.

Wirksame erstarrungsbeschleunigende Stoffe sind in erster Linie **Metallchloride**, wie Calciumchlorid ($CaCl_2$), Bariumchlorid ($BaCl_2$), Eisenchlorid ($FeCl_3$) bzw. Aluminiumchlorid ($AlCl_3$).

Diese Salze beschleunigen nicht nur das Erstarren des Zements, sondern auch die an das Erstarren anschließende Erhärtungsreaktion (siehe Ziff. 36.5). Allerdings sind diese Salze **nicht bei Stahlbeton** anwendbar, da Chloride die Passivierung eines Bewehrungsstahls durch die Base Kalk aufheben würden. Die zwangsläufige Folge wäre eine **Korrosion** des Bewehrungsstahls.

Eine zweite Gruppe beschleunigender Zusätze sind **alkalische Stoffe**, wie Natronlauge, Soda (Na_2CO_3), Wasserglas, Natriumaluminat u. a. Diese Zusätze beschleunigen stark das Erstarren, eine Erhärtungsbeschleunigung ist nicht zu erwarten. Meist wird die Endfestigkeit durch die genannten alkalischen Mittel **gemindert.**

Praktisch **elektrolytfreie** schnell erhärtende Zementmischungen kann man durch Mischen von Portlandzement und Tonerdeschmelzzement erzielen.

70.3.2 Erstarrungsverzögerer

Erstarrungsverzögernde Zusatzmittel werden heute im Betonbau (speziell Stahl- und Spannbetonbau) in belangreichem Umfange angewandt, um insbesondere bei größeren Betonieraufgaben eine ausreichende Zeitspanne für die Betonverarbeitung, u. a. ein einwandfreies „Vernähen" der einzelnen Schüttlagen, zu gewährleisten, um somit Arbeitsfugen und Nester besser vermeiden zu können (s. Abb. 116, 117), um insbesondere im

Stahlbeton- bzw. Spannbetonbrückenbau eine plastische Verformbarkeit des in die Schalung gebrachten Frischbetons so lange zu erhalten, bis die gesamte Betonlast aufgebracht ist (wodurch Spannungsrisse im abbindenden Beton durch zunehmende Auflasten und Durchbiegung des Lehrgerüstes vermieden werden) usw. Auch im Transportwesen bedient man sich dieser Zusatzmittel, um insbesondere bei längeren Transportwegen und sommerlichen Temperaturen eine ausreichende Verarbeitungszeit des Frischbetons gewährleisten zu können.

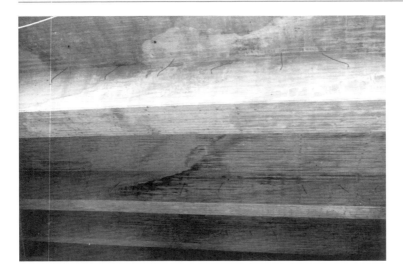

Abb. 116: Arbeitsfugen und Fleckenbildungen an einer Spannbetonbrücke infolge Schwierigkeiten beim „Vernähen" der einzelnen Schüttlagen: Geeignete Erstarrungsverzögerer sind eine bewährte Hilfe zur Vermeidung solcher Mängel.

Abb. 117: Arbeitsfugen in einem Betonbauwerk sind nicht nur Schönheitsfehler, sondern Undichtstellen, an welchen die ersten Schäden auftreten.

Handelsübliche Erstarrungsverzögerer enthalten meist Wirkstoffkombinationen (s. Ziff. 36.5). Die Einflussnahme der verzögernden Wirkstoffe auf die Zementbindung ist teils chemischer, teils physikalischer Natur. An der Oberfläche der Zementkörnchen werden Adsorptionsfilme oder Filme von Reaktionsprodukten (Zement/Wirkstoffe) ausgebildet, die reaktionsdämmend wirken und im Besonderen dem Wasser den Eintritt in das Zementkorn zunächst weitgehend sperren. Schließlich bewirkt die Wassereinwirkung doch eine Quellung der Oberflächenschicht der Zementkörnchen, wodurch der Film gesprengt und dem

70 Chemische Technologie der Zusatzmittel zu Mörtel und Beton

Wasser ein Eintritt nunmehr ermöglicht wird, worauf ein Erstarren und die anschließende Erhärtung stattfinden kann (Abb. 118, 119).

Im **Massenbetonbau** wird zudem von der Möglichkeit Gebrauch gemacht, durch einen geeigneten erstattungsverzögernden Zusatz die **Wärmetönung** zu **mindern,** sofern auch

Abb. 118, 119: Einfache Kontrolle der Erstarrungsverzögerung während des Betonierens einer Spannbetonbrücke mit Hilfe der Humm-schen Betonsonde.
oben: Betätigung des Fallgewichts der Betonsonde.
unten: Ablesen des Eindringmaßes.

eine zeitliche Streckung des Erhärtungsvorgangs erzielt wird (Vorversuche unter Baustellenbedingungen sind vor Einsatz von Erstarrungsverzögerern unerlässlich!)

70.4 Dichtungsmittel (einschl. „Sperrmittel")

70.4.1 Grundsätzliches zum Wirkungseffekt

Die Wirkung von Dichtungsmitteln als Zusätze zu Mörtel oder Beton beruht

a) auf einer **Porenverengung,** wodurch ein Eintritt von Wasser in erhärteten Mörtel bzw. Beton erschwert, d. h. eine nachträgliche **Wasseraufnahme erschwert** wird, oder
b) auf einem **Wasser abweisenden (hydrophoben) Effekt** der in den Zementstein fest eingebundenen Wirkstoffpartikelchen, wodurch – bei fachgerechten Voraussetzungen – eine **„kapillarnegative Sperrung"** des Mörtels bzw. Betongefüges erreicht werden kann, d. h. erhärteter Zementmörtel bzw. Beton können – bei nachträglicher Wassereinwirkung – nicht **mehr durchfeuchten.**

Dichtungsmittel auf der vorstehend dargelegten Wirkbasis a) können somit die nachträgliche Wasseraufnahme eines erhärteten Mörtels oder Betons – beide porenreiche, wassersaugende Baustoffe – deutlich mindern.

Dichtungsmittel auf der Wirkbasis b) vermögen dagegen eine nachträgliche Wasseraufnahme **restlos zu sperren,** so dass diese seit vielen Jahrzehnten außerordentlich erfolgreich zur Herstellung der **„zementgebundenen Abdichtungs- oder Sperrstoffe",** nämlich Abdichtungsmörtel oder Abdichtungsbeton, die lt. **DIN 4117** (Abdichtung von Bauwerken gegen Bodenfeuchtigkeit, Ausg. 1960) als **„Sperrmörtel" bzw. „Sperrbeton"** bezeichnet wurden.

Die nachstehenden Abbildungen mögen den auf „Kapillarsperrung" beruhenden Effekt der Dichtungs- oder Sperrmittel, die auf der Wirkbasis b) beruhen, verdeutlichen.

Bezüglich der Art der Wirkstoffe beruhen porenverengend wirksame Mittel beispielsweise auf Kieselsäure- bzw. Silicatbasis, Aluminat- oder Eiweißbasis, Wasser abweisend wirksame auf Metallseifen-, Siliconharzbasis u. a. m. In die Mittel ist in der Regel auch eine plastifizierende Komponente mit eingebaut.

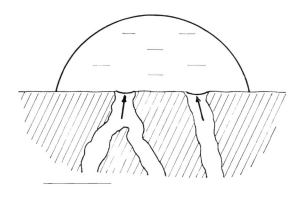

Abb. 120: Schematische Darstellung der Kapillarsperrung durch ein Wasser abweisendes Dichtungsmittel. Die negative Adhäsion zwischen Wasser und Wasser abweisendem Wirkstoff, der in dem Bindemittelstein fest eingebunden ist, verhindert ein Eindringen von Wasser in die Kapillaren.

70 Chemische Technologie der Zusatzmittel zu Mörtel und Beton

Abb. 121: Lufttrockener Mörtel (Prismen 4 x 4 x 16 cm) ohne Dichtungszusatz zeigt nach Wasserlagerung eine feuchte Bruchfläche (Bild links); der gleiche Mörtel mit Zusatz eines geeigneten Wasser abweisenden Mörteldichtungsmittels zeigt eine trockene Bruchfläche, er ist trotz Wasserlagerung im Innern trocken geblieben (Bild rechts).

Abb. 122: Bruchflächen von gespaltenen Betonplatten 20 x 20 x 12 cm unmittelbar nach der Spaltung nach Abschluss einer 28-tägigen Wasserlagerung im Rahmen der Prüfung auf Wasseraufnahme nach den Richtlinien für die Prüfung und Zulassung von Betondichtungsmitteln – mit der Abänderung, dass die Betonplatten lufttrocken nur bis zur halben Höhe für 28 Tage in Wasser eingestellt wurden, um auch eine Sperrung gegen ein Hochsaugen des Wassers im Beton prüfen zu können. Ergebnis:
Betonplatte links im Bild: Beton guter Zusammensetzung (rd. 300 kg/m³ Zement, Sieblinie bei B lt. DIN 1045, bei Bereitung Konsistenz K 1/2, Rüttelverdichtung, ohne Sperrmittelzusatz: Die Spaltfläche zeigt **volle Durchfeuchtung**.
Betonplatte rechts im Bild: Der gleiche Beton, jedoch mit Zusatz eines hydrophobierend wirksamen Betondichtungsmittels (Sperrmittels) bewährter Qualität wies eine **trockene Spaltfläche** auf, von einer knappen Randanfeuchtung abgesehen.
Die Anforderungen an einen Abdichtungs- bzw. Sperrbeton lt. DIN 4117 (Ausg. 11/60) wurden voll **erfüllt**.

70.4.2 Die hydrophobierenden Sperrmittel im Spiegel der Baupraxis

70.4.2.1 Begriffsfestlegung im Rückblick

Nachdem u. a. das Forschungsinstitut der Zementindustrie, Düsseldorf, in den Tagungsberichten der Zementindustrie 10/1954 bestätigt hat, dass es „Sperrmittel gibt, die den Eintritt des Wassers in den Beton verhindern", und über solche bereits Jahrzehnte zurückreichende gute Erfahrungen vorlagen, wurden die „zementgebundenen Sperrstoffe" in die **DIN 4117** („Abdichtung von Bauwerken gegen Bodenfeuchtigkeit") aufgenommen. Nachstehend einfachheitshalber ein fotokopierter Auszug, die Begriffsfestlegung betreffend:

DK 699.82 : 69.034.9	DEUTSCHE NORMEN	November 1960
	Abdichtung von Bauwerken gegen Bodenfeuchtigkeit	DIN
	Richtlinien für die Ausführung	4117

2.4. Sperrmörtel, Sperrbeton, Mauerwerk

2.4.1. Sperrmörtel

Sperrmörtel ist ein Zementmörtel, dessen Sperrwirkung durch geeignete Zusammensetzung und Zusatz eines Dichtungsmittels erreicht wird. Herstellung siehe DIN 18550 „Putz, Baustoffe und Ausführung" und wie nachstehend angegeben:

2.4.1.1. Der Sperrmörtel ist aus 1 Raumteil Zement und 2 bis 3 Raumteilen Sand mit Zusatz eines Dichtungsmittels nach Gebrauchsanweisung des Herstellers herzustellen und zu verarbeiten.

2.4.1.2. Das Größtkorn des Sandes soll 3 mm betragen. Der Anteil an Feinsand bis zu 1 mm Korngröße soll bei 55 %, der Anteil an mehlfeinen Stoffen bis zu 0,2 mm Korngröße bei 20 % liegen (vgl. DIN 1045, Sieblinie B).

2.4.1.3. Es dürfen nur dichtende Zusatzmittel verwendet werden, deren Eignung nachgewiesen wird, z. B. durch Allgemeine Zulassung.

2.4.2. Sperrbeton

Sperrbeton ist ein Beton, dessen Sperrwirkung durch geeignete Zusammensetzung, gute Verdichtung und durch Zusatz eines zugelassenen Betondichtungsmittels erreicht wird. Herstellung siehe DIN 1047 „Bestimmungen für Ausführung von Bauwerken aus Beton" und wie nachstehend angegeben:

2.4.2.1. Die Korngröße soll 30 mm nicht überschreiten. Die Kornzusammensetzung des Zuschlagstoffes soll im besonders guten Bereich liegen (vgl. DIN 1045 Sieblinie D und E), wobei die Mittelwerte dieses Bereiches nicht unterschritten werden sollten.
(Bei einem Größtkorn von 30 mm sind mindestens 50 % Sand der Körnung 0/7 mm und 5 % mehlfeine Stoffe bis 0,2 mm zu verwenden.)

2.4.2.2. Für Sperrbeton ist im Allgemeinen ein Zementgehalt von mindestens 300 kg je m³ fertigen Betons notwendig.

70.4.2.2 Vermeidbare Bauschäden durch zielsicheren Einsatz von hydrophobiertem Sperrbeton

Nachstehend das in Abb. 123 dargestellte Beispiel eines Bauschadens – aus der Sachverständigenpraxis des Autors, das die Wichtigkeit einer ausreichenden Baustoffkenntnis der Bauplaner unterstreicht.

70 Chemische Technologie der Zusatzmittel zu Mörtel und Beton

Ursache des Bauschadens:

Der Bauunternehmer hatte beim Betonwerk „Sperrbeton" bestellt und im Vertrauen auf die s. Zt. gültige Fassung der DIN 4117 vorausgesetzt, dass er **normengerechten hydrophobierten Sperrbeton** erhalten würde.

Geliefert wurde jedoch „wasserundurchlässiger Beton lt. DIN 1048", der keine Sperrung gegen hochsteigende Bodenfeuchtigkeit zu bewirken in der Lage ist (siehe z. B. Abb. 122, nebst Bildbeschreibung).

„Pannen" dieser Art durch leichtfertige Übernahme des Begriffs „Sperrbeton" auf sog. „wasserundurchlässigen Beton lt. DIN 1048" (der **kein** Abdichtungsbeton ist und z. B. gegen hochsteigende Bodenfeuchtigkeit **nicht sperrt**), hat der Autor in seiner Praxis vielfach feststellen müssen.

Die vorzeitige Zurücknahme der DIN 4117 im Zuge der Zusammenfassung der Bauwerksabdichtungen in der 1983 neu geschaffenen DIN 18195 ohne rechtzeitige Miteinbeziehung der zementgebundenen Abdichtungsstoffe war ein **Fehler**, der bis heute nicht beseitigt wurde. Eine Verunsicherung der Baupraxis mit zahlreichen vermeidbaren Schäden war die Folge.

In Schadensfällen der vorgenannten Art konnte mit Hilfe der Anwendung eines geeigneten Abdichtungsmörtels (bzw. Sperrmörtels lt. DIN 4117) eine wannenartig eingebrachte **Sperrmörtelabdichtung** den Schaden beheben und nachträglich die erforderliche **Trockenheit** der Kellergeschosse sicherstellen.

70.4.2.3 Ergänzende Anmerkung zum kapillarsperrenden Hydrophobeffekt

Der „kapillarsperrende Hydrophobeffekt" unterbindet eine kapillare Wasserwanderung in einem geeignet zusammengesetzten Mörtel- bzw. Betongefüge, das infolge des im Über-

Abb. 123: Das Kellergeschoss, Lagerkeller einer Großhandelsfirma, wurde in Betonbauweise erstellt. Wände und Boden in Außenwandnähe waren jedoch vom umgebenden Boden her ständig **feucht** – der Lagerkeller konnte nicht genutzt werden.

schuss erforderlichen Anmachwassers porenfrei nicht hergestellt werden kann. Desgleichen wird ein nachträgliches Eindringen von Wasser, aggressiven Wässern usw. verhütet, sofern der Wasserdruck nicht größer wird als die negative Adhäsion + Reibung, was bei einer **Prüfung** eines Mörtels oder Betons auf Sperrwirkung zu beachten ist (Übersteigerte Drücke von z. B. 70 m Wassersäule lt. Prüfung auf Wasserundurchlässigkeit lt. DIN 1048 würden im vorliegenden Falle den Belangen der Baupraxis nicht entsprechen).

70.5 Frostschutzmittel

Frostschutzmittel werden einem Mörtel oder Beton bei Frost oder Frostgefahr zugemischt, um einen Frostschaden durch Sprengwirkung gefrierenden Anmachwassers zu vermeiden.

Grundsätzlich sind als Frostschutzmittel alle Stoffe geeignet, die wasserlöslich sind, eine **Gefrierpunktserniedrigung** bewirken können und keinen schädigenden Einfluss auf Mörtel oder Beton ausüben können.

Bei zementgebundenen Baustoffen ist zudem eine Erhärtungsbeschleunigung durch den Wirkstoff von Vorteil, um die durch Kälte sehr gehemmte Zementerhärtung zu beschleunigen, so dass man auch im Winter (bei Anwendung erhärtungsbeschleunigender Frostschutzmittel) praktisch normale Ausschalfristen erzielen kann.

Als Frostschutzmittel werden in erster Linie Salze, wie Calciumchlorid, $CaCl_2$, und Natriumchlorid, NaCl (Gewerbesalz), angewandt. Auch organische Stoffe, wie Methanol oder Glykole u. a., können als Frostschutzmittel angewendet werden, wenn auf eine die Zementerhärtung beschleunigende Wirkung verzichtet werden kann.

Da ein Mauermörtel in der kalten Jahreszeit neben Kalk in der Regel einen Anteil an hydraulischem Bindemittel enthält, ist es zweckmäßig, als Frostschutzsalz nicht nur Gewerbesalz

Abb. 124: Auch hochverdichtete, zementreiche Fertigbetonteile, wie z. B. die vor der Insel Sylt zum Küstenschutz verlegten Tetrapoden, zeigen ein deutliches **Wassersaugvermögen**.
Das im Beton kapillar hochgestiegene Nordseewasser verdunstet an der Außenfläche, Meersalze „blühen aus".

(vorwiegend NaCl) anzuwenden, das keine Beschleunigung der Zementerhärtung bewirken kann, sondern beispielsweise eine Kombination von Gewerbesalz mit einem erhärtungsbeschleunigenden Salz, wie Calciumchlorid. Die Gefrierpunktserniedrigung ist, auf das Salzgewicht bezogen, bei NaCl stärker als bei $CaCl_2$ (s. Ziff. 22.3). Bezüglich einer nachteiligen Einwirkung der genannten Salze siehe Ziff. 36.5.

Für Stahl- und Spannbeton dürfen nur **chloridfreie** Frostschutzmittel, z. B. vorstehend bezeichnete organische Stoffe, angewendet werden, um keine Korrosionsförderung der Stahlbewehrung durch Chlorid (s. Ziff. 54.3) zu riskieren.

70.6 Kunststoff-Dispersionen als Zusätze zu Beton und Mörtel

Kunststoff-Dispersionen werden im Besonderen Zementmörtel vielfach zugesetzt, um die Haftung am Untergrund oder dessen Wasserrückhaltevermögen zu verbessern. Auch die Verschleißfestigkeit von Zementestrichen z. B. gegen schleifende Beanspruchung, gummibereifte Fahrzeuge oder dessen Öldichtigkeit können durch einen, in diesem Falle höheren Dispersionszusatz verbessert werden.

Die verschiedenen Arten der hier in Betracht zu ziehenden Kunststoffe sind in Ziff. 73.3 behandelt, worauf verwiesen werden darf.

Für die Baupraxis ist weiterhin von Interesse:

Die Geschmeidigkeit eines Mörtels wird durch Zusätze dieser Art, die meist im Bereich von 10 – 20 % des Zementgewichts liegen, außerordentlich verbessert. Die Druckfestigkeit wird bei guter Feuchtlagerung der Vergleichskörper ohne Kunststoffzusatz nicht erhöht. Vielfach wird jedoch eine Steigerung der Biegezugfestigkeit festgestellt. In der Praxis wird meist deshalb eine erhebliche Festigkeitssteigerung durch den Kunststoffzusatz erzielt, weil eine Vergleichsanwendung von Zementmörtel ohne Zusatz in relativ dünner Schicht (z. B. Ansetzen einer Verblendung von Spaltklinkerriemchen) durch vorzeitige Austrocknung des Anmachwassers oft eine erhebliche Festigkeitsminderung erfährt, die nicht selten sogar zum „Verdursten" (s. Ziff. 36.4) führt. Da eine Kunststoffdispersion das Wasser nur allmählich abgibt, kann durch einen ausreichenden Zusatz ein Verdunsten verhütet werden.

Da PVAC bei längerer Wassereinwirkung **quillt**, ist ein Zusatz dieses Kunststoffs eine Verbesserung der Haftfestigkeit usw. nur dann zu erwarten, wenn der Zementmörtel bzw. Beton an der Luft **trocknen** kann. Im **Feuchtbereich** ist daher nur ein ausreichend **verseifungsfester** Kunststoff einzusetzen, wie PVP, geeignete Mischpolymerisate von PVAC/PVC, Polyacrylate u. a.

71 Sonstige Bautenschutz- und Bauhilfsstoffe

Von den sonstigen, sehr zahlreichen Bautenschutz- und Bauhilfsstoffen seien einige aus der Sicht der Bauchemie kurz charakterisiert:

71.1 Zusatzmittel zu Zementmörtel für Verpressungen von Spannkanälen und dgl. (Einpresshilfen)

Die Wirkung von „Einpresshilfen" beruht auf einer Kombination von **plastifizierenden** mit **treibenden** (gaserzeugenden) Wirkstoffen, indem diese den Mörtel plastifizieren, den

Wasseranspruch damit reduzieren, eine Sedimentation hemmen und zudem nach einer gewissen Zeit nach Einbringung ein Treiben (noch im Frischzustande) bewirken.

Dieses Treiben wird meist durch einen Zusatz von Aluminiumpulver bewirkt, das mit dem Kalkhydrat (vom Zement abgespalten) **Wasserstoffgas** entwickelt. Durch dieses Wasserstoffgas wird eine Volumenzunahme bewirkt, so dass alle Hohlräume, die beim Auspressen zunächst noch nicht erfasst wurden, nunmehr durch Mörtel ausgefüllt werden. Durch besondere Wasser abweisende Präparierung des Aluminiumpulvers kann sichergestellt werden, dass die Gasentwicklung erst eine geraume Zeit nach Anmachen des Mörtels einsetzt, die jedoch in jedem Falle noch vor Erstarren des Mörtels beendet sein muss.

71.2 Spritzbetonhilfen (auch „Torkrethilfen")

Beton wird in zunehmendem Maße im Trocken- oder Nassspritzverfahren verarbeitet. Um auch dickere Lagen rationell spritzen zu können, ist ein schnelles Erstarren einer gut haftenden, dicht aufgespritzten Betonschicht erforderlich, damit auf diese Zug um Zug kurzfristig die nächste Schicht aufgebracht werden kann, ohne ein Abfallen oder „Hohlliegen" zu riskieren.

Neben einem erstarrungsbeschleunigenden Effekt verbessert ein geeignetes Zusatzmittel das Anhaften des Frisch- und Festbetons unter Verbesserung der Verdichtungswilligkeit; auch die Wasserdichtigkeit wird meist verbessert.

Zusatzmittel dieser Art (durchschnittliche Zusatzmenge 2 – 5 % des Zementgewichts) beruhen in der Regel auf einer Kombination von erstarrungsbeschleunigenden, plastifizierenden und dichtenden Wirkstoffen (s. auch Ziff. 70).

71.3 Filmbildende Abdeckpräparate für erhärtenden Beton

Erhärtender Beton ist gegen Austrocknen bekanntlich zu schützen. An waagerechten Flächen wird hierzu ein Abdecken und Nasshalten vorgenommen. Preislich günstiger und in vielen Fällen ausreichend ist ein Auftrag eines filmbildenden Abdeckpräparates. Mit einem solchen lassen sich insbesondere auch senkrechte Flächen sehr einfach vor einer zu starken Wasserverdunstung bewahren.

Filmbildende Präparate dieser Art enthalten als Filmbildner **Leinöl**, **Paraffin** oder **Kunststoffe**, insbesondere solche in Dispersionsform. Die Filmbildung beruht bei Dispersionen auf einem Zusammenfließen der Tröpfchen des Filmbildners im Zuge der Verdunstung des Dispersionswassers, in einer Nachpolymerisation bei Kunststoffen (s. Ziff. 73.3) bzw. einer „Verharzung" bei Leinöl (s. Ziff. 67).

71.4 Farblose, Wasser abweisend wirksame Imprägnierungsmittel

Farblose, Wasser abweisend wirksame Imprägnierungen werden auf dem Bausektor vorwiegend zum Schutze von Fassadenflächen (Klinker- und Rohziegelmauerwerk, Natursteinmauerwerk, Putz u. a.) gegen ein Eindringen von Regennässe durchgeführt. Auch Sichtbetonflächen, Weißzementanstriche u. a. werden vielfach Wasser abweisend imprägniert, um eine Verschmutzung durch Flugstaub und Ruß sowie eine Feuchtfleckenbildung, Algenansatz u. a. bestmöglich zu hemmen.

Auch eine Wasser abweisende Imprägnierung chemisch gehärteter Naturstein- oder Betonflächen hat sich bewährt (vgl. Ziff. 42 und Abb. 68).

Als geeignete Imprägnierungsmittel werden heute fast ausschließlich **Siliconpräparate** angewendet, und zwar entweder **Siliconharzlösungen** (in organischem Lösungsmittel) oder **Silicon-Vorfabrikate** (**Silane, Siloxane**), gleichfalls in organischem Lösungsmittel gelöst.

Eine Anwendung von wassergelösten **Natriummethylsiliconat** ist jedoch nicht mehr aktuell, da die „Aushärtung" aufgetragenen Materials dieser Art zu wasserunlöslichem **SILICON-Harz** eine Zeitspanne von mindestens 24 Stunden erfordert, innerhalb welcher Zeitspanne eine unerwartete Regeneinwirkung die Imprägnierung gegebenenfalls ungleichmäßig auswaschen kann.

Mit Siliconharz-Lösungen durchgeführte Imprägnierungen sind dagegen nach Verdunsten des Lösungsmittels (meist Testbenzin) innerhalb von 1 – 2 Stunden voll wirksam.

Bezüglich der chemischen Zusammensetzung der Silicon-Präparate wird auf Ziff. 73.3 verwiesen.

Zur Sicherstellung eines Dauererfolges ist zu beachten, dass nur ein **risse-** und **spaltfrei** bleibender Untergrund regendicht bleiben kann, und dass die Imprägnierung **ausreichend tief** (z. B. bei Außenputz ca. 10 mm tief) ausgeführt wird, um von oberflächlichen Abwitterungen (UV-Licht-Einwirkung!) unabhängig zu sein.

71.5 Chemisch „härtende" Oberflächenimprägnierungsmittel

Zur Erhöhung der Widerstandsfähigkeit von Natur- und Kunststein an Fassaden usw. gibt es auf dem Markte eine Vielzahl von Fabrikaten, von welchen einige wesentliche, nach Stoffart gekennzeichnete Gruppen aufgeführt werden:

- **Leinöl** und leinölhaltige Mittel
  Solche Mittel werden insbesondere an Natursteinfassaden (bei Kirchen u. a.) angewandt. Die Wirkung ist eine **porenverdichtende**, z. T. ein unmittelbarer Oberflächenschutz, wie dieser durch einen Ölfarbanstrich erzielt wird (siehe Ziff. 68). Der Nachteil ist ein **Dunkler**werden der behandelten Flächen im Laufe der Jahre, z. T. durch Anhaften von Ruß und dgl.
- **Wachsfluate**, die u. a. auch zum Polieren von Natur- und Kunststeinen verwendet werden, sind Wachslösungen, z. T. Paraffinlösungen. Die Wirkung beruht ebenfalls in einer **Porenstopfung**; bei Kunststeinen insbesondere wird zudem eine Farbauffrischung, ähnlich einem Bohnerwachseffekt, erzielt. Auf diese Weise behandelte Fassaden können bei Flugstaubeinwirkung ebenfalls **nachdunkeln**.
- Präparate auf **Wasserglas**basis
  Zur Bindung von Kalk und zur Verengung der Poren in einer Oberflächenschicht wurden insbesondere in früheren Jahren Wasserglaspräparate, insbesondere solche auf Kaliwasserglasbasis, angewandt. Die chemische Reaktion ist in Ziff. 42 dargelegt worden. In ihrer Wirkung sind sie von den nachstehend genannten Fluaten übertroffen worden.
- Präparate auf **Fluat**basis
  Zur „chemischen Härtung", wie auch zur Erhöhung der Widerstandsfähigkeiten z. B. von Zementestrichen gegen mechanische Abnutzung, haben sich Fluate (**Fluorosilicate**) gut bewährt. Die chemischen Reaktionen sind in Ziff. 42 behandelt worden.

- Präparate auf **Kunststoff**basis
  Imprägnierungen mit Kunststoffpräparaten, insbesondere nach dem Muster der **Zweikomponentenlacke** beispielsweise auf Basis von **Desmodur-Desmophen**, können einen hervorragend wirksamen und haltbaren Oberflächenschutz liefern (s. auch Beschichtung von Betonbehältern gegen Säure- oder Öleinwirkung – Ziff. 73.3.3).

K Grundzüge der Chemie der Textilfasern und Kunststoffe

72 Zusammensetzung, Aufbau und Eigenschaften der Textilfasern

72.1 Natürliche Textilfasern

Die Textilfasern sind grundsätzlich zu unterteilen in

- natürliche Textilfasern pflanzlicher und tierischer Herkunft, und
- synthetische Fasern, kurz auch „Chemiefasern" genannt.

Die natürlichen Fasern pflanzlicher Herkunft bestehen zum Großteil aus Cellulose $(C_6H_{10}O_5)_{11}$, s. auch Ziff. 31.8. Die Cellulose, Bau- und Gerüststoff der Pflanzenzellen, bildet langkettige Großmoleküle von etwa korkenzieherartiger Struktur, die infolge dieser Struktur zu langen Bündeln von großer Zugfestigkeit „verzahnt" sind. Die Ausbildung dieser Struktur beruht auf den gerichteten Valenzen des Kohlenstoffs (vgl. Abb. 20).

Ausschnitt aus einem Cellulosemolekül

Die Fasern des Baumwollsamens sowie die Fasern im Stängel des Flachses und des Hanfs bestehen aus fast reiner, weißer Cellulose. Ein Cellulosemolekül aus dem Bauwollsamen enthält durchschnittlich etwa 3000 Kohlenstoffatome. Die lang gestreckt-faserförmig gestalteten Molekülbündel der Baumwolle besitzen daher eine besonders **hohe Zerreißfestigkeit**.

Die tierischen Textilfasern, wie z. B. die Schafwolle oder auch die Naturseide, sind aus Eiweiß aufgebaut (s. Ziff. 31.10). Die Eiweißmoleküle sind ebenfalls groß und lang gestreckt gestaltet. Es liegen daher in der Schafwolle ähnlich verzahnte Bündel von lang gestreckten Molekülen vor wie z. B. bei der Baumwollfaser.

Unterscheidung von tierischer und pflanzlicher Faser durch **Prüfung** siehe Ziff. 100.

72.2 Chemiefasern

Chemiefasern werden aus Kunststoffen hergestellt (s. Ziff. 73), und zwar werden diese für die Verarbeitung einerseits in endlosen Fäden („Kunstseiden"), andererseits in zu kurzen,

z. B. 10 – 14 cm langen „Stapeln" geschnittenen Fäden bereitgestellt. Letztere werden ähnlich wie Schaf- oder Baumwolle zu einem wolligen Garn (meist „Kunstwolle" oder auch „Zellwolle" bezeichnet) versponnen.

Viskose-Kunstseide und Kupferseide (s. Ziff 73.2.2) werden im **Nassspinnverfahren** erhalten (Verspinnen eines „Sirups" in ein Fällbad).

Im sogenannten **Trockenspinnverfahren** (Verspinnen einer Lösung unter Verdunsten des Lösungsmittels) werden die Celluloseacetatseide (s. Ziff. 73.2.2) und die Polyacrylnitrilseiden (z. B. Dralon, s. Ziff. 73.3) hergestellt. Die bedeutsamen Polyamidfasern (z. B. Nylon, Perlon) und Polyesterfasern (z. B. Diolen, Trevira) werden in einem **Schmelzspinnverfahren** (Verspinnen aus der Schmelze, Erstarren durch schnelle Abkühlung) gewonnen.

Vor allem durch eine konsequente Steigerung der Moleküllängen ist es gelungen, die zunächst als Vorbilder angesehenen natürlichen Faserstoffe in ihrer Zerreiß- und Verschleißfestigkeit um ein Vielfaches zu übertreffen.

Die Qualität, insbesondere Reißfestigkeit der Chemiefasern, wird durch ein „Kaltrecken" auf das Mehrfache ihrer Länge unmittelbar nach ihrer Herstellung zusätzlich erhöht.

73 Zusammensetzung, Herstellung und Eigenschaften der Kunststoffe

73.1 Allgemeines

Kunststoffe sind **hochpolymere organische Verbindungen**, somit großmolekulare Kohlenstoffverbindungen, die man zunächst nach dem Muster der natürlichen großmolekularen Verbindungen der natürlichen Faserstoffe (s. Ziff. 72.1) einschließlich des Naturkautschuks herstellte (s. Ziff. 73.2.4), nachdem man die Bedeutung der Molekularstruktur organischer Stoffe im Hinblick auf die Stoffeigenschaften erkannt hatte.

Es war folgerichtig, dass man damit begann, durch Umwandlung und Umformung der hochpolymeren organischen Verbindungen der Natur (Cellulose, Eiweiß und Naturkautschuk) neue, als „Kunststoffe" bezeichnete Stoffe herzustellen (s. Ziff. 73.2), worauf dann die „Vollsynthese" von Kunststoffen aus kleinmolekularen Ausgangsstoffen („Monomeren") folgte (s. Ziff. 73.3).

Kunststoffe bestehen ebenso wie die natürlichen hochpolymeren organischen Verbindungen aus einer großen Zahl gleicher oder gleichartiger Atomgruppen („Kleinbausteine" oder „Monomere"), die durch Hauptvalenzen miteinander chemisch zu Großmolekülen („Polymeren") gebunden sind.

Entsprechend dem Molekularaufbau und den durch diesen bedingten Stoffeigenschaften unterscheidet man im Wesentlichen

- **Kettenpolymere**, welche als **„Thermoplaste"** (auch „Plastomere") bezeichnet werden;
- **Raumpolymere**, welche die Gruppe der **„Duroplaste"** (auch als „Duromere" bezeichnet) bilden;
- **Elastomere** (auch „Elaste" genannt), die durch eine lockere Vernetzung von Kettenpolymeren entstehen können, sowie
- **Thermoelaste** (z. B. Acrylglas – s. Ziff. 73.3.2.2g);

73 Zusammensetzung, Herstellung und Eigenschaften der Kunststoffe

- **Fluidoplaste**, auch „Fluide" genannt; diese sind bei Raumtemperatur flüssige Kunststoffe, vom Charakter Kettenpolymere mit begrenzten Kettenlängen (meist Kunststoff-Vorstufen, auch Siliconöle – s. Ziff. 73.3.3.3f).

Als gemeinsame **Stoffeigenschaften** der Kunststoffe sind zu benennen:

- **Relativ niedrige Dichte,** im Mittel 0,9 – 1,2 (ungefüllt), bei „Aufporung" niedriger (bis etwa 0,01 kg/dm³);
- **Sehr gute Beständigkeit gegen Wasser, Witterungseinflüsse, verdünnte Säuren, Basen, Salzlösungen, viele Lösungsmittel, Öle, Fette u. a.** (Thermoplaste und Fluide sind meist in speziellen Lösungsmitteln löslich – Duroplaste dagegen unlöslich);
- **Gute Einfärbbarkeit,** da meist hellfarbig;
- **Allgemeine Brennbarkeit,** wobei jedoch eine Anzahl von Kunststoffen wie z. B. PVC von selbst nicht weiterbrennt (Entwicklung flammerstickender Gase);
- **Begrenzte Wärme- bzw. Hitzebeständigkeit**; Thermoplaste erweichen zwischen 60 und 100 °C, Duroplaste zwischen 100 und 160 °C (s. Abb. 125);
- Im Allgemeinen **leichte Be- bzw. Verarbeitbarkeit;** Thermoplaste können durch Hitzeeinwirkung verformt oder (z. B. mittels Heißluftkolben) verschweißt werden (Schweißtemperatur bei 160 °C); Duroplaste können nach Aushärtung nicht mehr verformt werden, desgleichen liegt keine Schweißbarkeit vor;
- **Relativ hohe Zug- bzw. Zerreißfestigkeit,** bei oft mäßiger Härte eine ausgezeichnete Verschleißfestigkeit (vgl. Leder!), im Allgemeinen relativ hohe Bruchdehnung, niedriger E-Modul (s. Abb. 125/126);
- **Elektrisch gut isolierend und relativ hohe Wärmedehnung**; geringe Wärmeleitfähigkeit (s. Abb. 127/128).

73.2 Kunststoffe auf Basis pflanzlicher und tierischer Rohstoffe

73.2.1 Allgemeines

Aus hochpolymeren organischen Stoffen der Natur, wie Cellulose, Milchcasein und Naturkautschuk, hat man Kunststoffe hergestellt, indem man die natürlichen Rohstoffe löste, mehr oder weniger starken chemischen Veränderungen aussetzte und wieder in die feste Form zurückbrachte. Im Interesse guter mechanischer Eigenschaften war man hierbei bestrebt, die Größe bzw. die Länge der Moleküle der natürlichen Rohstoffe weitgehend zu erhalten.

Die Kunststoffe dieser Gruppe werden nach den Ausgangsstoffen unterteilt. Die ziemlich komplizierten Umwandlungsverfahren sind nachstehend knapp umrissen dargelegt.

73.2.2 Cellulosekunststoffe

- **Umwandlung in Hydrocellulose**
  z. B. durch Einwirkung von Schwefelsäure (Erzeugnis: **Pergamentpapier**). Die Cellulose quillt bei Umwandlung in Hydrocellulose, die einzelnen Fasern verkleben mehr oder weniger miteinander.

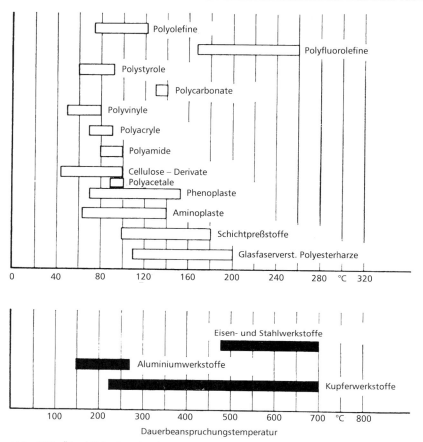

Abb. 125: Überblick über durchschnittliche zulässige Dauerbeanspruchungstemperaturen der Kunststoffe und (vergleichsweise) von Baumetallen.

Durch Einwirkung von **Schwefelsäure** und **Zinkchlorid** (stärkerer Eingriff) wird z. B. **Vulkanfiber** erhalten.

- Einwirkung von **Schwefelkohlenstoff**, CS_2, und **Natronlauge**, NaOH, und **Ausfällen** des „Viscosesirups" nach Verformung in einem sauren Bad:
Viscose (Kunstseide), Zellglas, z. B. **Cellophan** (Verpackungsfolie).

> Zellglas ist sehr zerreißfest, glänzend, klar, nicht thermoplastisch, geschmack- und geruchlos.

- Behandlung mit **Nitriersäure** (Salpetersäure-Schwefelsäure-Gemisch):
Bei schwächerer Einwirkung erhält man Kollodiumwolle; in Ether, Alkohol und anderen Lösungsmitteln löslich. Wird diese mit Kampfer als Weichmacher verarbeitet, so erhält man (mit 25 % Kampfer) das **Zellhorn (Celluloid)** – Anwendung u. a. als Trägermaterial für Filme.
In organischen Lösungsmitteln, wie Butylacetat, gelöst und ggf. mit anderen Bestandteilen vermischt: **Nitrolacke, ölfreie Grundiermittel, Nitropolituren.**

73 Zusammensetzung, Herstellung und Eigenschaften der Kunststoffe

Zellhorn ist ein fester, elastischer, thermoplastischer Kunststoff; Nitrolackfilme haben eine sehr gute Haftfestigkeit am Untergrund.

Durch stärkere Nitrierung erhält man **Schießbaumwolle (Nitrocellulose)**.
- Behandlung mit **Essigsäure und Essigsäureanhydrid**:
  Celluloseacetat – Cellon.

> Ein fester, glasklarer Kunststoff, ähnlich dem Celluloid, doch weniger leicht brennbar (für Sicherheitsfilme).

  Acetatseide (Kunstseide), **Cellit** (Lackrohstoff).
- Lösen in **Kupferoxid-Ammoniak** und **Wiederausfällen** im **sauren** Bad (dadurch Regenerierung der Cellulose):
  Kupferseide (Kunstseide).
- Lösen und Behandeln mit **Methanol, CH_3OH:**
  Zellkleister, flüssige Makulatur (u. a. Glutolin, Sichel-, Henkelkleber).
- **Celluloseether** (Methyl- und Ethylcellulose):
  Leimrohstoffe, wie z. B. **Tylose**, Benzylcellulose (Lackrohstoff).

73.2.3 Caseinkunststoffe

Ohne chemische Härtung (nur bedingt den Kunststoffen zuzuzählen):

Durch Einwirkung von Laugen auf Milchcasein werden **Casein-Kaltleime** erhalten (Tischlerleime, Bindemittel für Knetholz, für Fußbodenkitte u. a. – Härtung durch Wasserverdunstung).

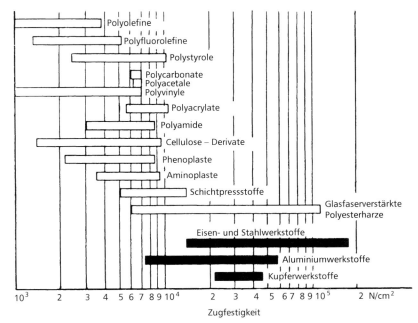

Abb. 126: Überblick über Zugfestigkeiten der Kunststoffe und (vergleichsweise) einiger Baumetalle bei + 20 °C.

Bauspachtelmassen auf Basis Zement/Casein (Gemenge aus Zement, Caseinpulver und Feinsand) werden u. a. zum Egalisieren von Zementestrichen vor dem Aufkleben von Kunststoff-Fußbodenbelägen angewandt.

Vorsicht! Erhärtete Caseinkleber bzw. -spachtel weichen durch längere nachträgliche Wassereinwirkung auf (Quellung unter Wasseraufnahme), wodurch der Klebverbund weitgehend gelöst werden kann. (Nur im Trockenbereich anwenden!)

Mit chemischer Härtung (Vernetzung):

Vernetzung der Caseinmoleküle mit Formaldehyd (HCHO) unter Druck- und Hitzeeinwirkung zu Polymeren:

Kunsthorn (z.B. Galalith) – hornartiger, geschmack- und geruchloser Kunststoff. Für Gebrauchs- und Installationsgegenstände aller Art, u. a. Zahnbürstenstiele, Knöpfe;

Lanital – Italienische Kunstseide – infolge der Eiweißbasis ähnlich gute Anfärbeeigenschaften wie Schafwolle oder Naturseide.

73.2.4 Kunststoffe aus Naturkautschuk

73.2.4.1 Allgemeines

Der Naturkautschuk wird aus dem Milchsaft der Gummibäume gewonnen. Er besitzt thermoplastische Eigenschaften und besteht aus kettenförmigen Großmolekülen, von welchen jedes aus etwa 1000 – 2000 Isopren-„Bausteinen" zusammengesetzt ist:

$$H_2C=C(CH_3)-CH=CH_2 \longrightarrow \ldots -H_2C-C(CH_3)=CH-C(=H_2)-C(CH_3)-C(H_2)=CH-C(H_2)-\ldots$$

Isopren C_5H_8 \qquad\qquad Kautschuk $(C_5H_8)_n$

73.2.4.2 Naturweichgummi

Die Herstellung erfolgt durch Erhitzen einer verkneteten Masse aus Naturkautschuk, 1 – 10 % Schwefelblumen und Füllstoffen, u. a. meist Ruß, in Formen auf rd. 145 °C (**„Vulkanisation"**).

Durch diese etwa 3 – 4 Stunden während Hitzeeinwirkung werden die Moleküle des Naturkautschuks durch Schwefelatome (unter Auflösung der Doppelbindungen in den Kautschukmolekülen) in einer „lockeren" Weise zu größeren Molekülkomplexen vernetzt. Ist der Schwefelzusatz gering, erhält man weichelastischen Naturgummi („Paragummi"), mit steigendem Zusatz nimmt die Härte des Endprodukts (gemessen in Shore-A-Härte) zu.

Anwendung:

Fußbodenbeläge, Schläuche, Dichtungsmaterialien, Autoreifen, Schaumgummi (aufgeport).

73.2.4.3 Naturhartgummi

Durch Erhöhung des Schwefelzusatzes bis rd. 45 % wird infolge einer engmaschigen Vernetzung ein hartes Endprodukt erhalten.

73 Zusammensetzung, Herstellung und Eigenschaften der Kunststoffe

Infolge der stärkeren Vernetzung liegt eine gute Alterungsbeständigkeit und eine verbesserte Beständigkeit gegen Öle und organische Lösungsmittel vor.

Anwendung:

Installationsmaterial (Elektrotechnik), Türgriffe u. a., Gebrauchsgegenstände, wie Kämme usw. (Heute geringe Bedeutung, da durch preiswertere Kunststoffe weitgehend verdrängt.)

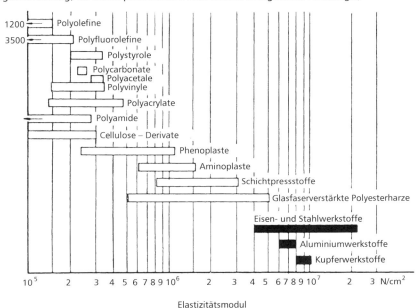

Abb. 127: E-Modul von Kunststoffen und (vergleichsweise) von Baumetallen.

73.2.4.4 Chlorkautschuk

Durch Einwirkung von Chlorgas auf Naturkautschuk in der Hitze wird durch „Absättigung" der Doppelbindungen und Vernetzung ein hellfarbiger, in organischen Lösungsmitteln löslicher thermoplastischer Kunststoff erhalten, der u. a. gute Witterungs- und Wasserbeständigkeit besitzt.

Anwendung:

Chlorkautschuk (Lösung in Testbenzin in beliebiger Pigmentierung – weiß, seegrün, blau usw.); gut säure- und alkalibeständig, daher bewährter Lack für Wasserbehälter usw. in Beton und Stahl, als Rostschutzanstrich u. a. unter Wasser und im Säureschutz.

Chlorkautschukleime auf Lösungsbasis.

73.3 Vollsynthetische Kunststoffe

73.3.1 Aufbau und Herstellungsweisen

Bei der Entwicklung der vollsynthetischen Kunststoffe war man bemüht, kleine Moleküle von Stoffen, die preiswerter zur Verfügung standen als die vorstehend aufgeführten natürlichen Rohstoffe, zu Großmolekülen zu „verknüpfen". Hierbei hat man sich an das Vorbild der Natur gehalten und die Synthese von **langkettigen Großmolekülen** von **Faserstruktur** (insbesondere für Textilfasern) oder vernetzter **Raumstruktur** (insbesondere für Gebrauchsgegenstände, Folien u. a.) angestrebt.

Eine Verknüpfung von kleinen Molekülen zu Großmolekülen lässt sich im Wesentlichen nach drei Methoden erzielen:

- **Polymerisation,**
- **Kondensation** oder
- **Polyaddition.**

Als Beispiel für einen Kunststoffaufbau durch **Polymerisation** sei die Herstellung des im Bauwesen wichtigen Kunststoffs **Polyvinylchlorid** (PVC) angeführt:

1. Stufe: Herstellung von Acetylen auf Calciumcarbid und Wasser

$$CaC_2 + 2\,H_2O \longrightarrow Ca(OH)_2 + \begin{matrix} C-H \\ \big\| \big\| \big\| \\ C-H \end{matrix}$$

$$\ \text{Carbidkalk}\quad\text{Acetylen}$$

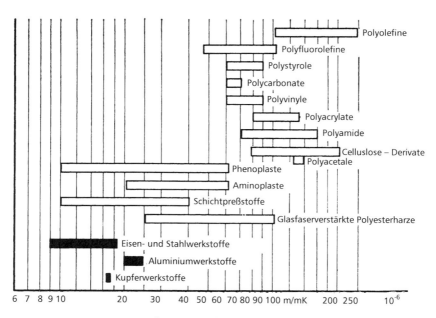

Abb. 128: Lineare Wärmedehnzahl von Kunststoffen und (vergleichsweise) von Baumetallen.

2. Stufe: Acetylen wird mit Chlorwasserstoff zu Vinylchlorid umgesetzt

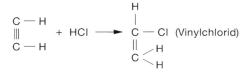

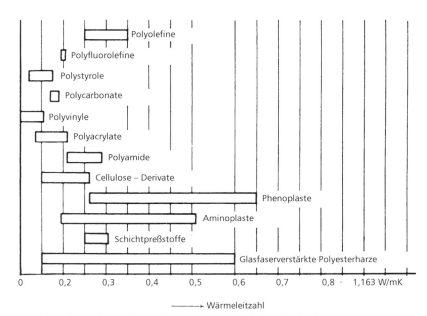

Abb. 129: Wärmeleitzahlen einiger Kunststoffe; Baumetalle: ca. 45 – 350 W/mK.

3. Stufe: Polymerisation (Verkettung des Vinylchlorids) unter Auflösung der Doppelbindungen

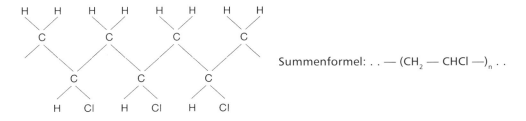

Summenformel: .. — $(CH_2 — CHCl —)_n$ ..

Ausschnitt aus dem Molekül des Polyvinylchlorids;
korkenzieherartig-kettenförmiges Großmolekül mit einigen Tausend C-Atomen je Molekül.

Abb. 125 – 129: Peukert „**Die technischen Eigenschaften der Kunststoffe**", Zeitschrift „Kunststoff-Rundschau" 5/1961).

Beim Kunststoffaufbau durch Polymerisation verwendet man somit als Ausgangsstoffe einfach oder doppelt ungesättigte niedermolekulare polymerisationsfähige Verbindungen (Monomere), die sich unter bestimmten Reaktionsbedingungen und unter dem Einfluss von Polymerisationskatalysatoren in hochmolekulare Stoffe umwandeln lassen. Als Monomere kommen neben dem bereits vorstehend genannten **Vinylchlorid** hauptsächlich in Betracht: **Ethylen** C_2H_4, **Butadien** C_4H_6, Vinylbenzol **(Styrol)**, Vinylcyanid (s. u.), u. a.

Es können auch mehrere ungesättigte Monomere gemischt polymerisiert werden, in diesem Falle liegt eine **Mischpolymerisation** vor. Die Eigenschaften des Mischpolymerisats werden durch die hauptsächlich vertretene Komponente am stärksten bestimmt.

Bei der Polymerisation werden keine Stoffe irgendwelcher Art abgespalten.

Als Beispiel für den Kunststoffaufbau durch **Kondensation** sei die Herstellung eines Kunststoffs vom Nylontyp (Polyamidkondensation) dargelegt:

$$H_2N-(CH_2)_x-N-H + HOOC-(CH_2)_y-COOH \xrightarrow{-2 H_2O}$$
$$\left[-HN-(CH_2)_x-\underset{H}{\underset{|}{N}}-\underset{O}{\underset{||}{C}}-(CH_2)_y-CO- \right]_n$$

Ein Diamin und eine Dicarbonsäure sind durch Wasseraustritt zu einem Großmolekül verknüpft worden.

Entsteht ein Großmolekül aus Monomeren mit **je zwei reaktiven Gruppen**, so erhält man ein Molekül in langkettiger Ausbildung, man nennt es ein **Großmolekül vom Fasertyp**.

Vereinfachtes Schema der Kondensation zu einem Großmolekül vom Fasertyp:

Bei Vorhandensein **mehrerer reaktiver Gruppen** kommt es zu einer **Verknüpfung** zu Großmolekülen unter **räumlicher** Vernetzung:

Vereinfachtes Schema der Kondensation zu einem Großmolekül des Duroplast-Typs:

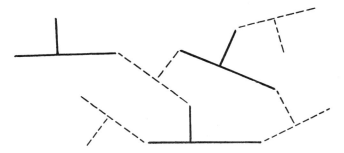

Vernetzte Großmoleküle führen zu harten Kunststoffen (Duroplasten)

(Bei geringer Vernetzung werden Stoffe gummiähnlichen Charakters, bei starker Vernetzung harte Stoffe erhalten.)

Die **Kondensation** besteht somit in einer Verknüpfung von 2 oder mehreren polyfunktionellen Molekülarten unter Abspaltung von Wasser, Alkohol u. a. Zur Erzielung großmolekularer Stoffe ist in der Regel neben Katalysatoren eine ziemlich hohe Reaktionstemperatur erforderlich. Es lassen sich bei der Kondensation daher **Zwischenstufen** abfangen, die dann durch eine spätere „**Härtung**" in den gewünschten Endzustand gebracht werden können. Die Möglichkeit eines Erhalts von Zwischenstufen ist insbesondere in verarbeitungstechnischer Hinsicht von Bedeutung.

Die dritte und jüngste Art der Kunststoffherstellung, die **Polyaddition**, beruht im Wesentlichen darin, dass Di- oder Polyisocyanate sich an Verbindungen anlagern, die Hydroxid- oder Aminogruppen enthalten, wobei je ein Wasserstoffatom verschoben wird.

Schema der Addition von Monoisocyanat an ein Glykol:

$$R-N=C=O + H-O-R_1 \longrightarrow R-\underset{|}{\overset{H}{N}}-\underset{\|}{C}-O-R_1$$
$$O$$

Schema der Anlagerung eines Monoisocyanats an eine Verbindung mit einer Aminogruppe:

$$R-N=C=O + H-\underset{R_3}{\overset{R_2}{\underset{|}{\overset{|}{N}}}} \longrightarrow R-\underset{H}{\overset{H}{\underset{|}{\overset{|}{N}}}}-\underset{\|}{\overset{O}{C}}-\underset{R_3}{\overset{R_2}{\underset{|}{\overset{|}{N}}}}$$

Schema einer Polyaddition eines Diisocyanats an ein Glykol:

$$HO-R-OH + OCN-R_1-NCO + HO-R-OH + \text{usw.} \longrightarrow$$
$$\longrightarrow -O-R-O-CO-NH-R_1-NH-CO-O-R-O \text{ usw.}$$

Die Polyaddition hat mit der Polymerisation gemeinsam, dass keine Stoffe abgespalten werden. Ein Unterschied besteht darin, dass die Verknüpfung der Moleküle nicht über Kohlenstoffatome, sondern über Sauerstoff- und Stickstoffatome bewerkstelligt wird.

Findet eine Polyaddition an einfache Glykole statt, so erhält man Großmoleküle vom **Fasertyp** (schmelzbare lineare Polyurethane). Werden anstelle des bifunktionellen Glykols jedoch drei- und höherwertige Alkohole angewandt, so erhält man vernetzte Großmoleküle vom **Duroplasttyp**.

73.3.2 Thermoplaste (Plastomere)

73.3.2.1 Allgemeines, Eigenschaften

Thermoplaste bestehen, wie vorstehend bereits dargelegt, aus kettenförmigen Großmolekülen (Makromolekülen). Die thermoplastische Eigenschaft beruht auf einer Verschieblichkeit dieser Moleküle gegeneinander bei höheren Temperaturen (Ursache: Zunahme der

Molekularbewegung durch Erwärmung). Nach Erkalten wird der ursprüngliche Zustand über ein „thermoelastisches" Zwischenstadium wieder erreicht.

Bei Raumtemperatur sind die meisten Thermoplaste zähhart, bei tiefen Temperaturen (unter etwa − 20 °C) wird ein glasartig spröder Zustand erreicht.

Durch Zumischung von „Weichmachern" (hochsiedende organische Flüssigkeiten von geeigneter Beschaffenheit) im thermoplastischen Zustand kann eine thermoelastische Beschaffenheit bei Raumtemperatur erzielt werden.

Die Verformbarkeit durch Wärme (Warmverformbarkeit) und die Schweißbarkeit sind besonders wichtige Eigenschaften dieser Kunststoffgruppe für den Einsatz im Bauwesen (s. auch Ziff. 73.1).

73.3.2.2 Überblick über die wesentlichen Thermoplaste (Plastomere)

Polyvinylchlorid (PVC) .. — (CH_2 — CHCl —)$_n$ ..

Die Herstellung aus Acetylen ist vorstehend bereits dargelegt worden. Ohne Zusatz von Weichmachern erhält man **„Hart-PVC"**, durch Zumischung von Weichmachern, wie z. B. Trikresylphosphat, wird **„Weich-PVC"** hergestellt. (Weichmacher sind geeignete hochsiedende organische Flüssigkeiten mit guten Lösungseigenschaften, die in „weichgemachten" Kunststoffen sehr beständig sind.)

Der Weichheitsgrad eines Weich-PVC lässt sich durch entsprechende Dosierung des Weichmacherzusatzes nach Belieben einstellen.

Die Verformung von Hart- oder Weich-PVC erfolgt heiß (160 − 180 °C). Rationell ist ein Auspressen von endlosen Formteilen (z. B. Stoßleisten, Fugenbänder) unter Anwendung von Schneckenpressen. Anschließend wird auf gewünschte Längen geschnitten.

Folien und dgl. werden durch Auswalzen in durchschnittlich 1 m Breite erhalten.

Eigenschaften des PVC:

Hitzempfindlich infolge Erweichung ab 60 − 80 °C; schwer entflammbar; sehr gute Beständigkeit gegen Wasser und verdünnten Säuren, Basen oder Salzlösungen; sehr gute Beständigkeit gegen Benzin, fette oder mineralische Öle; nicht beständig gegen Benzol, chlorierte Kohlenwasserstoffe und Ester.

Die bekanntesten Erzeugnisse aus PVC (meist Weich-PVC) sind:

- in fester Form, gemischt mit Füllstoffen, Farbpigment u. a.: Fußbodenbeläge, Wandbespannungen und Folien für Bezüge aller Art, Schläuche, Rohre, Dichtungselemente, Fugenbänder für den Betonbau u. a. (s. Abb. 130/131).
- in organischem Lösungsmittel gelöst; Spachtelmassen für fugenlose Wandspachtelungen und dgl., Lacke u. a.

Eine Weiterentwicklung ist **Polyvinylidenchlorid (PVDC),** das eine höhere Temperaturbeständigkeit als PVC besitzt.

Summenformel: .. — (CH_2 — CHCl —)$_n$ ..

73 Zusammensetzung, Herstellung und Eigenschaften der Kunststoffe 349

Polyethylen und Polypropylen (PE und PP)

Durch Polymerisation von Ethylen $CH_2=CH_2$, ein Gas, das insbesondere bei der Crackung von Erdöldestillationsrückständen in reichlicher Menge anfällt, wird der zu großer Bedeutung gelangte Kunststoff **„Polyethylen"** hergestellt.

Abb. 130: Ein PVC-Fußbodenbelag mit verschweißten Fugen. (Über das Schweißen thermoplastischer Kunststoffe s. z. B. DIN 16950).

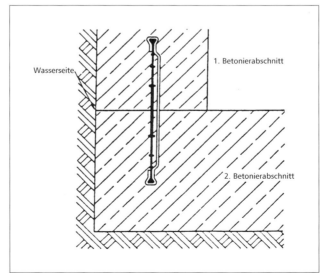

Abb. 131: Darstellung der Anwendung eines Arbeitsfugenbandes aus Weich-PVC im Betonbau am Beispiel des **MIGUDUR**-Arbeitsfugenbandes:
Zunächst wird die untere Hälfte des Fugenbandes satt einbetoniert. Die obere Hälfte wird durch eine Haltevorrichtung in ihrer Lage gehalten und wird im Zuge des 2. Betonierabschnitts gleichfalls sorgfältig in den Beton eingebettet.

Ohne Weichmacherzusatz wird ein „flexibler" thermoplastischer Kunststoff erhalten. Die Oberfläche weist einen „paraffinartigen" Griff auf, die Wasser- und Chemikalienbeständigkeit ist sehr gut, so dass man in Flaschen aus Polyethylen destilliertes Wasser und sogar konzentrierte Säuren, wie Flusssäure, aufbewahren kann.

Je nach Herstellungsverfahren unterscheidet man Hochdruck- und Niederdruckpolyethylen (bekannte Markennamen: Lupolen, Hostalen). Die Dichte liegt bei 0,95; bei Erhitzung wird ein relativ schnelles Schmelzflüssigwerden bei rd. 100 °C (Hochdruckpolyethylen) bzw. rd. 115 °C (Niederdruckpolyethylen) festgestellt.

Schema der Polymerisation:

$$\begin{array}{c} H \quad H \\ | \quad | \\ C = C \\ | \quad | \\ H \quad H \end{array} \longrightarrow \cdots - \begin{array}{c} H \quad H \quad H \quad H \\ | \quad | \quad | \quad | \\ C - C - C - C \\ | \quad | \quad | \quad | \\ H \quad H \quad H \quad H \end{array} - \cdots$$

Summenformel:
$$\cdots - (CH_2 - CH_2 -)_n \cdots$$

Ethylen   Ausschnitt aus dem Polyethylenmolekül

Der sehr einfache Aufbau ist dem der Paraffine ähnlich (niedrige Polymerisate gleichen den Paraffinen weitgehend).

Nachteil: Polyethylen lässt sich wegen des schnellen Erweichens nur schlecht schweißen (gefülltes Polyethylen ist befriedigend schweißbar).

Aus Polyethylen, dem z. Z. preisgünstigsten Kunststoff, werden zahllose Gebrauchsgegenstände, insbesondere Kunststoffeimer, Campinggeschirr, Wasserleitungsrohre (aus mit Ruß gefülltem Polyethylen), sowie Kunststofffolien usw. hergestellt.

(s. z. B. DIN 16963 (8.80): Rohre aus PE-HD (hoher Dichte),

und DIN 16962 (8.80): Rohre und Verbindungen aus Polypropylen – PP)

Polypropylen, erhalten durch Polymerisation von Propylen, $CH_2 = CH - CH_3$, ist eine dem Polyethylen ähnliche Weiterentwicklung mit niedriger liegender Dichte (ca. 0,9), größerer Härte und höherliegender Schmelztemperatur (ca. 165 °C); daher Eignung für „kochfeste" Erzeugnisse.

Propylen (Propen)
$$H_2C = CH$$
$$|$$
$$CH_3$$

$\xrightarrow{\text{Niederdruck-Lösungspolymerisation}}$

Polypropylen
$$\cdots - (CH_2 - CH -)_n \cdots$$
$$|$$
$$CH_3$$

Polystyrol (PS)

Styrol oder Vinylbenzol, eine unangenehm riechende Flüssigkeit, die aus Benzol und Äthylen hergestellt wird, lässt sich zu einem glasklaren Kunststoff Polystyrol polymerisieren:

$$H_2C = CH$$
$$|$$
$$C_6H_5$$

$\xrightarrow{\text{Polymerisation}}$

$$\cdots - (CH_2CH -)_n \cdots$$
$$|$$
$$C_6H_5$$

Erweichung erfolgt etwas über 80 °C, Fließfähigkeit liegt zwischen 150 bis 155 °C vor. Spröde Beschaffenheit; sehr gute elektrische Isoliereigenschaften, auch gegen hochfrequente Wechselspannungen infolge Fehlens polarer Gruppen. Gegen viele Lösungsmittel empfindlich.

Polystyrol wird meist im Spritzgussverfahren zu Gebrauchsgegenständen aller Art, Installationsmaterial usw. verarbeitet. (Styrol wird u. a. als „Mischkomponente" bei der Synthese von BUNA S und von Polyesterkunststoffen angewandt – s. Ziff. 73.3.3.3).

Mischpolymerisate z. B. mit Acrylnitril (s. u.) sind weniger spröde, zum Teil „schlagfest", in der Verarbeitung meist nicht nur spritzbar, sondern auch extrudierbar; infolge Einführung polarer Gruppen weniger gut elektrisch isolierend. (Bezeichnung: Styrol-Acrylnitril-Copolymere SAN.)

Polyacrylnitril (PAN)

Das Vinylcyanid oder **Acrylnitril** $CH_2 = CH - CN$ wird durch Umsetzung von Acetylen mit Cyanwasserstoff erhalten. Durch Polymerisation wird Polyacrylnitril erzielt, das insbesondere als Kunstseide (z. B. **Dralon**) Bedeutung erlangt hat. Diese wird im Trockenspinnverfahren erhalten (siehe auch Ziff. 72.2). Reckbar; Schmelzbereich über 150 °C.

$$\text{Allgemeine Formel:} \quad \cdots - (CH_2 - \underset{\underset{CN}{|}}{CH} -)_n \cdot$$

Bewährt auch für die Herstellung blasgeformter, transparenter und aromadichter Verpackungshohlkörper z. B. für kohlensäurehaltige Getränke mit mehrmonatiger Lagerfähigkeit.

Polyisobutylen (PIB)

Ausgangsstoff ist heute das Gas Isobutylen, das aus Crackgasen von Erdöldestillationsrückständen gewonnen wird. Die Polymerisation wird durch katalytische Einwirkung erzielt:

$$H_2C = \underset{\underset{CH_3}{|}}{\overset{\overset{CH_3}{|}}{C}} \xrightarrow{\text{Polymerisation}} \cdots - (H_2C - \underset{\underset{CH_3}{|}}{\overset{\overset{CH_3}{|}}{C}} -)_n \cdots$$

Isobutylen → Polyisobutylen

Polyisobutylen ist weichmacherfrei ein flexibler Kunststoff, der infolge seiner guten Wasser- und Verrottungsbeständigkeit z. B. für die Herstellung von bewährten Abdichtungsbahnen (Sperrbahn „Rhepanol", unter der Bezeichnung „Oppanol B" bekannt geworden), Folien (z. B. als dichtende Zwischenlage für Dampfsperrtapeten) und „dauerplastische, verseifungsfeste" Fugendichtstoffe (s. Ziff. 69.3) verwendet wird.

(Zur Herstellung plastisch bleibender Dichtstoffe ist die Beimengung eines Weichmachers erforderlich)

Polyvinylacetat (PVAC), Polyvinylpropionat (PVP)

Die Herstellung von PVAC erfolgt ähnlich wie die des PVC, indem aus Acetylen mit Essigsäure zunächst Vinylacetat hergestellt wird.

Durch Polymerisation des Vinylacetats wird Polyvinylacetat erhalten, indem ebenso wie bei der Polymerisation zu PVC eine Auflösung der Doppelbindungen erfolgt.

$$\begin{array}{c}CH_2\\ \parallel\\ C-H\\ |\\ OOCCH_3\end{array} \longrightarrow \quad \cdots -CH_2-CH(OOCCH_3)-CH_2-CH(OOCCH_3)-CH_2-CH(OOCCH_3)- \cdots$$

Summenformel:

$$\cdots -(CH_2-CH)_n- \cdots$$
$$\quad\quad\quad\quad |$$
$$\quad\quad\quad\quad O$$
$$\quad\quad\quad\quad |$$
$$\quad\quad\quad O=C-CH_3$$

PVAC wird in Form **wässeriger Dispersionen**, mehr oder weniger mit Weichmachern und etwas flüssigem Lösungsmittel gemischt, angewandt. Die wässerigen Dispersionen stellen eine weiße, sämig-flüssige Masse dar (Handelsfabrikate, z. B. Mowilith, Vinnapas). Diese lassen sich mit Steinmehl, Farbpigmenten, Zement u. a. mischen. Die **Erhärtung** erfolgt nach **Verdunsten** des Wassers und ggf. des leichtflüchtigen Lösungsmittels im Verlaufe einiger Stunden.

Angewandt wird PVAC (in Dispersionsform) insbesondere als **„Kunststoffbinder"** für Spachtelböden, Wandspachtelungen, als Binder für Wand- und Fassadenanstriche oder als zähelastischer Kleber für Holz, z. B. Mowikoll, als „Alleskleber" UHU u. a.

Eigenschaften des PVAC:

Hervorragender „zähelastischer" Kleber. Wasser bewirkt jedoch eine Quellung und damit allmähliches Erweichen von erhärtetem PVAC. Durch Laugen, auch Kalkwasser, wird PVAC unter Bildung wasserlöslicher Verbindungen „verseift". Verdünnte Säuren haben dagegen keine stärkere Wirkung als Wasser. Gegen Benzin, fette und mineralische Öle ist PVAC gut beständig, nicht jedoch gegen Benzol, chlorierte Kohlenwasserstoffe und Ester. Ein bessere Beständigkeit, insbesondere gegen Kalkwasser weisen einige Mischpolymerisate des PVAC, u. a. mit PVC, auf, sowie **Polyvinylpropionat (PVP)**.

Summenformel des Polyvinylpropionat:

$$\cdots (CH_2-CH)_n- \cdots$$
$$\quad\quad\quad\quad |$$
$$\quad\quad\quad\quad O$$
$$\quad\quad\quad\quad |$$
$$\quad\quad\quad O=C-CH_2-CH_3$$

Homo- und copolymeres PVP wurde für den Bausektor nicht nur in Form wässeriger Dispersionen, sondern auch in Pulverform bereitgestellt, u. a. zur Herstellung anwendungsfertig gelieferten pulverförmigen Bauklebern aller Art, die zur Anwendung lediglich mit Wasser anzurühren sind.

Polyacrylsäureester, Polymethacrylsäureester (PMMA)

Von der Acrylsäure abgeleitete Ester ergeben vielseitig anwendbare Kunststoffe, u. a. **Polycrylat**dispersionen und -lösungen für den Anstrichsektor. Schema der Synthese von Acrylsäure- und Polyacrylsäureestern durch Druck- und Energieeinwirkung in Gegenwart eines Katalysators:

73 Zusammensetzung, Herstellung und Eigenschaften der Kunststoffe

Abb. 132: Herstellung einer druckwasserhaltenden Abdichtung mit Polyisobutylen-Folie. Im Bild: Die Klebnähte werden unter Anwendung eines Speziallösungsmittels sorgfältig „kalt verschweißt". (s. u. a. DIN 16935 (12.86) Kunststoff-Dichtungsbahnen aus PIB)

$$HC\equiv CH + CO + ROH \xrightarrow[\text{Kat.}]{P, E} H_2C=CH \atop | \atop COOR \xrightarrow{\text{Polymerisation}} ..-(CH_2-CH-)_n.. \atop | \atop COOR$$

Acetylen   Alkohol   Acrylsäure-   Polyacrylsäure-
(R = z. B. CH$_3$)   ester   ester

Von der Methacrylsäure, die z. B. aus Aceton und Blausäure hergestellt wird, abgeleitete Ester ergeben sehr interessante Kunststoffe, im Besonderen das **Acrylglas**:

Schema der Acrylglassynthese:

$$H_3C-C=O \atop | \atop CH_3 + HCN \rightarrow H_3C-C-OH \atop CN | CH_3 \rightarrow H_2C=C \atop CH_3 | COOCH_3 \xrightarrow{\text{Polymerisation}} ..(CH_2-C-)_n.. \atop CH_3 | COOCH_3$$

Aceton   Blau-   Aceton-   Methacryl-   Polymethacryl-
    säure   cyanhydrin   säuremethyl-   säuremethylester
            ester   (Acrylglas)

Acrylglas, unter dem Markennamen „**Plexiglas**" bekannt geworden, gehört zu den Kunststoffen mit der größten Zugfestigkeit (s. Abb. 122), ist glasklar, sehr gut witterungsbeständig, erweicht bei etwa 140 °C und ist in einer hochpolymerisierten Form nur noch bedingt thermoplastisch.

Ausgeformtes PMMA ist gegen Säuren und Alkalien hochbeständig, desgleichen gegen Witterungseinwirkungen u. a. Für den Lebensmittelbereich sind ausgeformte PMMA-Gefäße u. dgl. völlig unbedenklich.

Acrylglas wird hochpolymerisiert, somit hochmolekular hergestellt, ist mechanisch wie optisch höchstwertig und gut wärmestandfest. Erhitzt auf Temperaturen zwischen ca. 150 – 200 °C lässt es sich „thermoelastisch" verformen, ohne fließfähig zu werden (daher die Kennzeichnung der Stoffgruppe als **„Thermoelaste"**).

Als **Gießharze** haben sich Polymethyl-Methacrylate im **Bauwesen** sehr bewährt, da sie vor Aushärtung **dünnflüssiger** sind als andere z. B. auf Epoxidharzbasis. Sie können daher in feine Risse und Spalten zur Erzielung eines festen Verbunds besonders tief eindringen. Als Polymerisationsinitiatoren werden bei Kalthärtung meist Aminaktivatoren eingesetzt.

Sowohl wässerige Acrylat-Dispersionen als auch **lackartige** Anstrichmittel auf (emulgatorfreier) PMMA-Lösungsbasis (vgl. Ziff. 68.3) finden insbesondere im Hochbau, im Besonderen als Fassadenanstrichmittel eine umfangreiche Anwendung, wobei bewährte **lackartige** Anstrichfabrikate infolge ihrer Freiheit an hydrophilen Anteilen (Emulgator!) die **beste Schmutz- und Algenabweisung** eines fachgerecht aufgebrachten Anstrichs erkennen ließen (siehe Abb. 98 u. 99).

Polyamide (PA) und lineare Polyurethane (PUR)

In diese Gruppe gehören die bekannten Kunstseiden **Nylon** und **Perlon**, aus welchen Gewebe, Seile u. a. von hoher Zerreiß- und Verschleißfestigkeit und einer Hitzebeständigkeit von 80 – 100 °C hergestellt werden (Gewebe meist **nicht** kochfest). Auch Werkstücke, wie Zahnräder, werden aus Polyamiden hergestellt.

Die grundlegende Reaktion der Polyamidkondensation ist die chemische Bindung zwischen einer Carbonsäure und einem Amin, die mit einer Esterbildung zu vergleichen ist:

$$R-\underset{\underset{O}{\|}}{C}-OH + H-\underset{R_1}{\overset{H}{\underset{|}{N}}} \xrightarrow{-H_2O} R-\underset{\underset{O}{\|}}{C}-\underset{R_1}{\overset{H}{\underset{|}{N}}}$$

Bringt man nach diesem Schema **zwei**wertige Carbonsäuren und Diamine zur Kondensation, kommt es zur Bildung von Großmolekülen, z. B. vom **Nylontyp** (s. die vorstehenden allgemeinen Ausführungen über die Kondensation).

Zu Polyamiden vom **Perlontyp** kommt es, wenn **Aminocarbonsäuren** mit sich selbst zur Veresterung gebracht werden, wobei sie in Polyamid-Großmoleküle vom Fasertyp übergeführt werden.

Reaktionsschema:

$$\underset{OH}{\overset{O}{\underset{\|}{C}}}-R-\underset{\underset{O}{\|}}{C}-\overset{H}{\underset{|}{N}}-H + \underset{\underset{O}{\|}}{\overset{OH}{\underset{|}{C}}}-R-\underset{\underset{H}{|}}{\overset{O}{\underset{\|}{C}}}-N-H + \cdots \xrightarrow{-H_2O}$$

$$\longrightarrow \cdots-\underset{\underset{O}{\|}}{\overset{O}{\underset{\|}{C}}}-R-\underset{\underset{O}{\|}}{C}-\overset{H}{\underset{|}{N}}-\underset{\underset{H}{|}}{C}-R-\overset{O}{\underset{\|}{C}}-N-$$

Ausschnitt aus einem Polyamidmolekül vom Perlontyp

73 Zusammensetzung, Herstellung und Eigenschaften der Kunststoffe

Liegen reaktive Gruppen an Seitenketten vor, kommt es zu einer **Vernetzung**. Man erhält dann härtbare Kunststoffe, die den Duroplasten zuzuzählen sind.

Lineare Polyurethane bestehen aus ähnlich aufgebauten Großmolekülen. Sie werden durch **Polyaddition** von Isocyanaten an geeignete Molekülarten (s. Ziff. 73.3.1) erhalten.

Anwendung z. B. als „Zweikomponentenlacke" (sog. D/D-Lacke – s. auch Ziff. 71.5) von hervorragender Witterungs- und Wasserbeständigkeit.

Polycarbonat (PC)

Polycarbonate bestehen aus Kettenmolekülen nachstehender Art:

$$-(-R-O-CO-O)-$$

Diese Kunststoffgruppe wird vorwiegend zur Herstellung glasklarer Formteile von guter Wärme-, Stand-, Schlag- und Bruchfestigkeit verwendet, z. B. für bruchfeste Verglasungen, Straßenlampen, Behälter für Haushalt, Elektroindustrie u. a. m.

Formmassen werden meist in Granulatform vorwiegend zur Spritzgießverarbeitung entweder glasklar, transparent oder gedeckt eingefärbt dem Kunststoffverarbeiter in die Hand gegeben.

Die ausgeformten Kunststoffgegenstände weisen zudem eine gute Wasser- und Witterungsbeständigkeit auf.

Polyterephthalat (PETP)

Polyterephthalate bestehen aus Kettenmolekülen nachstehender Zusammensetzung:

$$-(-R-O-CO-C_6H_4-CO-O-)_n-$$

Hergestellt werden Formmassen für Spritzguss und Extrusion, ungefüllt oder unterschiedlich modifiziert.

Fertigerzeugnisse: Dünne Folien z. B. als Baudichtungsbahnen mit guter Wärmebeständigkeit und Reißfestigkeit sowie technische Formteile aller Art, auch in – durch Treibmittelzusatz – aufgeschäumter Beschaffenheit.

Polytetrafluorethylen (PTFE)

Kunststoffe auf dieser Basis sind schweißbare Kunststoffe mit der besten Chemikalienbeständigkeit und der höchsten Dauerbeanspruchungstemperatur (bis rd. 260 °C – s. Abb. 121); sie weisen eine erhebliche Härte auf, thermoplastische Eigenschaften liegen bei hochpolymerisiertem PTFE nur noch bedingt vor.

Schema der Synthese:

$$2\ CHCl_3 + 4\ HF \longrightarrow 2\ CHClF_2 \longrightarrow F_2C=CF_2 + 2\ HCl \xrightarrow{Pol.} \cdots-(CF_2-CF_2-)_n\cdots$$
$$+ 4\ HCl$$

| Chloroform | Flusssäure | | Tetrafluorethylen | | PTFE $n \sim 5000$ |

Dieser relativ teure Kunststoff wird zur Herstellung von hochchemikalienbeständigen und wärmefesten Platten, Folien, Röhren, Schläuchen, Fasern, Dichtungsmaterialien verarbeitet.

Auch für hochbeanspruchte Verklebungen von Metallteilen, u. a. vermengt mit Metallpulver (u. a. Flugzeugbau), wird dieser Kunststoff angewandt.

73.3.3 Duroplastische Kunststoffe

73.3.3.1 Allgemeines, Eigenschaften

Duroplastische Kunststoffe bestehen gemäß vorstehenden Ausführungen aus räumlich vernetzten Großmolekülen.

Nach der „Aushärtung" (= Endzustand der räumlichen Vernetzung) liegt keine Verformbarkeit mehr vor. Die Wärmebeständigkeit ist im Allgemeinen besser als bei den thermoplastischen Kunststoffen, desgleichen auch die Beständigkeit gegen Wasser- und Kalkwassereinwirkung. Beide Kunststoffarten sind jedoch nicht beständig gegen stärkere Säuren und Basen.

Die duroplastischen Kunststoffe weisen zudem im Allgemeinen eine gute Härte und Verschleißfestigkeit gegen starke mechanische Beanspruchungen aus. Sie sind im Gegensatz zu den thermoplastischen Kunststoffen nicht schweißbar. Bei zu starker Erhitzung erfolgt gleichzeitig mit einem Weichwerden eine chemische Zersetzung und damit ihre Zerstörung.

73.3.3.2 Herstellungsweisen

Die Herstellung der duroplastischen Kunststoffe erfolgt vorwiegend durch **Kondensation** oder **Polyaddition**, wobei mindestens **ein** Monomer **trifunktionell** (drei reaktive Gruppen enthaltend) sein muss (siehe Ziff. 73.3.1).

Je nach Art der Monomere und der Reaktionsbedingungen kann es entweder unmittelbar zur räumlichen Vernetzung und damit zur Bildung von duroplastischen Kunststoffen kommen, oder es entstehen zunächst Kettenpolymere als Zwischenstufen, die anschließend zu räumlicher Vernetzung (zu „Raumpolymeren") gebracht werden können.

73.3.3.3 Überblick über die wesentlichen duroplastischen Kunststoffe

Phenol(PF)- und Kresol(CF)-Harze

Phenolharze, auch „Phenoplaste" genannt, werden durch Kondensation von Phenol mit Formaldehyd erhalten.

Diese haben im Besonderen dadurch eine große Anwendungsbreite erlangt, dass sich leicht **Kondensationszwischenstufen** herstellen lassen, die in der Hand des Kunststoffverarbeiters als Bindemittel oder Klebstoffe angewendet, anschließend auf einfache Weise restlos auskondensiert werden können.

Bei der Synthese des Phenolharzes geht der Kondensation zunächst eine Anlagerungsreaktion voraus:

73 Zusammensetzung, Herstellung und Eigenschaften der Kunststoffe

Phenol + Formaldehyd → o-Phenylalkohol

In saurer Lösung kommt es dann zu nachstehender Kondensationsreaktion:

→ Diphenylolmethan + H_2O

Durch Weiterführung von Anlagerung und Kondensation werden die grundsätzlich trifunktionellen Phenolmoleküle (siehe obige Kennzeichnung der reaktiven Stellen) zunächst durch „difunktionelle" Methylenbrücken zu einem Kettenpolymer verknüpft:

Dieses Zwischenkondensat mit etwa 12 durch CH_2-Brücken verknüpften Phenolen trägt die Bezeichnung **„Novolak"**. Es ist ein fester, schmelzbarer und alkohollöslicher Stoff von bräunlicher Farbe. Anwendung als Lackharze.

Unter Zumischung von Formaldehyd oder Hexamethylentetramin

$$6\ CH_2O + 4\ NH_3 \longrightarrow (CH_2)_6N_4 + 6\ H_2O$$
Hexamethylentetramin

gelingt unter Druck- und Hitzeeinwirkung (ca. 150 °C) eine räumliche Vernetzung zu einem unschmelzbaren Duroplast (**Resit**-Endzustand).

In alkalischer Lösung verläuft die Kondensation nach der Anlagerung von Formaldehyd an Phenol unter Hitzeeinwirkung wie folgt:

Die Phenolmoleküle werden durch bifunktionelle Dimethyletherbrücken zu einem Kettenpolymer verknüpft:

Ein Zwischenkondensat dieser Art wird als Anfangsharz im „A-Zustand" bzw. **Resol** bezeichnet.

Niedrig kondensierte Resole sind wasserlöslich, höher kondensierte sind zähviskose, alkohollösliche Stoffe. Verwendung z. B. als Bindemittel für Sperrholz, Span-, Hartfaserplatten u. a.

Die Kondensation lässt sich ohne Zugabe weiterer Stoffe weiterfahren. Über ein abfangbares Zwischenkondensat von fester Beschaffenheit (B-Zustand: **Resitol**), das bereits eine gewisse räumliche Vernetzung aufweist, jedoch noch schmelzbar ist, wird die Endstufe (C-Zustand: **Resit**) erreicht. Wie bei der Aushärtung zu Novolak ist hierzu die Anwendung von Druck und Hitze (ca. 150 bis 160 °C) erforderlich.

Resole können durch Zusatz von Säuren als Härter kalt oder warm aushärten (vernetzen). Anwendung z. B. als „Phenolharzlacke", im Besonderen als „Einbrennlacke", deren Aushärtung durch eine mäßige Hitzeeinwirkung beschleunigt wird (s. z. B. Autolacke). Einsatz auch zur Schaumstoffherstellung durch Aufporung während der Aushärtung (siehe Ziff. 69.2).

Resitole werden als Resitolpulver oder -folien (ohne oder mit Trägerstoffen) infolge ihrer leicht durchzuführenden Endaushärtung in großem Umfange als Bindestoffe insbesondere in der Holz verarbeitenden Industrie angewendet.

Schichtpressteile, wie z. B. **Sperrholz**, werden sehr rationell durch wechselweises Übereinanderlegen von Holztafeln und Resitolfolien und anschließendes Verpressen in Etagenpressen (unter Druck- und Hitzeeinwirkung von ca. 4 bis 5 Minuten Dauer) hergestellt. Nach Aushärtung zum Resit kann noch heiß entformt werden.

Pressmassen, wie z. B. **Bakelite**, werden durch Mengen von Resitol-Pulver und Steinmehl und meist Farbpigmentzusatz und Verpressen des Gemenges in Formen unter Hitzeeinwirkung (ca. 160 °C) und hohem Druck hergestellt. Auch diese können noch heiß entformt werden, wodurch die Rationalität der Herstellung erheblich gesteigert werden konnte.

Novolake sind lösliche, schmelzbare lagerstabile Lackharze. Sie sind nicht selbsthärtend, können jedoch, wie vorstehend dargelegt, durch Zusatz von „Härtemitteln" wie Formaldehyd oder Hexamethylentetramin zu lagerstabilen „Schnellpressmassen" aufbereitet werden, die – z. B. als Kleber für Holzfaserplatten aller Art angewendet, unter Druck- und Hitzeeinwirkung kurzfristig zu (räumlich vernetzten) **Resiten** aushärten.

Resole können durch Zusatz von Säuren als Härter auch kalt oder mäßig warm aushärten (Anwendung: Phenolharzlacke, u. a. **Einbrennlacke** – s. auch Ziff. 68.4, Schaumstoffherstellung unter Aufporung während der Aushärtung u. a.).

Resitole werden als Resitol-Pulver oder -folien (ohne und mit Trägerstoff) in Anbetracht ihrer leicht durchzuführenden Endaushärtung in großem Umfang angewendet. (**Vorsicht:** Eine nachträgliche **Formaldehyd**-Abspaltung aus verklebten Platten und dgl. kann zu einer **Raumluftbelastung** führen! – s. Ziff. 52). Bezüglich Klebstoffverarbeitung s. z. B. DIN 16920 (6.81).

Pressmassen, wie z. B. **Bakelite**, werden durch Mengen von Resitol-Pulver mit Steinmehl und Farben und Verpressen des Gemenges in Formen unter Druck (bis 400 atü) und Hitzeeinwirkung (ca. 160 °C) hergestellt.

Schichtpressteile, wie z. B. **Sperrholz**, werden besonders rationell durch wechselweises Übereinanderlegen von Holztafeln und Resitolfolien und Verpressen in Etagenpressen (Druck- und Hitzeeinwirkung von rd. 4 – 5 Minuten Dauer) hergestellt. Nach Aushärtung zum Resit kann noch heiß entformt werden.

Phenoplast-Resite haben eine dunkelbraune Farbe, eine gute Beständigkeit gegen Wasser, verdünnte Säuren und Laugen sowie gegen viele Lösungsmittel. Sie sind schlechte Leiter für Wärme und Elektrizität, unschmelzbar, **nicht schweißbar**, doch gut bearbeitbar. Je nach Fabrikat ist eine gewisse Sprödigkeit zu beachten.

Bezüglich weiterer Angaben wird auf DIN 16916, Teil 1 („Reaktionsharze – Phenolharze") nebst Teil 2 (Prüfverfahren) verwiesen.

Kresolharze (CF) werden erhalten, wenn anstelle des Phenols **Kresol** (siehe Ziff. 30) angewendet wird. Kresolharze sind den Phenolharzen in jeder Hinsicht sehr ähnlich.

Harnstoff(UF)- und Melamin(MF)-Harze (auch „Aminoplaste" genannt)

Die Kunststoffe dieser Gruppe werden durch Kondensation polyfunktioneller Aminoverbindungen, wie Harnstoff $CO(NH_2)_2$, Thioharnstoff $CS(NH_2)_2$ oder Melamin (Triaminotriazin), mit Formaldehyd hergestellt. Die Kondensation wird wie bei der Herstellung der Phenoplaste durch Druck- und Hitzeeinwirkung durchgeführt, sie kann jedoch auch bei Normaltemperatur durch Säureeinwirkung erzwungen werden.

Beispiel einer Kondensation von Harnstoff und Formaldehyd zu einem Aminoplast (zunächst jeweils Anlagerung, dann Kondensation):

$$\begin{array}{c}\text{H}-\text{N}-\text{H}\\|\\\text{O}=\text{C}\\|\\\text{H}-\text{N}-\text{H}\end{array} \quad + \quad \begin{array}{c}\text{H}\\\diagdown\\\text{C}=\text{O}\\\diagup\\\text{H}\\\\\text{H}\\\diagdown\\\text{C}=\text{O}\\\diagup\\\text{H}\end{array} \quad \longrightarrow \quad \begin{array}{c}\text{H}\\|\\\text{H}-\text{N}-\text{C}-\text{OH}\\|\phantom{-\text{N}-}|\\\phantom{\text{H}-\text{N}-}\text{H}\\\text{O}=\text{C}\phantom{-\text{H}}\\|\phantom{-\text{N}-}\text{H}\\\phantom{\text{O}=\text{C}}|\\\text{H}-\text{N}-\text{C}-\text{OH}\\\phantom{\text{H}-\text{N}-}|\\\phantom{\text{H}-\text{N}-}\text{H}\end{array} \quad \longrightarrow$$

Harnstoff   Formaldehyd   Dimethylolharnstoff

$$\longrightarrow \quad \begin{array}{c}\text{H}-\text{N}-\text{CH}_2-\text{OH}\\|\\\text{CO}\\|\\\text{H}-\text{N}-\text{CH}_2-\text{OH}\end{array} \quad \begin{array}{c}\text{H}-\text{N}-\text{CH}_2-\text{OH}\\|\\\text{CO}\\|\\\text{H}-\text{N}-\text{CH}_2-\text{OH}\end{array} \quad \begin{array}{c}\text{H}-\text{N}-\text{CH}_2-\text{OH}\\|\\\text{CO}\\|\\\text{H}-\text{N}-\text{CH}_2-\text{OH}\end{array} \quad \text{usw.}$$

Im weiteren Verlauf der Kondensation kommt es zu einer festen Verknüpfung von Kettenmolekülen der vorstehend dargestellten Art.

Im Gegensatz zu den Phenoplasten werden **farblose** Kunststoffe erhalten, die sich durch eine sehr gute Hitzebeständigkeit (Erweichungstemperatur bei ca. 140 – 160 °C) und Härte auszeichnen.

Dem Kunststoffverarbeiter können wie auf dem Phenoplastsektor **Zwischenkondensate** in die Hand gegeben werden, die im Wesentlichen in gleicher Weise, wie bei der Besprechung der Phenoplaste dargestellt, verarbeitet bzw. angewendet werden.

Melaminharz (MF) ist auf diesem Sektor als Spitzenerzeugnis in Bezug auf Hitzebeständigkeit, zähe Härte und Wasserbeständigkeit zu kennzeichnen, das beispielsweise als Oberschicht von Kunststoff-Schichtpressstoffen (z. B. Tischbeläge, Küchenmöbel, Frühstücksbrettchen) allgemein angewendet wird.

Ungesättigte Polyesterharze (UP)

Die Kunststoffe dieser Gruppe härten nach Zumischung von Katalysatoren zu vorbereiteten flüssigen Reaktionsmischungen auch ohne Anwendung von Hitze und Druck – durch Kondensation – aus.

Polyestervorprodukte werden beispielsweise durch eine thermische Veresterung von sekundären (oder mehrwertigen) Alkoholen mit Dicarbonsäuren erhalten:

$$HO-R-OH + HO-\underset{\underset{O}{\|}}{\overset{\overset{O}{\|}}{C}}-R_1-\overset{\overset{O}{\|}}{C}-OH + HO-R-OH + \cdots \longrightarrow$$

$$\longrightarrow \cdots -O-R-O-\underset{\underset{O}{\|}}{\overset{\overset{O}{\|}}{C}}-R_1-\overset{\overset{O}{\|}}{C}-O-R-O-\cdots$$

Ausschnitt aus einem Polyester-Großmolekül (Fasertyp)

Die Anwendung oder Mitanwendung von **drei-** und **mehrwertigen** Carbonsäuren und Alkoholen führt zu einem **vernetzten** Aufbau.

Als Reaktionskomponenten werden meist **ungesättigte** Ester angewandt. Eine bessere Dünnflüssigkeit der Reaktionsmischung wird vielfach durch Zumischung von **Styrol** erzielt, das in den Kunststoff mit eingebunden wird, so dass der bei der Verarbeitung der Reaktionsmischung feststellbare unangenehme Styrolgeruch nach 2 bis 3 Tagen verschwunden ist.

Nach Zumischung des Katalysators muss das im Durchschnitt 3 bis 6 Monate lagerfähige Reaktionsgemisch innerhalb einer angegebenen **Topfzeit** verarbeitet werden, da sonst die „Aushärtung" zum Duroplast im Gebinde erfolgen würde.

Reaktionsmischungen dieser Art mit zugehörigem Katalysator werden auf die Baustelle in Gebindepaaren geliefert. Man spricht daher auch von „**2-Komponenten-Reaktionskunststoffen**".

> Besonders gute Festigkeitseigenschaften erhalten Formteile aus diesen Kunststoffen, in welche man vor der Aushärtung **Glasfasern** bzw. Glasgewebe eingelegt hat. Anwendungsbeispiel: Kunststoffwellplatten (für leichte Dacheindeckungen, Balkonverkleidungen u. a.). Diese werden abgekürzt als „**GFK-Kunststoffe**" bezeichnet.
>
> Im Handel befinden sich Polyesterpräparate, die nach Zumischung eines Katalysators kurzfristig, bis innerhalb von wenigen Minuten, erhärten.

Die Kunststoffe dieser Gruppe haben eine **ausgezeichnete Beständigkeit** gegen Wasser, verdünnte Säuren, Basen und Salzlösungen sowie gegen Benzine, Benzol sowie fette oder mineralische Öle.

Im Bauwesen werden Polyester – „Zweikomponentenpräparate" zur Herstellung von ölfesten, hochaggressivbeständigen Kunststoffbeschichtungen von Beton, Estrichen, Stahl usw. angewandt. Es sind Verfahren zum Spritzauftrag von Polyester mit Glasfaser, z. B. zur Herstellung von Stollen- und Tunnelabdichtungen im Spritzverfahren, entwickelt worden.

Ein Nachteil der Polyesterharze ist eine erhebliche Schwundneigung im Zuge der Aushärtung (bis ca. 10 % im ungefüllten Zustande) und ursprünglich auch eine deutliche Sprödigkeit. Trotz eines relativ niedrigen Preises sind daher im Bauwesen praktisch schwundfreie „**Gießharze**" der beiden nachfolgend beschriebenen Gruppen in den Vordergrund gelangt.

Vernetzte Polyurethane (PUR)

Die Synthese von Polyurethanen beruht auf einer Verknüpfung von Polyalkoholen oder Polyethern mit Di- oder Tri-Isocyanaten, die mit **Polyaddition** bezeichnet wird.

Isocyanate enthalten die stickstoffhaltige funktionelle Gruppe —N=C=O. Die Polyaddition beruht auf einer Umlagerung von Wasserstoffatomen, beispielsweise wie folgt:

$$HO-R_x-OH + O=C=N-R_y-N=C=O + HO-R_z-OH \longrightarrow$$

zweiwert. Alkohol   Di-Isocynat   zweiwert. Alkohol

$$[-O-R_x-O-\overset{O}{\underset{\|}{C}}-NH-R_y-NH-\underset{\|}{\overset{}{C}}-O-R_z-O-]_n$$
$$O$$

Polyurethan

Führt die Polyaddition zu Kettenmolekülen, wie vorstehend dargestellt, wird ein Polyurethan mit thermoplastischen Eigenschaften erhalten. Eine räumliche Vernetzung ergibt Polyurethane mit duroplastischem Charakter, die z. B. durch Einsatz von Tri-Isocyanaten, wie Triphenylmethan-Tri-Isocyanat, erhalten werden.

Die Verknüpfung mit Polyalkoholen durch Polyaddition verläuft in gleicher Weise, wie vorstehend dargelegt, und zwar auch bei Normaltemperatur.

Als Polyhydroxidkomponente haben sich auch schwach bis mäßig verzweigte Polyester insbesondere für den Lacksektor bewährt, bekannt geworden unter dem Markennamen **Desmodur-Desmophen** als Zweikomponentenlacke von hoher Qualität für Beton, Stahl u. a.

Interessant ist die Möglichkeit, die mechanischen Eigenschaften der Endprodukte zu modifizieren: Stark vernetzte Polyurethane sind hart und vielfach spröde. Man erhält sie durch Anwendung stärker vernetzter Polyester als Polyhydroxidkomponente. Weniger harte bis **flexible** Beschichtungsfilme werden durch Synthese schwach vernetzter Polyurethane oder Miteinbindung hydroxidgruppenhaltiger fetter Öle, z. B. Rizinusöl, erhalten. Eine schwache Vernetzung erzielt man durch Anwendung schwach vernetzter Polyester oder einen geringen Zusatz der Isocyanatkomponente (in der Baupraxis „Härter" genannt). Im letztgenannten Falle wird die Vernetzungsdichte dadurch herabgesetzt, dass nur ein Teil der Hydroxidgruppen des Polyesters umgesetzt wird.

Im Gegensatz zu den Polyesterpräparaten werden hier die Reaktionskomponenten in getrennten Gebinden (jeweils Gebindepaaren in entsprechender mengenmäßiger Abpackung) geliefert, wobei die Polyhydroxidkomponente mit Farbpigmenten und Füllstoffen gemengt im Gebinde I und die Isocyanatkomponente, als „Härter" bezeichnet, im Gebinde II enthalten ist.

Nach Einbringen des Inhalts des Gebindes II in das Gebinde I und **gutem Durchmischen** ist das Reaktionsgemisch innerhalb einer angegebenen **Topfzeit** zu verarbeiten.

Neben den vorstehend bereits erwähnten Zweikomponentenlacken werden **Gießharze** für Beschichtungen von Beton, Stahl u. a. auf dieser Basis im Bauwesen angewandt. Diese erreichen in Mischung mit Mineralstoffen, z. B. in der Körnung abgestuftem Sand, sehr hohe Druckfestigkeiten (bis ca. 100 N/mm²) und Biegezugfestigkeit bis etwa 30 N/mm². Auch mehr oder weniger flexible (s. o.) **Fugenverguss-** und **Spachtelmassen** sind auf dieser Basis auf dem Markt.

Die **sehr gute Haftung** auf **trockenem** und basenfreiem Untergrund (frischer, nicht fluatierter Putz oder Beton ungeeignet!) beruht auf den stark polaren Polyurethangruppen, die bei der Polyaddition der Isocyanatgruppen an den Grenzflächen gebildet werden. Diese enthalten u. a. aktive Wasserstoffatome und vermögen auch mit Feuchtigkeitsspuren und Oxidhydratfilmen am Untergrund zu reagieren.

Feuchtigkeit stört die Polyurethansynthese infolge Reaktion des Isocyanats mit Wasser

$$2\ R-N=C=O + H_2O \longrightarrow R-NH-CO-R + CO_2$$

unter Entwicklung von Kohlendioxid, welches das noch weiche Reaktionsgemisch aufport (Minderung der Endfestigkeit).

Ausgewertet wird diese Reaktion zur Herstellung eines **Kunststoffschaums** (Moltopren). Isocyanat wird hierbei im Überschuss angewandt, da ein Teil zur Kohlendioxiderzeugung erforderlich ist. Die Kohlendioxidentwicklung kann auch durch Carbonsäuren (somit ohne Wasser) bewirkt werden:

$$R-N=C=O + HOOC-R_1 \longrightarrow R-NH-CO-R_1 + CO_2$$

Ausgehärteter Kunststoffschaum aus vernetztem Polyurethan ist in Anbetracht des Duroplastcharakters wasserfest und von relativ hoher Hitzebeständigkeit.

Epoxidharze (EP)

Auf Epoxidharzbasis beruht gegenwärtig – trotz eines relativ höheren Preises – der größte Teil der auf dem Baumarkt angebotenen **Gieß- und Injektionsharze**. Der Grund sind die hervorragenden mechanischen und chemischen Eigenschaften dieser Harze, die praktische Schwundfreiheit bei der Aushärtung und die zum Teil geringe Feuchtigkeitsempfindlichkeit bei der Verarbeitung. Mit Thiokolen kombinierte Epoxidpräparate können auch auf feuchten Untergrund (z. B. auf feuchten Beton) aufgetragen oder als wässerige Dispersionen verarbeitet werden.

Die Synthese von **kalt**härtenden Duroplasten dieser Gruppe beruht auf der Reaktionsfähigkeit von Epoxidgruppen, auch **Ethoxilingruppen** bezeichnet, mit zahlreichen anderen chemischen Gruppen, soweit diese mehrere aktive Wasserstoffatome enthalten.

Ausgangsprodukt ist das Epichlorhydrin, das aus Propylen, einem Abfallgas der Erdölchemie, relativ einfach wie folgt hergestellt wird:

$$\underset{\text{Propylen}}{CH_2=CH-CH_3} + \underset{\text{Chlor}}{Cl_2} \longrightarrow \underset{\text{Allylchlorid}}{CH_2=CH_2-Cl} + HCl$$

Anmerkung:

Bei hohen Temperaturen lagert sich Chlor nicht an die Doppelbindung an, sondern tritt in die Methylgruppe durch Substitution ein.

$$CH_2 = CH - CH_2 - Cl + HOCl \longrightarrow ClCH_2 - CH(OH) - CH_2 - Cl$$

Hypo-
chlorige
Säure

Glycerindichlorhydrin

$$Cl - CH_2 - CH(OH) - CH_2 - Cl + NaOH \longrightarrow$$

$$\longrightarrow CH_2 - CH - CH_2 - Cl + NaCl + H_2O$$
$$\underset{O}{\diagdown\diagup}$$

Epichlorhydrin

Epichlorhydrin lässt sich zu größeren Molekülkomplexen (niedermolekularen Epoxidverbindungen) beispielsweise wie folgt aufbauen:

$$H_2C - CH - CH_2 - Cl + HO - R - OH + Cl - CH_2 - CH - CH_2$$
$$\;\;\;\diagdown\!\!\diagup\qquad\qquad\qquad\qquad\qquad\qquad\qquad\qquad\quad\;\;\diagdown\!\!\diagup$$
$$\;\;\;\;\;O\qquad\qquad\qquad\qquad\qquad\qquad\qquad\qquad\qquad\;\;\;\;O$$

$$+\; 2\; NaOH \longrightarrow H_2C - CH - CH_2 - O - R - O - CH_2 - CH - CH_2$$
$$\qquad\qquad\qquad\;\;\diagdown\!\!\diagup\qquad\qquad\qquad\qquad\qquad\qquad\;\;\diagdown\!\!\diagup$$
$$\qquad\qquad\qquad\;\;\;O\qquad\qquad\qquad\qquad\qquad\qquad\;\;\;\;O$$
$$+\; 2\; NaCl + 2\; H_2O$$

Bei den in der Baupraxis angewandten Epoxidharzpräparaten werden niedermolekulare Epoxidverbindungen („Komponente I") meist durch Amine oder Polyamide (Komponente 2 oder „Härter" genannt) „ausgehärtet". Die Vernetzung durch den „Härter" erfolgt im Wesentlichen durch eine der Polyaddition ähnliche Anlagerungsreaktion nach folgendem Schema:

$$H_2C - CH - CH_2 - O - R - O - CH_2 - CH - CH_2 + H_2N - R_1 - NH_2 \longrightarrow$$
$$\;\;\;\diagdown\!\!\diagup\qquad\qquad\qquad\qquad\qquad\qquad\;\;\;\diagdown\!\!\diagup$$
$$\;\;\;\;O\qquad\qquad\qquad\qquad\qquad\qquad\qquad\;\;\;O$$

Diethoxilinverbindung   Diamin

$$H_2C - CH - CH_2 - O - R - O - CH_2 - CH(OH) - CH_2 - \underset{H}{N} - R_1 - \underset{H}{N} - CH_2 - CH(OH) - \cdots CH - CH_2$$
$$\;\;\;\diagdown\!\!\diagup\qquad\qquad\qquad\qquad\qquad\qquad\qquad\qquad\qquad\qquad\qquad\qquad\qquad\qquad\qquad\;\;\diagdown\!\!\diagup$$
$$\;\;\;\;O\qquad\qquad\qquad\qquad\qquad\qquad\qquad\qquad\qquad\qquad\qquad\qquad\qquad\qquad\qquad\;\;\;O$$

Die sekundären Aminogruppen vernetzen mit Ethoxilingruppen benachbarter Moleküle (sie sind hier reaktionsfähiger als ebenfalls gebildete OH-Gruppen) wie folgt:

$$R_2 \cdots \underset{H}{N} \cdots R_3 + H_2C - CH - R_4 \longrightarrow R_2 \cdots N \cdots R_3$$
$$\qquad\qquad\qquad\;\;\diagdown\!\!\diagup\qquad\qquad\qquad\qquad\;\;|$$
$$\qquad\qquad\qquad\;\;\;O\qquad\qquad\qquad\qquad\;\;\;CH_2 - CH(OH) - R_4$$

Obige Darstellung lässt die Vielfältigkeit möglicher Vernetzungen erkennen. Bei großer Vernetzungsdichte werden harte bis spröde Duroplaste, bei mäßiger Vernetzungsdichte flexiblere Kunststoffe erhalten. Durch Art und Zusatzmenge des „Härters" lässt sich die Vernetzungsdichte variieren.

> Kombinationen von Epoxidharzen oder Polyurethanen mit bituminösen Stoffen, insbesondere Spezialsteinkohlenteeren, haben sich als Fugendichtstoffe insbesondere im Nassbereich (z. B. **Wasserbau**) bewährt.
>
> (s. auch DIN 16945 – Reaktionsharze, Reaktionsmittel und Reaktionsharzmassen)

Silane, Siloxane, Silicone (SI)

Die Stoffe dieser Gruppe unterscheiden sich von den anderen Kunststoffen grundsätzlich dadurch, dass das „Skelett" der Moleküle dieser Gruppe weder eine Kette oder ein Netz von C-Atomen, sondern eine **Verknüpfung** von **Silicium-** und **Sauerstoff**-Atomen darstellt.

Schematisch lässt sich der Aufbau der Silicone in Anlehnung an die Struktur der Metakieselsäure (s. Ziff. 32.3) wie folgt darstellen:

```
      OH       OH                              R      R      R
      |        |                               |      |      |
··— Si — O — Si — O —··            ···— Si — O — Si — O — Si — O —··
      |        |                               |      |      |
      OH       OH                              R      R      R
  Ausschnitt aus dem Molekül              Ausschnitt aus einem
  der Metakieselsäure                     Silicon-Kettenmolekül
```

Für R können organische Restgruppen eingesetzt werden, wie z. B. die Methyl- ($-CH_3$), Ethyl- ($-C_2H_5$), Phenylgruppe ($-C_6H_5$) sowie auch Wasserstoff oder die Hydroxidgruppe ($-OH$).

Als Monomere dieser als oligomere oder polymere Organosilixane zu kennzeichnenden Silicone können die nachstehenden Organo-Silanole betrachtet werden:

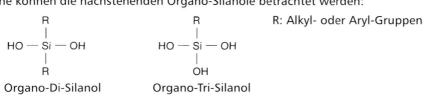

```
      R                    R              R: Alkyl- oder Aryl-Gruppen
      |                    |
HO — Si — OH         HO — Si — OH
      |                    |
      R                    OH
  Organo-Di-Silanol    Organo-Tri-Silanol
```

Die Darstellung der Silicone erfolgt durch Einwirkung von Kohlenwasserstoffchloriden auf Silicium in Pulverform, dem Kupfer als Katalysator zugemischt wurde, bei etwa 400 °C.

Durch Variation der R-Gruppe und die Möglichkeit, auch die Polymerisation unterschiedlich zu gestalten, lassen sich Produkte von sehr unterschiedlichen Eigenschaften erzielen. Da die Si–O-Bindung gegen Hitzeeinwirkung wesentlich beständiger ist als die C–C-Bindung, sind die Silicone allgemein sehr hitzebeständig. Silicone im flüssigen Zustand zeichnen sich zudem durch die Eigenschaft aus, dass ihre Viskosität durch Temperaturänderung in einem weiten Bereich nur wenig verändert wird.

Für das Bauwesen ist von Interesse, dass Wasser abweisende Siliconfilme auch aus Monomeren, wie z. B. Natriummethylsiliconat, hergestellt werden können:

$$2\ HO-\underset{\underset{ONa}{|}}{\overset{\overset{CH_3}{|}}{Si}}-OH + CO_2 + H_2O \longrightarrow 2\ HO-\underset{\underset{OH}{|}}{\overset{\overset{CH_3}{|}}{Si}}-OH + Na_2CO_3$$

Na-Methylsiliconat $\qquad\qquad\qquad\qquad$ Methyl-Kieselsäure

$$CH_3Si(OH)_3 \xrightarrow{\text{Polymerisation}} (CH_3SiO_{3/2})_n + n\ H_2O$$

Methyl-Kieselsäure $\qquad\qquad\qquad\qquad$ Siliconharz

Bei Imprägnierung z. B. eines Putzes mit einer wässerigen Lösung von Natriummethylsiliconat erfolgt eine Umsetzung durch Einwirkung der Luftkohlensäure und eine anschließende Polymerisation innerhalb von 8 – 24 Stunden.

Die Anwendung von Siliconharzlösungen in organischem Lösungsmittel hat den Vorteil, dass der volle Wasser abweisende Effekt bereits nach Abtrocknung des Lösungsmittels im Verlaufe von 1 bis 2 Stunden vorliegt, so dass praktisch keine Gefahr eines Abwaschens durch Regen vorliegen kann.

Im Wesentlichen unterscheidet man nachstehende Silicon-Präparate:

- **Siliconöle**
  Wasserklare, farb- und geruchlose und chemisch indifferente Flüssigkeiten unterschiedlicher Viskosität; an der Luft bis 180 °C ohne Zersetzung anwendbar. Stark Wasser abweisende Eigenschaft. Durch letztere sind sie für das Bauwesen interessant (sonst Anwendung hauptsächlich in der Elektroindustrie). Sie weisen Molekülketten begrenzter Länge auf und sind den „Fluidoplasten" zuzuzählen.

- **Siliconkautschuk**
  Durch leichte Vernetzung lassen sich Produkte mit elastischen Eigenschaften erzielen. Auch diese sind ausgezeichnet temperaturbeständig sowie licht- und alterungsbeständig. Siliconkautschuk wird den „Elastomeren" zugezählt. In Anwendung sind Vorprodukte, die nach Zumischung eines „Vernetzers" (z. B. Abdruckmassen) oder lediglich durch Einwirkung der Luftfeuchtigkeit zu einem Siliconkautschuk von dauerelastischer Beschaffenheit aushärten (z. B. **Dichtstoffe** zur Abdichtung von Dehnfugen aller Art im Bauwesen). Das elastische Verhalten des ausgehärteten Dichtstoffs verändert sich innerhalb eines Temperaturbereichs von – 50 °C bis ca. + 200 °C kaum, welche Stoffeigenschaft insbesondere für Außenanwendungen von Interesse ist.

- **Siliconharze** (Duroplaste)
  Durch Verstärkung der Vernetzung werden feste Stoffe von ziemlicher Härte und guter Elastizität erhalten, die gleichfalls eine gute Hitzebeständigkeit und Wasserfestigkeit aufweisen. Eine gute elektrische Isoliereigenschaft hat dieser Gruppe ebenfalls eine breite Anwendung in der Elektrotechnik sichergestellt. Im Bauwesen werden Siliconharze in organischen Lösungsmitteln, wie Schwerbenzin, gelöst als Wasser abweisende Imprägnierungsanstriche von durch andere Stoffe nicht erreichtem Wasser abweisendem Effekt und Wetterbeständigkeit angewandt.

73.3.4 Elastomere (Elaste)

73.3.4.1 Allgemeines

Elastomere sind Kunststoffe mit elastischen Eigenschaften, die nach dem Muster des Naturweichgummis (s. Ziff. 73.2) durch eine „lockere" Vernetzung von Kettenmolekülen (z. B. Vulkanisation mit Schwefel) erhalten werden.

Da Naturweichgummi eine mangelhafte Alterungsbeständigkeit besitzt, war man bestrebt, elastische Massen mit verbesserter Alterungs- und Ölbeständigkeit herzustellen.

Die Elastomere werden auch mit „Kunstgummi" oder „Kunstkautschuk" bezeichnet.

73.3.4.2 Überblick über wesentliche Elastomere

Polybutadien und Weiterentwicklungen

Polybutadien (ursprünglich BUNA, abgeleitet von „Butadien-Natrium") wird aus dem Diolefin „Butadien" (s. Ziff. 29.2) durch Polymerisation unter Einsatz von Katalysatoren (u. a. metallischem Natrium) hergestellt. Das Gas Butadien wird vorwiegend aus Acetylen synthetisiert.

$$\begin{array}{c} CH \\ ||| \\ CH \end{array} \longrightarrow \begin{array}{c} CH_2 \\ || \\ CH \\ | \\ C \\ ||| \\ CH \end{array} \longrightarrow \begin{array}{c} CH_2 \\ || \\ CH \\ | \\ CH \\ || \\ CH_2 \end{array} \xrightarrow{\text{Polymerisation}} \cdots -(CH_2 - \underset{\underset{CH_2}{\overset{||}{CH}}}{CH} -)_n \cdots$$

oder auch: $\cdots -(CH_2 - CH = CH - CH_2 -)_n$

Acetylen   Vinyl-   Butadien
            acetylen

Die „Vulkanisation" wird gleichartig wie bei Naturkautschuk nach Zumischung von **Schwefel** durchgeführt.

Eine Weiterentwicklung ist **BUNA S,** ein Mischpolymerisat mit Styrol. Dieses zeigte bessere elastische Eigenschaften als Buna, doch wurde die „Springelastizität" des Naturweichgummis nicht annähernd erreicht. Vorteile sind die bessere Alterungs- und Ölbeständigkeit.

Die wässerige Dispersion eines Butadien-Styrol-Mischpolymerisats hat sich als **Binder** für Innenanstriche (vielfach mit „Latex-Binder" bezeichnet) sehr gut bewährt.

Nitrilkautschuk (NBR) ist eine weitere Entwicklung als Mischpolymerisat von Butadien und rd. 30 % Acrylnitril (s. Ziff. 73.3.2.2).

Öl- und benzinfester Kunststoff mit mäßigen elastischen Eigenschaften mit Schwefel als „Vernetzer" (z. B. Perbunan N).

Polychloropren (CR – auch „Chloroprenkautschuk")

Herstellung aus Chloropren $CH_2 = CCl - CH = CH_2$ durch Selbstvernetzung. In Anbetracht der „stark ungesättigten" Doppelbindungen ist die Zugabe eines Vulkanisationsmittels nicht erforderlich.

Polychloropren, bekannt unter den Markennamen Neoprene und Perbunan C, ist ein Elastomer von hoher Alterungsbeständigkeit und Ölfestigkeit. Die elastischen Eigenschaften sind im Vergleich zu Naturweichgummi mäßig. Umfangreiche Anwendung für **Abdichtungsprofile, -bahnen** und „Kunstgummi**kleber**" (Lösung, bekannt unter der Bezeichnung „Neoprenekleber").

Polysulfid-Polymere (Thioplaste), insbes. Polysulfid-Kautschuk (SR)

Unter der Bezeichnung „Thiokol" ist eine Kunststoffgruppe auf dem Bausektor zu Bedeutung gelangt, und zwar insbesondere auf dem Sektor der **dauerelastischen Fugen-Dichtstoffe** (s. Ziff. 69.3).

Diese werden im Bauwesen ähnlich wie die Polyurethan- und Epoxidharzpräparate als „Zweikomponentenstoffe" eingesetzt, die somit unmittelbar vor Anwendung zu mischen (Einrühren des in geeigneter Dosierung mitgelieferten Härters in die „Stammlösung") und innerhalb der angegebenen „Topfzeit" zu verarbeiten sind.

Man verwendet flüssige organische Polysulfide, die durch Zusatz eines Peroxids („Härter") durch Bildung von **Disulfid-Brücken** miteinander vernetzen (Kondensation).

Reaktionsschema:

$$\cdots R - SH \quad HS - R \cdots \quad \xrightarrow[-H_2O]{+O} \quad \cdots R - S - S - R \cdots$$

Polysulfid   Polysulfid   Synthese durch „Disulfid-Brücke"

Als Härter haben sich Bleiperoxid, für helle Produkte Antimontrioxid bewährt. Die Polysulfid-Dichtstoffe zeichnen sich durch eine gute gummielastische Eigenschaft, sehr gute Beständigkeit gegen Witterungseinflüsse, UV-Licht, Öle, viele Lösungsmittel und eine gute und dauerhafte Haftung am Untergrund aus.

Für Innenanwendungen wegen eines unangenehmen „Schwefelgeruchs" nicht geeignet.

Silicon-Kautschuk

Der stoffliche Aufbau wurde vorstehend bereits dargelegt (s. Ziff. 73.3.3.3). Im Rahmen der Elaste sei der Silicon-Kautschuk nochmals aufgeführt.

Im Bauwesen vorwiegend als **Fugendichtstoff** angewendet, physiologisch völlig unbedenklich (s. Ziff. 69.3 und Abb. 102).

(Vorteil gegenüber Polysulfid-Kautschuk die Anwendung als „Einkomponentenmaterial", das nach Anwendung durch Einwirkung der Luftfeuchtigkeit aushärtet).

Sonstige Elastomere im Bauwesen

Bei den Entwicklungen auf dem Sektor „Kunstgummi" lag das Bestreben vor, restliche Doppelbindungen nach der Aushärtung auszuschließen, da an solchen nachträgliche Oxidationen in erster Linie angreifen und zur Versprödung führen können.

Aus einer Anzahl noch keineswegs abgeschlossener Entwicklungen seien kurz benannt:

Butylkautschuk ist ein mit Schwefel vulkanisiertes Copolymerisat von Isobutylen mit einem geringen Isoprenzusatz. Sehr gute Verarbeitbarkeit, gute Alterungsbeständigkeit bei sehr geringer Luftdurchlässigkeit, u. a. (Lässt sich zu weichelastischen, standfesten Erzeugnissen vulkanisieren, z. B. Autoschläuche).

(Zur Vertiefung siehe Literaturverzeichnis II/4).

Ethylen-Propylen-Kautschuk-Erzeugnisse sind Elastomere, die mit Hilfe von Peroxiden vernetzt werden. Große Variationsbreite durch Miteinbau unterschiedlicher Diene, wie Dicyclopentadien u. a. Teilweise liegt auch eine Vulkanisierbarkeit mit Schwefel vor. (Baudichtungsbahnen für das Bauwesen, massive und Moosgummi-Dichtungsprofile u. a.)

73.4 Internationale Kurzzeichen für Kunststoffe

Für die Kunststoffe wurden nachstehende Kurzzeichen international vereinbart (s. **DIN 7728** bzw. **DIN ISO 1043**):

AAS	Methacrylat-Acryl-Styrol	EMA	Ethylen-Methacrylat
ABS	Acrylnitril-Butadien-Styrol	EP	Epoxid
ACM	Acrylester-Kautschuk	EPDM	Ethylen-Propylen-Terpolymer
AES	Acrylnitril-Ethylenpropylen-Styrol		
		EPE	Epoxidharzester
AMMA		EPM	Ethylen-Propylen-Kautschuk
	Acrylnitrilmethylmethacrylat	EPS	expandiertes Polystyrol
ANM	Acrylester-Kautschuk	ETFE	Ethylen-Tetrafluorethylen
APP	Ataktisches Polypropylen	EVA, EVAC	Ethylen-Vinylacetat
ASA	Acrylnitril-Styrol-Acrylester	EVAL, EVOH	Ethylenvinylalkohol
BMI	Bismaleinimid	FEP	Perfluorethylenpropylen
BR	Cis-1,4-Polybutadien	FF	Furanharze
BS	Butadien-Styrol	FPM	Fluorkautschuk
CA	Celluloseacetat	IIR	Butylkautschuk
CAB	Celluloseacetobutyrat	IPDI	Isophorondiisocyanat
CAP	Celluloseacetopropionat	IR	Cis-1,4-Polyisopren-Kautschuk
CF	Kresolformaldehyd		
CM	PE-C-Kautschuk		
CMC	Carboxymethylcellulose	MBS	Methylmethacrylat-Butadien-Styrol
CN	Cellulosenitrat		
CO	Epichlorhydrin-Kautschuk	MC	Methylcellulose
CP	Cellulosepropionat	MDI	
CPE	≙ PE-C		Diphenylmethandiisocyanat
CPVC	≙ PVC-C	MF	Melaminformaldehyd
CR	Chloropren-Kautschuk	MMA	Methylmethacrylat
CSM	Chlorsulfoniertes Polyethylen (Kautschuk)	MPF	Melamin-Phenol-Formaldehyd
CTA	Cellulosetriacetat	M...Q	Silikon-Kautschuke
DAIP	Diallylisophthalat	NBR, NCR	Nitrilkautschuke
DAP	Diallylphthalat	NC	Nitrocellulose
		NDI	Naphthylendiisocyanat
EAA	Ethylenacrylsäure-Cop.	NR	Naturkautschuk
EC	Ethylcellulose		
ECB	Ethylen-Cop.-Bitumen	PA	Polyamide
ECTFE	Ethylenchlortrifluorethylen	PAI	Polyamidimide
EEA	Ethylen-Ethylacrylat	PAN	Polyacrylnitril

PAR	Polyarylat	PVAC	Polyvinylacetat
PB	Polybuten-I	PVAL	Polyvinylalkohol
PBI	Polybenzimidazol	PVB	Polyvinylbutyral
PBT(P)	Polybutylenterephthalat	PVC	Polyvinylchlorid
PC	Polycarbonat	PVC-C	Chloriertes Polyvinylchlorid
PCD	Polycarbodiimid	PVDC	Polyvinylidenchlorid
PCTFE	Polychlortrifluorethylen	PVDF	Polyvinylidenfluorid
PDAP	Polydiallylphthalat	PVE	Polyvinylether
PE	Polyethylen	PVF	Polyvinylfluorid
PEBA	Polyether-Block-Amide	PVFM	Polyvinylformal
PEC	Polyestercarbonat	PVK	Polyvinylcarbazol
PE-C	Chloriertes Polyethylen	PVP	Polyvinylpyrrolidon
PEEK	Polyaryletherketon		
PEI	Polyetherimid	RF	Resorcin-Formaldehyd
PEO, PEOX	Polyethylenoxid		
PES	Polyethersulfon	SAN	Styrol-Acrylnitril
PET(P)	Polyethylenterephthalat	SB	Styrol-Butadien
PF	Phenol-Formaldehyd	SBR	Styrol-Butadien-Kautschuk
PFA	Perfluoralkoxy-Cop.	SI	Silicon
PFEP	Polytetrafluorethylenperfluorpropylen	SMA	Styrolmaleinanhydrid-Cop.
		SMS	Styrol-a-Methylstyrol
PHA	Phenacrylharze (auch Vinylesterharze genannt)	SP	Gesättigte Polyester
PI	Polyimid	TAC	Triallylcyanurat
PIB	Polyisobutylen	TDI	Toluoldiisocyanat
PIR	Polyisocyanurat	TFA	Fluor-Alkoxy-Terpolymer
PMI	Polymethacrylimid	TMDI	Trimethylhexamethylendiisocyanat
PMMA	Polymethylmethacrylat		
PMP	Poly-4-methylpenten-I	TPU	Thermoplastische Polyurethane
PMS	Poly-a-Methylstyrol		
PO	Polyolefine		
POM	Polyoxymethylen, Polyformaldehyd	UF	Harnstoff-Formaldehyd
		UP	Ungesättigte Polyester
PP	Polypropylen		
PP-C	chloriertes Polypropylen	VAC	Vinylacetat
PPE	Polyphenylenether	VC	Vinylchlorid
PPH	Polyphenylene	VCE	Vinylchlorid-Ethylen-Cop.
PPMS	Polyparamethylstyrol	VCEVA	Vinylchlorid-Ethylen-Vinylacetat
PPO	Polyphenyloxid (= PPE)		
PPOX	Polypropylenoxid	VCOA	Vinylchloridoctylacrylat
PPS	Polyphenylensulfid	VCVDC	Vinylchlorid-Vinylidenchlorid
PPSU	Polyphenylensulfon		
PS	Polystyrol	VPE	vernetztes PE
PSU	Polysulfon	VF, Vf	Vulkanfiber
PTFE	Polytetrafluorethylen		
PTP	Polyterephthalate	XPS	extrudiertes EPS
PUR	Polyurathan		

Chemisch-analytisches Arbeiten im Labor III

Vorbemerkung zum Inhalt des vorliegenden Kapitels III:

Nachfolgend ist eine Auswahl der wesentlichen chemisch-qualitativen Prüfungen beschrieben, deren Durchführung im Bauwesen oft erforderlich ist. Besonders ist darauf hinzuweisen, dass chemisch-analytische Ermittlungen vielfach durch die Anwendung von Teststäbchen in ganz einfacher Weise zu erzielen sind, wobei auch mengenmäßige Schätzungen möglich sind, durch welche vielfach – zumindest auf dem Bausektor – auf die Durchführung chemisch-quantitativer Analysen verzichtet werden kann.

Die beschriebenen Prüfverfahren können erfahrungsgemäß auch von Nichtchemikern erfolgreich durchgeführt werden, sofern sie sich etwas mit Chemie befasst haben (siehe z. B. Kapitel I des Buches) und mit den Gerätschaften und Laborhilfsmitteln vertraut wurden.

A Allgemeine Hinweise

74 Die chemische Analyse

Unter dem Begriff „Chemische Analyse" werden alle diejenigen Arbeiten zusammengefasst, die erforderlich sind, um zu ermitteln, welche chemischen Elemente bzw. Elementgruppen (z. B. Kationen und Anionen) in einem Stoff, sei es eine chemische Verbindung oder ein physikalisches Gemenge, enthalten sind.

Im Wesentlichen unterscheidet man zwischen der qualitativen und der quantitativen chemischen Analyse.

Die **qualitative** chemische Analyse führt zur Ermittlung der „qualitativen Zusammensetzung" eines Stoffes. Durch diese wird somit erfahren, **welche** Elemente oder Elementgruppen in einem Stoff enthalten sind.

Die **quantitative** chemische Analyse wird jeweils im Anschluss an die qualitative Analyse durchgeführt. Durch diese wird über die Ergebnisse der qualitativen Analyse hinaus ermittelt, **welche Mengen** je qualitativ ermittelten Elements – angegeben in M.-% der trockenen Einwaage – der Stoff enthält.

75 Grundsätzliches zur Arbeit im chemischen Labor

Die Arbeit in einem chemischen Labor erfordert außerordentliche Sorgfalt und peinlichste Sauberkeit. Gefäße, meist aus „Jenaer Glas" (s. Ziff. 33.2), sind vor Inangriffnahme analytischer Arbeiten gut zu säubern und abschließend mit destilliertem Wasser zu spülen. Es sollte auch stets darauf Bedacht genommen werden, dass Unfälle (s. auch Ziff. 106) vermieden werden. Reagenzgläser beispielsweise, die man über einer offenen Flamme (meist „Bunsenbrenner") erhitzt, sollten jeweils nur etwa zu einem Drittel gefüllt sein, wobei man sich eines Reagenzglashalters (Holz) bedient. Einen Siedeverzug vermeidet man hierbei durch ständiges Schütteln des Reagenzglases während des Erhitzens. Hierbei ist das Reagenzglas so zu halten, dass etwa herausgeschleuderte heiße Flüssigkeit keinen Nachbarn treffen kann.

Abb. 133: Filtrieren unter Zuhilfenahme eines Glasstabes, um Spritzverluste zu vermeiden.

In vorstehender Abbildung sei – als Beispiel für eine fachgerechte Laborarbeit – die **Trennung** einer Lösung von einem unlöslichen Rückstand durch **Filtrieren** vorgestellt. Die Lösung wird hierbei langsam und verlustfrei auf ein Papierfilter gegossen, das zuvor in einen Glastrichter ordnungsgemäß eingepasst wurde.

Der Filtriervorgang verläuft bei feinporigen Filtern relativ langsam, bei grobporigen erheblich schneller. Man wird daher bestrebt sein, grobporige Filter einzusetzen. Sollte jedoch das Filtrat trübe durchlaufen, muss ein ausreichend feinporiges Filter eingesetzt werden.

Eine andere Art einer Trennung ist beispielsweise die **Destillation**.

Diese dient u. a. einer Trennung von Flüssigkeiten mit einem unterschiedlichen Siedepunkt. Auch die Trennung eines gelösten Stoffes vom Lösungsmittel wird durch eine Destillation erreicht.

In Abb. 134 ist die richtige Durchführung einer Destillation schematisch dargestellt.

75 Grundsätzliches zur Arbeit im chemischen Labor

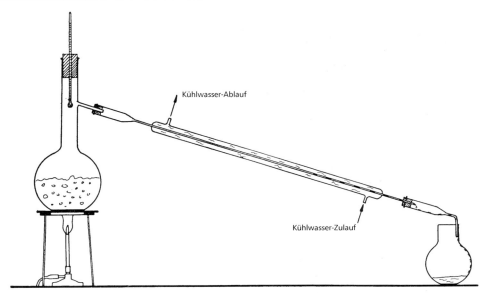

Abb. 134: Schematische Darstellung der richtigen Durchführung einer Destillation.

B Qualitative chemische Analyse

76 Grundsätzliches zur Durchführung

Die qualitative chemische Analyse beruht im Wesentlichen darauf, dass man den zu untersuchenden Stoff mit bekannten Stoffen in chemische Reaktion bringt und dann prüft, welche bekannten chemischen Verbindungen erkennbar erhalten wurden.

Hierbei werden Analysengänge auf **nassem** und auf **trockenem** Wege unterschieden.

Analysengänge auf **nassem** Wege sind dadurch gekennzeichnet, dass man die vorstehend erwähnten chemischen Reaktionen in **wässeriger Lösung** durchführt und das Ergebnis anschließend prüft und zwar auf

- Fällung eines **Niederschlags**, der identifiziert wird, oder
- charakteristische **Farbänderung** einer Lösung bzw. eines Niederschlags, oder
- Entwicklung eines **Gases**, das bestimmt wird.

  Beispiel:

  Bei Zugabe einer Bariumchloridlösung ($BaCl_2$) zu einer Lösung von **Alkalisulfat** entsteht ein weißer seidiger Niederschlag von Bariumsulfat

  $$BaCl_2 + Na_2SO_4 \longrightarrow BaSO_4 + 2\ NaCl$$

  Der weiße Niederschlag wird durch Kontrollen als Bariumsulfat identifiziert, d. h. man stellt durch Kontrollprüfungen sicher, dass es sich bei diesem Niederschlag nur um Bariumsulfat und nicht um Bariumcarbonat, Bariumnitrat oder dgl. handeln kann (s. Ziff. 79).

Da man mit Hilfe von Bariumchloridlösung das Anion „Sulfat" nachweisen kann, sagt man, Bariumchloridlösung sei ein **„Reagens"** auf Sulfat.

Farbänderungen sind vielfach eine Folge von Oxidationen. Gibt man beispielsweise zu einer Lösung von Eisen(II)-Chlorid, die eine bläulich-grüne Farbe besitzt, etwas Chlor- oder Bromwasser, so tritt eine Farbänderung nach gelb ein:

$$2\ FeCl_2 + Cl_2 \longrightarrow 2\ FeCl_3$$
$$\text{bläulichgrün} \qquad \text{gelb}$$

Die **Farbänderung von grün nach gelb** durch Oxidation lässt auf **Eisen** schließen. Zur Kontrolle wird Natronlauge zugeführt, wodurch aus der gelben Lösung von Eisen(II)-chlorid braunes Eisenhydroxid ausgefällt wird:

$$FeCl_3 + 3\ NaOH \longrightarrow Fe(OH)_3 + 3\ NaCl$$

Ein qualitativer Nachweis, der auf einer **Gasentwicklung** beruht, ist beispielsweise ein **Nachweis von Sulfid**:

$$Na_2S + H_2SO_4 \longrightarrow Na_2SO_4 + H_2S$$

Bei Einwirkung von Schwefelsäure auf Sulfidlösung wird **Schwefelwasserstoff** in Freiheit gesetzt, der neben einer sichtbaren Gasentwicklung durch den spezifischen Geruch zu erkennen ist.

Qualitative Analysen auf **trockenem** Wege werden meist nur zum qualitativen Nachweis in einfacheren Fällen oder als Vorprüfung, auch „Vorprobe" genannt, durchgeführt. Hierbei handelt es sich im Wesentlichen um Prüfung einer Substanz auf:

- Flammenfärbung, ggf. mit Spektralanalyse,
- Flüchtigkeit/Schmelzbarkeit,
- Verhalten bei Oxidation oder Reduktion,
- Verhalten in der Borax- oder Phosphorsalzperle.

77 Qualitative chemische Vorprüfungen allgemeiner Art

77.1 Nachweis durch Flammenfärbung bzw. Spektralanalyse

Die Prüfung auf Flammenfärbung beruht darauf, dass Dämpfe von manchen Metallsalzen die Flamme charakteristisch färben. Geeignet sind hierfür insbesondere Chloride. Zur Ausführung der Prüfung auf Flammenfärbung bringt man etwas von der zu untersuchenden Substanz auf ein sauberes Uhrglas, feuchtet diese mit konzentrierter Salzsäure an, nimmt etwas davon mit einem ausgeglühten Platindraht oder Magnesiastäbchen auf und hält in die nicht leuchtende Flamme eines Bunsenbrenners.

Die Salze nachstehender Metalle geben eine charakteristische Flammenfärbung:

Natrium (Na)	gelb
Kalium (K)	fahlviolett
Barium (Ba)	grün
Kupfer (Cu)	bläulichgrün
Calcium (Ca)	ziegelrot
Strontium (Sr)	rot

Da die Flammenfärbung des Kaliums durch die Flammenfärbung von Natrium meist überdeckt wird, betrachtet man die Flamme durch ein Kobaltglas. Dieses hält die gelben Strahlen des Natriums zurück, so dass eine Flammenfärbung durch Kalium gut zu erkennen ist, die allerdings jeweils nur Bruchteile von Sekunden anhält.

Wesentlich genauer bzw. empfindlicher, insbesondere bei Vorliegen geringerer Mengen eines Elements, ist der Nachweis durch die sogenannte „Spektralanalyse".

Die **Spektralanalyse** beruht auf einer Beobachtung von Spektrallinien der von dem gefärbten Licht ausgehenden Lichtstrahlen. Diese werden im Spektralapparat durch ein Prisma zerlegt. Die Linien vergleicht man mit den Tafeln der Spektralanalyse, die in einschlägigen Lehrbüchern der analytischen Chemie enthalten sind. Sind charakteristische Linien eines Elementsfestzustellen, so ist dessen Vorhandensein in der zu prüfenden Substanz nachgewiesen. Hierbei ist darauf zu achten, dass die Luft rein und frei von Substanzen ist, die ihrerseits die Flammen färben und damit das Vorhandensein eines Elements vortäuschen könnten.

77.2 Vorprüfung im Glührohr (Glührohrprobe)

Aufschlüsse über die Zusammensetzung einer Substanz lassen sich relativ einfach und rasch durch die sogenannte „Glührohrprobe" erhalten.

Diese wird durchgeführt, indem man eine kleine Menge, etwa eine Messerspitze, einer gepulverten Substanz in ein Glühröhrchen bringt und in der Gasflamme eines BUNSENbrenners vorsichtig erhitzt. Ein Glühröhrchen lässt sich sehr einfach herstellen, indem man ein Glasrohr an einer Seite zuschmilzt und dann, während das zugeschmolzene Ende noch rot glühend ist, aufbläst, so dass das Ende des Röhrchens etwa Kugelform annimmt.

Während des Erhitzens wird beobachtet, ob die Substanz schmilzt, ob sie sublimiert, in welchem Falle sie sich am oberen kalten Rand des Glühröhrchens wieder abscheidet, ob sie Gase bzw. Dämpfe entwickelt, ob sich am oberen Rand des Röhrchens Abscheidungen ergeben und welche Veränderungen ein ggf. fest verbleibender Rückstand erfährt.

Übersicht über das Ergebnis der Glührohrprobe einer festen, nichtmetallischen Substanz:

1. Die Substanz **sublimiert** vollständig ohne Abscheiden von Wasser:
   - Sublimat: **weiß**
     NH_4Cl, NH_4Br, NH_4J, As_2O_3, Hg_2Cl_2, Hg_2Br_2, $HgClNH_2$;
   - Sublimat: **grau**
     Arsen, freies Jod, alle Sauerstoffverbindungen des Hg sowie $Hg(CN)_2$;
   - Sublimat: **gelb**
     S, Arsensulfide, HgJ_2;
   - Sublimat: **braunschwarz**
     HgS, (As).

2. Die Substanz ist unter **Gasentwicklung** teilweise flüchtig:
   - Bei Entwicklung von CO_2, das bei Einleiten **in Barytwasser** dieses trübt, können vorliegen: Carbonate oder organische Substanzen (letztere meist mit brenzligem Geruch und Verkohlung des Rückstandes)
   - **Schwefel**dämpfe, die sich am oberen Rand des Röhrchens fest abscheiden: Thiosulfate und Polysulfide
   - **Braune Stickoxiddämpfe** können sich entwickeln aus: Nitraten und Nitriten
   - **Wasserdampf** aus Ammonsalzen von Sauerstoffsäuren oder aus Verbindungen, die **Kristallwasser** oder **Hydratwasser** enthalten (Voraussetzung: Prüfung getrockneter Substanz)
   - Entwicklung von SiF_4, das einen Tropfen destilliertes Wasser **trübt**, den man mittels eines Glasstabes über das obere Ende des Röhrchens hält (H_2SiO_3-Bildung): Fluorosilicate (ältere Bez.: Silicofluoride)
   - **Brenzlige Dämpfe** entweichen aus **fett-** oder **wachs**artigen organischen Substanzen (vgl. die Dämpfe beim Ausblasen einer Wachskerze), der **Rückstand** färbt sich **schwarz** (verkohlt): **organische** Substanz.

3. **Glührohrprobe mit Soda**

   Die gepulverte Substanz wird mit pulverförmiger Soda (Na_2CO_3) etwa im Verhältnis 1 : 2 durchgemischt und in gleicher Weise wie oben angegeben im Glühröhrchen erhitzt.
   - Ein NH_3-**Geruch** lässt auf Ammonsalze oder auf Ferro- und Ferricyanide schließen.

– Sulfide zeigen die **Hepar**-Reaktion:

Der Rückstand wird nach dem Erkalten auf ein Silberblech oder eine Silbermünze gelegt. Man befeuchtet mit 2 – 3 Tropfen destillierten Wassers. Nach 5 – 10 Minuten wird mit Wasser abgespült. Ein brauner bis **schwarzer Fleck** (Ag_2S) weist auf die Anwesenheit eines **Sulfides** hin (s. Ziff. 77.2.1.4).

4. **Glührohrprobe mit Kalium**

(**Vorsicht!** Wegen der starken Reaktionsfähigkeit und damit Gefährlichkeit des Kaliums – s. Ziff. 13.07 u. 13.13 – darf eine Glührohrprobe mit Kalium nur vom **Fachmann** durchgeführt werden!)

In das Glühröhrchen wird ein kleines Stückchen Kalium eingeworfen, darauf wird eine Messerspitze Substanz nachgegeben. Man erhitzt vorsichtig, wie vorstehend angegeben. Der Glührückstand wird nach Erkalten untersucht:

- Ein PH_3-Geruch beim Anhauchen des Glührückstandes weist auf **Phosphate** hin (s. Ziff. 78.4).
- Ein wässeriger Auszug des Glührückstandes wird auf Cl^- geprüft (s. Ziff. 79.2). Ein positiver Ausfall beweist das Vorhandensein von Chlorid.
- Ein positiver Ausfall der **Hepar**-Reaktion beweist ein Vorhandensein von **Sulfiden** bzw. **Schwefel** (bei organischen Verbindungen – s. Ziff. 77.3.3.2).
- Ein wässeriger Auszug (ggf. KCN) gibt die **Berliner Blau**-Reaktion (s. Ziff. 80.1): Es ist **Stickstoff** (in organischen Verbindungen) enthalten (s. auch Ziff. 80.8).

77.3 Phosphorsalz- oder Boraxperle

Eine weitere, einfach durchzuführende Vorprobe beruht auf der Herstellung und Beurteilung einer Phosphorsalz- oder Boraxperle. Zur Ausführung wird ein Platindraht, dessen Ende zu einer Öse gebogen ist, oder ein Magnesiastäbchen ausgeglüht und noch heiß mit festem Phosphorsalz oder Borax in Berührung gebracht. Dann erhitzt man in der Flamme eines Bunsenbrenners, bis das Salz zu einer Perle geschmolzen ist. Hat man noch nicht genügend Salz auf dem Platindraht, so wiederholt man vorstehend beschriebenen Vorgang, bis sich eine schöne Perle mit einem Durchmesser von etwa 1 ½ bis 2 mm gebildet hat. Nach Erkalten der Perle wird diese mit destilliertem Wasser etwas befeuchtet und mit der zu prüfenden Substanz in Berührung gebracht. Darauf erhitzt man die Perle mit der anhaftenden Substanz in der Oxidationsflamme des Bunsenbrenners.

Man beurteilt noch heiß und dann nach Erkalten die Farbe der Perle. Anschließend wird die Perle in der Reduktionsflamme erhitzt, worauf man die Perle wiederum in zunächst heißem, dann erkaltetem Zustand prüft.

Die Färbung der Perle beruht auf einer Bildung von farbigen Verbindungen. Das Reaktionsschema ist beispielsweise bei Anwendung von Phosphorsalz (Natriumammoniumhydrogenphosphat) und Vorliegen von CuO nachstehendes:

$$NaNH_4HPO_4 \longrightarrow NaPO_3 + NH_3 + H_2O$$

$$NaPO_3 + CuO \longrightarrow NaCuPO_4$$

Natriumkupferphosphat

Übersicht über einige Elemente, die die Phosphorsalz- oder Boraxperle charakteristisch färben:

Nachgewiesenes Element	Oxidationsperle		Reduktionsperle	
	heiß	kalt	heiß	kalt
Fe	schw.: gelb st.: gelb	schw.: farblos st.: braun		schw.: farblos st.: grün
Ni		braun		grau
Co		blau		blau (nach längerem Erhitzen: grau)
Cr		grün		grün
Mn	amethystfarben		farblos	
U	gelb		gelb	st.: grün
Cu	grün	blau		schw.: farblos st.: rot, undurchsichtig
SiO$_2$	Viele Silicate bilden in der Phosphorsalzperle (nicht Boraxperle) ein charakteristisches Skelett aus.			

Die Abkürzung „schw." heißt schwachgesättigt, die Abkürzung „st." bedeutet stark gesättigt.

77.4 Lötrohrprobe

Eine weitere Art einer Vorprüfung, insbesondere zur Erkennung von **Metallen**, ist die sogenannte Lötrohrprobe. Zur Durchführung wird an einem Stück Holzkohle eine flache, runde Vertiefung angebracht, in welche man etwas Substanz, die mit der dreifachen Menge Soda gemischt ist, gibt.

Man befeuchtet mit 1 – 2 Tropfen destillierten Wassers und erhitzt den Inhalt der Vertiefung durch die Reduktionsflamme eines Lötrohres.

Durch die Einwirkung der Reduktionsflamme werden viele Metallverbindungen zu Metall reduziert, sie scheiden sich in kleinen Kügelchen (schmelzbare Metalle) oder in Flittern ab. Zahlreiche Verbindungen geben gleichzeitig einen Oxidbeschlag.

Die reduzierte Substanz wird nach dem Erkalten in eine Reibschale gebracht und mit destilliertem Wasser übergossen, wodurch überschüssige Soda gelöst wird. Der Rückstand wird daraufhin untersucht.

Übersicht über Schlussfolgerungen aus dem Verhalten einer Substanz auf der Kohle:

- Die Substanz **schmilzt** und **versickert** in der Kohle:
  Alkalisalze

- Die Substanz **verpufft**:
  Nitrate, Nitrite, Chlorate, Jodate
  (Die Probe wird ohne Soda wiederholt, das Verpuffen muss sich dann deutlicher zeigen.)

- **Metall ohne** Beschlag:
  Duktile Kügelchen:

weiß: Sn u. Ag (Sn mit geringem Beschlag)
gelb: Au
rot: Cu
Graue Flitter: Fe, Ni, Co, Pt

- **Metall mit** Beschlag:
Spröde Kügelchen:
mit weißem Beschlag: Sb
mit braungelbem Beschlag: Bi
Duktile Kügelchen:
gelber Beschlag: Pb

- **Oxidbeschlag ohne** Metall:
in der Hitze gelb, in der Kälte weiß: Zn
braunroter Oxidbeschlag: Cd
weißer Oxidbeschlag und Knoblauchgeruch: As

78 Qualitative chemische Vorprüfungen auf Anionen

78.1 Vorprüfung auf Halogen-Wasserstoffsäuren bzw. ihre Salze

Die gepulverte Substanz wird mit (pulverförmigem) Kaliumhydrogensulfat ($KHSO_4$) vermengt und im Glasröhrchen erhitzt.

Bei Vorhandensein von **Chloriden** entweicht Chlorwasserstoffgas, das mit Ammoniakdämpfen schwere weiße Nebel bildet.

Bei Anwesenheit von **Bromiden** entweichen rötlich braune Dämpfe von Bromwasserstoff (HBr).

Bei Anwesenheit von **Jodiden** entweichen violette Dämpfe, die Jodkaliumstärkepapier blau färben.

Bei Anwesenheit von **Fluoriden** werden farblose Dämpfe entwickelt, die eine über das Kölbchen gehaltene Glasplatte anätzen.

78.2 Vorprüfung auf Sulfate

Die gepulverte Substanz wird mit der doppelten Menge Soda gemischt auf der Kohle reduziert geschmolzen. Nach dem Erkalten wird die **Hepar**reaktion durchgeführt (s. o.). Ein brauner bis schwarzer Fleck zeigt die Anwesenheit von Sulfaten an.

78.3 Vorprüfung auf Sulfide

Sulfide geben bei Durchführung vorstehend angegebener Vorprobe ebenfalls die **Hepar**reaktion. Zur Unterscheidung von Sulfaten stellt man eine Lösung von **Natriumnitrit** und **Jod** her. In diese Lösung gibt man etwas von der zu prüfenden Substanz. Bei Anwesenheit von Sulfiden erfolgt **Entfärbung** unter starker Entwicklung von Stickstoff. **Sulfate** geben **keine** Reaktion.

78.4 Vorprüfung auf Phosphate

Die getrocknete und gepulverte Substanz wird mit Magnesiumpulver gemischt und in die ausgezogene Spitze eines Glasröhrchens gegeben. Man glüht die Spitze des Glasröhrchens bis zum Schwarzwerden des Gemisches. Nach Erkalten zerdrückt man die Spitze des Glasröhrchens mit seinem Inhalt in einem Mörser und fügt eine kleine Menge Wasser hinzu. Ein **Geruch nach Phosphorwasserstoff** („Carbidgeruch") weist auf die Anwesenheit von **Phosphat** hin. (**Vorsicht!** Wegen Gefahr von Verpuffungen nur mit kleinen Mengen – je ca. 1 g – und mit **Schutzbrille** arbeiten!)

78.5 Vorprüfung auf Nitrate

Entwickelt die mit Kaliumhydrogensulfat gemischte Substanz im Glasröhrchen beim Erhitzen braunrote Dämpfe, so werden diese wie folgt geprüft:

Man stellt etwas Eisen(II)-sulfat-Lösung ($FeSO_4$) her, tränkt mit dieser einen Streifen Filtrierpapier und lässt die braunen Dämpfe auf diesen Streifen einwirken. Bei Anwesenheit von Nitrat wird der Streifen braun gefärbt (s. Ziff. 77.2.2.3 u. 79.3).

78.6 Vorprüfung auf Carbonate

Eine kleine Menge Substanz wird auf einem Uhrglas mit einigen Tropfen verdünnter Salzsäure (etwa 1 : 1 bis 1 : 3) übergossen. Bei Anwesenheit von Carbonaten erfolgt starkes Aufbrausen (s. Ziff. 77.2.2.1 u. 79.5).

78.7 Vorprüfung auf sonstige Anionen

Silicate (Kieselsäure) – s. Ziff. 77.3;

Fluorosilicate (Kieselfluorwasserstoffsäure) – s. Ziff. 77.2.2.5;

Thiosulfate und Polysulfide – s. Ziff. 77.2.2.2.

79 Qualitativer Nachweis der wichtigsten Anionen auf nassem Wege

79.1 Vorbereitung

Zur Vorbereitung wird ein Sodaauszug der Substanz hergestellt, indem man eine kleine Menge der fein gepulverten Substanz (ca. 0,5 – 1 g) mit einer konzentrierten Sodalösung übergießt und etwa 10 – 15 Minuten im Sieden hält. Darauf wird abfiltriert.

Durch das Kochen mit Sodalösung werden etwa an vorhandene Schwermetalle gebundene Anionen in gut lösliche Alkalisalze übergeführt, z. B.

$$MnSO_4 + Na_2CO_3 \longrightarrow MnCO_3 + Na_2SO_4$$
$$\text{weißer Niederschlag}$$

79.2 Prüfung auf Sulfat

Ein Teil des Sodaauszugs wird in einem Becherglas mit Salpetersäure angesäuert (Prüfung mit Lackmuspapier!). Man kocht für einige Minuten auf, um die Kohlensäure, die den Sulfatnachweis stören könnte, auszutreiben:

$$Na_2CO_3 + 2\ HNO_3 \longrightarrow 2\ NaNO_3 + H_2CO_3 \diagdown H_2O\ CO_2$$

Bei großer Konzentration des Natriumcarbonats und einem unzureichenden Ansäuern kann ggf. ein weißer Niederschlag von Bariumcarbonat entstehen, der Sulfat vortäuschen würde.

$$Na_2CO_3 + BaCl_2 \longrightarrow BaCO_3 + 2\ NaCl$$
schwer lösl.

Ein Teil der (noch warmen oder erkalteten) ausgekochten Lösung wird nun in ein Reagenzglas gefüllt (etwa 4 – 5 cm hoch), worauf 1 – 2 ml etwa 6 %iger $BaCl_2$-Lösung zugesetzt werden. Bei Anwesenheit von Sulfat fällt ein weißer, seidiger Niederschlag von **Bariumsulfat** aus:

$$Na_2SO_4 + BaCl_2 \longrightarrow BaSO_4 + 2\ NaCl$$

Als Ionengleichung geschrieben:

$$SO_4^{2-} + Ba^{2+} \longrightarrow BaSO_4.$$

Bariumsulfat ist wasserunlöslich, das daneben gebildete Natriumchlorid ist wasserlöslich. Zur Erhärtung des Ergebnisses werden **zwei Kontrollen** ausgeführt:

- In das Reagenzglas wird etwa 1 ml konzentrierte Salzsäure zugegeben. Der Niederschlag muss unlöslich bleiben.
- Es wird etwa 6 %ige Bleiacetatlösung hergestellt. Zu einem zweiten Teil der ausgekochten Lösung gibt man nun in ein Reagenzglas 1 – 2 ml Bleiacetatlösung. Es muss ein weißer Niederschlag von **Bleisulfat** ausfallen:

$$Na_2SO_4 + (CH_3COO)_2Pb \longrightarrow PbSO_4 + 2\ CH_3COONa$$

als Ionengleichung geschrieben:

$$SO_4^{2-} + Pb^{2+} \longrightarrow PbSO_4$$

Alternativ kann Sulfat in sehr einfacher Weise durch **Eintauchen** eines **Sulfat-Teststäbchens** (z. B. Merckoquant der Fa. Merck AG., Darmstadt) in die vorstehend erwähnte, mit Salpetersäure angesäuerte Lösung nachgewiesen werden.

Das Teststäbchen – auch mit „Mikrochip für Analysen" bezeichnet – enthält in 4 Reaktionszonen unterschiedliche Mengen eines rot gefärbten Thorium-Barium-Komplexes. Bei Sulfatanwesenheit in der Lösung erfolgt ein Farbumschlag von rot nach gelb. Anhand einer Farbskala lässt sich zudem der Sulfat**gehalt** in 4 Stufen abschätzen (von 0 bis ca. 1600 mg SO_4^{2-}/l) – s. Lit. III/6.

79.3 Prüfung auf Chlorid (Cl⁻)

Ein weiterer Teil des mit Salpetersäure angesäuerten und ausgekochten Sodaauszugs wird in einem Reagenzglas mit einigen Tropfen Silbernitratlösung versetzt:

$$NaCl + AgNO_3 \longrightarrow AgCl + NaNO_3$$

als Ionengleichung geschrieben:

$$Cl^- + Ag^+ \longrightarrow AgCl$$

Silberchlorid fällt als weißer, unlöslicher, flockiger bis käsiger Niederschlag aus. Zur **Kontrolle** wird ein Teil des Niederschlags in einem Reagenzglas mit konzentriertem Ammoniak übergossen. Der Niederschlag muss sich **auflösen**, da sich ein wasserlösliches Komplexsalz bildet:

$$AgCl + 2\ NH_3 \longrightarrow [Ag(NH_3)_2]Cl$$

Der restliche Niederschlag wird unter **Licht**einwirkung beobachtet. Er zeigt ein Vergrauen, beim längeren Stehen wird er bis **blauschwarz**. Die Ursache dieser Veränderung ist eine Spaltung des Silberchlorids unter Abscheidung von metallischem Silber.

Der vorstehend beschriebene Zerfall des Silberchlorids ist die grundlegende Reaktion der **Photographie**.

Noch lichtempfindlicher als das Silberchlorid ist das **Silberbromid**, das in der „lichtempfindlichen Schicht" einer photographischen Platte oder eines photographischen Films in feiner Verteilung enthalten ist.

Ein **Schnelltest** mit **Gehaltsschätzung** (zwischen 0 bis 3000 mg Cl⁻/l) kann mittels Merckoquant-Chlorid-Teststäbchen durchgeführt werden. Der Nachweis beruht auf Entfärbung rotbraunen Silberchromats durch Chloridionen (Bildung von Silberchlorid – s. Lit. III/6).

Bromide und **Jodide** geben in salpetersaurer Lösung mit Silbernitrat eine **gelbliche Fällung** von AgBr bzw. AgJ. Ersteres ist in Ammoniak schwer, letzteres unlöslich. Bromide und Jodide können auf einfache Weise durch die Glührohrprobe (s. Ziff. 77.2.1.1) erkannt werden.

79.4 Prüfung auf Nitrat (NO₃⁻)

79.4.1 Nachweis mit Eisen(II)-sulfat und Schwefelsäure

Der ursprüngliche, nicht angesäuerte Sodaauszug wird mit verdünnter Schwefelsäure angesäuert (Prüfung mit blauem Lackmuspapier auf Rotfärbung). Ein Reagenzglas wird mit dieser Lösung etwa 5 – 6 cm hoch gefüllt. Man wirft 3 – 4 Körnchen Eisen(II)-sulfat ein und schüttelt bis zum restlosen Lösen um. Nun hält man das Reagenzglas etwa 45° schräg und gießt vorsichtig konzentrierte Schwefelsäure etwa 1 – 1,5 cm hoch ein. Infolge des höheren spezifischen Gewichts unterscheidet sich die Schwefelsäure. Bei Anwesenheit von **Nitrat** zeigt sich an der Berührungsfläche Schwefelsäure/Lösung ein **dunkelbrauner Ring**.

Reaktionen:

2 NaNO$_3$ + H$_2$SO$_4$ ⟶ Na$_2$SO$_4$ + 2 HNO$_3$

2 HNO$_3$ ⟶ 2 NO + H$_2$O + 3 O

2 FeSO$_4$ + H$_2$SO$_4$ + O ⟶ Fe$_2$(SO$_4$)$_3$ + H$_2$O

2 HNO$_3$ + 6 FeSO$_4$ + 3 H$_2$SO$_4$ ⟶ 2 **NO** + 3 Fe$_2$(SO$_4$)$_3$ + 4 H$_2$O

FeSO$_4$ + NO ⟶ [Fe(NO)]SO$_4$

                      dunkelbraune Färbung

Diese Reaktionsfolge lässt sich wie folgt in Worte fassen:

Die konzentrierte Schwefelsäure setzt zunächst aus vorhandenem Nitrat **Salpetersäure** in Freiheit. Diese wird durch Ferrosulfat **zu NO reduziert**. Dieses bildet mit Ferrosulfat die **dunkelbraune** Komplexverbindung **Nitroso-Eisen(II)-Sulfat**.

Ist viel Nitrat vorhanden, erfolgt vielfach eine Bräunung des ganzen Reagenzglasinhaltes. Der braune Ring ist nicht beständig. Durch Schütteln kann er, wenn nicht große Nitratmengen vorliegen, sofort verschwinden.

Die Anionen **Nitrit** (NO$_2^-$), **Bromid** (Br$^-$) **und Jodid** (J$^-$) stören den Nitratnachweis, da sie ein Braunwerden der Lösung verursachen. Ist Bromid oder Jodid nachgewiesen worden, so sind diese vor Durchführung des Nitratnachweises zu entfernen. Hierzu versetzt man den mit Schwefelsäure angesäuerten Sodaauszug mit der Lösung von nitratfreiem Silbersulfat

                      Br$^-$ + Ag$^+$ ⟶ AgBr

Das ausgefällte Silberhalogenid wird abfiltriert und das Filtrat auf Nitrat geprüft.

79.4.2 Empfindliche Nachweisreaktion mit Brucin

Diese sehr empfindliche Nachweisreaktion ist insbesondere für eine Untersuchung von Wässern geeignet. Da Brucin ein Gift ist, darf diese Prüfung nur vom Fachmann durchgeführt werden. Durchführung und Näheres s. Ziff. 89.14.

79.4.3 Nachweis mit Nitrat-Teststäbchen

Auch für den Nitratnachweis stehen für einen schnell und einfach durchzuführenden Nachweis Nitrat-Teststäbchen zur Verfügung, z. B. Merckoquant-Nitrat-Teststäbchen. Die Verfärbung des Teststäbchens wird nach Eintauchen in die lt. Ziff. 78.5 bereitete Lösung mit einer Farbskala verglichen. Je nach Grad der Verfärbung kann neben dem qualitativen Nachweis auch der **Nitratgehalt** der Lösung geschätzt werden.

79.5 Prüfung auf Nitrit (NO$_2^-$)

Nitrit (NO$_2^-$) wird durch den nachstehend aufgeführten, sehr empfindlichen Nachweis ermittelt, der auf der Bildung eines roten Farbstoffs beruht:

Das „Nitritreagens" wird hergestellt, indem man rd. 0,05 g α-Naphthylamin mit einigen cm³ destilliertem Wasser z. B. in einem Reagenzglas kocht, die Lösung vom farbigen Rückstand abgießt und mit verdünnter Essigsäure auf etwa das Zehnfache des Volumens verdünnt. Zu dieser Lösung gießt man eine Lösung von rd. 0,2 g Sulfanilsäure in rd. 50 ml verdünnter Essigsäure.

Zum Nitritnachweis verdünnt man einige Tropfen des mit Schwefelsäure angesäuerten Sodaauszugs mit rd. 10 ml destilliertem Wasser und gibt einige Tropfen des Nitritreagens zu. Färbt sich die Lösung kurz nach dem Umschütteln **rot**, ist **Nitrit vorhanden**. Bei einer etwaigen Blaufärbung wird der Nachweis mit einer geringeren Menge des Sodaauszugs wiederholt. (Die Rotfärbung wird nur durch Nitrit bewirkt.)

Alternativ kann auch dieser Nachweis durch einfaches Eintauchen eines **Nitrit-Teststäbchens** (z. B. Merckoquant-Nitrit-Teststäbchen) in die vorstehend erwähnte Lösung durchgeführt werden. Der Grad der Verfärbung läut – neben dem qualitativen Nachweis – eine Schätzung des **Nitritgehalts** der vorgelegten Lösung zu.

79.6 Prüfung auf Carbonat (CO_3^{2-})

In einem Reagenzglas wird ein Teil der Substanz mit etwa 1 : 3 verdünnter Salzsäure im Überschuss versetzt. Entwickelt sich ein farbloses, geruchloses Gas unter lebhafter Reaktion, so ist Carbonat offensichtlich vorhanden.

In einem zweiten Versuch leitet man das sich entwickelnde Gas in Barytwasser [Lösung von $Ba(OH)_2$]. Bei Anwesenheit von Carbonat wird ein **weißer Niederschlag** von Bariumcarbonat gebildet.

Reaktionen:

$$Na_2CO_3 + 2\ HCl \longrightarrow 2\ NaCl + H_2CO_3$$
$$H_2O \quad CO_2$$
$$CO_2 + Ba(OH)_2 \longrightarrow \mathbf{BaCO_3} + H_2O.$$

Zur Sicherstellung eines Überleitens von Kohlendioxid in das Barytwasser wird der Inhalt des Reagenzglases 2 – 3 Minuten gekocht. Das Überleiten erfolgt durch die Wasserdampfentwicklung.

80 Qualitativer Nachweis der wichtigsten Kationen auf nassem Wege

80.1 Nachweis von Eisen (z. B. in Wässern)

Die wässerige Lösung, die auf Eisengehalt geprüft werden soll, wird mit Salpetersäure gut angesäuert (Prüfung mit blauem Lackmuspapier auf Rotfärbung!), worauf einige Minuten gekocht wird. Nach Erkalten wird ein Teil der Lösung in einem Reagenzglas mit einer Lösung von gelbem Blutlaugensalz [$Fe(CN)_6K_4$], Ferrocyankalium [neue Bez.: Kaliumhexacyanoferrat(II)], versetzt. Bei Anwesenheit von **Eisen** bildet sich eine **tiefblaue Färbung**. Es setzt sich allmählich ein Niederschlag von **Berliner Blau** ab:

$$4 \text{ Fe}^{3+} + 3 \text{ Fe(CN)}_6^{4-} \longrightarrow [\text{Fe(CN)}_6]_3\text{Fe}_4$$

Eisen(III)-hexacyanoferrat(II) (alte Bezeichnung: Ferri-Ferro-Cyanid)

> Berliner Blau, das Ferrisalz der Ferrocyanwasserstoffsäure (neue Bez.: Hexacyanoeisen(II)säure), ist unlöslich in Wasser, jedoch mit blauer Farbe in Oxalsäure löslich (blaue Tinte). In konzentrierter Salzsäure ist Berliner Blau auch löslich, fällt jedoch bei Verdünnen mit Wasser wieder aus.

Zu einem anderen Teil der mit Salpetersäure angesäuerten und ausgekochten Lösung gibt man Ammoniak bis zur schwachammoniakalischen Reaktion zu. Bei Anwesenheit von Eisen fällt ein rostbrauner Niederschlag von Eisen(III)-hydroxid (Ferrihydroxid) aus:

$$\text{Fe}^{3+} + 3 \text{ OH}^- \longrightarrow \text{Fe(OH)}_3$$

Eisen(III)-hydroxid (brauner Rost)

Die Fällung von Eisen als Ferrihydroxid z. B. aus Wässern gibt einen Anhalt über die in diesen enthaltene Menge Eisen.

Ein sehr **empfindlicher Nachweis** auf Spuren von dreiwertigem Eisen wird mit Ammon- oder Kaliumthiocyanat als Reagens durchgeführt:

$$\text{Fe}^{3+} + 3 \text{ SCN}^- \longrightarrow \text{Fe(SCN)}_3$$

100 ml einer Wasserprobe säuert man mit 3 ml Salzsäure (25 %) an und setzt rd. 3 ml Kaliumthiocyanatlösung zu. Bei Anwesenheit von Eisen(III)-Spuren wird die Lösung bräunlichrot gefärbt; ein größerer Gehalt führt zu einem bräunlichroten Niederschlag.

Sollen auch Eisen(II)-Ionen nachgewiesen werden, gibt man zu weiteren 100 ml der Wasserprobe 0,5 ml Wasserstoffperoxidlösung und 3 ml Salzsäure (25 %). Man kocht die Lösung für ca. 5 Minuten auf, wodurch die Eisen(II)-Ionen zu Eisen(III)-Ionen oxidiert werden.

Nach Zusatz von rd. 3 ml Kaliumthiocyanatlösung wird eine Anwesenheit von Eisen durch eine braunrote Färbung bzw. einen braunroten Niederschlag von Eisen(III)-thiocyanat angezeigt.

Durch Vergleich der Färbungen bzw. Niederschläge lässt sich grob abschätzen, ob neben Eisen(III)-Ionen auch Eisen(II)-Ionen im Wasser enthalten sind.

Alternativ kann auch ein **Schnelltest** mit Hilfe von **Teststäbchen** (z. B. Merckoquant-Eisen-Teststäbchen) durchgeführt werden. Für Messbereiche zwischen 0 bis rd. 500 mg Fe/l Wasser lässt sich, vom qualitativen Nachweis abgesehen, auch der Eisen**gehalt** des Wassers schätzen. (Die Gebrauchsanleitung für die Anwendung der Teststäbchen ist zu beachten – siehe Lit. III/6.)

80.2 Nachweis von Blei (z. B. in Wässern)

Die zu prüfende Lösung wird mit Salzsäure schwach sauer gemacht (Prüfung mit blauem Lackmuspapier bis zur deutlichen Rotfärbung), worauf Schwefelwasserstoff eingeleitet wird (Darstellung s. Ziff. 82). Anstelle eines Einleitens von Schwefelwasserstoff kann man auch Schwefelwasserstoff-Wasser zufügen. Bei Anwesenheit von Blei fällt ein Niederschlag von schwarzem Bleisulfid aus:

$Pb^{2+} + S^{2-} \longrightarrow PbS$

Bleisulfid, schwarzer, unlöslicher Niederschlag

Bei Anwesenheit von **Kupfer**salzen fällt ebenfalls ein schwarzer Niederschlag (CuS) aus. Ein anderer Teil der zu prüfenden Lösung ist daher auf Kupfersalze zu untersuchen. Ist kein Kupfer vorhanden, ist der Nachweis eindeutig (s. Ziff. 80.5).

Zur Erhärtung des Bleinachweises wird zusätzlich noch nachstehende **Kontrolle** ausgeführt: Ein Teil der zu untersuchenden Lösung wird mit **Schwefelsäure** versetzt bis zur deutlich sauren Reaktion. Es fällt ein weißer Niederschlag von **Bleisulfat** ($PbSO_4$) aus. Bei Anwesenheit von geringen Bleimengen entsteht lediglich eine weiße Trübung.

Im Zweifelsfalle kann ein Kontrollnachweis durchgeführt werden, bei welchem Kupfer infolge Komplexbildung durch H_2S nicht ausgefällt werden kann. Dieser Nachweis setzt die Verfügbarkeit über Kaliumcyanid voraus, das als starkes **Gift** nur in der Hand eines Fachchemikers bleiben soll. Der Kontrollnachweis wird wie folgt durchgeführt:

100 ml des zu untersuchenden Wassers werden zunächst mit etwa 5 Tropfen Kaliumnatriumtartrat-Lösung (50 g Kaliumnatriumtartrat in 100 ml Wasser) versetzt, worauf Natronlauge bis zur deutlichen alkalischen Reaktion zugesetzt wird (mit Indikatorpapier prüfen!). Sodann bringt man etwa 5 Tropfen Kaliumcyanidlösung (10 g Kaliumcyanid in 100 ml Wasser) ein und mischt gut durch.

Nun fügt man ca. 10 ml eines frisch bereiteten Schwefelwasserstoffwassers zu. Es kann auch alternativ Schwefelwasserstoff eingeleitet werden, der z. B: mit Hilfe des KIPPschen Apparats (s. Abb. 3) aus Schwefeleisen und Salzsäure hergestellt wird.

Bei Anwesenheit von Blei zeigt die Lösung eine gelb- bis graubraune Trübung von kolloidalem Bleisulfid.

Ein **Schnelltest** mit **Gehaltsschätzung** (0 bis 500 mg Pb^{2+}/l) kann mittels Merckoquant-Blei-Teststäbchen durchgeführt werden. Blei reagiert mit Rodizonsäure zu einem rot gefärbten Farbkomplex (s. Lit. III/6).

80.3 Nachweis von Calcium

Ein fester Stoff wird in destilliertem Wasser (10 Minuten kochen) gelöst. Ist er nur teilweise löslich, gibt man Salzsäure bis zur deutlich sauren Reaktion zu und kocht nochmals einige Minuten. Nach Abkühlen filtriert man von einem etwaigen unlöslichen Rückstand ab, versetzt die Lösung mit Ammoniak, filtriert nochmals, falls ein Niederschlag entstanden sein sollte, und gibt in einem Reagenzglas zu einem Teil des Filtrates Ammonoxalatlösung. Bei Vorhandensein von Calcium fällt ein weißer, grobkristalliner Niederschlag von **Calciumoxalat** aus:

$$\begin{pmatrix} COO \\ | \\ COO \end{pmatrix}^{2-} + Ca^{2+} \longrightarrow \begin{matrix} COO \\ | \\ COO \end{matrix} \!\!> Ca \qquad \text{Summenformel:}\ C_2O_4Ca$$

Calciumoxalat ist in Wasser und Essigsäure praktisch unlöslich (Kontrolle durchführen!), in starken Säuren dagegen löslich.

Ein **Schnelltest** kann mit Calcium-**Teststäbchen** durchgeführt werden, z. B. mit Merckoquant-Calcium-Teststäbchen (Schätzung des Calcium**gehalts** der Lösung im Messbereich 0 – 100 mg Ca^{2+}/l möglich) (s. Lit. III/6).

80.4 Prüfung auf Magnesium

Eine auf Magnesiumgehalt zu prüfende Lösung, z. B. ein Wasser, wird in der Siedehitze mit Ammoniak und Ammoniumcarbonatlösung versetzt, nachdem zuvor etwas Ammoniumchlorid zugesetzt wurde, um Magnesium in Lösung zu halten. Ein etwa gebildeter Niederschlag wird abfiltriert. Das Filtrat wird zunächst auf Calcium- und Barium-Freiheit geprüft, was durchgeführt wird, indem man einen Teil des Filtrates mit Ammoniumoxalatlösung versetzt. Sollte sich ein Niederschlag zeigen, so sind die Erdalkalien nicht vollständig abgeschieden und es ist die Fällung mit Ammoniak und Ammoniumcarbonat nochmals durchzuführen.

Ist bei der Prüfung mit Ammoniumoxalat kein Niederschlag ausgefallen, so wird ein weiterer Teil des Filtrates mit Dinatriumhydrogenphosphat-Lösung (Na_2HPO_4) versetzt. Bei Anwesenheit von Magnesium fällt ein **weißer** Niederschlag von **Magnesium-Ammoniumphosphat** aus:

$$MgCl_2 + Na_2HPO_4 + NH_3 \longrightarrow Mg(NH_4)PO_4 + 2\ NaCl$$

Der weiße Niederschlag wird mikrokristallin erhalten. Bei Anwesenheit von geringen Mengen Magnesium kommt es nur allmählich zu einer Fällung. Man kann diese fördern, indem man mit einem Glasstab an der Wandung kratzt.

Sehr empfindlich ist der Nachweis von Magnesium mit **Tetraoxyanthrachinon**. Die zu untersuchende Lösung wird mit einer geringen Menge **Ammoniak** versetzt, so dass sie leicht ammoniakalisch ist. Nun fügt man 3 – 4 Tropfen der **blau-violetten** Lösung von Tetraoxyanthrachinon zu. Bei Anwesenheit von Magnesiumsalzen wird ein **Farbumschlag nach kornblumenblau** festgestellt.

Zum Vergleich wird ein Parallelversuch mit destilliertem Wasser durchgeführt (Blindprobe).

Ein Weiterer, sehr empfindlicher Nachweis s. Ziff. 89.6.

Ein **Schnelltest** kann z. B. mit dem „Aquamerck-Magnesium-Test" durchgeführt werden. Damit ist auch eine Magnesium**gehalts**schätzung der Lösung im Messbereich zwischen 0 – 1500 mg Mg/l möglich.

80.5 Prüfung auf Kupfer

Die zu prüfende Lösung wird mit einem großen Überschuss von konzentriertem **Ammoniak** versetzt. Bei Anwesenheit von Kupfer wird eine **tiefblaue Färbung** erhalten.

$$Cu^{2+} + 4\ NH_3 \longrightarrow [Cu(NH_3)_4]^{2+}$$

Die tiefblaue Färbung ist auf die Bildung eines **komplexen** Kupfer-Ammoniak-Salzes zurückzuführen.

Zur Ermittlung von Kupferspuren, z. B. in einem Leitungswasser, werden 200 ml des klaren, ggf. filtrierten Wassers nach Zugabe von 1 – 2 ml Schwefelsäure (konz., chem. rein) und 1 – 2 g Kaliumperoxodisulfat auf dem Wasserbad (in einer weißen Porzellanschale) auf 10 – 15 ml eingedampft. Dann fügt man Ammoniak (unverdünnt) im Überschuss zu. Ein etwaiger Niederschlag wird abfiltriert.

Kupfer wird durch eine deutliche Blaufärbung der Lösung angezeigt (Grenzkonzentration: rd. 0,2 mg/l).

(Sollen geringere Spurenmengen nachgewiesen werden, ist ein Vielfaches der Wassermenge einzuengen.)

Ein **Schnelltest** mit **Gehaltsschätzung** (zwischen 0 und 300 mg $Cu^{1+/2+}$/l) kann mittels Merckoquant-Kupfer-Teststäbchen durchgeführt werden (s. Lit. III/6).

80.6 Prüfung auf Kalium

Ein Vorhandensein von Kaliumionen lässt sich in schwach salzsaurer Lösung durch eine Fällung mit Natriumperchlorat als Kaliumperchlorat nachweisen:

$$KCl + NaClO_3 \longrightarrow \mathbf{KClO_3} + NaCl$$

Kaliumperchlorat fällt als weißer Niederschlag aus (Die Fällung ist kalt (bei Raumtemperatur) durchzuführen.) In heißem Wasser ist das Salz löslich.

Ein **Schnelltest** mit **Gehaltsschätzung** (zwischen 0 und rd. 1500 mg K^+/l) kann mittels Merckoquant-Kalium-Teststäbchen durchgeführt werden. Der Nachweis beruht auf der Bildung eines orangefarbenen Dipikryl/Kalium-Komplexes in alkalischer Lösung (s. Lit. III/6).

80.7 Nachweis von Ammonium (NH_4^+)

Eine kleine Menge der gepulverten, trockenen Substanz wird auf ein trockenes Uhrglas gegeben. Auf ein zweites Uhrglas gleicher Größe drückt man einen Streifen feuchten roten Lackmuspapiers, so dass er an dem Glas fest haftet. Nun übergießt man die Substanz mit einigen Tropfen Natronlauge und überdeckt schnell mit dem zweiten Uhrglas, wobei das Lackmuspapier mit Lauge nicht in Berührung kommen darf.

Ist Ammonium-Ion in der Substanz enthalten, so wird das Lackmuspapier gebläut:

$$NH_4^+ + OH^- \longrightarrow NH_3 + H_2O.$$

Ammoniak entweicht gasförmig und reagiert an dem feuchten Lackmuspapier wie folgt:

$$NH_3 + H_2O \longrightarrow NH_4OH$$

Die Base Ammoniumhydroxid bläut das Lackmuspapier.

Prüfung in Wässern s. Ziff. 89.15.

80.8 Nachweis von Stickstoffverbindungen

Ist die Prüfung auf Ammonium-Ion negativ ausgefallen, so kann Stickstoff in Form von Nitrat, Nitrit, Cyanid (CN^-), Thiocyanat (SCN^-), Ferrocyaniden oder in organischen Verbindungen gebunden anwesend sein.

Zum Nachweis von Stickstoffverbindungen wiederholt man die Prüfung auf Ammonium-Ion, indem man das untere Uhrglas durch einen Porzellantiegel ersetzt und der Substanz etwas feinkörniges, chemisch reines Zink hinzufügt. Der Tiegel wird mit einem Uhrglas bedeckt, an welchem sich feuchtes, rotes Lackmuspapier befindet. Durch Einstellung in warmes Wasser von ca. 60 °C wird der Tiegelinhalt erwärmt. Es ist darauf zu achten, dass bei etwaiger lebhafter Wasserstoffentwicklung keine Laugenspritzer auf das Lackmuspapier gelangen. Das Einbringen einer durchlochten Filterpapiereinlage in den Tiegel ist zweckmäßig.

Bei Vorhandensein von Stickstoffverbindungen wird das **Lackmuspapier blau** gefärbt. Nachstehende Reaktionen können vor sich gehen:

$$Zn + 2\,NaOH + 2\,H_2O = Na_2Zn(OH)_4 + 2\,\mathbf{H}$$

$$NaNO_3 + 8\,H = NaOH + 2\,H_2O + \mathbf{NH_3}$$

$$NaNO_2 + 6\,H = NaOH + H_2O + \mathbf{NH_3}$$

$$NaCN + H_2O + 4\,H = NaOH + CH_3NH_2 \text{ (Methylamin)}$$

Methylamin ist fast ebenso leichtflüchtig wie Ammoniak (Siedepunkt: $-6\,°C$), es bläut Lackmuspapier gleichfalls unter Bildung der Base CH_3NH_3OH.

Diese Prüfung wird zweckmäßig auch bei zweifelhaftem Ausfall der Prüfung auf Nitrat (brauner Ring!) ausgeführt, da sie empfindlicher ist als der Nitratnachweis (s. auch Ziff. 77.2.2.3).

81 Schnelltest zur Bestimmung von flüchtigen Schadstoffen in Luft, Wasser und Böden

81.1 Allgemeines

Die Luft, im Besonderen Innenluft der Wohnräume, ist vielfach mit Schadstoffen belastet, z. B. Formaldehyd aus im Mobiliar eingebauten Spanplatten, Lösungsmitteldämpfen aus Tapetenklebern, Anstrichen, Möbelpolituren u. a. oder Kohlenmonoxid aus mangelhaft installierten Gasboilern u. a.

Die Außenluft weist oft relativ hohe Gehalte an Kohlenwasserstoffen, Ozon, Schwefel- oder Bleiverbindungen u. a. auf.

Auch Wässer, vor allem Abwässer, enthalten oft Schadstoffe etwa gleicher Art. Kesselspeisewasser soll kein gesundheitsgefährdendes Hydrazin mehr zugesetzt erhalten und Böden, z. B. Baugrund, enthält vielfach „Altlasten", z. B. Mineralöle, Kohlenwasserstoffe u. a.

Für eine **qualitative** Bestimmung solcher Schadstoffe nebst einer möglichen Schätzung des Schadstoff**gehalts** hat sich der „DRÄGERsche Schnelltest" bewährt.

81.2 Bestimmung flüchtiger Schadstoffe durch den DRÄGERschen Schnelltest

Das für den DRÄGERschen Schnelltest erforderliche Gerät besteht aus DRÄGER-Röhrchen je zu ermittelnder Schadstoffart und der DRÄGERschen Balgpumpe. Für Bestimmungen in Wasser oder Böden kommt eine Gaswaschflasche, ggf. mit Vorsatzröhrchen für Aktivkohle hinzu (s. Abb. 135).

Zur Bestimmung von Schadstoffen in der Luft wird die zu prüfende Luft mit Hilfe der Balgpumpe – mit einer in der Gebrauchsanleitung angegebenen Anzahl von Pumphüben –

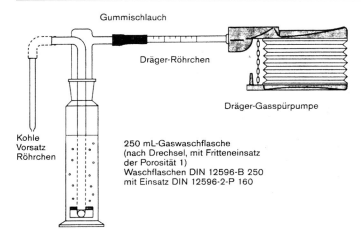

Abb. 135: Messsystem zur Bestimmung von Schadstoffen in Wasser, bestehend aus Gaswaschflasche, DRÄGER-Prüfröhrchen und Balgpumpe. (aus DRÄGERheft 340/1988 – W. BÄTHER „Das DRÄGER-Luftextraktionsverfahren zur Bestimmung von Schadstoffen in Wasser")

durch das DRÄGER-Röhrchen gesaugt. Anschließend prüft man, ob bzw. wie weit eine spezifische Verfärbung des Röhrcheninhalts eingetreten ist.

Der Schadstoffnachweis beruht auf einer charakteristischen Verfärbung des Röhrcheninhalts. An der am Röhrchen angebrachten Skala kann zudem der Schadstoff**gehalt** je nach Länge der verfärbten Zone geschätzt werden.

Auch der Feuchtigkeitsgehalt der Luft kann so bestimmt werden.

Zur Bestimmung flüchtiger Schadstoffe in Wasser oder Böden wird vor das Röhrchen eine Gaswasserflasche gesetzt, in welche das zu untersuchende Wasser bzw. die wässerige Aufschlämmung einer Bodenprobe eingebracht wird (s. Abb. 135 sowie Ziff. 88.2 mit Abb. 136 u. 137, Ziff. 89.16 u. Literaturverzeichnis III/8 u. 9).

82 Hinweise zur Durchführung einer vollständigen qualitativen chemischen Analyse

In vielen Fällen ist es erforderlich, eine Substanz einer vollständigen chemischen Analyse zu unterziehen, wenn es nämlich erforderlich ist, mit Sicherheit alle in der Substanz enthaltenen Anionen und Kationen zu ermitteln. Die Ausführung von Vorproben allein genügt in diesen Fällen nicht, da die Erfassung aller Anionen und Kationen dann nicht gewährleistet wäre.

Die Durchführung eines vollständigen Analysengangs ist Aufgabe des Chemikers, so dass in diesem Buche hierauf nicht näher eingegangen wird. Die einschlägigen Lehrbücher der Analytischen Chemie geben im Bedarfsfalle entsprechende Auskunft.

Nachstehend sei ein allgemeiner Überblick gegeben:

Ein vollständiger Analysengang wird nach Kationen und Anionen getrennt durchgeführt. Die erste Aufgabe besteht darin, die Substanz restlos in Lösung zu bringen. Genügt hierzu dest. Wasser nicht, werden Säuren angewandt. Ist auch mit diesen kein vollständiges Lösen zu erreichen, wird ein sog. Aufschluss durchgeführt, d. h. die Substanz wird im Schmelz-

82 Hinweise zur Durchführung einer vollständigen qualitativen chemischen Analyse

fluss ggf. unter gleichzeitiger Oxidation (z. B. durch Erhitzen in einem Gemisch von Soda und Salpeter) in Alkalisalze übergeführt, die fast ausschließlich gut wasserlöslich sind.

Das Wesen der nach Kationen und Anionen getrennten Analysengänge besteht nun darin, dass diese durch Anwendung bestimmter Fällungsreagenzien stufenweise in „Gruppen" getrennt werden (z. B. Ausfällung der „1. Gruppe" der Kationen durch HCl, Ausfällung der 2. Gruppe der Kationen aus dem Filtrat durch H_2S in salzsaurer Lösung usw.), worauf die einzelnen Gruppenfällungen durch Behandlung mit weiteren Reagenzien sukzessive immer weiter getrennt werden, bis die einzelnen Elemente einwandfrei zu erkennen sind. Je nach Zusammensetzung eines Stoffs kommt es naturgemäß vor, dass einzelne Gruppen restlos fehlen, andere wiederum stark besetzt sind.

Abschließend sei bemerkt, dass eine vollständige Analyse je nach Stoffzusammensetzung einen erheblichen Arbeitsaufwand erfordert (eine Fachkraft im Durchschnitt etwa eine Arbeitswoche unter Voraussetzung der Einrichtung eines chemischen Laboratoriums).

C Quantitative chemische Analyse

83 Grundlegendes zur quantitativen Analyse

Nach qualitativen Feststellungen werden mengenmäßige Bestimmungen von Stoffanteilen hauptsächlich unter Anwendung nachstehender Verfahren durchgeführt:

83.1 Gewichts- und Fällungsanalyse

Diese Analyse beruht darauf, dass der qualitativ ermittelte Stoffanteil in eine **Verbindung bekannter Zusammensetzung** übergeführt wird, deren **Gewicht bestimmt** wird.

Beispiel:

Aus einer Sulfat enthaltenden Lösung wird dieses durch Zugabe von $BaCl_2$ in salz- oder salpetersaurer Lösung als praktisch unlösliches Bariumsulfat ($BaSO_4$) gefällt (s. Ziff. 79.1).

Die Lösung mit dem gefällten $BaSO_4$ lässt man heiß 10 – 15 Minuten stehen, um eine möglichst grobkristalline Ausfällung zu erhalten. Anschließend wird über ein aschenarmes Filterpapier filtriert, der Rückstand gewaschen, getrocknet und mit dem Filterpapier in einem Porzellantiegel, dessen Gewicht im ausgeglühten Zustande zuvor bestimmt wurde, geglüht. Nach Erkalten im Exsikkator wird gewogen und das Gewicht der Verbindung $BaSO_4$ aus der Gewichtsdifferenz ermittelt. Durch stöchiometrische Umrechnung wird der Sulfatgehalt erhalten.

Zur Erzielung präziser Ergebnisse müssen jeweils bestimmte erprobte Bedingungen eingehalten werden, bezüglich welcher auf ein Werk der Analytischen Chemie verwiesen wird. Eine Kontrolle hinsichtlich der Richtigkeit des Ergebnisses ist dadurch möglich, dass man jede gewichtsanalytische Bestimmung doppelt ausführt. Liegen die erhaltenen Werte innerhalb der Fehlergrenzen nicht gleich, ist die Analyse zu wiederholen (ebenfalls mit „Parallelprobe").

83.2 Maßanalyse

Bei der Durchführung der „Maßanalyse" wird ebenfalls eine bekannte, spezifische Reaktion zugrunde gelegt. Hierbei wird jedoch nicht die Menge der entstandenen Verbindung ermittelt, sondern die **Menge des Reagens**, das für den restlosen Ablauf der Reaktion benötigt wird.

Die Menge des erforderlichen Reagens wird durch „Titration" einer abgemessenen Lösung mit dem Reagens (allmähliches Zufügen des Reagens, einer Lösung mit bekannter Konzentration, aus einer Bürette) ermittelt.

Beispiel:

Titration einer Sulfatlösung mit „gestellter" Bariumchloridlösung (s. Ziff. 89.3.3), s. auch Ziff. 84 – sowie Literaturverzeichnis III/1 – 4).

83.3 Gasvolumetrische Analyse

Eine gewogene Stoffmenge wird unter Gasentwicklung restlos zersetzt, das entwickelte Gas wird volumetrisch bestimmt.

Beispiel:

Bestimmung des Carbonatanteils eines Sackkalks durch Zersetzung des Carbonats mit HCl (s. Ziff. 93):

$$CaCO_3 + 2\ HCl \longrightarrow CaCl_2 + H_2O + CO_2$$

83.4 Quantitative Ermittlungen auf Grund von Farb- oder Trübungsvergleichen

Eine Lösung mit unbekanntem Gehalt eines farbigen oder die Lösung trübenden Stoffs wird mit entsprechenden Lösungen mit bekannten Gehalten verglichen. Hieraus schließt man auf die Konzentration der zu analysierenden Lösung.

Beispiel:

Feststellung der „Schädlichkeitsgrenze" von Sulfat oder Magnesia in einem Baugrundwasser (s. Ziff. 89.3.2 und 89.6.2).

84 Maßanalyse mit Normallösungen

Die Maßanalyse ist infolge ihrer Einfachheit für mengenmäßige Bestimmungen im Baulabor besonders geeignet. Nachstehend seien daher die Grundlagen dieser Analysenart eingehender erörtert:

Wie vorstehend (Ziff. 83) bereits dargelegt, müssen zur Durchführung der Maßanalyse Lösungen bekannter Konzentration, sogenannte „gestellte" Lösungen, vorliegen. Man verwendet in der Regel sog. **Normallösungen**.

Normallösungen sind Lösungen einer Base, Säure oder eines Salzes, die im Liter der Lösung die **„Äquivalentmenge"** eines Stoffes gelöst enthalten.

Eine halbnormale Lösung ($\frac{n}{2}$-Lösung) enthält die Hälfte,

eine zehntelnormale ($\frac{n}{10}$-Lösung) den zehnten Teil der jeweiligen Äquivalentmenge.

Beispiele:

1 l einer $\frac{n}{1}$-Lösung NaOH enthält ... $\frac{\text{rel. Molekülmasse des NaOH}}{\text{Wertigkeit (1)}} = 40{,}01$ g NaOH;

1 l einer $\frac{n}{10}$-Lösung NaOH enthält ... $\frac{1}{10} \cdot 40{,}01 = 4{,}001$ g NaOH

1 l einer $\frac{n}{1}$-H_2SO_4-Lösung enthält ... $\frac{\text{rel. Molekülmasse der } H_2SO_4}{\text{Wertigkeit (2)}} = \frac{98{,}09}{2}$ g $= 49{,}05$ g

1 l einer $\frac{n}{10}$-H_2SO_4-Lösung enthält ... $\frac{1}{10} \cdot 49{,}05 = 4{,}905$ g H_2SO_4

1 l einer $\frac{n}{1}$-BaCl$_2$-Lösung enthält ... $\frac{\text{rel. Molekülmasse der BaCl}_2}{\text{Wertigkeit (2)}} = \frac{208{,}24}{2}$ g = 104,12 g

Die Anwendung von Normallösungen hat den Vorteil, dass z. B. 1 ml einer Lauge durch genau 1 ml einer Säure neutralisiert wird, wobei es keine Rolle spielt, ob die Säure eine ein- oder mehrbasische ist.

Beispiel:

Neutralisation von NaOH durch HCl oder H$_2$SO$_4$.

NaOH + HCl $\longrightarrow$ NaCl + H$_2$O

2 NaOH + H$_2$SO$_4$ $\longrightarrow$ Na$_2$SO$_4$ + 2 H$_2$O

1 ml $\frac{n}{1}$-NaOH wird durch 1 ml $\frac{n}{1}$-HCl neutralisiert;

(Gleichgewichtsverhältnis 40,01 : 36,47)

Schwefelsäure neutralisiert NaOH im Gewichtsverhältnis

2 · 40,01 g NaOH : 98,09 g H$_2$SO$_4$ oder

40,01 g NaOH : $\frac{98{,}09}{2}$ g H$_2$SO$_4$ somit wird

1 ml $\frac{n}{1}$-NaOH durch ... 1 ml $\frac{n}{1}$-H$_2$SO$_4$ neutralisiert.

84.1 Bestimmung der Menge NaOH in 1000 ml Lösung

84.1.1 Allgemeines

Die Menge NaOH in einer abgemessenen Lösung lässt sich auf einfache Weise durch „Titration" mit $\frac{n}{1}$- oder $\frac{n}{10}$-HCl unter Anwendung von Methylorange als Indikator bestimmen.

Der Indikator zeigt hierbei an, wann die Lauge restlos neutralisiert ist. Denn der erste, freibleibende Tropfen Säure wandelt den als gelbes Natriumsalz vorliegenden Farbstoff Methylorange in die freie, rot gefärbte Säure um.

84.1.2 Durchführung

In einen „Titrierkolben" (mit weitem Hals) werden z. B. 25 ml der Lösung, die die zu bestimmende Natronlauge enthält, mittels einer Pipette eingefüllt. Hinzu werden 3 – 4 Tropfen des Indikators Methylorange (wässerige Lösung) gegeben.

Aus einer Bürette lässt man unter ständigem Umschwenken n/10-Salzsäure zufließen, bis der Umschlag (Farbumschlag von gelb nach rot) soeben erreicht ist. Die zugegebene Menge n/10-Salzsäure wird fest gehalten.

Berechnung:

1000 ml $\frac{n}{10}$-HCl neutralisieren 1000 ml $\frac{n}{10}$-NaOH = 4,001 g NaOH

36,0 ml $\frac{n}{10}$-HCl (Verbrauch) neutralisieren ... $\frac{4{,}001 \cdot 36{,}0}{1000}$ g NaOH.

Diese Menge von 0,144 g NaOH ist in den „vorgelegten" 25 ml Lösung bestimmt worden:

in 1000 ml der Lösung sind daher ... 5,76 g NaOH enthalten.

84.2 Bestimmung von freier Schwefelsäure in 1000 ml Lösung

Es wird in gleichartiger Weise verfahren; zur Erkennung des Neutralpunktes wird Phenolphthalein als Indikator angewandt.

Vorlage: 25 ml Lösung; Titration mit $\frac{n}{10}$-NaOH.

Der Neutralpunkt ist erreicht, sobald die Lösung von farblos nach rot umschlägt und die Färbung wenigstens eine halbe Minute bestehen bleibt.

Verbrauch: z. B. 14,0 ml $\frac{n}{10}$-NaOH;

Berechnung:

1000 ml $\frac{n}{10}$-NaOH neutralisieren ... $\frac{98{,}09}{20}$ g H_2SO_4 = 4,905 g H_2SO_4;

14 ml $\frac{n}{10}$-NaOH neutralisieren ... $\frac{4{,}905 \cdot 14}{1000}$ g H_2SO_4 = 68,67 mg H_2SO_4

In 1 l Lösung sind somit 68,67 · 40 = 2746,8 mg H_2SO_4 enthalten
(entsprechend 2690 mg SO_4^{2-}/l).

84.3 Bestimmung von Sulfat durch Titration mit $BaCl_2$ (s. Ziff. 89.3.3)

(Weitere Hinweise s. z. B. Literaturverzeichnis III/1 – 4, 7).

85 Organische Elementaranalyse

85.1 Allgemeines

Die organischen Verbindungen bestehen aus den Elementen C, H, O, daneben vielfach auch N und S (siehe Kap. I/E). Andere Elemente liegen nur in Ausnahmefällen in beschränkten Mengen vor.

Die organische Elementaranalyse (ältestes Verfahren nach Liebig) beruht somit mit in der quantitativen Ermittlung des Gehalts an vorstehend genannten Elementen. Der Analyse liegt die Eigenschaft der organischen Verbindungen zugrunde, bei Erhitzen zu zerfallen bzw. Einwirkung von Sauerstoff zu verbrennen.

85.2 Durchführung der Elementaranalyse nach Liebig

Eine kleine Substanzmenge wird in einem Porzellanschiffchen eingewogen, mit trockenem CuO-Pulver vermischt und in ein etwa 1 m langes Verbrennungsrohr aus schwer schmelzbarem Glas eingebracht. Dahinter werden in das Rohr oxidierte Kupferspäne und ein Kupferdrahtnetz eingebracht.

Hinter dem Rohr werden „Vorlagen" angeordnet, die Chlorcalcium (gekörnt), Kalilauge und, die dritte, gekörntes Kaliumhydroxid enthalten. Vor dem Rohr befinden sich in gasdichter Verbindung zwei U-Rohre, die mit gekörntem Calciumhydroxid bzw. Chlorcalcium gefüllt sind.

Durch das Verbrennungsrohr, einschließlich vor- und nachgeschalteter Gefäße (Vorlagen), wird Sauerstoff geleitet, der Rohrinhalt wird durch Gasflamme oder elektrisch erhitzt.

Die vorgeschalteten Vorlagen reinigen den Sauerstoff, sie entziehen ihm etwa vorhandenes CO_2 und H_2O. Die Substanz verbrennt im Sauerstoffstrom, das erhitzte CuO stellt durch eine etwaige Nachoxidation von Verbrennungsprodukten eine vollständige Verbrennung sicher. Das Kupferdrahtnetz reduziert Stichoxidgase zu Stickstoff.

In der ersten nachgeschalteten Vorlage, die Chlorcalcium enthält, wird entstandenes Wasser aufgefangen. In der zweiten und dritten Vorlage (KOH) wird entstandenes CO_2 fest gehalten. Aus der Gewichtsdifferenz der Vorlagen vor und nach der Verbrennung ermittelt man die Gewichtsmenge der bei der Verbrennung entstandenen Stoffe H_2O und CO_2, woraus unter Berücksichtigung der Einwaage der Gehalt der Substanz an C und H errechnet wird.

Hat die Vorprobe auf **Stickstoff** (s. Ziff. 80.8 bzw. 77.2.4.4) ein positives Resultat erbracht, lässt sich der mengenmäßige Anteil an N in der Verbindung wie folgt ermitteln:

In ein einseitig geschlossenes Verbrennungsrohr werden zunächst $MgCO_3$ (100 bis 200 g), dann CuO-Späne, anschließend die Substanz (Einwaage 1,0 g), gemischt mit CuO-Pulver, schließlich nochmals CuO-Späne und abschließend ein Cu-Drahtnetz eingebracht. Zunächst wird $MgCO_3$ erhitzt, wodurch sich das Rohr mit CO_2 füllt. Daraufhin wird auch der übrige Rohrinhalt erhitzt. Die Abgase leitet man in ein „Azotometer", das mit Kalilauge gefüllt ist. CO_2 und H_2O werden durch die Kalilauge aufgenommen, der Stickstoff wird volumetrisch gemessen.

Schwefel wird wie folgt bestimmt:

1 g der Substanz wird mit der dreifachen Menge „Eschkamischung" (2 GT MgO + 1 GT Soda, wasserfrei) gemischt, in einem Porzellantiegel zunächst schwach, dann etwa 1½ Stunden stark geglüht, wobei mit einem Magnesiastäbchen oder einem Platindraht öfter durchgemischt wird.

Der Tiegelinhalt wird nach Erkalten in ein Becherglas übergeführt unter Anwendung von heißem dest. Wasser. Es werden ca. 20 ml 3%igen H_2O_2-Lösung zugegeben, worauf 10 Minuten gekocht wird (Zweck: Oxidation etwa vorhandener Sulfide). Nach Erkalten wird filtriert, das Filtrat wird in einen Messkolben übergeführt. **Sulfat** wird in diesem Filtrat qualitativ und quantitativ bestimmt (siehe z. B. Ziff. 89.3).

Aus der Differenz zwischen Einwaage der organischen Substanz und den mengenmäßig ermittelten Elementen schließt man auf den **Sauerstoff**gehalt.

Einfache chemische Prüfungen für das Baulabor IV

Vorbemerkung

Nach qualitativen chemischen Analysen ist im Baulabor meist auch die Durchführung quantitativer (mengenmäßiger) Bestimmungen erforderlich, für welche nachstehend beschriebene, bewährte Verfahren empfohlen werden. Die meist begrenzte Einrichtung eines Baulabors für chemische Untersuchungen wurde hierbei berücksichtigt.

86 Chemische Prüfung und Beurteilung von Ausblühungen

Ein Teil einer Durchschnittsprobe der Ausblühungen wird in einem Becherglas mit Sodalösung übergossen und etwa 10 Minuten gekocht. Ist nicht alles in Lösung gegangen, so wird filtriert. Das Filtrat wird lt. Ziff. 79 auf Anionen geprüft.

Ein zweiter Teil einer Durchschnittsprobe der Ausblühungen wird lt. Ziff. 79.4 auf Carbonat geprüft.

Ist die Prüfung auf Nitrat negativ ausgefallen, wird zur Sicherheit lt. Ziff. 81 auf Stickstoff unter Anwendung eines dritten Teils der Durchschnittsprobe geprüft.

Eine Prüfung auf Kationen ist zur Beurteilung einer Ausblühung nur in besonderen Fällen erforderlich.

Auswertung: (s. a. Ziff. 44).

Durch obige Prüfungen wurde festgestellt:

- **Nitrat:** Gefährliche Nitratausblühung (echter Mauersalpeter)!
- **Sulfat:** Weniger schädliche Ausblühung, an Ziegelmauerwerk meist aus der Steinen (Ursprung: Schwefel der Kohle des Brandes) stammend; bei hartnäckigem Auftreten Absprengungen (s. Abb. 70).
- **Chlorid:** Eiseneinlagen in Mörtel und Beton sind gefährdet; Schäden durch Kristallisationsdruck; bei hoher Luftfeuchtigkeit feuchte Flecken.
- **Carbonat:** Es handelt sich in der Regel um Kalksinterauswitterungen, Kalkausschwitzungen oder dgl. (s. Ziff. 39).

Beseitigung, Gegenmaßnahmen siehe Ziff. 42.

87 Chemische Prüfung und Beurteilung von Zuschlagstoffen für Beton und Mörtel

Es wird eine Durchschnittsprobe Zuschlagstoff bereitgestellt und getrocknet. Handelt es sich um Kies, so werden nur die feineren Anteile herangezogen.

87.1 Zulässiger Gehalt an Humussäuren

87.1.1 Zur Prüfung werden bereitgestellt:

- 1 Probe Sandanteil des Zuschlagstoffs
- 1 Messzylinder mit Glasstopfen (350 – 500 ml)
- 3 %ige Natronlauge-Lösung.

87.1.2 Prüfungsgang

Bis zur Marke von 130 ml wird in den Messzylinder Sand eingefüllt. Anschließend füllt man bis zur Marke von 200 ml 3 %ige Natronlauge-Lösung (NaOH) auf. Man schüttelt während der Zugabe der Natronlauge öfter um, bis sämtliche Luft verdrängt ist.

Es wird kräftig umgeschüttelt und 24 Stunden unter öfterem Umschütteln stehen gelassen.

87.1.3 Beurteilung

Je nach entstandenem Farbton der Natronlauge-Lösung beurteilt man wie folgt:

Farbe	Brauchbarkeit des Zuschlagstoffs
wasserhell bis hellgelb	**gut**;
gelb-braungelb	**noch** brauchbar, aber Festigkeitsminderung zu erwarten;
braun-dunkelbraun	**unbrauchbar** oder nur nach eingehender Betoneignungsprüfung lt. DIN 1048 für Beton geringerer Festigkeit verwertbar.

87.1.4 Schnellprüfung

Ist eine kurzfristige Beurteilung erforderlich, verfährt man wie folgt: Den Inhalt des Messzylinders (s. o., Ziff. 87.1.2) lässt man nur eine halbe Stunde stehen, zwischendurch wird jedoch mehrmals kräftig durchgeschüttelt. Anschließend filtriert man durch ein Faltenfilter.

Ist das Filtrat wasserhell, zeigt es somit keine Färbung, ist der Zuschlagstoff **geeignet**. Zeigt das Filtrat dagegen eine deutliche Färbung, ist die Anwendung des Zuschlagstoffs **nicht zuzulassen** und zur Klarstellung die Normenprüfung lt. Ziff. 1.2 (mit 24-stündigem Stehen) durchzuführen.

87.2 Prüfung auf Aufschlämmbares

In einen 1000 ml-Messzylinder werden 500 g des getrockneten Zuschlagstoffs eingefüllt. Man übergießt mit Wasser, bis der Messzylinder etwa zu ¾ gefüllt ist und schüttelt mehrmals kräftig um.

Die „aufschlämmbaren" Schwebestoffe setzen sich innerhalb einer Stunde in einer deutlich erkennbaren Schlammschicht auf dem Zuschlagstoff ab.

Aus der Höhe der Schlammschicht bestimmt man ihr Volumen und daraus das durchschnittliche Gewicht unter Annahme einer mittleren Rohdichte von $\rho = 0{,}6$ (Schnellmethode lt. AMB der Deutschen Bundesbahn):

$$G = 0{,}6 \cdot V$$

Das Gewicht der „aufschlämmbaren" Anteile wird auf Prozente, bemessen auf Trockengewicht des Zuschlagstoffs, umgerechnet.

$$\text{Aufschlämmbares} = \frac{G}{500} \cdot 100\ \%$$

Das Aufschlämmbare darf

- bei Körnung 0/2 mm lt. DIN 4226 höchstens 4 %,
- bei Körnungen 0/4 mm und darüber lt. DIN 1045 höchstens 3 %

der Einwaage betragen. (s. auch DIN 4226).

87.3 Gehalt an salzsäurelöslichen Anteilen

Die Prüfung wird durchgeführt zur Feststellung, ob ein guter, silicatischer Kiessand oder ein Kalkstein oder sonstige salzsäurelösliche Anteile enthaltender Zuschlagstoff vorliegt.

87.3.1 Zur Prüfung werden bereitgestellt:

- eine Durchschnittsprobe des Zuschlagstoffs
- zwei mittlere Bechergläser
- zwei Porzellanschalen
- ein Filtrierstativ
- zwei Filtriertrichter (Glas) für Faltenfilter
- Faltenfilter.

87.3.2 Prüfungsgang

Die Prüfung wird zur Kontrolle doppelt ausgeführt. Die Probe Zuschlagstoff wird zunächst getrocknet, dann werden in jede Porzellanschale (zwei) je ca. 100 g des getrockneten Zuschlagstoffs genau eingewogen.

Man übergießt mit Salzsäure, 1 : 3 verdünnt, und rührt mehrmals um. Es wird beobachtet, ob eine Gasentwicklung (z. B. von CO_2 oder H_2S) auftritt. Sobald eine etwaige Gasentwicklung abgeklungen ist, gießt man neue Salzsäure auf und erhitzt zum Sieden. Man lässt 10 Minuten kochen. Anschließend wird mit Natronlauge neutralisiert (Tüpfeln gegen Phenolphthaleinpapier, s. u., Ziff. 4.1) und, noch heiß, durch ein Faltenfilter filtriert. Das im Filter verbliebene Unlösliche wird mit heißem Wasser gewaschen, bis das durchlaufende Filtrat kaum mehr eine Chloridreaktion (mit Silbernitrat nach Ansäuern mit Salpetersäure) zeigt.

Das Filter mit Inhalt wird nun auf die gewogene Porzellanschale gebracht und bei 105 °C (notfalls auf der Heizung oder in der Sonne bis zur Lufttrockenheit) getrocknet.

Das Salzsäurelösliche erhält man aus der Differenz von Einwaage und Salzsäureunlöslichem. Es wird in Prozenten der Einwaage ausgedrückt.

> Auswertung:
> a) Ein guter silicatischer Zuschlagstoff darf nur unerhebliche Anteile an Salzsäurelöslichem (2 – 4 % der trockenen Einwaage) aufweisen.
> b) Ein deutliches Aufbrausen bei Übergießen mit Salzsäure ohne Auftreten eines markanten Geruchs weist auf Anwesenheit von Carbonat (meist Kalkstein oder Dolomit) hin.

87.4 Prüfung auf Schwefelverbindungen

87.4.1 Prüfung auf Gesamtschwefel

Vorbereitung

(Durch diese Prüfung werden wasserlösliche Sulfate, salzsäurelösliche Sulfate [Gips] sowie Sulfide einschließlich FeS_2 erfasst.)

Eine Durchschnittsprobe des Zuschlagstoffs von mindestens 50 g (bei grober Körnung entsprechend mehr) wird in einem Mörser möglichst fein zerschlagen. Soll der Zuschlagstoff gleichzeitig auf wasserlösliche Eisensalze geprüft werden, darf kein eiserner Mörser, sondern nur ein Porzellanmörser oder dgl. angewandt werden.

Eine Durchschnittsprobe des fein zerschlagenen (und durchgemischten) Zuschlagstoffs von etwa 10 – 20 g wird genau abgewogen und in einer Porzellanschale nach Übergießen mit 100 – 200 ml Salzsäure 1 : 1 15 Minuten lang unter Umrühren gekocht. Ein Geruch nach Schwefelwasserstoff (faule Eier!) beweist einen Gehalt an Sulfidschwefel (u. a. zu beachten, dass Hochofenschlacke beim Übergießen mit Salzsäure diesen stets aufweist). (Je 1 g Einwaage werden rd. 10 ml der angegebenen Salzsäure angewandt.) Anschließend werden nochmals etwa 3 – 6 ml konzentrierte Salzsäure zugegeben, nach Durchmischen wird das verkochte Wasser durch destilliertes Wasser ersetzt, worauf weitere 15 Minuten unter Umrühren im Sieden gehalten wird. Dann werden 3 – 6 ml konzentrierter Salpetersäure zugemischt, das verkochte Wasser wird ergänzt, und es wird nochmals 15 Minuten im Sieden gehalten. Schließlich wird der Inhalt der Porzellanschale noch warm durch Zufließenlassen von ca. 3 %iger Natronlauge unter Anwendung von Phenolphthalein als Indikator neutralisiert. (Um die Lösung farbstofffrei zu belassen, wird, jeweils mit einem sauberen Glasstab, gegen Phenolphthaleinpapier getüpfelt.)

Der Inhalt der Porzellanschale wird nun durch einen Faltenfilter filtriert, der Filterrückstand wird mit heißem destilliertem Wasser ausgewaschen. Filtrat und Waschflüssigkeit werden in einen 500 ml-Messkolben gebracht, dessen Inhalt mit destilliertem Wasser bis zur Marke aufgefüllt und umgeschüttelt wird.

Qualitativer Nachweis des Gesamtschwefels

Ein Teil des gut durchgemischten Filtrats (etwa 10 ml) wird mittels einer Pipette abgezogen und in ein Reagenzglas gebracht. Nach Ansäuern mit Salzsäure (Prüfung mit blauem Lackmuspapier) wird der Sulfatnachweis mit Bariumchloridlösung durchgeführt (s. Ziff. 79.2).

87.4.2 Prüfung auf schädlichen Gesamtschwefelgehalt

87.4.2.1 Bereitzustellen sind:

- Sulfat-Vergleichslösung (enthaltend 200 mg SO_4^{2-}/l)
- Salzsäure 1 : 1 verdünnt
- Bariumchloridlösung, ca. 6 %ig
- ml-Messpipetten
- Reagenzgläser.

87 Chemische Prüfung und Beurteilung von Zuschlagstoffen für Beton und Mörtel

87.4.2.2 Durchführung

Von der Sulfatvergleichslösung werden mittels einer Pipette 10 ml in ein Reagenzglas gebracht.

Von dem im Messkolben befindlichen Säureauszug (s. o.) werden mittels einer ml-Pipette

$$V = 0{,}167 \cdot \frac{500}{E} \text{ ml} \qquad (E = \text{Einwaage des Zuschlagstoffs})$$

in ein zweites Reagenzglas gebracht und mit destilliertem Wasser auf 10 ml aufgefüllt. (Sollte V ausnahmsweise mehr als 10 ml betragen, so wird die Sulfatvergleichslösung, die sich im ersten Reagenzglas befindet, mit destilliertem Wasser auf ein gleiches Volumen aufgefüllt.)

In jedes der beiden Reagenzgläser, die man zweckmäßig entsprechend markiert nebeneinander in einen Reagenzglasständer gestellt hat, werden nun zunächst mittels einer ml-Pipette 0,5 ml Salzsäure 1 : 1 und nach Umschütteln 1 ml ca. 6 %ige Bariumchloridlösung zugefügt. Man schüttelt wiederum um und lässt 5 Minuten stehen. Nach Ablauf dieser Zeitspanne wird erneut umgeschüttelt, und die erhaltenen Trübungen werden miteinander verglichen.

87.4.2.3 Auswertung

> a) Ist die Trübung im Reagenzglas des zu untersuchenden Säureauszugs deutlich schwächer als die Trübung der Sulfat-Vergleichslösung, so liegt der Gesamtschwefelgehalt des Zuschlagstoffs unterhalb der zulässigen Höchstgrenze von 1 % SO_3, bemessen auf das Gewicht des trockenen Zuschlagstoffs.
>
> b) Ist ein Unterschied in der Stärke der Trübungen nicht zu erkennen, oder ist die Trübung der Sulfat-Vergleichslösung sogar merklich schwächer, so ist der Zuschlagstoff von einer Anwendung auszuschließen.

87.5 Prüfung auf wasserlösliches Sulfat (z. B. Gipsstein)

Wasserlösliches Sulfat wird mit Bariumchlorid als Reagenz als Fällung von Bariumsulfat ($BaSO_4$) nachgewiesen. Zur Durchführung wird eine Probe des Steins gepulvert, mit Sodalösung übergossen und gekocht, in welcher nach Filtrieren Sulfat nachgewiesen wird (s. Ziff. 79.2).

Eine quantitative Bestimmung des Sulfatgehalts kann erforderlichenfalls gemäß Ziff. 89.3.3 durchgeführt werden.

87.6 Prüfung auf alkalilösliche Kieselsäure

100 g des gefeinten Zuschlagstoffs werden in einer Polyethylenflasche mit 250 ml 3 %iger Natronlauge übergossen. Nach Verschließen der Flasche wird sofort und nach 1, 2 und 4 Stunden kräftig umgeschüttelt. Nach Ablauf von 24 Stunden wird die klare Flüssigkeit vom Bodensatz abdekantiert. Zur Prüfung wird eine Ammoniummolybdatlösung wie folgt bereitet:

3 g Ammoniummolybdat werden in 100 ml dest. Wasser gelöst (Polyethylenflasche). Man gibt daraufhin 7,5 ml konz. Ammoniak hinzu und füllt auf 300 ml (mit dest. Wasser) auf. 5 ml dieser Lösung gibt man zu 10 ml der vorstehend bezeichneten klaren Flüssigkeit hinzu. Anschließend wird mit 5 ml konz. Salzsäure vorsichtig angesäuert. Bei Vorliegen alkaligelöster Kieselsäure färbt sich die Lösung deutlich gelb.

Die Durchführung von Parallel- und Blindproben ist erforderlich. Ein positiver Befund liegt nur vor, wenn die Gelbfärbung stärker ist als die der Blindproben. Im Zweifelsfall ist die Einschaltung eines erfahrenen Fachlabors empfehlenswert.

88 Prüfung eines Bodens (z. B. Baugrunds) auf betonschädliche Anteile und flüchtige Schadstoffe (z. B. Altlasten)

88.1 Prüfung auf betonschädliche Anteile

Böden enthalten vielfach für Beton und Mörtel schädliche Anteile, insbesondere Sulfat, Sulfidschwefel, Chlorid, Ammonium- oder Magnesiumverbindungen.

Zur Vorbereitung der Prüfung wird eine Durchschnittsprobe des Bodens getrocknet, dann gepulvert. Anschließend wird in gleicher Weise geprüft wie in Ziff. 87 beschrieben (Kochen mit Sodalösung bzw. getrennte Untersuchungen weiterer Proben). Der pH-Wert wird an einer 10 %igen Aufschlämmung in frisch ausgekochtem dest. Wasser geprüft.

Ist Sulfat nachgewiesen worden, wird festgestellt, ob der Boden mehr oder weniger wasserlösliches Sulfat als 1 % SO_3 enthält (Untersuchungsverfahren s. Ziff. 87).

Bei Feststellung von löslichen betonschädlichen Stoffen im Boden (auch bei Gehalten unter 1 % SO_3!) ist vorsorglich ein sachverständiger Bauchemiker hinzuzuziehen. Die Bestimmungen der DIN 1045, 4030 u. a. sind zu beachten.

88.2 Prüfung auf flüchtige Schadstoffe

Zur Prüfung eines Bodens auf flüchtige Schadstoffe hat sich als **Schnelltest** das DRÄGERsche **Luft-Extraktionsverfahren** bewährt.

Durch dieses einfach durchzuführende Verfahren (siehe auch Ziff. 81) können die leichten bis leichteren Kohlenwasserstoffe, wie Benzol, Toluol, Benzinkohlenwasserstoffe, halogenierte Kohlenwasserstoffe, z. B. Chloroform, Methylenchlorid, Perchlorethylen u. a. und auch Gase, wie Schwefelwasserstoff, erfasst werden.

Wie in Ziff. 81 bereits dargelegt wurde, wird der Schadstoff aus einer wässerigen Aufschlämmung der Bodenprobe extrahiert und durch ein – je nach vermuteter Schadstoffart ausgewähltes – DRÄGER-Röhrchen geleitet. Der Schadstoffnachweis beruht auf einer charakteristischen Verfärbung des Röhrcheninhalts – und es kann nach der Länge der verfärbten Zone auch der Schadstoff**gehalt** geschätzt werden.

Ein genaueres Bestimmungsverfahren beruht auf der Anwendung der DRÄGER-STITZ-**Bodenluftsonde** in Verbindung mit den bewährten DRÄGER-**Gasspür-Röhrchen**. Durch die in den

88 Prüfung eines Bodens auf betonschädliche Anteile und flüchtige Schadstoffe

Abb. 136: Schadstoffbestimmung nach dem DRÄGER-Luft-Extraktionsverfahren.
Im Bild: Wässerige Aufschlämmung der Bodenprobe in einer Waschflasche, mit DRÄGER-Röhrchen und Gasspürpumpe.

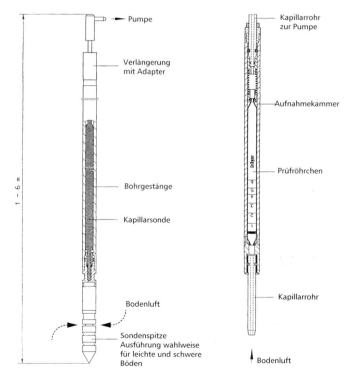

Abb. 137: Schadstoffbestimmung unter Anwendung der „DRÄGER-STITZ-Bodenluftsonde".

Boden eingebrachte Sonde wird ein definiertes Bodenluftvolumen durch das Prüfröhrchen geführt. In der Bodenluft enthaltener flüchtiger Schadstoff bewirkt eine Verfärbung im Röhrchen, wobei die Länge der verfärbten Zone ein Maß für die vorliegende Schadstoffkonzentration darstellt (s. Abb. 137 sowie Ziff. III/9 des Literaturverzeichnisses).

89 Prüfung von Wässern, insbes. Baugrundwasser, Leitungswasser

89.1 Einführender Hinweis

Als anerkannte Richtlinie für die Durchführung chemischer Prüfungen von natürlichen, Leitungs- und Abwässern gelten die „Deutschen Einheitsverfahren zur Wasser-, Abwasser- und Schlamm-Untersuchung", herausgegeben von der Fachgruppe Wasserchemie in der Gesellschaft Deutscher Chemiker als Loseblattsammlung, die laufend ergänzt wird (s. Ziff. III/7 des Literaturverzeichnisses sowie DIN 38404).

Diese Prüfung, die zum Teil unmittelbar an der Entnahmestelle, zum Teil anschließend im Chemischen Labor durchzuführen ist, bleibt einschließlich der Beurteilung des Prüfergebnisses dem erfahrenen **Fachchemiker** vorbehalten. Dasselbe gilt für Wässer, die in der Nähe von Industrie- oder Deponiestandorten entnommen werden sollen.

Baugrundwasser vorwiegend natürlicher Zusammensetzung kann jedoch im Baulabor unmittelbar untersucht werden. Eingehende Hinweise für eine fachgerechte Probenahme sowie Prüfung entnommener Wasserproben sind in DIN 4030, T. 1 und 2, niedergelegt. Nachstehend ist eine für das Baulabor geeignete vereinfachte Verfahrensweise beschrieben, die sich mit zuverlässigen Ergebnissen seit vielen Jahren bestens bewährt hat.

89.2 Probenahme und pH-Wert-Ermittlung für Baugrundwasser

89.2.1 Probenahme

Zur Probenahme sind jeweils **drei** luftdicht verschließbare, saubere Flaschen bereitzustellen. Die Erste erhält vor Probenahme keinen Zusatz, die zweite etwa 3 g eines speziellen, im Chemikalienhandel für Wasseruntersuchungen bereitgestellten Marmorpulvers ($CaCO_3$), und die dritte etwa 3 g Cadmiumacetat. Diese Zusätze sind zur Ermittlung der „kalkaggressiven Kohlensäure" (s. Ziff. 89.11) sowie H_2S bzw. Sulfidschwefel erforderlich.

Man füllt die Flaschen durch Eintauchen bis unmittelbar unter den oberen Rand, verschließt sie sofort und schüttelt mehrmals kräftig durch, damit sich die Zusätze mit dem Wasser sofort gut vermischen.

Für eine elektrometrische Bestimmung des pH-Wertes oder den Nachweis von H_2S durch Bleiacetatpapier ist es ratsam, eine vierte Flasche zu füllen (s. Ziff. 89.2.2 u. 89.5).

89.2.2 Ermittlung des pH-Werts

Der pH-Wert soll möglichst noch an der Entnahmestelle entweder elektrometrisch oder mittels Universal-Indikatorpapier (anschließend gegebenenfalls mit Spezial-Indikatorpapier) gemessen werden.

Durchführung s. Ziff. 18.2.

89.3 Prüfung auf Sulfatgehalt

89.3.1 Qualitativer Nachweis von Sulfat

Etwa 100 ml des zu untersuchenden klaren, erforderlichenfalls filtrierten Wassers werden in ein Becherglas eingefüllt, mit rd. 4 – 5 ml Salzsäure 1 : 1 versetzt und kurz aufgekocht.

Man lässt abkühlen, füllt dann 10 ml in ein Reagenzglas und setzt 1 ml 6 %ige Bariumchloridlösung zu. Nach gutem Umschütteln lässt man 5 Minuten stehen. Hat sich nach dieser Zeit kein weißliches Bariumsulfat abgeschieden, so ist das Grundwasser frei von Sulfatschwefel.

Liegt dagegen eine Abscheidung bzw. Trübung vor, werden die Kontrollen lt. Ziff. 79.1 durchgeführt. Bei positivem Ausfall ist weiter zu prüfen, ob Sulfat in einer schädlichen Menge vorliegt.

89.3.2 Feststellung der Schädlichkeitsgrenze

Von dem vorerwähnten angesäuerten und kurz aufgekochten Wasser werden 10 ml in ein Reagenzglas gefüllt. In ein zweites Reagenzglas füllt man 10 ml der Sulfat-Vergleichslösung.

Nun fügt man zu beiden Gläsern je 1 ml Salzsäure 1 : 1, schüttelt um, sodann je 1 ml 6%ige Bariumchloridlösung. Man schüttelt wieder um und lässt 5 Minuten stehen.

Die im ersten Glas entstandene Trübung muss schwächer sein als die des zweiten Glases (Sulfat-Vergleichslösung), andernfalls liegen 200 oder mehr mg SO_4^{2-} im Wasser je Liter vor (Überschreitung der Schädlichkeitsgrenze – s. Ziff. 47).

Durch Verdünnung des Reagenzglasinhalts mit der stärkeren Trübung bis zur Erzielung von Trübungsgleichheit mit abgemessener Wassermenge (Bürette) lässt sich der vorliegende Sulfatgehalt näherungsweise abschätzen.

89.3.3 Quantitative Bestimmung von Sulfat

89.3.3.1 Allgemeines

Für die quantitative Bestimmung von Sulfat in Wässern hat man die Wahl zwischen einem **gravimetrischen** oder **maßanalytischen** Verfahren. Nach dem ersteren wird Sulfat meist als Bariumsulfat ($BaSO_4$) gefällt und ausgewogen. Von maßanalytischen Verfahren wird in der Regel entweder die titrimetrische Bestimmung mit Bariumperchlorat und Thorin als

Indikator oder die **komplexometrische Bestimmung** nach Kationenaustausch durchgeführt (s. auch Ziff. III/7 des Literaturverzeichnisses).

Für das Baulabor ist die letztgenannte ein relativ einfaches Verfahren, das nachstehend beschrieben wird.

89.3.3.2 Wesen der komplexometrischen Bestimmungsmethode

Die komplexometrische Bestimmung von Metallionen in Wässern beruht darauf, dass diese durch besondere Verbindungen als wasserunlösliche, undissoziierte innere Komplexe, **Chelate** genannt, gebunden werden. Unter dem Markennamen **Titriplex** hat die Firma E. Merck AG., Darmstadt, geeignete Verbindungen dieser Art auf den Markt gebracht. (s. Lit. III/6 + 7).

Von besonderem Interesse für im Baulabor durchführbare komplexometrische Titrationen sind

Titriplex II – Ethylendinitrilotetraessigsäure (Kurzbezeichnung: **EDTA**)

$$\begin{matrix} HOOCCH_2 \\ HOOCCH_2 \end{matrix} \!\!\! >\!\! N - CH_2 - CH_2 - N\!\! <\!\!\! \begin{matrix} CH_2COOH \\ CH_2COOH \end{matrix}$$

$C_{10}H_{16}N_2O_8$; M = 292,25 g/mol; Schmp. 220 °C (Zers.)

Andere Bezeichnung: Ethylendiamintetraessigsäure, EDTA

Titriplex III – Ethylendinitrilotetraessigsäure Dinatriumsalz (Dihydrat)

$$\begin{matrix} HOOCCH_2 \\ HOOCCH_2 \end{matrix} \!\!\! >\!\! N - CH_2 - CH_2 - N\!\! <\!\!\! \begin{matrix} CH_2COONa \\ CH_2COONa \end{matrix} + 2\, H_2O$$

$C_{10}H_{14}N_2Na_2O_8 \cdot 2\, H_2O$; M = 372,24 g/mol;

Andere Bezeichnungen: Ethylendiamintetraessigsäure Dinatriumsalz, Tetracemat Dinatrium, Edathamil Dinatrium, Dinatrium EDTA.

Beide Verbindungen werden als weißes, körniges Pulver geliefert. Die erstgenannte Verbindung ist in Wasser schwer, in Alkalien leicht löslich. Die zweitgenannte ist in Wasser leicht löslich, mit deutlich saurer Reaktion.

89.3.3.3 Durchführung der komplexometrischen Sulfatbestimmung

Das im Wasser enthaltene Sulfat wird durch im Überschuss zugegebene Bariumchloridlösung als Bariumsulfat ausgefällt. Durch Filtrieren trennt man die Fällung von der Lösung, die das überschüssige Bariumchlorid enthält. Im Filtrat wird die überschüssige Menge an Bariumchlorid komplexometrisch ermittelt.

Da mehrwertige Kationen die Bestimmung stören, ist es für exakte Ergebnisse erforderlich, das Wasser zuvor durch einen sauren Kationenaustauscher zu geben, der die Kationen zurückhält (gegen Austausch durch H^+-Ionen).

Eine abgemessene Menge des zu untersuchenden Wassers wird mit verdünnter Salzsäure schwach angesäuert. Man erhitzt zum Sieden und setzt eine gestellte Bariumchloridlösung tropfenweise zu. Die Zugabe eines Überschusses muss gewährleistet sein.

Nach halbstündigem Stehen auf dem Wasserbad lässt man erkalten und filtriert durch ein kleines Blaubandfilter. Man wäscht bis zur Chloridfreiheit aus und bringt das Filter mit dem ausgefällten Bariumsulfat in einen Erlenmeyerkolben.

Durch die Feststellung der Schädlichkeitsgrenze (s. Ziff. 89.3.2) kennt man in etwa den Sulfatgehalt. Auf je vermutete 25 mg Sulfat setzt man nun zur Chelatbindung 20 ml **Titriplex-III-Lösung** 0,1 mol/l und 5 ml Ammoniak 25 %ig zu. Man erhitzt und schüttelt bis zur restlosen Auflösung des Bariumsulfats um.

Nach Verdünnen mit dest. Wasser und Zugabe einer Indikator-Puffer-Tablette wird die überschüssige Titriplex-III-Lösung mit Zinksulfatlösung 0,1 mol/l zurücktitriert. Vor der Titration muss der pH-Wert der Lösung auf 10 bis 11 eingestellt werden. (Hierzu wird die Anwendung von Spezial-Indikatorstäbchen Alkalit pH 7,5 – 14 oder Spezial-Indikatorpapier pH 9,5 – 13 empfohlen. Bezugsquelle: Fa. Merck AG., Darmstadt.)

89.3.3.4 Berechnung des Sulfatgehalts

1 ml Titriplex-III-Lösung 0,1 mol/l entspricht 9,606 mg SO_4^{2-}.

89.4 Prüfung auf Schwefelwasserstoff

Schwefelwasserstoff ist in einem Wasser bereits am Geruch zu erkennen. Zur genaueren Prüfung wird eine Wasserprobe in eine gut gesäuberte Flasche gefüllt; bei Schließen des Verschlusses klemmt man einen Streifen Bleiacetatpapier so dazwischen, dass der Streifen in das Wasser hineinragt. **Bei Anwesenheit von Schwefelwasserstoff färbt sich das Bleiacetatpapier gelblich bis braun.** Man beurteilt eine etwa entstandene Färbung etwa 1 Stunde nach Probenahme. Bei Feststellung einer Verfärbung des Bleiacetatpapiers ist ein sachverständiger Bauchemiker heranzuziehen.

89.5 Prüfung auf Sulfidschwefel

Eine weitere Probe Wasser wird gleichfalls in eine gut gesäuberte Flasche gefüllt. Man säuert das Wasser mit etwas Salzsäure an und klemmt ebenfalls einen Streifen Bleiacetatpapier zwischen den Verschluss.

Die Salzsäure reagiert mit etwa vorhandenem Sulfid unter Freisetzung von Schwefelwasserstoff: $Na_2S + 2\ HCl \longrightarrow 2\ NaCl + H_2S$.

Bei Anwesenheit von Sulfidschwefel wird das Bleiacetatpapier in gleicher Weise wie oben angegeben **verfärbt**. (Bei positivem Ausfall wie vorstehend angegeben verfahren.)

89.6 Prüfung auf Magnesiagehalt
(Schädlichkeitsgrenze: 200 mg MgO/l)

89.6.1 Qualitativer Nachweis

Ein sehr empfindlicher Nachweis wurde bereits in Ziff. 80.4 angegeben.

Ein weiteres Nachweisverfahren für Mg-Ionen, die zu den Härtebildnern des Wassers gehören, beruht auf der Bildung eines **roten Niederschlags**, wenn zu dem Mg-Ionen enthaltenden Wassers das

> Natriumsalz der Dihydrothio-p-tolidin-Sulfosäure,
>
> genannt **„Titangelb"**,

zugesetzt wird. Ca-Ionen vertiefen die Rotfärbung, Fe-, Mn-, Al-, Sn- und Zn-Ionen stören den Nachweis und müssen zuvor entfernt werden.

Dieser Nachweis lässt sich zur Feststellung der „Schädlichkeitsgrenze" wie folgt einsetzen.

89.6.2 Feststellung der Schädlichkeitsgrenze (200 mg MgO/l)

Bereitzustellen sind:

1/1-normale Salzsäure, Calciumchloridlösung 1 %ig, 1/1-normale Natronlauge, Titangelb-Lösung 0,1 %ig, Magnesiavergleichslösung mit 30 mg MgO/l.

Durchführung:

Das klare, ggf. filtrierte, sonst unbehandelte Wasser wird in einem Messzylinder auf das 10fache seines Volumens verdünnt. 10 ml dieses Wassers werden mittels einer Pipette in ein Reagenzglas eingefüllt. (Dieses soll eine Ringmarke besitzen, ggf. wird diese angebracht.) Nun fügt man 2 Tropfen 1/1-normale Salzsäure hinzu, und zur Entfernung etwa vorhandener Kohlensäure leitet man für etwa 5 Minuten Luft durch die Flüssigkeit. Anschließend werden 2 Tropfen 1 %iger Calciumchloridlösung zugesetzt, es wird umgeschwenkt und weiterhin 2 Tropfen Titangelblösung mit 5 Tropfen 1/1-normaler Natronlaugelösung zugegeben. Nach jeder Zugabe wird das Reagenzglas umgeschwenkt.

In ein zweites Reagenzglas werden rd. 6,7 ml der unverdünnten Magnesia-Vergleichslösung eingefüllt, auf 10 ml (Ringmarke) mit destilliertem Wasser aufgefüllt und in gleicher Weise behandelt.

Eine auftretende Rötung in dem zu untersuchenden Wasser muss schwächer sein als die Rötung, die in der Magnesia-Vergleichslösung erhalten wird. Eine stärkere Rötung des zu untersuchenden Wassers oder gar eine Ausflockung zeigt an, dass der Magnesiagehalt über der Schädlichkeitsgrenze liegt.

89.6.3 Quantitative Ermittlung des MgO-Gehalts

Für eine Beurteilung der Betonschädlichkeit eines Wassers reicht in der Regel die Prüfung lt. Ziff. 89.6.2 aus. Eine genaue quantitative Ermittlung des MgO-Gehalts eines Wassers ist beispielsweise zur exakten Bestimmung der **Gesamthärte** erforderlich (siehe das folgende Kapitel).

Hierzu wird zunächst der Gesamtgehalt CaO + MgO durch eine titrimetrische Schnellbestimmung ermittelt, worauf der CaO-Gehalt getrennt bestimmt wird. Der MgO-Gehalt resultiert aus der Differenz Gesamtgehalt CaO + MgO und CaO-Gehalt.

89.7 Bestimmung der Gesamthärte eines Wassers

89.7.1 Vorbemerkung

Wie in Ziff. 45 bereits dargelegt wurde, versteht man unter dem Begriff „Gesamthärte" eines Wassers die Summe der in diesem enthaltenen **Erdalkali**salze (Calcium-, Magnesium-, Strontium- und Barium-Ionen), ausgedrückt in mmol/l bzw. in Deutschen Härtegraden (°d).

Wie vorstehend angegeben wurde, ist das einfachste Bestimmungsverfahren für das Baulabor eine komplexometrische Ermittlung der Summe von CaO und MgO, worauf anschließend der CaO-Gehalt getrennt bestimmt wird.

89.7.2 Durchführung

89.7.2.1 Vorbereitende Maßnahmen

Das Wasser wird auf einen pH-Wert zwischen 6 – 8 (Prüfung mit Universal-Indikatorpapier) durch Zutropfenlassen von n/10 HCl oder n/10 NaOH eingestellt, falls es stärker basisch oder sauer sein sollte.

Bei Vorliegen eines Eisen- oder Mangangehalts gibt man zur Vermeidung einer Störung der Titration durch diese Metalle 3 – 4 Tropfen Triethanolamin (z. Anal.) zu 100 ml der in einem Titrierkolben vorgelegten Wasserprobe.

Bei Vorliegen eines Kupfergehalts (s. Ziff. 80.5) wird nach Zugabe von Ammoniak (s. u.) eine Messerspitze Kaliumcyanid (Vorsicht, starkes Gift!) zugeführt und durch Umschwenken zum Auflösen gebracht. Dann wird die Indikator-Puffertablette (s. u.) eingeworfen und zur Auflösung gebracht, worauf noch 1 – 2 Tropfen Formaldehyd zugegeben werden. Unmittelbar anschließend wird titriert.

89.7.2.2 Komplexometrische Bestimmung in mittelharten bis harten Wässern

100 ml des zu untersuchenden Wassers werden miteiner Indikator-Puffertablette versetzt, die durch Umschütteln des in einem Titrierkolben befindlichen Wassers schnell gelöst wird. Nun fügt man 1 bis 2 ml Ammoniak (25 % z. A.) zu und titriert sofort mit **Titriplex-Lösung A** (EDTA der Fa. Merck AG., Darmstadt) bis zum Farbumschlag von Rot über Grau nach Grün.

Bei Vorlage von 100 ml Wasser entspricht 1 ml verbrauchter Titriplex-Lösung A 1,0 mmol/l Erdalkaliionen bzw. 5,6 °d.

89.7.2.3 Komplexometrische Bestimmung in weichen oder enthärteten Wässern

Es wird gleichartig wie vorstehend verfahren. Die Titration wird jedoch – unmittelbar nach Zufügung von Ammoniak (s. o.) – mit **Titriplex-Lösung B** durchgeführt, und zwar gleichfalls bis zum Farbumschlag von Rot über Grau nach Grün.

Bei Vorlage von 100 ml Wasser entspricht 1 ml verbrauchter Titriplex-Lösung B 0,18 mmol/l Erdalkaliionen bzw. 1,0 °d.

Bei sehr weichen bzw. enthärteten Wässern kann die Titriplex-Lösung B auch mit dest. Wasser verdünnt angewendet werden. Das Titrationsergebnis ist dann entsprechend umzurechnen.

Anmerkung:

Titriplex-Lösung A und Titriplex-Lösung B sind auf eine einfache Härtebestimmung eingestellte Titriplex-III-Lösungen.

89.7.2.4 Getrennte Bestimmung des CaO-Gehalts

Da der MgO-Gehalt eines Baugrund- oder Leitungswassers im Vergleich zum CaO-Gehalt in der Regel sehr niedrig liegt, ist die Bestimmung der Gesamthärte in der Summe von CaO und MgO in den meisten Fällen völlig ausreichend.

Für genaue Bestimmungen wird im Anschluss an die Titration gemäß vorstehenden Darlegungen der CaO-Gehalt des Wassers getrennt ermittelt, worauf aus der Differenz der Ergebnisse der MgO-Gehalt errechnet wird.

Relativ einfach ist die nachstehend beschriebene Methode, nach welcher das Ca-Ion zunächst durch Ammoniumoxalatlösung (im Überschuss) als Calciumoxalat ausgefällt wird, worauf der nicht verbrauchte Anteil an Oxalation durch Titration mit gestellter $KMnO_4$-Lösung ermittelt und der CaO-Gehalt aus der Differenz errechnet wird.

Durchführung:

In einem Becherglas werden 100 ml des klaren (ggf. filtrierten) Wassers mit 2 g festen Ammoniumchlorid versetzt. Dann wird der Inhalt des Becherglases auf rd. 80 °C erhitzt und es werden unter Umschwenken 50 ml 4 %ige Ammoniumoxalatlösung, ebenfalls etwa 80 °C heiß, zugefügt. Für etwa eine halbe Stunde stellt man das Becherglas auf ein siedendes Wasserbad, um eine vollständige und grobkristalline Abscheidung von Calciumoxalat zu erzielen.

Man filtriert anschließend über einen Gooch-Tiegel. Gewaschen wird mit 5 · 25 ml destilliertem Wasser. Dann spült man den Niederschlag mit etwa insgesamt 50 ml dest. Wasser in einen Titrierkolben und löst durch Zugabe von 60 °C heißer, verdünnter Schwefelsäure (1 Raumteil Schwefelsäure in 4 Raumteile dest. Wasser eingießen – nicht umgekehrt, sonst Gefahr durch plötzliche Wasserdampfbildung!).

Die hierdurch in Freiheit gesetzte Oxalsäure wird unmittelbar anschließend mit n/10 $KMnO_4$-Lösung bis zur bleibenden Rosafärbung titriert.

Berechnung:

1 ml n/10 $KMnO_4$ entspricht . . . . 2,8 mg CaO;

1 l Wasser enthält 10 · a ml (Verbrauch n/10 $KMnO_4$) mg CaO;

MgO-Gehalt des Wassers in 1 l (mg MgO/l):

Gesamtmenge CaO + MgO mg (ermittelt lt. Ziff. 89.7), abzüglich des vorstehend bestimmten CaO-Gehalts, multipliziert mit 0,72.

Für die getrennte Ermittlung von CaO und MgO wurden auch komplexometrische maßanalytische Bestimmungsmethoden ausgearbeitet (siehe z. B. Literaturverzeichnis III/7).

89.8 Bestimmung der Carbonathärte eines Wassers

89.8.1 Vorbemerkung

Unter Carbonathärte wird der Teil der Gesamthärte verstanden, der durch den Anteil an Erdalkaliionen gebildet wird, der den im Wasser enthaltenen Carbonat- und Hydrogencarbonationen sowie den bei deren Hydrolyse entstandenen Hydroxylionen äquivalent ist.

Falls das Wasser mehr Äquivalente an Carbonat- und Hydrogencarbonationen als Erdalkaliionen enthält, wird ein höherer Wert für die Carbonathärte als die Gesamthärte ermittelt. Dann wird als Carbonathärte die Gesamthärte angegeben.

89.8.2 Ausführung

100 ml der Wasserprobe werden mit 3 Tropfen Phenolphthaleinlösung versetzt. Liegt Rotfärbung vor, wird mit 0,1 mol/l Salzsäure oder 0,05 mol/l Schwefelsäure bis zum Umschlag nach farblos titriert.

Tritt bei Zusatz der Phenolphthaleinlösung keine Rotfärbung auf, wird die Wasserprobe mit Mischindikatorlösung versetzt und sofort bis zum Farbumschlag nach Violett titriert. (Mischindikator 4,5 Merck nach Mortimer.)

89.8.3 Berechnung

Anzahl der verbrauchten ml 0,1 mol/l Salzsäure = p-Wert;

Anzahl der verbrauchten ml 0,1 mol/l Salzsäure bis zum Farbumschlag von Phenolphthalein = p-Wert;

Anzahl der verbrauchten ml 0,1 mol/l Salzsäure bis zum Farbumschlag des Mischindikators = m-Wert;

Die Carbonathärte wird aus dem p- und m-Wert wie folgt berechnet:

- $2p \leq m$: Carbonathärte = m;
- $2p > m > p$: Carbonathärte = $2(m - p)$;
- $p = m$: Carbonathärte = 0.

Sind p- und m-Werte in der alten Einheit „mval/l" angegeben, sind sie zur Umrechnung auf „mmol/l" mit 2 zu multiplizieren (s. nachstehende Umrechnungstabelle).

Im geschäftlichen Verkehr dürfen nach dem Gesetz über Einheiten im Messwesen vom 2. Juli 1969 nur noch die gesetzlichen Einheiten (SI-Einheiten) verwendet werden. Unter den angeführten Maßeinheiten gehört nur das „mmol/l" zu den SI-Einheiten.

Umrechnungstabelle
(aus Merck „Die chemische Untersuchung von Wasser" – s. Lit. III/7).

	Erdalkaliionen mmol/l	Deutscher Grad °d	ppm CaCO$_3$	Englischer Grad °e	Französischer Grad °f
1 mmol/l Erdalkaliionen	1,00	5,60	100,0	7,02	10,00
1 mval/l Erdalkaliionen	0,50	2,80	50,0	3,51	5,00
1 Deutscher Grad	0,18	1,00	17,8	1,25	1,78
1 ppm CaCO$_3$	0,01	0,056	1,00	0,0702	0,100
1 Englischer Grad	0,14	0,798	14,3	1,00	1,43
1 Französischer Grad	0,10	0,560	10,0	0,702	1,00

89.9 Schnellprüfung enthärteten Wassers

89.9.1 Hinweise zur etwaigen Vorbehandlung der Wasserprobe

Sulfide in fast enthärteten Wässern können einen störenden grünen Farbton verursachen. Zur Behebung wird das Wasser leicht angesäuert und aufgekocht, wodurch etwa vorhandener Schwefelwasserstoff ausgetrieben wird. Man neutralisiert mit Natronlauge und kann nun die Schnellprüfung durchführen.

89.9.2 Durchführung der Schnellprüfung

In einem Titrierkolben wird zu 100 ml des zu prüfenden Wassers eine Puffertablette (Indikator-Puffertablette zur Bestimmung der Wasserhärte mit Titriplex-Lösungen der Firma Merck AG.) zugegeben und durch Umschwenken gelöst.

Sodann wird 1 ml Ammoniak (25 %ig z. A.) zugefügt. Nach Umschwenken wird die Färbung beurteilt:

Grünfärbung (mit grauem Unterton) . . . . 0,0 °d,

Graue bis grauviolette Mischfarbe . . . . 0,01 °d,

Rosarote Färbung etwa . . . . 0,05 °d.

Wird eine deutliche Rotfärbung festgestellt, so liegen höhere Härtegrade als 0,05 °d vor und es ist in diesem Falle die Bestimmung nach Ziff. 89.7.2 durchzuführen.

Enthält das Wasser die Bestimmung störende Kupferionen, werden diese – nach Zugabe von 1 ml Ammoniak (25 %ig z. A.) – durch Einwerfen einer Spatelspitze Kaliumcyanid (Vorsicht Gift!) in eine nicht störende Komplexverbindung übergeführt. Nach Einwerfen und Lösen einer Indikator-Puffertablette und Zufügen von 1 bis 2 Tropfen Formaldehydlösung wird die eingetretene Verfärbung, wie vorstehend angegeben, beurteilt.

89 Prüfung von Wässern, insbes. Baugrundwasser, Leitungswasser 417

89.10 Vorprüfung auf „aggressive Kohlensäure"

Eine einfache Prüfung auf Vorhandensein von aggressiver Kohlensäure lässt sich wie folgt durchführen:

In ein Schauglas werden 100 ml des zu prüfenden Wassers eingefüllt. Mittels einer ml-Pipette setzt man 2 Tropfen 10 %iger Kupfersulfatlösung zu. Durch kurzes leichtes Umschwenken verteilt man diese Lösung im Wasser.

Zum Vergleich wird als Blindprobe dasselbe mit destilliertem Wasser durchgeführt. Falls dieses nicht frisch oder verschlossen aufbewahrt worden ist, muss etwa aufgenommene Kohlensäure zuvor durch zehnminütiges Kochen ausgetrieben werden.

In Wasser, das keine aggressive Kohlensäure enthält, entsteht durch Hydrolyse des Kupfersulfats kurzfristig eine Trübung. Ist dagegen aggressive Kohlensäure vorhanden, zeigt sich diese Trübung nicht. In diesem Falle ist die Prüfung auf „kalkaggressive Kohlensäure" (s. u.) durchzuführen (s. a. Ziff. 48).

89.11 Prüfung auf „kalkaggressive Kohlensäure" (nach HEYER)

Die lt. Ziff. 89.2.1 mit Zusatz von Marmormehl entnommene Wasserprobe wird nach 3 Tagen, in welcher Zeit sie öfter umgeschüttelt wurde, schnell filtriert. Die ersten Anteile des klaren Filtrates werden verworfen. 100 ml davon werden nach Zusatz von ca. 2 Tropfen Methylorangelösung mit n/10 HCl bis zum deutlichen Farbumschlag von Gelb nach Bräunlichgelb titriert.

Mit dem unbehandelten Wasser wird gleichartig verfahren. Parallelanalysen werden durchgeführt.

Die Differenz aus der verbrauchten Anzahl ml n/10 HCl gibt die „kalkangreifende Kohlensäure" an:

1 ml n/10 HCl . . . . 2,2 mg CO_2 (kalkangreifend)

89.12 Quantitative Bestimmung von Chlorid

(Qualitativer Nachweis siehe Ziff. 79.2)

89.12.1 Vorbehandlung

100 ml der klaren, ggf. filtrierten Wasserprobe werden in einem Titrierkolben mittels Natriumcarbonatlösung bzw. verdünnter Schwefelsäure gegen Universalindikatorpapier neutral gestellt.

Vorsorglich wird tropfenweise n/10 $KMnO_4$ bis zur leichten Rosafärbung zugegeben, die durch einen Tropfen Perhydrol wieder beseitigt wird. (Sulfid und Sulfit stören und müssen oxidiert werden.) Schwefelwasserstoff ist durch Kochen zu entfernen. Ein Gehalt an Eisen wird durch Schütteln mit 1 g Zinkoxid, ein Mangangehalt durch Schütteln mit 0,5 g Magnesiumoxid unschädlich gemacht.

Liegt eine Verunreinigung durch organische Stoffe vor, kann diese durch Sieden mit chloridfreiem, überschüssigem Kaliumpermanganat in alkalischer Lösung beseitigt werden. Nach Zusatz von einigen Tropfen Perhydrollösung wird filtriert.

Eine störende Färbung kann durch Ausschütteln mit chloridfreiem, frisch gefälltem Aluminiumhydroxid oder chloridfrei gewaschener Aktivkohle und anschließendes Filtrieren beseitigt werden.

89.12.2 Titration mit n/10 $AgNO_3$ (nach Mohr/Winkler)

Die vorbehandelten 100 ml der Wasserprobe werden nach Zugabe von rd. 1 ml Kaliumchromatlösung (Reag. DAB 6) auf weißer Unterlage mit n/10 $AgNO_3$ bis zum Umschlag von Gelb nach Gelbbraun titriert.

Berechnung:

1 ml n/10 $AgNO_3$ entspricht . . . .   0,003546 g Cl^-

Bei einem Verbrauch von a ml n/10 $AgNO_3$ beträgt der Chloridgehalt eines Wassers (bei Vorlage von 100 ml) $10 \cdot a \cdot 3{,}546$ mg Cl^-/l.

89.13 Prüfung auf Nitrit (qualitativ)

Wässer, die verwesende organische Stoffe enthalten, sind u. a. durch einen Gehalt an Nitrit gekennzeichnet (Nachweis s. Ziff. 79.5).

89.14 Prüfung auf Nitrat (qualitativer Nachweis s. a. Ziff. 79.4)

Spuren an Nitrat werden durch die „Brucinreaktion" nachgewiesen.

Durchführung:

2 ml des zu prüfenden Wassers werden in einem Reagenzglas mit 5 ml Schwefelsäure (1,84) vermengt. Nach dem Abkühlen werden rd. 50 mg Brucin zugesetzt. Nitrat verursacht eine Rotfärbung (Eisen, Nitrit und organische Substanzen können stören).

(Diese Prüfung darf nur von einem fachkundigen Chemikerdurchgeführt werden – Brucin ist ein Gift!)

89.15 Prüfung auf Ammonium (s. auch Ziff. 80.7)

Für den qualitativen Nachweis einschließlich der Möglichkeit einer Schätzung eines Gehalts an Ammonium-Ion bedient man sich im Baulabor einfachheitshalber der **Ammonium-Teststäbchen** (z. B. Merckoquant Ammonium-Teststäbchen.)

Diese sind mit Neßlers Reagenz (vgl. Ziff. 80.7) getränkt. Ist in dem Wasser Ammonium-Ion vorhanden, stellt man nach dem Eintauchen des Teststäbchens eine Verfärbung über Gelb bis Braun fest (s. auch Lit. III/6).

Anhand einer Farbskala lassen sich Ammonium-**Gehalte** zwischen 0 – 400 mg NH_4^+/l schätzen.

89.16 Prüfung auf einen Gehalt an flüchtigen Schadstoffen

Eine schnell und einfach durchzuführende Bestimmung von flüchtigen Schadstoffen wurde bereits in Ziff. 81 sowie Ziff. 88.2 vorgestellt. Neben dem qualitativen Nachweis ist entsprechend der Länge der verfärbten Zone im Dräger-Röhrchen eine Schätzung des Schadstoff**gehalts** möglich. Die erfassbaren Schadstoffe wurden in Ziff. 88.2 bereits angegeben.

90 Chemische Prüfung und Beurteilung von Natursteinen

90.1 Prüfung auf Carbonat

Die Prüfung auf Carbonat wird lt. Ziff. 77.2.2.1 durchgeführt. Vereinfacht kann die Prüfung wie folgt durchgeführt werden:

Auf eine waagerecht gehaltene Fläche des zu prüfenden Steins werden 2 – 3 Tropfen etwa 1 : 1 verdünnter Salzsäure aufgebracht. Man beobachtet, ggf. unter Zuhilfenahme einer Lupe, ob ein Aufbrausen erfolgt. Bei negativem Ausfall wird die Prüfung lt. Ziff. 78.6 durchgeführt.

Der mengenmäßige Anteil an Carbonat lässt sich näherungsweise durch die Prüfung auf „Salzsäurelösliches" lt. Ziff. 87.3 ermitteln.

Zur Vorbereitung werden etwa 40 – 50 g des zu prüfenden Steins in einem Mörser oder einer Reibschale zerkleinert (die größten Anteile sollen einen Durchmesser von höchstens etwa 1 mm aufweisen) und anschließend getrocknet (105 °C).

Zur Durchführung der Prüfung werden je etwa 20 g in zwei Porzellanschalen genau eingewogen.

Chemismus:

Ein Carbonat, z. B. $CaCO_3$ (Calciumcarbonat), reagiert mit Salzsäure wie folgt:

$$CaCO_3 + 2\ HCl \longrightarrow CaCl_2 + H_2CO_3$$
$$\swarrow \searrow$$
$$H_2O \quad CO_2$$

(Die Kohlensäure wird durch die stärkere Salzsäure in Freiheit gesetzt. Da sie bei Normaltemperatur und -druck nicht beständig ist, zerfällt sie in H_2O und CO_2; letzteres bewirkt das Aufbrausen.)

90.2 Prüfung auf Sulfid

Bei Anwesenheit von Sulfiden tritt bei der Prüfung auf Salzsäurelösliches ein Geruch nach H_2S auf (s. o.). Zur Kontrolle oder bei undeutlich auftretendem Geruch wird die Porzellanschale, in welcher sich die mit verdünnter Salzsäure übergossene Steinprobe befindet, mit einem Uhrglas (konvexe Seite nach oben) überdeckt, auf dessen untere Seite man zuvor ein mit dest. Wasser angefeuchtetes Bleiacetatpapier aufgedrückt hat.

Bei Anwesenheit von Sulfiden wird das Bleiacetatpapier gelblich bis braun, bei größeren Mengen bis graphitgrau gefärbt. In letzterem Falle wird gleichzeitig auch leichte Gasentwicklung beobachtet.

Chemismus:

Ein Sulfid, z. B. FeS, reagiert mit Salzsäure wie folgt:

$$FeS + 2\ HCl \longrightarrow FeCl_2 + H_2S$$

(Schwefelwasserstoff reagiert mit Bleiacetat unter Bildung von Bleisulfid der vorstehend angegebenen Färbung.)

Der Nachweis kann auch lt. Ziff. 78.2/3 durchgeführt werden.

90.3 Prüfung auf Sulfat

Von einem Teil der gepulverten Substanz wird ein Sodaauszug hergestellt, der lt. Ziff. 79.1 auf Sulfat geprüft wird.

90.4 Prüfung auf Tongehalt

Sedimentgesteine, insbesondere Sandsteine, enthalten vielfach Ton als Bindemittel. Ein größerer Tongehalt, der hinsichtlich der Witterungs-, insbesondere Frostbeständigkeit des Steins von Nachteil ist, lässt sich wie folgt feststellen:

Eine frische Bruchfläche des zu prüfenden Steins wird angehaucht. Besitzt die Bruchfläche danach den charakteristischen Tongeruch, liegt ein nachteiliger Tongehalt (s. o.) vor.

90.5 Sonstige Prüfungen und Beurteilungen

Die Durchführung weiterer Prüfungen richtet sich nach dem Ergebnis der bisher durchgeführten Prüfungen.

Ist **Carbonat** nachgewiesen und der größere Teil der Substanz als salzsäurelöslich festgestellt worden, ist zu vermuten, dass ein Kalkstein oder Dolomit vorliegt. Es ist daher auf die Kationen Calcium (Ca) lt. Ziff. 80.3, Magnesium lt. Ziff. 80.4 und Eisen lt. Ziff. 80.1 zu prüfen.

Für die Prüfungen auf nassem Wege verwendet man den Salzsäureauszug von der Prüfung auf Salzsäurelösliches, und zwar jeweils gleiche Mengen (z. B. je 1 ml), da sich dann nach der Menge der Fällungen abschätzen lässt, welches Kation vorherrscht. Reiner Kalkstein ($CaCO_3$) und Dolomit ($CaCO_3 \cdot MgCO_3$) weisen höchstens etwa 10 % Salzsäureunlösliches auf, desgleichen reiner Magnesit ($MgCO_3$) oder Eisenspat (Siderit, $FeCO_3$). Bei einem höheren Gehalt an Salzsäureunlöslichem ist dieses getrennt zu untersuchen.

Natursteine mit einem hohen **Sulfidgehalt** sind keine Bausteine bzw. als solche ungeeignet. Ein hoher Sulfidgehalt ist auch dadurch zu erkennen, dass der Stein beim Erhitzen z. B. mit der Flamme eines Bunsenbrenners einen stechenden Geruch nach SO_2 verspüren lässt.

Doch auch ein **geringer Sulfidgehalt** ist bei Bausteinen, die der Witterung oder Feuchtigkeit ausgesetzt sein sollen, bedenklich. Sulfide liegen in Natursteinen meist eingesprengt als Pyrit (FeS_2, auch Schwefel- oder Eisenkies genannt) vor. Dieser ist mit freiem Auge oder mit der Lupe als gelbliche, metallisch glänzende Körnchen oder Plättchen erkennbar. Die Schädigung durch Sulfide beruht auf der Oxidation zu Sulfat bzw. des Eisens zu Rost. Letzterer wirkt sprengend, an Außenflächen bilden sich zudem unschöne Rostflecken aus (Vorsicht insbesondere bei Fassaden- und Sockelverblendern sowie Dachschiefer!)

Ist in einem praktisch carbonatfreien Stein **Sulfat** nachgewiesen worden, dürfte meist Gipsstein ($CaSO_4 \cdot 2\,H_2O$), Anhydrit ($CaSO_4$) oder Baryt ($BaSO_4$) vorliegen. Es ist somit insbesondere auf Ca und Ba zu prüfen (s. Ziff. 77.1).

Gipsstein ist vom Anhydrit dadurch zu unterscheiden, dass ersterer beim Erhitzen einer gepulverten, trockenen Probe im Glührohr Wasser abgibt. Sandstein mit Tongeruch (s. o.) soll in Anbetracht der mangelhaften Witterungs- bzw. Frostbeständigkeit nicht der Witterung oder Feuchtigkeit ausgesetzt angewandt werden.

Soll ein Gestein identifiziert werden, so ist an die chemischen Prüfungen eine mineralogische Prüfung anzuschließen.

91 Chemische Prüfung und Beurteilung von Mörtel bzw. Beton

91.1 Ermittlung der Art des Bindemittels eines Mörtels

Ein Teil des zu prüfenden Mörtels wird zerkleinert (Reibschale oder Mörser) und auf einem Uhrglas mit einigen Tropfen Salzsäure, ca. 1 : 3 verdünnt, übergossen (s. auch Ziff. 78.6). Ein heftiges Aufbrausen (Entwicklung von CO_2 aus dem „carbonatisierten" Kalk – s. Ziff. 35) lässt auf **Kalkmörtel** schließen.

Luftkalkmörtel liegt vor, wenn sich das Bindemittel der Mörtelprobe auf dem Uhrglas durch weitere Zugabe von verdünnter Salzsäure innerhalb von 1 – 2 Minuten löst. (Die heftige Gasentwicklung kommt innerhalb der genannten Zeitspanne zum Stillstand, es bleiben die Zuschlagstoffkörnchen mit sauberen bindemittelfreien Flächen zurück – sofern zur Mörtelherstellung silicatischer Sand, der in Salzsäure praktisch unlöslich ist, angewandt worden war.)

Ein stärkerer Magnesiagehalt **(Dolomitkalk)** wird wie folgt erkannt: Der salzsaure Auszug des Mörtels wird mit destilliertem Wasser auf etwa das 10fache seines Volumens verdünnt und filtriert. Ein Teil des Filtrats wird in einem Reagenzglas nach Zufügen eines Tropfens Phenolphthaleinlösung (als Indikator) mit verdünntem Ammoniak bis zur Rotfärbung versetzt.

Eine starke voluminöse Fällung zeigt an, dass neben Calcium auch Magnesium oder Aluminium, ggf. auch Kieselsäure, in Lösung gegangen ist. Die Fällung mit Ammoniak wird mit einem anderen Teil des Filtrats wiederholt, nachdem man dem Filtrat zuvor ca. 2 g Ammoniumchlorid (je ca. 10 ml Lösung) zuzugeben hat. Bleibt die Fällung (nach Zugabe von Ammoniak) hierdurch aus, hat es sich um eine Fällung von $Mg(OH)_2$ gehandelt. Das Bindemittel ist in diesem Falle Dolomitkalk.

Anmerkung:

Der salzsaure Auszug von Weißkalkmörtel gibt nach Zufügung von Ammoniak eine Trübung oder schwache Fällung von $Mg(OH)_2$. Dolomitkalk muss eine **starke** Fällung ergeben. (Der MgO-Gehalt soll bei Weißkalk $\leq$ 10 %, bei Dolomitkalk $\geq$ 10 % betragen – s. DIN 1060).

(Für den Ungeübten empfiehlt sich die Durchführung von Vergleichsprüfungen mit Mörtel, die man einerseits mit Weißkalk, andererseits mit Dolomitkalk hergestellt hat.)

Wird durch NH_4Cl eine beobachtete Fällung nicht verhindert, so besteht der Niederschlag aus $Al(OH)_3$ (weiße gallertige Fällung) oder/und $Fe(OH)_3$ (braune voluminöse Fällung) bzw. Kieselsäure (weiße gallertige Fällung). Das Bindemittel ist in diesem Falle **hydraulischer Kalk** oder **Zement**.

Zementmörtel unterscheidet sich von hydraulischem Kalkmörtel durch ein wesentlich schwächeres Aufbrausen bei Salzsäureeinwirkung (in Anbetracht des geringeren $CaCO_3$-Gehalts). (Vergleichsversuche mit Mörteln bekannter Bindemittelarten durchführen, die mindestens 28 Tage an der Luft erhärtet sind!)

Hüttenzemente und künstlicher hydraulischer Kalk geben nach Übergießen mit Salzsäure einen Geruch nach Schwefelwasserstoff (ähnlich faulen Eiern), da Hochofenschlacke Sulfidschwefel enthält.

Ist bei Salzsäureeinwirkung **kein Aufbrausen** beobachtet worden, wird der verdünnte, filtrierte salzsaure Auszug auf Sulfat geprüft (s. Ziff. 79.2).

Ein deutlicher Sulfatgehalt weist auf die Anwesenheit von **Gips** (oder Anhydrit) hin.

Auf die gleiche Weise wird ein **Gipsgehalt in Kalk-** oder **Zementmörtel** nachgewiesen.

(Beachte: Zementmörtel enthält durch den Gipsgehalt des Zements geringe Mengen an Sulfat, die beim Sulfatnachweis eine leichte Trübung verursachen. – Eine Gipszumischung zu Mörtel ist durch eine deutliche Fällung von $BaSO_4$ zu erkennen. Ggf. Vergleichsversuche!)

In Zweifelsfällen ist eine Klarstellung durch eine durch den Chemiker durchzuführende quantitative Analyse des Mörtels zu erzielen.

91.2 Feststellung des Mischungsverhältnisses

Die Feststellung des Mischungsverhältnisses setzt voraus, dass der Zuschlagstoff in verdünnter Salzsäure praktisch unlöslich ist. Andernfalls müsste die Löslichkeit zumindest genau bekannt sein.

91.2.1 Weißkalkmörtel

Es wird das Salzsäurelösliche lt. Ziff. 87.3 ermittelt. Zur Errechnung des Kalkgehalts ist zu unterscheiden, ob der Zuschlagstoff praktisch salzsäureunlöslich oder mehr oder weniger salzsäurelöslich ist.

91 Chemische Prüfung und Beurteilung von Mörtel bzw. Beton

91.2.1.1 Der Zuschlagstoff ist praktisch salzsäureunlöslich

Bei erhärtetem Weißkalkmörtel wird näherungsweise angenommen, dass das Salzsäurelösliche aus 100 % $CaCO_3$ besteht (Kontrolle: Ein wässeriger Auszug von zerkleinertem Mörtel muss eine neutrale Reaktion aufweisen).

Beispiel einer Errechnung des Kalkgehalts:

Einwaage (trocken . . . . 100 M.-T.

Salzsäureunlösliches . . . . 87,7 M.-T.

Salzsäurelösliches ($CaCO_3$) . . . . 12,3 M.-T.

umgerechnet auf Hydratkalkpulver ($Ca(OH)_2$),

100 : 74 = 12,3 : x . . . . 9,1 M.-T. $Ca(OH)_2$

Der Weißkalkmörtel enthält somit auf

87,7 M.-T. trockenen Sand

9,1 M.-T. Weißkalkhydratpulver

Auf Raumteile umgerechnet:

87,7 M.-T. trock. Sand + 3 % Feuchtigkeit = rd. 90,3 M.-T. lufttrock. Sand entsprechen 56,6 Raumteilen lufttrock. Sand; ($\rho = 1,6$)

9,1 M.-T. Weißkalkhydratpulver entsprechen rd. 18,2 Raumteilen Weißkalkhydratpulver;

Das Raumverhältnis in Raumteilen betrug somit

1 Raumteil Weißkalkhydratpulver auf rd. **3,1 Raumteile** lufttrockenen Sand.

Ist ein **Weißkalk-Frischmörtel** zu untersuchen, wird eine Mörtelprobe bei 105 °C getrocknet und in einer Reibschale zerkleinert. Eine Einwaage wird in gleicher Weise wie vorstehend beschrieben behandelt. Es entfällt in diesem Falle die Umrechnung von $CaCO_3$ auf $Ca(OH)_2$.

Soll das Mischungsverhältnis eines bereits **in Erhärtung befindlichen Weißkalkmörtels** bestimmt werden, wird in gleicher Weise verfahren wie bei Prüfung eines vollständig carbonisierten Mörtels. Für genaue Bestimmungen ist jedoch an einer zweiten Probe der Glühverlust zu ermitteln und es wird der CaO-Gehalt aus der Differenz des Salzsäurelöslichen und des Glühverlustes errechnet, je auf z. B. 100 M.-Teile Einwaage Trockenmörtel bezogen.

Zur Bestimmung des **Glühverlusts** wird eine Probe des Trockenmörtels fein zerkleinert (auf Mehlfeinheit); in einen geglühten und gewogenen Tiegel werden davon 2 g genau eingewogen, worauf bei 1000 °C (z. B. in einem elektrischen Tiegelofen) bis zur Gewichtskonstanz geglüht wird.

91.2.1.2 Der Zuschlagstoff enthält salzsäurelösliche Anteile

Es wird wie vorstehend verfahren. Zusätzlich wird das Salzsäurelösliche einer Probe des unverarbeiteten Zuschlagstoffs lt. Ziff. 87.3 bestimmt. Die Ergebnisse werden je auf 100 M.-Teile Trockenmörtel bezogen.

Bei der Errechnung des Mischungsverhältnisses ist das Salzsäurelösliche des Zuschlagstoffs zum Salzsäurelöslichen des Mörtels zuzuzählen; gleichzeitig ist das Salzsäurelösliche des

Mörtels um diesen Betrag zu verringern. Für genaue Bestimmungen wird zudem der Glühverlust des Zuschlagstoffs gesondert bestimmt (s. o.) und in Rechnung gesetzt.

Beispiel:

	Mörtel	Zuschlagstoff
Salzsäureunlösliches	80,2 M.-T.	92,0 M.-T.
Salzsäurelösliches	21,8 M.-T.	8,0 M.-T.
Glühverlust	6,0 M.-T.	4,2 M.-T.

Das Salzsäureunlösliche des Mörtels ist zu erhöhen im Verhältnis:

$$92,0 : 8,0 = 80,2 : x$$

$$x = 6,974 \text{ (für das Beispiel aufgerundet: 7,0)}$$

Dieser Betrag ist vom Salzsäurelöslichen abzuziehen. Der Glühverlust des Mörtels ist um nachstehenden Betrag zu verringern:

$$92,0 : 4,2 = 80,2 : y$$

$$y = 3,66 \text{ (aufgerundet: 3,7)}$$

Der Gehalt des Mörtels errechnet sich somit wie folgt:

Salzsäureunlösliches 80,2 + 7,0 = 87,2 M.-T.

Salzsäurelösliches abzügl. Glühverlust 21,8 − 7,0 − (6,0 − 3,7) = 12,5 M.-T. (CaO)

Das Mischungsverhältnis Bindemittel : Zuschlagstoff ist daraus in gleichem Sinne zu errechnen wie im vorstehenden Beispiel.

91.2.2 Ermittlung des Mischungsverhältnisses bei Beton und Zementmörtel

91.2.2.1 Vorbemerkung

Zur Ermittlung des Mischungsverhältnisses bei Beton und Zementmörtel wird im Prinzip gleichartig verfahren, wie vorstehend dargelegt. Für exakte Ergebnisse müsste auch in diesem Bereich eine Probe des **unverarbeiteten Zuschlagstoffs** verfügbar sein, andernfalls ist man auf Schätzungen des salzsäurelöslichen Anteils des im zu untersuchenden Beton befindlichen Zuschlagsstoffs angewiesen.

Die z. B. gegenüber einem Weißkalk komplizierte Zusammensetzung der Zemente erfordert einen erhöhten analytischen Aufwand.

91.2.2.2 Untersuchungsgang

Der Untersuchungsgang zur Ermittlung des Mischungsverhältnisses ist in **DIN 52170** im Einzelnen festgeschrieben. Aus Raumgründen wird auf dieses umfangreiche, 14-seitige Normblatt verwiesen.

Die Durchführung der Untersuchung setzt eine entsprechende Einrichtung eines chemischen Labors voraus.

Nach Vorliegen der Analysenergebnisse ist die Berechnung des Mischungsverhältnisses relativ einfach.

Beispiel:

Salzsäurelösliches + Aufschlämmbares .... 77,0 M.-T.,

Salzsäurelösliches + Glühverlust .... 23,0 M.-T.,

Glühverlust .... 6,5 M.-T.

Das **Mischungsverhältnis** beträgt in diesem Falle

77,0 M.-T. Zuschlagstoff auf 16,5 (23,0 – 6,5) M.-T. glühverlustfreien Bindemittels

= **1 : 4,67** in M.-T.

Eine gewisse Salzsäurelöslichkeit des Zuschlagstoffs würde einer Korrektur bedürfen (siehe DIN 52170).

91.3 Ermittlung von schädlichen oder ausblühungsfähigen Anteilen

Besteht der Verdacht, dass ein Mörtel oder Beton wasserlösliche schädliche bzw. ausblühungsfähige Salze enthält, wird wie folgt geprüft:

Eine Probe wird mit einem Mörser oder einer Reibschale zerkleinert und in einer Porzellanschale mit dest. Wasser übergossen. Man kocht den Inhalt der Porzellanschale 10 – 15 Minuten und filtriert dann noch warm ab.

Das Filtrat wird lt. Ziff. 79 auf Anionen geprüft.

Die Auswertung des Prüfungsergebnisses erfolgt unter Berücksichtigung der Ausführungen in Ziff. 39 und 42, z. T. auch 36, 66 u. a. Quantitative Bestimmung von Chlorid s. Ziff. 89.12.

91.4 Ermittlung der „Carbonatisierungstiefe" bei Stahlbeton

(vgl. hierzu Darlegungen in Ziff. 36.4)

Die Ermittlung der Carbonatisierungstiefe erfolgt an frischen Spaltflächen, z. B. entnommener Betonbohrkerne. Gesägte Betonflächen sind nicht geeignet, desgleichen nicht in Betonflächen geschlagene Löcher. Die Spaltflächen sollen möglichst senkrecht zur Außenhaut hergestellt sein.

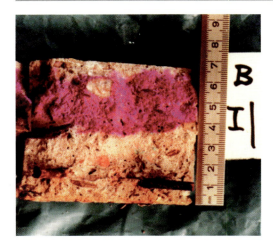

Abb. 138: (aus einem Sachverständigengutachten des Verfassers)
Ermittlung der Ursache von **Rostsprengschäden** an der bewitterten Unterseite einer Stahlbeton-Balkonplatte, die oberseitig durch einen Abdichtungsbelag abgedeckt war. Trocken gespaltene Bohrkerne aus dieser Platte wurden mit Phenolphthalein-Lösung besprüht (s. Ziff. 91.4). Nach Ablauf von je 1 Minute wurde die Färbung im Bild fest gehalten.
Ergebnis: Die **Carbonatisierung** war von unten bis etwa Plattenmitte **vorgedrungen,** so dass die untere Stahlbewehrung nicht mehr korrosionsgeschützt war und Rostsprengschäden verursachte (s. Ziff. 91.4).

Die frischen Spaltflächen werden mit 0,1 %iger wässerig-alkoholischer Phenolphthalein-Lösung gleichmäßig übersprüht. Man wartet etwa 1 Minute und stellt daraufhin die Breite der nicht verfärbten Zone ab Außenhaut fest (zweckmäßig im Farbfoto fest halten). Es gilt jeweils der Mittelwert (s. Abb. 138).

Zur Erläuterung:

Phenolphthalein wird durch die basische Reaktion des noch nicht carbonatisierten freien Kalks des Betons bläulichrot gefärbt. Soweit die „Carbonatisierung", d. h. die Neutralisation des Calciumhydroxids durch die Kohlensäure der Luft, vorliegt, wird keine Rotfärbung festgestellt.

91.5 Ermittlung der Chlorid-Eindringtiefe in Stahlbeton

Bereitzustellen für die Prüfung sind – in zwei Sprühfläschchen – eine ca. 1 %ige $AgNO_3$-Lösung, schwach salpetersauer, sowie eine ca. 5 %ige wässerige Kaliumchromat-Lösung (K_2CrO_4).

Die Durchführung der Prüfung erfolgt an gleichartigen, frischen Spaltflächen, wie vorstehend (in Ziff. 91.4) beschrieben.

Zur Prüfung werden die Spaltflächen zunächst mit der Silbernitrat-Lösung leicht und gleichmäßig eingesprüht, so dass soeben eine lückenlose Befeuchtung der Betonflächen erreicht wurde. Man lässt antrocknen. Daraufhin wird die Kaliumchromatlösung gleichartig aufgesprüht.

Man wartet ca. 1 Minute und ermittelt die Breite einer hell gebliebenen Zone (zweckmäßig im Farbfoto fest halten).

Zur Erläuterung:

Soweit in der Betonspaltfläche Chlorid-Ionen vorliegen werden diese durch Silbernitrat zu unlöslichem Silberchlorid gebunden. Außerhalb dieses Bereichs erfolgt eine starke Braunfärbung infolge Bildung von Silberchromat.

Quantitative Chloridbestimmung s. Ziff. 94.3.2.

92 Chemische Prüfung und Beurteilung sonstiger Kunststeine

92.1 Ziegelsteine, Klinker u. dgl.

92.1.1 Prüfung auf Gehalt an wasserlöslichen ausblühungsfähigen Salzen

Mauersteine, die als Vormauersteine verwendet werden sollen, müssen gemäß den Normenbestimmungen frei von schädlichen ausblühungsfähigen Salzen sein. Eine einfache, doch sehr zuverlässige Prüfung wird wie folgt durchgeführt.

> Einer Lieferung werden drei Steine entnommen, die ein Durchschnittsmuster darstellen. Für jeden Stein wird ein Wasserglas oder dgl. mit dest. Wasser bis zum Rand gefüllt. Man legt den Stein mit seiner größten Fläche mittig auf und dreht den Stein nebst Glas unter Aufeinanderdrücken um 180° um, so dass nun das Glas umgekehrt auf dem Stein ruht. Der Stein wird in einem geschlossenen Raum so gelagert, dass die Unterseite belüftet und sichtbar bleibt. Das Wasser dringt allmählich in den Stein ein, löst ausblühungsfähige Salze und verdunstet im Laufe von 2 – 3 Tagen an den Außenflächen des Steines, an welchem sich vorhandene Ausblühungssalze sichtbar abscheiden.

Bleiben die Außenflächen der Steine nach Verdunsten des Wassers unverändert sauber, so sind die Steine praktisch frei von wasserlöslichen, ausblühungsfähigen Salzen und als Vormauersteine geeignet. Im anderen Falle sind die Steine als solche ungeeignet und es ist gegebenenfalls die Art des Salzes zu ermitteln.

92.1.2 Prüfung auf Kalkeinschlüsse

Kalkeinschlüsse können einen Ziegelstein bei Nässung zersprengen (Löschvorgang unter Volumenzunahme – s. Ziff. 39.2). Die Ursachen sind meist Kalksteinanteile im Ton.

Verdächtig erscheinende Stellen an Außen- oder Bruchflächen von Ziegelsteinen werden mit Salzsäure (1 : 1) benetzt. Erfolgt ein heftiges Aufbrausen (CO_2-Entwicklung!), ist der Einschluss als Kalk festgestellt.

Zum Nachweis des Vorliegens noch uncarbonatisierten Kalks werden andere Einschlussstellen mit wässeriger Phenolphthaleinlösung befeuchtet. Bei Anwesenheit von uncarbonatisiertem Kalk erfolgt Rotfärbung des Phenolphthaleins.

92.2 Kunststein unbekannter Art

Soll die Zusammensetzung eines Kunststeins unbekannter Art ermittelt werden, wird zunächst festgestellt, ob es sich um Material organischer oder nichtorganischer Natur handelt:

> Eine kleine Probe wird in einem Porzellantiegel mittels der Flamme eines BUNSENbrenners erhitzt. Eine Brennbarkeit weist auf die Anwesenheit organischer Substanz hin. Aus dem Verhalten beim Erhitzen bzw. dem dabei auftretenden Geruch lassen sich vielfach bereits Schlüsse ziehen (s. u. a. Ziff. 98 und 99). Der Anteil an organischer Substanz wird durch Bestimmung des **Aschegehalts** ermittelt: Eine Probe der zerriebenen und getrockneten Substanz wird in einen geglühten und

gewogenen Porzellantiegel eingewogen (z. B. 2,0 g), worauf über dem Bunsenbrenner erhitzt wird. Nach Abbrennen der organischen Substanz erhitzt man so lange, bis der Rückstand im Tiegel frei von kohligen Anteilen erscheint. Den Aschegehalt ermittelt man durch Zurückwiegen.

Zur Bestimmung anorganischen Bindemittels verfährt man wie in Ziff. 92.1.3. Ein Aufbrausen bei Säureeinwirkung weist auf Kalk hin. Das Filtrat wird auf Aluminium (s. Ziff. 91.2) geprüft (Zement!), weiterhin auf Sulfat und Ca^{2+} (Gips bei positivem Ausfall) bzw. Chlorid, Sulfat und Magnesium (Magnesiabinder bei positivem Ausfall).

92.3 Fensterglas, Glasuren an Kunststeinen

Fensterglas wie auch Glasuren an meist gebrannten Kunststeinen (sie sind chemisch dem Glas verwandt – s. Ziff 33) sollen gegen Witterungseinflüsse oder Einwirkungen organischer Säuren (z. B. Milchsäure in Molkereien), von Rauchgasen u. a. eine gute Beständigkeit ohne ein Blindwerden aufweisen.

Eine einfache Prüfung wird wie folgt durchgeführt:

Eine Glas- oder Glasurprobe wird oberflächlich gereinigt und durch Abwaschen mit Alkohol entfettet. Diese Probe wird auf eine Porzellanschale gelegt, die konz. Salzsäure enthält (Abstand vom Salzsäurespiegel von etwa 15 mm einhalten). Man überdeckt mit einer Glasglocke oder dgl., um ein Entweichen von Salzsäuredämpfen zu vermeiden. Die Einwirkungszeit der Salzsäuredämpfe beträgt 24 Stunden. Anschließend lagert man die Probe 24 Stunden außerhalb des Bereiches der Säure- oder sonstiger Dämpfe in staubfreier Raumluft.

Gute Gläser und Glasuren zeigen keine Veränderung, auch keinen Hauch eines Belages. Mittlere Qualitäten dürfen höchstens einen leichten, weißlichen Anflug aufweisen, der sich leicht abwischen lässt. Schlechte, rasch blind werdende Qualitäten weisen einen deutlichen, weißen abwischbaren Belag auf. Glasuren sollen keine Farbveränderungen zeigen.

92.4 Ziegelsplitt (Trümmerschutt), Schlacke u. a.

Ziegelsplitt aus Trümmerschutt, Schlacke u. a., die an Bauwerken insbes. als Zuschlagstoff Verwendung finden sollen, müssen frei sein von betonschädlichen Anteilen. Ein oft vorliegender **Sulfatgehalt** darf höchstens 1 %, berechnet als SO_3, betragen (s. Ziff. 87) – s. a. DIN 1045.

Sulfat wird qualitativ und quantitativ im neutralisierten salzsauren Auszug bestimmt (Durchführung und Berechnung siehe Ziff. 87.4).

Für etwaige weitere Untersuchungen (z. B. Prüfung auf Kalk oder Magnesia) wird gleichfalls der vorstehend benannte neutralisierte salzsaure Auszug angewandt.

93 Chemische Prüfung und Beurteilung von Baukalk

Für Baukalk sind die Bestimmungen der **DIN 1060** und **DIN EN 459-1** maßgebend. Als Richtlinie für Prüfverfahren ist die **DIN EN 459-2** gültig. Für die Baupraxis ist die

Kontrollprüfung auf überlagerten Kalk

von Interesse.

93 Chemische Prüfung und Beurteilung von Baukalk

Alle Kalkarten dürfen nur eine Höchstmenge an nichtbindefähigen Anteilen (z. B. $CaCO_3$ und $MgCO_3$) enthalten. Für Luftkalke sind Höchstgehalte an CO_2 (bezogen auf die glühverlustfreie Substanz) von 7 %, für hydraulischen Kalk von 12 % bzw. hochhydraulischen Kalk von 15 % zulässig. Da der Kalk während der Lagerung Kohlensäure bindet, ist ein **„überlagerter Kalk"**, der durch die Bindung eines Teils des reaktionsfähigen Kalks an Wirksamkeit verloren hat, an einem erhöhten CO_2-Gehalt zu erkennen. Auch unvollständig gebrannter Kalk enthält einen Anteil an $CaCO_3$ + ggf. $MgCO_3$ als **„ungaren"** Kalk, durch welchen der wirksame Kalkanteil gemagert ist.

a) Der **CO_2-Gehalt** ist daher insbesondere bei bereits länger gelagertem Kalk zur Kontrolle der „Ergiebigkeit" in erster Linie zu bestimmen:
Erforderlich hierzu ist ein Kohlensäurebestimmungsapparat z. B. nach Mohr.
Der mit einem Glasstopfen verschließbare Aufsatz zur CO_2-Aufnahme wird mit Kalilauge gefüllt, verschlossen und gewogen. Der Kolben wird mit einer Kalkeinwaage von z. B. 2 g beschickt. Der Tropftrichter wird mit Salzsäure 1 : 3 gefüllt. Nun setzt man das Kalilaugengefäß auf, entfernt den Verschluss und lässt allmählich Salzsäure einfließen.

Sobald die Reaktion zum Stillstand gekommen ist, lässt man mit Salzsäure angesäuertes Wasser nachfließen, bis der Kolben soeben restlos mit Flüssigkeit gefüllt ist (es darf keine Flüssigkeit in das Kalilaugengefäß gedrückt werden!). Letzteres wird nun verschlossen, abgenommen und gewogen. Aus der Gewichtsdifferenz erhält man unmittelbar die Menge des entwickelten Kohlendioxids, die unter Berücksichtigung der genauen Einwaage an Kalk in Prozenten ausgedrückt wird (andere als der Mohrsche Apparat beruhen auf dem gleichen Prinzip, die Gebrauchsanleitung ist entsprechend zu beachten).

b) Der **Gehalt an CaO und MgO** wird wie folgt bestimmt:
Eine Einwaage von 0,5 g des zu untersuchenden, bei 105 °C getrockneten Kalks wird in einem Becherglas mit ca. 330 ml dest. Wasser aufgeschlämmt und durch Zusatz von 50 ml Salzsäure 1 : 1 gelöst. Es wird mit ca. 200 ml verdünnt und mit 3 %iger Natronlauge gegen Phenolphthalein als Indikator neutralisiert. Man bringt in einen Messkolben von 1 l Inhalt ein (ohne zu filtrieren) und füllt zur Marke auf.

Nach Durchmischen und Absitzen einer etwaigen Trübe werden 50 ml des Kolbeninhalts mittels einer Pipette in einen Titrierkolben gebracht, mit ca. 50 ml dest. Wasser verdünnt, mit 1/10 n-Natronlauge auf beginnende Phenolphthaleinrötung eingestellt und diese durch Zufügung von genau 1 Tropfen 1/10 n-HCl beseitigt.

Der Gehalt an **CaO + MgO** wird nunmehr durch **komplexometrische Titration** bestimmt, so wie diese in Ziff. 89.7.2 beschrieben wurde. Wie auch dort angegeben, wird anschließend der **CaO**-Gehalt **getrennt** ermittelt.

c) Der **Gehalt an SO_3** wird aus einer Teilmenge der vorstehend erwähnten Lösung durch **komplexometrische Titration** lt. Ziff. 89.3.3 bestimmt (zulässige Höchstgehalte siehe DIN 1060).

d) Der **Glühverlust** wird wie folgt ermittelt:
Von pulverförmigem Kalk werden 2,0 g getrockneter Substanz in einen Porzellantiegel eingewogen, der vorher bei 1000 °C ausgeglüht und nach Abkühlung im Exsikkator gewogen wurde. Man erhitzt zunächst einige Minuten über freier Flamme, dann im elektrischen Tiegelofen mindestens eine halbe Stunde bei 1000 °C. Der Glühverlust wird aus der Gewichtsdifferenz erhalten, der Rückstand im Tiegel ist die „glühverlustfreie Substanz".

94 Chemische Prüfung von Zementen

Nachstehend ist eine Anzahl chemischer Prüfungen von Zementen beschrieben, die erfahrungsgemäß in einem Baulabor mit Erfolg durchgeführt werden können. Die sonstigen Prüfungen, insbesondere die lt. **DIN 1164** bzw. **DIN EN 196**, sind dem Fachchemiker in einem gut eingerichteten Chemielabor vorbehalten.

Für die Baupraxis sind nachstehende chemische Kontrollprüfungen von Interesse:

94.1 Unterscheidung von Portlandzement und Hüttenzement

Eine kleine Zementprobe (2 – 3 Messerspitzen) wird auf ein Uhrglas gegeben und mit 2–3 ml Salzsäure 1 : 1 übergossen. Tritt ein Geruch nach Schwefelwasserstoff auf, liegt ein Hüttenzement vor (Hochofenschlacke enthält Sulfide, die mit Salzsäure unter Entwicklung von Schwefelwasserstoff reagieren).

94.2 Prüfung auf Gehalt an „freiem Kalk" [CaO + Ca(OH)$_2$]

Zemente sollen praktisch frei von ungebunden gebliebenem Kalk [CaO bzw. Ca(OH)$_2$] sein (s. Ziff. 39).

Die Bestimmung nach B. Franke beruht auf einem Herauslösen des freien Kalks durch Kochen mit organischem Lösungsmittel und anschließender Titration des gelösten Kalks durch Salzsäure.

Ausführung:

Eine Durchschnittsprobe Zement wird feinst vermahlen (Achatmörser), bis diese restlos durch das Sieb 0,06 mm (DIN 4188) hindurchgeht. Eine Einwaage der trockenen Zementprobe von 1,00 g wird in einen Erlenmeyer-Schliffkolben (Inhalt ca. 300 ml) eingebracht, worauf 3 ml Acetessigester und 20 ml Isopropylalkohol zugegeben werden. Unter dem Rückflusskühler kocht man den Kolbeninhalt nach Zugabe von Siedesteinchen eine Stunde lang. Zur Fernhaltung von Luftfeuchtigkeit und Kohlendioxid werden am Kühlerende zwei U-Rohre mit Natronkalk und Kieselsäuregel angebracht.

Nach Abkühlung saugt man den Kolbeninhalt durch einen A3-Porzellanfiltertiegel. Der Filterrückstand wird mit rd. 20 ml Isopropylalkohol ausgewaschen. Die gesammelten Filtrate titriert man nun nach Zugabe von drei Tropfen Bromphenolblaulösung (hergestellt durch Lösen von 0,08 g Bromphenolblau in 1,2 ml n/10 NaOH und 200 ml dest. Wasser) als Indikator bis zum Umschlag von Blau nach Reingelb.

Berechnung:

Gesamter freier Kalk [CaO + Ca(OH)$_2$, als CaO bestimmt] =

$$\frac{0{,}002804 \cdot a \cdot 100}{E} \text{ M.-\% CaO}$$

(a = Verbrauch an ml n/10 HCl, E = Einwaage Zement, 0,002804 = 1/1000 der Äquivalentmasse von CaO)

94.3 Prüfung auf Chloridgehalt

Spannbetonbauteile sind zur Vermeidung einer Spannungskorrosion mit Zement herzustellen, der praktisch **chloridfrei** sein muss. (Es dürfen somit keine Zemente angewandt werden, die einen Zusatz von Chlorcalcium oder dgl. erhalten haben. Zulässiger Höchstgehalt: 0,002 % Cl, bemessen auf Zementgewicht.)

94.3.1 Qualitativer Nachweis

Eine kleine Zementprobe wird in einem Becherglas mit Salpetersäure 1 : 2,5 übergossen. Man stellt das Glas für 15 – 20 Minuten auf ein kochendes Wasserbad; es wird des Öfteren umgeschwenkt. Dann wird der Inhalt des Glases mit dest. Wasser verdünnt und filtriert. Im Filtrat wird Chlorid wie üblich nachgewiesen (s. Ziff. 79).

Ist Chlorid festgestellt worden, wird eine quantitative Chloridbestimmung durchgeführt.

94.3.2 Quantitativer Nachweis

In einem ERLENMEYERkolben wird eine genaue Einwaage (z. B. 2,00 g) des (trockenen) Zements eingebracht und nach Zugabe von 50 ml dest. Wasser und 20 ml Salpetersäure in Siedehitze gelöst. Nach Abkühlen wird mit ca. 200 ml dest. Wasser verdünnt.

Falls ein Rückstand verblieben ist, filtriert man den Kolbeninhalt in einem ml-Messkolben (z. B. für 500 ml). Das Filter mit etwaigem Filterrückstand wird chloridfrei gewaschen, alle Flüssigkeit in den Messkolben eingebracht, dessen Inhalt z. B. auf genau 500 ml aufgefüllt wurde.

Der Chloridgehalt wird nun **maßanalytisch** bestimmt, entsprechend den Darlegungen in Ziff. 89.12.

95 Chemische Prüfung und Beurteilung von Gips

95.1 Feuchtigkeit

Der Feuchtigkeitsgehalt von Gips wird durch Trocknung einer Einwaage (z. B. 20 g) bei **40 °C** bis zur Gewichtskonstanz bestimmt. (Höhere Temperaturen müssen vermieden werden, da ab 50 °C bereits Hydratwasseranteile entweichen können.)

95.2 Hydratwassergehalt

Von dem bei 40 °C getrockneten Gips wird eine Einwaage von 2 – 4 g in einem Porzellantiegel etwa 30 Minuten bei rd. 350 °C (in einem regulierbaren elektr. Tiegelofen) erhitzt. Der Hydratwassergehalt wird aus dem Gewichtsverlust erhalten.

Beurteilungsgrundlage:	Stuckgips	enthält ca. 6 % Hydratwasser
	Putzgips	enthält 1 – 1,5 % Hydratwasser
	Estrichgips	enthält kein Hydratwasser

95.3 Gehalt an freiem Kalk (CaO)

Die Baugipsarten unterscheiden sich durch ihren Gehalt an freiem Kalk entsprechend der unterschiedlichen Erhitzungstemperatur.

Unterscheidung durch Phenolphthalein

Stuckgips rötet Phenolphthalein nicht (kein CaO-Gehalt), Putzgips rötet Phenolphthalein (CaO-Gehalt 1 – 3 %), Estrichgips rötet Phenolphthalein (CaO-Gehalt 3 – 5 %).

Quantitative Bestimmung von CaO

5 g trockener Gips werden in 500 ml dest. Wasser (CO_2-frei!) eingebracht, das sich in einem verschließbaren 1-l-Kolben befindet. Der verschlossene Kolben wird etwa eine Stunde lang auf einer Schüttelmaschine geschüttelt oder durch 2 Stunden alle 10 Minuten von Hand geschüttelt.

Nach Absitzen der Lösung pipettiert man 200 ml ab und titriert mit n/10 HCl unter Anwendung von Phenolphthalein als Indikator.

Berechnung:

1 ml n/10 HCl . . . . 2,8 mg CaO

95.4 Gehalt an $CaSO_4$ in Halbhydrat (Stuckgips)

Eine Gehaltsbestimmung lässt sich durch die maßanalytische Schnellbestimmung von SO_4^{2-} schnell durchführen.

Eine genaue Einwaage einer zwischen 40 – 45 °C getrockneten Gipsprobe von z. B. 1,00 g wird in einem ERLENMEYERkolben mit ca. 75 ml dest. Wasser aufgeschlämmt und durch Zugabe von 50 ml HCl 1 : 1 unter Erwärmen gelöst. Man lässt zweckmäßig unter Kühlung erkalten und bringt die Lösung in einen ml-Messkolben (z. B. 500 ml) ein. Mit dest. Wasser wird bis zur Marke aufgefüllt.

Eine Teilmenge von z. B. 100 ml wird mittels einer Pipette entnommen und in einen Titrierkolben gebracht. Der Sulfatgehalt wird durch eine **komplexometrische Titration** (siehe Ziff. 89.3.3) ermittelt.

Der ermittelte Sulfatgehalt wird auf Halbhydrat ($CaSO_4 \cdot 0,5\ H_2O$) umgerechnet.

96 Chemische Prüfung und Beurteilung der Magnesiabinderanteile

Ein einwandfreier Erfolg bei Herstellung von Steinholzestrichen und dgl. hängt von einer genauen Kenntnis der Zusammensetzung der Binderanteile Magnesia (MgO) und Magnesiumchloridlösung (fälschlich Magnesialauge) – ggf. Magnesiumsulfatlösung – ab.

96.1 Magnesia

96.1.1 Anforderungen lt. DIN 273:

Glühverlust	$\leq$ 8 M.-%,
SiO_2 und Rückstand	
Fe_2O_3 und Al_2O_3	$\leq$ 14 M.-%,
CaO	$\leq$ 4 M.-%,
MgO	$\geq$ 80 M.-%.

96.1.2 Glühverlust

Eine Einwaage einer trockenen Probe von 1,0 g wird in einem Porzellantiegel bei 1000 °C (elektr. Tiegelofen oder starkes Gebläse) bis zur Gewichtskonstanz geglüht.

96.1.3 SiO_2 und sonstiger salzsäureunlöslicher Rückstand

2 g einer getrockneten Probe werden in einer Porzellanschale mit 30 ml dest. Wasser aufgeschlämmt und durch Zugabe von 60 ml HCl 1 : 1 gelöst. Auf dem Sandbad wird bei 110 °C eingedampft, mit HCl 1 : 1 befeuchtet, zur Trockne eingedampft, nochmals befeuchtet und eingedampft und eine halbe Stunde bei 120 °C gehalten. Nach Abkühlen wird mit 200 ml dest. Wasser aufgenommen, einige ml HCl 1 : 1 hinzugefügt, zum Kochen gebracht und heiß abfiltriert. Der Rückstand wird nach Auswaschen mit heißem dest. Wasser geglüht (s. o.) und ausgewogen (SiO_2 + sonstige Rückstände).

96.1.4 Fe_2O_3 + Al_2O_3

Das noch heiße Filtrat wird zur Oxidation des Eisens mit einigen ml H_2O_2 versetzt, worauf Eisen- und Aluminiumhydroxid mit konz. Ammoniak unter Vermeidung eines größeren Überschusses ausgefällt werden. Der Niederschlag wird abfiltriert, gewaschen, das Filtrat wird verwahrt.

Der Niederschlag wird durch Auftropfenlassen von Salzsäure 1 : 5 vom Filter gelöst, man wäscht mit heißem dest. Wasser gut nach, worauf der Lösung + Waschwasser ca. 1 g NH_4Cl zugesetzt wird. Die Fällung wird nun siedend heiß wiederholt und der Niederschlag über das gleiche Filter abfiltriert. Die beiden Filtrate werden in einem 500-ml-Messkolben vereinigt. Der Niederschlag wird geglüht und als $Fe_2O_3 + Al_2O_3$ ausgewogen.

96.1.5 CaO

Von den Filtraten, die im Messkolben auf 500 ml aufgefüllt wurden, werden 100 ml abpipettiert und diese in einem Becherglas durch Zugabe von verd. Essigsäure auf Umschlag Methylorange (zwiebelrot) gestellt. Mit Wasser wird auf etwa 350 ml verdünnt, und man fällt kalt durch Zugabe von 50 ml Ammoniumoxalatlösung (4 %ig). Nach Stehenlassen über Nacht wird abfiltriert, der Niederschlag gewaschen und geglüht (1000 °C). Der Tiegelinhalt wird durch einige ml HCl 1 : 1 gelöst, die Lösung mit dest. Wasser auf ca. 150 ml verdünnt. Mit Essigsäure wird wieder auf Methylorangeumschlag gestellt. Man fügt 2 g festes NH_4Cl zu und wiederholt die Calciumoxalatfällung bei 80 °C durch Zugabe von 25 ml Ammoniumoxalatlösung. Nach kurzem Stehen lassen wird durch einen GOOCH-Tiegel filtriert und weiter verfahren, wie in Ziff. 93.2b ausgeführt.

Der MgO-Gehalt wird als Differenz gegen 100 % errechnet.

96.2 Magnesiumchlorid (fest oder Lösung)

96.2.1 Anforderungen lt. DIN 273

Gehalte an (M.-%)	wässerige Lösung	festes Magnesiumchlorid			
		geschmolzen	gemahlen	Schuppen	Kristalle
$MgCl_2$	≥ 31	≥ 46	≥ 46	≥ 46	≥ 46
NaCl + KCl	≤ 2	≤ 2	≤ 2	≤ 2	≤ 2
$MgSO_4$	≤ 3	≤ 2	≤ 2	≤ 2	≤ 2
Unlösliches	≤ 0,05	≤ 0,1	≤ 0,1	≤ 0,1	≤ 0,1
pH-Wert der Lösung	≥ 6	≥ 6	≥ 6	≥ 6	≥ 6

96.2.2 $MgCl_2$-Gehalt

In einem Messkolben (1000 ml) werden 5 g Magnesiumchloridlösung oder 2,5 g festes Magnesiumchlorid mit dest. Wasser gelöst, worauf zur Marke aufgefüllt wird.

100 ml der Lösung werden abpipettiert und in einem Titrierkolben mit ca. 100 ml dest. Wasser verdünnt. Man säuert mit einigen Tropfen konz. Salpetersäure an und fällt durch Zugabe (im Überschuss) einer gemessenen Menge n/10-$AgNO_3$-Lösung. Der Vorgang wird durch Schütteln beschleunigt, zur besseren Zusammenballung des Niederschlags fügt man ca. 5 ml Ether zu. Der Überschuss an Silbernitratlösung wird mit n/10-Ammoniumthiocyanatlösung unter Anwendung von Eisen(III)-Ammoniumsulfatlösung als Indikator zurücktitriert (s. Ziff. 94.3).

Berechnung:

1 ml n/10-$AgNO_3$-Lösung . . . . 3,46 mg Cl = 10,2 mg $MgCl_2 \cdot 6\,H_2O$.

96.2.3 $MgSO_4$-Gehalt

100 oder 200 ml der im Messkolben befindlichen Lösung werden abpipettiert und in einen Titrierkolben gebracht. Der Sulfatgehalt der Lösung wird titrimetrisch bestimmt (s. Ziff. 89.3.3).

Zur Parallelbestimmung werden bei einem geringen Sulfatgehalt 200 ml, bei einem höheren Gehalt 100 ml Lösung vorgelegt.

Berechnung:

1 ml verbrauchter n/10-$BaCl_2$-Lösung entsprechen .... 6,0 mg $MgSO_4$.

96.2.4 Wasserunlösliches

Der im Messkolben verbliebene unlösliche Rückstand wird auf ein Filter gebracht, mit dest. Wasser gewaschen, in einem gewogenen Porzellantiegel nach allmählichem Erhitzen ca. 20 Minuten über einen Bunsenbrenner schwach geglüht und nach Erkalten ausgewogen.

97 Chemische Prüfung von Mörtel- und Betonzusatzmittel

Eine chemische Prüfung von Zusatzmitteln im Baulabor wird sich meist darauf beschränken festzustellen, ob im anzuwendenden Zusatzstoff ausblühungsfähige oder schädliche (betonschädliche oder korrosionsfördernde) Anteile enthalten sind.

Durchführung:

Etwa 5 g eines festen (pulverförmigen) Zusatzstoffes werden in einem Becherglas mit ca. 100 ml destillierten Wassers übergossen. Man kocht 10 Minuten und filtriert noch warm. Das Filtrat wird untersucht.

Bei Vorliegen eines flüssigen Zusatzstoffes wird mit etwa der 2 – 3fachen Menge dest. Wasser verdünnt. Erforderlichenfalls wird filtriert.

Das Filtrat wird untersucht auf:

pH-Wert, Anionen (s. Ziff. 79), ggf. Kationen (s. Ziff. 80).

Beurteilungsgrundlage

Alkalisch reagierende Natriumsalze neigen zu starken Ausblühungen, wie z. B. Natriumsilicat, -aluminat u. a. (Bildung von Na_2CO_3 mit dem Kohlendioxid der Luft);

Kaliumsalze sind zerfließlich, insbesondere auch K_2CO_3, so dass sich im Bereich der üblichen rel. Luftfeuchtigkeit keine Ausblühungen ausbilden;

Sulfate können (bei größerer Zusatzmenge) u. a. durch Gipsbildung ausblühungsfördernd wirken;

Nitrate, Chloride können auf die Korrosion (insbesondere Spannungsrisskorrosion) von Stahleinlagen fördernd wirken (s. auch Ziff. 55.3.6). Quantitative Bestimmung von Chlorid s. Ziff. 89.12.

98 Chemische Prüfung von bituminösen Stoffen

98.1 Unterscheidung von Bitumen und Steinkohlenteerpech bzw. -teer

In der Baupraxis ist es erforderlich, auf einfache Weise prüfen zu können, ob es sich bei einem bituminösen Stoff (z. B. Klebemasse, Vergussmasse, Dachpappe u. a.) um Bitumen bzw. bitumengetränktes Material oder um Teer (gemeint: Steinkohlenteerweichpech, präparierter Steinkohlenteer u. a.) handelt.

98.1.1 Geruchsprobe

> Feste Probestücke (Klebemasse, bituminöse Pappe oder dgl.) werden mit einem Ende für einige Sekunden in eine Flamme gehalten. Sobald das Probestück Feuer gefangen hat, wird es aus der Flamme genommen; sollte es Weiterbrennen, bläst man aus und prüft den Geruch des weißen Qualms.

Ein süßlicher, milder Geruch ist für Bitumen kennzeichnend; ein penetrant-unangenehmer Geruch kennzeichnet Steinkohlenteeranteile. Von weichen Stoffen nimmt man etwas auf einen Metallspachtel oder dgl. und prüft auf gleiche Weise.

98.1.2 Prüfung unter der Quarzlampe

Die zu prüfende Probe legt man in einem verdunkelten Raum unter eine Quarzlampe. Ultraviolettes Licht bewirkt bei Steinkohlenteeranteilen eine grünliche Fluoreszenz. Bitumen erscheint dagegen mattbraun.

Ein Vergleich mit bekannten Stoffen ist ggf. empfehlenswert. (Auch Teeranteile in Bitumen zeigen eine [schwächere] Fluoreszenz.)

98.2 Nachweis von Steinkohlenteeranteilen in Bitumen

98.2.1 Diazoreaktion (s. DIN 1995)

> 2 g des bituminösen Stoffs werden in einem kleinen Becherglas mit 20 ml n/1 NaOH übergossen und 5 Minuten gekocht. Das Filtrat (Kölbchen) wird mit etwa einer Messerspitze Kochsalz (trocken, feingemahlen) versetzt und geschüttelt, wodurch dunkle Anteile des Filtrats (die bereits auf Teeranteile schließen lassen) zusammenballen. Man filtriert diese ab. Zu diesem Filtrat gibt man einen Tropfen frisch hergestellter Diazobenzolchloridlösung. Bei Anwesenheit von Teeranteilen tritt Rotfärbung, ggf. auch Abscheidung eines roten Niederschlags, ein. Ein negativer Ausfall lässt auf Teerfreiheit schließen.
>
> Die Diazobenzolchloridlösung wird hergestellt durch Auflösen von 1 g Anilinchlorhydrat in 10 ml dest. Wasser + 3 ml HCl und Zutropfenlassen einer gesättigten $NaNO_2$-Lösung (Einwaage 0,5 g) und Verdünnen auf 1 l. (Die Lösungen müssen auf einer Temperatur unter + 10 °C gehalten werden!)

98.2.2 Anthrachinonreaktion (s. DIN 1995)

Bei einem undeutlichen Ausfall der Diazoreaktion (z. B. bei geringem Teergehalt) wird zusätzlich nachstehende Prüfung ausgeführt:

Aus einer Probe werden bis 300 °C flüchtige Anteile durch Destillieren abgetrieben. 1 g des Rückstands wird in einem Kölbchen mit 45 ml Eisessig gelöst! Bei Siedehitze fügt man im Laufe von 2 Stunden tropfenweise 15 g Chromsäure in 10 ml Eisessig und 10 ml dest. Wasser zu. Es wird weitere 2 Stunden gekocht (zur Oxidation), nach Erkalten gibt man 400 ml dest. Wasser zu und saugt etwa ausgefallenes Anthrachinon auf einer Nutsche ab.

Zur Prüfung des Nutschenrückstandes wird 1 g davon mit 2 g Zinkstaub und 30 ml 30 %iger NaOH etwa ½ bis 1 Stunde gekocht. Bei Anwesenheit von Teeranteilen tritt hierbei eine blutrote Färbung auf (Bildung von Anthrahydrochinon – LIEBERMANNsche Reaktion).

98.3 Aschegehalt

Der Anteil einer bituminösen Masse (z. B. eines Kitts oder Vergussmasse) an anorganischen Bestandteilen, z. B. Steinmehl, wird durch die Prüfung auf Aschegehalt ermittelt.

Eine Einwaage von 3 g wird in einem geglühten und gewogenen Porzellantiegel verascht, bis keine kohligen Anteile mehr feststellbar sind.

99 Chemische Prüfung von Ölen, Fetten und Farbanstrichen

99.1 Unterscheidung zwischen fetten Ölen und Mineralölen

Eine Probe Öl wird in einem Becherglas heiß gemacht. In einem zweiten Glas wird verdünnte Natronlauge erhitzt (60 – 70 °C). Unter Schwenken dieses Glases gießt man einige Tropfen des heißen Öls ein.

Löst sich das Öl (durch Verseifung – s. Ziff. 31.9) in der verdünnten Natronlauge weitgehend auf, so handelt es sich um ein „fettes", somit pflanzliches oder tierisches Öl.

Mineralöle zeigen dagegen keine Veränderung.

99.2 Unterscheidung zwischen Paraffin, Vaseline, Talg und Wachsen

Man verfährt wie vorstehend. Der zu prüfende Stoff wird durch Erwärmen aufgeschmolzen.

Stoffe pflanzlichen oder tierischen Ursprungs, wie Fett, Talg, Stearin, natürliche Wachse und dgl., werden durch Natronlauge verseift.

Stoffe mineralischen Ursprungs, wie Paraffin, Vaseline, werden durch Natronlauge nicht verändert.

99.3 Prüfung eines Farbanstriches auf Löslichkeit (Abbeizbarkeit)

Eine kleine Probe eines zu entfernenden Anstrichs wird in einem Reagenzglas mit Ammoniak übergossen. Das Reagenzglas wird 2 Minuten geschüttelt. Hat sich die Probe danach weitgehend aufgelöst, liegt ein Anstrich auf Ölbasis vor, der sich durch Ammoniak abbeizen lässt.

Weitere gleichgroße Proben werden in Reagenzgläsern mit Lösungsmitteln übergossen; u. a. Toluol, chlorierten Kohlenwasserstoffen und sonstigen „scharfen" Lösungsmitteln, z. B. Methylenchlorid.

Es wird die Geschwindigkeit des Auflösens ermittelt. Das Lösungsmittel oder Lösungsmittelgemisch, das am schnellsten löst, wird vorteilhaft in der Form einer „Abbeizpaste" zur Entfernung des Anstrichs angewandt.

100 Chemische Prüfung von Textilfasern

100.1 Unterscheidung von Wolle und pflanzlichen bzw. synthetischen Textilfasern

Der zu prüfende Faden wird kurz angebrannt. Verlischt er nach Entfernen der Flamme sofort unter Verbreitung eines eigenartig brenzligen Geruchs (vgl. Verbrennen von Haaren), handelt es sich um Schafwolle (Naturseide verhält sich ähnlich, ist jedoch am Charakter der Faser zu erkennen). Brennt der Faden nach Entzündung ruhig ab, ohne einen auffallenden Geruch zu verbreiten, liegt Baumwolle oder eine synthetische Faser vor. Letztere verlöschen vielfach bald. Eine Unterscheidung ist durch eine mikroskopische Prüfung möglich.

Brennt der Faden ab unter gleichzeitiger Verbreitung des Geruchs nach verbrannter Wolle, so besteht er aus gemischten Fasern. Näheren Aufschluss ermöglicht gleichfalls eine mikroskopische Prüfung (s. einschlägige Fachliteratur).

100.2 Unterscheidung von pflanzlichen und synthetischen Textilfasern

Gewebeproben, die ein ruhiges Abbrennen ohne einen deutlichen „Kunststoffgeruch" aufweisen, werden in Reagenzgläsern mit Toluol bzw. einem chlorierten Kohlenwasserstoff übergossen. Ist am folgenden Tag das Gewebe weitgehend aufgelöst, handelt es sich um Kunststoff. Pflanzliche Fasern (z. B. Baumwolle) sind in den genannten Lösungsmitteln unlöslich. Nach Entnahme aus dem Lösungsmittel und Trocknung liegt die ursprüngliche Beschaffenheit vor.

101 Chemische Prüfung von Kunststoffen

101.1 Prüfung auf Verhalten beim Erhitzen

Vorbemerkung: Kunststofferzeugnisse im Bauwesen sollen schwer entflammbar sein und höchstens nur langsam abbrennen können. Weiterhin soll eine gute Witterungs-, Wasser-, Säure- und Ölbeständigkeit vorliegen.

Zur Erkennung von Kunststoffen gibt das Verhalten von kleinen Proben beim Erhitzen im Glasröhrchen sowie in der offenen Flamme deutliche Hinweise.

Kunststoffspäne von etwa Streichholzdicke werden in bleistiftdicke Glühröhrchen von rd. 6 cm Länge eingebracht. Man erhitzt langsam und vorsichtig über kleiner, nicht leuchtender Flamme des Bunsenbrenners (**Schutzbrille** und Laborkittel anlegen!) und beobachtet, ob der Kunststoff schmilzt, dabei ggf. aufschäumt, sich verfärbt – oder sich beim Erhitzen ohne ein vorheriges Schmelzen zersetzt.

Das Verhalten von Kunststoffen in der offenen Flamme wird geprüft, indem man kleine Proben mittels einer Tiegelzange der gleichen Bunsenbrennerflamme langsam nähert, das Verhalten feststellt und den Geruch des Schwadens prüft.

Anschließend vergleicht man mit dem Inhalt der nachstehenden Tabelle „Erkennen von Kunststoffen".

101.2 Wasserbeständigkeit – Quellbarkeit

Kunststoffteile sollen durch Flüssigkeiten, die voraussichtlich zur Einwirkung gelangen werden, weder gelöst noch zur Quellung gebracht werden.

Prüfung:

Kunststoffprobestücke werden zur Hälfte ihrer Höhe in Flüssigkeiten (z. B. Wasser, Benzin, Speiseöl, Speiseessig) eingetaucht und 3 Tage darin, ohne die Flüssigkeitsbehälter abzudecken, belassen.

Nach Entnahme wird geprüft, ob eine Quellung oder sonstige Veränderung eingetreten ist.

101.3 Witterungsbeständigkeit

Kunststoffteile, die der Witterungseinwirkung ausgesetzt werden sollen, müssen wie Glas die Prüfung über Salzsäuredampf ohne Veränderung bestehen (s. Ziff. 92.4).

101.4 Füllstoffgehalt

Der Gehalt an **anorganischen** Füllstoffen lässt sich durch Ermittlung des Aschegehalts (s. z. B. Ziff. 98.4) feststellen. (Gilt nicht für Silicone!)

101.5 Nachweis kennzeichnender Elemente
(nur vom **Fachmann** auszuführen!)

Für eine Kunststoffbestimmung ist ein Nachweis kennzeichnender Elemente von Bedeutung. Ein solcher kann auf einfache Weise wie folgt durchgeführt werden:

Eine kleine Kunststoffprobe wird in einem Trockenschrank getrocknet, ein etwa 0,1 g (nicht wesentlich mehr!) schweres Stückchen wird bereitgelegt. Nun entnimmt man ein etwa erbsengroßes Stückchen Natrium dem Aufbewahrungsgefäß, befreit dieses mittels Filterpapier von anhaftendem Petroleum und bringt dieses in ein kleines Reagenzglas ein. Man erhitzt das schräg gehaltene Reagenzglas, bis das Natrium geschmolzen ist. Nun lässt man das vorbereitete Kunststoffstückchen in das Reagenzglas gleiten.

Es darf nur mit Schutzbrille und Handschuhen gearbeitet werden, da es zu einer heftigen Reaktion ggf. mit einem Sprengen des Reagenzglases kommen kann (s. Vorsichtshinweis in Ziff. 13.07).

Unter mehrfachem Umschwenken erhitzt man über dem Bunsenbrenner weiter, bis das Glas weich wird. Nun taucht man das noch heiße Reagenzglas in ca. 20 ml dest. Wasser (kleines Becherglas), wodurch es zerspringt (Vorsicht vor etwaigen Natriumspritzern! – s. o. Hinweis!).

Nach Auflösen der Schmelze wird die Lösung filtriert.

- **Stickstoff**
  Lösung (Teilmenge) in einem Reagenzglas mit einigen Tropfen einer Eisen(II)-sulfat-Lösung zum Sieden erhitzen und nach Abkühlung mit verdünnter Salzsäure ansäuern. Stickstoffgehalt wird durch Blaufärbung oder Bildung eines blauen flockigen Niederschlages (Berliner Blau) angezeigt.
- **Schwefel**
  Die Lösung wird kalt mit Nitroprussidnatriumlösung versetzt. Ein Schwefelgehalt wird durch eine Purpurviolettfärbung angezeigt.
- **Chlor**
  Als Vorprüfung empfiehlt sich die Durchführung der Beilstein-Probe. Hierzu wird ein kleines Stückchen des Kunststoffes auf einen Kupferdraht gebracht und in die nichtleuchtende Flamme eines Bunsenbrenners gehalten. Eine charakteristische Grünfärbung zeigt Chlorgehalt an (ggf. Vergleichsprobe mit einer bekannten chlorhaltigen Substanz durchführen!).
  Zum Nachweis aus der Lösung (s. o.) diese mit Salpetersäure ansäuern und den Chloridnachweis mit Silbernitrat durchführen (s. Ziff. 79).
- **Fluor**
  Die Beilstein-Probe fällt bei Gehalt an Fluor (s. o.) positiv aus.
  Zum Nachweis aus der Lösung wird diese mit Essigsäure angesäuert und mit Calciumchloridlösung versetzt. Ein Fluorgehalt wird durch eine schleimige Fällung angezeigt.
- **Phosphor**
  Die Lösung wird mit Salpetersäure angesäuert und mit Ammoniummolybdatlösung versetzt. Ein Phosphorgehalt wird durch einen gelben Niederschlag angezeigt. (Vorsicht: Bei bereits nachgewiesenem Stickstoffgehalt ist mit einer Entwicklung von giftigen Cyanwasserstoffdämpfen zu rechnen!)
  (Weitere chemische Prüfungen siehe Literaturverzeichnis III/1 – 4 u. 7).

101.6 Praktische Anleitung zur Ermittlung der Kunststoffart

Zur Ermittlung der Kunststoffart ist es empfehlenswert, in folgenden Stufen vorzugehen:

- Ermittlung der Rohdichte
  Diese gibt einen ersten Anhalt zur Erkennung der Kunststoffart, allerdings kann diese durch Füllmaterial stark verändert werden.

Übersicht über die Rohdichten füllstofffreier Kunststoffe
(aus H. Saechtling „Kunststoff-Taschenbuch", 24. Ausgabe, Carl Hanser Verlag München, 1989)

Rohdichte	Kunststoffarten
0,9 – 1,0	Polyethylen, Polybuthen, Polypropylen, ungefüllter Kautschuk, Polyisobutylen, Polymethylbenzen
1,0 – 1,2	Styrol-Polymerisate, normal gefüllter Weich- und Hartgummi, Cellulose-Ether, Polymethacrylate, Polycarbonat, ungefüllte Polyester- und Epoxidharze, Polyphenylenoxid, Polyamide
1,2 – 1,4	Vulkanfiber, Celluloseester, Polyvinylester, PVC modifiziert und Weich-PVC, Phenolharze, Phenolharz-Pressstoffe mit organischen Füllmitteln, Polyterephthalate, Polyurethan
1,4 – 1,5	PVC-U, Aminoplast-Formstoffe mit organischen Füllmitteln, Acetalharze
1,5 – 1,8	Polyvinylidenchlorid, PVC nachchloriert, Polyvinylidenfluorid, Chlorkautschuk, anorganisch gefüllte Formmassen, viele verstärkte Kunststoffe
über 1,8	Polytetrafluorethylen, Polytrifluorchlorethylen, Silicone

- Prüfung des Verhaltens der Kunststoffprobe beim Erhitzen (s. Ziff. 101.1), im Besonderen im Glühröhrchen.
  Vergleich der Prüfergebnisse anhand der beigefügten tabellarischen Übersicht.
- Prüfung der Einwirkung verschiedener Flüssigkeiten (Wasser, Lösungsmittel) lt. Ziff. 101.2 auf Kunststoffproben.
  Vergleich der Prüfergebnisse anhand der beigefügten tabellarischen Übersicht.
  Ermittlung von Art und Gehalt.
- Ermittlung von Art und Gehalt kennzeichnender Elemente sowie des Füllstoffgehaltes lt. Ziff. 101.4 und 101.5 und Vergleich der Ermittlungen mit der beigefügten tabellarischen Übersicht.

Tabelle 3: Bestimmung der Kunststoffart

Stoff-Bezeichnung	Übliche Erscheinungsformen: transparente dünne Folien	glasklar	trüb bis opak	massive Werkstücke meist gefüllt	Elastisches Verhalten: leder- oder gummiweich	schmiegsam, federnd	hart	Langsames Erhitzen im Röhrchen (s=schmilzt, z=zersetzt sich wenig sichtbare Dämpfe; a=alkalisch, n=neutral, s=sauer, ss=stark sauer)	Reaktion der Schwaden	Anzünden mit kleiner Flamme (0=kaum anzündbar, I=brennt in der Flamme, erlischt außerhalb, II=brennt nach Anzünden weiter, III=brennt heftig, verpufft) Art und Farbe der Flamme	Geruch der Schwaden beim Erhitzen im Röhrchen oder nach Anzünden und Ablöschen	Benzin	Benzol	Methylenchlorid	Ethylether	Aceton	Ethylacetat	Ethylalkohol	Wasser	Leitelemente, Bemerkungen
1	3	4	5	6	7	8	9	10	11	12	13	14	15	16	17	18	19	20	21	22	23
1 Polyolefine																					
Polyethylen weich bis hart (PE chloriert siehe 3)	+		+		+	+		wird klar, s, z, wenig sichtbare Dämpfe		II gelb mit blauem Kern, tropft brennend ab	schwach paraffinartig	u/q	u/q	u	u/q	u	u	u	u	Unterschiedliche Schmelzbereiche: 105–120 °C
Polypropylen	+		+			+						u/q	u/q	u	u	u	u	u	u	125–130 °C
Polymethylpenten	+	+				+						u/q	q	u	q	q	u	u	u	165–170 °C / 245 °C
2 Styrol-Polymerisate																					
Rein-Polystyrol	+	+					+	schmilzt und vergast	n	II flackernd, gelb leuchtend, stark rußend	typisch leuchtgasartig wie PS + zimtartig	q	l	l	u/q	l	l	u	u	
Acrylnitril-Butadien-Styrol-Cop.			+				+	z, wird schwarz	n (s)			q	l	l	l	l	l	u	u	N
3 Halogenhaltige Homopolymere																					
Polyvinylchlorid, rein ca. 55 % Cl erhöht bis hoch schlagzäh; elastifiziert mit chloriertem PE	+	+	+			+	+	erweicht, z wird braunschwarz	ss	I gelb, rußend, unterer Flammensaum ein wenig grün gefärbt	Salzsäure (HCl) und brenzlicher Beigeruch	u	u u/q[¹] q/q[¹]	u	u	u u/[¹] u/q[¹]	u/q[¹]	u	u	¹) Cop. mit VAC u.ä
weichgemacht, je nach Weichmacher			+		+				ss	I/II leuchtend vom Weichmacher	HCl + Weichmacher	u	q	q	q	q	q	q	u	Cl
Polytetrafluorethylen	+		+				+	wird klar, s nicht, z bei Rotglut	ss	0 brennt nicht, verkohlt nicht	bei Rotglut stechend: HF	u	u	u	u	u	u	u	u	Weichmacher mit Ether (meist) herauslösbar PFEP ähnlich, aber über 300 °C erweichend
Polyvinylidenfluorid	+ (+)		+				+	s, z bei hoher Temperatur	ss	I/0 leuchtend, rußend	stechend (HF)	u	u	q	u/q	q	u	u	u	F
4 Polyvinylacetat, Poly(meth)acrylester																					
Polyvinylacetat	Dispersions-Grundstoff				+	+		s, braun, vergast	ss	II leuchtend, rußend	Essigsäure und Beigeruch	u	l	l	l	l	l	u	u	
Polyacrylsäureester	Dispersions-Grundstoffe				+	+		s, z, vergast	n	II leuchtend, etwas rußend	typisch scharf	u/l	l	q	q	l	l	l	u[¹]	¹) Polyacrylsäure löslich! N in Acrylnitril-Cop.
Polymethylmethacrylat	+						+	erweicht, z unter Aufblähen, vergast, wenig Rückstand	n	II brennt knisternd, tropft ab, leuchtend	typisch fruchtartig	u	l	l	l	l	l	u	u	N in Acrylnitril-Cop., gegossenes Acrylglas erweicht kaum

Spalten-Legende: In Lösemittel bei Raumtemperatur: l = löslich, q = quellbar, u = unlöslich

101 Chemische Prüfung von Kunststoffen

Stoff-Bezeichnung	Transparente dünne Folien	glasklar	trüb bis opak	massive Werkstücke, meist gefüllt	leder- oder gummiweich	schmiegsam, federnd	hart	Langsames Erhitzen im Röhrchen (s = schmilzt, z = zersetzt sich, a = alkalisch, n = neutral, s = sauer, ss = stark sauer)	Reaktion der Schwaden	Anzünden mit kleiner Flamme (0 = kaum anzündbar, I = brennt in der Flamme, erlischt außerhalb, II = brennt nach Anzünden weiter, III = brennt heftig, verpufft); Art und Farbe der Flamme	Geruch der Schwaden beim Erhitzen im Röhrchen oder nach Anzünden und Ablöschen	Benzin	Benzol	Methylenchlorid	Ethylether	Aceton	Ethylacetat	Ethylalkohol	Wasser	Leitelemente, Bemerkungen
1	3	4	5	6	7	8	9	10	11	12 / 13	14	15	16	17	18	19	20	21	22	23
5 Polymere gemischten Kettenbaus (Heteropolymere) Polyoxymethylen u. ä. Acetalharze Polyphenylenoxid (modifiziert)		+ +	+ +				+ +	s, z, vergast wird schwarz, s, z, braune Dämpfe	n a	II / blau, fast farblos II / brennt schwer an, dann hell, rußend	Formaldehyd zunächst gering dann Phenol	u u	u —	u —	u u	u u	u u	u u	u u	
Polycarbonat	+	+	+				+	s zäh, farblos	(s)	I / leuchtend, rußend, blasig, verkohlt	zunächst schwach, dann Phenol süßlich	u	q	l	q	q	q	u	u	Phenolnachweis
Polyterephthalate	+	+	+				+	s, z, dunkelbraun weißer Beschlag oben		II / leuchtend, knisternd, tropft ab, rußt	kratzend	u	u	q	u	u	u	u	u	Schmelzbereiche: PETP 255 °C PBTP 225 °C
Polyamide, kristallin { PA 46 bis PA 12	+		+				+ +	wird klar, s	(a)	II / schwer anzündbar, bläulich gelber Rand, knisternd abtropfend, fadenziehend	typisch verbranntem Horn ähnlich	u	u	u	u	u	u	u	u	N, Unterscheidung einzelner PA durch quant. Analyse und Schmelzbereiche (Tafel 4.28, S. 310/11)
Polysulfone	+ gelb	+					(+) +	s, blasig, verdampft	ss	II / schwer anzündbar, gelb rußend	zunächst gering, später Schwefelwasserstoff	u	u	u	u	q	u/q	u	u	
Polimide, vernetzt			+				+	s nicht, bei starkem Erhitzen braun, glüht auf	a	0 / glüht auf	bei starkem Erhitzen Phenol	u	u	l	u	u	u	u	u	
Cellulose-Derivate: Cellulose-Acetat und Butyrat	+	+	+				+	s, z, schwarz	s	II / tropft, CA gelbgrün mit Funken, CAB leuchtend	Essig- bzw. Buttersäure + verbranntes Papier	u	u/q q(/¹)	u	q(/¹) u/¹)	u		u	u	¹) hängt vom Veresterungsgrad ab
Cellulosenitrat (Celluloid)	+	+	+				+	z heftig	ss	III / hell, heftig, braune Dämpfe	Stickoxide (Kampfer)	u	u	u	q	l	u	u	u	N
Zellglas (regenerierte Cellulose) Vulkanfiber	+				+ +		+ +	z, verkohlt z, verkohlt	c c	II / wie Papier I/II / brennt langsam	verbr. Papier verbr. Papier	u u	u u	u u	u u	— u	u u	u u	u u	erweicht in Wasser
6 Phenoplaste (PF = Phenol-Formaldehydharz, auch kresolhaltig) Typen 11–16: Pressstoffe, min. gef.			+				+	z, springt	n (a)	0/I / hell, rußend	Phenol, Formaldehyd ev. Ammoniak	u	u	u	u	u	u	u	u	
Typen 30–85: Pressstoffe, org. gef. Hartpapier, ähnl. Pressschichtholz, Hartgewebe mit Baumwolle Asbest- oder Glasfaser-Schichtpressstoffe			+ +		+		+ +	z, Schichtentrennung z, springt	c n	I/II / verkohlt II / hell, rußend 0/I / Gerüst bleibt	wie oben + verbr. Papier Phenol, Formaldehyd	u u u	u u u	u u u	u u u	u u u	u u u	u u u	u u u	

Tabelle 3: Bestimmung der Kunststoffart (Fortsetzung)

Stoff-Bezeichnung	Übliche Erscheinungsformen				Elastisches Verhalten			Langsames Erhitzen im Röhrchen	Reaktion der Schwaden	Anzünden mit kleiner Flamme	Geruch der Schwaden beim Erhitzen im Röhrchen oder nach Anzünden und Ablöschen	In Lösemittel bei Raumtemperatur							Leitelemente, Bemerkungen
	transparente dünne Folien	glasklar	trüb bis opak	massive Werkstücke meist gefüllt	leder- oder gummiweich	schmiegsam, federnd	hart	s = schmilzt, z = zersetzt sich	a = alkalisch, n = neutral, s = sauer, ss = stark sauer	0 = kaum anzündbar, I = brennt in der Flamme, erlischt außerhalb, II = brennt nach Anzünden weiter, III = brennt heftig, verpufft; Art und Farbe der Flamme		Benzin	Benzol	Methylenchlorid	Ethylether	Aceton	Ethylacetat	Ethylalkohol	Wasser	
1	2	3	4	5	6	7	8	9	10	11	12	13	14	15	16	17	18	19	20	21	22	23
7 Aminoplaste (UF = Harnstoff-Formaldehyd-, MF = Melamin-Formaldehydharze) Typen 131, 152–154: org. gef. Pressstoffe (UF, MF) Typen 155–158, min. gef. Pressstoffe (MF) Typen 180–182, org. gef. Pressstoffe (MF + PF)				+				z, springt, Dunkelfärbung Aufblähen	a	kaum anzündbar, Flamme leicht gelb, Stoff verkohlt, mit weißen Kanten	0/I	Ammoniak, Amine, widerlicher fischiger Beigeruch, Formaldehyd, ev. Phenol	u	u	u	u	u	u	u	u	N, ev. S
8 Reaktionsharz vernetzt (UP = ungesättigte Polyester, EP = Epoxide) ungefüllte UP-Gießharze		+					+	wird dunkel, s springt, z, ev. weißer Beschlag	n (s)	leuchtend gelb, rußend ungefüllt unter Erweichen, sonst knackend, verkohlt, Glasfaser-Rückstand	II (I)	Styrol und scharfer Beigeruch	u	u	q	u	q	q	u	u	
typ. (Schicht-)Preßstoffe, min. gef. Glasfaser-Laminate (UP-GF)			+	+			+			schwer anzündbar, brennt mit kleiner gelber Flamme, rußt	II		u	u	q	u	q	q	u	u	
ungefüllte EP-Gießharze		+					+	Dunkelfärbung vom Rand, z, springt, ev. weißer Beschlag	n		II	je nach Härter esterartig oder Amine (ähnlich PA), später Phenol	u	u	q	u	q	q	u	u	
(Schicht-)Pressstoffe GF-Laminate (EP-GF)				+			+		a		II		u	u	q	u	q	q	u	u	
9 Polyurethane vorwiegend gummielastisch					+	+		s bei kräftigem Erhitzen, dann z	a	schwer anzündbar, gelb leuchtend, schäumt, tropft ab	II	typisch unangenehm stechend (Isocyanat)	u	u	q	u	q	q	u	u	N bei Aminhärter N
10 Silikone vorwiegend Silikonkautschuk			+			+		nur bei starkem Erhitzen z, weißes Pulver	n	allenfalls Glimmen in der Flamme	0	weißer Rauch, zerklüfteter weißer SiO_2-Rückstand	q	q	q	u	u	u	u	u	Si
Vorprodukte (Siloxane)													l	l	l	l	l	l	l	—	

Quelle: H. Saechtling „Kunststoff-Taschenbuch" 25. Ausg., Carl Hanser Verlag, München

V Sonstige einfache Prüfungen für Baulabor und Baupraxis

102 Ermittlung des Feuchtigkeitsgehalts von Baustoffen bzw. Bauteilen

102.1 Ermittlung durch Feuertrocknung

Stoffe, die durch eine Erhitzung auf 300 – 400 °C keine Veränderung erleiden können, wie z. B. Kies, Sand, können nach Auswiegen auf einem Blech ausgebreitet werden, das von unten mittels eines Gasbrenners oder dgl. (BUNSENbrenner, Propangasbrenner) erhitzt wird.

Während des Erhitzens wird durchgemischt, bis Trockenheit vorliegt. Der Feuchtigkeitsgehalt wird aus dem Gewichtsverlust errechnet, wobei man diesen meist auf das „Darrgewicht" (Gewicht der trockenen Probe) bezieht.

102.2 Ermittlung durch Trocknung im Trockenschrank

Im Labor wird der Feuchtigkeitsgehalt in der Regel durch Trocknung im Trockenschrank mit automatischer Temperaturregelung bestimmt. Die übliche Trocknungstemperatur ist 105 °C, sofern der zu trocknende Stoff diese Temperatur ohne stoffliche Veränderung verträgt.

Stoffe, die z. B. Hydratwasser leicht abgeben, wie Gipsstein (s. Ziff. 37 und 95.1), müssen bei einer tieferliegenden Temperatur bis zur „Gewichtskonstanz" getrocknet werden.

102.3 Schnellbestimmung mit dem CM-Gerät

Eine schnelle und für viele Fälle ausreichend genaue Bestimmung des Feuchtigkeitsgehaltes ist durch die „Carbidmethode" unter Anwendung des „CM-Gerätes" durchzuführen (s. Abb. 139).

Nach dieser Methode wird meist nur der Feuchtigkeitsgehalt bis zum „lufttrockenen" Zustand, somit das „flüssige" Wasser, jedoch nicht das „pseudofeste" Wasser erfasst, das durch „Darren" (s. o.) ab dem lufttrockenen Zustand erfasst werden kann.

> Dieses Gerät besteht aus einer Stahlflasche mit einem Verschluss, an welchem ein Manometer befestigt ist. Auf der zum Gerät gehörigen Handwaage werden je nach Feuchtigkeitsgehalt 5, 10 oder 20 g des zu prüfenden Stoffs abgewogen, in einer Reibschale rasch zerkleinert und in die Stahlflasche eingebracht. Nun lässt man eine Calciumcarbidampulle vorsichtig in die Flasche gleiten und verschließt. Durch kräftiges Schütteln wird die Ampulle zertrümmert, das Calciumcarbid reagiert mit der Feuchtigkeit der Probe unter Acetylenentwicklung, das am Manometer eine Druckanzeige bewirkt. Sobald durch Schütteln keine Druckveränderung mehr eintritt, ist die Bestimmung beendet. Aus einer Eichtabelle wird der Feuchtigkeitsgehalt in Relation zum Druck unmittelbar abgelesen.

Abb. 139: CM-Gerät zur Bestimmung des Feuchtigkeitsgehaltes in (zerkleinerten) Baustoffproben, bestehend aus einer Stahlflasche und einem Verschluss mit Manometer.
Das Bild zeigt weiterhin die an dem Gerätekasten angebrachte Eichtabelle, die zum Gerät gehörige Waage, den Steinmeißel zur Entnahme von Mörtelproben sowie eine Glasampulle mit Calciumcarbid.

102.4 Sonstige Schnellbestimmungen des Feuchtigkeitsgehaltes

Sonstige Schnellbestimmungsgeräte für einen Feuchtigkeitsgehalt arbeiten insbesondere auf Basis des elektrischen Widerstandes des Stoffs, da dieser vom Feuchtigkeitsgehalt abhängig ist (z. B. Holzfeuchtemesser). Auch gute, sorgfältig geeichte Geräte lassen nur Näherungswerte erwarten, da die elektrische Leitfähigkeit feuchter Stoffe von vielen Faktoren beeinflusst werden kann.

Beispielsweise führt bereits ein Hauch eines Kondenswasserniederschlags an der Oberfläche zu einer erhöhten Feuchtigkeitsanzeige, umgekehrt wird bei Oberflächenabtrocknung feuchter Bauteile ein zu niedriger Feuchtigkeitswert registriert u. a.

103 Quantitative Prüfung der kapillaren Feuchtigkeitswanderung bei porigen, saugfähigen Baustoffen wie Mörtel und Beton

103.1 Allgemeines

Feuchte Wände oder Böden sind oft beanstandete Baumängel. Zu deren Überprüfung sind nachstehend **einfache, leicht durchführbare** Prüfverfahren beschrieben, die nach eigenen Erfahrungen des Verfassers zu zuverlässigen, verwertbaren Ergebnissen führen.

103.2 Qualitative Vorprüfung an Betonkörpern

Wird ein Kellergeschoss – wie meist – in Betonbauweise erstellt, muss dieses gegen ein Eindringen von Bodenfeuchtigkeit entweder eine besondere Abdichtung lt. DIN 18195 erhalten oder es wird in rationeller Weise unter Anwendung eines Betons erstellt, der gegen eine kapillare Wasserwanderung **gesperrt ist** (siehe „Hydrophobierter Sperr- oder Abdichtungsbeton" – Ziff. 70.4).

Die Prüfkörper (laborativ erstellte Betonwürfel oder zugeschnittene Ausbaustücke) müssen **lufttrocken** sein. (Wird eine Trocknung im Trockenschrank durchgeführt, darf eine Temperatur von rd. **45 °C nicht überschritten** werden.) Liegt Lufttrockenheit vor, werden die Prüfkörper bis etwa zu ¾ ihrer Höhe in Leitungswasser eingelagert.

Jeder Prüfkörper wird mit einem passenden Uhrglas weitgehend abgedeckt, um ein Verdunsten etwa an die Oberflächenschicht gelangten Wassers zu hemmen (siehe Abb. 140).

Liegt Beton mit relativ dichtem Gefüge vor (z. B. bei „Wasserundurchlässigem Beton lt. DIN 1048"), wird die Wasserlagerung über 28 Tage durchgeführt.

Betone, die gegen eine kapillare Wasserwanderung hydrophob gesperrt sind, zeigen eine lufttrockene Oberfläche. Betone, die unter dem Uhrglas Nässe zeigen (s. Abb. 140 und 141) sind als Abdichtungsbetone **ungeeignet**.

Eine anschließende **Spaltung** der Prüfkörper wird erfahrungsgemäß erkennen lassen, dass der Prüfkörper, der unter dem **Uhrglas Nässe** aufwies, ein **völlig durchfeuchtetes Gefüge** besitzt, während **Abdichtungsbetone** ein **trockenes Gefüge** (von einer Randanfeuchtung abgesehen) aufweisen müssen (vgl. Abb. 122).

Abb. 140: 28-tägige Wasserlagerung lufttrocken eingebrachter Betonwürfel 10 x 10 cm im Rahmen der Vorprüfung auf **kapillare Feuchtigkeitsaufnahme** mit aufgelegten Uhrgläsern.
Der Würfel Nr. 3000 (rechts) wies unter dem Uhrglas eine deutlich **feuchte** Oberfläche, die beiden anderen eine unverändert lufttrockene Oberfläche auf.

Abb. 141: Bildausschnitt von Abb. 133 nach Beendigung der Wasserlagerung und Abnahme der Uhrgläser: Die Überprüfung ergab, dass der Würfel links (aus hydrophobiertem Abdichtungsbeton) eine unverändert **lufttrockene** Oberfläche aufwies, während der Würfel rechts (aus „wasserundurchlässigem Beton lt. DIN 1048") eine deutlich **feuchte** Oberfläche zeigte.

Die vorstehend abgebildeten Prüfkörper wurden nach der Wasserlagerung – nach Abtupfen der Oberflächennässe – gespalten. Der Prüfkörper mit der Nässe unter dem Uhrglas wies ein völlig durchfeuchtetes Gefüge auf, während die zwei anderen Prüfkörper aus hydrophobiertem Abdichtungsbeton ein einwandfrei **trockenes** Gefüge zeigten, von einer leichten Randanfeuchtung abgesehen.

Je nach Ausfall der Vorprüfung werden weitere Prüfkörper (oder die gleichen nach sorgfältiger Lufttrocknung (z. B. Trocknung im Trockenschrank nicht über rd. 45 °C bis zur Gewichtskonstanz) auf kapillare Feuchtigkeitswanderung **quantitativ** geprüft.

103.3 Quantitative Ermittlung der kapillaren Feuchtigkeitswanderung

Betonprüfkörper der vorstehend bezeichneten Art werden zunächst im Trockenschrank bei rd. 35 – 45 °C (nicht höher!) bis zur Gewichtskonstanz getrocknet. Die Oberfläche der Betonkörper wurde zuvor durch leichtes Abschleifen oder Abschmirgeln von einem etwaigen Zementleimfilm befreit, um etwaige Verfälschungen der Ergebnisse durch diesen zu vermeiden.

Je Prüfkörper wird ein Blechring passender Größe und ein Becherglas mit einem Druckausgleichsrohr bereitgelegt (s. Abb. 142). Die Seitenflächen der Prüfkörper werden durch Auftrag von Bienenwachs, Paraffin oder dgl. sorgfältig abgedichtet, desgleichen wird ein Blechring damit auf die nach oben gekehrte Fläche luftdicht aufgekittet (s. Abb. 142). Außerhalb des Ringes wird die obere Fläche des Prüfkörpers gleichfalls luftdicht abgeschlossen, der Flächenbereich innerhalb des Ringes bleibt frei.

Eine schnell ausgewogene Menge getrockneten, mit Farbindikator versehenen Kieselgels wird nun in den Raum innerhalb des Blechringes eingefüllt, worauf das Becherglas darübergestülpt und mit dem Prüfkörper luftdicht verbunden wird.

Den Prüfkörper stellt man in den Behälter für das Wasserbad so ein, dass dessen Unterseite vom Wasser, das zu ¾ der Höhe des Prüfkörpers eingefüllt wird, ungehindert benetzt werden kann (siehe Abb. 142).

Nach Ablauf von 28 Tagen (bei mehreren Prüfkörpern kann man zum Teil bereits nach 7 bzw. 14 Tagen die Wasserlagerung abbrechen) wird das Kieselgel nach Abheben des Becherglases genau ausgewogen. Die Menge des kapillar aufgenommenen Wassers ergibt sich aus der Gewichtsdifferenz der Kieselgelauswaagen.

Eine **Blindprobe** kann parallel durchgeführt werden. Man verfährt in genau gleicher Weise, stellt jedoch den Prüfkörper nicht in das Wasserbad, sondern lässt diesen in Raumluft stehen.

Die Gewichtsdifferenz ergibt die Menge des durchgewanderten Wassers. Üblicherweise wird der Wert auf Flächeneinheit umgerechnet.

Abb. 142: Quantitative Bestimmung des durch einen Betonwürfel 10 x 10 cm kapillar hindurchwandernden Wassers: Der abgedichtete Würfel ist zu ¾ seiner Höhe in Wasser eingelagert; getrocknetes Kieselgel nimmt das kapillar hindurchgewanderte Wasser auf, so dass es gewichtsmäßig ermittelt werden kann.
Das Druckausgleichsrohr oberhalb des Becherglases ist gleichfalls mit getrocknetem Kieselgel + Indikator gefüllt, um keine Luftfeuchtigkeit an das auf dem Betonkörper aufliegende Kieselgel gelangen zu lassen.

104 Schnellprüfungen mit dem „Wassereindringprüfer nach Karsten"

104.1 Prüfung von Baustoffen/Bauteilen auf Wassereindringen

104.1.1 Einführung

Eine Prüfung von Baustoffen bzw. Bauteilen auf Wassereindringen nach Karsten gibt einen präzisen Aufschluss über die – bei Wassereinwirkung, z. B. Regeneinwirkung an Fassadenflächen – je Zeit- und Flächeneinheit eindringende Wassermenge. Das Prüfverfahren entspricht weitgehend den natürlichen Beanspruchungen am Bauwerk, im Besonderen einer „Schlagregeneinwirkung" an Fassadenflächen unter Winddruck.

Entsprechend den Prüfungsergebnissen können ausgeführte Schutzmaßnahmen gegen eine Wasseraufnahme von Bauteilen an Ort überprüft und erforderlichenfalls korrigiert bzw. ergänzt werden.

Bei **Außenwänden** ist zu beachten, dass **feuchte Baustoffe** meist nur den **halben Wärmedämmwert** – gegenüber einem lufttrockenen Zustand – aufweisen, so dass – auch bei Teildurchfeuchtung – der behördlich vorgeschriebene **Mindestdämmwert** nicht mehr vorliegt. Die Folge sind Feuchtigkeitsschäden an der Wandinnenseite (Siehe z.B. Ziff. 68.5 mit Abb. 94, 95 u. 101, Ziff. 70.4 mit Abb. 123 u. a.) – sowie erhöhte Heizkosten.

Insbesondere im **Wohnungsbau** ist es daher ratsam, die **Schlagregendichtigkeit** der **Außenwände** von Zeit zu Zeit zu **überprüfen**. Es lohnt sich, festgestellte Undichtbereiche rechtzeitig **nachzudichten**.

104.1.2 Der Wassereindringprüfer nach Karsten

Das Prüfgerät, der **„Wassereindringprüfer"** nach Bauart des Verfassers (s. Abb. 143 – 145), liegt in zwei Ausführungen, und zwar für senkrechte und waagerechte Flächen, vor. Es besteht aus einer Glocke mit dem Durchmesser von 30 mm mit einem angesetzten kalibrierten Glasrohr mit Volumeneinteilung (10 ml = 10 cm Wassersäule).

Mit der Glocke wird der Wassereindringprüfer auf die Prüffläche wasserdicht aufgekittet, wofür ein geeigneter plastischer Kitt verwandt wird. Bei länger währenden laborativen Prüfungen hat sich hierzu die Anwendung eines Zweikomponenten-Silikonkautschuks (Aushärtung zu einer gummielastischen Masse z. B. innerhalb von 10 Minuten) bewährt.

Ein besonderer Vorteil ist die genaue Erfassung der unter einem Druck von 10 cm WS (Wassersäule) je Zeiteinheit **eingedrungenen** Wassermenge, welcher Druck etwa dem doppelten Winddruck bei Orkanstärke entspricht. Dieses Verfahren wird daher heute insbesondere am Bau in breitem Umfange angewandt.

Abb. 143: Wassereindringprüfer nach Dr.-Ing. KARSTEN, bestehend aus einer Glasglocke mit 3 cm lichter Weite und einem aufgesetzten Rohr mit ml-Maßeinteilung (mittels Siliconkautschuk aufgekittet). (Hersteller: Firma Ludwig Mohren KG., 52074 Aachen)

104.1.3 Durchführung der Prüfung auf Wassereindringen am Bauwerk

Der Wassereindringprüfer wird mit Hilfe eines plastischen Dichtstoffs (z. B. Plastellin, Siliconkautschuk, Polyurethan, Butylkautschuk u. a.) auf die zu prüfende Fläche aufgekittet. Hierzu wird aus dem Dichtstoff („Kitt") zunächst von Hand eine kleine Wurst geformt, die auf den (trockenen) Glockenrand aufgelegt wird.

Durch festes Aufdrücken der Glocke auf die zu prüfende Fläche und Festdrücken des Kittwulstes wird ein wasserdichter Verbund zwischen der Glocke des Prüfgeräts und der zu prüfenden Bauteilfläche hergestellt. Hierbei soll der Dichtstoff innerhalb der Glocke eine kreisförmige Fläche von rd. 20 mm Durchmesser frei lassen, entsprechend einer **Prüffläche von rd. 3 cm².**

Zur Prüfung wird nun mittels einer Labor-Spritzflasche oder dergleichen Leitungswasser bis zur Nullmarke eingefüllt, so dass auf die Prüffläche Wasser unter einem Druck von rd. 10 cm WS (entsprechend einem Winddruck von Orkanstärke) einwirkt.

Während der Wassereinwirkung wird die Glocke von Hand leicht angedrückt gehalten, um ein Nachgeben des plastischen Kitts auszuschließen.

Abb. 144: Prüfung einer Stoßfuge auf Wassereindringen. Es wird ermittelt, wie viel ml Wasser in einer Minute in die Prüffläche eindringen. (Nach Eindringen von 1 bis 2 ml wird rasch wieder bis zur Nullmarke aufgefüllt.)

In regelmäßigen Zeitabständen (vorteilhaft Stoppuhr verwenden!) wird das Absinken des Wasserspiegels (ab der Nullmarke) fest gehalten. Sobald jeweils 1 oder 2 ml Wasser eingedrungen sind, wird zwecks weitgehender Gleichhaltung des Wasserdrucks jeweils schnell wieder zur Nullmarke aufgefüllt.

Die Beurteilung des Wassereindringvermögens bzw. der Wasserdichtigkeit eines Baustoffs bzw. Bauteils hängt von den jeweils gestellten Anforderungen ab.

In der Regel werden je Prüfbereich Mittelwerte aus jeweils 10 Einzelmessungen gebildet und das Wassereindringvermögen in

ml Wasser je Minute

angegeben. Eine Angabe in „ml Wasser je Minute und cm²" wird erhalten, indem die Messmittelwerte durch die Größe der Prüffläche (meist 3 cm²) geteilt werden.

Dieses Prüfverfahren ermöglicht u. a. eine Kontrollprüfung bei Abnahme „wasserdicht" (z. B. schlagregendicht) ausgeschriebener Bauteile.

Es erscheint beispielsweise ratsam, die Abnahme eines Verblendmauerwerks von dem Ausfall einer Prüfung mit dem Wassereindringprüfer nach Bauart des Verfassers abhängig zu machen. Diese kann von jedem Baufachmann auf einfache Weise schnell durchgeführt werden.

(Anhaltswerte zur Auswertung der Prüfungsergebnisse siehe Ziff. 104.1.5)

104.1.4 Durchführung der Prüfung auf Wassereindringen im Labor

Die Prüfung im Labor wird gleichartig ausgeführt, jedoch ist es zweckmäßig, als Kitt einen elastisch aushärtenden Dichtstoff (z. B. an der Luft aushärtenden Silikonkautschuk oder solchen mit Härterzusatz) anzuwenden, zumal sich Laborprüfungen meist über einen längeren Zeitraum als am Bau erstrecken.

104.1.5 Anhaltswerte zur Beurteilung der Prüfungsergebnisse

Nachstehend sind aufgrund langjähriger Prüferfahrungen Anhaltswerte für eine Beurteilung der Prüfergebnisse angegeben. Diese gelten für Wassereindringprüfungen sowohl an senkrechten als auch an waagerechten Flächen.

Es sind die gemittelten Wassereindringwerte **je Minute** und **3 cm² Prüffläche** aufgeführt. Diese stellen **zulässige Höchstwerte** dar.

Baustoffart	Wassereindringwert
• Fassadenflächen in Klinker- oder Rotziegelmauerwerk außerhalb des Fugbereichs	
Mittel aus 10 Einzelprüfungen, davon die Hälfte über Brandrissen ermittelt	0,5 ml/Min.
Einzelwerte nicht über	2,0 ml/Min.
• Mörtelfugen an Fassadenflächen aus allen Bausteinen	
Mittel aus 10 Einzelprüfungen	0,5 ml/Min.
Einzelwerte nicht über	2,0 ml/Min.
• Schlagregendichter Außenputz wie Ziff. 2	
• Fassadenflächen **nach** Wasser abweisender Silicon- oder Siloxanimprägnierung im Stein- **und** Fugbereich (Voraussetzung: Risse sind zuvor mit plastisch bleibendem Dichtstoff verfüllt worden)	0,0 ml/Min.
• Hydrophobierter Sperr- oder Abdichtungsbeton nach DIN 4117, Ausg. Nov. 1960	
an Außenflächen	0,1 ml/Min.
an frischen Bruchflächen	0,1 ml/Min.
(Anmerkung: Die Erfüllung der Höchstwerte ist kein vollgültiger Ersatz für die Prüfung auf Sperrwirkung – s. auch Ziff. 70.4)	
• Hydrophobierter Sperr- oder Abdichtungsmörtel bzw. -putz nach DIN 4117, Ausg. Nov. 1960	
wie vorstehend lt. Ziff. 5)	
• „Wasserundurchlässiger Beton" lt. DIN 1048 (nicht hydrophobiert)	
an Außenflächen	0,3 ml/Min.
an frischen Bruchflächen	0,5 ml/Min.
(Anmerkung: Die Nichtüberschreitung der Höchstwerte ist für den Gutachter eine Beurteilungshilfe, jedoch kein Ersatz für die Normenprüfung lt. DIN 1048)	

Wichtiger Hinweis für die Durchführung der Messungen:

Die Ermittlung der Wassereindringtiefe soll bei niedrigen Eindringwerten (s. oben) jeweils erst **ab einer Minute nach Beginn der Wassereinwirkung** in Angriff genommen werden, um die Oberflächenbenetzung nicht in die Messung einzubeziehen.

Abb. 145: Prüfung von Beton mittels des Wassereindringprüfers für waagerechte Flächen.
(Hersteller: Fa. Ludwig Mohren KG., Weststrasse 30 – 34, D – 52074 Aachen
Postfach 101154, D – 52011 Aachen
Telefon: (0241) 8877-0
Telefax: (0241) 8877111
E-Mail: LudwigMohrenInfo@AOL.COM
Internet: www.ludwigMohren.de

104.2 Prüfung des Wassereindringens an Rissen

104.2.1 Allgemeines

Im Rahmen von an Bauwerken durchzuführenden Prüfungen ist es vielfach erforderlich, zu ermitteln, ob Risse in Bauteilen maßgebliche Wassereindringstellen sind.

Mit dem Wassereindringprüfer ist dies auf einfache Weise möglich. Es kann auch ermittelt werden, welche Wassermenge je cm Risslänge und Zeiteinheit bei Regeneinwirkung in das zu begutachtende Bauteil einzudringen vermag.

104.2.2 Durchführung

Zunächst wird man meist ermitteln wollen, ob an einem Riss Wasser bei Regeneinwirkung in einer ggf. schadensauslösenden Menge in das zu prüfende Bauteil einzudringen vermag. Hierzu wird der Wassereindringprüfer in bereits beschriebener Weise auf das Bauteil – genau über dem Riss –aufgekittet. Man füllt nun Wasser bis zur Nullmarke ein und ermittelt den Wassereindringwert je Zeiteinheit (siehe Abb. 146).

Zur Abschätzung des möglichen Wassereindringens über der gesamten Risslänge wird die Prüfung an mindestens 3 Stellen wiederholt, nachdem der Riss beidseitig des Wassereindringprüfers mittels der gleichen plastischen Masse, die zum Aufkitten des Geräts Verwendung fand, abgedichtet wurde (siehe Abb. 147).

Aus dem gemittelten Wassereindringwert wird unter Berücksichtigung der Risslänge und einer angenommenen Dauer einer Regeneinwirkung die Schätzung einer wahrscheinlich eingedrungenen Wassermenge vorgenommen.

104 Schnellprüfungen mit dem „Wassereindringprüfer nach Karsten"

Abb. 146: Prüfung eines Risses auf Wassereindringen.

Abb. 147: Prüfung eines Risses auf Wassereindringen. Um ein seitliches Auslaufen des Wassers bestmöglich zu vermeiden, wird der Riss beidseitig des Wassereindringprüfers mit plastischem Dichtstoff, der auch für das Aufkitten des Prüfgeräts verwendet wurde, abgedeckt (Bild rechts).

104.3 Einfache Ermittlung der Risstiefe an Bauteilen

104.3.1 Allgemeines

Eine Kenntnis der Tiefe von Rissbildungen ist insbesondere an Stahlbetonbauteilen oft erforderlich, beispielsweise um abschätzen zu können, ob durch Risse, welche die Stahlbewehrung erreichen, letztere korrosionsgefährdet ist.

Mit Hilfe des Wassereindringprüfers und eines Fläschchens Eosinrot-Lösung kann man schnell und einfach zum Ziel kommen.

104.3.2 Durchführung

Der Wassereindringprüfer wird über dem Riss aufgekittet. Empfehlenswert ist es, beidseitig des Wassereindringprüfers den Riss über eine gewisse Länge abzudichten (vgl. Abb. 147, 148).

Zur Prüfungsdurchführung füllt man nun in das Gerät Eosinrot-Lösung bis zur Nullmarke ein (siehe Abb. 148) und lässt diese an Betonwänden etwa 5 Minuten lang einwirken. Fällt der Flüssigkeitsspiegel im Gerät, wird jeweils schnell nachgefüllt.

Abb. 148: Eosinrot-Lösung wirkt aus dem Wassereindringprüfer rd. 5 Minuten lang auf den Riss ein.

Zur Risstiefeprüfung an **Außenputzen** ist erfahrungsgemäß – je nach Saugvermögen des Materials – eine Einwirkungszeit von **1** bis maximal **2 Minuten** vorzusehen.

Nach Ablauf der Einwirkungszeit wird das Gerät unter Abfangen der unverbrauchten Eosinlösung (z. B. unter Einsatz von Saugtüchern) abgenommen, worauf der Riss an der Prüfstelle mittels Hammer und Meißel Millimeter für Millimeter aufgeschlagen wird. Mittels Staubbesen oder Druckluft werden eine Beobachtung störende Staubanteile jeweils entfernt. Die Risswandungen werden zunächst rot angefärbt erscheinen (s. Abb. 149). Es wird Millimeter für Millimeter weiter aufgeschlagen, bis ein **ungefärbter Rissgrund** erreicht ist (s. Abb. 150). Die Tiefe des Rissgrundes wird ausgemessen, sie entspricht der Risstiefe.

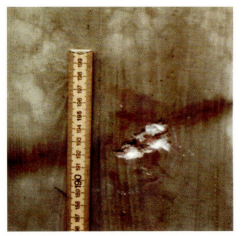
Abb. 149:

Abb. 150:

105 Zementprüfung auf „thixotropes Ansteifen" nach KARSTEN

105.1 Vorbemerkung

Diese Prüfung wurde vom Verfasser in Anlehnung an die Prüfung auf „falsches Erstarren" („false set") lt. ASTM C 359-56 T erarbeitet. Der wesentliche Unterschied gegenüber der us-amerikanischen Prüfweise ist die Anwendung des Vicat-Geräts und die Anwendung von Purzementbrei wie bei der Prüfung auf „Erstarren" lt. DIN 1164, gegenüber einer Anwendung von Zementmörtel und Prismenformen der US-amerikanischen Prüfweise.

Die Mischdauer von rd. 1 – 1 ¼ Minute – entsprechend der üblichen Mischdauer an der Baustelle – wurde unverändert übernommen – im Gegensatz zu der Mischdauer von 3 Minuten lt. Erstarrungsprüfung gemäß DIN 1164. (Bei langzeitiger Mischdauer wird das vorzeitige Ansteifen meist – unter Erhöhung des Wasseranspruchs – überrührt.)

105.2 Vorarbeiten zur Prüfung

Bereitgestellt wird ein Vicat-Gerät lt. DIN 1164.

Von den zu prüfenden Zementen wird der Wasseranspruch zur Herstellung eines „normensteifen Breis" lt. DIN 1164 ermittelt.

Zur Prüfung auf „thixotropes Ansteifen" wird nur mit dem Tauchstab mit einer Gesamtbelastung von 300 g (s. Abb. 151) gearbeitet. Je Einzelprüfung wird ein Vicat-Ring bereitgestellt.

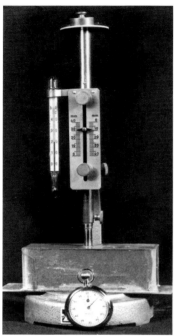 

Abb. 151: Vergleich der Prüfgeräte:
Links: Prüfeinrichtung auf „Falsches Erstarren" („false set") lt. ASTM C 359-56 T;
Rechts: Vereinfachte Prüfeinrichtung auf „Falsches Erstarren" (bzw. „thixotropes Ansteifen") nach Karsten.

105.3 Prüfungsdurchführung

Zum Füllen eines Vicat-Rings wird Purzementbrei – ähnlich wie bei der Prüfung auf „Erstarren" lt. DIN 1164 – hergestellt. Der Wasserzusatz wird jedoch etwas höher als für die Erzielung eines „normensteifen Breis" gewählt, so dass der – auf die Zementbreioberfläche aufgesetzte Tauchstab (s. Abb. 151) soeben ganz durchsinkt (Eindringmaß 40 mm).

Der richtige Wasserzusatz wird beim ersten Versuch meist nicht getroffen sein, in welchem Falle der Zementbrei **neu** herzustellen ist.

Zement und Wasser werden intensiv gemischt, jedoch nicht länger als 1 ¼ Minute. Innerhalb der nächsten 15 Sekunden wird der weiche Zementbrei in den Vicat-Ring eingebracht, verdichtet und abgestrichen.

Unmittelbar anschließend, nach genau 1 ½ Minuten, wird der Tauchstab auf die Zementbreioberfläche aufgesetzt und losgelassen. Der Tauchstab muss ganz durchfallen (Eindringmaß 40 mm), worauf dieser sofort wieder hochgezogen und mit einem feuchten Tuch saubergewischt wird. Das Eindringmaß wird nun jeweils nach Ablauf von genau 3, 5, 8 und 11 Minuten wiederholt. (Die 3 Minuten gelten ab Mischbeginn). Das Ablesen des Eindringmaßes wird jeweils nach Ablauf von 30 Sekunden nach Aufsetzen und Loslassen des Tauchstabes vorgenommen (Die 30-Sekunden-Wartezeit wird erstmals bei der 3-Minuten-Prüfung eingehalten).

Zeigt sich – nach der 11-Minuten-Prüfung – ein deutliches Ansteifen (s. nachstehendes Beispiel), wird der Zementbrei schnell in eine Mischschale verbracht und 1 Minute lang gut durchgeknetet, in den Vicat-Ring eingebracht und abermals geprüft. Wurde der Zementbrei nunmehr wieder weich (Eindringmaß bei 40 mm) festgestellt, lag eindeutig ein „thixotropes Ansteifen" und kein echtes Erstarren vor.

Bei sommerlichen Temperaturen soll die Prüfung nicht nur bei „Normentemperatur", sondern auch bei der voraussichtlichen Verarbeitungstemperatur an der Baustelle durchgeführt werden.

105.4 Beispiele einiger Prüfungsergebnisse

Ergänzend zu vorstehendem sei erwähnt, dass es zur Beurteilung von Zementen ratsam ist, vor Durchführung der Prüfung auf „thixotropes Ansteifen" den Wasseranspruch für die Herstellung eines „normensteifen Breis" lt. DIN 1164 in getrennter Prüfung zu ermitteln.

Zement Nr.	Wasseranspruch zur Erzielung eines normensteifen Breis	Eindringmaß des Tauchstabs in mm nach					
		0	3	5	8	11 Min.	Nachprüfung
1.	30,1 %	40	13	7	4	2	38
2.	27,1 %	40	40	38	34	31	40
3.	32,2 %	40	5	1	0	0	36

Auswertung:

Die Zemente Nr. 1 und 3 weisen ein starkes „thixotropes Ansteifen" auf und sollten – ohne eine Korrektur des thixotropen Ansteifens durch Zusatz eines geeigneten Zusatzmittels – zumindest für größere Bauvorhaben nicht verwendet werden.

Der Zement Nr. 2 ließ praktisch kein Ansteifen erkennen und ist als „sehr gut geeignet" zu beurteilen (die Erfüllung der sonstigen Prüfungsanforderungen lt. DIN 1164 vorausgesetzt).

… Anhang VI

106 Vorsichtsmaßnahmen bei chemischen Arbeiten

Einige Versuche, die im Buch angegeben sind, müssen zur Vermeidung von Unfällen mit besonderer Vorsicht durchgeführt werden. Es ist jeweils ein besonderer Hinweis vorhanden. Diese Versuche dürfen nur vom Fachmann durchgeführt werden, wie z. B. das Experimentieren mit metallischem Natrium. Bei der Durchführung aller sonstigen Versuche und chemischen Prüfungen ist nachstehendes zu beachten:

- Mit konzentrierten Säuren, Laugen oder sonstigen Stoffen, die eine heftige Reaktion erwarten lassen, nur mit kleinsten Mengen arbeiten!
- Keine Versuche mit Stoffen durchführen, deren chemische Reaktion unbekannt ist (zuvor das Buch oder einen Fachmann zu Rate ziehen)!
- Konzentrierte Schwefelsäure darf nur so angewandt werden, dass diese in Wasser oder eine wässerige Lösung eingegossen wird, niemals umgekehrt! Sonst würde durch die heftige Hitzeentwicklung und den dadurch entstehenden Wasserdampf die Säure zum Großteil aus dem Gefäß geschleudert werden.
- Stets eine **Schutzbrille** und einen Laborkittel oder dgl. anlegen!
- Gasbrenner stets solide und sicher anschließen und niemals unbeaufsichtigt brennen lassen!
- Zum Auswaschen von Spritzern aus Augen 1 – 2 %ige Natriumhydrogencarbonatlösung sowie 2 – 3 %ige Borsäurelösung in Spritzfläschchen im Verbandschrank bereithalten!

Erstere wird zum Auswaschen von Säurespritzern, die zweitgenannte zum Auswaschen von Laugespritzern angewandt.

- Sofern mit brennbaren Flüssigkeiten hantiert wird, muss im Labor entsprechend den gewerbepolizeilichen Bestimmungen eine selbst zu betätigende Brause vorhanden sein, um etwa in Brand geratene Kleidung sofort ablöschen zu können!

107 Erste Hilfe bei Unglücksfällen

Zur ersten Hilfe bei Unglücksfällen muss stets ein üblicher Verbandkasten vorhanden und zugänglich sein.

- Brandwunden werden in üblicher Weise mit Brandsalbe behandelt.
- In Augen geratene Spritzer werden zunächst mit viel Wasser und dann mit den angegebenen Lösungen ausgespritzt. Das Ausspritzen muss energisch erfolgen, auch wenn das Augenlid sich einem Öffnen widersetzt oder Schmerzen auftreten sollten!
- Verätzungen der Haut werden mit viel Wasser abgespült. Handelt es sich um eine Verätzung der Haut durch Säuren oder Laugen, erfolgt zweckmäßig ein Nachwaschen mit den in Ziff. 106 f. genannten Lösungen. Das Gleiche trifft für Verätzungen der Mundschleimhäute zu.

Bei ernsteren Verletzungen sofort einen Arzt zu Rate ziehen!

Literaturverzeichnis

Zur Vertiefung in einzelne Bereiche empfohlene Literatur:

I. Allgemeine und Anorganische Chemie

Riedel, E.: „Allgemeine und Anorganische Chemie", 3. Aufl., Verlag W. de Gruyter , Berlin/New York 1999

Holleman-Wiberg: „Lehrbuch der Anorganischen Chemie", 101. Aufl., Verlag W. de Gruyter, Berlin/New York 1995

Cotton/Wilkinson/Gaus: „Grundlagen der Anorganischen Chemie", VCH-Verlagsgesellschaft, Weinheim 1990

II. Organische Chemie und Kunststoffe

Beyer/Walter: „Lehrbuch der Organischen Chemie", Verlag S. Hirzel, Stuttgart 2000

Breitmaier, E./Jung, G.: „Organische Chemie", 4. Aufl., Georg-Thieme Verlag , Stuttgart/New York 2001

Vollhardt/Schore: „Organische Chemie", VCH-Verlagsgesellschaft, Weinheim 2000

Saechtling, H.: „Kunststoff-Taschenbuch", 26. Ausg., C. Hanser-Verlag, München/Wien 2000

III. Analytische Chemie, Analysenhilfen

Gerdes, E.: „Qualitative Anorganische Analyse", 2. üb. Aufl., Springer-Verlag, Berlin 2001

Otto, M.: „Analytische Chemie", 2. Aufl., VCH-Verlagsgesellschaft, Weinheim/Basel 2000

Schwedt, G.: „Analytische Chemie", Georg-Thieme-Verlag, Stuttgart/New York 1995

Jander/Jahr: „Maßanalyse", 15. Aufl., W. de Gruyter Verlag, Berlin/New York 1995

Fachgruppe Wasserchemie i. d. Ges. Deutscher Chemiker: „Vom Wasser", VCH-Verlagsgesellschaft, Weinheim, mehrere Bände 1996 – 2000

Merck: „Merquoquant-Tests, Chemische Mikrochips für Analysen", E. Merck-AG., Darmstadt

Merck: „Die chemische Untersuchung von Wasser", 13. Aufl., E. Merck-AG., Darmstadt

Dräger: „Dräger-Röhrchen-Handbuch", 9. Ausg., Dräger-Werk AG., Lübeck

Dräger: „Schadstoffmessung in flüssigen Proben", Dräger-Werk AG., Lübeck

IV. Bauphysik

Lutz/Jenisch/Klopfer u. a.: „Lehrbuch der Bauphysik", 4. Aufl., Verlag B. G. Teubner, Stuttgart 1997

Lohmeyer, G.: „Praktische Bauphysik", 3. Aufl., Verlag B. G. Teubner, Stuttgart 1995

Schulz, P.: „Schallschutz, Wärmeschutz, Feuchteschutz, Brandschutz", Dt. Verlagsanstalt, Stuttgart 1995

V. Baustoffkunde

Härig/Günther/Klausen: „Technologie der Baustoffe", 14. Aufl., C. F. Müller Verlag, Heidelberg 2003

Scholz/Hiese: „Baustoffkenntnis", 14. Aufl., Werner-Verlag, Düsseldorf 2000

Wesche, K.: „Baustoffe für tragende Bauteile", Bauverlag Wiesbaden, 2000

Weber, Tegelaar: „Guter Beton – Ratschläge für die richtige Betonherstellung", 20. Aufl., Verlag Bau + Technik, Düsseldorf 2001

Verein Deutscher Zementwerke e.V.: „Zement-Taschenbuch 2000", 49. Ausgabe, Verlag Bau + Technik, Düsseldorf 2000

VI. Veröffentlichungen – auf die im Buch Bezug genommen wurde

Wiens, U.: „Langzeituntersuchungen zur Alkalität von Betonen mit hohen Puzzolangehalten", Fraunhofer IBR Verlag, Stuttgart 1998, s. auch Beton 2/2001

Bosold, D., Eickmeier, K.: „Internationale Konferenz in Quebec über Alkali-Zuschlag-Reaktionen im Beton", s. Beton 1/2001

Schießl, P., Wiens, U., Schröder, P., Müller, C.: „Neue Erkenntnisse über die Leistungsfähigkeit von Beton mit Steinkohlenflugasche" – s. Beton 1/2001

Fiala, H.: „Aluminiumreaktionen in Beton (Betonfahrbahnen)" – s. Beton 10/1999

Sybertz, F., Thielen, G.: „Die europäische Zementnorm und ihre Auswirkungen in Deutschland", s. Beton 4/2001

Grube, H., Kerkhoff, B.: „Die neuen deutschen Betonnormen DIN EN 206-1 und DIN 1045-2 als Grundlage für die Planung dauerhafter Bauwerke", s. Beton 3/2001

Raupach, M.: „Schutz und Instandsetzung von Betonbauteilen", s. Beton 11/2001

Aue, W., Dahms, J.: „Der Einfluss von Flint auf die Alkalireaktion im Beton", s. Beton 11/2001

Breit, W.: „Kritischer korrosionsauslösender Chloridgehalt für Stahl in Beton", s. Beton 7 + 8/1998

Sachwörterverzeichnis

Vorbemerkung:

Im Interesse einer Übersichtlichkeit enthält das Stichwortverzeichnis nur das Wichtigste. Auf qualitative oder quantitative Prüfungen ist durch den Zusatz „(P)", auf Schädigungen durch den Zusatz „(S)" hinter der Seitenzahl hingewiesen.

A

Abbeizbarkeit 312
Abbeizpasten 312
Abbinden s. Erstarren
Abbinderegulierung s. Erstarrungsregulierung
Abdichtungsbeton, -mörtel 328-332
Abdichtungsstoffe s. Dichtstoffe
Abkreiden 311
Abschlämmbares s. Aufschlämmbares
Absorptionskoeffizient 116
Acetaldehyd 146, 152
Acetamid 158
Acetate der Kohlenwasserstoffe 156
Acetatseide 341
Aceton 150
Acetylchlorid 158
Acetylen 141, 152
Acrylglas 353
Acrylnitril 315, 351
Acrylsäure 352
Adhäsion 319
–, negative 319, 328
Adsorption 318
AeDTA s. EDTA
Affinität, chemische 64
Agglomeration 318
Aggregatzustand 55, 56
Aggressive Kohlensäure 205 (S), 239-241
– in Wässern 417 (P)
Aktivierungsenergie 59
Aktivkohle 279
Aldehyd 146, 152
Aldohexose 160
Aldose 160
Aliphatische Kohlenwasserstoffe 137 ff.
– Verbindungen 145 ff.
Alkalicarbonate 222 (S)
Alkalimetalle 32, 66
Alkalisalze 171, 232, 380 (P)

Alkaliseifen 163
Alkalisulfate 224 (S)
Alkalitreiben 203 (S), 405 (P)
Alkane 137
Alkanol 145
Alkene 139
Alkine 140
Alkohol (s. a. Ethanol) 146
Alkydharzlacke 303
Alkylhalogenid 154
Allylen 141
Aluminium 74
Alumosilicate 171 ff.
Amalgam 86
Ameisensäure 146
Amid 159
Amine der Kohlenwasserstoffe 158
Aminogruppe 158, 347
Aminoplaste 359
Aminosäuren 149, 163
Ammoniak 91, 159
Ammonium 390 (P)
Ammoniumhalogenide 104, 378 (P)
Ammon(ium)salze 104, 214 (S), 378 (P)
amorph 75, 76
Ampère 125
Amphibole 172
amphoter 103, 252
Analyse, chemische 376
Anhydrische Puzzolane 187
Anhydrit 77, 198, 217 (S), 431 (P)
Anilin 158
Anionen 96, 381 (P)
Anionische Komplexe 51
Anlagerungskomplexe 51, 53
Anode 123, 127, 133
Anodenreaktion 123, 127, 133
Anorganische Chemie 87
– chemische Verbindungen 87, 107
Ansteifen, falsches 196, 459 (P)

Anstrichmittel s. *Anstrichstoffe*
Anstrichmitteldämpfe 56, 293
Anstrichreste, Entfernung 312
Anstrichschäden 306
Anstrichstoffe 296 ff.
Anthracen 142, 144
Anthracenreihe 144
Anthrachinonreaktion 437
Anthracit 278, 280
Antiklopfmittel 287
Antinon 381 (P)
Äquivalent, elektrochemisches 125
Äquivalentmasse, relative 22
Aromatische Amine 158
– Kohlenwasserstoffchloride 155
– Nitroverbindungen 157
Arsen 378 (P), 381 (P)
Arsensulfid 378 (P)
Aschegehalt 437 (P)
Asphalt 283, 294
Asphaltbeton 295
Asphaltene 291
Assimilation 162
Assoziation 54
Atemgift 136
Atmosphärische Korrosion 261
Atmung 248
Atom 11 ff.
Atombau 12 ff.
Atombindung 44 ff.
Atombombe 35
Atomenergie 37
Atomgewicht s. *rel. Atommasse*
Atomgitter 43, 46, 48
Atomhäufigkeit 67
Atomkraftwerk 35
Atommasse, relative 20
Atommeiler 35
Atommodelle 12 ff., 45 ff.
Atommolekül 44
Atomtheorie 12
Atomumwandlung, künstliche 35
–, natürliche 33
Atomwertigkeit 47
Aufschlämmbares bei Zuschlagstoffen 402 (P)
Ausblühungen 222 ff. (S), 401 (P), 427 (P)
Ausblühungssalze s. *Ausblühungen*
Aushärtung (Kunststoffe) 314, 341 ff., 358

Auskristallisation 189, 191, 200 (S), 206 (S), 217 (S)
Avantfluat 221
Avogadrosche Zahl 23, 126

B

Bakelite 359
Barium 83, 377 (P)
Bariumsulfat 383 (P)
Barytwasser 378
Basen 89, 214 (S), 252 (S)
Basenbildung 90
Baufeuchtigkeit 182
Baugrund s. *Boden*
Baugrundwasser 205 ff. (S), 236 (S), 240 (P), 408 (P)
Bauhilfsstoffe 290 ff., 333
Baukalk 182, 428 (P)
Baukleber 313
Baumetall, Korrosionsverhalten 249 ff., 261
Bauspachtelmassen 342
Baustoffprüfung (auf Feuchtgehalt) 447
– (auf Wassereindringen) 452
Bautenschutzstoffe 290, 333, 435 (P)
Bauwerksaußenflächen, Ausblühungen 222
Bauwesen, Angewandte Chemie des –s 165 ff.
–, künstlich hergestellte Silicate des –s 174 ff.
–, wichtigste Basen 91
–, wichtigste Säuren 96
Bauxit 74
Beizen (von Metallteilen) 128
Belüftungselemente 254, 257, 259
Benzaldehyd 151, 153
Benzin 283, 287
Benzoesäure 151, 153
Benzol 142, 150
Benzolreihe 142
Benzylalkohol 151
Berliner Blau 387
Betondichtungsmittel 328 ff.
Betonschädlichkeit 241
Betonsonde 327
Betonstahlkorrosion 261
Betonverflüssiger 317
Betonzusatzmittel 316 ff.
Bindemittel 283, 292, 296, 421 (P)

Binderfarben 299
Bindung, chemische 37, 41
–, heteropolare 42
–, homöopolare 44
–, koordinative 51
Metall– 50
Bindungsenergie 60
Bindungszahl 47
Bitumen 283, 290, 436 (P)
Bitumenanstrichmittel 292
Blei 84, 263, 381 (P), 387 (P)
Bleiacid 289
Bleiglanz 84
Bleiglas 177
Bleikristallglas 177
Bleiresinat 302
Bleirohr (Korrosion) 267 (S)
Blindprobe 389 (P), 451 (P)
Boden 227, 391 (P), 406 (P)
–, Ausblühungen 227
Böhmisches Glas 176
Bohrsches Atommodell 12 ff.
Bor 68
Borate 69, 108
Borat-Tonerde-Glas 177
Borax 69
Boraxperle 377 (P), 379 (P)
Braunit 78
Braunkohle 278, 280
Braunstein 78
Brechpunkt 291
Brennspiritus 152
Brennstoffe 278, 283, 285
–, gasförmige 285
Brisante Sprengstoffe 288
Brom 71
Bromid 107, 381 (P), 384 (P)
Bronze 81, 83
Brownsche Molekularbewegung 112
Brucinreaktion 418 (P)
Buna 140, 367
Buna S 367
Bunsenbrenner 5, 377
Butadien 140, 367
Butan 138, 147, 283
Buten 139
Buttersäure 148, 152
Butylalkohol 147
Butylen 139
Butylkautschuk 314, 368

C

Cadminum 381 (P)
Calcium 67, 77, 88, 377 (P), 388 (P), 429 (P)
Calciumcarbonat 182, 223 (S)
Calciumhydroxid 89, 182
Calciumoxalat 388 (P)
Calciumsulfat 223 (S), 432 (P)
Carbamidsäure 159
Carbocyclische Kohlenwasserstoffe 141
Carbolsäure 215 (S)
Carbonat 108, 382 (P), 386 (P), 419 (P)
Carbonathärte 230, 415 (P)
Carbonatisierung 182, 193
Carbonatisierungstiefe 425 (P)
Carbonsäuren 148
Carboxylgruppe 148
Carnallit 73
Casein 341
Caseinkunststoffe 341
Cassiterit 83
Cellit 341
Cellon 341
Cellophan 340
Celluloid 340
Cellulose 135, 162, 273, 339
Celluloseacetat 341
Celluloseether 341
Cellulosekunststoff 339
Cellulosemolekül 162, 337
Chelate 410
Chemie, allgemeine Grundlagen 3
–, anorganische 87
– der Bautenschutz- und Bauhilfsstoffe 290
– der Brennstoffe, Treib- und Sprengstoffe 278
– der Luft 242
– der Textilfasern und Kunststoffe 337
– des Bauwesens, angewandte 165
– des Holzes und Holzschutzes 273
– des Stoffkreislaufs der Natur 247
– des Wassers 229
–, organische 135
Chemiefasern 337
Chemisch härtende Oberflächenimprägnierungsmittel 335
Chemische Affinität 64
– Analyse 373, 376, 394
– Bindung 37

- Eigenschaften und Einwirkungen der Luft 244
- Grundgesetze 37
- Korrosion 249 ff. (S)
- Prüfungen für das Baulabor 401 (P)
- Reaktion 37
- Schädigungsreaktionen 200 ff. (S)
- Symbole 20

Chemisches Gleichgewicht 61
Chinolin 145
Chlor 71, 381 (P), 384 (P)
Chlorat 108, 380 (P)
Chlorbenzol 155
Chlorid 107, 108, 212 (S), 223 (S), 265 (S), 381 (P), 384 (P)
Chlorid-Eindringtiefe (Stahlbeton) 426 (P)
Chloridnachweis 381 (P), 384 (P)
Chlorkautschuk 343
Chlorknallgas 72
Chloroform 154
Chloroprenkautschuk (CR) 367
Chlorwasserstoff 72, 95
Chrom 78, 380 (P)
Cobalt 79, 380 (P)
Coulomb 125
Cyanid 390 (P)
Cyanidlaugerei 85
Cyclische Kohlenwasserstoffe 141
- Verbindungen 141

D

Dalton (Atomtheorie) 12
Daniell-Element 132
Dauerbeanspruchung der Kunststoffe und Baumetalle 340
Deckfähigkeit, Deckkraft (b. Farben) 297
Desmodur-Desmophen 303, 336, 362
Destillation 374
-, fraktionierte 282
-, trockene 281, 282
Destillationsbitumen 290
Destillieren 374
Detergentien 236, 283
Deutscher Grad (Wasserhärte) 231
Dextrin 162
Dialkene 140
Diamant 69, 70
Diaphragma 132
Diazoreaktion 436
Dicalciumsilicat (b. Zement) 187, 188

Dicarbonsäuren 148
Dichlorethylen 154
Dichtstoffe 313 ff.
Dichtungsmittel 328, 329 (P)
Diene 140
Dieselöl 283
Diethylether 149
Diffusion 119
Diisocyanat 347
Dimethylketon 150
Diolefine 140
Dioxin 155
Dipolkräfte 53
Disaccharide 161
Dispersierung (bei Zement) 319
Dispersion 112
Dissoziation, elektrolytische 96
Dissoziationsgrad 97
Disulfid-Brücken (bei Polysulfiden) 368
Dolomit 73, 176
Dolomitkalk 421
Doppelbindung (bei Kohlenstoff) 137
Doppelsilicate 74, 171
Drägerscher Schnelltest 391, 406
Dreifachbindung 137
Dreistoffsystem 179
Druckdampfbehandlung 193
Duraluminium 74
Durchdringungskomplexe 51
Durchfeuchtung 329, 449 (P)
Duromere s. Duroplaste
Duroplaste 356 ff.
Dynamit 288

E

Edelgase 32, 45
Edelgasschale 44
EDTA 410, 413
Einbrennlacke 304
Einpresshilfe 333
Eisen 79, 88, 261 (S), 380 (P), 381 (P), 386 (P)
Eisenrohr (Korrosion) 265 (S)
Eiweiß 163, 247
Eiweißabbau 164
Elaste 367 ff.
Elektrochemie, Grundzüge der 123
Elektrochemische Elemente 131, 132
- Korrosion 254
Elektrochemisches Äquivalent 125
- Potenzial 133, 134

Elektrolyse 127, 128
Elektrolyte 96
Elektrolytische Dissoziation 96
- Oxidation 128
- Reduktion 128
- Spannungsreihe 131
Elektrolytisches Entfetten und Beizen von Metallteilen 128
Elektron 12
Elektronegativitätsskala 49
Elektronenformeln 42, 44, 50
Elektronenhülle 11 ff.
Elektronenoktett 44
Elektronenpaar 11 ff.
Elektronenschalen 13 ff.
Elektronentheorie 41
Elektronenwolken 16
Element, chemisches Daniell- 132
-, elektrochemisches 132
-, künstliches 24
-, natürliches 23
Elementaranalyse, organische 397
Elementarladung, elektrische 126
Elementarquantum, elektrisches 126
Eloxal-Verfahren 128, 270
Emaille 177
E-Modul von Kunststoffen und Baumetallen 343
Emulgator 113
Emulsion 113
Energie 59
- Aktivierungs- 59
- Bindungs- 60
-, chemische 13
-, elektrische 132
Energiestufen 13
Entflammbarkeit 439 (P)
Enthärten (von Wasser) 231
Entkeimen (von Trinkwasser) 235 ff.
Entmischen (eines Frischbetons) 320
Entzündungstemperatur 91
Epoxidharze (EP) 363
Erdalkalimetalle 32, 66, 73, 77
Erdgas 282
Erdmetalle 32, 74
Erdöl 282
Erdölbitumen 283
Erdrinde 67
Erhärtung, hydraulische 185 ff.
Erhärtungsbeschleuniger 194

Erhärtungsgifte 215
Erhärtungsreaktion von Gips und Anhydrit 198
Erhärtungsreaktionen anorganischer Bindemittel 181 ff.
- hydraulischer Bindemittel 185 ff.
Erreger (latent hydr. Stoffe) 196
Erregung (latent hydr. Stoffe) 196
Erstarren 190
Erstarren, falsches (thixotropes) 196, 459 (P)
Erstarrungsbeschleunigung 194, 325
Erstarrungsregler 195, 325
Erstarrungsregulierung 195, 325
Erstarrungsverzögerer 195, 325
Erste Hilfe 465
Essig 152
Essigsäure 152, 153
Essigsäuregärung 152
Ester 153, 215 (S)
Estrichgips 198, 432 (P)
Ethan 138
Ethanol 146
Ethen 139
Ether 149
Ethine 140
Ethylalkohol 146
Ethylen 139
Ettringit 208 ff. (S)
Exotherme Reaktion 60, 61
Explosion 92, 286
Explosionsgemische 244
Explosionsreaktionen 286
Extender 297

F

Fällungsanalyse 394
Fällungsreagenzien 393
Falsches Erstarren („false set") bei Zementen 196, 459 (P)
Faradaysche Gesetze 124
- Konstante 125
Farbanstrichmittel 296 ff., 437 (P)
Farbkörper 296
Farbpigment 297
Fasern, natürliche 337
Faserstruktur 344
Fasertyp (bei Kunststoffen) 346
Fassadenanstrichmittel 297 ff.
Faulgase 210 (S)

Feinbau der Materie 11 ff.
Fensterglas 176, 177, 428 (P)
Ferment 162
Ferri-Ferro-Cyanid 387 (P)
Ferrihydroxid 387 (P)
Ferromangan 79
Fette 148, 162
Fettsäuren 148
Feuchtigkeit 329, 449 (P)
Feuchtigkeitsaufnahme, kapillare 331, 332, 338
Feuchtigkeitsgehalt 447, 448 (P)
Feuchtigkeitswanderung, kapillare 448 (P)
Feuerfeste Mörtel 198
– Stoffe 175
Feuerschutz (Holz) 277
Feuertrocknung 447 (P)
Firnis 302
Flächenabtrag (Korrosion) 255 (S), 269 (S)
Flammenfärbung 377 (P)
Fließbeton 321
Fließmittel (Beton) 321
Flintglas 177
Fluat 220, 335, 378 (P)
Flugasche 197
Fluide 339
Fluidoplaste 339
Fluor 72, 440 (P)
Fluorid 108
Fluorosilicat 220, 335, 378 (P)
Flusssäure 96
Flussspat 72, 77
Formaldehyd 146, 151 (S), 360, 391
Formel, chemische 20, 107, 138
Fraktionierte Destillation 282
Friedelsches Salz 212 (S)
Frostschutzmittel 332
Frost-Tausalz-Schädigung (bei Beton) 323 (S)
Fruchtzucker 160
Fugenband (Betonbau) 349
Fugendichtband (Hochbau) 315
Fugenvergussmassen 363
Füllstoffe 297
Füllstoffgehalt 439 (P)
Furan 145

G

Galactose 161
Galalith 342

Galvanische Korrosion 260 (S)
Galvanisieren 128
Galvanoplastik 128
Galvanotechnik 128
Gärung, alkoholische 152, 162
Gasvolumetrische Analyse 395
Gaswasser 282
Gaswerkserzeugnisse 280, 281
Gebrauchswässer 222 (S), 227 (S), 408 (P)
Gefrierpunktserniedrigung 117
Gerbsäure 214 (S)
Gesamthärte (Wasser) 229, 413 (P)
Gesetze
  chemische Grund- 37
  Faradaysche – 124
Gesetzmäßigkeiten bei echten Lösungen 114
– des Reaktionsablaufs 59
Gewichtsanalyse 394
Gießharze 361, 363
Giftstoffe 155, 276
Gips 198, 432 (P)
Gipserhärtung 198
Gipsgehalt 432 (P)
Gipsputz 217 (S)
Gipsstein 77
Gipstreiben 218 (S)
Glas 176, 428 (P)
Glasfaserverstärkte Kunststoffe 361
Glasuren 428 (P)
Gleichgewicht, chemisches 61
Gleichgewichtsfeuchte 121
Gleichgewichtskonstante 61
Glimmer 174
Glührohrprobe 378 (P)
Glühverlust 429 (P)
Glycerin 147
Glykol 147
Gold 85
Graphit 69, 70, 176
Großmoleküle 140, 163, 337 ff.
Grundgesetze, „klassische" 37

H

Haftoxide 177
Halbwertzeit 34
Halogene 71, 378 (P), 417 (P), 440
Halogenide 154, 156
Halogenwasserstoffsäuren 95, 381 (P), 384 (P)

Harnstoff 159, 164, 360
Härte (d. Wassers) 229
Härtegrade (d. Wassers) 231
Hartgummi 342
Hart-PVC 348
Hausmannit 78
Heizwert 285
Helium 12, 34
Heparreaktion 379 (P)
Heptan 138
Heterocyclische Kohlenwasserstoffe 144
Heteropolare Bindung 42
Hexose 160
Hochofenzement 178, 196, 421 (P), 430 (P)
Hochpolymere organische Verbindungen 338
Hofmannscher Wasserzersetzungsapparat 8
Holz 273
Holzkohle 279
Holzschäden 274 (S)
Holzschutz 275
Holzschutzmittel 276
Holzzerstörer 274 (S)
Homologen 142
Homöopolare Bindung 44
Hornsilber 82
Hummsche Betonsonde 327 (P)
Humussäuren 214 (S), 401 (P)
Hüttenzement 196, 422 (P), 430 (P)
Hydratische Puzzolane 186
Hydratisierung 54
Hydratwasser 121, 378 (P), 432 (P)
Hydraulefaktoren 186
Hydraulische Bindemittel 185
– Erhärtung 185
Hydrolyse 105
Hydroniumion 49, 95
Hydrophobeffekt 328, 331
Hydroxidionen 90, 91
Hydroxysäuren 146, 148
Hygroskopische Stoffe 121

I

Imprägnierungsmittel 334
Indigo 145
Indikatoren 99
Indikatorpapier 99
Indol 145
Inhibitor 255
Inkohlung 278

Ionen 42, 90, 95, 105, 127
  Komplex- 51
Ionenaustauscher 233
Ionenbildung 49
Ionenbindung 41
Ionengitter 42
Ionengleichung 106
Ionenreaktion 106
Ionenwanderung 96, 124
Isobutan 139
Isobutylalkohol 147
Isobutylen 351
Isoheptan 138
Isometrie 139
Isooctan 138
Isopren 140, 342
Isopropylalkohol 147
Isotop 24

J

Jenaer Glas 177
Jod 72, 378 (P)
Jodat 380 (P)
Jodid 107, 381 (P)
Jodtinktur 72
Jonen s. Ionen

K

Kainit 73
Kaliglas 176
Kalilauge 90, 91
Kalium 76, 377 (P), 390 (P)
Kaliumhydroxid 90, 91
Kaliwasserglas 171
Kalk (Baukalk) 60, 182, 201 (S), 428 (P)
Kalk, freier (in Gips) 432 (P)
–, freier (in Zement) 432 (P)
–, gebrannter 182
–, gelöschter 182
–, hydraulischer 186
Kalkaggressive Kohlensäure 239, 240
Kalkeinschlüsse 427 (P)
Kalkerhärtung 182
Kalkhydrat 182
Kalkmännchen 201 (S)
Kalkmilch 182
Kalkmörtel 200 (S)
Kalk-Puzzolan-Mörtel 186
Kalkseife 163
Kalksinterauswitterung 205 (S)

Kalkspat 77
Kalkstein 77
Kalktreiben 201 (S)
Kalkwasser 182
Kältemaschine 119
Kältemischung 118
Kalzium s. Calcium
Kaolinit 172, 173
Kapillare Feuchtigkeitswanderung 448 (P)
Kapillarität 190, 331
Kapillarsperrung 328
Karbolineum 152, 276
Katalyse 63
Kathode 123, 127
Kathodischer Korrosionsschutz 255, 269
Kationen 96, 123
Kationische Komplexe 53
Kautschuk 342
Kernbausteine 11 ff.
Kernbrennstoffe 35
Kernladungszahl 32
Kernreaktion 35
Kernseife 163
Kernverschmelzung 36
Kesselstein 232
Keton 150, 152
Ketose 160
Kettenkohlenwasserstoffe (aliphatische) 137
Kettenpolymere 338
Kettenreaktion 35
Kieselsäure 167, 223 (S), 380 (P)
-, alkalilösliche 405 (P)
Kippscher Apparat 10
Kitte s. Dichtstoffe
Klinker 175, 427 (P)
Klopffestigkeit 287
Knallgas 68
Knallquecksilber 289
Knochenkohle 279
Kobalt s. Cobalt
Kohäsion 57
Kohlen 278
Kohlendioxid 135, 245 (S), 426 (P)
Kohlenerzeugnisse 280
Kohlenhydrate 159
Kohlenmonoxid 136
Kohlenoxide 135
Kohlensäure 96, 206 (S), 238
-, aggressive 239, 417 (P)
-, freie 239

-, gebundene 239
-, halbgebundene 239
-, kalkaggressive 239, 417 (P)
-, rostschutzverhindernde 239
-, stabilisierende 239
Kohlenstoff 46, 69, 135
Kohlenstoffringe 141, 142
Kohlenstoffverbindungen 135 ff.
Kohlenwasserstoffchloride, aromatische 155
Kohlenwasserstoffe
-, aliphatische 137
-, aromatische 141
-, carbocyclische 141
-, cyclische 141
- der Diolefinreihe 139, 140
- der Olefinreihe 139
-, heterocyclische 144
Kokereierzeugnisse 280
Kolloide Lösungen 111
Komplexe, anionische 51
- Anlagerungs- 51, 53
-, kationische 53, 54
Komplexionen 51
Komplexometrische Titration 413 (P)
Kondensation 344, 347, 356
Kondensationszwischenstufen 356
Kondensieren 59
Königswasser 85
Konstantan 80
Kontaktkorrosion 254, 256
Konzentration 62, 115
Koordinative Bindung 51
Korrosion 261, 267, 268, 269
Korrosion d. Stahlbewehrung 261
Korrosionselement, elektrochemisches 254
-, vom Sauerstofftyp 256
-, vom Wasserstofftyp 255
korrosionspassiv 270
Korrosionsschutz 270
korrosionsstabil 270
Korund 74
Kosselsche Elektronentheorie 41
Kreosotöle 276
Kresole 150, 152
Kriechen (Beton) 193
Kristallgitter 43
Kristallglas 177
Kristallwasser 121, 431, 432
Kritische Masse 35

Kryolith 74
Kunsthorn 342
Kunstkautschuk 367 ff.
Kunststoffbestimmung 439, 442 ff. (P)
Kunststoffbinder 299, 352
Kunststoffdispersion 299, 352
Kunststoffdispersionsfarben 299
Kunststoffe 338 ff., 439, 442 ff. (P)
Kunststoffzusätze (zu Beton u. a.) 333
Kupfer 80, 263 (S), 266 (S), 377 (P), 380 (P), 381 (P), 389 (P)
Kupferrohr (Korrosion) 266 (S)
Kupferseide 341

L

Lacke 302
Lackfarben 302, 437 (P)
Lackmus 99
Lanital 342
Lasurfarben 296
Latent hydraulische Stoffe 196
Latex-Binder 367
Laugen 89
Lawrentium 24
Lebensvorgänge 248
Legierungen 81
Lehmerhärtung 181
Leichtmetalle 66, 260 (S)
Leichtmetalllegierungen 74
Leimfarben 298
Leinöl 302
Leinölfirnis 302
Leitfähigkeit, elektrische 51
Leitungswasser 234, 408 (P)
Leitungswasserkorrosion 264 (S)
Leuchtgas 282
Liganden 51
Lignin 273
Lithium 15
Lochfraß (Korrosion) 255 (S), 269
Lokalelement 234
Loschmidtsche Zahl 23, 126
Löschvorgang (Kalk) 59
Lösungen 109 ff.
Lösungsdruck der Metalle 129
Lösungsvermögen des Wassers für Luft 243
Lösungswärme 114
Lotmetalle 83
Lötrohrprobe 380 (P)

Luft
  Chemie der – 242
  chemische Eigenschaften und Einwirkungen der – 247 (S)
  –, feuchtigkeitsgesättigte 243
  –, physikalische Eigenschaften 243
Luftfeuchtigkeit, absolute 243
  –, relative 243
Luftporenbildner (luftporenbildende Zusatzstoffe) 322
Luftzusammensetzung 242

M

Magnesia 199, 433 (P)
Magnesiabinder 199, 221 (S), 433 (P)
Magnesiamörtel 199
Magnesiatreiben 203, 211 (S)
Magnesit 73
Magnesium 73, 389 (P), 428 (P)
Magnesiumchlorid 199, 434 (P)
Magnesiumsulfat 199, 435 (P)
Maltene 291
Malzzucker 161
Mangan 78
Marmorversuch 241, 417 (P)
Maßanalyse 394
Masse 21
Massenwirkungsgesetz 61
Materie, Feinbau 11 ff.
Mauersalpeter 210 (S), 401 (P)
Mauersteine, Ausblühungen 222
Meerwasser 212 (S), 237
Melaminharz 360
Membrane, semipermeable 119
Merckoquant-Teststäbchen 385, 387, 390, 418
mesomorph 69
Messing 81
Metakieselsäure 168
Metallbindung 50
Metalle 66
  –, elektrolytische Spannungsreihe 131
  –, Lösungsdruck 129
Metallionen 90, 105
Metallkorrosion 249 ff.
Metalllegierung 51
Metalloxide 87
Metallüberzüge 270
Methacrylate 353
Methacrylsäure 353

Methan 138
Methanal 146
Methanol 146
Methylalkohol 146
Methylamine 158
Methylchlorid 154
Methylorange 99
Mikroluftporen 322
Mikroorganismen 274
Milchsäure 152, 214 (S)
Mischungsverhältnis (Mörtel, Beton) 422 (P)
Mol 21
Molare Lösung 20, 395 (P)
Molekül 11
Molekularbewegung 11, 58
Molekulargewicht s. *Molekülmasse, relative*
Molekularschwingung 58
Molekularverband 58
Molekülmasse, relative 20
Molvolumen 23
Monoisocyanat 347
Monomere 338
Monosaccharide 160
Montmorillonit 172, 173
Moorwasser 237
Mörtel 198, 421 (P)
–, Ausblühungen 222 (S), 401 (P)
–, feuerfeste 198
Mörtelzusatzstoffe (-mittel) 316 ff.
Mullit 175
Multiple Proportionen 39
Muscovit 174

N

Naphthalin 142, 144
Naphthalinreihe 142
Naphthenkohlenwasserstoffe 283
Natrium 15, 72, 88, 377 (P)
Natriumhydroxid 89, 91
Natriummethylsiliconat 335
Natronglas 176
Natronlauge 89, 91
Natronwasserglas 171
Naturasphalt 283
Naturhartgummi 342
Naturkautschuk 342
Natürliche Atomumwandlungen 33
– Elemente 23

Naturstein (Schädigungen) 216 (S), 419 (P)
–, Ausblühungen 225 (S)
Natursteine, kalkfreie 221
Naturweichgummi 342
Neusilber 80
Neutralisation 100
Neutron 12
Neutronenzahl 24
Neutronenzerfall 19
Nichtelektrolyte 111
Nichtionogene Stoffe 320
Nichtmetalle 66
Nichtmetalloxide 91
Nickel 80
Nickelstahl 80
Nitrat 108, 210 (S), 228 (S), 378 (P), 380 (P), 384 (P), 418 (P)
Nitrid 107
Nitriersäure 340
Nitrilkautschuk (NBR) 367
Nitrit 108, 234 (S), 380 (P), 385 (P), 418 (P)
Nitrobenzol 157, 158
Nitrocellulose 341
Nitroglycerin 153, 289
Nitrolacke 340
Nitroverbindungen der Kohlenwasserstoffe 157
Normallösung 395 (P)
Normalpotenzial 133, 259
Normal-Wasserstoffelektrode 133
Novolak 357
Nucleonen 18
Nylon 354

O

Oberflächenaktivität 320
Oberflächenimprägnierungsmittel 335
Oberflächenschutz 269
Oberflächenspannung 317, 318
Ocratieren 221
Octan 138
Octanzahl 287
Öle 215 (S), 437 (P)
Olefinreihe 140
Ölfarben 302, 437 (P)
Ölkitte 313
Öllacke 305, 437 (P)
Ölsäure 148
Oppanol 351
Ordnungszahl 32, 67

Organische Chemie 135 ff.
– Elementaranalyse 397
– Säuren 147
– Substanz 135 ff., 378 (P)
Orthokieselsäure 167
Osmose 119
Osmotischer Druck 120
Oxalsäure 146, 148
Oxide 87, 107
Oxidation 9, 64
–, elektrolytische 128
Oxidationsflamme 379
Oxidationsperle 380
Oxidationsprodukte der Aliphaten 145
– der Aromaten 150
– der Kohlenwasserstoffe 145
Oxidationsreaktionen 64
Oxysäuren 146
Ozokerit 137
Ozon 71, 245, 246

P

Paraffin 137, 334
Parafinreihe 137
Paragummi 342
Parker-Verfahren 270
Passivieren 270
Patina 80
Pentan 138, 283
Perbunan C 368
Pergamentpapier 339
Periodisches System 29 ff.
Perlon 354
Perlontyp 354
Permutite 174
Phenol 150, 152, 215 (S)
Phenolphthalein 99, 432 (P)
Phenoplaste (PF) 356, 359
Phosgen 136
Phosphat 75, 108, 382 (P)
Phosphor 75, 440 (P)
Phosphorbronze 83
Phosphorpentoxid 94
Phosphorsalzperle 377, 379 (P)
Photographie 384
Photosynthese 162
pH-Wert 97
Physikalisches Gemenge 5, 6
Plastifizierende Zusatzmittel 317
Plastomere s. Thermoplaste

Platin 84, 381 (P)
Platinmetalle 85
Plexiglas 353
Plutonium 35, 36
Polyacrylnitril (PAN) 351
Polyaddition 344, 347, 356, 362
Polyamide (PA) 354
Polybutadien 367
Polycarbonat (PC) 355
Polychloropren (CR) 367
Polyesterharze (UP) 360
Polyethylen (PE) 349
Polyisobutylen (PIB) 351
Polymere 338, 350
Polymerisation 344, 350
Polymethacrylsäureester (PMMA) 352
Polypropylen (PP) 349
Polysaccharide 161
Polystyrol (PS) 350, 351
Polysulfid 368
Polysulfidkunststoff 368
Polysulfid-Polymere (Thioplaste) 368
Polyterephthalat (PETP) 355
Polytetrafluoräthylen (PTFE) 355
Polyurethane (PUR) 361
Polyvinylacetat (PVAC) 351, 352
Polyvinylchlorid (PVC) 348
Polyvinylidenchlorid (PVDC) 348
Polyvinylpropionat (PVP) 351, 352
Porenstopfung 335
Porenverengung 328
Portlandkompositzement 178
Portlandzement 178
Portlandzementhärtung 187
Porzellan 175
Positron 19
Potenzial, elektrochemisches 132 ff.
Propan 138
Propen 139
Propionsäure 148
Propylalkohol 147
Propylen 139
Proteide, Proteine 163
Protolyse 94, 105
Proton 12, 18, 19, 93
Ptyalin 162
Putzgips 198, 432 (P)
Puzzolane 180, 186, 187
Puzzolankalke 186
Puzzolanzemente 178, 197

Pyridin 145
Pyroxene 172
Pyrrol 145

Q

Qualitative Analyse 376 ff.
Quantenmechanik 16
Quantitative Analyse 394 ff.
Quecksilber 85, 378 (P)
Quellbarkeit 439
Quellen 192
Quelltone 173

R

Radioaktive Strahlung 33
Radium 33
Raffinationsprodukte 282
Rauchgase 210 (S)
Raumgitter 174
Raumnetz 170
Raumpolymere 338
Raumstruktur 344
Reagens 376
Reagenzglas 373
Reaktion, chemische 59
–, endotherme 60
–, exotherme 60
Reaktionsablauf 62
Reaktionsenergie 60, 61
Reaktionsenthalpie 61
Reaktionsgleichgewicht 61
Reaktionsgleichung 61
Reaktionsoberfläche 63
Reaktionswärme 60, 61
Redox-Vorgänge 64
Reduktion 10, 65
–, elektrolytische 128
Reduktionsflamme 380 (P)
Reduktionsmittel 65
Reduktionsperle 380 (P)
Reduktionsreaktionen 64
Resite 357
Resitole 358, 359
Resole 358, 359
Richtungskräfte 46
Riesenmoleküle 42
Ringkohlenwasserstoffe 141
Risstiefe, Ermittlung der 458 (P)
Rohrkorrosion 264 (P)
Rohrzucker 161

Romankalke 186
Röntgenbeugeaufnahmen 43
Ruß 70, 280

S

Salpetersäure 96, 210 (S), 382 (P), 384 (P), 385 (P)
Salzbildner 72, 100
Salzbildungen, Arten 100
Salze 100
– der Kieselsäure 171
Salzsäure 95, 212 (S), 383 (P), 417 (P)
Sandstein 221
Sanierung (von Mauerwerk) 224
Sättigungsgrenze 115
Sauerstoff 70, 242, 250 (S), 264 (S)
Säureamide 158
Säurehalogenide 156
Säuren 91
–, organische 147
Säurerestionen 94
Schädigung durch organische Stoffe 214 (S)
Schädigungsreaktionen 200 ff.
Schädlichkeit von Wässern 234 (S)
Schadstoffe (Luft, Wasser, Böden) 391 (P), 406 (P)
Schamotte 175
Schichtpressteile 359
Schießbaumwolle 341
Schimmelbildung 310
Schlacke 204 (S), 428 (P)
Schmelzelektrolyse 127
Schmelzwärme 59, 118
Schmiereffekt 318
Schmieröl 283
Schmierseife 163
Schnellbestimmungen 416 (P)
Schnelllot 83
Schrumpfen 192
Schutzschicht 84, 269
Schwarzpulver 92, 287
Schwarzstoffe 290
Schwefel 76, 378 (P), 379 (P), 398 (P), 404 (P), 440 (P)
Schwefeldioxid 91, 210 (S), 228 (S)
Schwefeleisen 6, 40
Schwefelsäure 96, 206 (S), 228 (S), 384 (P), 397 (P), 420 (P)
Schwefelwasserstoff 210 (S), 411 (P)

Schwermetalle 66
Schwerspat 83
Schwinden 192
Seifen 163
Semipermeable Membran 119, 132
Siedepunktserhöhung 117
Sikkativ 302
Silber 82, 381 (P)
Silberbromid 384 (P)
Silberchlorid 384 (P)
Silberglanz 82
Silicat 108, 171, 380 (P)
Silicate des Bauwesens 167 ff.
–, natürliche 171
Silicatschmelze 176
Silicone (SI) 365
Siliconharz 366
Siliconkautschuk 366, 368
Silikonöle 366
Silicium 74
Siliciumcarbid 176
Siliciumtetrafluorid 221
Sodaauszug 382
Solvatbildung (Solvatation) 53
Spannungsreihe, elektrolytische 131
Spannungsrisskorrosion 249, 260 (S)
Spektralanalyse 377 (P)
Sperranstrich 296
Sperrbeton 328 ff.
Sperrholz 359
Sperrmittel 328 ff.
Sperrmörtel 328
Sperrzusätze (-mittel) 328
Spirituslack 152
Sprengkapsel 289
Sprengstoffe 285
Sprengwirkung (in Bauteilen) 200, 212 (S), 217 (S)
Spritzbetonhilfen 334
Stahl 79
Stahlbeton 193 (S), 221 (S)
Standöl 302
Stärke 162
Stearinsäure 148
Steingut 175
Steinholz 199, 221, 433 (P)
Steinkohle 278, 280
Steinkohlenteer 281, 436 (P)
Steinzeug 175
Stickstoff 70, 242, 379 (P), 390 (P), 398 (P)

Stockflecken 310 (S)
Stoffanalyse 8
Stoffsynthese 7
Stoffumwandlungen 7
Strahlung, radioaktive 33
Strass 177
Strontium 377 (P)
Stuckgips 198, 432 (P)
Styrol 346
Sublimat 378 (P)
Sublimieren 57, 378 (P)
Substrat 297
Sulfat 108, 204 (S), 206 (S), 216 (S), 383 (P), 398 (P), 409 (P)
Sulfatausblühungen 223 (S), 401 (P)
Sulfatnachweis s. Sulfat
Sulfattreiben 203 (S), 206 (S), 220 (S)
Sulfid 76, 108, 378 (S), 379 (S), 381 (S), 398 (P), 411 (P), 419 (P)
Sulfit 108
Sulfonamid 159

T

Talg 162, 437 (P)
Teilenthärtung (Wasser) 231
Teilneutralisation 100
Tenside 320
Teststäbchen 383, 385, 387, 388 (P)
Tetraeder 47, 168, 170
Tetrahydrofuran 145
Textilfasern 337, 438 (P)
Thaumasit 218 (S)
Thermoplaste 338, 347
Thiocyanat 390 (P)
Thioharnstoff 359
Thiokol 368
Thiophen 145
Thioplaste 368
Thiosulfat 108, 378 (P)
Thixotropes Ansteifen (Erstarren) 196, 459 (P)
Thüringer Glas 176
Tierkohle 279
Titan 67
Titration 394, 410, 413, 418 (P)
Toluol 142, 144
Ton 174
Tonerdeglas 177
Tonerdeschmelzzement 197
Tongehalt 420 (P)

Tonsäuren 186
Topfzeit 361
Torf 278
Torkrethilfen 334
Transurane 24
Trasszement 197
Traubenzucker 160
Treibeffekt, thermischer 287
Treibende Sprengstoffe 287
Treibstoffe 283, 285
Tremolit 172
Tricalciumaluminat 187, 189
Tricalciumsilicat 187, 188
Tricalciumsulfaluminat-Hydrat 195
Trichlorethylen 154
Triene 140
Trinitrophenol 289
Trinitrotoluol 289
Trinkwasser 234
–, Entkeimung 234, 235
Trockene Destillation 281, 282
Trocknen 447
Trocknungsbeschleuniger 302, 305
Tylose 341
Tyndallphänomen 111

U

Umbra 296
Umlagerung, hydraulische 188
Umsetzungen, chemische 10
Umweltproblematik 234, 245, 246, 283
– gifte 155, 234
Ungesättigte Polyesterharze (UP) 360
Unpolare Bindung 44
Uran 24, 33, 380 (P)
Uranisotop 35

V

Vagabundierende Ströme 260
Valenz 41
Valenzelektron 43
Valenzstrich 42, 43
Van der Waalssche Kräfte 53
Vaseline 437 (P)
Verbindungen, chemische 41, 87, 107, 135, 153
– höherer Ordnung 51
–, organische 135
– von Kohlenwasserstoffen abgeleitet 145 ff.

Verbrennung 38, 283
Verchromen 128
Verdampfen 59
Verdampfungswärme 59
Verdichtbarkeit 190 (S)
Verdunsten 58
Verdursten (Zement) 193 (S)
Vergolden 128
Vermodern (vor Inkohlung) 278
Vernetzung (Kunststoffe) 338 ff.
Vernickeln 128
Verpuffung (Treibstoffe) 287
Verschnittbitumen 293
Verseifung 153
Verspinnen (b. Chemiefasern) 338
Verwitterung (b. Kristallen) 121
Vinylacetat 156, 351
Vinylchlorid 156, 344
Viscose 340
Vitamine 63
Vollsynthetische Kunststoffe 344
Vorsichtsmaßnahmen 465
Vulkanfiber 340
Vulkanisation 342

W

Wachs 163, 437 (P)
Wachsfluate 335
Wärmedehnzahl von Kunststoffen und Baumetallen 344
Wärmeenergie 60, 248, 285
Wärmeexplosionen 286
Wärmeleitzahl von Kunststoffen 345
Waschrohstoffe 283
Waschwasser 236
Wasser 200 ff. (S), 229, 249 (S), 250 (S), 408 (P), 447 (P)
Wasserabstoßen (Frischbeton) 322
Wasseranalyse 240 (P), 408 (P)
Wasseraufnahme, kapillare 190, 328 (S), 331 (S), 448 (P)
Wasserbeständigkeit 439 (P)
Wassereindringen 190, 331 (S), 452 (P)
Wassereindringprüfer n. Karsten 452
Wasserenthärtung 232, 408 (P)
Wasserglas 220, 277, 335
Wasserglasfarben 298
Wasserglaskitt 314
Wassergrenzfläche 319
Wasserhärte 231, 408 (P)

Wasserlagerung (z. Prüfung auf kapillare Feuchtigkeitsaufnahme) 449 (P)
Wassermoleküle 54, 58, 109
Wassermörtel 186
Wasserporen 191
Wasserprobe 408, 416
Wassersaugvermögen, kapillares 190, 328 (S), 331 (S), 448 (P), 449 (P)
Wasserstoff 67
Wasserstoffatome 12 ff.
Wasserstoffbombe 36
Wasserstoffelektrode 133
Wasserstoffionen 94, 95
Wasserstoffionenkonzentration 98
Wasserstoffversprödung (Betonstahl) 262 (S)
Wassertropfenkorrosion 258 (S)
Wasserwechselzone 237 (S)
Wasserzersetzungsapparat 8
Weichgummi 342
Weichmacher 348
Weich-PVC 348
Weingeist 152
Weinsäure 148
Weißkalkmörtel 183, 185, 200 (S), 422 (P)
Weißzement-Schlämmanstrich 298
Werksteine 216 (S)
Wertigkeit 41
Wismut 381
Witherit 83
Witterungsbeständigkeit 439 (P)

X

Xylol 142

Z

Zellglas 340
Zellhorn 340
Zellkleister 341
Zellstoff s. *Cellulose*
Zelluloid s. *Celluloid*
Zellulose s. *Cellulose*
Zellwolle 338
Zement 177, 188, 430 (P)
Zementbazillus s. *Ettringit*
Zementdispersierung 319
Zementklinker 188
Zementmörtel 200 (S), 268 (S), 424 (P)
Zementprüfung 430 (P)
– auf thixotropes Ansteifen 459 (P)
Zementstein 188, 192
Zeolithe 174
Zerreißfestigkeit 337
Zerrieseln 226 (S)
Ziegel 175, 427 (P)
Ziegelsplitt 428 (P)
Ziegelsteine 175, 427 (P)
Zink 81, 262 (S), 381 (P)
Zinkblende 81
Zinkspat (Galmei) 81
Zinn 82, 381 (P)
Zinnober 86
Zinnpest 82 (S)
Zinnstein 83
Zündsprengstoffe 289
Zugfestigkeiten der Kunststoffe und Baumetalle 341
Zusatzmittel für Beton und Mörtel 316 ff., 435 (P)
Zuschlagstoffe für Beton und Mörtel 203 (S), 204 (S), 401 (P)
Zweiatomige Moleküle 45
Zweikomponentenlacke 303, 336, 362
Zweikomponentenreaktionsharze 303, 336, 361, 363
Zwischenkondensate (bei Kunststoffen) 357, 360

ARCHITEKTUR/BAUTECHNIK

Susanne Rexroth (Hrsg.)
Gestalten mit Solarzellen
Photovoltaik in der Gebäudehülle

2002. XII, 257 Seiten. Kartoniert.
€ 62,– sFr 100,–
ISBN 3-7880-7700-X

Das Buch führt in die Funktion und Technik von Solarzellen ein und stellt die aktuelle Produktpalette vor. Anhand von zahlreichen Beispielen wird die unterschiedliche Integration der Solarzelle in Gebäuden unter konstruktiven und gestalterischen Aspekten wie Glastechnologie, Fassadenkonstruktion, Tageslichtmodulation oder Oberflächengestaltung gezeigt. Marktperspektiven und Wirtschaftlichkeit werden dabei ebenso thematisiert.

Witta Ebel, Werner Eicke-Hennig, Wolfgang Feist und Helmuth-Michael Groscurth
Energieeinsparung bei Alt- und Neubauten

2000. VI, 95 Seiten. Kartoniert.
€ 29,70 sFr 49,90
ISBN 3-7880-7628-3

Dieses Buch stellt Möglichkeiten und Kosten vor, im Gebäudebestand bei Altbauten und ebenso bei Neubauten Energie einzusparen und die Energieeffizienz zu steigern. Weiterhin wird auch auf die Wirtschaftlichkeit von Energiesparmaßnahmen eingegangen.

Aus dem Inhalt:
- Prinzipien des baulichen Wärmeschutzes
- Heizwärmeeinsparung bei Neubauten
- Heizwärmeeinsparung im Altbau
- Primärenergie- und Emissionsbilanz für Wärmeschutzmaßnahmen
- Instrumente zur Umsetzung der Einsparpotenziale
- Zukünftige Entwicklungen des baulichen Wärmeschutzes

C.F. Müller Verlag, Hüthig GmbH & Co. KG
Postfach 10 28 69 · 69018 Heidelberg
Tel. 0 62 21/4 89-3 95 · Fax: 0 62 21/4 89-6 23

Ausführliche Informationen unter
http://www.huethig.de

ARCHITEKTUR/BAUTECHNIK

Norbert Peter
Lexikon der Bautechnik
10.000 Begriffsbestimmungen, Erläuterungen und Abkürzungen
2001. VIII, 416 Seiten. Gebunden. Mit CD-ROM.
€ 78,– sFr 125,–
ISBN 3-7880-7670-4

Michael Fischer, Birgit Gürke-Lang und Friedhelm Diel
Textile Bodenbeläge
Eigenschaften, Emissionen, Langzeitbeurteilung
2000. X, 194 Seiten. Kartoniert.
€ 29,70 sFr 49,90
ISBN 3-7880-7677-1

In diesem umfassenden Werk werden erstmals alle bautechnischen und mit dem Bau zusammenhängenden Begriffe definiert und erläutert. Neben Querverweisen sind auch Literaturangaben und Hinweise auf die entsprechenden DIN-Normen enthalten.

Des weiteren werden die gebräuchlichsten Abkürzungen und Kurzzeichen im Baubereich aufgeführt. Die beiliegende CD-ROM bietet Recherchemöglichkeiten über den gesamten Inhalt.

Das Buch ist sowohl für Architekten, Bauingenieure, Sachverständige, Bauträger, Makler, Juristen als auch für Nicht-Baufachleute, wie private Bauherren, ein unentbehrliches Nachschlagewerk.

C.F. Müller Verlag, Hüthig GmbH & Co. KG
Postfach 10 28 69 · 69018 Heidelberg
Tel. 0 62 21/4 89-3 95 · Fax: 0 62 21/4 89-6 23

In dem vorliegenden Werk werden für Laien und Fachleute die wichtigsten Daten und Informationen über textile Bodenbeläge dargestellt. Neben den allgemein bekannten Vorteilen von Teppichböden wie Schalldämmung und Wohnkomfort kann deren Oberfläche durch den Teppichflor sogar als Stoffsenke dienen, das heißt Schadstoffe binden. Vor diesem Hintergrund wird die Frage diskutiert, inwieweit Teppichböden auch für Allergiker-Wohnungen geeignet sind. Berücksichtigt werden hierbei besonders die eventuell von den verwendeten Materialien und Hilfsstoffen an die Innenraumluft abgegebenen Emissionen.

Ausführliche Informationen unter
http://www.huethig.de